CAX工程应用丛书

AutoCAD 2018中文版建筑设计从入门到精通

CAX应用联盟 编著

清華大學出版社
北京

内 容 简 介

本书由一线资深工程师根据CAD职业需求精心编写，详细讲述了利用AutoCAD 2018进行建筑绘图设计的全过程。全书共14章，第1~3章讲解了AutoCAD软件基础、绘图环境的设置与图形控制、AutoCAD建筑制图统一规范；第4~7章讲解了4套建筑总平面图的绘制，包括小学、办公楼、工厂和步行街总平面图；第8~11章以某套别墅建筑施工图为例，详细讲解了其各种建筑施工图的绘制方法，包括平面图、立面图、剖面图、详图等；第12~14章精选具有代表性的全套建筑施工图来进行绘制及效果预览，包括宾馆、超市和高层住宅。

本书配有语音视频教学，播放时长超过25小时，读者观看视频即可轻松学习，从而大幅提高学习效率。

全书以精通为目标，以实例作引导，深入浅出，讲解详尽，既可作为大中专院校、高职院校以及社会相关培训班的教学用书，也可以作为AutoCAD建筑绘图设计的初、中级读者及建筑工程技术人员的参考用书。

图书在版编目（CIP）数据

AutoCAD 2018中文版建筑设计从入门到精通/CAX应用联盟编著. —北京：清华大学出版社，2018
（CAX工程应用丛书）
ISBN 978-7-302-51005-5

Ⅰ. ①A… Ⅱ. ①C… Ⅲ. ①建筑设计－计算机辅助设计－AutoCAD软件 Ⅳ. ①TU201.4

中国版本图书馆CIP数据核字(2018)第191830号

责任编辑：王金柱
封面设计：王　翔
责任校对：闫秀华
责任印制：杨　艳

出版发行：清华大学出版社
　　网　　址：http://www.tup.com.cn，http://www.wqbook.com
　　地　　址：北京清华大学学研大厦A座　　**邮　　编：**100084
　　社 总 机：010-62770175　　**邮　　购：**010-62786544
　　投稿与读者服务：010-62776969，c-service@tup.tsinghua.edu.cn
　　质量反馈：010-62772015，zhiliang@tup.tsinghua.edu.cn
印 装 者：北京密云胶印厂
经　　销：全国新华书店
开　　本：203mm×260mm　　**印　　张：**24.5　　**字　　数：**627千字
版　　次：2018年10月第1版　　**印　　次：**2018年10月第1次印刷
定　　价：79.00元

产品编号：074943-01

前言 Preface

AutoCAD是计算机辅助设计软件之一，在机械、建筑、造船、纺织、轻工、地质、气象等设计领域中，有 92.8%以上的二维绘图任务是通过AutoCAD来完成的。

AutoCAD 2018 是目前 20 多个CAD版本中的最新版本，Autodesk公司一直在不断地革新和推出优化版本，突出其建模和动态块功能，在使设计师的伟大构想变成现实的过程中起到了极为重要的作用。

本书即是为满足广大读者学习CAD绘图与设计需求而编写。

一、本书的主要特色

1．根据 CAD 工程师需求量身打造

针对CAD制图的职业需求精心编写，囊括CAD制图的所有知识点，专业、标准、规范，知识讲解从零开始并辅之以案例，任何想进入行业的新手或CAD爱好者，可以从本书的学习中获得正确的方法，少走弯路，快速应对职业需求。

2．实战范例教学，强化应用技能培养

提供实际工程案例，以培养读者的应用能力。

3．实力作者，技术服务解答您的困惑

本书作者是具备多年实践经验的一线工程师，保证了本书的正确、专业和实用性。此外，读者如果在学习本书的过程中遇到疑难问题，可以发邮件至comshu@126.com，编者会尽快给予解答。

二、视频教学和案例源文件

为了让广大读者更快捷地学习和使用本书，本书提供了视频教学和案例源文件。

读者可以从以下地址下载本书的视频教学和案例源文件（注意区分数字和英文字母大小写），也可扫描二维码进行下载。

源文件：https://pan.baidu.com/s/1fI3nuYFRRypH8WTMLuUY0Q

视频文件 01：https://pan.baidu.com/s/1nV8lhbkZQtNLGJQvAMiouA

视频文件 02：https://pan.baidu.com/s/1rzvgb_XGoVHya7J5gM-qvA

视频文件 03：https://pan.baidu.com/s/1OhCQcvtiBazM1B0WHZk52w

源文件	视频文件 01	视频文件 02	视频文件 03

如果下载有问题，请发送电子邮件至booksaga@126.com获得帮助，邮件标题为“AutoCAD 2018 中文版建筑设计从入门到精通配书文件”。

三、读者对象

本书适合于AutoCAD 2018 初学者和期望提高AutoCAD设计应用能力的读者，具体如下：

★ CAD设计领域从业人员
★ 大、中专院校的教师和在校生
★ 参加工作实习的“菜鸟”
★ 广大科研工作人员
★ 初学AutoCAD 2018 的技术人员
★ 相关培训机构的教师和学员
★ AutoCAD爱好者
★ 初、中级AutoCAD从业人员

四、读者服务

本书主要由CAX应用联盟编著，同时高玉山、张樱枝、丁伟、王广、孔玲军、高飞、张迪妮、丁金滨、李战芬、郭海霞、王君、唐家鹏、乔建军、刘冰也参与了本书的编写。虽然作者在本书的编写过程中力求叙述准确、完善，但由于水平有限，书中欠妥之处在所难免，希望读者和同仁能够及时指出，共同促进提高本书的质量。

为了方便解决本书疑难问题，读者在学习过程中遇到与本书有关的技术问题，可以发邮件至3113088@qq.com或comshu@126.com，编者会尽快给予解答。最后，在此与大家共勉！

编　者

2018 年 8 月

目录 Contents

第 1 章

AutoCAD 2018 软件基础入门

AutoCAD是由美国Autodesk公司开发的一款绘图软件，是目前使用最为广泛的计算机辅助设计平台之一，普遍应用于建筑设计、装饰装潢、园林设计、电子电路、机械设计、服装鞋帽、航空航天、轻工化工等领域。

用户要想更加快速、高效地掌握AutoCAD 2018 软件的使用方法，必须对其操作界面、文件的操作方法、命令的调用与输入方法等有所了解，本章将基于这些要点进行详细讲解。

主要内容

- 简要讲解AutoCAD的基本功能
- 掌握AutoCAD 2018 的安装、启动与退出方法
- 熟悉AutoCAD 2018 的工作空间及界面
- 掌握AutoCAD 2018 中文件的创建与管理方法

1.1 AutoCAD 的基本功能

AutoCAD，是Auto Computer Aided Design（计算机辅助设计）的简写，它是目前国内外最受欢迎的CAD软件。AutoCAD作为最广泛使用的计算机辅助绘图和设计软件，自诞生以来，已经从简单的二维绘图软件发展成为一个庞大的计算机辅助设计系统。

1.1.1 绘图功能

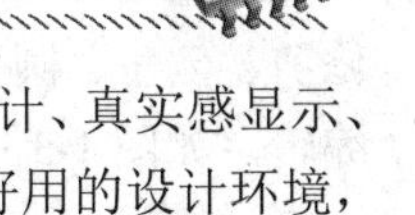

AutoCAD从最初的简易二维绘图，发展到现在的计算机辅助绘图设计软件包，集三维设计、真实感显示、通用数据库和Internet通信为一体。在它强大的技术平台框架上，构成了充满活力而又轻松好用的设计环境，它还能与 3D Studio、Lightscape、Photoshop等软件相结合，制作出具有真实感的三维透视效果和动画。

绘图功能是AutoCAD的核心，其二维绘图功能尤其强大，它提供了一系列的二维图形绘制命令，可以绘制直线、多段线、样条曲线、矩形、多边形等基本图形；也可以将绘制的图形转换为面域，对其进行填充，如剖面线、非金属材料、涂黑、砖、砂石、渐变色等。

在建筑与室内设计领域中，利用AutoCAD 2018 可以创建出尺寸精确的建筑结构图与施工图，为以后的施工提供参照依据，如图 1-1 所示。同时，设计人员还可以配合使用 3ds Max，结合现实的环境场景制作出建筑效果图，使客户可以直接感受到工程竣工后的效果。

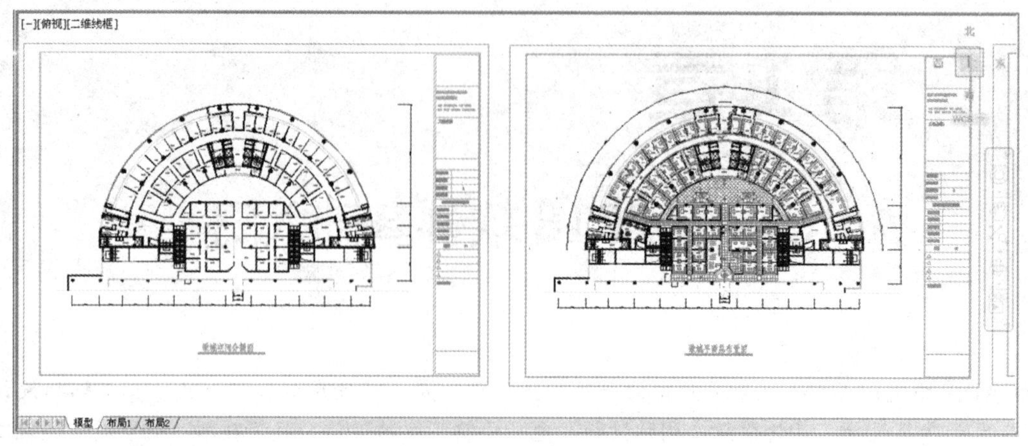

图 1-1　AutoCAD 室内装潢的绘图效果

在工业设计领域中，AutoCAD 2018 作为产品开发设计的有效手段，为设计师在构思和创作方面提供了极大的帮助。在新产品的设计开发过程中，可以利用AutoCAD 2018 进行辅助设计，模拟产品实际的工作情况，监测其造型与机械在实际使用中的缺陷，如图 1-2 所示。

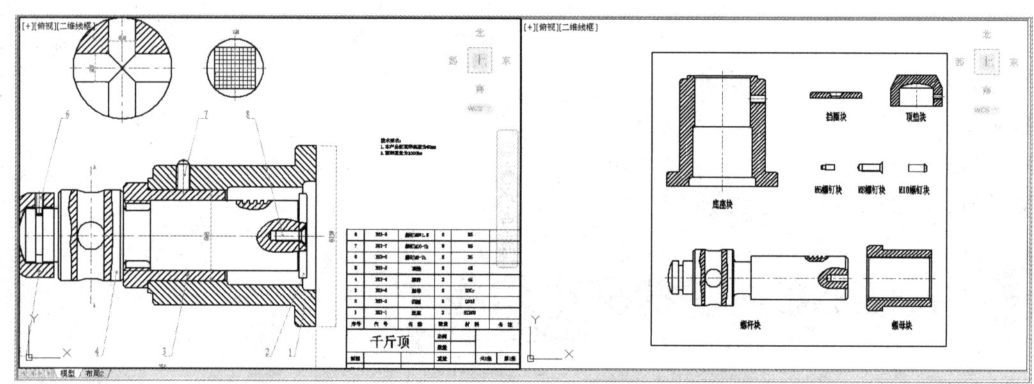

图 1-2　AutoCAD 机械设计的绘图效果

1.1.2　修改和编辑功能

AutoCAD在提供绘图命令的同时，还提供了丰富的图形编辑和修改功能，如移动、旋转、缩放、延长、修剪、倒角、圆角、复制、阵列、镜像、删除等，用户可以灵活、方便地对选定的图形对象进行修改和再次编辑，如图 1-3 所示。

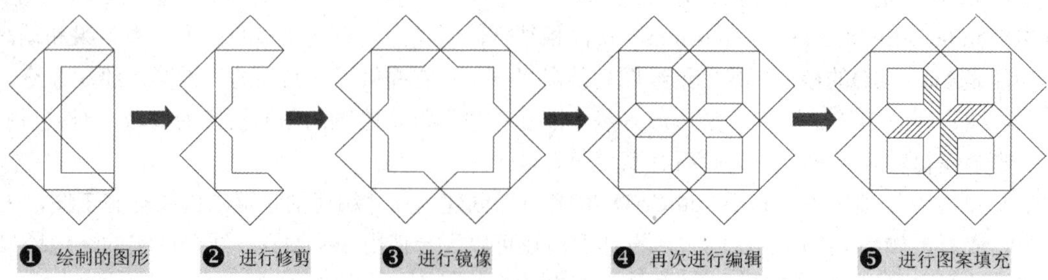

图 1-3　编辑的图形

1.1.3 标注功能

图形标注分为文字标注、尺寸标注、表格标注等。

- 文字标注不仅对图形起到注释、说明的作用，还能表达一些图形无法表明的内容，如设计说明、施工图中的图例、符号注释、技术要求等，如图 1-4 所示。
- 尺寸标注是在图形中添加测量注释的过程，它显示的是对象的测量值、对象之间的距离、角度或特征，是整个绘图过程中十分重要的步骤。

AutoCAD提供了线性、半径、直径、角度等基本的标注类型，可以进行水平、垂直、对齐、旋转、坐标、基线、连续、圆心、弧长等标注。除此之外，也可以进行引线标注、公差标注、极限标注，以及自定义粗糙度标注、标高标注等。无论是二维图形还是三维图形，均可进行标注。使用AutoCAD标注的二维图形如图 1-5 所示。

施工图设计说明

1 设计依据

1.1 经批准的本工程初步设计或方案设计文件，建设方的意见；

1.2 现行的国家有关建筑设计规范、规程和规定。

2 项目概况

2.1 本工程为某镇卫生院门诊楼，建设地点位于2 。

2.2 本工程建筑面积1289m ， 建筑基底面积 578 m ；

2.3 建筑层数为三层，建筑高度11.0m ；

2.4 建筑结构形式为三层框架结构，建筑结构的类别为三类，合理使用年限为50年，抗震设防烈度为七度，抗震设防分类为丙类；

2.5 建筑耐火等级为二级.

图 1-4 文字标注

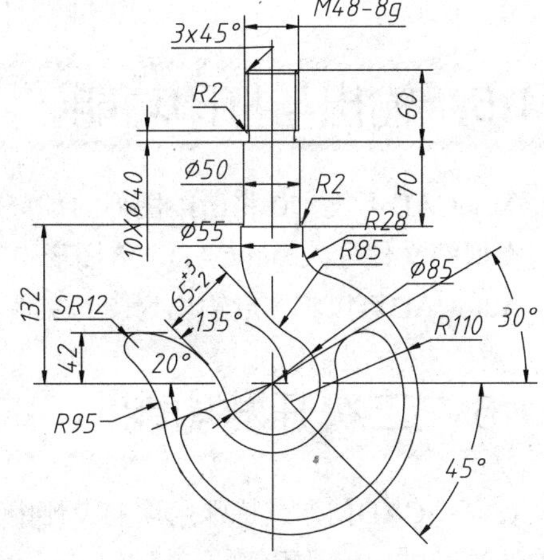

图 1-5 尺寸标注

1.1.4 三维渲染功能

三维功能的作用是建立、观察和显示各种三维模型，其中包括线框模型、曲面模型和实体模型。

AutoCAD 提供了很多三维绘图命令，不但可以将二维图形通过拉伸、设置标高和厚度转换为三维图形，或者将平面图形经过回转和平移，分别生成回转扫描体和平移扫描体，还可以创建长方体、圆柱体、球等三维实体，绘制三维曲面、三维网格、旋转面等模型，如图 1-6 所示。

同时，AutoCAD可以为三维造型设置光源和材质，通过渲染处理，得到像照片一样具有三维真实感的图像。经渲染处理的室内布置图如图 1-7 所示。

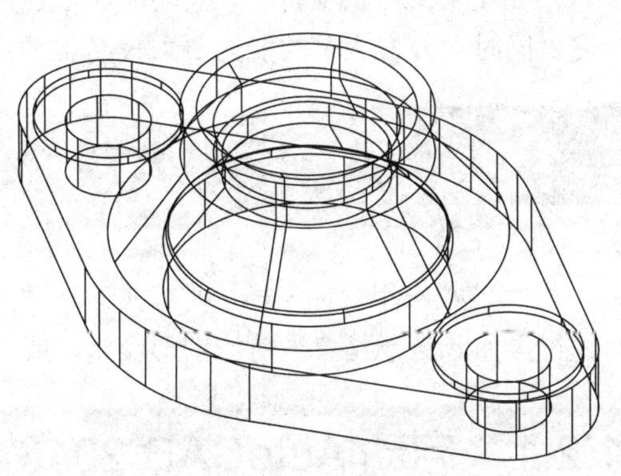

图 1-6 三维图形

图 1-7　渲染处理后的图像

1.1.5　输出与打印功能

AutoCAD不仅允许将所绘图形的部分或全部以任意比例或不同样式通过绘图仪或打印机输出，还可以将不同类型的文件导入AutoCAD，将图形中的信息转化为AutoCAD图形对象，或者转化为一个单一的块对象。

AutoCAD可以将图形输出为图元文件、位图文件、平版印刷文件、AutoCAD块和 3D Studio文件。

1.1.6　二次开发功能

在复杂CAD问题或特殊用途的设计中，依靠原有软件的功能往往难以解决问题，在此情况下，只是会使用软件的基本功能是不够的。根据客户的特殊要求进行软件的客户化定制和二次开发，能够大大提高企业的生产效率和技术水平。

当前AutoCAD的二次开发工具主要有Visual LISP、VBA、ObjectARX和.NET API。其中，Visual LISP与VBA较为简单，特别是VBA，使用方便且开发速度较快，但其功能相比ObjectARX有所不足。ObjectARX基于VC平台，在C++的支持下，其功能非常强大，可以很好地运用各种面向对象技术，但其缺点是发开速度比较慢，同时对开发人员的能力要求较高。

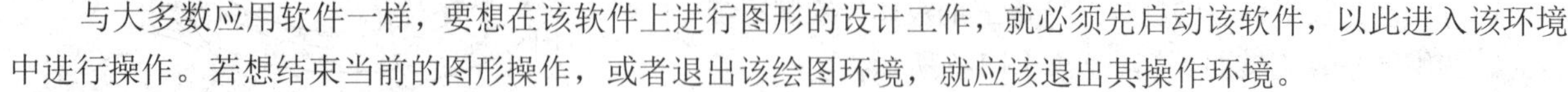

1.2　AutoCAD 2018 的启动与退出

与大多数应用软件一样，要想在该软件上进行图形的设计工作，就必须先启动该软件，以此进入该环境中进行操作。若想结束当前的图形操作，或者退出该绘图环境，就应该退出其操作环境。

1.2.1　启动 AutoCAD 2018

当用户的电脑上已经成功安装好AutoCAD 2018 软件，即可开始启动并运行该软件。要启动AutoCAD 2018 软件，可通过以下几种方式：

- 双击桌面上的【AutoCAD 2018】快捷图标；
- 执行【开始】|【所有程序】|【Autodesk | AutoCAD 2018-Simplified Chinese】命令；
- 右击桌面上的【AutoCAD 2018】快捷图标，从弹出的快捷菜单中选择【打开】命令。

默认情况下，系统进入准备界面，然后单击“开始绘制”，即可进入如图 1-8 所示的绘图界面。

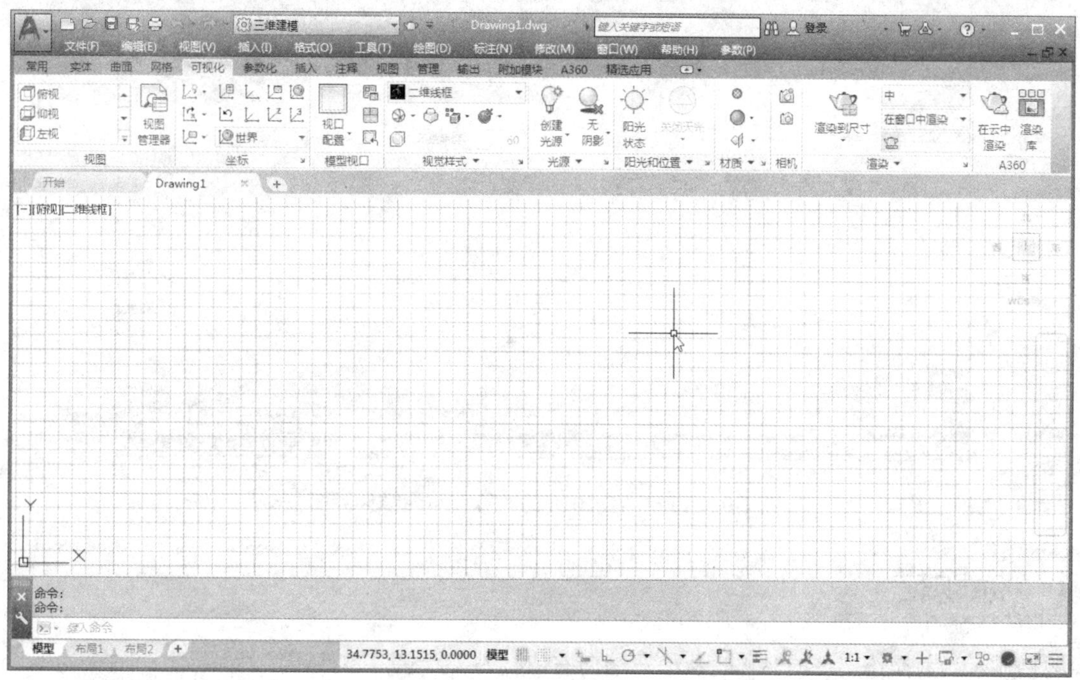

图 1-8　AutoCAD 2018 绘图界面

1.2.2　退出 AutoCAD 2018

当用户需要退出AutoCAD 2018 软件时，可采用以下几种方法：

- 在AutoCAD 2018 菜单栏中选择“文件” | “关闭”命令；
- 在命令行中输入QUIT（或EXIT）；
- 单击工作界面右上角的“关闭”按钮。

1.3　AutoCAD 2018 的操作界面

AutoCAD 2018 提供了三种工作空间模式，即“草图与注释”“三维基础”和“三维建模”。当正常安装并首次启动AutoCAD 2018 软件时，系统将以默认的“草图与注释”界面显示，如图 1-9 所示。

其界面主要由菜单浏览器按钮、功能区选项板、快速访问工具栏、绘图区、命令行窗口、状态栏等元素组成。在该空间中，可以方便地使用“默认”选项卡中的绘图、修改、图层、标注、文字、表格等面板来进行二维图形的绘制。

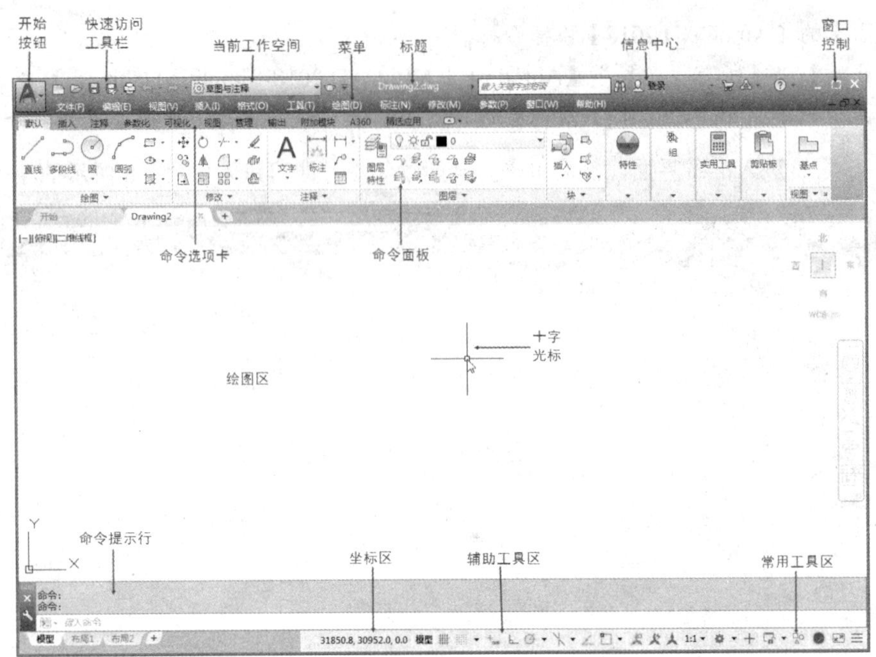

图 1-9　AutoCAD 2018 的“草图与注释”界面

1.3.1　标题栏

标题栏显示当前操作文件的名称。从最左端向右依次为“新建”“打开”“保存”“另存为”“打印”“放弃”和“重做”按钮；其次向后是“工作空间”列表，用于工作空间界面的选择；再其次向后是软件名称、版本号和当前文档名称信息；再向后是“搜索”“登录”“交换”按钮，并新增“帮助”功能；最右侧则是当前窗口的“最小化”“最大化”和“关闭”按钮，如图 1-10 所示。

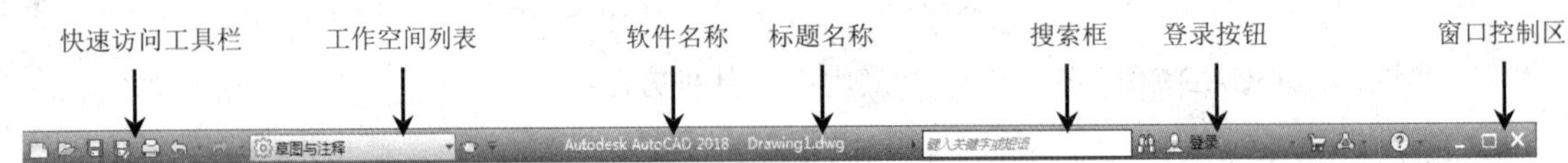

图 1-10　标题栏

1.3.2　快速访问工具栏

默认的快速访问工具栏中集成了新建、打开、保存、另存为、Cloud选项、打印、放弃、重做和工作空间切换 9 个工具，主要作用在于快速单击使用，如图 1-11 所示。

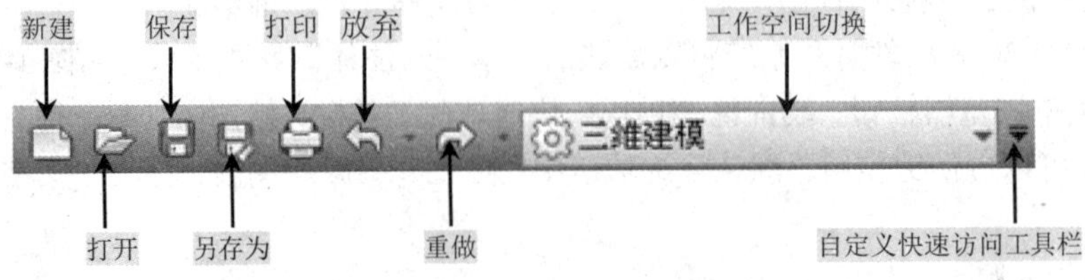

图 1-11　快速访问工具栏

如果单击“倒三角”按钮，将打开如图 1-12 所示的菜单列表，可根据需要添加一些工具按钮到快速访问工具栏中。

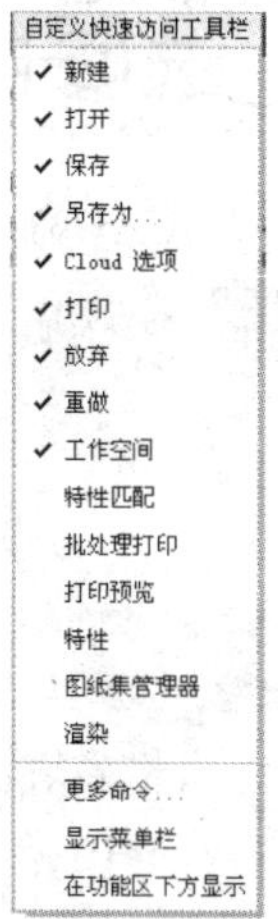

图 1-12　自定义快速访问工具栏

1.3.3　菜单浏览器和快捷菜单

在窗口最左上角的大A按钮为“菜单浏览器”按钮，单击该按钮会出现下拉菜单，有“新建”“打开”“保存”“另存为”“输出”“打印”“发布”等。另外，还增加了很多新的项目，如“最近使用的文档”、“打开文档”、“选项”和“退出AutoCAD”按钮，如图 1-13 所示。

AutoCAD 2018 的快捷菜单通常会出现在绘图区、状态栏、工具栏、模型或布局选项卡上的右击时，系统弹出一个快捷菜单，该菜单中显示的命令与右击对象及当前状态相关，会根据不同的情况出现不同的快捷菜单命令，如图 1-14 所示。

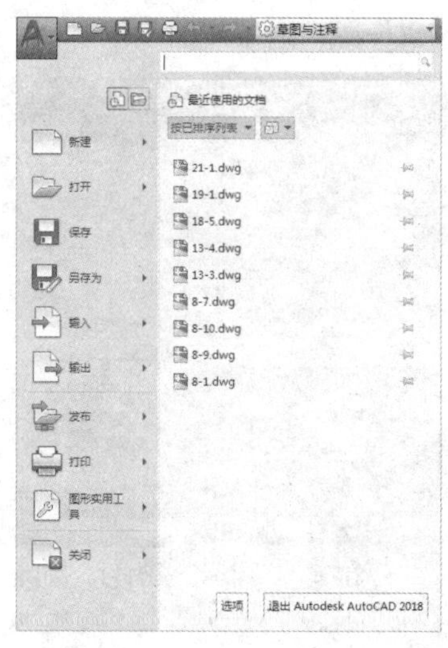

图 1-13　菜单浏览器

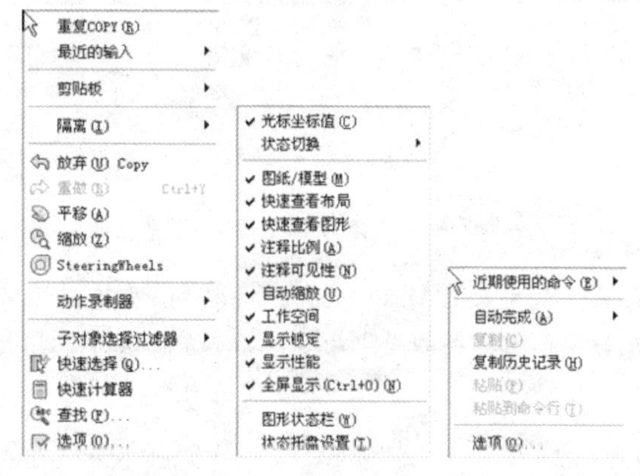

图 1-14　右键快捷菜单

提示

在菜单浏览器中，其后面带有符号 ▸ 的命令，表示还有级联菜单；如果命令为灰色，则表示该命令在当前状态下不可用。

1.3.4 选项卡和面板

使用AutoCAD命令的另一种方式就是应用选项卡，选项卡包括“默认”“插入”“注释”“参数化”“视图”“管理”“输出”“A360”（即Autodesk360）及“精选应用”，如图 1-15 所示。

默认 插入 注释 参数化 视图 管理 输出 附加模块 A360 精选应用

图 1-15 选项卡

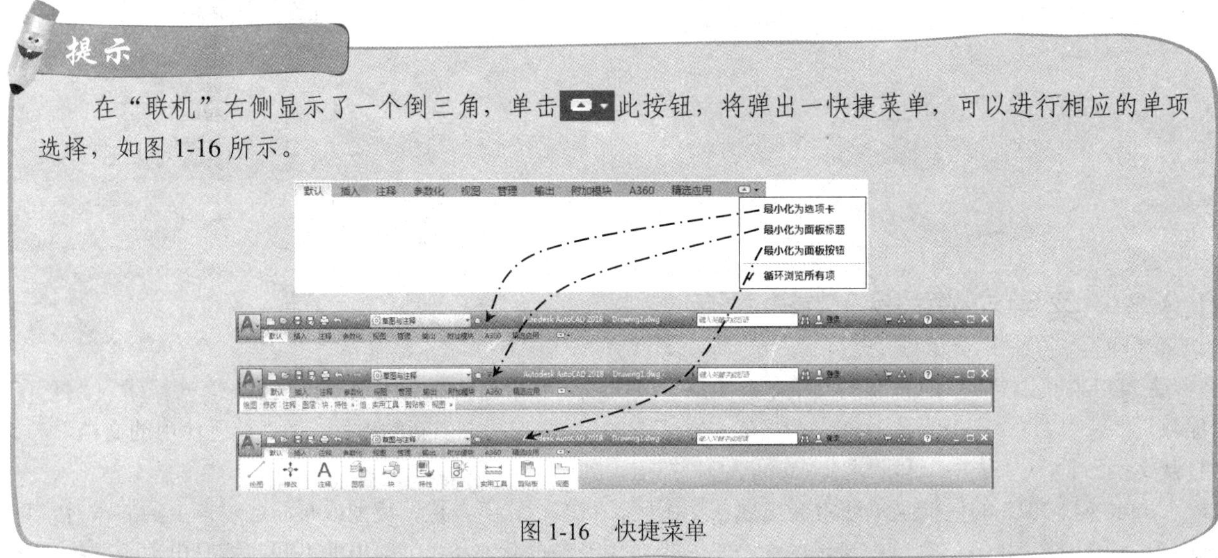

提示

在“联机”右侧显示了一个倒三角，单击此按钮，将弹出一快捷菜单，可以进行相应的单项选择，如图 1-16 所示。

图 1-16 快捷菜单

使用鼠标单击相应的选项卡，即可分别调用相应的命令。例如，在“默认”选项卡下包括有“绘图”“修改”“图层”“注释”“块”“特性”“组”“实用工具”“剪贴板”等面板，如图 1-17 所示。

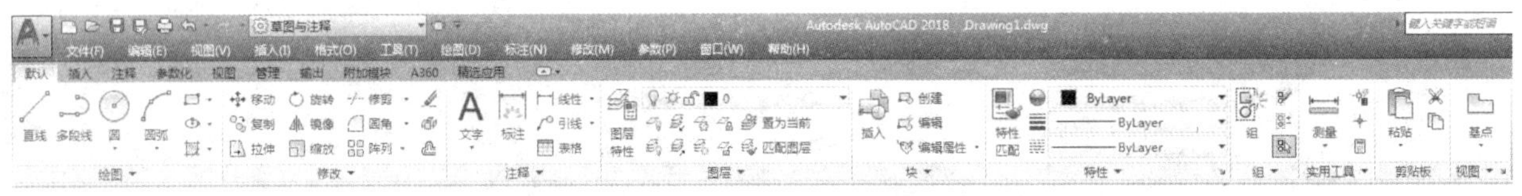

图 1-17 面板

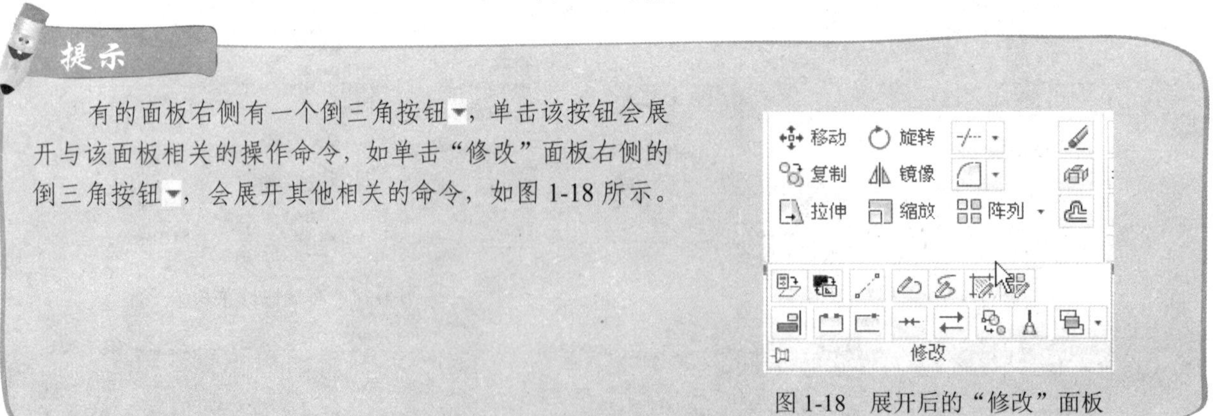

提示

有的面板右侧有一个倒三角按钮，单击该按钮会展开与该面板相关的操作命令，如单击“修改”面板右侧的倒三角按钮，会展开其他相关的命令，如图 1-18 所示。

图 1-18 展开后的“修改”面板

1.3.5　菜单栏

在AutoCAD 2018 的工作环境中，默认其菜单栏和工具栏处于隐藏状态，这也是与以往版本不同的地方。

在AutoCAD 2018 的“草图与注释”工作空间状态下，如果要显示其菜单栏，可在标题栏的“工作空间”右侧单击其倒三角按钮（即“自定义快速访问工具栏”列表），从弹出的列表中选择“显示菜单栏”选项，即可显示AutoCAD的常规菜单栏，如图 1-19 所示。

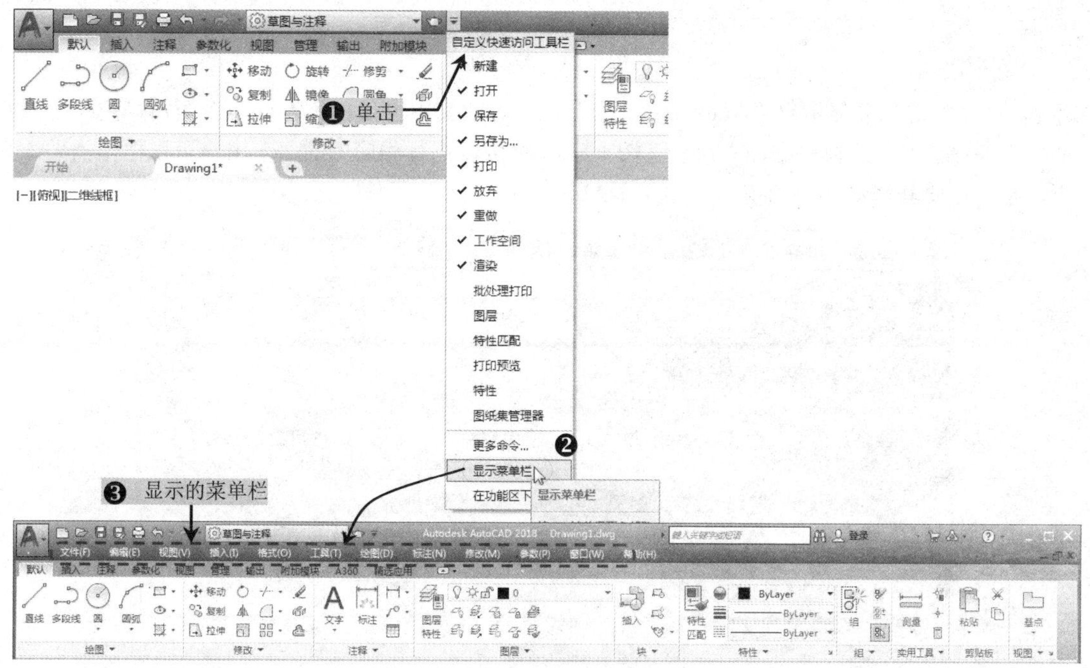

图 1-19　显示菜单栏

1.3.6　绘图区

绘图区是用户进行绘图的工作区域。在绘图区中不仅显示当前的绘图结果，还显示用户当前使用的坐标系图标，表示该坐标系的类型和原点、X轴和Y轴的方向，如图 1-20 所示。

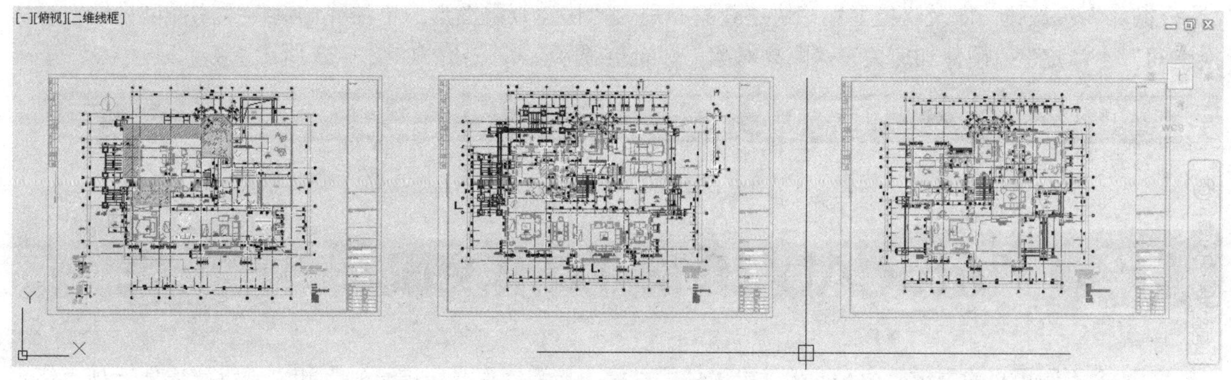

图 1-20　绘图区

1.3.7 命令行

默认情况下，命令行位于绘图区的下方，用于输入系统命令或显示命令的提示信息。用户在面板区、菜单栏或工具栏中选择某个命令时，也会在命令行中显示提示信息，如图 1-21 所示。

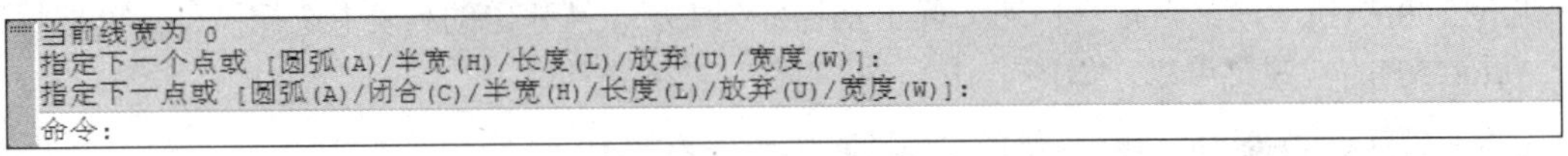

```
当前线宽为 0
指定下一个点或 [圆弧(A)/半宽(H)/长度(L)/放弃(U)/宽度(W)]:
指定下一点或 [圆弧(A)/闭合(C)/半宽(H)/长度(L)/放弃(U)/宽度(W)]:
命令:
```

图 1-21　命令行

在键盘上按F2 键，会显示出“AutoCAD文本窗口”，此文本窗口也称专业命令窗口，用于记录在窗口中操作的所有命令。若在此窗口中输入命令，按下Enter键可以执行相应的命令。用户可以根据需要改变其窗口的大小，也可以将其拖动为浮动窗口，如图 1-22 所示。

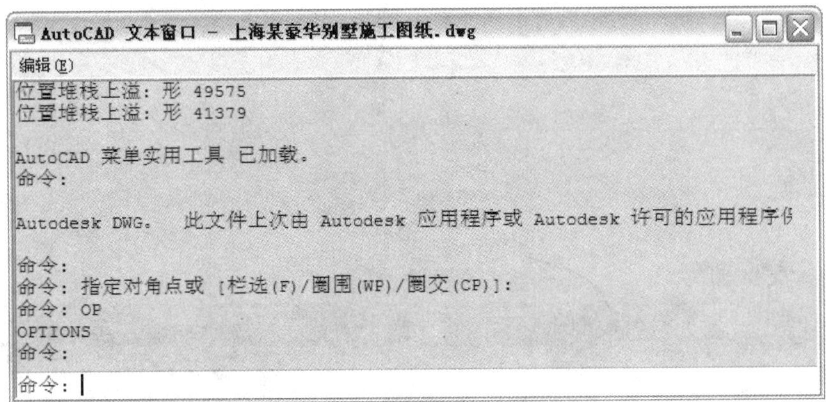

```
AutoCAD 文本窗口 - 上海某豪华别墅施工图纸.dwg
编辑(E)
位置堆栈上溢: 形 49575
位置堆栈上溢: 形 41379

AutoCAD 菜单实用工具 已加载。
命令:

Autodesk DWG。  此文件上次由 Autodesk 应用程序或 Autodesk 许可的应用程序保

命令:
命令: 指定对角点或 [栏选(F)/圈围(WP)/圈交(CP)]:
命令: OP
OPTIONS
命令:
命令:
```

图 1-22　文本窗口

1.3.8 状态栏

状态栏位于AutoCAD 2018 窗口的最下方，用于显示当前光标的状态，如X、Y、Z的坐标值。从左到右为“推断约束”“捕捉模式”“栅格显示”“正交模式”“极轴追踪”“对象捕捉”“三维对象捕捉”“对象捕捉追踪”“允许 | 禁止动态UCS”“动态输入”“显示 | 隐藏线宽”“显示 | 隐藏透明度”“快捷特性”“选择循环”等按钮，以及“模型”“快速查看布局”“快速查看图形”“注释比例”“注释可见性”“切换空间”“锁定”“硬件加速关”“隔离对象”“全屏显示”等按钮，如图 1-23 所示。

36.4718, 11.5728, 0.0000 模型 1:1

图 1-23　状态栏

1.4 AutoCAD 2018 的工作空间

为适合不同用户的需求，Autodesk公司提供了“草图与注释”“三维基础”和“三维建模”三种工作空间，用户可根据实际工作需要切换不同的空间。

1.4.1　切换工作空间

当首次启动AutoCAD 2018 软件时，系统将以默认的“草图与注释”界面显示，用户可以根据自己的需要选择不同的空间。在快速访问工具栏中单击“工作空间”后面的小三角按钮；或者在默认工作界面的状态栏中单击“切换工作空间”按钮，均可弹出工作空间列表，如图 1-24 和图 1-25 所示。

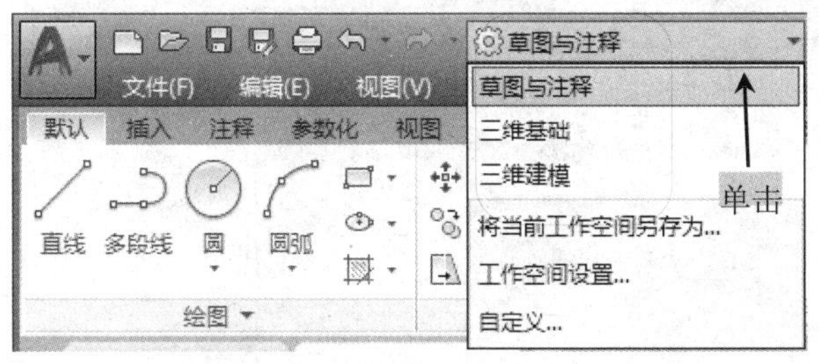

图 1-24　切换工作空间（1）

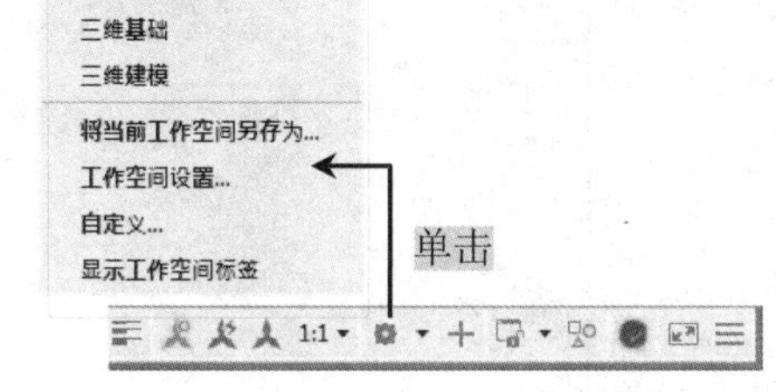

图 1-25　切换工作空间（2）

1.4.2　“草图与注释”工作空间

与图 1-19 所示的界面相同，此处不再重复讲解。本书内容主要在 AutoCAD 2018 的“草图与注释”工作空间中进行讲解。

1.4.3　“三维基础”工作空间

使用“三维基础”工作空间，可以非常方便地在三维空间中绘制图形，其中包括“默认”“可视化”“插入”“视图”“管理”“输出”“附加模块”Autodesk 360 等多个选项卡，从而为绘制三维图形、观察图形、创建动画、设置光源、为三维对象附加材质等操作提供最基础的绘图环境，如图 1-26 所示。

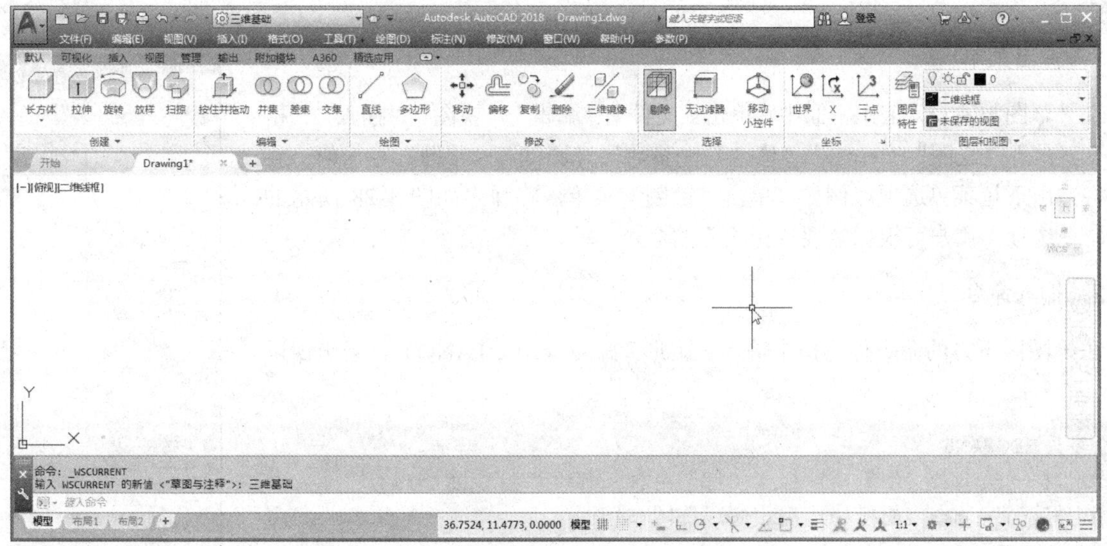

图 1-26　“三维基础”工作空间

1.4.4 “三维建模”工作空间

使用“三维建模”空间，可以更加方便地在三维空间中绘制图形。除了“三维基础”工作空间中默认的多个选项卡外，还包括“实体”“曲面”“注释”“布局”“视图”“网格”和“参数化”等选项卡，如图1-27 所示。

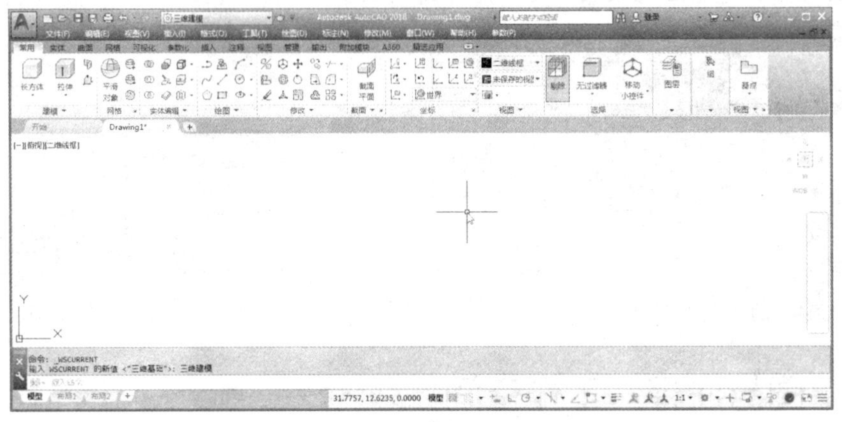

图 1-27 “三维建模”工作空间

1.5 命令调用方式

在AutoCAD 2018 的操作中，有一些基本操作方法，将使AutoCAD 2018 的应用变得更加简单，这些也是AutoCAD 2018 学习必备的知识。

1.5.1 命令调用的三种方法

1. 弹出菜单

在“草图与注释”工作空间中，单击“文件”“编辑”“视图”“插入”“格式”“工具”“绘图”“标注”“修改”“参数”“窗口”“帮助”等任何一菜单，将弹出下拉菜单选项。例如，单击“绘图”菜单，将弹出如图 1-28 所示的菜单命令选项，用户可根据需要选择相应的命令。

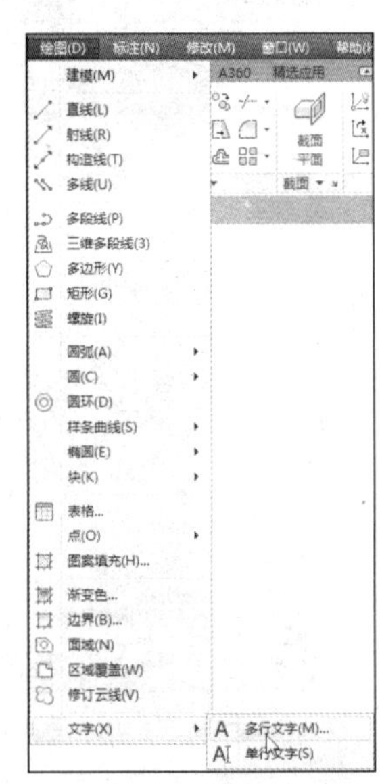

图 1-28 弹出菜单

2. 输入命令

在绘图区下方的命令行窗口中输入“矩形”命令（RECTANG），会出现以下提示信息：

```
命令: RECTANG
指定第一个角点或 [倒角(C)/标高(E)/圆角(F)/厚度(T)/宽度(W)]:
指定另一个角点或 [面积(A)/尺寸(D)/旋转(R)]:
```

3. 右键快捷菜单

如果用户需要重复执行前面所使用过的命令，可以直接在绘图区单击鼠标右键，弹出快捷菜单，如图 1-29 所示。菜单第一项就是重复前一步所执行的命令，在菜单第二项“最近的输入”的子菜单中可选择最近使用过的多步命令。

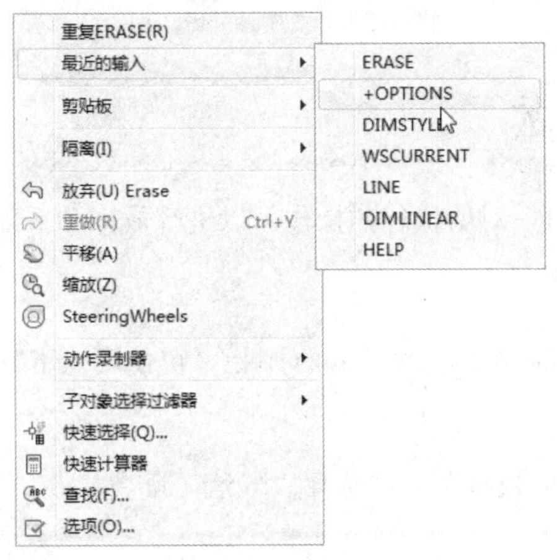

图 1-29　右键快捷菜单

1.5.2　命令的输入方法

AutoCAD 中命令的输入方法有以下几种。

1. 在命令行窗口输入命令

输入命令名字符不分大小写。例如，在命令行窗口中输入“圆”命令（Circle），会出现以下提示信息：

```
命令: Circle
指定圆的圆心或 [三点(3P)/两点(2P)/切点、切点、半径(T)]:
\\在屏幕上指定一点或输入一点的坐标
指定圆的半径或 [直径(D)] <100.00>:
```

选项中无括号提示为默认选项，可以直接输入直线段的起点坐标或屏幕指定一点。如果选择其他选项，则可直接输入其标识字符；如要选择“放弃”选项，则应该输入其标识字符（U），然后按系统提示输入数据即可。有些命令行中，选项后面会带有尖括号，尖括号内的数值为默认数值。

2. 在命令行窗口中输入命令缩写

AutoCAD中的快捷键是一个绘图人员必须掌握的，基本上AutoCAD中的命令都有相应的快捷键，即命令缩写，如L（Line）、C（Circle）、A（Arc）、PL（Pline）、Z（Zoom）、AR（Array）、M（Move）、CO（Copy）、RO（Rotate）、E（Erase）等。

3. 在面板中选取相应的命令

用户可以直接使用鼠标在选项卡面板中单击相应的按钮，系统同样也会在命令行窗口中给出相应的提示选项，如图 1-30 所示。

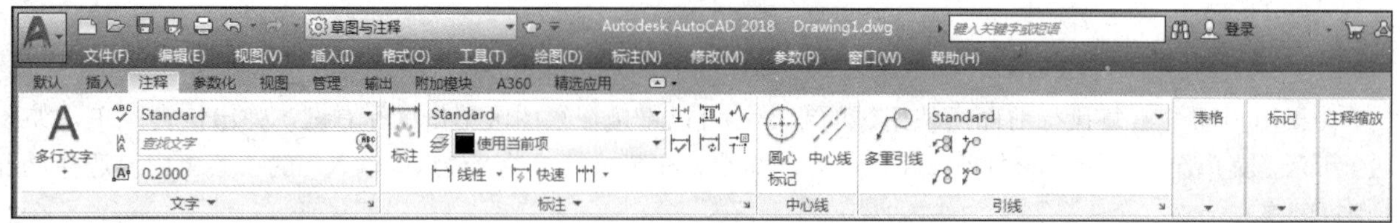

图 1-30 “注释”选项卡

1.5.3 命令放弃和重做

在AutoCAD环境中绘制图形时，对所执行的操作可以进行放弃和重复操作。

1. 放弃命令

在执行命令的过程中，用户可以对任何命令进行中止。可使用以下方法：

- 快捷键：按下Esc键；
- 右键：右击鼠标，从弹出的快捷菜单中选择“取消”命令。

2. 重做命令

如果因误撤销了正确的操作，可以通过“重做“命令进行还原。可使用以下方法：

- 工具栏：单击快速访问工具栏中的“重做”按钮；
- 快捷键：按下Ctrl+Y组合键，撤销最近一次操作；
- 命令行：在命令行中输入Redo命令并按Enter键。

提示——命令的重复

在命令行中直接按下Enter键或空格键，可重复调用上一个命令，无论上一个命令是已经完成还是被取消。

1.5.4 取消操作

在命令执行的任何时刻，都可以取消命令的执行。可使用以下方法：

- 工具栏：单击快速访问工具栏中的“放弃”按钮；
- 快捷键：按下Ctrl+Z组合键；
- 命令行：在命令行中输入Undo命令并按Enter键。

1.6 AutoCAD 文件操作

只要是进行文件操作，都需要文件的新建、打开、保存、输出等操作。下面就来详细讲解AutoCAD软件中文件的基本操作。

1.6.1 文件的新建

在绘制图形之前，首先要创建新图的绘图环境和图形文件。可使用以下方法：

- 工具栏：在快速访问工具栏中单击“新建”按钮；
- 快捷键：按下Ctrl+N组合键；
- 命令行：在命令行中输入New命令并按Enter键。

执行上述命令后，系统会自动弹出“选择样板”对话框，如图 1-31 所示。在“文件类型”下拉列表框中有 3 种格式的图形样板，分别是以“.dwt”“.dwg”和“.dws”为后缀。用户可根据需要选择所需的样板文件，然后单击“打开”按钮即可。

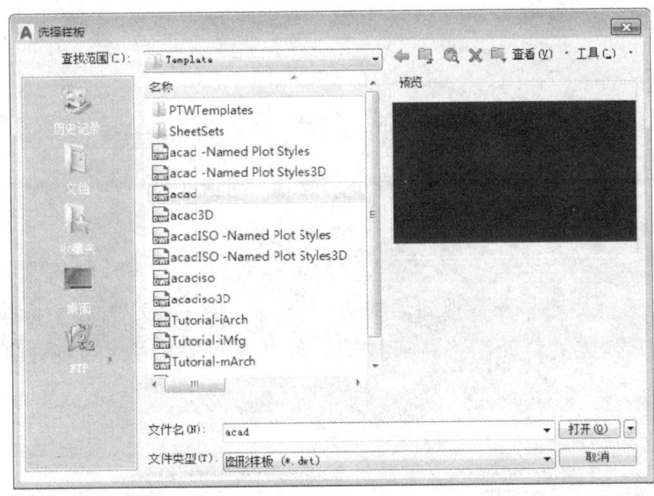

图 1-31 “选择样板”对话框

每种图形样板文件中，系统都会根据所绘图形任务要求进行统一的图形设置，包括绘图单位类型和精度要求、捕捉、栅格、图层、图框等前期准备工作。

使用样板文件绘图，可以使用户所绘制的图形设置统一，大大提高工作效率。当然，用户也可以根据需要自行创建新的样板文件。

提示与技巧——样板文件的类型

.dwt格式的文件为标准样板文件，通常将一些规定的标准性的样板文件设置为.dwt格式文件；.dwg格式文件是普通样板文件；.dws格式文件是包含标准图层、标准样式、线性和文字样式的样板文件。

1.6.2 文件的打开

要将已存在的图形文件打开，可使用以下方法：

- 工具栏：单击快速访问工具栏中的“打开”按钮；
- 快捷键：按下Ctrl+O组合键；
- 命令行：在命令行中输入Open命令并按Enter键。

执行上述命令后，系统将自动弹出“选择文件”对话框，如图 1-32 所示。在“文件类型”下拉列表框中有.dwg、.dwt、.dxf和.dws格式文件供用户选择，.dxf格式文件是用文本形式存储图形文件，能够被其他程序读取。

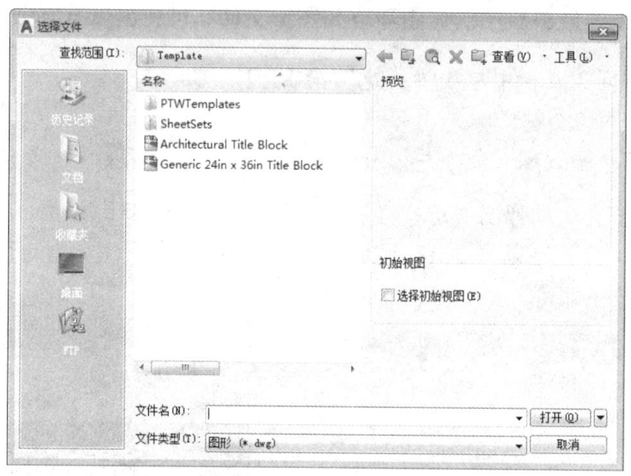

图 1-32 “选择文件”对话框

提示与技巧——文件打开方式

在“选择文件”对话框的“打开”按钮右侧有一个倒三角按钮，单击它将显示出 4 种打开文件的方式，即“打开”“以只读方式打开”“局部打开”和“以只读方式局部打开”，如图 1-33 所示。

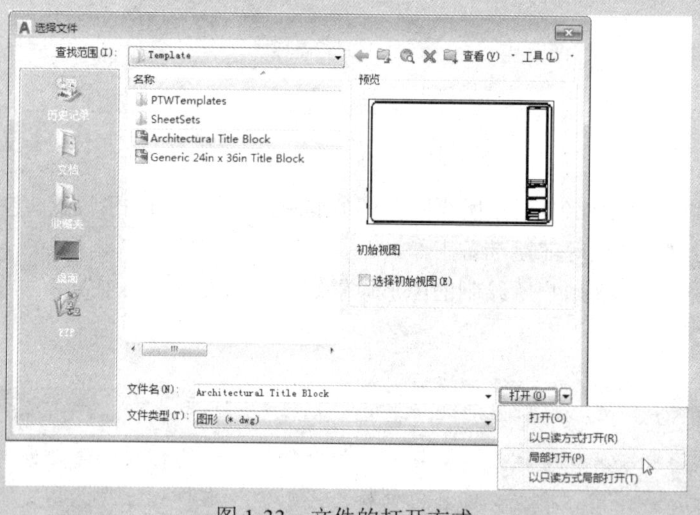

图 1-33 文件的打开方式

1.6.3 文件的保存

对文件操作的时候，养成随时保存文件的好习惯，避免出现电源故障或发生其他意外情况时图形文件及其数据丢失。

要将当前视图中的文件进行保存，可使用以下方法：

- 工具栏：在快速访问工具栏中单击“保存”按钮；
- 快捷键：按下Ctrl+S组合键；
- 命令行：在命令行中输入Save命令并按Enter键。

执行上述命令后，若需要保存的文件在绘制前已命名，则系统会自动将内容保存到该命名的文件中，若该文件属于未命名（即为默认名drawing1.dwg），系统会弹出“图形另存为”对话框，如图 1-34 所示，用户可以将其命名并保存。保存路径可以在“保存于”下拉列表中选择，保存格式可以在“文件类型”下拉列表框中选择。

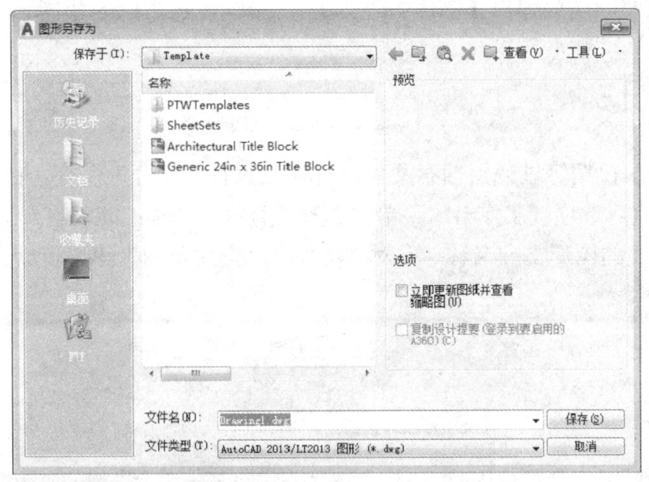

图 1-34　“图形另存为”对话框

提示与技巧——设置文件自动保存间隔时间

在绘制图形时，可以设置为自动定时来保存图形。选择“工具”|“选项”菜单命令，在打开的“选项”对话框中选择“打开和保存”选项卡，选中“自动保存”复选框，然后在“保存间隔分钟数”文本框中输入一个定时保存的时间（分钟），如图 1-35 所示。

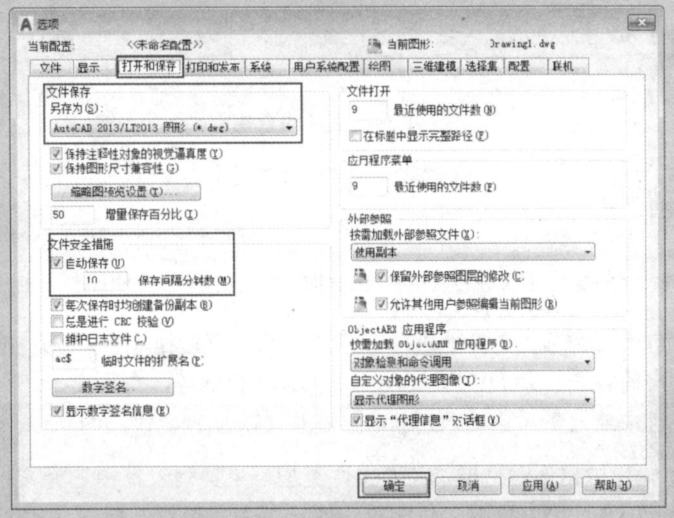

图 1-35　定时保存图形文件

1.6.4　文件的另存为

用户如果想将当前文件另外保存为一个新的文件，可以使用以下方法：

- 工具栏：单击快速访问工具栏中的“另存为”按钮；
- 快捷键：按下Shift+Ctrl+S组合键；
- 命令行：在命令行中输入save as命令并按Enter键。

执行上述命令后，系统同样会弹出【图形另存为】对话框，与图 1-38 相同。

1.6.5　文件的查找

使用名称、位置、修改日期等过滤器搜索文件，首先应执行“打开”命令，在弹出的“选择文件”对话框中，单击右上角的“工具”选项，在弹出的菜单中选择“查找”选项；此时打开“查找：”对话框，在“名称”文本框中输入需要查找的图形文件名称，并对“类型”“查找范围”等进行设置，最后单击“开始查找”按钮，如图 1-36 所示。

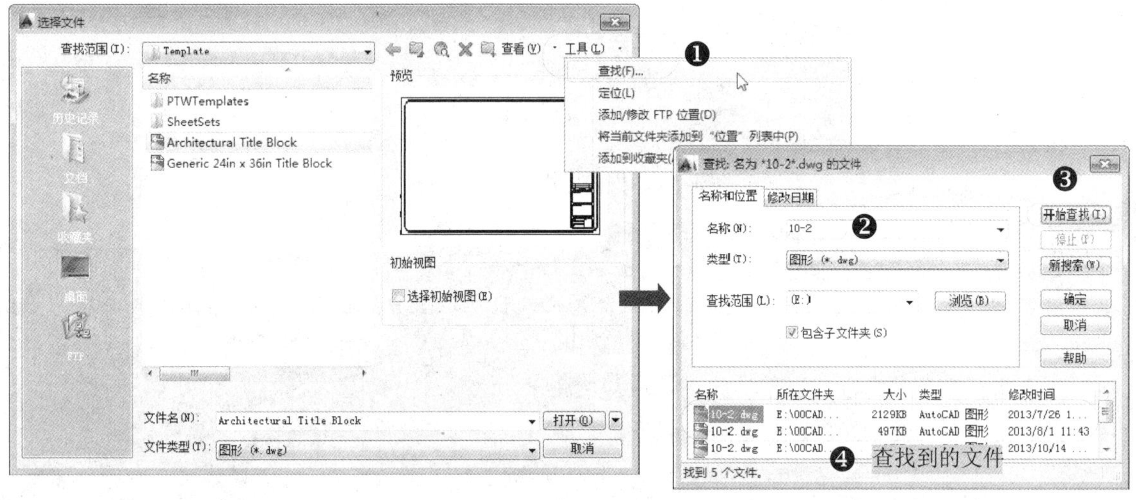

图 1-36　文件的查找

1.6.6　文件的输出

绘制好AutoCAD图形文件后，可以进行不同格式的输出，用户可以使用以下方法：

- 菜单栏：单击窗口左上角的大A按钮，在弹出的菜单中选择“输出”命令，在其下级菜单中提供了一些文件输出的格式，如.DWF、.PDF、.DGN、.FBX等，如图 1-37 所示；
- 命令行：在命令行中输入或动态输入Export命令并按Enter键。

执行命令后，打开“输出数据”对话框，在“文件类型”下拉列表框中选择文件的输出类型，如图元文件、ACIS、平版印刷、封装PS、DXX提取、位图等，然后单击“保存”按钮，如图 1-38 所示。

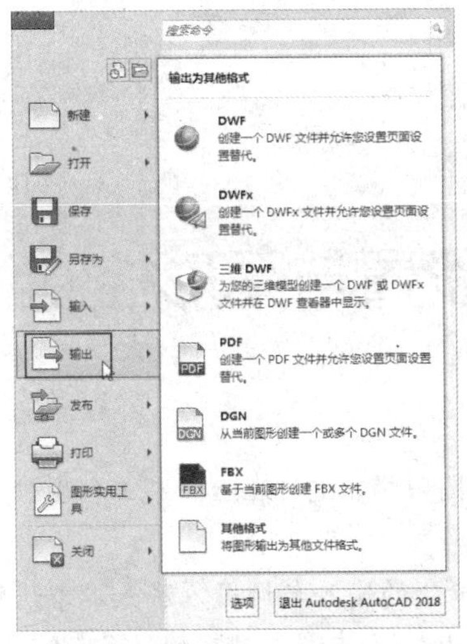

图 1-37　选择“输出”命令

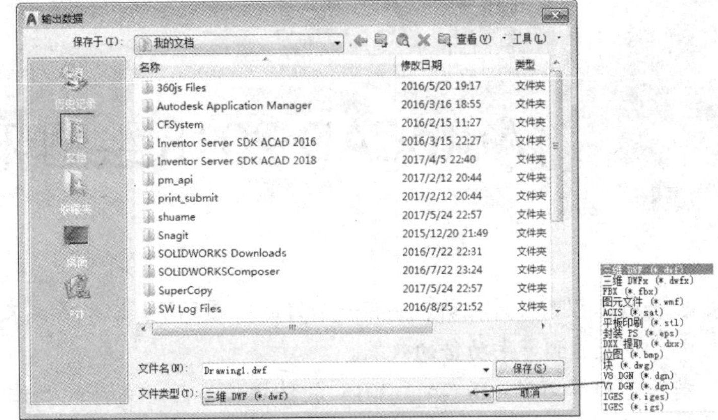

图 1-38　文件的输出

输出AutoCAD图形文件时，支持以下输出格式，其具体含义如下。

- dwf：与dwfx格式一样，将选定对象输出为 3D Studio MAX可接受的格式。
- wmf：将选定的对象以Windows图元文件格式保存。
- sat：将选定对象输出为ASCII格式。
- stl：将选定对象输出为实体对象立体画格式。
- eps：将选定对象输出为封装PostScript格式。
- dxx：将选定对象输出为DXX属性抽取格式。
- bmp：将选定对象输出为设备无关的位图格式。
- dwg：将选定对象输出为AutoCAD 图形块格式。
- dgn：将选定对象输出为数字负片格式。DNG是一种用于数码相机生成的原始数据文件的公共存档格式。

第 2 章 AutoCAD 2018 绘图环境设置与图形控制

在进行工程图设计之前，要有一个好的绘图环境，以及养成良好的绘图习惯，这样在后面的工程图设计过程中，才能达到事半功倍的效果。

前面已经学习了AutoCAD 2018 软件操作界面、文件的操作方法、命令的输入与调用方法，本章讲解AutoCAD的坐标系统、绘图环境的设置方法、捕捉与追踪的设置，以及AutoCAD中图形对象的显示与缩放、图层的操作方法与控制显示。

主要内容

- 掌握各种坐标的输入方法
- 掌握绘图环境的设置
- 掌握精确捕捉与追踪设置
- 掌握视图的缩放
- 掌握图层的设置和控制

2.1 AutoCAD 坐标系

AutoCAD的图形定位，主要是由坐标系进行确定。使用AutoCAD的坐标系，首先要了解AutoCAD坐标系的概念和坐标的输入方法。

2.1.1 AutoCAD 坐标系的概念

坐标系又叫编程坐标系，由X轴、Y轴和原点构成。坐标原点可以自由选择，原则是方便计算，能简化编程，尽可能选在零件的设计基准或工艺基准上。在AutoCAD中，包括 3 种坐标系，分别是笛卡尔坐标系、世界坐标系和用户坐标系。

1. 笛卡尔坐标系

AutoCAD采用笛卡尔坐标系来确定位置，该坐标系也称绝对坐标系。在进入AutoCAD绘图区时，系统自动进入笛卡尔坐标系第一象限，其原点在绘图区的左下角点。

2. 世界坐标系

世界坐标系（World Coordinate System）简称WCS，是AutoCAD的基础坐标系，它由相互垂直相交的坐标轴X、坐标轴Y和坐标轴Z组成。在绘制和编辑图形的过程中，WCS是预设的坐标系，其坐标原点和坐标轴都不会改变。

在默认情况下，X轴以水平向右为正方向，Y轴以垂直向上为正方向，Z轴以垂直屏幕向外为正方向，坐标原点在绘图区左下角，世界坐标轴的交汇处显示方形标记“□”，如图 2-1 所示。

提示与技巧——二维图形中Z轴坐标值

在二维平面绘图中绘制和编辑图形时，只需输入X轴和Y轴坐标，而Z轴的坐标值由系统自动赋值为 0。

3. 用户坐标系

在绘制三维图形时，需要经常改变坐标系的原点和坐标方向，使绘图更加方便。AutoCAD提供了可改变坐标原点的坐标方向的坐标系，即用户坐标系，简称UCS。

在用户坐标系中，可以任意指定或移动原点和选择坐标轴，从而将世界坐标系改为用户坐标系，用户坐标轴的交汇处没有方形标记“□”，如图 2-2 所示。

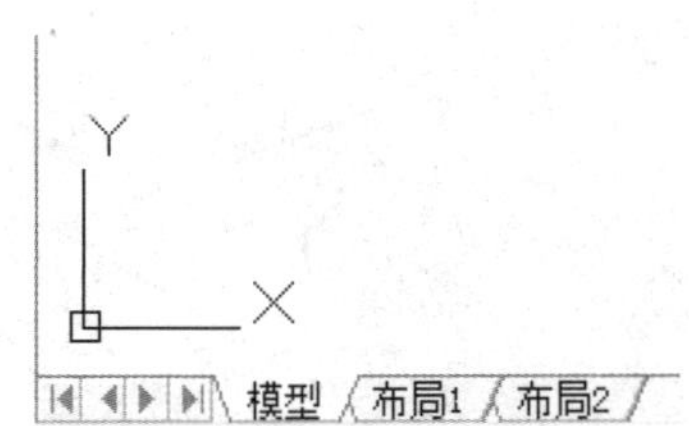

图 2-1　世界坐标系

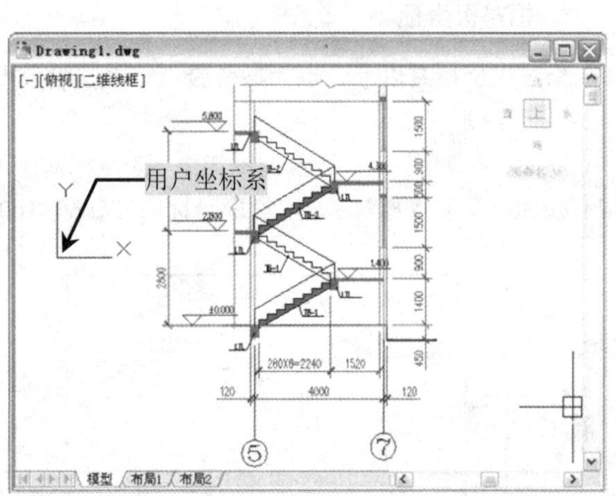

图 2-2　用户坐标系

提示与技巧——WCS与UCS坐标系的转换

若要改变坐标的位置，首先在命令行中输入UCS命令，此时使用鼠标将坐标移至新的位置，然后按Enter键即可。若要将用户坐标系改为世界坐标系，在命令行中输入UCS命令，然后在命令行中选择“世界（W）”选项，则其坐标轴位置回到原点位置。

2.1.2　坐标的输入

用户在绘制图形的过程中，要确定相应的位置点时，除了采用捕捉关键特征点外，最主要的就是通过键盘的方式来输入坐标位置点。在AutoCAD中坐标的输入主要有 3 种：输入绝对坐标、输入相对坐标、输入相对极坐标。

1. 绝对坐标

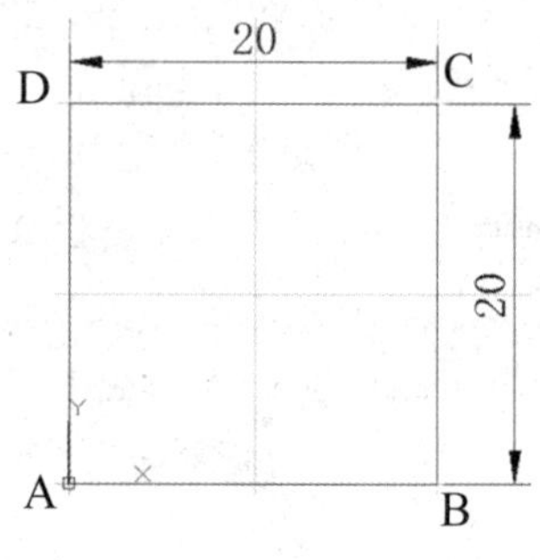

图 2-3　绝对坐标示意图

绝对坐标分为绝对直角坐标和绝对极轴坐标两种。其中绝对直角坐标以笛卡尔坐标系的原点（0，0，0）为基点定位，用户可以通过输入（x、y、z）坐标的方式来定义一个点的位置。

例如，在如图 2-3 所示的图形中，A点的绝对坐标为原点坐标（0，0，0），B点的绝对坐标为（20，0，0），C点的绝对坐标为（20，20，0），D点的绝对坐标为（0，20，0）。

2. 相对坐标

相对坐标是以上一点为坐标原点确定下一点的位置。输入相对于一点坐标（x、y、z）增量为（X+，Y+，Z+）的坐标时，格式为（@X+，Y+，Z+）。其中“@”字符是指定与上一个点的偏移量。

例如，在如图 2-4 所示的图形中，A点相对于原点的坐标为（@25，25），B点相对于A点坐标为（@125，0），C点相对于B点的坐标为（@75，0），D点相对于C点坐标为（@-125，00）。

3. 相对极坐标

相对极坐标是以上一点为参考极点，通过输入极距增量和角度值，来定义下一个点的位置。其输入格式为（@距离<角度）。

例如，在如图 2-5 所示的图形中，A点相对于原点的坐标为（@25，25），B点相对于A点的极坐标为（@100<30），C点相对于B点的极坐标为（@60<160）。

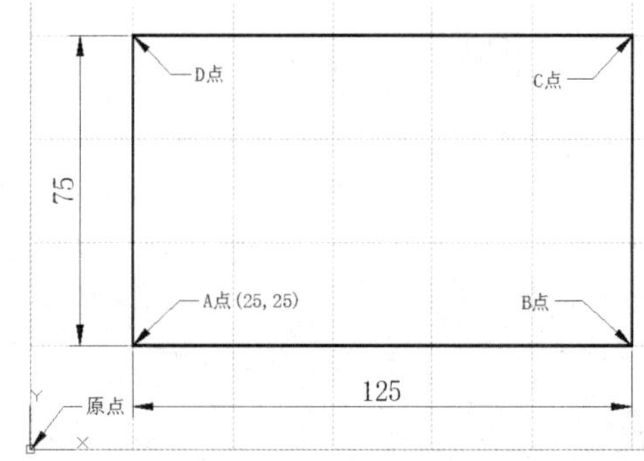

图 2-4　相对坐标示意图

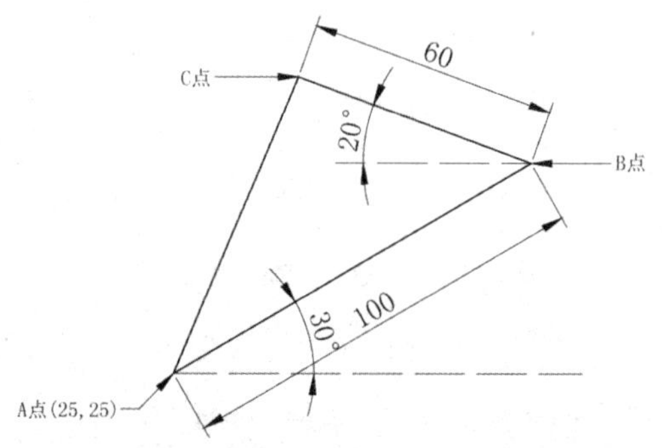

图 2-5　相对极坐标示意图

提示与技巧——坐标的输入

在使用AutoCAD 2018 进行绘图的过程中，使用多种坐标输入方式，可以使绘图操作更随意、灵活，再配合目标捕捉、夹点编辑等方式，可以在很大程度上提高绘图的效率。

AutoCAD 2018 不能连续地输入绝对坐标，用绝对坐标输入基点后，将会使用相对坐标输入其他点，当图形确定后，相对坐标值就很清楚了，这样绘图更加方便，不用再计算绝对坐标值。

在输入的坐标值中，（10，10）和（40，10）都是相对于坐标原点（0，0）而定的，称为绝对值坐标；而（@30,<120）是相对于第二点来定的，称为相对值坐标，前面有个“@”符号，是相对符号，“30”代表距离，“<120”代表角度。

2.1.3 坐标值的显示

在AutoCAD中，坐标的显示方式有 3 种，它取决于所选择的方式和程序中运行的命令。用户可使用鼠标单击状态栏的坐标显示区域，在这 3 种方式之间进行切换，如图 2-6 所示。

	0.7330, -3.9760, 0.0000	2.4359< 151 , 0.0000
模式 0：静态显示	模式 1：动态显示	模式 2：距离和角度显示

图 2-6 坐标的 3 种显示方式

- 模式 0：显示上一个拾取点的绝对坐标。此时，指针坐标不能动态更新，只有在拾取一个新点时，显示才会更新。但是，从键盘输入一个新点坐标时，不会改变该显示方式。
- 模式 1：显示光标的绝对坐标，该值是动态更新的。默认情况下，显示方式是打开的。
- 模式 2：显示一个相对极坐标。当选择该方式时，如果当前处在拾取点状态，系统将显示光标所在位置相对于上一个点的距离和角度。当离开拾取点状态时，系统将恢复到模式 1。

2.2 设置习惯的绘图环境

为了提高绘图效率，在使用AutoCAD 绘图之前，首先应设置绘图环境，即适合用户自己习惯的操作环境。设置绘图环境包括图形界限的设置、图形单位的设置，以及改变绘图区的颜色、绘图系统的配置、图形的显示精度等。

2.2.1 设置图形界限

图形界限就是标明绘图的工作区域和边界。就像用户画画的时候，先想想怎么画图，画多大才合适。由于AutoCAD的空间是无限大的，设置图形界限是为了方便我们在这个无限大的模型空间中布置图形。

在AutoCAD中，可以通过以下方法设置图形界限：

- 命令行：输入Limits命令；
- 菜单栏：选择“格式 | 图形界限”菜单命令。

执行“图形界限”命令后，在命令行中将提示设置左下角点和右上角点的坐标值。例如，要设置A3 幅面的图形界限，其操作提示如图 2-7 所示。

```
命令: '_limits ❶                                              \\ 执行“图形界限”命令
重新设置模型空间界限:
指定左下角点或 [开(ON)/关(OFF)] <0.0000,0.0000>:        ❷     \\ 按回车键，以默认的原点作为左下角点坐标
指定右上角点 <420.0000,297.0000>: 297,420 ❸                   \\ 设置纵向的 A3 图纸的幅面大小
```

图 2-7 设置图形界限

2.2.2　设置绘图单位

在 AutoCAD 中，用户可以采用 1:1 的比例因子绘图，也可以指定单位的显示格式。对绘图单位的设置一般包括长度单位和角度单位。

在AutoCAD中，可以通过以下方法设置绘图单位：

- 命令行：输入命令Units（快捷键UN）。
- 菜单栏：选择“格式 | 单位”菜单命令。

使用上面任何一种方法，都可以打开如图 2-8 所示的“图形单位”对话框，在该对话框中可以对图形单位进行设置。单击“方向”按钮，弹出“方向控制”对话框，如图 2-9 所示，在该对话框中可以设置起始角度（OB）的方向。在AutoCAD的默认设置中，OB方向是指向右（正东）的方向，逆时针方向为角度增加的正方向。

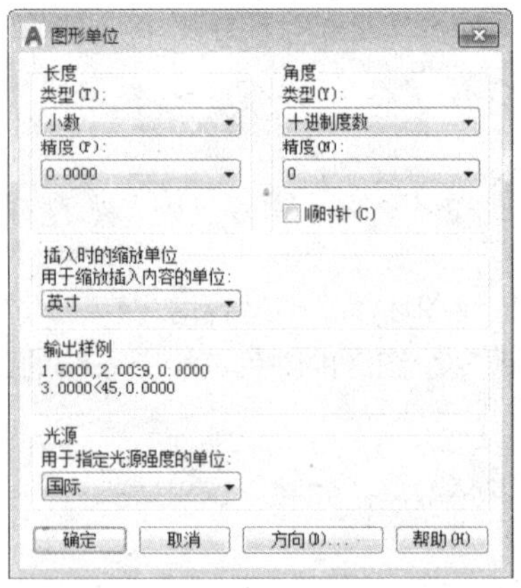

图 2-8　“图形单位”对话框

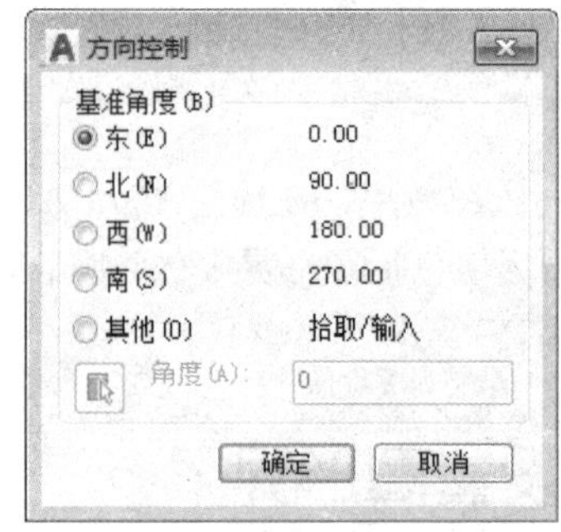

图 2-9　“方向控制”对话框

提示与技巧——绘图单位与出图比例

用于创建对象、测量距离及显示坐标位置的单位格式，与创建的标注单位设置是分开的；角度的测量可以使正值以顺时针测量或逆时针测量，0° 角可以设置为任意位置。

一般情况下，AutoCAD采用实际的测量单位来绘制图形，等完成图形绘制后，再按一定的缩放比例来输出图形。

AutoCAD工程制图中默认的单位是毫米（mm）。

2.2.3　设置绘图环境

在绘制图形之前，用户应对绘图的环境进行设置，包括线型、线宽和线条颜色、屏幕背景、选择模式等。不同的图形对象对AutoCAD的绘图环境有不同的要求。

1. 显示配置

在命令行输入命令OP，将打开“选项”对话框，切换到“显示”选项卡，用户可以设置绘图工作界面的显示格式、图形显示精度等，如图 2-10 所示。

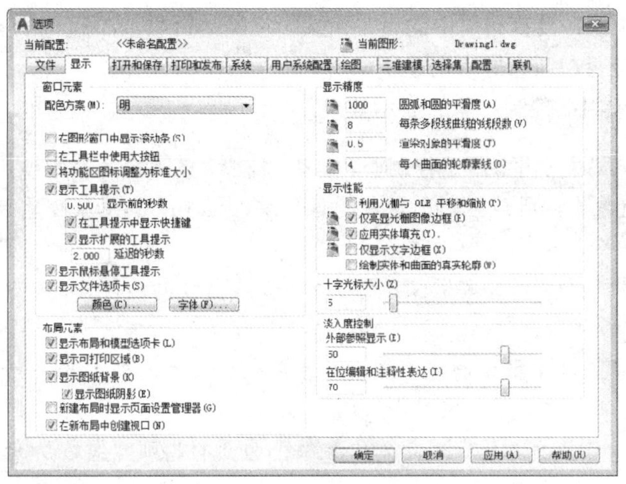

图 2-10 “显示”选项卡

在“显示”选项卡中，各主要选项的含义如下。

（1）“窗口元素”选项组：设置绘图工作界面各窗口元素的显示样式。

- “在图形窗口中显示滚动条”复选框：用于确定是否在绘图工作界面上显示滚动条，选中则显示，否则不显示。
- “颜色”按钮：设置AutoCAD工作界面中各窗口元素的颜色（如命令行背景颜色、命令行文字颜色等）。单击该按钮，AutoCAD弹出“图形窗口颜色”对话框，如图 2-11 所示。

用户可通过选择“界面元素”列表框中的选项确定要修改的界面元素；通过“颜色”下拉列表框确定该元素的颜色。

给某一窗口元素设置新的颜色后，在AutoCAD中，与该窗口元素对应的“模型”选项卡或“布局”选项卡图像框，将以新的颜色显示该元素。“恢复当前元素”按钮用于将绘图工作界面中的全部窗口元素设置成AutoCAD的默认颜色。

- “字体”按钮：设置命令行的字体。单击该按钮，弹出“命令行窗口字体”对话框，设置命令行的字体、字形、字号等，如图 2-12 所示。

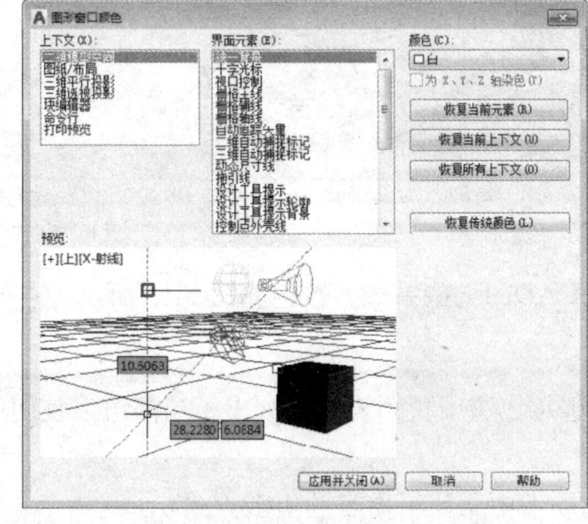

图 2-11 “图形窗口颜色”对话框

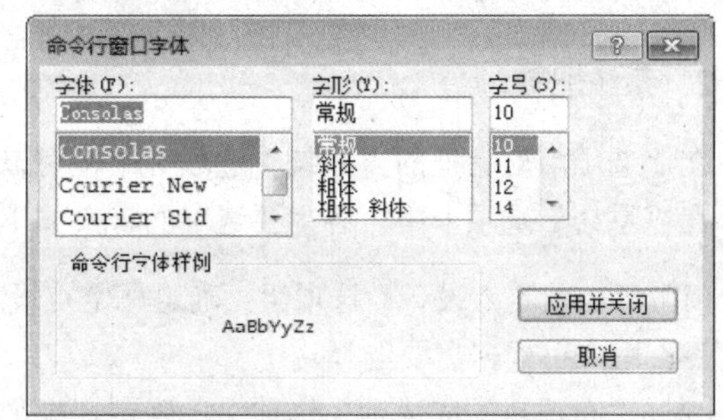

图 2-12 “命令行窗口字体”对话框

（2）“布局元素”选项组：设置布局中的有关元素，包括是否显示布局与模型选项卡、是否显示打印区域、是否显示图纸背景、是否在新布局中创建视口等。

（3）“显示精度”选项组：控制对象的显示效果。

- “圆弧和圆的平滑度”文本框：用于控制圆、圆弧、椭圆、椭圆弧的平滑度，有效取值范围是1~20000，默认值为 100。值越大，所显示图形对象就越光滑，但AutoCAD实现重新生成、显示缩放、显示移动时用的时间就越长。
- “每条多段线曲线的线段数”文本框：设置每条多段线曲线的线段数，有效取值范围是-32767~32767，默认值为 8。
- “渲染对象的平滑度”文本框：确定实体对象着色或渲染时的平滑度，有效取值范围是 0.01~10.00，默认值为 0.5。
- “每个曲面的轮廓索线”文本框：确定对象上每个曲面的轮廓索线数，有效取值范围是 0~2047，默认值为 4。

（4）“显示性能”选项组：控制影响AutoCAD性能的显示设置。

- “利用光栅与OLE平移和缩放”复选框：控制实时平移和缩放时，光栅图像的显示方式。选中该复选框，用户进行实时平移或缩放操作时，光栅图像同步进行平移或缩放；如果不选中该复选框，当进行实时平移或缩放操作时，光栅图像用其边框表示并实现平移或缩放，完成平移或缩放后，再显示出整个图像。
- “仅亮显光栅图像边框”复选框：确定当选择光栅图像时，光栅图像的显示形式。选中该复选框，选择光栅图像后仅亮显光栅图像的边框，否则亮显整个图像。
- “应用实体填充”复选框：控制是否显示所填充对象的填充效果，这些对象包括具有宽度的多段线、填充的图案等。
- “仅显示文字边框”复选框：控制是否用表示文字对象的边框代替所标注的文字对象。
- “绘制实体和曲面的真实轮廓”复选框：控制三维实体的轮廓曲线是否以线框形式显示。

（5）“十字光标大小”选项组：确定光标十字线的长度，该长度用绘图区域宽度的百分比表示，有效取值范围是 0~100。用户可直接在文本框中输入具体数值，也可通过拖动滑块来调整。

（6）“淡入度控制”选项组：确定外部参照、在位编辑和注释性表示时的淡入度效果。

提示与技巧——显示精度与性能的设置

“显示精度”和“显示性能”选项组参数，用于设置着色对象的平滑度、每个曲面轮廓线数等。所有这些设置均会影响系统的刷新时间与速度，从而影响用户操作程序时的流畅性。

2. 系统配置

在“选项”对话框的“系统”选项卡中，可以设置AutoCAD的一些系统参数，如图 2-13 所示。

在“系统”选项卡中，各主要选项的含义如下。

（1）“当前定点设备”选项组：确定与定点设备有关的选项。该下拉列表框中列出了当前可以使用的定点设备，用户可根据需要选择。

（2）“布局重生成选项”选项组：确定在模型和布局选项卡中所显示内容的更新方式。

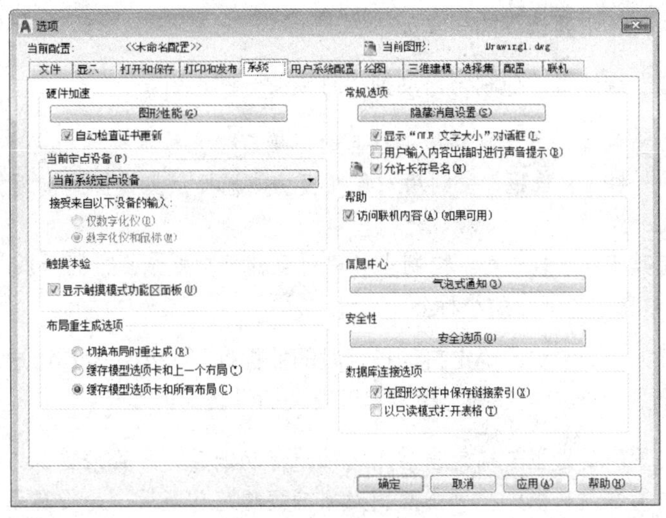

图 2-13 “系统”选项卡

（3）“数据库连接选项”选项组：控制与数据库连接有关的设置。可通过该选项组确定是否在图形中保存链接索引，是否以只读模式打开数据库表格。

（4）“常规选项”选项组：控制与系统设置有关的基本选项。

- “显示‘OLE文字大小’对话框”复选框：确定在AutoCAD图形中插入OLE对象时，是否显示“OLE特性”对话框。
- “用户输入内容出错时进行声音提示”复选框：确定当用户输入错误时AutoCAD是否给出声音提示。
- “允许长符号名”复选框：选中该复选框，AutoCAD命名对象的名称可以使用长达 255 个的符号，且这些符号可以是字符、数据、空格以及没有用于Windows和AutoCAD特殊任务的任意符号。这里所指的命名对象包括图层、块、线型、文字样式、标注样式、UCS名称、视图、视口配置等。

3. 系统绘图

“选项”对话框中的“绘图”选项卡是用来进行自动捕捉、自动追踪功能的一些设置，如图 2-14 所示。

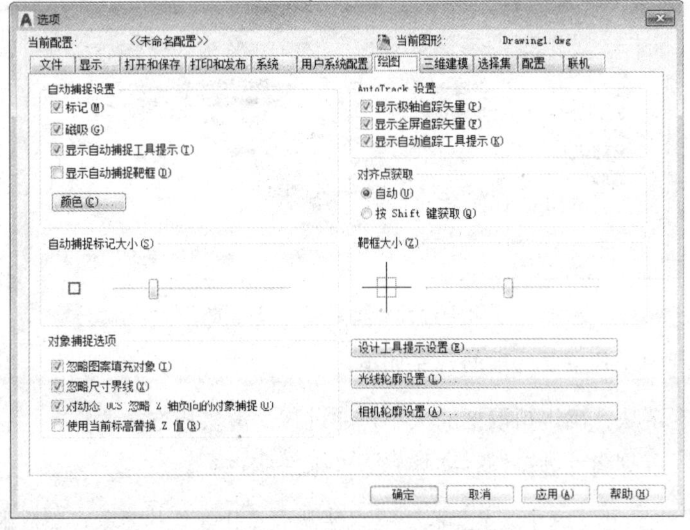

图 2-14 “绘图”选项卡

在“绘图”选项卡中，各主要选项的含义如下。

（1）“自动捕捉设置”选项组：控制与自动捕捉有关的一些设置。

- “标记”复选框：当利用对象捕捉功能捕捉点时，确定当光标捕捉到指定点时是否显示出捕捉标记。
- “磁吸”复选框：选中该复选框，当利用对象捕捉功能捕捉点且光标到接近捕捉点时，会被自动吸附到该捕捉点位置。
- “显示自动捕捉工具提示”复选框：控制当利用对象捕捉功能捕捉点且捕捉到指定点时，是否出现一描述当前捕捉到对象哪一部分的小标签。

（2）“自动捕捉标记大小”滑块：确定自动捕捉时的捕捉标记大小，用户可通过相应的滑块进行调整。

（3）“AutoTrack设置”选项组：控制与极轴追踪有关的设置。

- “显示极轴追踪矢量”复选框：确定当启用极轴追踪功能后，是否沿追踪方向显示出追踪矢量。
- “显示全屏追踪矢量”复选框：控制当启用对象捕捉追踪功能后，是否显示全屏追踪矢量。
- “显示自动追踪工具提示”复选框：控制当捕捉到相应的矢量方向时，是否浮动出一描述当前追踪矢量的小标签。

（4）“对齐点获取”选项组：确定启用对象捕捉追踪功能后，AutoCAD是自动进行追踪，还是按下Shift键后再进行追踪。

（5）“靶框大小”滑块：确定靶框大小，通过移动滑块的方式进行调整。

4. 系统选择集

“选项”对话框中的“选择集”选项卡是用来进行选择集模式、夹点功能等的一些设置，如图2-15所示。

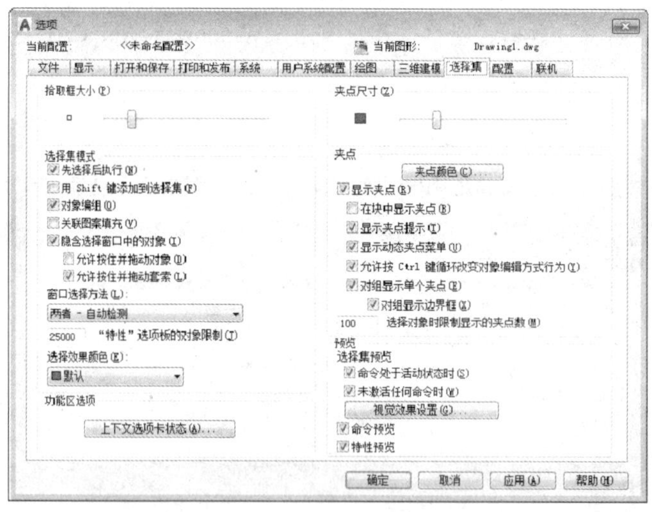

图2-15 “选择集”选项卡

在“选择集”选项卡中，各主要选项的含义如下。

（1）“拾取框大小”滑块：确定拾取框的大小，通过移动滑块的方式调整。

（2）“选择集模式”选项组：确定构成选择集的可用模式。

- “先选择后执行”复选框：选中该复选框，可以实现先选择操作的对象，然后通过选择菜单命令、单击工具栏按钮或直接在命令行中输入命令的方式进行操作。通常把这种操作方式称为主谓操作方式。

- “用Shift键添加到选择集”复选框：选中该复选框，当在“选择对象：”提示下选择一系列对象时，必须先按下Shift键，然后选择对象，否则最后选择的对象会取代前面选择的对象。
- “对象编组”复选框：选中该复选框，当在“选择对象：”提示下选择已定义的对象组中的某一对象时，属于该组的全部对象都被选中；关闭此功能，组中的其他对象则不会被选中。
- “关联图案填充”复选框：确定已填充的图案是否与其边界关联，选中该复选框则可建立关联，否则就不会关联。
- “隐含选择窗口中的对象”复选框：选中该复选框，可以用默认窗口方式选择对象，否则不能使用默认窗口功能。
- “允许按住并拖动对象”复选框：选中该复选框，允许以矩形窗口方式选择对象时，拾取窗口的第一角点后，不能松开拾取键，当将光标拖动到矩形窗口的另一角点位置后松开拾取键，即可选中位于拾取窗口内的各对象。
- “窗口选择方法”下拉列表框：更改PICKDRAG系统变量的设置，包括“两者－自动检测”“按住并拖动”和“两次单击”3 个选项。
- “‘特性’选项板的对象限制”文本框：确定可以使用“特性”和“快捷特性”选项板一次更改的对象数的限制（PROPOBJLIMIT系统变量）。默认值为 25000。

（3）“夹点尺寸”滑块：确定夹点的大小，通过相应的滑块调整即可。

（4）“夹点”选项组：确定与采用“夹点”功能进行编辑操作的有关设置。

- “夹点颜色”按钮：单击该按钮，将打开“夹点颜色”对话框，从中设置夹点在不同状态下的颜色，如图 2-16 所示。
- “显示夹点”复选框：当用户选择图形对象时，确定是否显示夹点符号。
- “在块中显示夹点”复选框：选中该复选框，则用户在选择块中的各对象时，均显示对象本身的夹点，否则只将插入点作为夹点显示。
- “显示夹点提示”复选框：当用户在选择对象的某个夹点时，确定是否显示其夹点的提示功能。
- “显示动态夹点菜单”复选框：当用户在选择对象的某个夹点时，确定是否显示其动态夹点菜单功能，如图 2-17 所示。
- “允许按Ctrl键循环改变对象编辑方式行为”复选框：确定是否可按Ctrl键来改变对象的编辑方式。
- “对组显示单个夹点”复选框：确定是否显示对象组的单个夹点。
- “对组显示边界框”复选框：确定是否围绕编组对象的范围显示边界框。
- “选择对象时限制显示的夹点数”文本框：当选择复杂对象时，确定所显示的最多夹点数量。默认值为 100，大于默认值则不显示夹点。

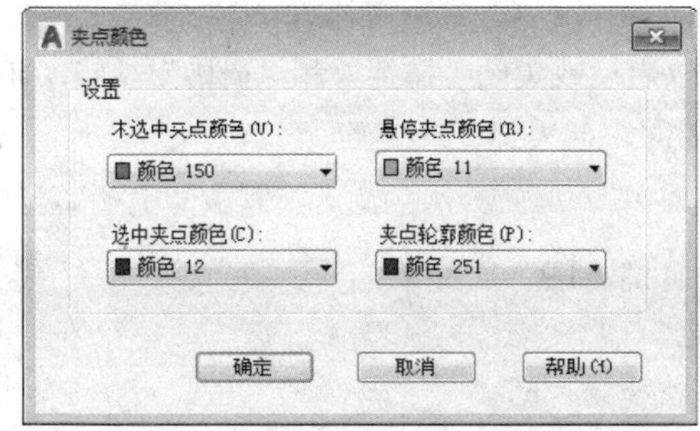

图 2-16 “夹点颜色”对话框

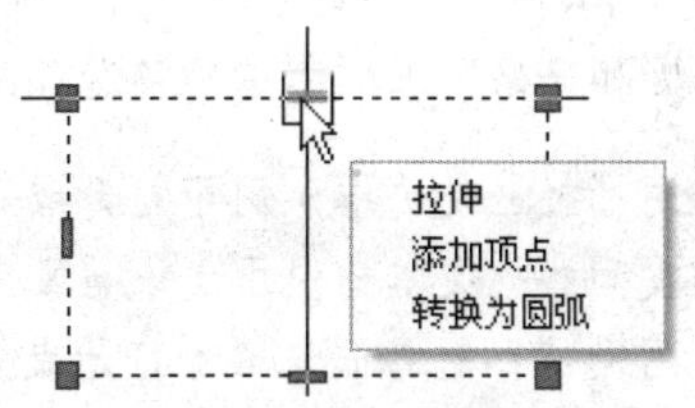

图 2-17 显示动态夹点菜单

2.3 AutoCAD 精确捕捉与追踪

在实际绘图中，利用鼠标定位虽然方便快捷，但精度不高，绘制的图形也不精确，远不能满足制图的要求，这时可以使用系统提供的绘图辅助功能。

在使用这些辅助绘图功能之前，首先应对其辅助功能进行设置。用户可采用以下方法来打开“草图设置”对话框进行设置。

- 状态栏：在状态栏的“辅助工具区”的任意一个按钮位置，用鼠标右击，在弹出的快捷菜单中选择“设置”命令，如图 2-18 所示。
- 命令行：在命令行中输入Dsettings命令（快捷键SE）。

执行命令后，将打开【草图设置】对话框，如图 2-19 所示。

极轴捕捉
✓ 栅格捕捉
捕捉设置...

图 2-18　右击选择“捕捉设置”命令

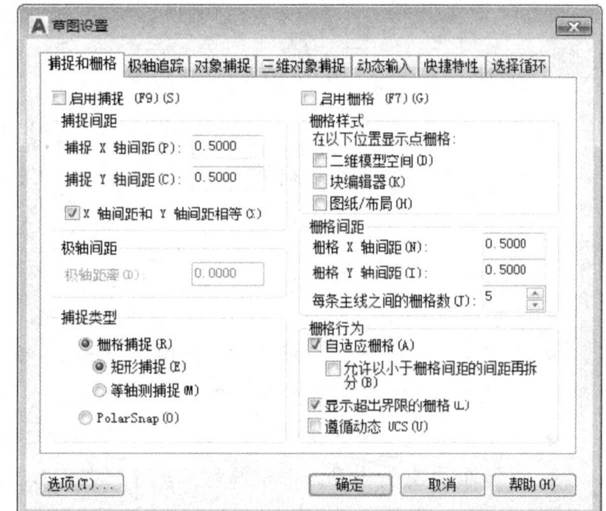

图 2-19　“草图设置”对话框

2.3.1　捕捉与栅格的设置

“捕捉”用于设置鼠标光标移动的间距；“栅格”是一些标定的位置小点，使用它可以提供直观的距离和位置参照。

在“草图设置”对话框的“捕捉和栅格”选项卡中，可以启动或关闭“捕捉”和“栅格”功能，其快捷键分别为F9键和F7键，并且可以设置“捕捉”和“栅格”的间距与类型。

在“捕捉和栅格”选项卡中，各选项的含义如下。

- “启用捕捉”复选框：用于打开或关闭捕捉方式，快捷键为F9。
- “捕捉间距”文本框：用于设置X轴和Y轴的捕捉间距。
- “启用栅格”复选框：用于打开或关闭栅格的显示，快捷键为F7。
- “栅格样式”选项组：用于设置在二维模型空间、块编辑器、图纸/布局位置中显示点栅格，如图 2-20 所示。

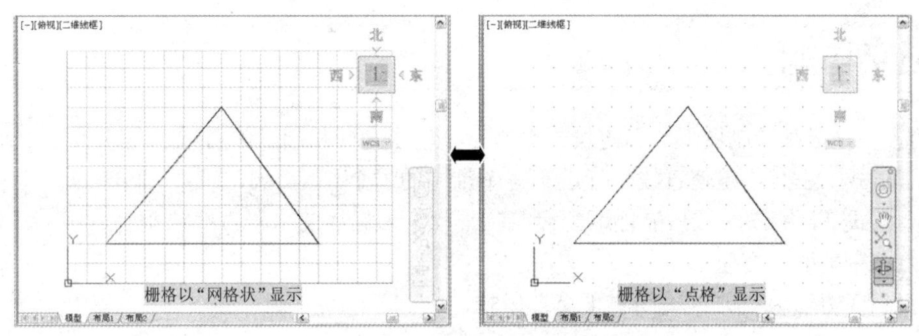

图 2-20　栅格的两种显示样式

- “栅格间距”选项组：用于设置X轴和Y轴的栅格间距，以及每条主线之间的栅格数量，如图 2-21 所示。

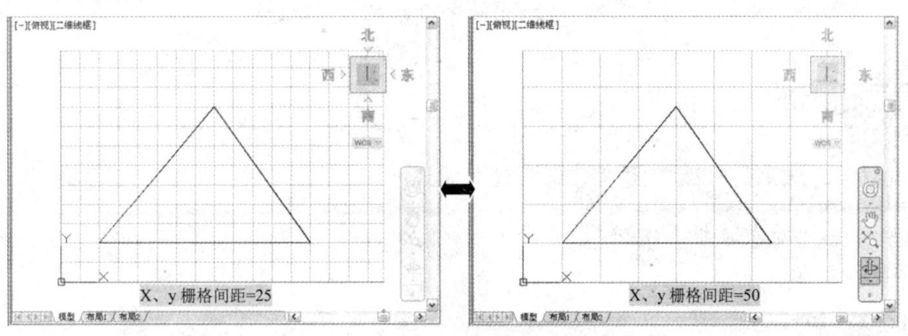

图 2-21　不同栅格间距

提示与技巧——栅格的显示

这个栅格的显示，是以当前图形界限区域来显示的。如果用户要将当前设置的栅格满屏显示，可以在命令行中依次输入【Z】→【A】。

- “栅格行为”选项组：设置栅格的相应规则。
  - “自适应栅格”复选框：用于限制缩放时栅格的密度。缩小时，限制栅格的密度。
  - “允许以小于栅格间距的间距再拆分”复选框：放大时，生成更多间距更小的栅格线。主栅格线的频率确定这些栅格线的频率。只有当选中了“自适应栅格”复选框，此选项才有效。
  - “显示超出界限的栅格”复选框：确定是否显示图形界限之外的栅格，如图 2-22 所示。
  - “遵循动态 UCS”复选框：随着动态 UCS 的 XY 平面而改变栅格平面。

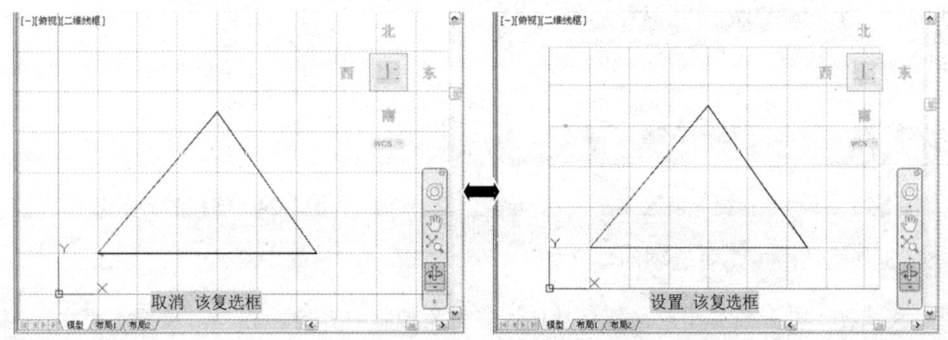

图 2-22　是否显示超出界限的栅格

2.3.2 正交功能

“正交”的含义是指在绘制图形时指定第一个点后，连续光标和起点的直线总是平行于X轴或Y轴。若捕捉设置为等轴测模式，正交还迫使直线平行于第三个轴中的一个。

在“正交”模式下，绘图时就只能使用光标绘制平行于坐标线的水平直线或垂直直线，只要输入直线的长度即可，为绘图带来很多方便。

用户可通过以下方法来打开或关闭“正交”模式：

- 状态栏：单击“正交限制光标”按钮；
- 快捷键：按F8 键；
- 命令行：在命令行中输入或动态输入Ortho命令，然后按Enter键。

2.3.3 对象捕捉

用户可通过以下方法来打开或关闭“对象捕捉”模式：

- 状态栏：单击“对象捕捉”按钮；
- 快捷键：按F3 键；
- 组合键：按Ctrl+F组合键。

在“草图设置”对话框中单击“对象捕捉”选项卡，分别选中要设置的捕捉模式，如图 2-23 所示。启用对象捕捉后，将光标放在一个对象上，系统自动捕捉到对象上所有符合条件的几何特征点，并显示出相应的标记。如果光标放在捕捉点达 3 秒以上，则系统将显示捕捉的提示文字信息，如图 2-24 所示。

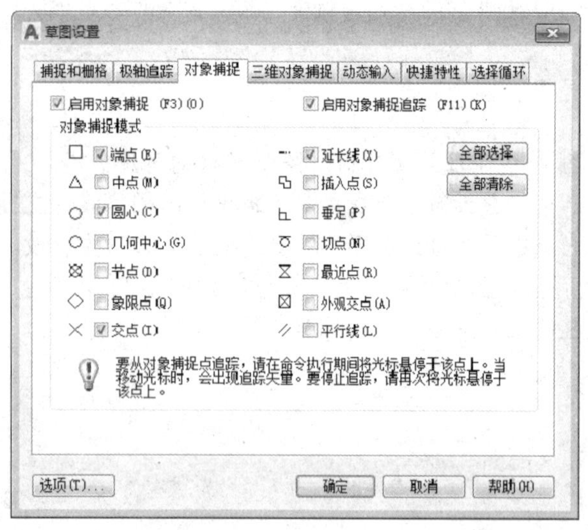

图 2-23 “对象捕捉”设置

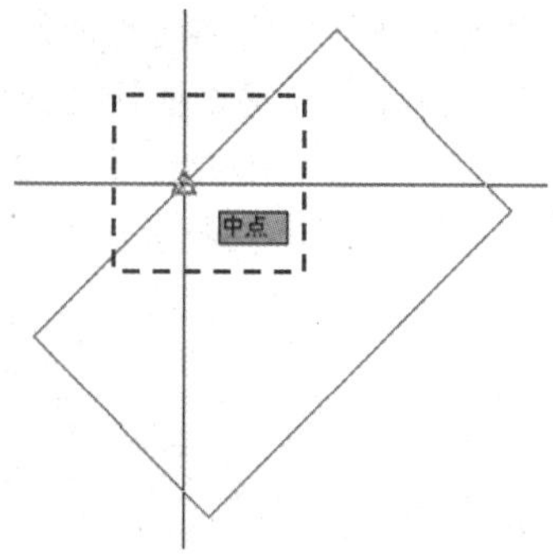

图 2-24 捕捉的提示文字信息

在“对象捕捉”选项卡中，各选项的含义如下。

- 启用对象捕捉：打开或关闭对象捕捉功能。当对象捕捉打开时，在“对象捕捉模式”区域中选定的对象捕捉模式处于活动状态。

- 启用对象捕捉追踪：打开或关闭对象捕捉追踪。使用对象捕捉追踪，在命令行中指定点时，光标可以沿基于其他对象捕捉点的对齐路径进行追踪。要使用对象捕捉追踪，必须打开一个或多个对象捕捉点。
- 端点：捕捉到圆弧、椭圆弧、直线、多线、多段线线段、样条曲线、面域或射线最近的端点，或者捕捉宽线、实体或三维面域的最近角点。
- 中点：捕捉到圆弧、椭圆、椭圆弧、直线、多线、多线段、面域、实体、样条曲线或参照线的中点。
- 圆心：捕捉到圆弧、圆、椭圆或椭圆弧的圆点。
- 节点：捕捉到点对象、标注定义点或标注文字起点。
- 象限点：捕捉到圆弧、圆、椭圆或椭圆弧的象限点。
- 交点：捕捉到圆弧、圆、椭圆、椭圆弧、直线、多线、多段线、射线、面域、样条曲线或参照线的交点。
- 延长线：当光标经过对象的端点时，显示临时延长线或圆弧，以便用户在延长线或圆弧上指定点。注意，在透视视图中进行操作时，不能沿圆弧或椭圆弧的尺寸界线进行追踪。
- 插入点：捕捉到属性、块、形或文字插入点。
- 垂足：捕捉圆弧、圆、椭圆、椭圆弧、直线、多线、多段线、射线、面域、实体、样条曲线或参照线的垂足。当正在绘制的对象需要捕捉多个垂足时，将自动打开“递延垂足”捕捉模式。可以用直线、圆弧、圆、多段线、射线、参照线、多线或三维实体的边作为绘制垂直线的基础对象。可以用“递延垂足”模式在这些对象之间绘制垂直线。当靶框经过“递延垂足”捕捉点时，将显示AutoSnap提示和标记。
- 切点：捕捉到圆弧、圆、椭圆、椭圆弧或样条曲线的切点。当正在绘制的对象需要捕捉多个垂足时，将自动打开“递延垂足”捕捉模式。可以使用“递延切点”模式来绘制与圆弧、多段线圆弧或圆相切的直线或构造线。当靶框经过“递延切点”捕捉时，将显示标记和AutoSnap提示。
- 最近点：捕捉到圆弧、圆、椭圆、椭圆弧、直线、多线、点、多段线、射线、样条曲线或参照线的最近点。
- 外观交点：捕捉到不在同一平面但是可能看起来在当前视图中相交的两个对象的外观交点。
- 平行线：将直线段、多段线线段、射线或构造线限制为其他线性对象平行。指定线性对象的第一点后，请指定平行对象捕捉。与在其他对象捕捉模式中不同，用户可以将光标悬停移至其他线性对象，直到获得角度。然后，将光标移回正在创建的对象，如果对象在路径与上一个线性对象平行，则会显示对齐路径，用户可将其用于创建平行对象。

提示与技巧——“对象捕捉”与“捕捉”的区别

“对象捕捉”是将光标锁定在已有图形的特殊点上，它不是独立的命令，是在执行命令过程中结合使用的模式；而“捕捉”是将光标锁定在可见或不可见的栅格点上，是可以单独执行的命令。

2.3.4 极轴追踪

若要设置极轴追踪的角度或方向，在“草图设置”对话框中单击“极轴追踪”选项卡，然后启用极轴追踪并设置极轴的角度即可，如图 2-25 所示。

在“极轴追踪”选项卡中，各主要选项含义如下。

- “极轴角设置”选项组：用于设置极轴追踪的角度。默认的极轴追踪角度是90，用户可以在“增量角”下拉列表框中选择角度增加量。若该下拉列表框中的角度不能满足用户的要求，可将下侧的“附加角”复选框选中。用户也可以单击“新建”按钮并输入一个新的角度值，将其添加到附加角的列表框中。
- “对象捕捉追踪设置”选项组：若选中“仅正交追踪”单选按钮，可在启用对象捕捉追踪的同时，显示获取的对象捕捉的正交对象捕捉追踪路径；若选中“用所有极轴角设置追踪”单选按钮，可以将极轴追踪设置应用到对象捕捉追踪，此时可以将极轴追踪设置应用到对象捕捉追踪上。

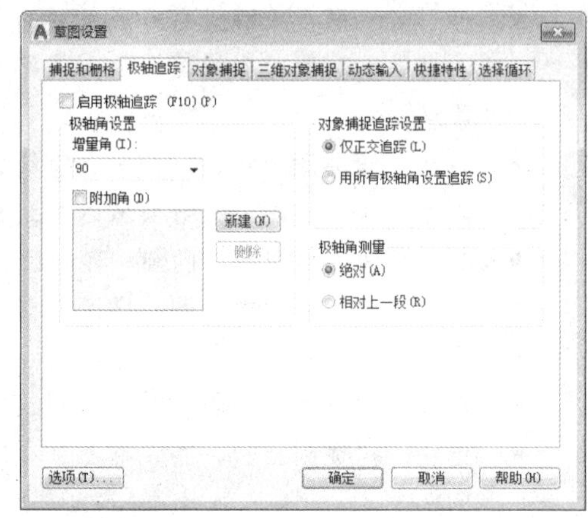

图 2-25 “极轴追踪”选项卡

- “极轴角测量”选项组：用于设置极轴追踪对其角度的测量基准。若选中“绝对”单选按钮，表示当用户坐标UCS和X轴正方向为 0 时计算极轴追踪角；若选中“相对上一段”单选按钮，可以基于最后绘制的线段确定极轴追踪角度。

使用自动追踪（包括极轴追踪和对象捕捉追踪）时，可以采用以下几种方式。

- 与对象捕捉追踪一起使用“垂足、端点、中点”对象捕捉模式，以绘制到垂直于对象端点或中点的点。
- 与临时追踪点一起使用对象捕捉追踪。在提示输入点时，输入tt，然后指定一个临时追踪点。该点上将出现一个小的加号“+”，如图 2-26 所示。移动光标时，将相对于这个临时点显示自动追踪对齐路径。

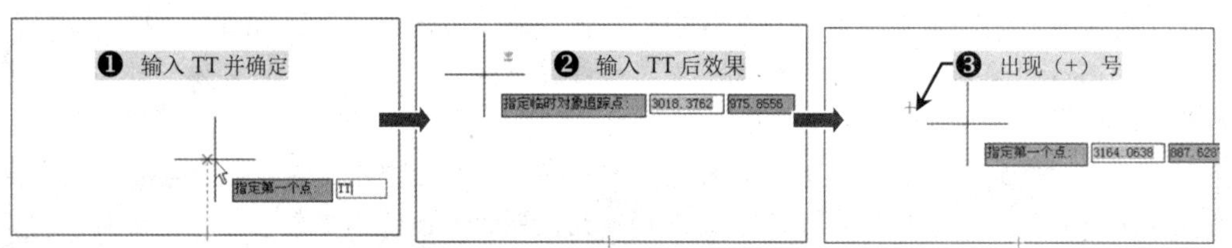

图 2-26 临时追踪点效果

- 获取对象捕捉点之后，使用直接距离沿对齐路径（始于已获取的对象捕捉点）在精确距离处指定点。要指定点提示，可以选择对象捕捉点，移动光标以显示对齐路径，然后在命令提示下输入距离值，如图 2-27 所示。

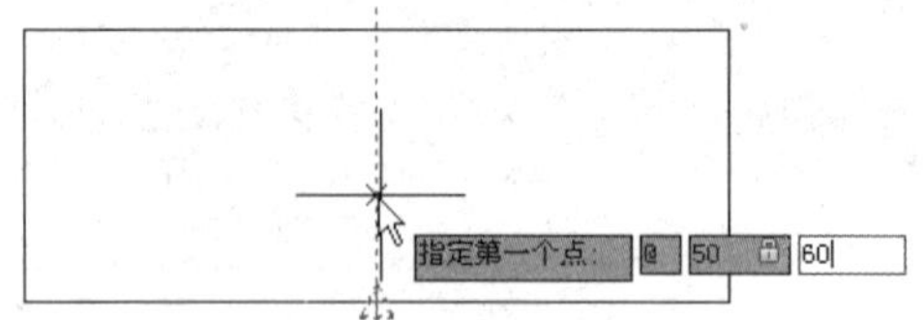

图 2-27 输入距离值效果

- 在“选项”对话框的“绘图”选项卡中，设置“自动”或“按Shift键获取”选项，管理点的获取方式，如图 2-28 所示。点的获取方式默认设置为“自动”。当光标距要获取的点非常近时，按下Shift键将临时不获取点。

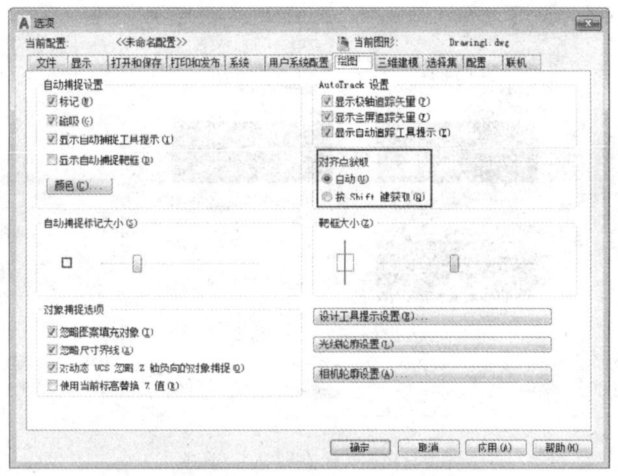

图 2-28　设置自动方式

2.3.5　动态输入

在AutoCAD 2018 中，使用动态输入功能可以在指针位置处显示标注输入和命令提示等信息，从而方便绘图。

在状态栏上单击按钮来打开或关闭“动态输入”功能，按F12 键可以临时将其关闭。当用户启动“动态输入”功能后，其工具栏提示将在光标附近显示信息，该信息会随着光标的移动而动态更新，如图 2-29 所示。

在输入字段中输入值并按Tab键后，该字段将显示一个锁定图标，并且光标会受用户输入值的约束，随后可以在第二个输入字段中输入值，如图 2-30 所示。另外，如果用户输入值后按Enter键，则第二个字段被忽略，且该值将被视为直接距离输入。

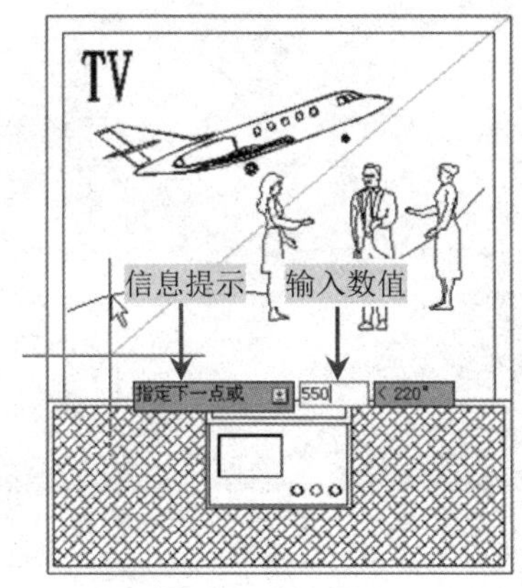

图 2-29　动态输入

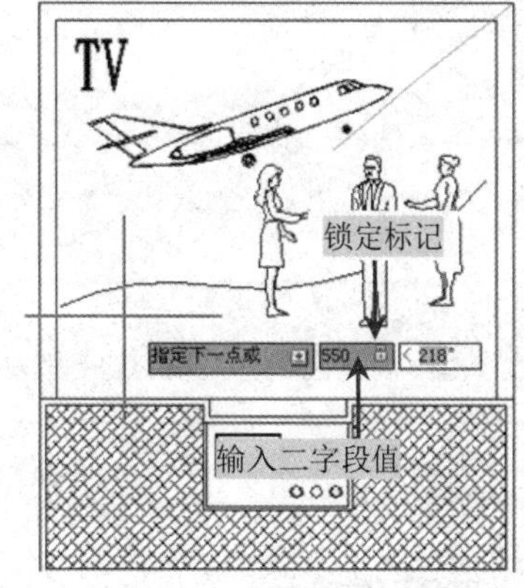

图 2-30　锁定标记

在状态栏的“动态输入”按钮上右击，从弹出的快捷菜单中选择“设置”命令，将打开“草图设置”对话框的“动态输入”选项卡。当选中“启用指针输入”复选框，且有命令在执行时，十字光标的位置将在光标附近的工具栏提示中显示为坐标。

在“指针输入”和“标注输入”栏中分别单击“设置”按钮，将弹出“指针输入设置”和“标注输入的设置”对话框，可以设置坐标的默认格式，以及控制指针输入工具栏提示的可见性等，如图 2-31 所示。

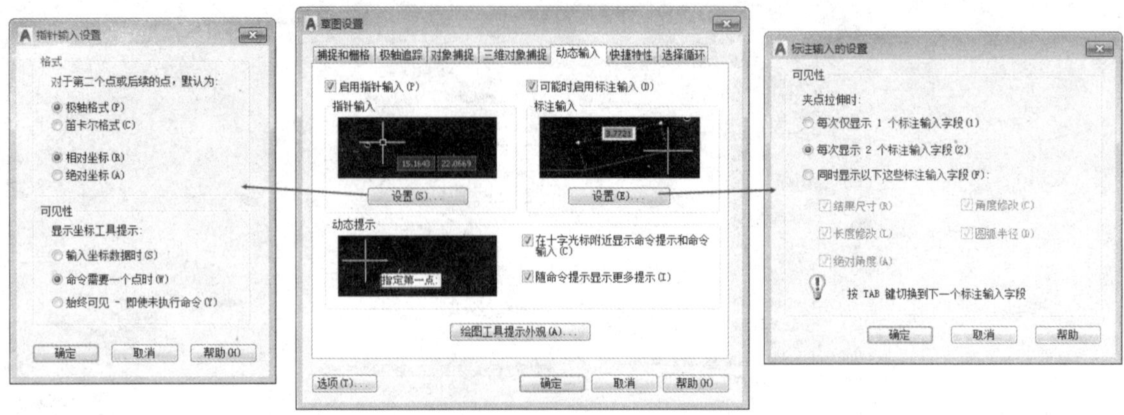

图 2-31 “动态输入”选项卡

2.4 AutoCAD 的视图操作

在AutoCAD的模型空间中，图形是按建筑物的实际尺寸绘制出来的，必然在屏幕内无法显示整个图形，这时就需要用到视图缩放、平移等控制视图显示的操作工具，以便能够快速地显示并绘制图形。

缩放命令可以改变图形在视图中显示的大小，从而更清楚地观察当前视窗中太大或太小的图形。在命令行中输入ZOOM命令后（快捷键为Z），将显示相关的命令行提示，如图 2-32 所示。

在【视图】选项卡下的【导航】面板中单击【范围】按钮，可在弹出的下拉列表中选择需要的缩放命令，如图 2-33 所示。

```
命令: ZOOM
指定窗口的角点□输入比例因子 (nX 或 nXP)□或者
[全部(A)/中心(C)/动态(D)/范围(E)/上一个(P)/比例(S)/窗口(W)/对象(O)] <实时>: *取消*
键入命令
```

图 2-32 命令行的提示信息

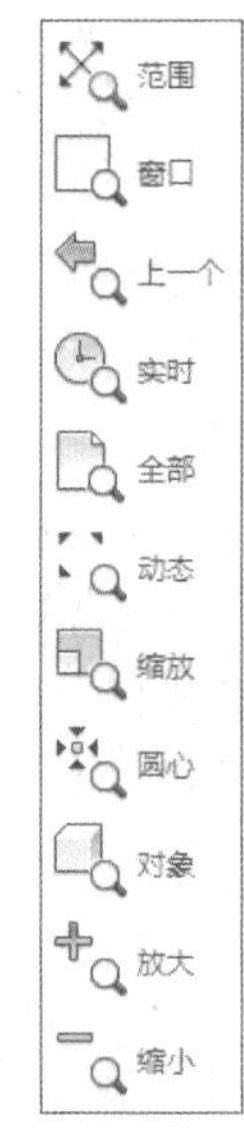

图 2-33 各种“缩放”按钮

2.4.1 视图缩放

1. 窗口缩放

窗口缩放命令可以将矩形窗口内选择的图形充满当前视窗。

- 命令行：在命令行中输入ZOOM命令，再选择“窗口（W）”选项。
- 面板：在“视图”选项卡下的“导航”面板中单击“窗口”按钮 窗口，如图 2-34 所示。

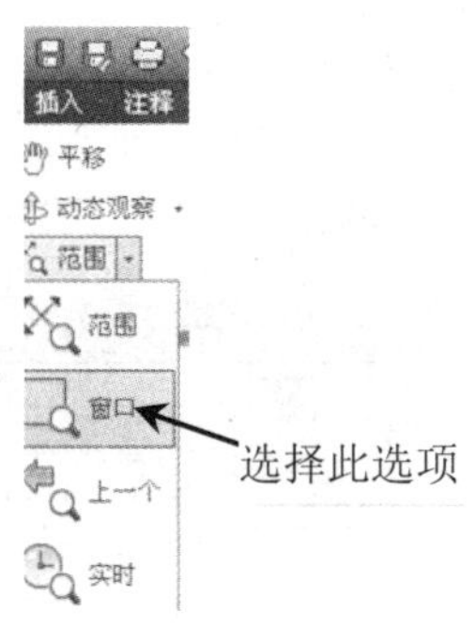

图 2-34　选择“窗口”选项

执行完上述命令后，利用光标确定窗口对角点，这两个角点确定了一个矩形框窗口，系统将矩形框窗口内的图形放大至整个屏幕，如图 2-35 所示。

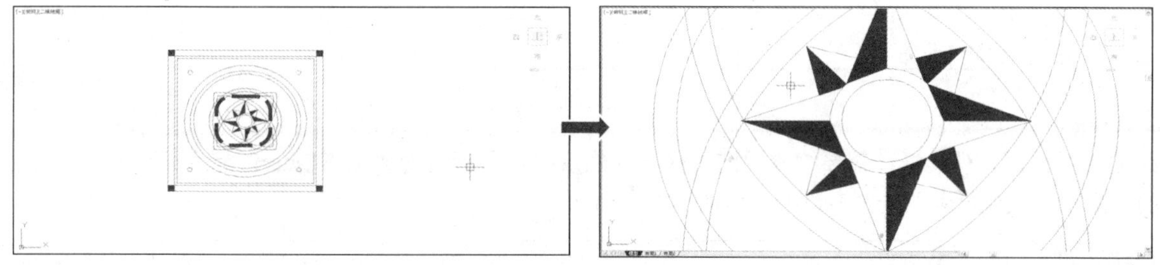

图 2-35　窗口缩放

2．动态缩放

动态缩放命令表示以动态方式缩放视图。

- 命令行：在命令行中输入ZOOM命令，再选择“动态（D）”选项。
- 面板：在“视图”选项卡下的“导航”面板中单击“动态”按钮 动态 。

使用动态缩放视图时，屏幕上将出现 3 个视图框，如图 2-36 所示。视图框 1 表示之前的视图区域（绿色虚线框）；视图框 2 表示图形能达到的最大视图区域（蓝色虚线框），显示当前视图的范围；视图 3 是正在设置的区域。

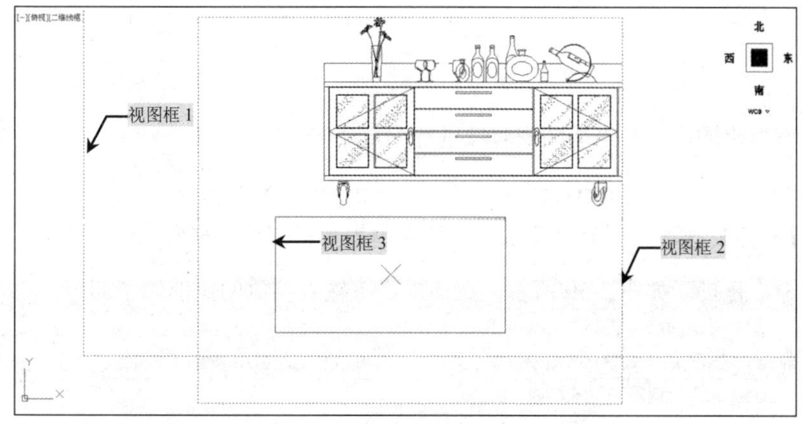

图 2-36　动态缩放显示的视图框

拖动视图框 3 到适当的位置后，单击鼠标左键，交叉符号，出现一个箭头，可以用来调整视图的大小，如图 2-37 所示。

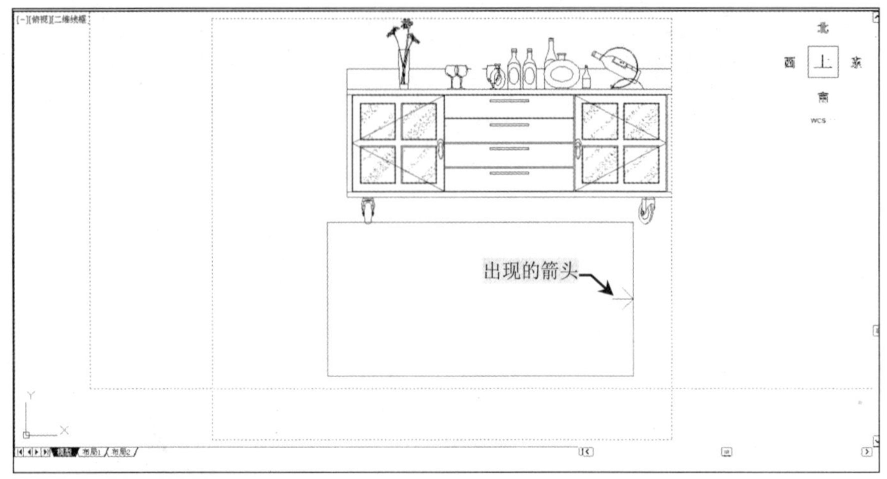

图 2-37　动态缩放

适当调整后，使其框住需要缩放的图形区域，然后单击鼠标右键或按下Enter键完成缩放，这时需要缩放的图形将最大化显示在绘图窗口中，如图 2-38 所示。

图 2-38　最大化显示

3．比例缩放

比例缩放表示按指定的比例对当前图形对象进行缩放。

- 命令行：在命令行中输入ZOOM命令，再选择“比例（S）”选项。
- 面板：在【视图】选项卡下的“导航”面板中单击“比例”按钮 比例。

执行命令后，命令行提示如图 2-39 所示，在该提示下输入缩放的比例因子即可。

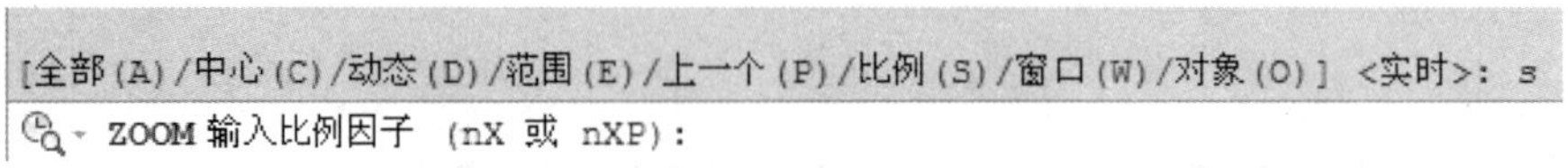

```
[全部(A)/中心(C)/动态(D)/范围(E)/上一个(P)/比例(S)/窗口(W)/对象(O)] <实时>: s
ZOOM 输入比例因子 (nX 或 nXP):
```

图 2-39　状态栏提示信息

提示与技巧——输入缩放比例因子的 3 种方式

- 相对于原始图形缩放（也称为绝对缩放）直接输入一个大于 1 或小于 1 的正数值，将图形以n倍于原始图形的尺寸显示。
- 相对于当前视图缩放直接输入一个大于 1 或小于 1 的正数值，但是在数字后面加上X，将图形以n倍于当前图形的尺寸显示。
- 相对于图纸空间缩放直接输入一个大于或小于 1 的正数值，但是在数字后面加上XP，将图形以n倍于当前图纸空间的尺寸显示。

4. 中心缩放

中心缩放命令表示按指定的中心点和缩放比例对当前图形对象进行缩放。

- 命令行：在命令行输入ZOOM命令，再选择“中心（C）”选项。
- 面板：在“视图”选项卡下的“导航”面板中单击“居中”按钮 居中。

执行上述操作并指定中心点后，命令行提示：“输入比例或高度：”，此时输入缩放倍数或新视图的高度。如果在输入的数值后面加X，则此输入值为缩放倍数；如果在输入的数值后面未加X，则此输入值将作为新视图的高度。

例如，在命令行输入Z命令，在提示信息下选择“中心（C）”选项，然后在视图中确定一个位置点并输入 5，则视图将以指定点为中心进行缩放，如图 2-40 所示。

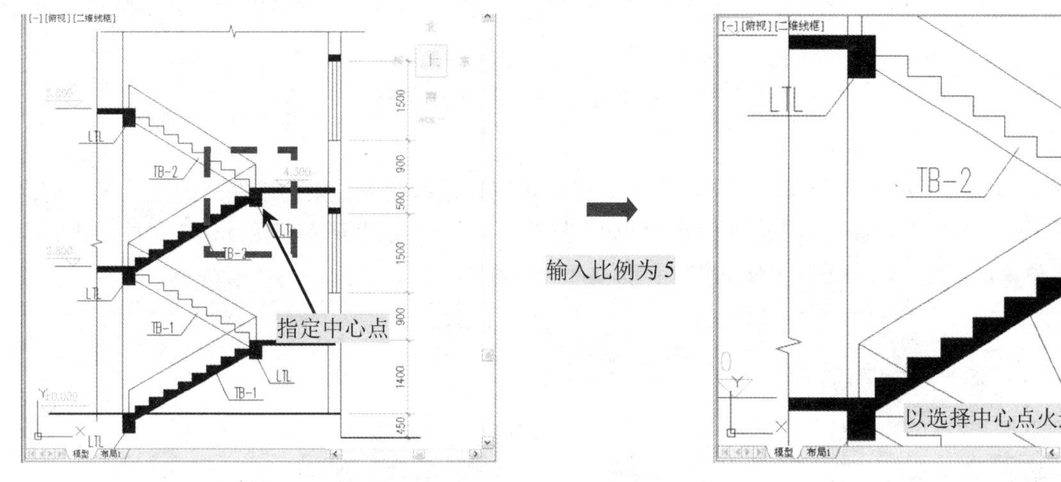

图 2-40　从选择点进行比例缩放

5. 对象缩放

缩放对象命令可将所选对象最大化显示在绘图窗口中。

- 命令行：在命令行中输入ZOOM命令，再选择“对象（O）”选项。
- 面板：在“视图”选项卡下的“导航”面板中单击“对象”按钮 对象。

执行对象缩放命令后，在命令行中将提示“选择对象：”，此时用户选择需要缩放的对象，然后按Enter键确定，从而将选择的对象以最大范围显示在视图中。

6. 全部缩放

全部缩放表示在当前视口显示整个图形。其大小取决于图限设置或有效绘图区域，这是因为用户可能没有设置图限或有些图形超出了绘图区域，此时AutoCAD系统将重新生成全部图形。

- 命令行：在命令行中输入ZOOM命令，再选择“全部（A）”选项。
- 面板：在“视图”选项卡下的“导航”面板中单击“全部”按钮 全部。

7. 范围缩放

范围缩放表示将全部图形对象最大限度地显示在屏幕上。

- 命令行：在命令行输入ZOOM命令，再选择“范围（E）”选项。
- 面板：在“视图”选项卡下的“导航”面板中单击“范围”按钮 范围。

2.4.2 视图平移

平移命令可以对图形进行平移操作，以便查看图形的不同部分。但该命令并不是真的移动图形中的对象，即不真正改变图形，而是通过移动窗口使图形的特定部分位于当前视图窗中。

用户可以根据需要在绘图区域随意移动视图。

- 面板：在“视图”选项卡下的“导航”面板中单击“平移”按钮 平移，如图2-41所示。
- 命令行：在命令中输入PAN命令，并按住鼠标左键进行拖动。
- 右键快捷菜单：在绘图区单击鼠标右键，在弹出的快捷菜单上选择“平移”命令。

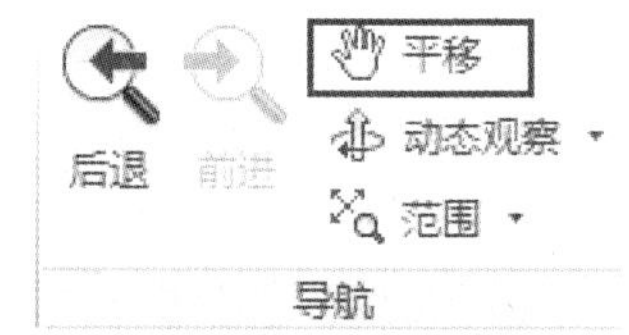

图2-41 “平移”按钮

调用实时平移命令后，屏幕上会出现手形光标，此时可以通过拖动鼠标来实现图形的上、下、左、右移动，即实时平移。按Esc键或Enter键退出命令。例如，打开“案例\02\别墅正立面图.dwg”文件，然后执行“实时平移”命令，即可对图形进行平移操作，如图2-42所示。

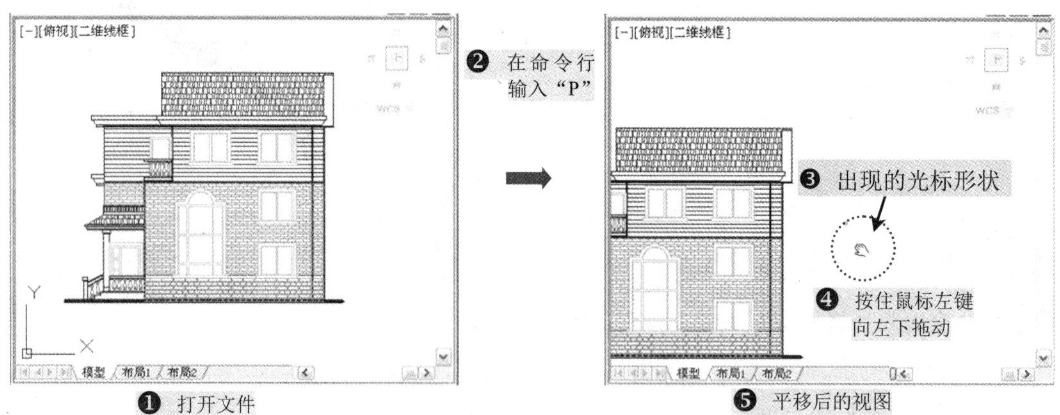

图2-42 平移的视图

如果在实时平移的过程中单击鼠标右键，会弹出一个快捷菜单，可供用户选择其他的缩放操作，如图2-43所示。

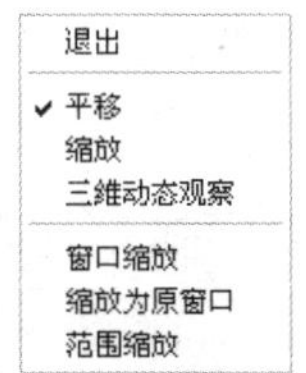

图 2-43　快捷菜单

2.4.3　命名视图

命名视图是指某一视图的状态以某种名称保存起来，然后在需要时将其恢复为当前显示，以提高绘图效率。

在AutoCAD工作环境中，可以通过命名视图，将视图的区域、缩放比例、透视设置等信息保存起来。若要命名视图，可按如下步骤进行操作：

步骤 1　在AutoCAD工作环境中，按下Ctrl+O组合键，打开“案例\02\别墅正立面图.dwg”文件，如图 2-44 所示。

图 2-44　打开的文件

步骤 2　单击“视图”选项卡下的“模型视口”中“命名”按钮，打开“视口”对话框，单击“新建视口”选项卡，按照如图 2-45 所示的步骤进行操作。

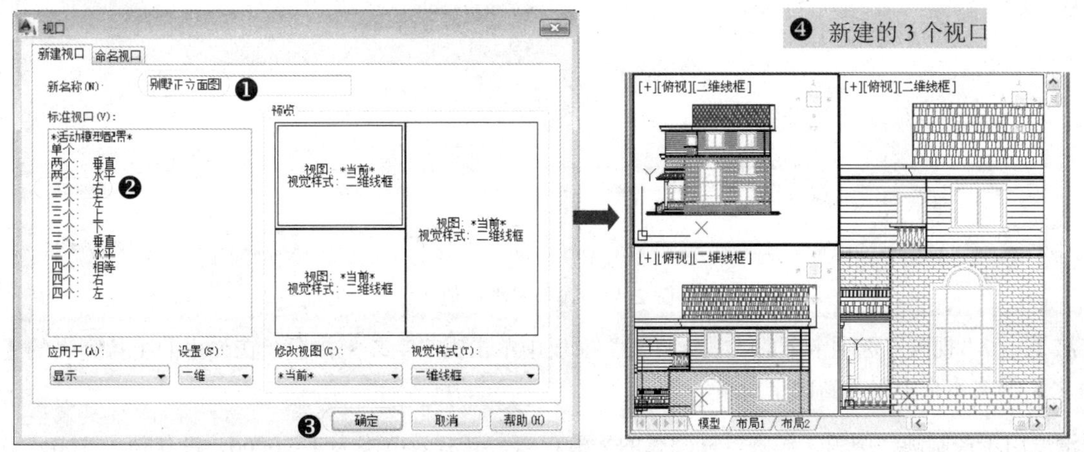

图 2-45　新建视口

步骤 3 再次单击“视图”选项卡的“模型视口”中“命名”按钮，打开“视口”对话框，单击“命名视口”选项卡，在上一步创建的“别墅正立面图”出现在列表中，如图 2-46 所示。

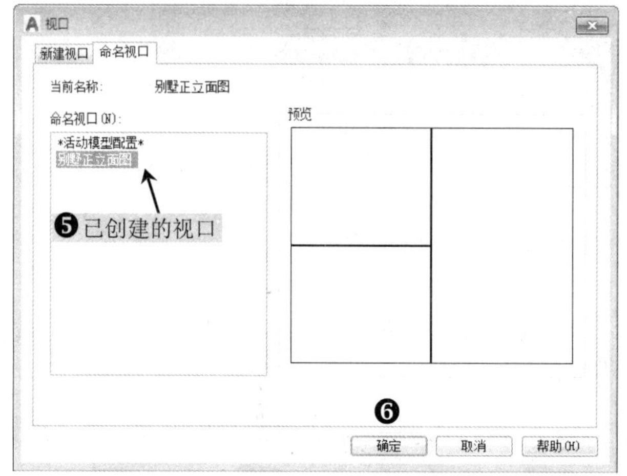

图 2-46　已命名视口

2.4.4　设置弧形对象的显示分辨率

图形对象的显示分辨率将直接影响到图形的观察效果。设置弧形对象显示分辨率的方法如下：

方法 1：执行OP命令，在打开的“选项”对话框中单击“显示”选项卡，在“显示精度”选项组的“圆弧和圆的平滑度”文本框中输入平滑度值，如图 2-47 所示。

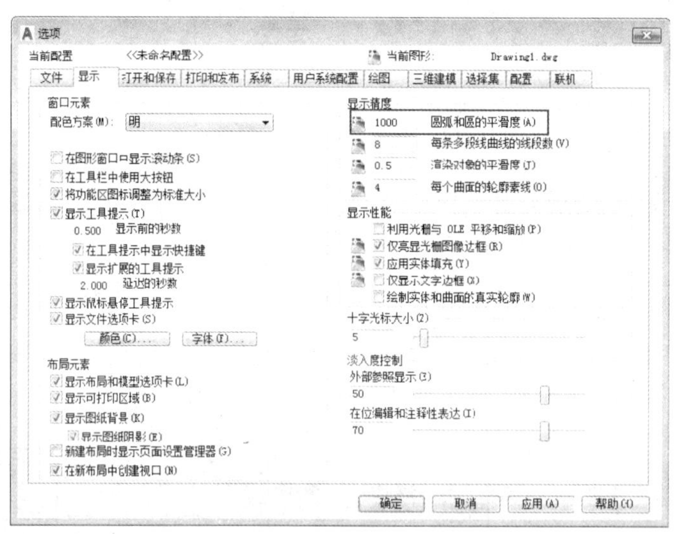

图 2-47　输入平滑度值

方法 2：在“视图”选项卡下的“视觉样式”面板中单击视觉样式 ▾ 按钮，在弹出的下拉列表的【圆弧/圆平滑化】◯文本框中输入新的平滑度。

平滑度用于控制圆、圆弧、椭圆、椭圆弧的平滑程度，其有效范围为 1~20000，默认值为 100。当然，平滑值越大，所显示图形对象就越光滑，对比效果如图 2-48 所示。

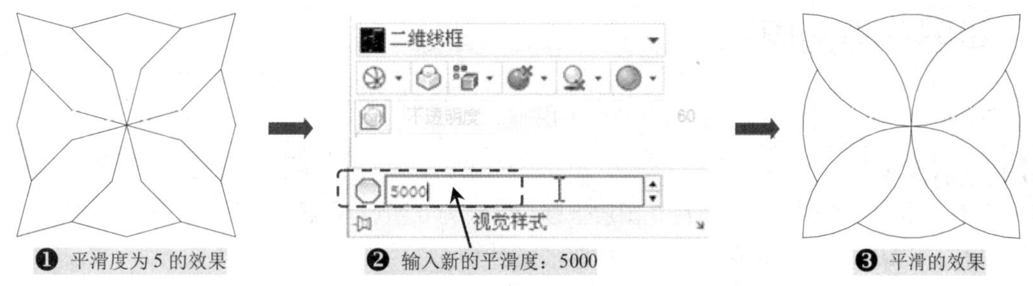

图 2-48　平滑度对比效果

提示与技巧——图形的重生成

“显示精度”参数用于设置着色对象的平滑度，这些设置均会影响AutoCAD系统的刷新时间与速度，从而影响用户操作程序时的流畅性，在实现重新生成、显示缩放、显示移动时用的时间就越长。

使用“重生成（Regen）”命令，在当前视口中重生成整个图形并重新计算所有对象的屏幕坐标。当下次打开该图形时，需要再次进行生成操作。

2.5 图层的设置与控制

在学习绘制图形之前，首先需要对图层的含义与作用有一个清楚的认识，才能很好地利用图层功能对图形进行管理。

2.5.1 图层的概念

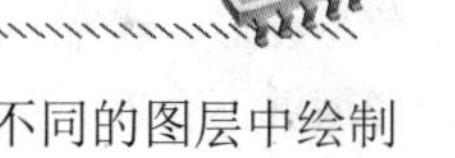

图层就像一张张透明的图纸重叠在一起，用户可以通过图层编辑和调整图形对象，在不同的图层中绘制不同的对象。

在AutoCAD 2018 绘图过程中，使用图层是一种最基本的操作，也是最有利的工作之一，它对图形文件中各类实体的分类管理和综合控制具有重要的意义。归纳起来主要有以下特点：

- 大大节省存储空间；
- 能够统一控制同一图层对象的颜色、线条宽度、线型等属性；
- 能够统一控制同类图形实体的显示、冻结等特性；
- 在同一图形中可以建立任意数量的图层，且同一图层的实体数量也没有限制；
- 各图层具有相同的性质、绘图界限及显示时的缩放倍数，可同时对不同图层上的对象进行编辑操作。

提示与技巧——0 图层的特点

每个图形都包括名称为 0 的图层，该图层不能删除或重命名。它有两个用途：一是确保每个图形中至少包括一个图层；二是提供与块中的控制颜色相关的特殊图层。但是可以设定该图层的相关属性，如颜色、线型等。

2.5.2 图层分类的原则

在AutoCAD中绘图，对图层的分类应遵循以下原则。

（1）0图层的使用

许多用户刚开始学习绘图时，习惯在0图层上画图，因为0图层是默认层，白色是0图层的默认色，所以，有时候看上去，显示屏上白花花一片。这样做，绝对不可取。

0图层上是不可以用来画图的，那0图层是用来做什么的呢？是用来定义块的。定义块时，先将所有图元均设置为0图层（特殊情况除外），然后定义块。这样，在插入块时，插入哪个层，块就是哪个层。

（2）在够用的基础上越少越好

不管是什么专业，什么阶段的图纸，图纸上所有的图元可以用一定的规律来组织整理。比如说，建筑专业的图纸，就平面图而言，大概可以分为轴线、柱、墙、门窗、家具、尺寸标注、文字标注等。也就是说，建筑专业的平面图，就按照轴线、柱、墙、门窗、家具、尺寸标注、文字标注等来定义图层，绘制图形的过程中，在相应的图层上绘制图形。

只要图纸中所有的图元都能有适当的归类办法了，那么图层设置的基础就搭建好了。但是，图元分类是不是越细越好呢？不对。比如说，建筑平面图上，有门和窗，还有很多台阶、楼梯等的看线，那是不是就分成门层、窗层、台阶层、楼梯层呢？不对。图层太多的话，会给下面的绘制造成不便。就像门、窗、台阶、楼梯，虽然不是同一类的东西，但又都属于看线，那么就可以用同一个图层来管理。

因此，图层设置的第一原则是在够用的基础上越少越好。两层含义：够用和精简。每个专业的情况不一样，读者可以自己琢磨，怎么样是相对合理的。

（3）图层颜色的定义

图层的设置有很多属性，除了图名外，还有颜色、线形、线宽等。在设置图层时，就要定义好相应的颜色、线形、线宽。现在很多用户在定义图层颜色时，都是根据自己的爱好，喜欢什么颜色就用什么颜色，这样做并不合理。图层颜色的定义要注意两点：一是不同的图层要用不同的颜色；二是颜色的选择应该根据打印时线宽的粗细来选择。

另外，白色是属于0图层和DEFPOINTS层的，不能让其他层使用白色。

（4）线型和线宽的设置

在图层的线形设置前，先提到LTSCALE命令。一般来说，LTSCALE的设置值均应设为1，这样在进行图纸交流时，才不会乱套。默认的线形有3种：Continous连续线、ACAD_IS002W100点画线和ACAD_IS004W100虚线。

一张图纸是否好看、是否清晰，其中重要的一条因素之一，就是是否层次分明。一张图里，有0.13的细线，有0.25的中等宽度线，有0.35的粗线，这样就丰富了。打印出来的图纸，一眼看上去，也就能够根据线的粗细来区分不同类型的图元，如墙、门窗及标注。

2.5.3 创建图层

默认情况下，图层0将被指定使用7号颜色（白色或黑色，由背景色决定）、Continuous线型、默认线宽及Normal打印样式。在绘图过程中，如果要使用更多的图层来组织图形，就需要先创建新的图层。

用户可以通过以下方法来打开“图层特性管理器”选项板，如图2-49所示。

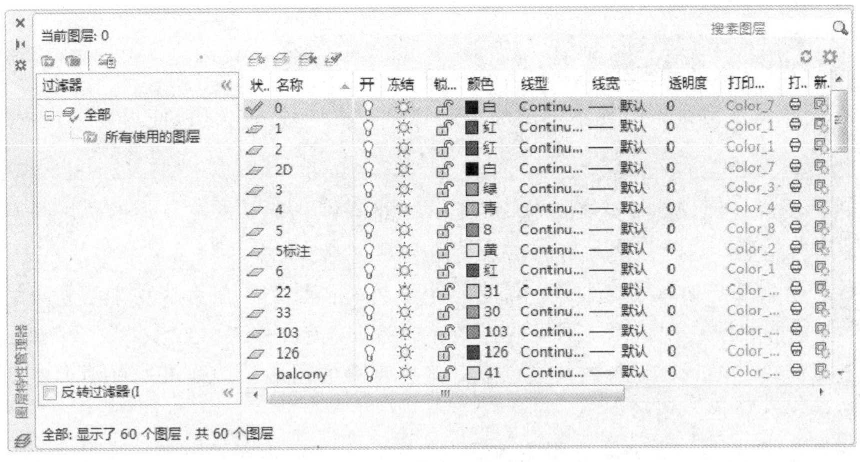

图 2-49 “图层特性管理器”选项板

- 菜单栏：选择“格式 | 图层”菜单命令。
- 命令行：在命令行输入或动态输入Layer命令（快捷键LA）。
- 面板：单击“默认”选项板→“图层”面板→“图层特性”按钮。

在“图层特性管理器”选项板中单击“新建图层”按钮，在图层的列表中将出现一个名称为“图层 1”的新图层。默认情况下，新建图层与当前图层的状态、颜色、线性及线宽等设置相同。如果要更改图层名称，可单击该图层名，或者按F2 键，然后输入一个新的图层名并按Enter键即可。

提示与技巧——图层命名的约定

要快速创建多个图层，可以选择用于编辑的图层名并用逗号隔开输入多个图层名。在输入图层名时，图层名最长可达 255 个字符，可以是数字、字母或其他字符，但不允许有>、<、|、\、“”、:、|、=等，否则系统将弹出如图 2-50 所示的警告框。

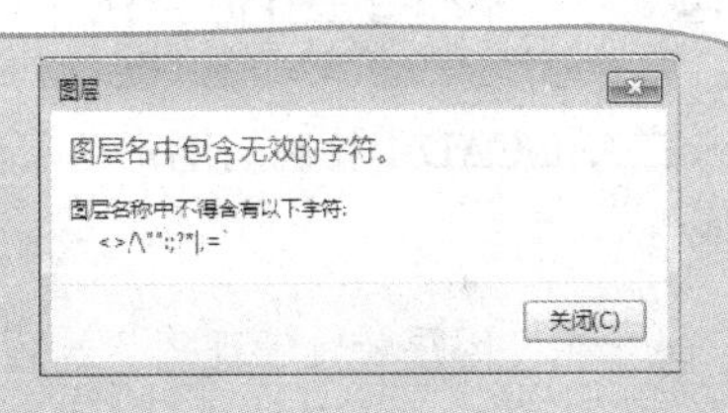

图 2-50 警告框

2.5.4 删除图层

用户在绘制图形的过程中，若发现有一些没有使用的多余图层，可以通过“图层特性管理器”选项板来删除图层。

在“图层特性管理器”选项板中，先使用鼠标选择需要删除的图层，然后单击“删除图层”按钮或按Alt+D组合键。如果要同时删除多个图层，可以配合Ctrl键或Shift键来选择多个连续或不连续的图层。

在删除图层的时候，只能删除未参照的图层。参照图层包括图层 0 及Defpoints、包含对象（包括块定义中的对象）的图层、当前图层和依赖外部参照的图层。

提示与技巧——顽固图层的删除

有时用户在删除图层时，系统提示该图层不能删除等，这时用户可以使用以下几种方法进行删除操作：

（1）将无用的图层关闭，选择全部内容，按Ctrl+C组合键执行复制命令，然后新键一个.dwg文件，按Ctrl+V组合键进行粘贴，这时那些无用的图层就不会贴过来。但是，如果曾经在这个不要的图层中定义过块，又在另一个图层中插入了这个块，那么这个不要的图层是不能用这种方法删除的。

（2）选择需要留下的图层，执行"文件\输出"菜单命令，确定文件名，在"文件类型"中选择"块.dwg"选项，然后单击"保存"按钮，这样的块文件就是选中部分的图形了。如果这些图形中没有指定的层，这些层也不会被保存在新的块图形中。

（3）打开一个CAD文件，先关闭要删除的层，在图面上只留下用户需要的可见图形，选择"文件\另存为"菜单命令，确定文件名，在"文件类型"中选择"*.dxf"选项，在弹出的对话框中选择"工具\选项\DXF"选项，再在选项对象处打勾，然后依次单击"确定"和"保存"按钮，此时就可以选择保存的对象了。将可见或要用的图形选上就可以确定保存了，完成后退出这个刚保存的文件，再打开该文件查看，会发现不需要的图层已经删除。

（4）利用Laytrans命令将需要删除的图层映射为 0 图层即可，这个方法可以删除具有实体对象或被其他块嵌套定义的图层。

2.5.5 设置当前图层

在AutoCAD中绘制的图形对象，都是在当前图层中进行的，且所绘制图形对象的属性也将继承当前图层的属性。

- 在"图层特性管理器"选项板中选择一个图层，并单击"置为当前"按钮，即可将该图层置为当前图层，并在图层名称前面显示标记，如图 2-51 所示。
- 在"图层"面板的"图层控制"下拉列表框中，选择需要设置为当前的图层即可，如图 2-52 所示。
- 在"图层"面板中单击"置为当前"按钮，然后使用鼠标选择指定的对象，即可将选择的图形对象置为当前图层，如图 2-53 所示。

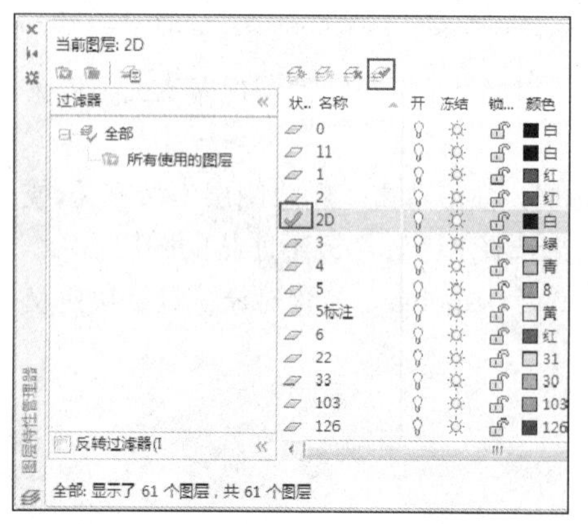

图 2-51 设置"当前图层"

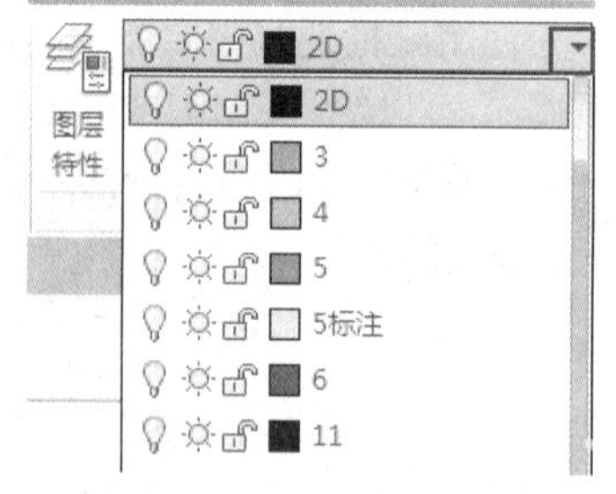

图 2-52 选择图层

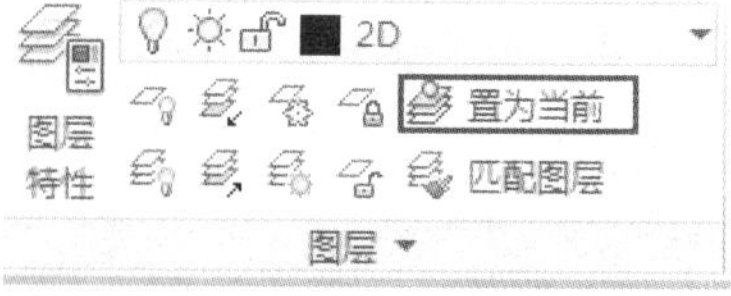

图 2-53 "图层"面板

提示与技巧——使用Laymcur命令转换当前层

在命令行输入Laymcur命令，根据命令行的提示，选择需要置为当前图层上的图形对象。

例如：当前图层为"轴线"，执行该命令后，选择"墙体"图层上任何一个对象，即可快速将"墙体"图层置为当前层。

- 在命令行中输入CLayer命令，根据命令行的提示（如图 2-54 所示）。输入新的图层名称，即可快速切换到该图层。例如：当前图层为"尺寸线层"，执行该命令，输入需要切换的图层名称"虚线层"，即可快速将当前图层切换为"虚线层"。

```
命令: Clayer                                    \\ 执行命令
输入 Clayer 的新值 <"尺寸线层">: 虚线层          \\ 输入新的图层名"虚线层"
```

图 2-54　命令行提示

提示与技巧——图层的快速切换

使用CLayer命令切换图层时，一般使用在绘制的图形较大，而且其图形对象较多，即使从图层下拉列表中也难以快速找到该图层。这就要求读者在绘制图形前，养成一个好的习惯，对图层全名简单易记的名称，从而快速切换到该图层。

2.5.6　转换图层

对象的转换图层，是指将一个图层中的图形转换到另一个图层中。例如：将图层 1 中的图形转换到图层 2 中，被转换后的图形颜色、线型、线宽将拥有图层 2 的特性。

转换图层时，先在绘图区选择需要转换的图形，然后单击"图层"面板中"图层"下拉列表框，如图 2-55 所示，在其中选择要转换到的图层即可。

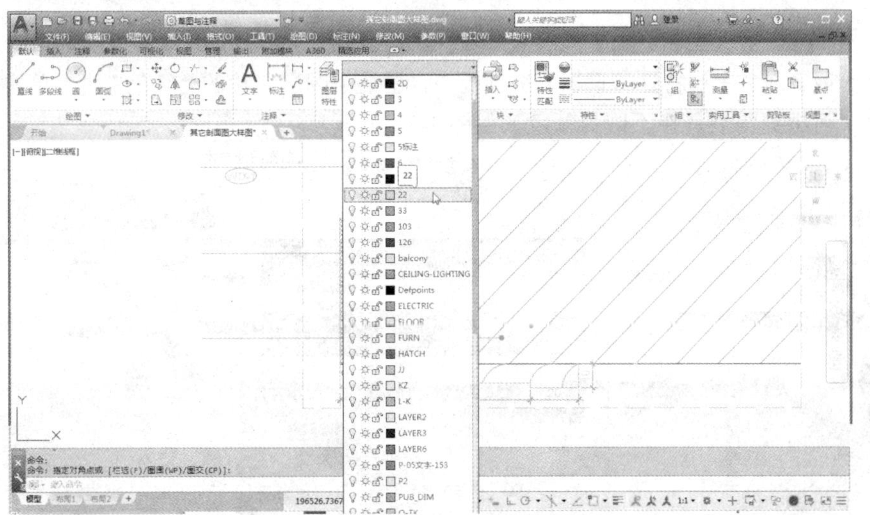

图 2-55　转换图层

提示与技巧——图形的快速选择

在选择对象时，如果需要选择同一图层上的所有对象，可使用Select命令；或者在绘图区域右击鼠标，在弹出的快捷菜单中选择“快速选择”命令，如图 2-56 所示，都将弹出“快速选择”对话框，如图 2-57 所示。然后根据不同的要求，设置不同的参数，即可快速选择同一图层、同一颜色、同一线型等的对象，从而大大提高工作效率。

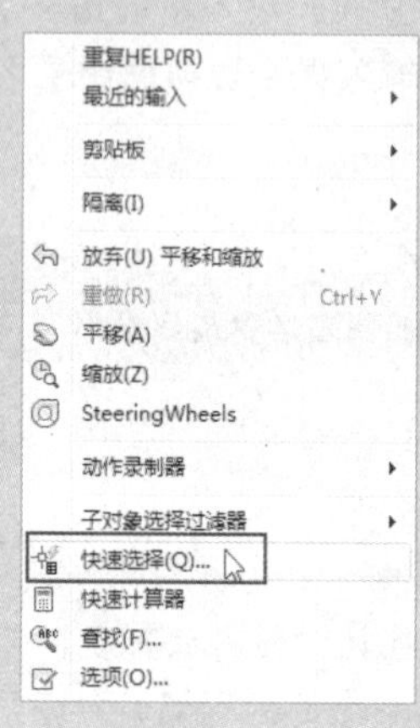

图 2-56　右击打开的快捷菜单

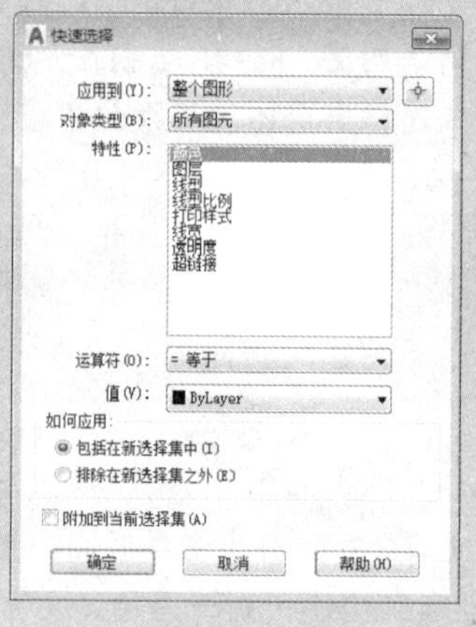

图 2-57　“快速选择”对话框

2.5.7　设置图层特性

1. 设置颜色

颜色在图形中具有非常重要的作用，可用来表示不同的组件、功能和区域。图层的颜色实际上是图层中图形对象的颜色。

- 命令行：输入或动态输入color命令（快捷键为COL）。
- 面板：单击“默认”选项板→“特性”面板→“对象颜色”按钮。

执行该命令，或者在“图层特性管理器”选项板中，在某个图层名称的“颜色”块上单击，均可弹出“选择颜色”对话框，可根据需要选择不同的颜色，如图 2-58 所示。

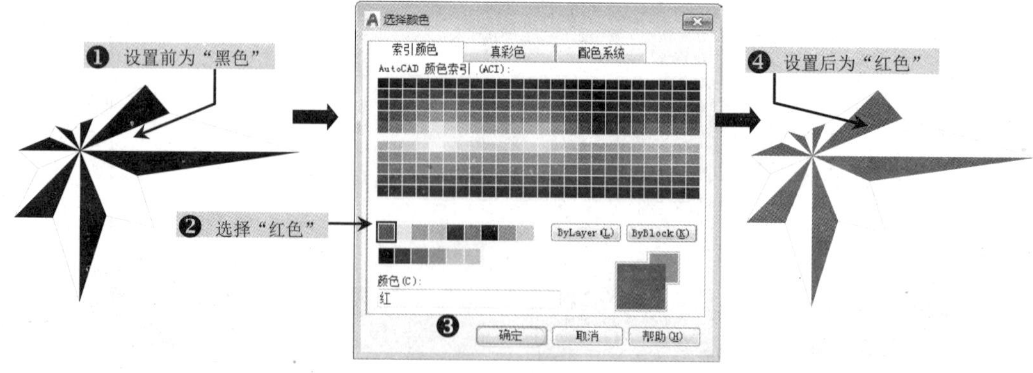

图 2-58　设置图层颜色

提示与技巧——图层颜色的分类

一般情况下，不同的图层使用不同的颜色。如果两个图层使用同一种颜色，那么在显示时就会很难判断正在操作的对象是在哪一个图层上。

2. 设置线型

线型是指图形基本元素中线条的组成和显示方式，如虚线、实线、点划线等。

- 命令行：输入或动态输入linetype命令（快捷键为LT）。
- 面板：单击“默认”选项板→“特性”面板→“线型”按钮。

执行该命令，或者在“图层特性管理器”选项板中，在某个图层名称的“线型”列中单击，均可弹出“线型管理器”对话框，从中选择相应的线型，如图 2-59 所示。

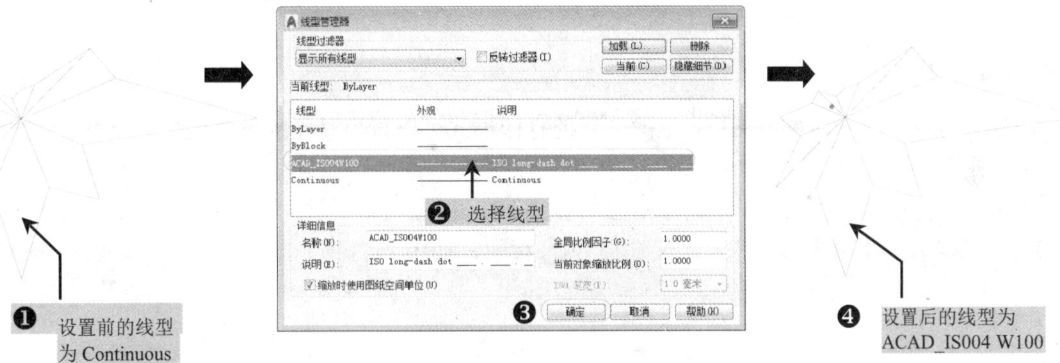

图 2-59　设置图层线型

用户可在“线型管理器”对话框中单击“加载”按钮，打开“加载或重载线型”对话框，可将更多的线型加载到“线型管理器”对话框中，根据需要选择不同的线型，如图 2-60 所示。

在AutoCAD中所提供的线型库文件有acad.lin和acadiso.lin。在英制测量系统下使用acad.lin线型库文件中的线型；在公制测量系统下使用acadiso.lin线型库文件中的线型。

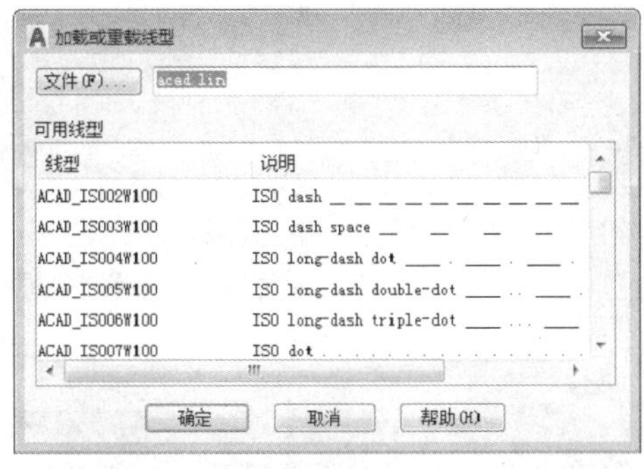

图 2-60　“加载或重载线型”对话框

3. 设置线宽

用户在绘制图形过程中，应根据设计需要设置不同的线宽，以便于更直观地区分对象。

- 命令行：输入或动态输入Lweight命令（快捷键为LW）。
- 面板：单击“默认”选项板→“特性”面板→“线宽”按钮。

执行该命令，或者在“图层特性管理器”选项板中，在某个图层名称的“线宽”列中单击，均可弹出“线宽设置”对话框，从中选择相应的线宽，如图 2-61 所示。

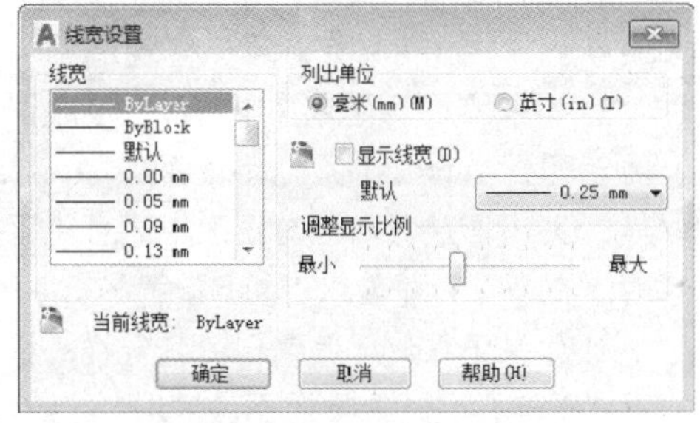

图 2-61　“线宽设置”对话框

当设置了线型的线宽后，应在底侧状态栏中激活“线宽”按钮，才能在视图中显示出所设置的线宽。如果在“线宽设置”对话框中调整了不同的线宽显示比例，则视图中显示的线宽效果也将不同，如图 2-62所示。

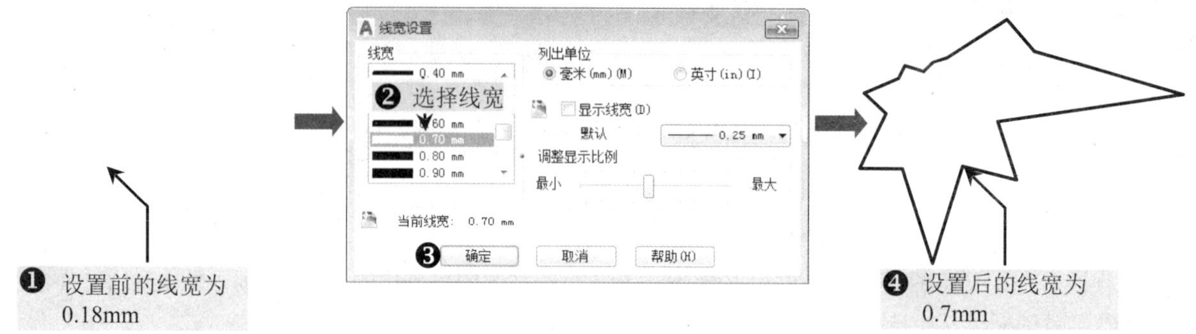

图 2-62 设置线型宽度

4．设置打印

打印样式可以应用于对象或图层。更改图层的打印样式可以替换对象的颜色、线型和线宽，以至于修改打印图形的外观。

在“图层特性管理器”选项板中，在相应图层的“打印”位置，单击“打印”按钮，此时将变成“不打印”按钮。若再次单击该按钮，则又还原为按钮，如图 2-63 所示。

图 2-63 设置打印

提示与技巧——打印的技巧

颜色的选择应该根据打印时线宽的粗细来选择。打印时，线型设置越宽，该图层就应该选用越亮的颜色，这样可以在屏幕上直观地反映出线型的粗细。

如果图层设置为打印图层，但该图层在当前图形中是冻结或关闭的，那么AutoCAD不打印该图层。

关闭图层打印只对图形中的可见图层有效，即图层是打开且解冻的。在命令行中输入Plotstyle命令，将弹出如图 2-64 所示的警告框。

如果正在使用颜色相关打印样式模式（系统变量PSTYLEPOLICY设置为 1），此选项将不可用。

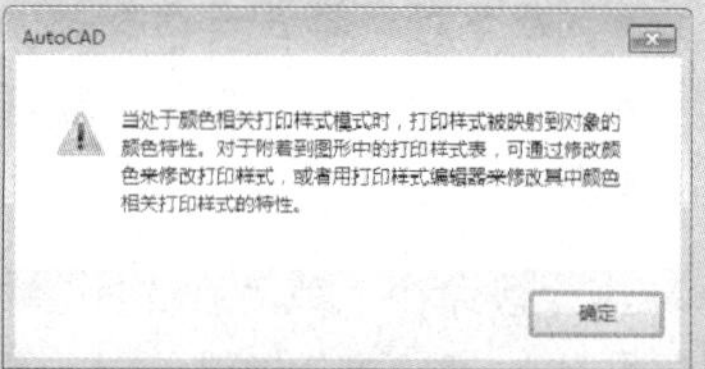

图 2-64 警告框

2.5.8 设置图层状态

在“图层特性管理器”选项板中，其图层状态包括图层的“打开 | 关闭”“冻结 | 解冻”“锁定 | 解锁”等；同样，在“图层”工具栏中，用户也可以设置并管理各图层的特性，如图 2-65 所示。

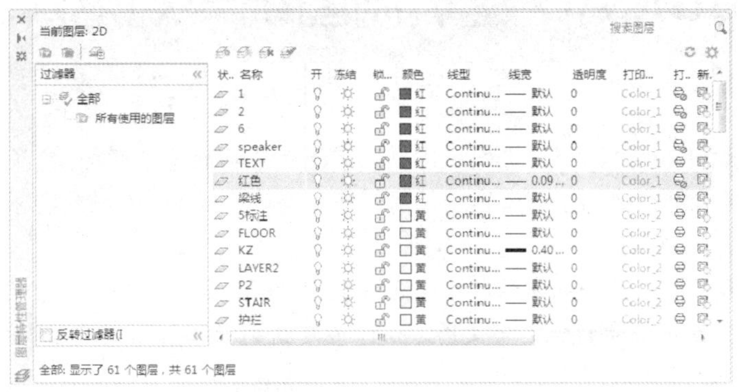

图 2-65 图层状态

- “打开 | 关闭”图层：在“图层”工具栏的列表框中，单击相应图层的小灯泡图标，可以控制图层的显示与否。在打开状态下，灯泡的颜色为黄色，该图层的对象将显示在视图中，也可以在输出设置上打印；在关闭状态下，灯泡的颜色为灰色，该图层的对象不能在视图中显示出来，也不能打印出来。如图 2-66 所示为打开或关闭图层的对比效果。

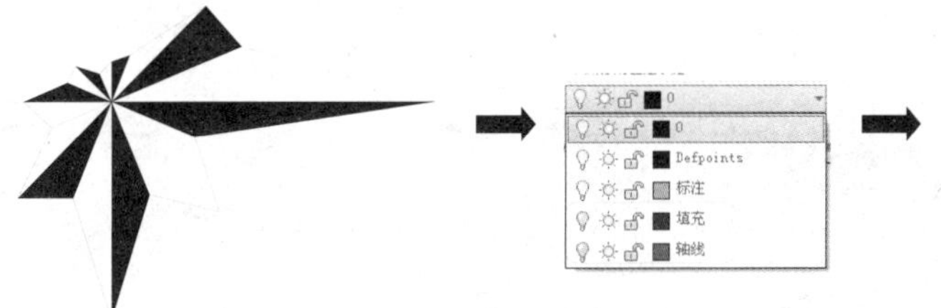

图 2-66 打开与关闭图层的比较效果

- “冻结 | 解冻”图层：在“图层”工具栏的列表框中，单击相应图层的太阳或雪花图标，可以冻结或解冻图层。在图层被冻结时，显示为雪花图标，其图层的图形对象不能被显示和打印出来，也不能编辑或修改图层上的图形对象；在图层被解冻时，显示为太阳图标，此时图层上的对象可以被编辑。
- “锁定 | 解锁”图层：在“图层”工具栏的列表框中，单击相应图层的小锁图标，可以锁定或解锁图层。在图层被锁定时，显示为图标，此时不能编辑锁定图层上的对象，但仍然可以在锁定的图层上绘制新的图形对象。

提示与技巧——关闭与冻结图层的区别

关闭图层与冻结图层的区别在于：冻结图层可以减少系统重生成图形的计算时间。若用户的计算机性能较好，且所绘制的图形较为简单，则一般不会感觉到图层冻结的优越性。

第3章 AutoCAD建筑制图统一规范

在对建筑图形进行设计和绘制之前，首先应该熟练掌握建筑物的基本结构。为了使建筑制图更加规范化，保证制图质量，提高制图效率，做到图面清晰、简明，符合设计、施工、存档的要求，适应工程建设的需要，我国制定了《房屋建筑制图标准》。

在本章中，首先讲解了建筑物的基本结构，以及图纸幅面规格与编排顺序；然后依次讲解了图纸、字体、比例，以及建筑工程图中各种符号的规定与使用方法；最后讲解了工程图的定位轴线与常用建筑材料图例。

学习目标

- 掌握建筑物的基本结构
- 掌握建筑工程图的幅面规格、图纸编排顺序
- 掌握建筑工程图的图线、字体、比例和符号规范
- 掌握建筑工程图的定位轴线规范
- 掌握建筑工程图常用建筑材料的使用图例

3.1 建筑物的基本结构

建筑物是由基础、墙或柱、楼地层、屋顶、楼梯等主要部分组成，以及门窗、采光井、散水、勒脚、窗帘盒等附属部分组成，如图3-1~图3-4所示。

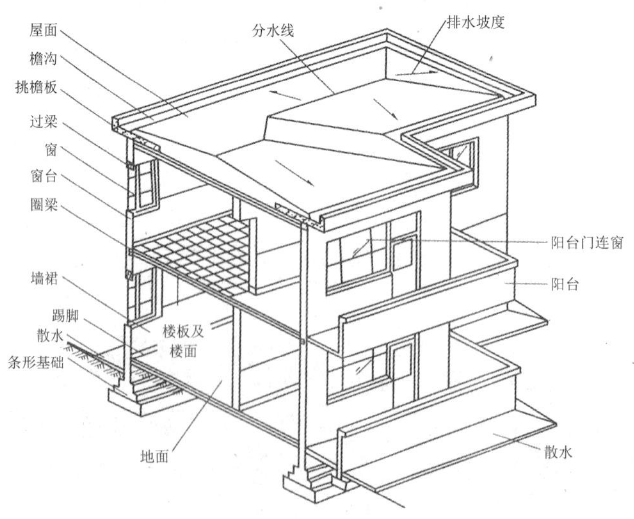

图3-1 房屋各部位名称（1）

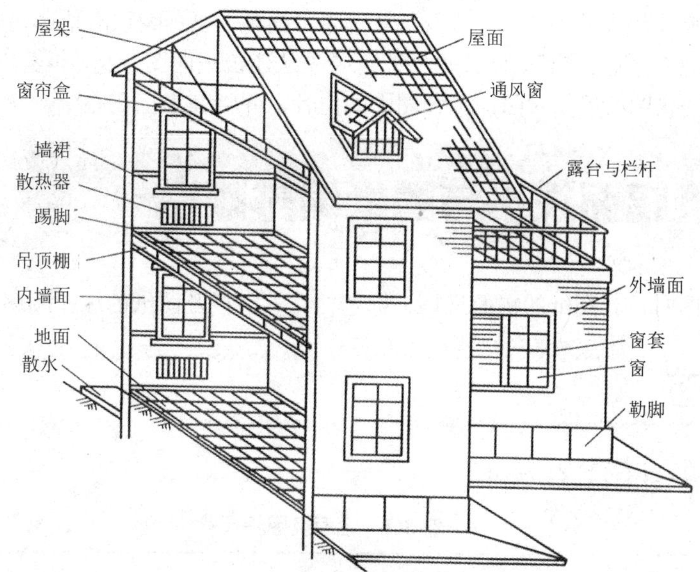

图 3-2　房屋各部位名称（2）

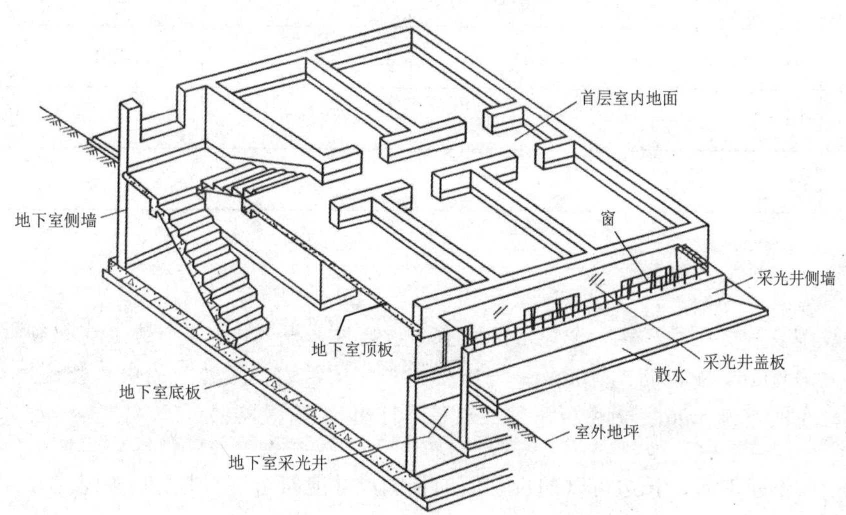

图 3-3　地下室的构造组成

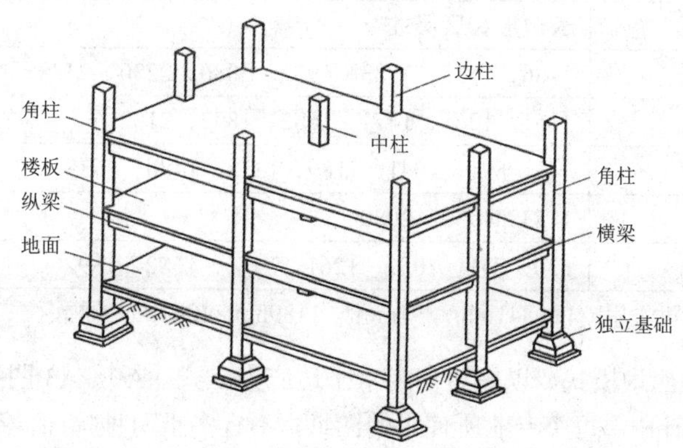

图 3-4　框架结构

建筑施工图就是把这些组成的构造、形状及尺寸等表示清楚。要想表示清楚这些建筑内容，就需要少则几张，多则几十张或几百张的施工图纸。阅读这些图纸要先从建筑平面图看起，再看立面图、剖面图和详图。在看图的过程中，要将这些图纸反复对照，了解图中的内容，并将其牢记在心中。

3.2 图纸幅面规格与图纸编排顺序

在进行建筑工程制图时，其图纸的幅面规格、标题栏、签字栏及图纸的编排顺序，都是有一定的规定。

3.2.1 图纸幅面

图纸幅面及图框尺寸，应符合表 3-1 的规定。

表 3-1 幅面及图框尺寸　　单位：mm

图纸幅面 尺寸代号	A0	A1	A2	A3	A4
b×l	841×1189	594×841	420×594	297×420	210×297
c	10			5	
A	25				

提示

对于需要微缩复制的图纸，其一个边上应附有一段准确米制尺度，4 个边上均附有对中标志，米制尺度的总长应为 100mm，分格应为 10mm。对中标志画在图纸内框各边长的中点处，线宽为 0.35mm，应伸入内框边，在框外为 5mm。对中标志的线段，于l1 和b1 范围取中。

图纸的短边一般不应加长，长边可以加长，但加长的尺寸应符合国标规定，如表 3-2 所示。

表 3-2 图纸长边加长尺寸　　单位：mm

幅面尺寸	长边尺寸	长边加长后尺寸
A0	1189	1486、1635、1783、1932、2080、2230、2378
A1	841	1051、1261、1471、1682、1892、2102
A2	594	743、891、1041、1189、1338、1486、1635
A2	594	1783、1932、2080
A3	420	630、841、1051、1261、1471、1682、1892

注：有特殊需要的图纸，可采用b×l为 841mm×891mm与 1189mm×1261mm的幅面。

图纸以短边作为垂直边应为横式，以短边作为水平边应为立式。A0～A3 图纸宜横式使用，必要时，也可立式使用。在一个工程设计中，每个专业所使用的图纸，不宜多于两种幅面，不含目录及表格所采用的A4 幅面。

3.2.2 标题栏与会签栏

图纸中应有标题栏、图框线、幅面线、装订边线和对中标志。图纸的标题栏及装订边的位置，应符合下列规定：

（1）横式使用的图纸，应按图 3-5 和图 3-6 的形式进行布置。

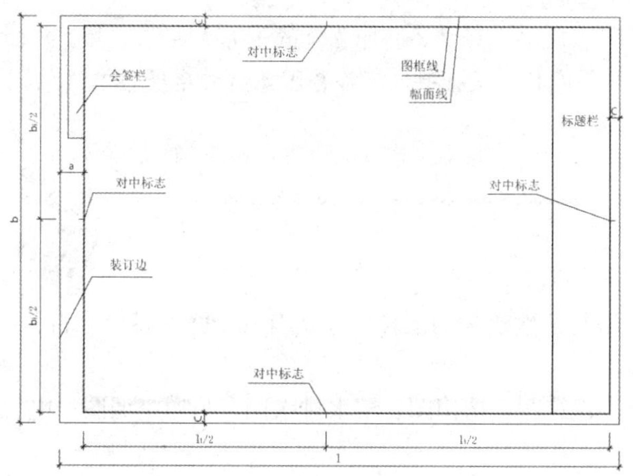

图 3-5 A0-A3 横式幅面（一）

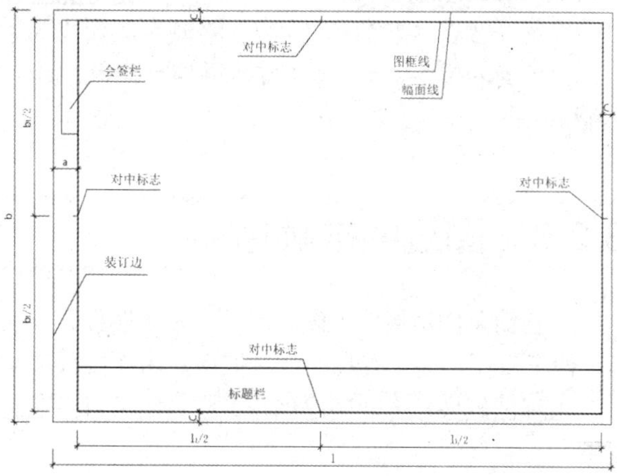

图 3-6 A0-A3 横式幅面（二）

（2）立式使用的图纸，应按图 3-7 和图 3-8 的形式进行布置。

（3）标题栏应如图 3-9 和图 3-10 所示，根据工程的需要选择其尺寸、格式及分区。签字栏应包括实名列和签名列。

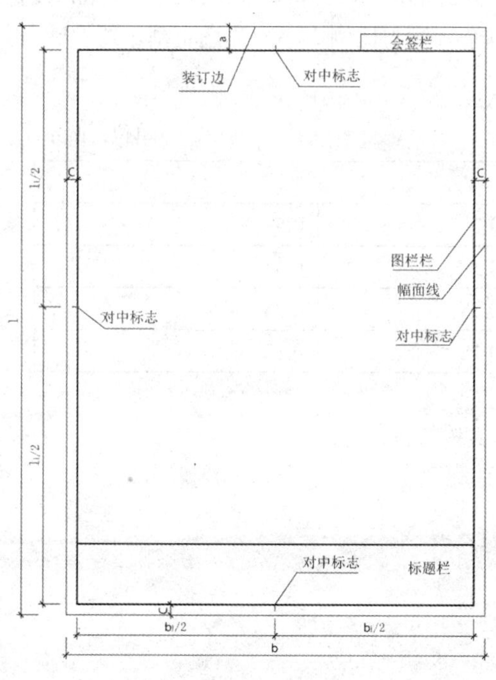

图 3-7 A0~A4 立式幅面（一）

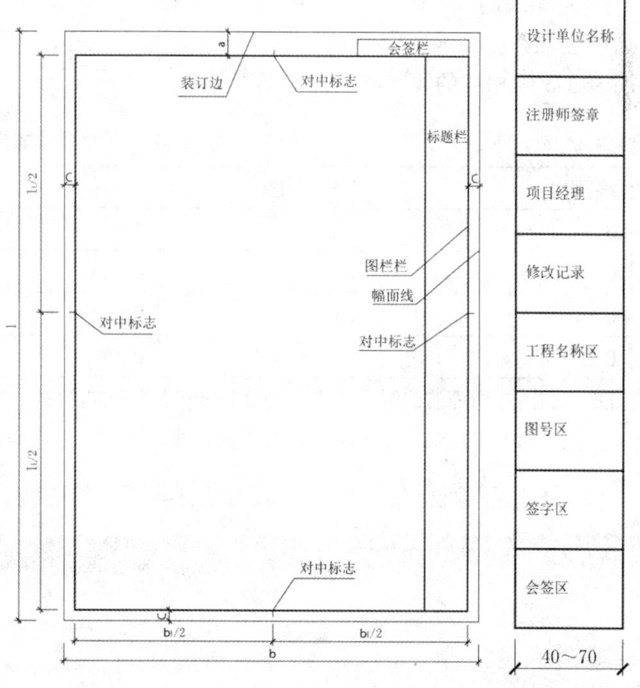

图 3-8 A0~A4 立式幅面（二）

图 3-9 标题栏（一）

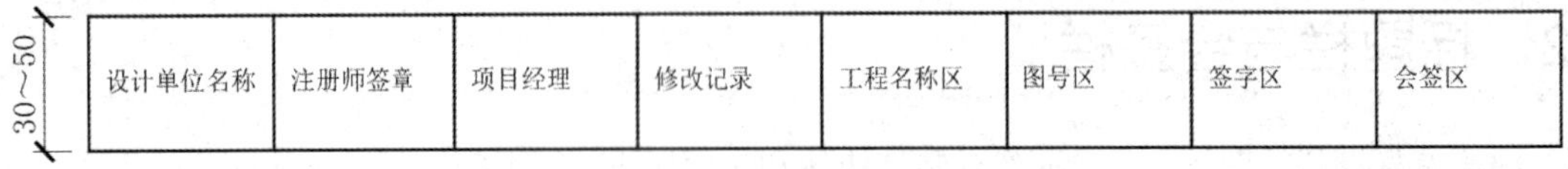

30～50	设计单位名称	注册师签章	项目经理	修改记录	工程名称区	图号区	签字区	会签区

图 3-10　标题栏（二）

提示——涉外工程的标题栏规定

对于涉外工程的标题栏内，各项主要内容的中文下方应附有译文，设计单位的上方或左方应加“中华人民共和国”字样。在计算机制图文件中，当使用电子签名与认证时，应符合国家有关电子签名法的规定。

3.2.3　图纸编排顺序

一套简单的房屋施工图就有一二十张图样，一套大型复杂建筑物的图样至少也有几十张，甚至上百张。为了便于看图，易于查找，就应把这些图样按顺序编排。

工程图纸应按专业顺序编排。应为图纸目录、总图、建筑图、结构图、给水排水图、暖通空调图、电气图等。

另外，各专业的图纸，应按图纸内容的主次关系、逻辑关系进行分类排序。

3.3　图线

（1）图线的宽度b，宜从 1.4mm、1.0mm、0.7mm、0.5mm、0.35mm、0.25mm、0.18mm、0.13mm线宽系列中选取，但图线宽度不应小于 0.1mm。每个图样，应根据复杂程度与比例大小，先选定基本线宽b，再选用表 3-3 中相应的线宽组。

表 3-3　线宽组　　单位：mm

线宽比	线宽组			
b	1.4	1.0	0.7	0.5
0.7b	1.0	0.7	0.5	0.35
0.5b	0.7	0.5	0.35	0.25
0.25b	0.35	0.25	0.18	0.13

注：1. 需要微缩的图纸，不宜采用 0.18mm 及更细的线宽。
　　2. 同一张图纸内，各不同线宽中的细线，可统一采用较细的线宽组的细线。

（2）在工程建设制图时，应选用如表 3-4 所示的图线。

表 3-4　图线的线型、宽度及用途

<table>
<tr><th colspan="2">名称</th><th>线型</th><th>线宽</th><th>一般用途</th></tr>
<tr><td rowspan="3">实线</td><td>粗</td><td>━━━━</td><td>b</td><td>主要可见轮廓线。剖面图中被剖部分的主要结构构件轮廓线、结构图中的钢筋线、建筑或构筑物的外轮廓线、剖切符号、地面线、详图标志的圆圈、图纸的图框线、新设计的各种给水管线、总平面图及运输中的公路或铁路线等</td></tr>
<tr><td>中</td><td>━━━━</td><td>0.5b</td><td>可见轮廓线。剖面图中被剖部分的次要结构构件轮廓线、未被剖面但仍能看到而需要画出的轮廓线、标注尺寸的尺寸起止 45° 短画线、原有的各种水管线或循环水管线等</td></tr>
<tr><td>细</td><td>────</td><td>0.25b</td><td>可见轮廓线、图例线。尺寸界线、尺寸线、材料的图例线、索引标志的圆圈及引出线、标高符号线、重合断面的轮廓线、较小图形中的中心线</td></tr>
<tr><td rowspan="3">虚线</td><td>粗</td><td>- - - - -</td><td>b</td><td>新设计的各种排水管线、总平面图及运输图中的地下建筑物或构筑物等</td></tr>
<tr><td>中</td><td>- - - - -</td><td>0.5b</td><td>不可见轮廓线。建筑平面图运输装置（如桥式吊车）的外轮廓线、原有的各种排水管线、拟扩建的建筑工程轮廓线等</td></tr>
<tr><td>细</td><td>- - - - -</td><td>0.25b</td><td>不可见轮廓线、图例线</td></tr>
<tr><td rowspan="3">单点长画线</td><td>粗</td><td>—·—·—</td><td>b</td><td>结构图中梁或框架的位置线、建筑图中的吊车轨道线、其他特殊构件的位置指示线</td></tr>
<tr><td>中</td><td>—·—·—</td><td>0.5b</td><td>见各专业制图标准</td></tr>
<tr><td>细</td><td>—·—·—</td><td>0.25b</td><td>中心线、对称线、定位轴线。管道纵断面图或管系轴测图中的设计地面线等</td></tr>
<tr><td rowspan="3">双点长画线</td><td>粗</td><td>—··—··—</td><td>b</td><td>预应力钢筋线</td></tr>
<tr><td>中</td><td>—··—··—</td><td>0.5b</td><td>见各专业制图标准</td></tr>
<tr><td>细</td><td>—··—··—</td><td>0.25b</td><td>假想轮廓线、成型前原始轮廓线</td></tr>
<tr><td colspan="2">折断线</td><td>—\/—</td><td>0.25b</td><td>断开界线</td></tr>
<tr><td colspan="2">波浪线</td><td>～～</td><td>0.25b</td><td>断开界线</td></tr>
<tr><td colspan="2">加粗线</td><td>▬▬</td><td>1.4b</td><td>地坪线、立面图的外框线等</td></tr>
</table>

（3）同一张图纸内，相同比例的各图样，应选用相同的线宽组。

（4）图纸的图框和标题栏线，可采用如表 3-5 所示的线宽。

表 3-5　图框线、标题栏线的宽度(mm)

幅面代号	图框线	标题栏外框线	标题栏分格线、会签栏线
A0、A1	b	0.5b	0.25b
A2、A3、A4	b	0.7b	0.35b

（5）相互平行的图线，其间隙不宜小于其中的粗线宽度，且不宜小于 0.7mm。

（6）虚线、单点长画线或双点长画线的线段长度和间隔，宜各自相等。

（7）单点长画线或双点长画线，当在较小图形中绘制有困难时，可用实线代替。

（8）单点长画线或双点长画线的两端，不应是点。点画线与点画线交接或点画线与其他图线交接时，应是线段交接。

（9）虚线与虚线交接或虚线与其他图线交接时，应是线段交接。虚线为实线的延长线时，不得与实线连接。

（10）图线不得与文字、数字或符号重叠、混淆，不可避免时，应首先保证文字等的清晰。

3.4 字体

在一幅完整的工程图中用图线方式表现得不充分和无法用图线表示的地方，就需要进行文字说明，如材料名称、构配件名称、构造方法、统计表及图名等。

文字说明是图样内容的重要组成部分，制图规范对文字标注中的字体、字号等作了一些具体规定：

（1）图纸上所需书写的文字、数字或符号等，均应笔画清晰、字体端正、排列整齐；标点符号应清楚正确。

（2）文字的字高以字体的高度h（单位为mm）表示，最小高度为3.5mm，应从如下系列中选用：3.5、5、7、10、14、20mm。如需书写更大的字，其高度应按$\sqrt{2}$的比值递增。

（3）图样及说明中的汉字，宜采用长仿宋体，宽度与高度的关系应符合表3-6的规定。大标题、图册封面、地形图等的汉字，也可书写成其他字体，但应易于辨认。

表3-6　长仿宋体字高宽关系(mm)

字高	20	14	10	7	5	3.5
字宽	14	10	7	5	3.5	1.5

（4）汉字的简化字书写，必须符合国务院公布的《汉字简化方案》和有关规定。

（5）拉丁字母、阿拉伯数字与罗马数字的书写与排列，应符合表3-7的规定。

表3-7　拉丁字母、阿拉伯数字与罗马数字书写规则

书写格式	一般字体	窄字体
大写字母高度	h	h
小写字母高度（上下均无延伸）	7/10h	10/14h
小写字母伸出的头部或尾部	3/10h	4/14h
笔画宽度	1/10h	1/14h
字母间距	2/10h	2/14h
上下行基准线最小间距	15/10h	21/14h
词间距	6/10h	6/14h

（6）拉丁字母、阿拉伯数字与罗马数字，如需写成斜体字，其斜度应是从字的底线逆时针向上倾斜75°。斜体字的高度与宽度应与相应的直体字相等。

（7）拉丁字母、阿拉伯数字与罗马数字的字高，应不小于1.5mm。

（8）数量的数值注写，应采用正体阿拉伯数字。各种计量单位凡前面有量值的，均应采用国家颁布的单位符号注写。单位符号应采用正体字母。

（9）分数、百分数和比例数的注写，应采用阿拉伯数字和数学符号，例如：四分之三、百分之二十五和一比二十，应分别写成3/4、25%和1:20。

（10）当注写的数字小于1时，必须写出个位的“0”，小数点应采用圆点，齐基准线书写，例如0.01。

（11）长仿宋汉字、拉丁字母、阿拉伯数字或罗马数字，应符合国家现行标准《技术制图——字体》GB/T 14691的有关规定，即写成竖笔铅垂的直体字或竖笔与水平线成75°的斜体字，如图3-11所示。

图 3-11　字母和数字示例

3.5 比例

工程图样中图形与实物相对应的线性尺寸之比，称为比例。比例的大小，是指其比值的大小，如 1:50 大于 1:100。

（1）比例的符号为“:”，不是冒号“：”，比例应以阿拉伯数字表示，如 1:1、1:2、1:100 等。

（2）比例宜注写在图名的右侧，字的基准线应取平；比例的字高宜比图名的字高小一号或二号，如图 3-12 所示。

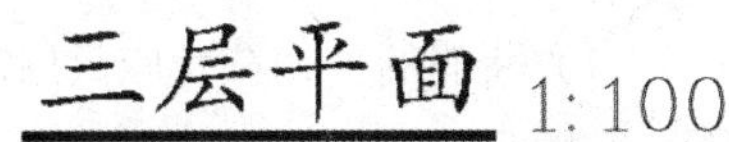

图 3-12　比例的注写

（3）绘图所用的比例，应根据图样的用途与被绘对象的复杂程度，从如表 3-8 所示中选用，并优先用表中常用比例。

表 3-8　绘图所用的比例

常用比例	1:1、1:2、1:5、1:10、1:20、1:50、1:100、1:150、1:200、1:500、1:1000、1:2000、1:5000、1:10000、1:20000、1:50000、1:100000、1:200000
可用比例	1: 3、1:4、1:6、1:15、1:25、1:30、1:40、1:60、1:80、1:250、1:300、1:400、1:600

（4）一般情况下，一个图样应选用一种比例。根据专业制图需要，同一图样可选用两种比例。

（5）特殊情况下也可自选比例，这时除应注出绘图比例外，还必须在适当位置绘制出相应的比例尺。

3.6 符号

在进行各种建筑和室内装饰设计时，为了更加清楚、明确地表明图中的相关信息，将以不同的符号来表示。

3.6.1　剖切符号

剖视的剖切符号应由剖切位置线及剖视方向线组成，均应以粗实线绘制。剖视的剖切符号应符合下列规定：

（1）剖切位置线的长度宜为 6mm～10mm；剖视方向线应垂直于剖切位置线，长度应短于剖切位置线，宜为 4mm～6mm，如图 3-13 所示。也可采用国际统一和常用的剖视方法，如图 3-14 所示。绘制时，剖视剖切符号不应与其他图线相接触。

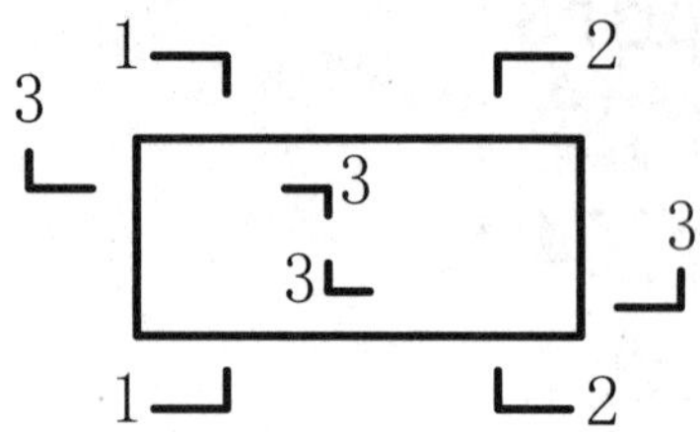

图 3-13　剖视的剖切符号（一）

图 3-14　剖视的剖切符号（二）

（2）剖视剖切符号的编号宜采用阿拉伯数字，按顺序由左至右、由下至上连续编排，并注写在剖视方向线的端部。

（3）需要转折的剖切位置线，应在转角的外侧加注与该符号相同的编号。

（4）建（构）筑物剖面图的剖切符号宜标注在±0.00 标高的平面图上。

断面的剖切符号应符合以下规定：

（1）断面的剖切符号应只用剖切位置线表示，并以粗实线绘制，长度宜为 6mm～10mm。

（2）断面剖切符号的编号宜采用阿拉伯数字，按顺序连续编排，并注写在剖切位置线的一侧；编号所在的一侧应为该断面的剖视方向，如图 3-15 所示。

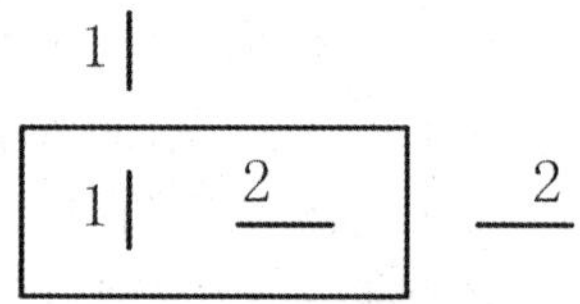

图 3-15　断面的剖切符号

提示——剖面图、断面图在同一张图内

剖面图或断面图，如与被剖切图样不在同一张图内，可在剖切位置线的另一侧注明其所在图纸的编号，也可以在图上集中说明。

3.6.2　索引符号与详图符号

图样中的某一局部或构件，如需另见详图，应以索引符号索引，如图 3-16（a）所示。索引符号是由直径为 8mm~10mm的圆和水平直径组成，圆及水平直径应以细实线绘制。索引符号应按下列规定编写：

（1）索引出的详图，如与被索引的详图同在一张图纸内，应在索引符号的上半圆中用阿拉伯数字注明该详图的编号，并在下半圆中间画一条水平细实线，如图 3-16（b）所示。

（2）索引出的详图，如与被索引的详图不在同一张图纸内，应在索引符号的上半圆中用阿拉伯数字注明该详图的编号，在索引符号的下半圆用阿拉伯数字注明该详图所在图纸的编号，如图 3-16（c）所示。数字较多时，可加文字标注。

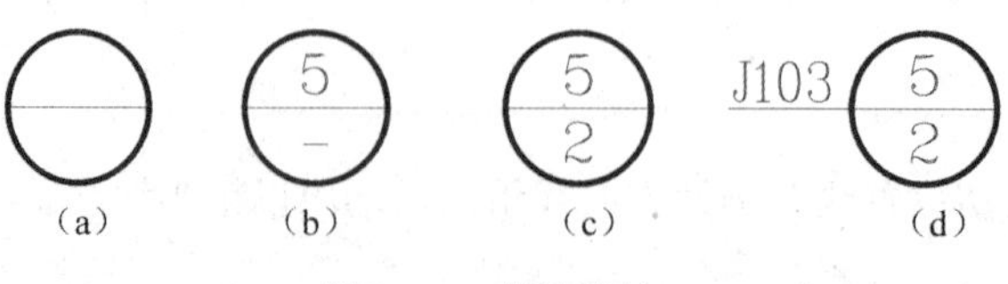

图 3-16　索引符号

（3）索引出的详图，如采用标准图，应在索引符号水平直径的延长线上加注该标准图册的编号，如图3-16（d）所示。需要标注比例时，文字在索引符号右侧或延长线下方，与符号下对齐。

（4）索引符号如用于索引剖视详图，应在被剖切的部位绘制剖切位置线，并以引出线引出索引符号，引出线所在的一侧应为剖视方向，如图3-17所示。

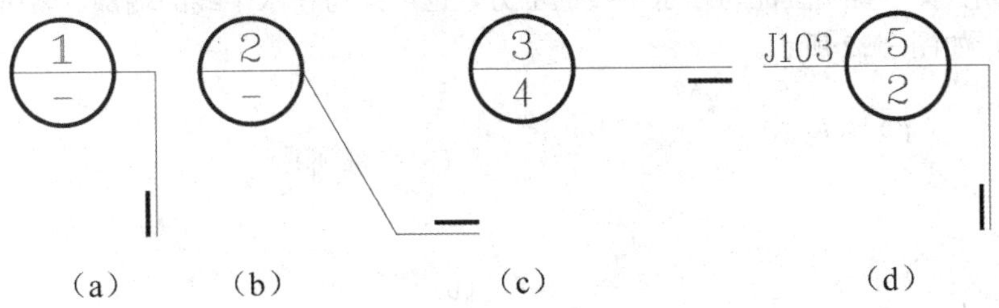

图3-17　用于索引剖视详图的索引符号

零件、钢筋、杆件、设备等的编号直径宜以5mm～6mm的细实线圆表示，同一图样应保持一致，其编号应用阿拉伯数字按顺序编写，如图3-18所示。消火栓、配电箱、管井等的索引符号，直径应以4mm～6mm为宜。

详图的位置和编号，应以详图符号表示。详图符号的圆应以直径为14mm粗实线绘制。详图应按以下规定编号：

（1）详图与被索引的图样在同一张图纸上时，应在详图符号内用阿拉伯数字注明详图的编号，如图3-19所示。

图3-18　零件、钢筋等的编号

图3-19　与被索引图样在同一张图纸上的详图符号

（2）详图与被索引的图样不在同一张图纸内时，应用细实线在详图符号内画一水平直径，在上半圆中注明详图编号，在下半圆中注明被索引的图纸编号，如图3-20所示。

图3-20　与被索引图样不在同一张图纸内的详图符号

提示——不同情况索引符号的规定

在AutoCAD的索引符号中，其圆的直径为12mm（在A0、A1、A2图纸）或10mm（在A3、A4图纸），其字高为5mm（在A0、A1、A2图纸）或4mm（在A3、A4图纸），如图3-21所示。

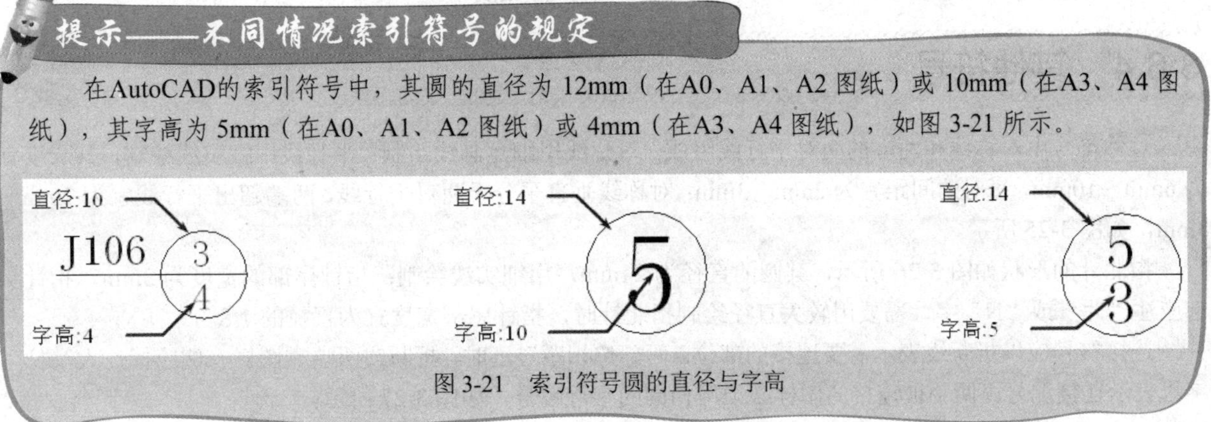

图3-21　索引符号圆的直径与字高

3.6.3 引出线

引出线应以细实线绘制，宜采用水平方向的直线或与水平方向成30°、45°、60°、90°的直线，或者经上述角度再折为水平线。文字说明宜注写在水平线的上方，也可注写在水平线的端部，索引详图的引出线应与水平直径线相连接，如图3-22所示。

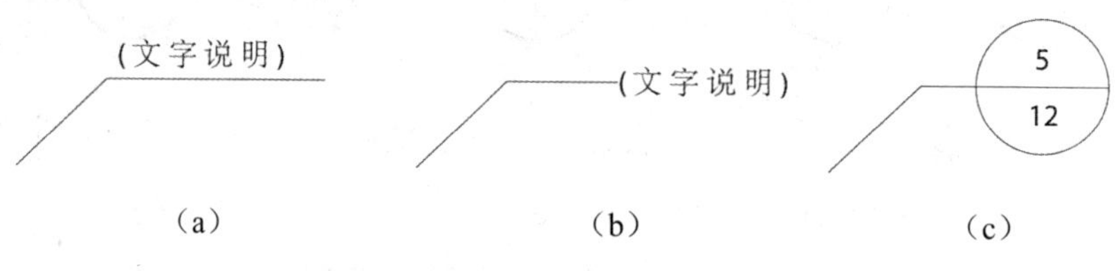

图3-22　引出线

同时引出几个相同部分的引出线，宜互相平行，也可画成集中于一点的放射线，如图3-23所示。

图3-23　共用引出线

多层构造或多层管道共用引出线，应通过被引出的各层。文字说明宜注写在水平线的上方，或者注写在水平线的端部，说明的顺序应由上至下，并与被说明的层次相互一致；若层次为横向排序，则由上至下的说明顺序应与左至右的层次相互一致，如图3-24所示。

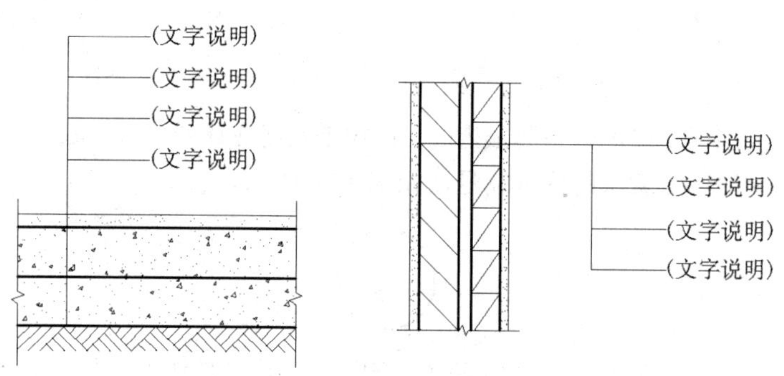

图3-24　多层构造引出线

3.6.4 其他符号

对称符号由对称线和两端的两对平行线组成。对称线用细点画线绘制；平行线用细实线绘制，其长度宜为6mm～10mm，每对的间距宜为2mm～3mm；对称线垂直平分于两对平行线，两端超出平行线宜为2mm～3mm，如图3-25所示。

指北针的形状如图3-26所示，其圆的直径为24mm，用细实线绘制；指针尾部的宽度为3mm，指针头部应注“北”或“N”字。需要用较大直径绘制指北针时，指针尾部宽度宜为直径的1/8。

连接符号应以折断线表示需要连接的部位。两部位相距过远时，折断线两端靠图样一侧应标注大写拉丁字母表示连接编号。两个被连接的图样必须用相同的字母编号，如图3-27所示。

对图纸中局部变更部分应采用云线，并注明修改版次，如图 3-28 所示。

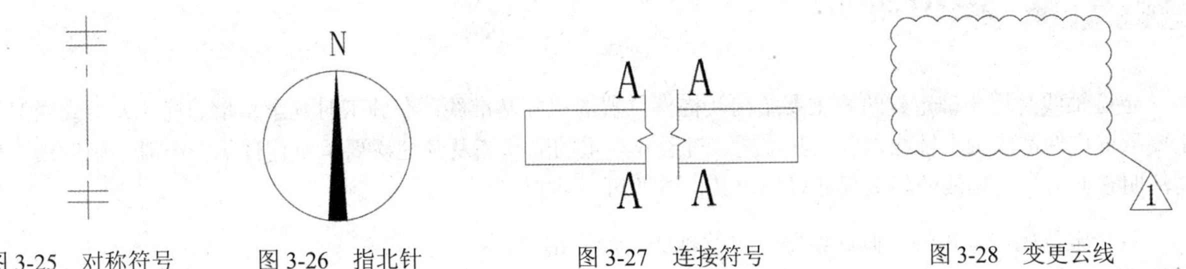

图 3-25 对称符号　图 3-26 指北针　图 3-27 连接符号　图 3-28 变更云线

3.6.5 标高符号

标高用来表示建筑物各部位高度的一种尺寸形式。标高符号用细实线画出，短横线是需要标注高度的界线，长横线之上或之下注出标高数字，如图 3-29（a）所示。

总平面图上的标高符号，应用涂黑的三角形表示，如图 3-29（d）所示，标高数字可注写在黑三角形的右上方，也可注写在黑三角形的上方或右面。

无论哪种形式的标高符号，均为等腰直角三角形，高 3mm。如图 3-29（b）、（c）所示用以标注其他部位的标高，短横线为需要标注高度的界限，标高数字注写在长横线的上方或下方。

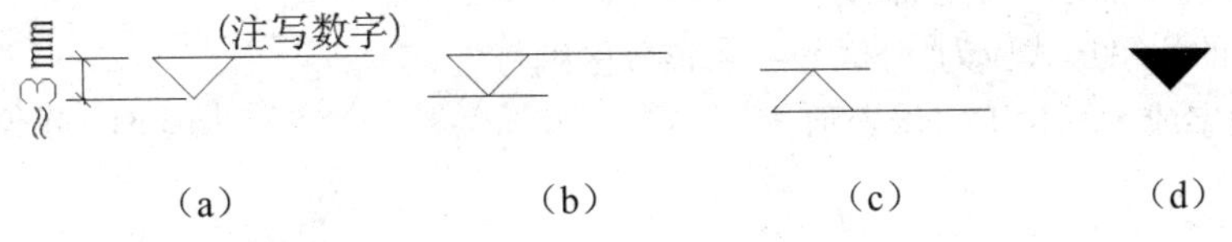

图 3-29 标高符号

标高数字以米（m）为单位，注写到小数点后第三位（在总平面图中可注写到小数点后第二位）。零点标高应注写成“±0.000”，正数标高不注“+”，负数标高应注“–”，如 3.000、–0.600。如图 3-30 所示为标高注写的几种格式。

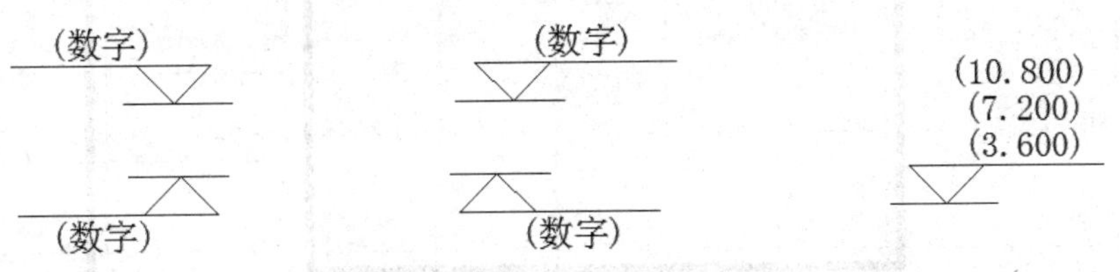

图 3-30 标高数字注写格式

标高有绝对标高和相对标高两种。绝对标高是指把青岛附近黄海的平均海平面定为绝对标高的零点，其他各地标高都以它作为基准。如在总平面图中的室外整平标高即为绝对标高。

相对标高是指在建筑物的施工图上要注明许多标高，用相对标高来标注，容易直接得出各部分的高差。因此，除总平面图外，一般都采用相对标高，即把底层室内主要的地坪标高定为相对标高的零点，标注为“±0.000”，并在建筑工程图的总说明中说明相对标高和绝对标高的关系，再根据当地附近的水准点（绝对标高）测定拟建工程的底层地面标高。

3.7 定位轴线

定位轴线是用来确定建筑物主要结构及构件位置的尺寸基准线。在施工时凡承重墙、柱、大梁或屋架等主要承重构件都应画出轴线以确定其位置。对于非承重的隔断墙及其他次要承重构件等，一般不画轴线，只需注明它们与附近轴线的相关尺寸以确定其位置即可。

（1）定位轴线采用细点画线绘制。定位轴线一般应编号，编号注写在轴线端部的圆内。圆采用细实线绘制，直径为 8mm～10mm。定位轴线圆的圆心，应在定位轴线的延长线上或延长线的折线上。

（2）平面图上定位轴线的编号，宜标注在图样的下方与左侧。横向编号采用阿拉伯数字，从左至右顺序编写，竖向编号采用大写拉丁字母，从下至上顺序编写，如图 3-31 所示。

（3）拉丁字母的I、O、Z不得用做轴线编号。如字母数量不够使用，可增用双字母或单字母加数字注脚，如AA、BA、YA等或A_1、B_1、Y_1 等。

（4）组合较复杂的平面图中定位轴线也可采用分区编号，如图 3-32 所示，编号的注写形式应为“分区号——该分区编号”，分区号采用阿拉伯数字或大写拉丁字母表示。

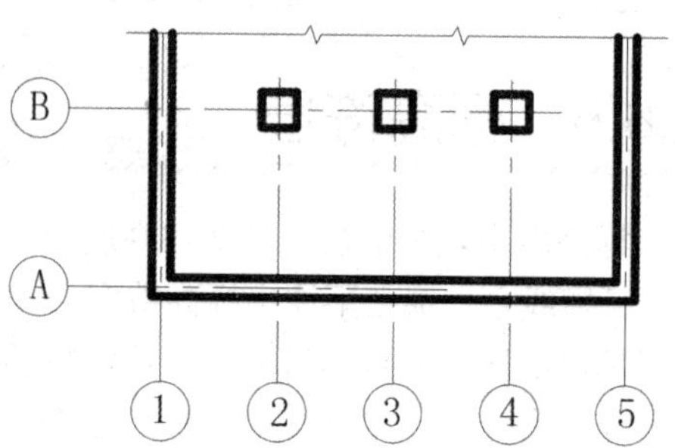

图 3-31　定位轴线及编号

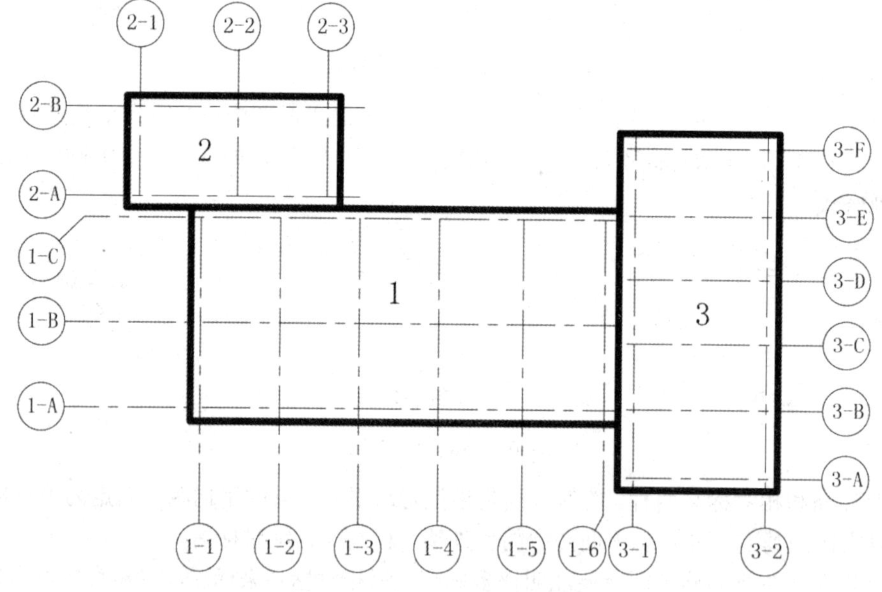

图 3-32　分区定位轴线及编号

（5）附加定位轴线的编号，应以分数形式表示。两根轴线间的附加轴线，以分母表示前一轴线的编号，以分子表示附加轴线的编号，编号采用阿拉伯数字顺序编写，如图 3-33 所示。1 号轴线或A号轴线之前的附加轴线的分母以 01 或 0A表示，如图 3-34 所示。

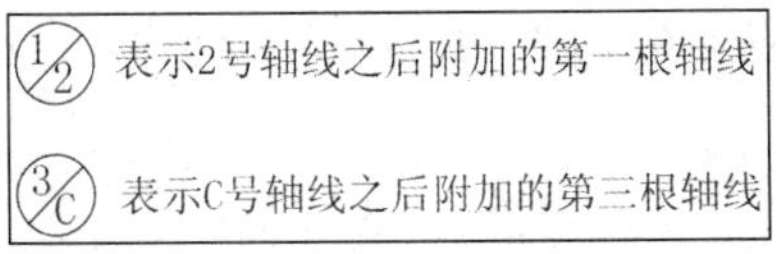

1/2 表示2号轴线之后附加的第一根轴线	1/01 表示1号轴线之前附加的第一根轴线
3/C 表示C号轴线之后附加的第三根轴线	3/0A 表示A号轴线之前附加的第三根轴线

图 3-33　在轴线之后附加的轴线

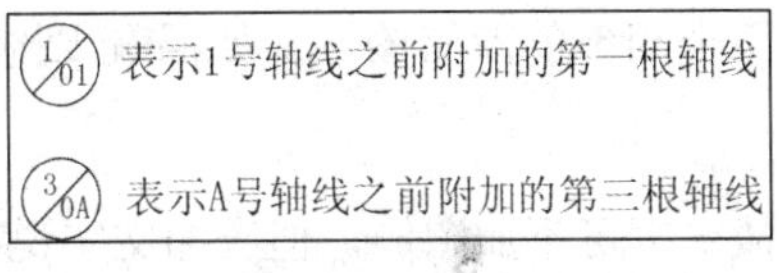

图 3-34　在 1 或 A 号轴线之前附加的轴线

（6）通用详图中的定位轴线，应只画圆，不注写轴线编号。

（7）圆形平面图中定位轴线的编号，其径向轴线宜采用阿拉伯数字表示，从左下角开始，按逆时针顺序编写；其圆周轴线宜采用大写拉丁字母表示，从外向内顺序编写，如图 3-35 所示。折线形平面图中的定位轴线及编号如图 3-36 所示。

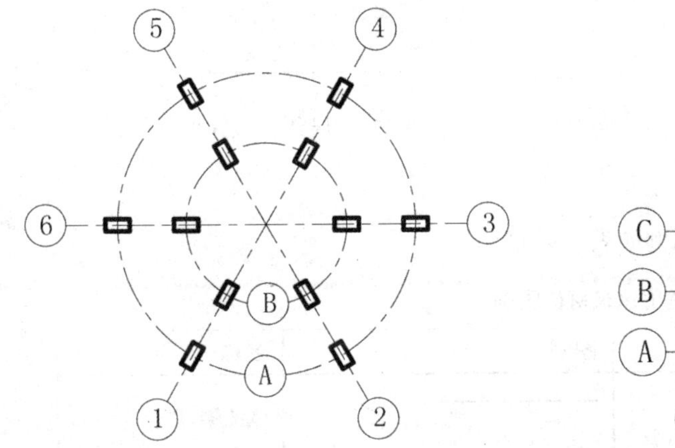

图 3-35　圆形平面图定位轴线及编号

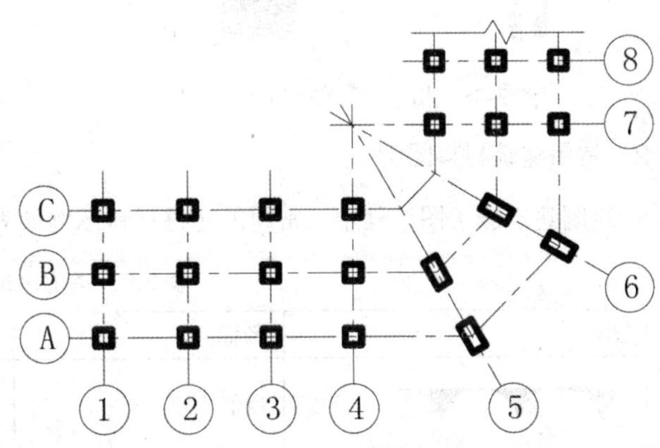

图 3-36　折线形平面图定位轴线及编号

3.8 常用建筑材料图例

建筑物或构筑物需要按比例绘制在图纸上，对于一些建筑物的细部节点，无法按照真实形状表示，只能用示意性的符号画出。国家标准规定的正规示意性符号，都称为图例。

1．一般规定

本标准只规定常用建筑材料的图例画法，对其尺度比例不作具体规定。使用时，应根据图样大小而定，并应注意以下事项：

（1）图例线应间隔均匀，疏密适度，做到图例正确，表示清楚。

（2）不同品种的同类材料使用同一图例时（如某些特定部位的石膏板必须注明是防水石膏板），应在图上附加必要的说明。

（3）两个相同的图例相接时，图例线应错开或使倾斜方向相反，如图 3-37 所示。

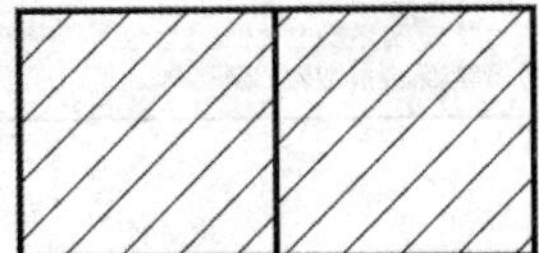

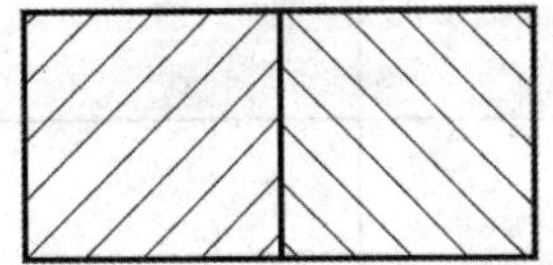

图 3-37　相同图例相接时的画法

（4）两个相邻的涂黑图例（如混凝土构件、金属件）间，应留有空隙，其宽度不得小于 0.7mm，如图 3-38 所示。

以下情况下可不加图例，但应加文字说明：

（1）一张图纸内的图样只用一种图例时。

（2）图形较小无法画出建筑材料图例时。

需画出的建筑材料图例面积过大时，可在断面轮廓线内，沿轮廓线作局部表示，如图 3-39 所示。

图 3-38　相邻涂黑图例的画法

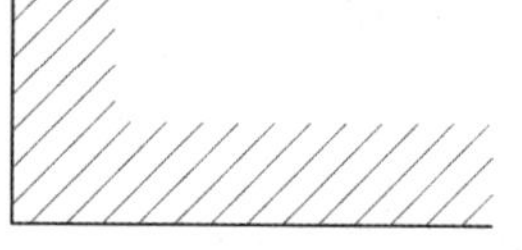

图 3-39　局部表示图例

2. 常用建筑材料图例

在绘制建筑施工图过程中，常用的建材材料图例如表 3-9 所示。

表 3-9　常用建筑材料图例

图例	名称	图例	名称
	自然土壤		素土夯实
	砂、灰土及粉刷		空心砖
	砖砌体		多孔材料
	金属材料		石材
	防水材料		塑料
	石砖、瓷砖		夹板
	钢筋混凝土	12厚玻璃系数5.345 10厚玻璃系数4.45 3厚玻璃系数1.33 5厚玻璃系数2.227	镜面、玻璃
	混凝土		软质吸音层

（续表）

图例	名称	图例	名称
	砖		硬质吸音层
	钢		硬隔层
	基层龙骨		陶质类
	细木工板、夹芯板		石膏板
	实木		层积塑材

第 4 章 小学总平面图的绘制

建筑总平面图主要表示整个建筑基地的总体布局，具体展示新建房屋的位置、朝向及周围环境（原有建筑、交通道路、绿化、地形）基本情况的图样。

本章主要学习小学总平面图的绘制，首先设置建筑总平面的绘图样板，然后绘制相关的定位轴线，接着绘制教学楼，细化绘制相关的图形（如走廊、花坛等），再绘制该学校的相关运动场所（如足球场、篮球场等），以及在相关的地方进行草坪填充和插入树木等植物图形，最后对该小学总平面图进行尺寸标注、文字标注，并绘制相关的指北针。

学习目标

- 设置总平面图的绘图环境
- 绘制总平面图的定位轴线
- 绘制教学楼、走廊及花坛
- 绘制运动场所及绿化设施
- 进行总平面图的标注操作

4.1 实例概述与效果预览

在绘制该小学总平面图时，首先根据要求设置绘图环境，包括图形界限、图层规划、文字和标注样式的设置等；然后绘制辅助线和主要道路对象，接着使用多段线绘制建筑平面的轮廓，并将绘制的建筑物对象移动、镜像、复制到总平面图的相应位置，同时规划绿化带；最后绘制总平面图的图例、指北针，并进行尺寸、文字的标注，绘制的小学建筑总平面图效果如图 4-1 所示。

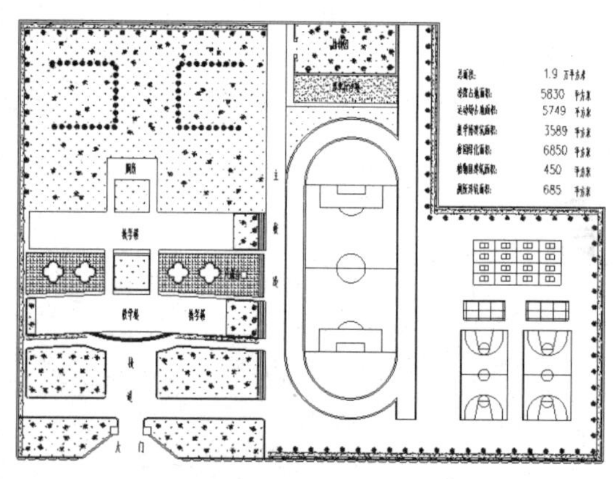

小学建筑总平面图 1:500

图 4-1　小学建筑总平面图

4.2 设置绘图环境

在绘制建筑物的总平面图之前，需要对其绘图环境进行设置，包括绘图区域的设置、图层的规划、文字和标注样式的设置等。

提示——建筑总平面图的图示内容

建筑总平面图的图示内容包括图线、比例及计量单位、建筑定位、等高线和绝对标高、指北针及风向频率等几个方面。

（1）新建筑物：拟建房屋，采用粗实线框表示，并在线框内用数字表示建筑层数。

（2）新建建筑物的定位：总平面图的主要任务是确定新建建筑物的位置，通常是利用原有建筑物、道路等来定位的。

（3）新建建筑物的室内外标高：我国把青岛市外的黄海海平面作为零点所测定的高度尺寸，称为绝对标高。在总平面图中，用绝对标高表示高度数值，单位为m。

（4）相邻有关建筑、拆除建筑的位置或范围：原有建筑用细实线框表示，并在线框内用数字表示建筑层数。拟建建筑物用虚线表示，拆除建筑物用细实线表示，并在其细实线上打叉。

（5）附近的地形地物，如等高线、道路、水沟、河流、池塘、土坡等。

（6）指北针和风向频率玫瑰图。

（7）绿化规划、管道布置。

（8）道路（或铁路）和明沟等的起点、变坡点、转折点、终点的标高与坡向箭头。

4.2.1 绘图单位的设置

步骤 1 启动AutoCAD 2018 软件，单击“标准”工具栏上的“新建”按钮，将弹出“选择样板”对话框，然后依次选择绘图样板，再单击“确定”按钮，如图 4-2 所示。

步骤 2 执行“格式｜单位”菜单命令，弹出“图形单位”对话框，将长度单位类型设置为“小数”，“精度”为 0.0000；角度单位类型设置为“十进制度数”，“精度”精确到 0.00；设置“插入时的缩放单位”为“毫米”，如图 4-3 所示。

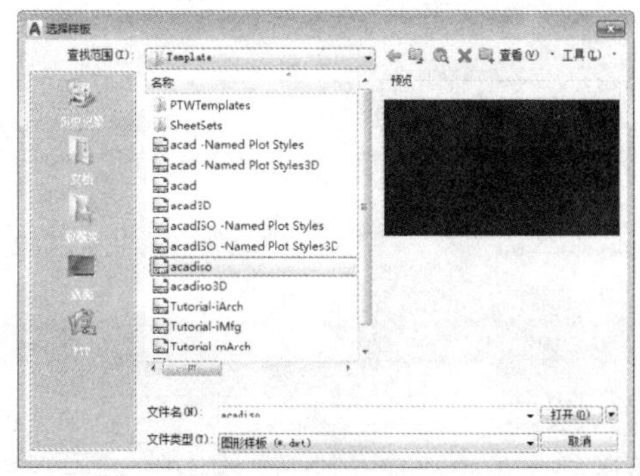

图 4-2 “选择样板”对话框

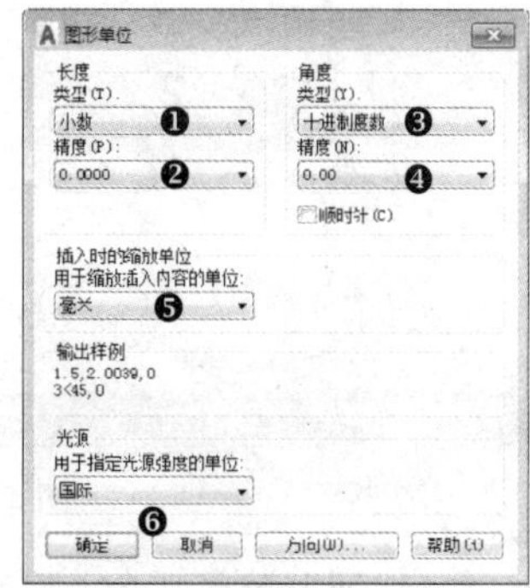

图 4-3 “图形单位”对话框

4.2.2 绘图界限的设置

步骤 1 执行“格式 | 图形界限”菜单命令，依照提示，设置图形界限的左下角为（0,0），右上角为（420000,297000）。

步骤 2 再在命令行输入<Z>→<空格>→<A>，使输入的图形界限区域全部显示在图形窗口内。

4.2.3 图层的设置

由于该别墅的底层平面图由轴线、门窗、墙体、楼梯、设施、文本标注、尺寸标注等元素组成，因此，要绘制该平面图，需要建立如表 4-1 所示的图层。

表 4-1 图层设置

序号	图层名	线宽	线型	颜色	打印属性
1	场地	默认	实线（CONTINUOUS）	青色	打印
2	道路	默认	实线（CONTINUOUS）	黄色	打印
3	辅助线	默认	点画线（ACAD_ISO04W100）	黑色或白色	打印
4	建筑	0.30mm	实线（CONTINUOUS）	红色	打印
5	花坛	默认	实线（CONTINUOUS）	200 色	打印
6	绿化	默认	实线（CONTINUOUS）	绿色	打印
7	填充	默认	实线（CONTINUOUS）	8 色	打印
8	尺寸标注	默认	实线（CONTINUOUS）	蓝色	打印
9	文字标注	默认	实线（CONTINUOUS）	黑色或白色	打印
10	其他	默认	实线（CONTINUOUS）	8 色	打印
11	围墙	0.30mm	实线（CONTINUOUS）	洋红	打印

步骤 1 执行“格式 | 图层”菜单命令，将弹出“图层特性管理器”选项板，根据表 4-1 来设置图层的名称、线宽、线型和颜色等，如图 4-4 所示。

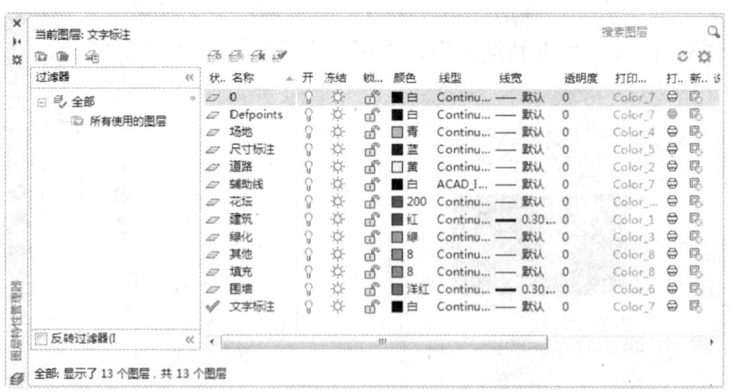

图 4-4 “图层特性管理器”选项板

步骤 2 执行“格式 | 线型”菜单命令，打开“线型管理器”对话框，单击“显示细节”按钮，展开“详细信息”选项组，设置“全局比例因子”为 500，然后单击“确定”按钮，如图 4-5 所示。

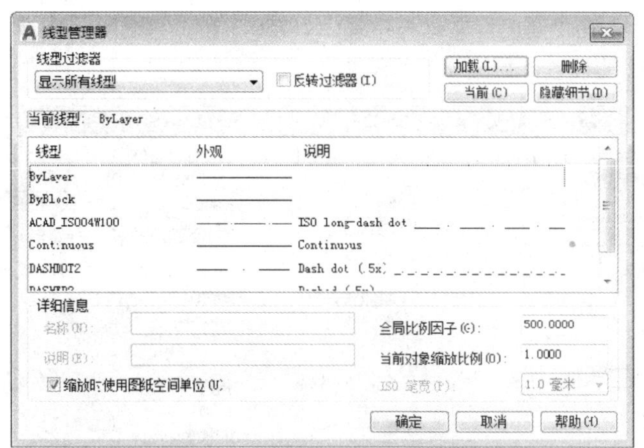

图 4-5　“线型管理器”对话框

4.2.4　文字样式的设置

该建筑平面图上的文字有尺寸文字、图内文字说明、图名文字、轴线符号等，打印比例为 1:500，文字样式中的高度为打印到图纸上的文字高度与打印比例倒数的乘积。根据建筑制图标准，该平面图文字样式的规划如表 4-2 所示。

表 4-2　文字样式

<table>
<tr><th>文字样式名</th><th>打印到图纸上的文字高度</th><th>图形文字高度（文字样式高度）</th><th>字体 | 大字体</th><th>宽度因子</th></tr>
<tr><td>尺寸文字</td><td>3.5</td><td>0</td><td rowspan="3">Tssdeng/gbcib</td><td rowspan="4">0.7</td></tr>
<tr><td>图内说明</td><td>3.5</td><td>1750</td></tr>
<tr><td>图名</td><td>7</td><td>3500</td></tr>
<tr><td>轴号文字</td><td>5</td><td>2500</td><td>Complex</td></tr>
</table>

步骤 1　执行“格式 | 文字样式”菜单命令，打开“文字样式”对话框，单击“新建”按钮，打开“新建文字样式”对话框，将“样式名”定义为“图内说明”，单击“确定”按钮，如图 4-6 所示。

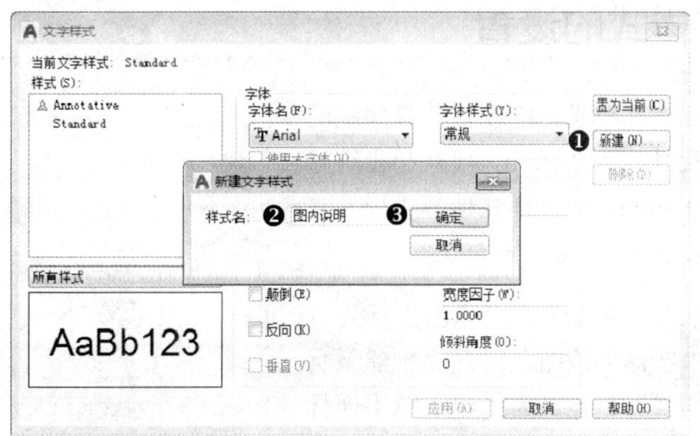

图 4-6　新建文字样式

步骤 2　在“字体”下拉列表框中选择字体“tssdeng”，勾选“使用大字体”复选框，并在“大字体”下拉列表框中选择字体“gbcibg”，在“高度”文本框中输入 1750，在“宽度因子”文本框中输入 0.7，单击“应用”按钮，完成该文字样式的设置，如图 4-7 所示。

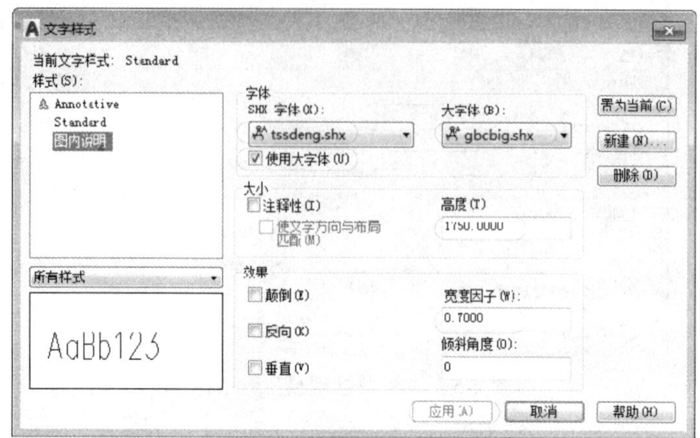

图 4-7　设置文字样式

步骤 3　重复前面的步骤，设置如表 4-2 所示的其他文字样式，如图 4-8 所示。

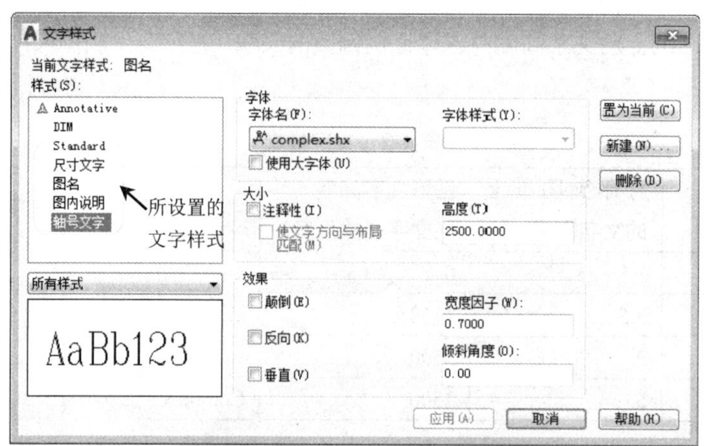

图 4-8　设置的其他文字样式

4.2.5　尺寸标注样式的设置

根据建筑平面图的尺寸标注要求，应设置其延伸线的起点偏移量为 5mm，超出尺寸线为 2.5mm，尺寸起止符号用“建筑标注”，其长度为 2mm，文字样式选择“尺寸文字”样式，文字大小为 3.5，其全局比例为 500。

步骤 1　执行“格式｜标注样式”菜单命令，弹出“标注样式管理器”对话框，单击“新建”按钮，打开“创建新标注样式”对话框，将“新样式”名定义为“建筑总平面标注-500”，如图 4-9 所示。

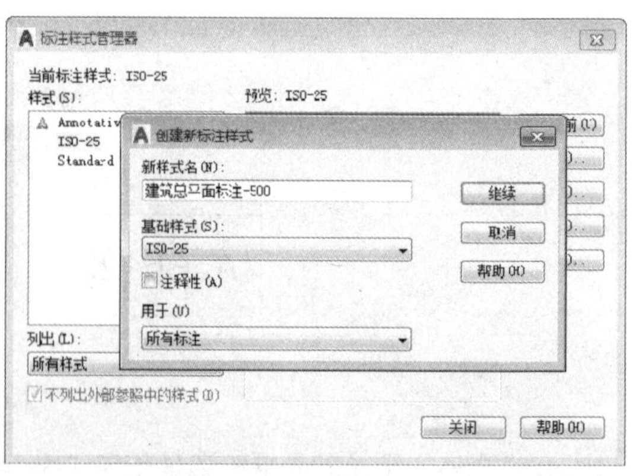

图 4-9　命名新的标注样式名

步骤 2 当单击“继续”按钮过后，则进入“新建标注样式”对话框，然后分别在各选项卡中设置相应的参数。各选项卡中的具体参数设置如表 4-3 所示。

表 4-3　标注样式的参数设置

“线”选项卡	“符号和箭头”选项卡	“文字”选项卡	“调整”选项卡
尺寸线 颜色(C)：ByBlock 线型(L)：ByBlock 线宽(G)：ByBlock 超出标记(N)：0 基线间距(A)：3.75 隐藏：□尺寸线 1(M) □尺寸线 2(D) 超出尺寸线(X)：2.5 起点偏移量(F)：5 □固定长度的尺寸界线(O) 长度(E)：1	箭头 第一个(T)：建筑标记 第二个(D)：建筑标记 引线(L)：实心闭合 箭头大小(I)：2	文字外观 文字样式(Y)：尺寸文字 文字颜色(C)：黑 填充颜色(L)：无 文字高度(T)：3.5 分数高度比例(H)：1 □绘制文字边框(F) 文字位置 垂直(V)：上 水平(Z)：居中 观察方向(D)：从左到右 从尺寸线偏移(O)：1 文字对齐(A) ○水平 ⊙与尺寸线对齐 ○ISO 标准	标注特征比例 □注释性(A) ○将标注缩放到布局 ⊙使用全局比例(S)：500

4.2.6　保存为样板文件

此时，样板文件的基本环境已经设置完成，执行“文件 | 另存为”菜单命令，弹出“图形另存为”对话框，在“文件类型”下拉列表中选择“AutoCAD 图形样板（*.dwt）”选项，将文件另存为“结果文件/04/建筑总平面图.dwt”样板文件，单击“保存”按钮，如图 4-10 所示。最后关闭该CAD文件。

图 4-10　保存样板文件

4.3 绘制辅助定位轴线

在绘制该小学的总平面图时，为了便于道路及各个建筑物和相关场地的定位，首先需要绘制相应的辅助线。辅助线主要根据道路的边界线、新建别墅园区的定位来绘制，定位轴线则需要用细点画线绘制。

提示——建筑、建筑物和构筑物的概念

建筑一般分为建筑、建筑物和构筑物。

（1）建筑：既表示建造房屋和从事其他土木工程的活动，又表示这种活动的成果，即建筑物。

（2）建筑物：是人们为从事生产、生活和进行各种社会活动的需要，而创造的社会生活环境，如厂房、住宅、办公楼等。

（3）构筑物：仅仅为满足生产、生活的某一方面需要，建造的某些工程设施，如水池、水塔、烟囱、支架等。

步骤 1 执行“文件｜打开”菜单命令，将“结果文件/04”文件夹下的“建筑总平面图.dwt”文件打开；再执行“文件｜另存为”菜单命令，选择保存“文件类型”为“*.dwg”格式，将其保存为“结果文件/04/小学总平面图.dwg”文件。

步骤 2 在“图层”工具栏的“图层控制”下拉列表框中，将“辅助线”图层置为当前层。

步骤 3 按F8 键打开“正交”模式，执行“构造线”命令（XL），在图形窗口的适当位置绘制一条水平的构造线和一条竖直的构造线。

步骤 4 执行“偏移”命令（O），将下侧的水平辅助线依次向上进行偏移，偏移尺寸分别为 12800mm、6000mm、20765mm、39960mm、30770mm、26525mm；再将竖直的辅助线向右进行偏移，偏移尺寸分别为 2800mm、25300mm、4000mm、46800mm、54700mm、53300mm，如图 4-11 所示。

步骤 5 将最外面的 4 条辅助线转换为“围墙”图层，再将从下往上数第 5 条辅助线（偏移尺寸为 39960mm）和从左往右数第 6 条辅助线（偏移尺寸为 54700mm）转换为“围墙”图层。

步骤 6 执行“修剪”命令（TR），将外面的围墙轮廓线进行修剪，修剪后的图形如图 4-12 所示。

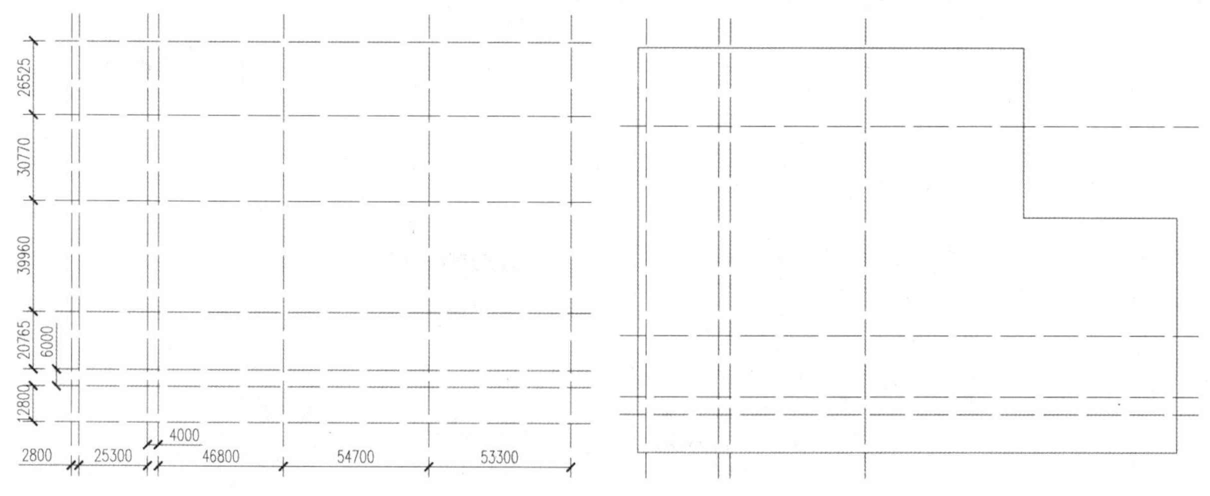

图 4-11 绘制辅助线

图 4-12 修剪围墙轮廓线

4.4 绘制教学楼

步骤 1 在“图层”工具栏的“图层控制”下拉列表框中，将“建筑”图层置为当前层。

步骤 2 将从下往上数第4条辅助线(偏移尺寸为20765mm)和从左往右数第3条辅助线(偏移尺寸为25300mm)转换为“建筑”图层。

步骤 3 执行“偏移”命令（O），将竖直的建筑轮廓线向左依次偏移，偏移尺寸为700mm、21600mm、2000mm，再向右依次偏移16000mm、700mm、21600mm、2000mm，将水平的建筑轮廓线依次向上进行偏移，偏移尺寸为11611mm、14167mm、11800mm、16700mm，偏移后的图形如图4-13所示。

步骤 4 执行“修剪”命令（TR），对偏移后的图形按照如图4-14所示的形状进行修剪。

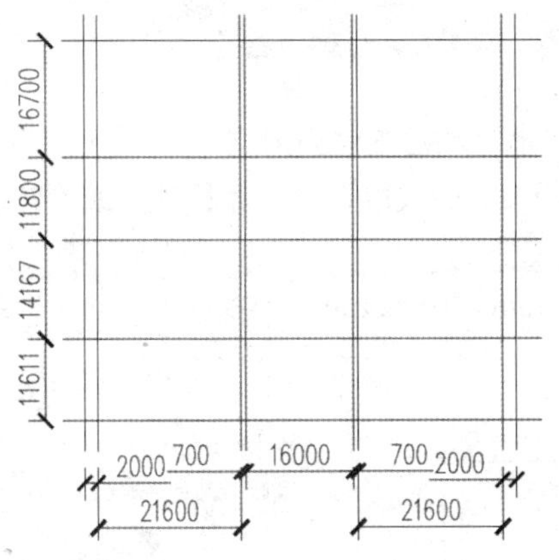

图4-13 绘制建筑轮廓线

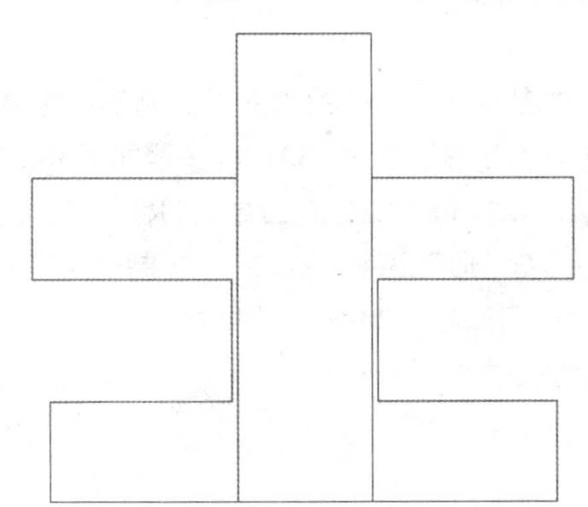

图4-14 修剪图形

步骤 5 执行“构造线”命令（XL），在如图4-15所示的点绘制两条角度为3°的构造线；再执行“镜像”命令（MI），将所绘制的3°构造线镜像到右边。

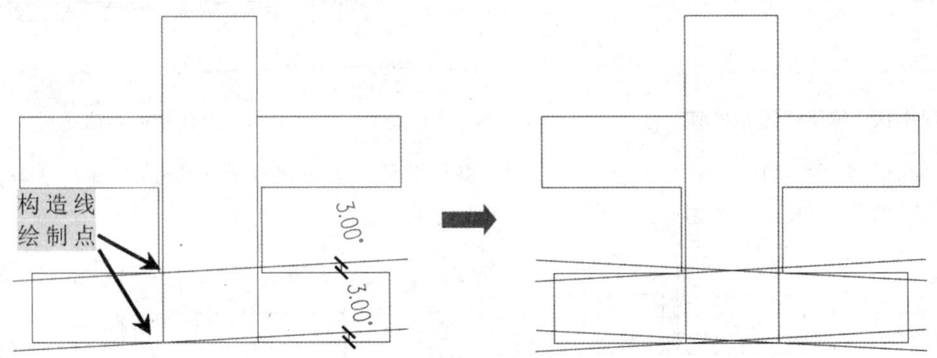

图4-15 绘制构造线并镜像

步骤 6 执行“延伸”命令（EX），对相关的线条进行延伸；再执行“修剪”命令（TR），对图形进行修剪，如图4-16所示。

步骤 7 执行“矩形”命令（REC），绘制两个矩形，尺寸为 11000mm×10000mm和 11800mm×14167mm；再执行“移动”命令（M），将这两个矩形按照如图4-17所示的尺寸进行移动。该教学楼在总平面图中的效果如图4-18所示。

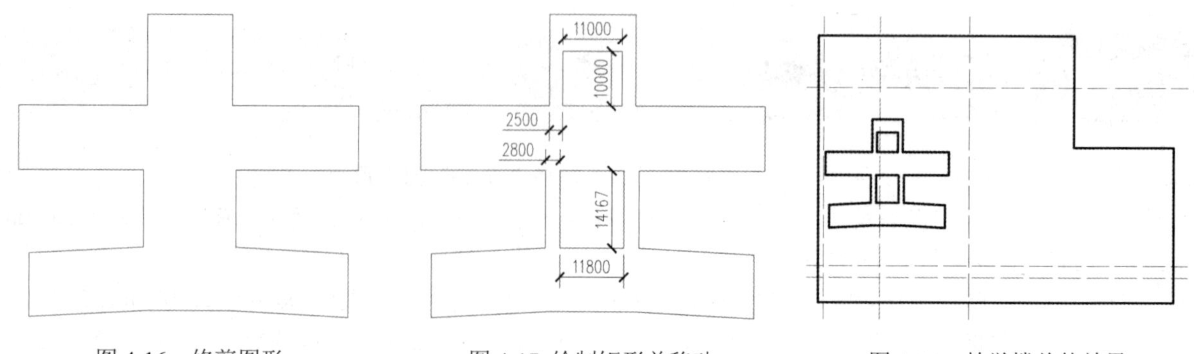

图 4-16 修剪图形　　图 4-17 绘制矩形并移动　　图 4-18 教学楼总体效果

4.5 绘制教学楼楼底走廊

步骤 1 在“图层”工具栏的“图层控制”下拉列表框中，将“其他”图层置为当前层。

步骤 2 执行“偏移”命令（O），按照如图 4-19 所示的尺寸偏移相关的线段，并将偏移后的线段转换为“其他”图层；再执行“修剪”命令（TR），对图形进行修剪。

步骤 3 执行“矩形”命令（REC），绘制一个矩形，尺寸为 10800mm × 10965mm；再执行“移动”命令（M），将矩形移动到如图 4-20 所示的位置。

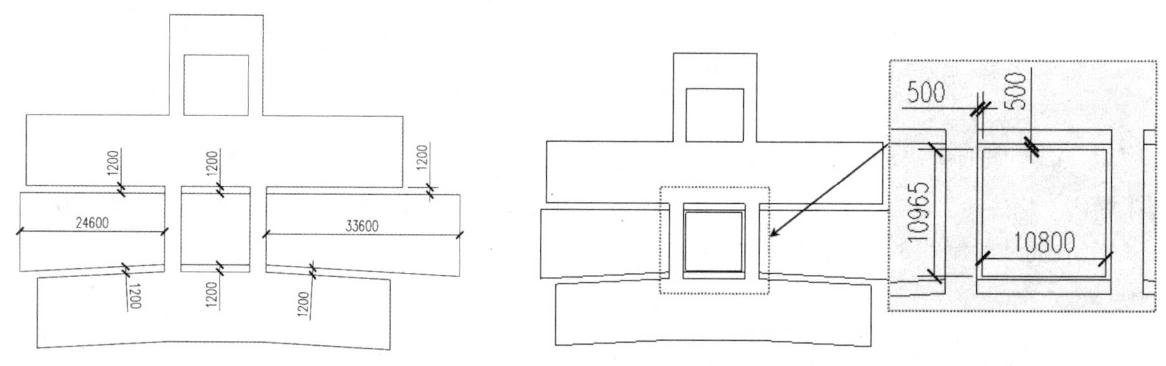

图 4-19 偏移线段并修剪　　图 4-20 绘制矩形并移动

步骤 4 执行“偏移”命令（O），将右边竖直线段向左进行偏移，偏移尺寸为 500mm，偏移 3 条，表示台阶；再执行“修剪”命令（TR），对图形进行修剪，修剪后的图形如图 4-21 所示。

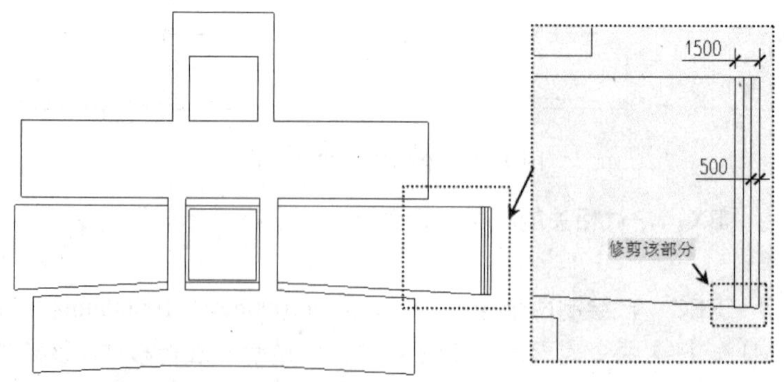

图 4-21 偏移线段并修剪

步骤5 执行“矩形”命令（REC），绘制一个尺寸为2000mm×2200mm的矩形，表示升旗台，并将该矩形转换为“建筑”图层；再执行“移动”命令（M），将该矩形移动到上一步绘制的台阶附近，移动的尺寸如图4-22所示。

步骤6 在“图层”工具栏的“图层控制”下拉列表框中，将“花坛”图层置为当前层。

步骤7 执行“圆”命令（C），绘制一个直径为3500mm的圆；再执行“复制”命令（CO），将该圆按照如图4-23所示的尺寸进行复制，复制4个；再执行“修剪”命令（TR），将图形进行修剪；执行“合并”命令（J），将修剪后的线段合并成一条线段。

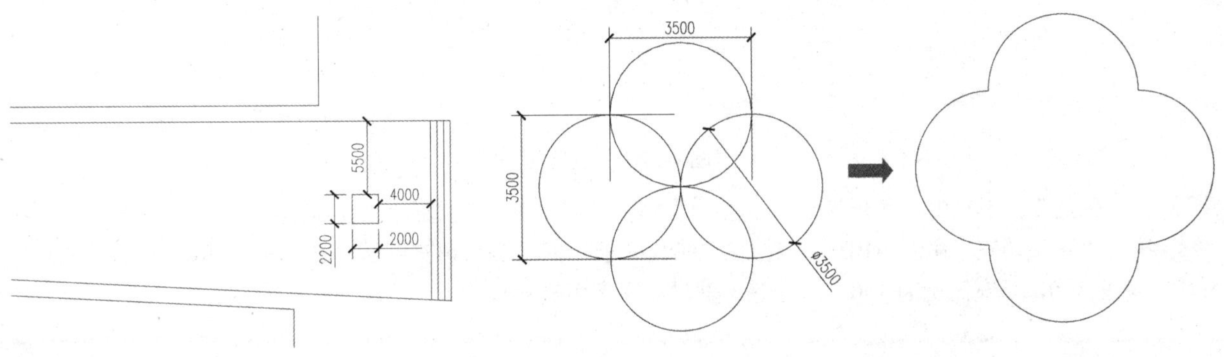

图4-22　绘制矩形

图4-23　绘制圆并修剪

步骤8 执行“偏移”命令（O），将合并后的线段向内偏移，偏移尺寸为300mm；再执行“编组”命令（G），将这两条多段线进行编组操作，如图4-24所示。

步骤9 执行“直线”命令（L），在图形中间绘制一条斜线段，用于移动该花坛时的辅助线，如图4-25所示。

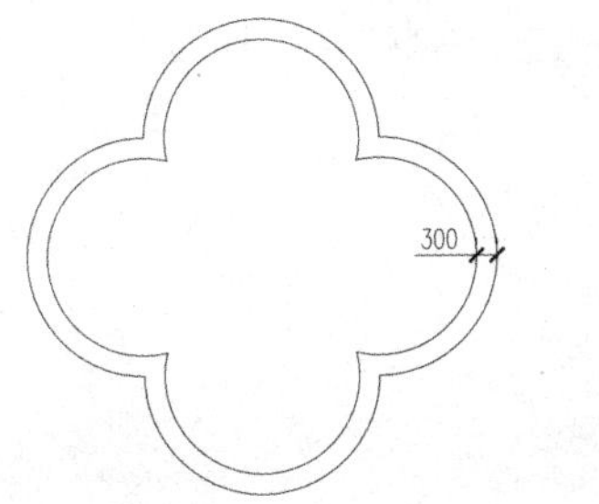

图4-24　偏移线段

图4-25　绘制辅助线

步骤10 执行“移动”命令（M），选择上一步所绘制的斜线段的中点为移动点，将该花坛移动到升旗台的左边，移动的尺寸如图4-26所示。

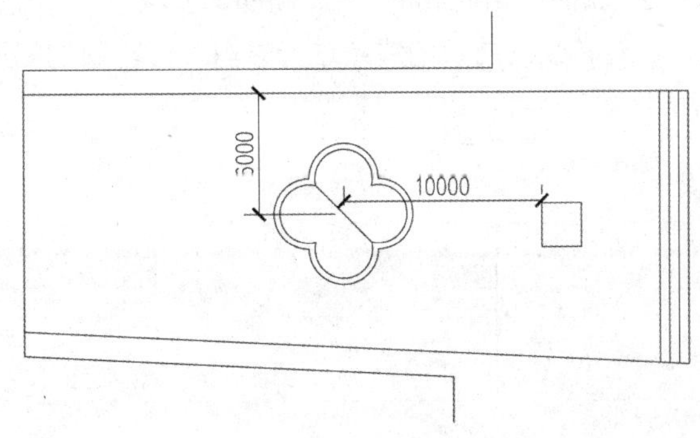

图4-26　移动花坛

步骤 11 执行“复制”命令（CO），将刚才移动后的图形向左进行复制，复制尺寸依次为 10000mm、29600mm、10000mm；再执行“删除”命令（E），将花坛中的辅助线删除，如图 4-27 所示。

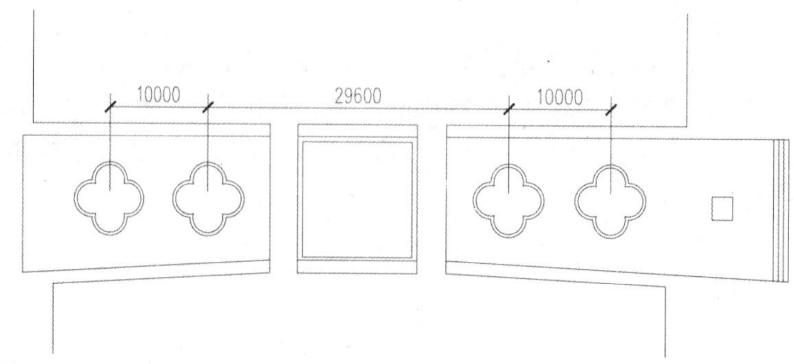

图 4-27　复制花坛

步骤 12 在“图层”工具栏的“图层控制”下拉列表框中，将“填充”图层置为当前层。

步骤 13 执行“图案填充”命令（BH），选择如图 4-28 所示的区域为填充区域，选择填充图案为ANGLE，设置填充角度为 0，填充比例为 150，对楼底走廊进行图案填充操作。

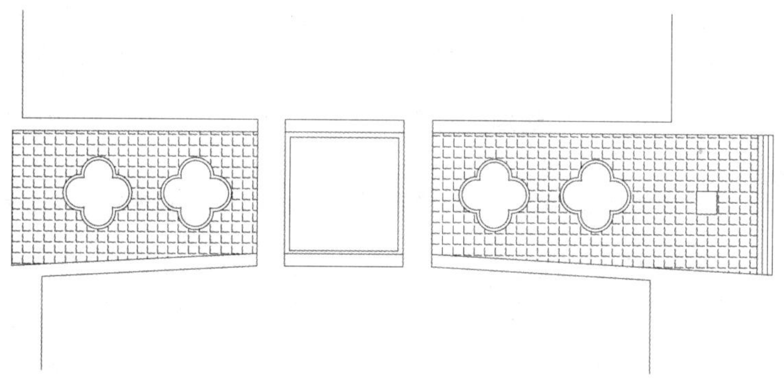

图 4-28　图案填充

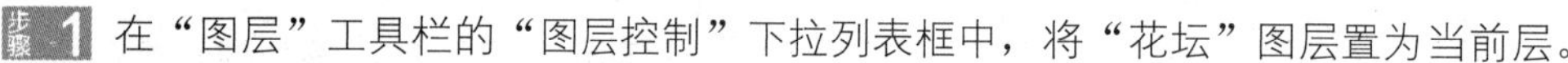

4.6 绘制大门口花坛

步骤 1 在“图层”工具栏的“图层控制”下拉列表框中，将“花坛”图层置为当前层。

步骤 2 将从下往上数第 2 条、第 3 条辅助线（偏移尺寸为 12800mm和 6000mm）和从左往右数第 2 条、第 4 条、第 5 条辅助线（偏移尺寸为 2800mm、4000mm、46800mm）转换为“花坛”图层。

步骤 3 执行“修剪”命令（TR），对转换图层后的线条进行修剪，修剪后的图形如图 4-29 所示。

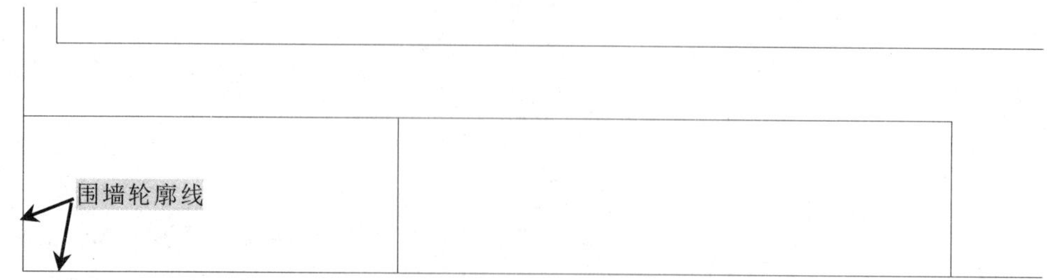

图 4-29　修剪后图形

步骤4 执行“偏移”命令（O），将相关的花坛线条按照如图4-30所示的尺寸进行偏移；再将教学楼前的两条斜线段进行偏移，偏移距离为3800mm，并将偏移的线段转换为“花坛”图层。

步骤5 执行“延伸”命令（EX），将相关线条进行延伸操作；再执行“修剪”命令（TR），对图形进行修剪，如图4-31所示。

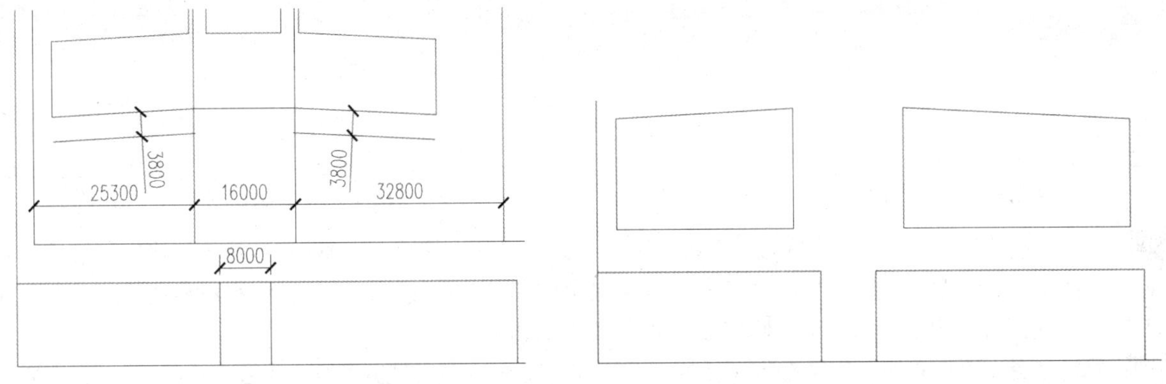

图4-30 偏移线段

图4-31 修剪图形

步骤6 执行“圆”命令（C），选择教学楼最前面的水平线段的中点为圆的圆心，绘制一个直径为80000mm的圆，并将该圆转换为“建筑”图层；执行“移动”命令（M），将该圆向上方移动37000mm；执行“修剪”命令（TR），将该圆进行修剪。

步骤7 执行“偏移”命令（O），将修剪后的圆弧向上进行偏移，偏移尺寸为300mm，偏移3条，表示台阶；执行“修剪”命令（TR），对偏移后的线条进行修剪，修剪后的图形如图4-32所示。

步骤8 执行“偏移”命令（O），将半径为4000mm的圆弧向下偏移3800mm，并将偏移后的线段转换为“花坛”图层；执行“修剪”命令（TR），对花坛图形进行修剪，修剪后的图形如图4-33所示。

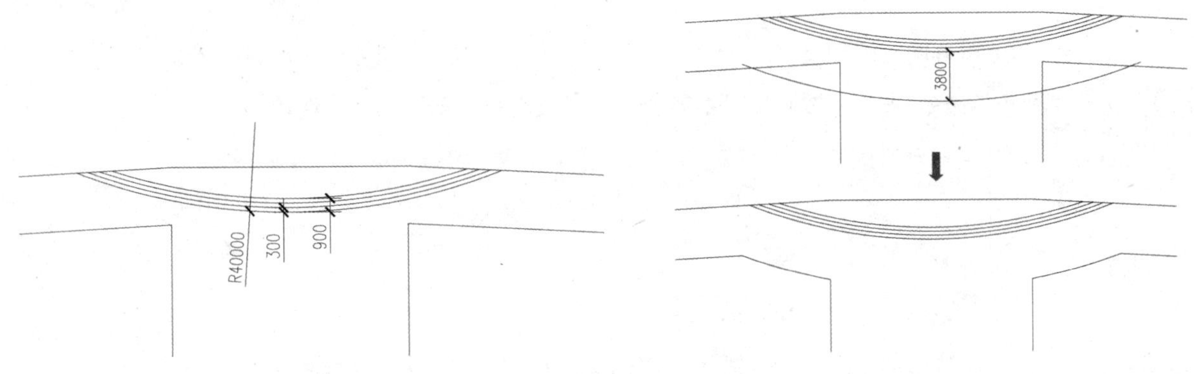

图4-32 绘制圆并修剪

图4-33 偏移圆弧并修剪

步骤9 执行“偏移”命令（O），将学校大门口的两条竖直线段进行偏移，偏移尺寸为11000mm；执行“构造线”命令（XL），在左边新形成的交点处绘制一条角度为38°的构造线，在右边新形成的交点处绘制一条角度为–38°的构造线；执行“修剪”命令（TR）和“删除”命令（E），对图形进行修剪，如图4-34所示。

步骤10 执行“矩形”命令（REC），绘制一个尺寸为2400mm×2400mm的矩形，并将该矩形转换为“建筑”图层；再执行“移动”命令（M），将该矩形按照如图4-35所示的尺寸进行移动；接着执行“复制”命令（CO），将该矩形水平复制到大门右边类似的地方；再执行“修剪”命令（TR），对图形进行修剪。

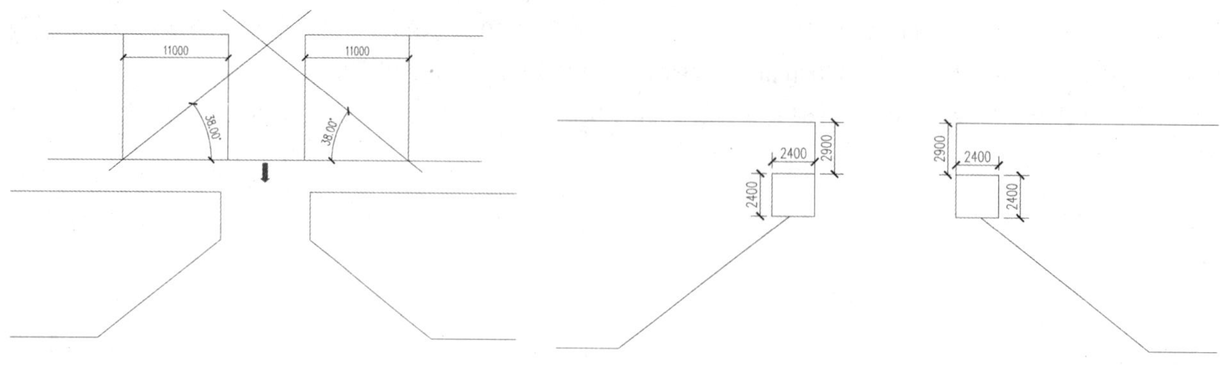

图 4-34　绘制大门口图形

图 4-35　绘制矩形

步骤 11 执行“偏移”命令（O），将教学楼右下边的竖直线段向右偏移 10500mm，并将偏移后的线段转换为“花坛”图层；接着执行“直线”命令（L），连接教学楼和偏移后线段之间的斜线段；再执行“修剪”命令（TR），对该部分的图形进行修剪，修剪后的图形如图 4-36 所示。

步骤 12 重复上面步骤与方法，继续在教学楼的左下方和右上方绘制类似的花坛，如图 4-37 所示。

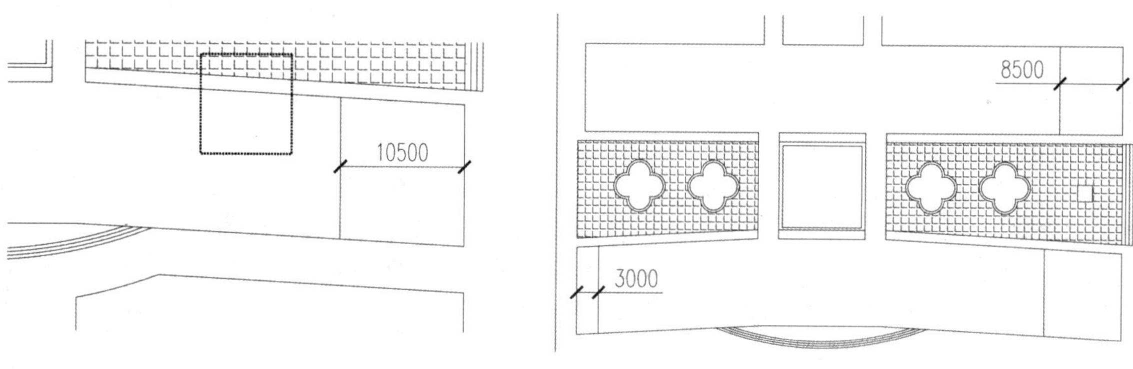

图 4-36　绘制花坛

图 4-37　绘制其他花坛

步骤 13 执行“圆角”命令（F），按照如图 4-38 所示的位置分别进行到圆角，倒角半径为 900mm。

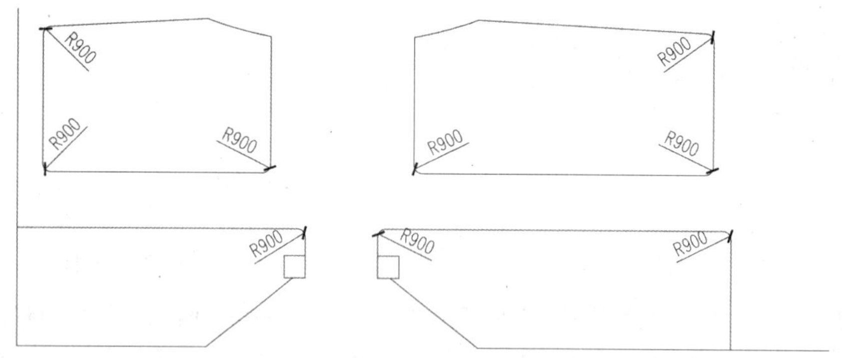

图 4-38　花坛圆角处理

步骤 14 执行“合并”命令（J），将相关的花坛线条进行合并操作；执行“偏移”命令（O），将合并后的花坛线条向内偏移 300mm，再将最左边竖直的围墙线段向右偏移 500mm，将大门口的两条水平围墙线段和两条 38°线段也向内偏移 500mm；执行“修剪”命令（TR），对偏移后的线段进行修剪，修剪后的图形如图 4-39 所示。

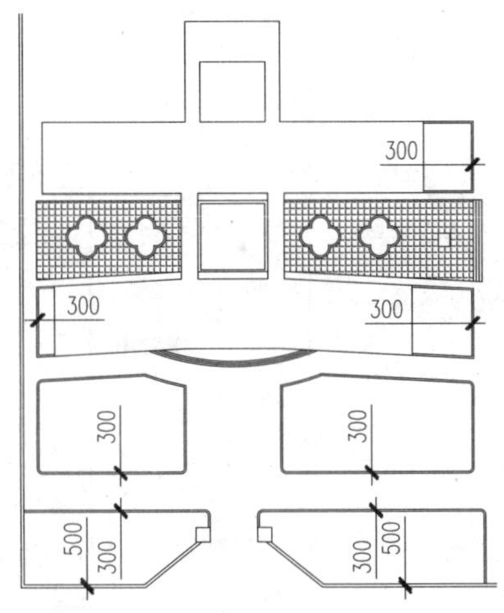

图 4-39　偏移线段

提示——建筑总平面图的识图方法

建筑总平面图的识图方法包括以下几个方面：

（1）先看新建房屋的具体位置及外围尺寸。

（2）再看这些新建房屋首层室内地面的 ± 0.000 标高是相当于多少绝对标高。

（3）看新建房屋的座向和风玫瑰图中风的特征。

（4）看房屋的具体定位。

（5）看与房屋建筑有关的事项。如建成后房周围的道路、现有市内水源干线、下水管道干线、电源可引入的电杆位置等。

（6）最后，如果从施工安排角度出发，还应看旧建筑相距是否太近，在施工时对居民的安全是否有保证等。如何划出施工区域等作为施工技术人员应该构思出一张施工总平面布置图的轮廓。

4.7 绘制运动场地

在学校的运动场地，有足球场、跑道、篮球场、羽毛球场、乒乓球场等。

4.7.1 绘制足球场和跑道

考虑到因为受场地尺寸限制和主要使用者为小学生，所以这里绘制的是一个非标准的足球场。

步骤 1 在“图层”工具栏的“图层控制”下拉列表框中，将“场地”图层置为当前层。

步骤 2 执行“矩形”命令（REC），绘制几个矩形，尺寸分别为 29000mm × 52000mm、20000 × 7000mm、9000mm × 2750mm；执行“移动”命令（M），将这几个矩形按照如图 4-40 所示的位置进行移动。

步骤 3 执行“镜像”命令（MI），以最大矩形的竖直线段的中点为镜像点，将上面的两个小矩形镜像到下方。

步骤 4 执行“直线”命令（L），绘制一条水平线段，连接最大矩形两条竖直线段的中点；执行“圆”命令（C），在所绘制的水平线段的中点处绘制一个直径为 9150mm的圆。

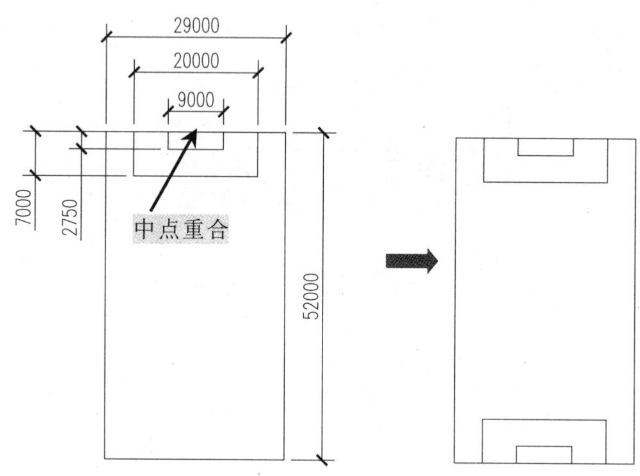

图 4-40　绘制矩形并镜像

步骤 5　执行“复制”命令（CO），将所绘制的圆上下各复制一个，复制距离为 21125mm；执行“修剪”命令（TR），对所复制的圆进行修剪，如图 4-41 所示。

步骤 6　执行“分解”命令（X），对最大的矩形进行分解操作；执行“圆”命令（C），在最大矩形的上下两条水平线段的中点处绘制两个圆，直径为 29000mm；执行“修剪”命令（TR），将所绘制的圆按照如图 4-42 所示的形状进行修剪。

步骤 7　执行“合并”命令（J），将上一步所绘制的圆弧和最大矩形两条竖直的线段合并成一条多段线；执行“偏移”命令（O），将刚才合并后的线段向外进行偏移，偏移尺寸为 500mm、5600mm、500mm，使其成跑道形状。

步骤 8　执行“分解”命令（X），对最右边的 4 条多段线进行分解操作；执行“偏移”命令（O），将最大矩形下方的水平线段向下方偏移 21100mm；执行“延伸”命令（EX），将刚才偏移的线段和分解后右边的 4 条竖直线段进行延伸；执行“修剪”命令（TR），将图形按照如图 4-43 所示的形状进行修剪。

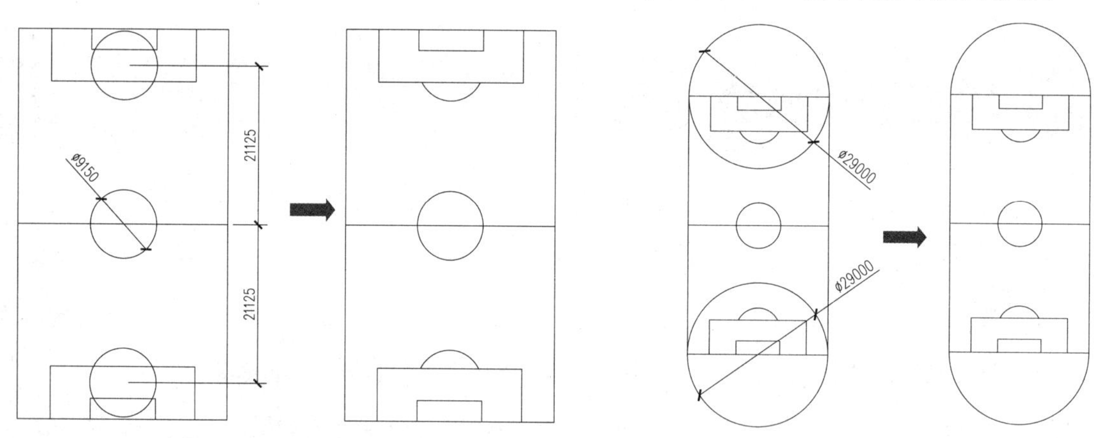

图 4-41　复制圆并修剪　　图 4-42　绘制圆弧

步骤 9　执行“移动”命令（M），将绘制好的跑道移动到如图 4-44 所示的位置，使运动场的左边竖直线段与最左边围墙轮廓线的距离为 84900mm，使运动场下面的水平线段与最下边围墙轮廓线的距离为 12800mm。

步骤 10　执行“延伸”命令（EX），将跑道右边的竖直线段向上进行延伸，延伸到最上面的围墙轮廓线上；执行“修剪”命令（TR），将跑道按照如图 4-45 所示的形状进行修剪。

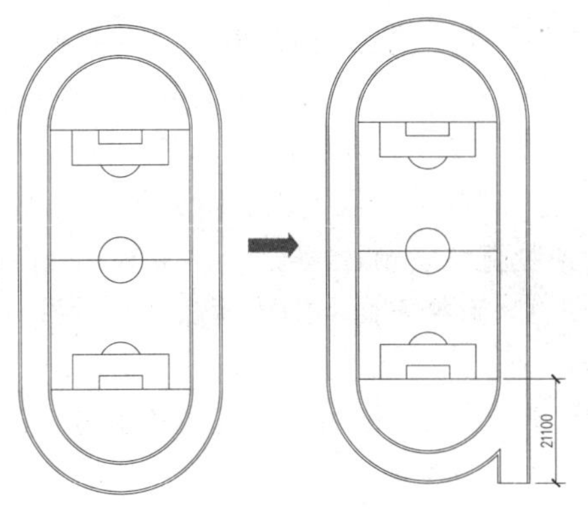

图 4-43 绘制跑道

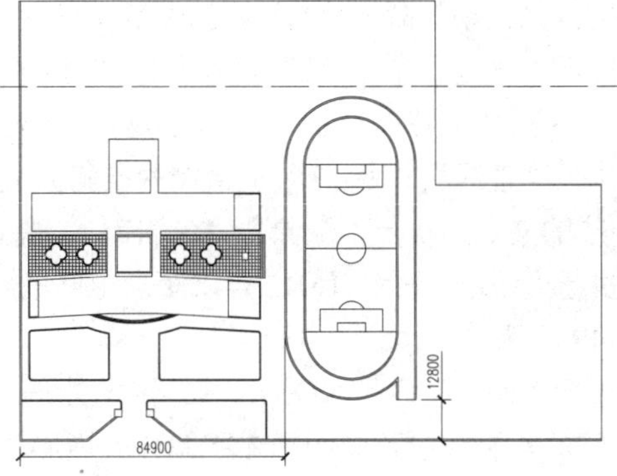

图 4-44 移动跑道

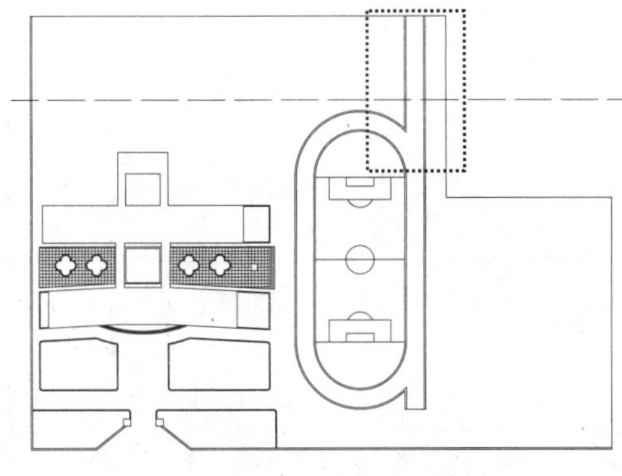

图 4-45 修改跑道

4.7.2 绘制篮球场

步骤 1 执行“矩形”命令（REC），绘制一个尺寸为 15000mm × 28000mm的矩形。

步骤 2 执行“直线”命令（L），绘制一条水平线段，连接矩形的两条竖直线段的中点；执行“圆”命令（C），在所绘制的水平线段的中点处绘制一个直径为 3600mm的圆，如图 4-46 所示。

步骤 3 执行“复制”命令（CO），将所绘制的直径为 3600mm的圆上下各复制一个，尺寸为 8200mm。

步骤 4 执行“圆”命令（C），在矩形的下方水平线段的中点处绘制一个直径为 12500mm的圆；执行“修剪”命令（TR），对该圆按照如图 4-47 所示的形状进行修剪。

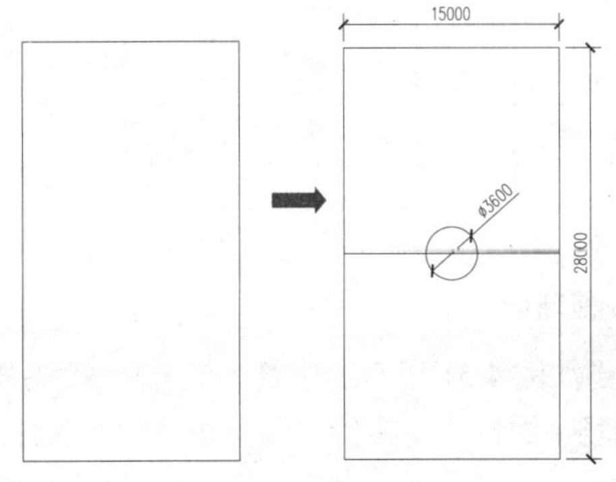

图 4-46 绘制矩形和圆

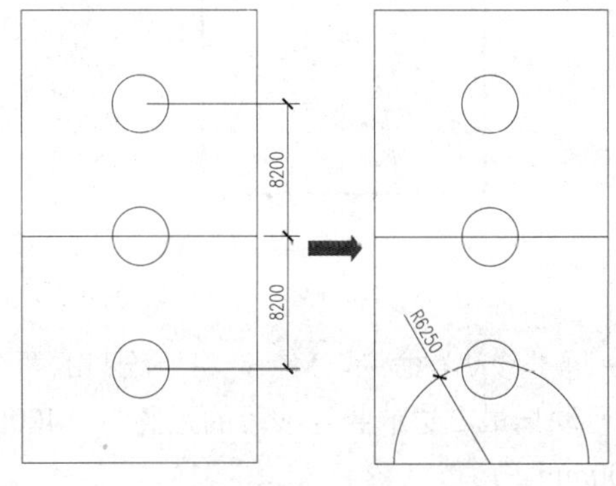

图 4-47 绘制圆并修剪

步骤 5 执行“移动”命令（M），将所绘制的半径为 6250mm的圆弧向上方移动 1575mm，如图 4-48 所示。

步骤 6 执行“直线”命令（L），按照如图 4-48 所示绘制两条竖直线段来连接圆弧端点到下方水平线段的垂足点上；执行“偏移”命令（O），将刚才绘制的两条竖直线段向内偏移，偏移尺寸为 3250mm。

步骤 7 执行“直线”命令（L），绘制两条斜线段来连接下方直径为 3600mm圆的左右两象限点和刚才偏移线段所形成的交点；执行“删除”命令（E），将前面偏移的两条竖直线段删除。

步骤 8 执行“镜像”命令（MI），以矩形中间的水平线段为镜像线，选择下面的图形镜像一份到图形的上方，如图 4-49 所示。

步骤 9 执行“偏移”命令（O），将矩形向外进行偏移，偏移尺寸为 100mm；执行“延伸”命令（EX），将矩形中间的水平线段延伸到刚才所偏移的矩形上。

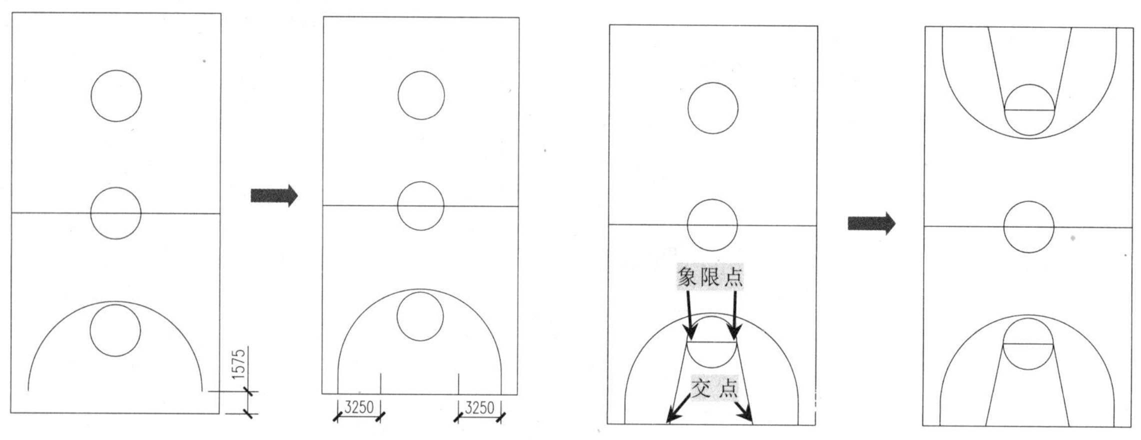

图 4-48　移动圆弧和偏移线段　　图 4-49　绘制直线并镜像

步骤 10 执行“复制”命令（CO），将所绘制的篮球场向右复制一份，复制距离为 20200mm，如图 4-50 所示。

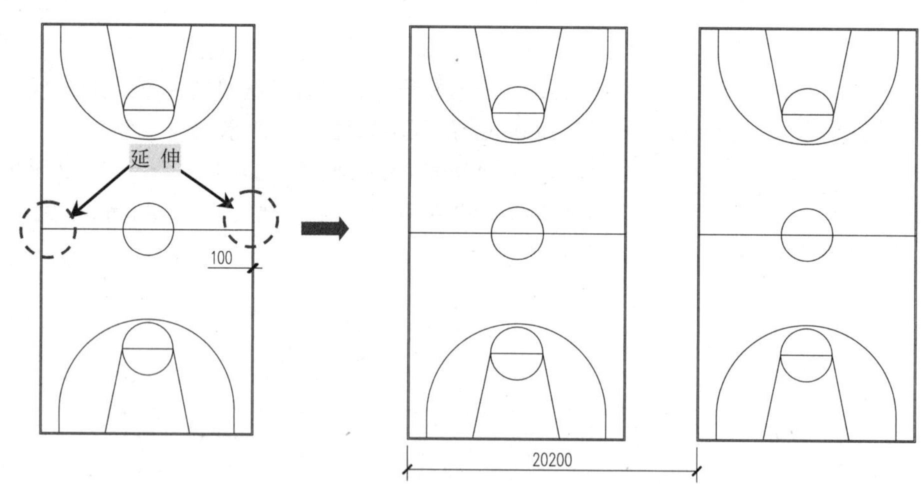

图 4-50　偏移线段和复制篮球场

步骤 11 执行“移动”命令（M），将所绘制的两个篮球场移动到如图 4-51 所示的位置，使篮球场的左边竖直线段与运动场最右边的竖直线段的距离为 14000mm，使篮球场下面的水平线段与最下边围墙轮廓线的距离为 12800mm。

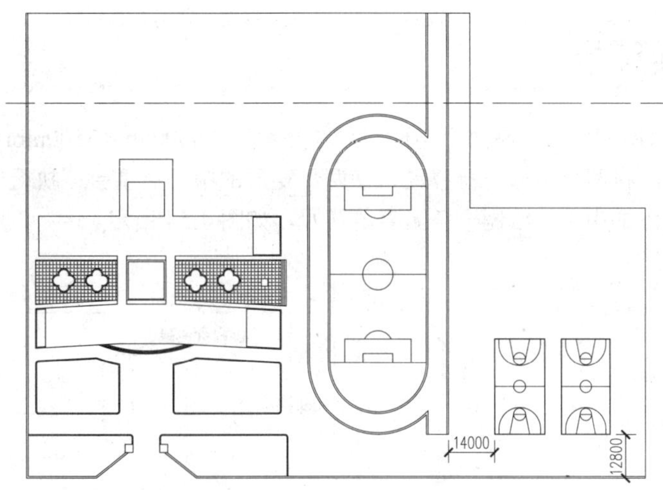

图 4-51　移动篮球场

4.7.3　绘制羽毛球场

步骤 1　执行“矩形”命令（REC），绘制一个尺寸为 13400mm × 6100mm的矩形。

步骤 2　执行“分解”命令（X），将所绘制的矩形进行分解操作；再执行“偏移”命令（O），将分解后的矩形的相关线段按照如图 4-52 所示的尺寸进行偏移。

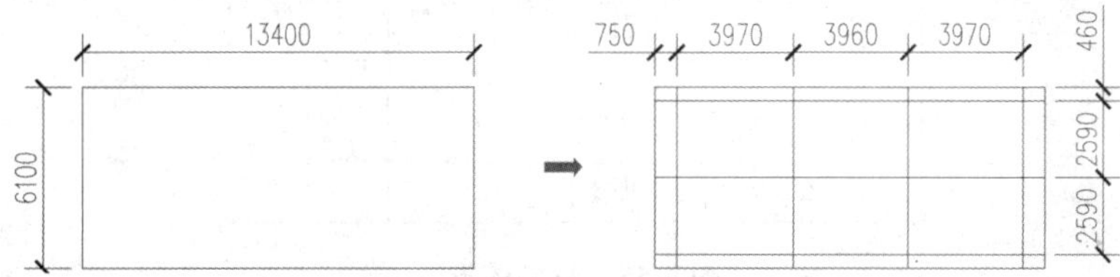

图 4-52　绘制矩形并偏移线段

步骤 3　执行“复制”命令（CO），将绘制的羽毛球场向右复制一份，复制距离为 20000mm。

步骤 4　执行“移动”命令（M），将所绘制的两个羽毛球场移动到如图 4-53 所示的位置，使羽毛球场左边竖直线段与运动场最右边的竖直线段的距离为 15000mm，使羽毛球场下面的水平线段与篮球场最上面的水平线段的距离为 3000mm。

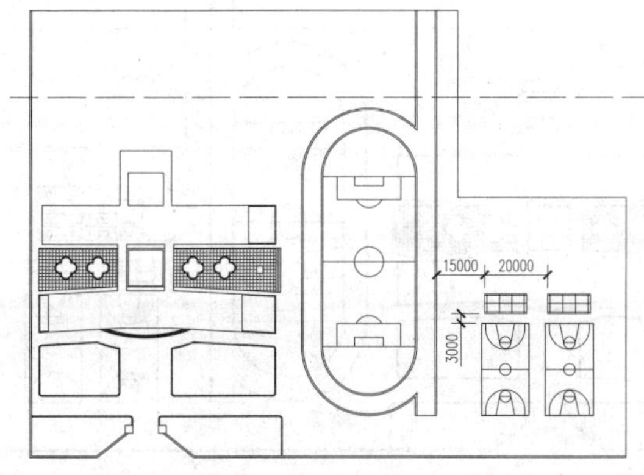

图 4-53　移动羽毛球场

4.7.4 绘制乒乓球场

步骤 1 执行“矩形”命令（REC），绘制两个矩形，尺寸分别为 7000mm×3500mm和 2740mm×1525mm；执行“移动”命令（M），将两个矩形进行移动，使两个矩形的中心点重合；执行“直线”命令（L），连接小矩形的上下两水平线段的中点，绘制一条竖直的线段，如图 4-54 所示。

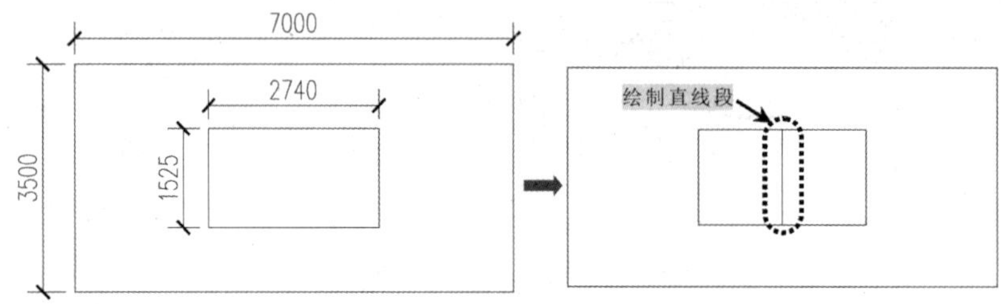

图 4-54 绘制矩形和直线

步骤 2 执行“复制”命令（CO），将这组矩形进行复制操作，水平方向间距为 7000mm，复制 4 组，竖直方向间距为 3500mm，复制 4 组，如图 4-55 所示。

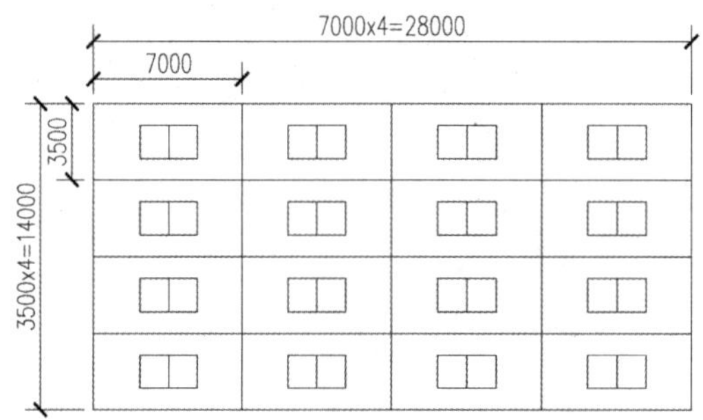

图 4-55 复制图形

步骤 3 执行“移动”命令（M），将所绘制的 16 个乒乓球场移动到如图 4-56 所示的位置，使乒乓球场左边竖直线段与运动场最右边的竖直线段的距离为 18000mm，使乒乓球场下面的水平线段与羽毛球场最上面的水平线段的距离为 5000mm。

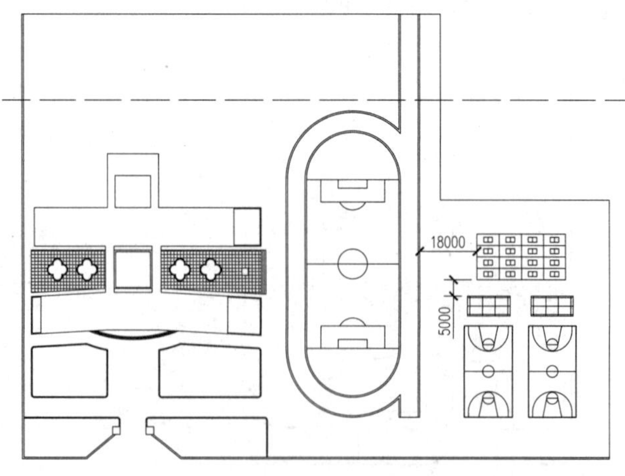

图 4-56 移动乒乓球场

提示——各种场地尺寸

（1）体育场：指有6条以上标准400m跑道，场地中心含有足球场，并建有固定看台的运动场（观众席不少于500个）。

（2）游泳馆、跳水馆、室内（外）游泳池、室内（外）跳水池：指有固定看台或无固定看台可供游泳、跳水或戏水活动的室内体育设施。室内游泳场地为全封闭的场地，室外游泳场为露天或大部分露天场地。室内标准池为25m×10m以上，室外标准池为50m×25m。

（3）保龄球房（馆）：指保龄球运动训练比赛健身使用的室内体育场地。

（4）田径场：指有6条以上400m环形跑道、无固定看台的室外体育场地。

（5）足球场：指供足球运动训练比赛等使用的室外体育场地。其比赛场地长宽不小于90m×45m，还应保留底线外1m、边线外1m的缓冲区。

（6）篮球场：其场地面积不小于26m×14m，还应保留底线边线外各2m的缓冲区。

（7）排球场：其场地面积不小于18m×9m，还应保留底线边线外各3m的缓冲区。

（8）羽毛球房（馆）：其场地长宽不应小于13.4m×5.18m，还应保留底线外2m、边线外1m的缓冲区。

（9）乒乓球房（馆）：其场地面积不应小于192m^2。

（10）台球房（馆）：指供台球运动训练比赛健身等使用的、其面积不小于50 m^{2}的室内体育场地。不包括在门厅、走廊等安放台球桌的场地。

（11）健身房（馆）：其场地面积不应小于40 m^2。

（12）棋牌房（馆）：指专供棋牌运动训练活动使用的，有固定的棋牌桌椅的室内体育场地。其场地面积不应小于40 m^2。棋牌项目包括中国象棋、围棋、国际象棋和桥牌，不包括麻将牌。

（13）其他训练房（馆）：其场地面积不应小于40 m^2。

4.8 绘制其他场所

步骤1 在“图层”工具栏的“图层控制”下拉列表框中，将“道路”图层置为当前层。

步骤2 执行“直线”命令（L），在运动场左上角绘制一条竖直线段，表示道路；执行“偏移”命令（O），将所绘制的竖直线段向左偏移，偏移尺寸为6000mm；执行“延伸”命令（EX），将所偏移的线段，向下延伸，延伸到图形下方的花坛上。

步骤3 执行“直线”命令（L），如图4-57所示在道路左边的三处花坛边绘制相关的直线段；执行“修剪”命令（TR），对图形进行修剪。

步骤4 执行“偏移”命令（O），将修剪后的竖直线段向左偏移，偏移尺寸为500mm，偏移4条，并转换到“其他”图层，用以表示运动场看台。

步骤5 将从下向上数第6条辅助线（偏移尺寸为30770mm）转换为“花坛”图层，并执行“修剪”命令（TR），将这条直线进行修剪。

步骤6 在“图层”工具栏的“图层控制”下拉列表框中，将“围墙”图层置为当前层。

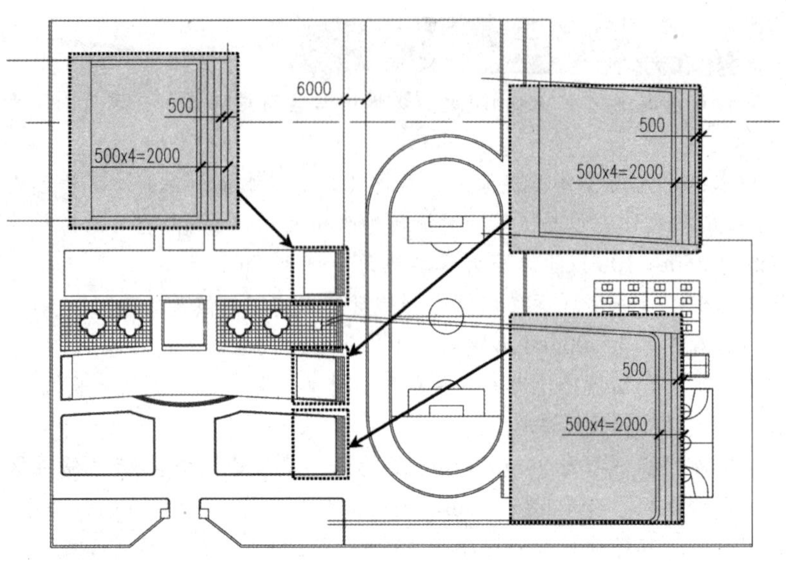

图 4-57　绘制道路直线和看台

步骤 7　执行“矩形”命令（REC），绘制两个矩形，尺寸分别为 33100mm × 16500mm和 33100mm × 8700mm，并将尺寸为 33100mm × 8700mm的矩形转换为“场地”图层；执行“移动”命令（M），将这两个矩形按照如图 4-58 所示的位置进行移动，使大矩形的右上角点与跑道和围墙交点重合，使小矩形的右上角点和大矩形的右下角点重合。

步骤 8　执行“偏移”命令（O），将大矩形向内偏移 500mm；执行“分解”命令（X），对这两个矩形进行分解操作；执行“矩形”命令（REC），绘制一个尺寸为 1000mm × 1000mm的矩形。

步骤 9　执行“移动”命令（M），将刚绘制的矩形按照如图 4-59 所示的尺寸进行移动；执行“复制”命令（CO），将矩形向下方复制一个，复制距离为 6000mm；执行“修剪”命令（TR），对图形进行修剪。

步骤 10　在“图层”工具栏的“图层控制”下拉列表框中，将“填充”图层置为当前层。

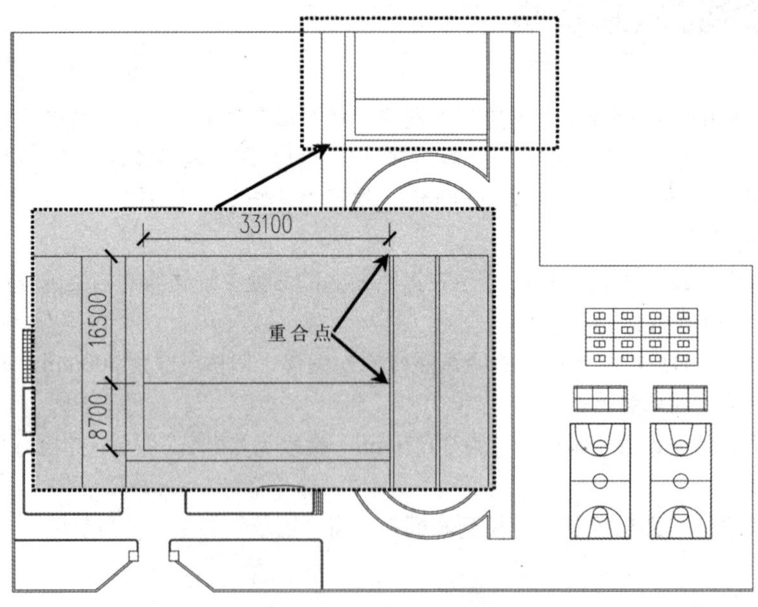

图 4-58　绘制矩形

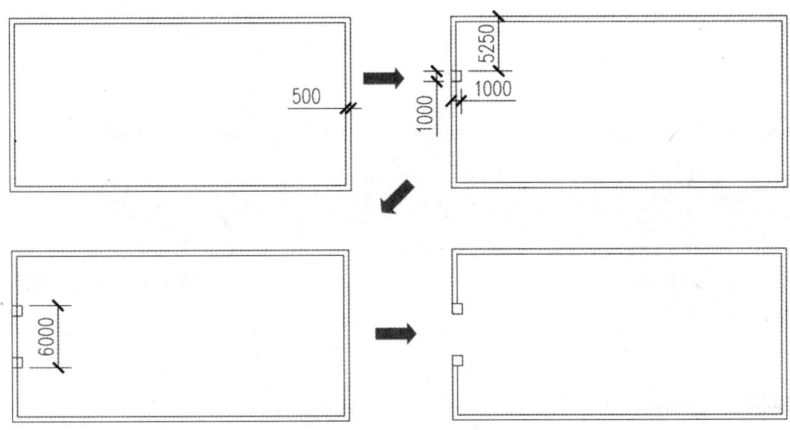

图 4-59　绘制围墙

步骤 11 执行“图案填充”命令（BH），选择下方的小矩形为填充区域，选择填充图案为AR-SAND，设置填充角度为 0，填充比例为 30，对该矩形进行图案填充操作，如图 4-60 所示。

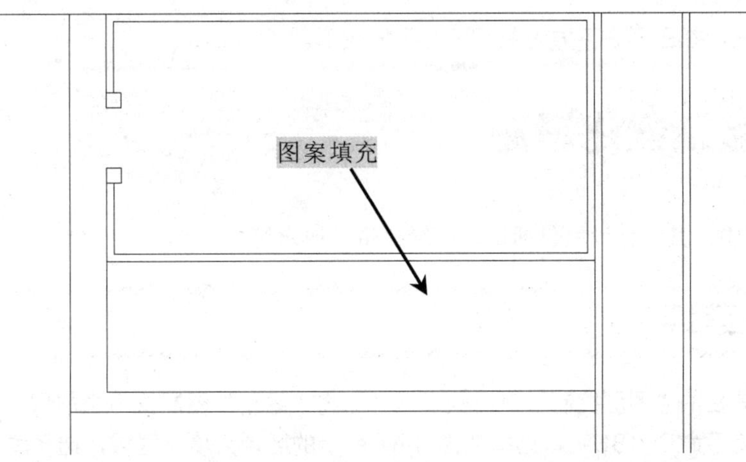

图 4-60　图案填充

4.9 绘制围墙

步骤 1 在“图层”工具栏的“图层控制”下拉列表框中，将“围墙”图层置为当前层。执行“偏移”命令（O），将围墙其他的线段向内偏移 500mm，并执行“修剪”命令（TR），对偏移后的线段进行修剪。

步骤 2 在图形的左下角，执行“偏移”命令（O），将最下面的水平围墙线段向下偏移 500mm；执行“构造线”命令（XL），在围墙的左下角交点处绘制一条角度为–38° 的构造线，然后执行“修剪”命令（TR），对图形进行修剪，如图 4-61 所示。

步骤 3 执行“直线”命令（L），在所形成的交点处绘制一条竖直线段；执行“偏移”命令（O），将该竖直线段向右偏移，偏移尺寸为 2000mm；执行“修剪”命令（TR），对图形进行修剪；执行“镜像”命令（MI），将-38° 斜线段向右镜像一条；执行“删除”命令（E），将用过的辅助线段删除，如图 4-62 所示。

步骤 4 执行“复制”命令（CO），选择所绘制的图形为复制对象，选择所绘制的图形左上角点为复制原点，将其复制到所绘制的图形右上角点上，复制 6 组，所绘制的图形如图 4-63 所示。

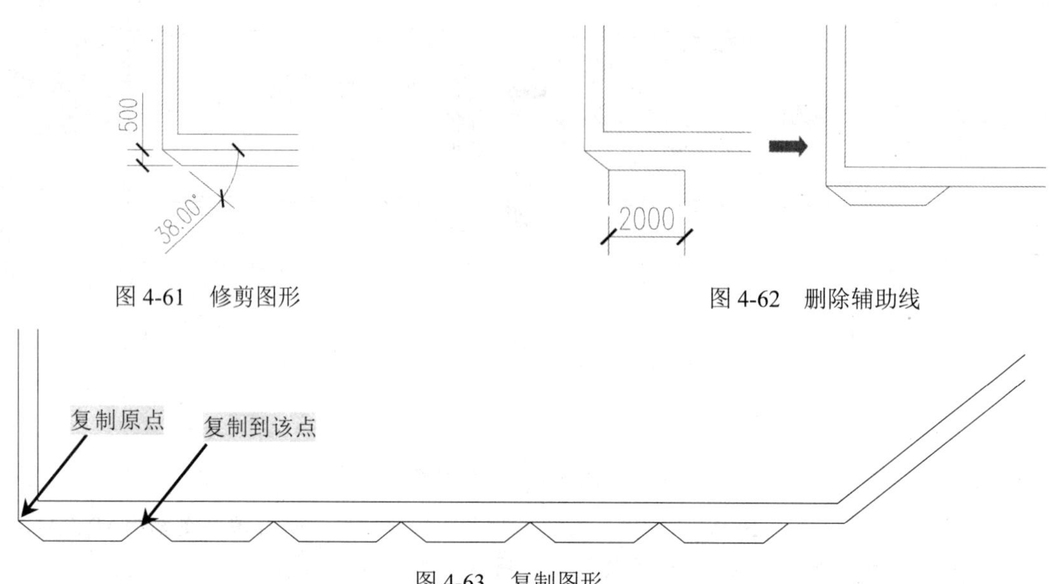

图 4-61 修剪图形

图 4-62 删除辅助线

图 4-63 复制图形

步骤 5 采用同样的方法，在图形右下方绘制相同的围墙图形。

4.10 绘制绿化设施

在学校总平面图中，其绿化设施包括草坪、绿化带、树木等。

4.10.1 填充草坪

步骤 1 在“图层”工具栏的“图层控制”下拉列表框中，将“绿化”图层置为当前层。

步骤 2 执行“图案填充”命令（BH），选择如图 4-64 所示的区域为填充区域，选择填充图案为GRASS，设置填充角度为 0，填充比例为 100，对相关草坪和花坛完成绿化填充操作。

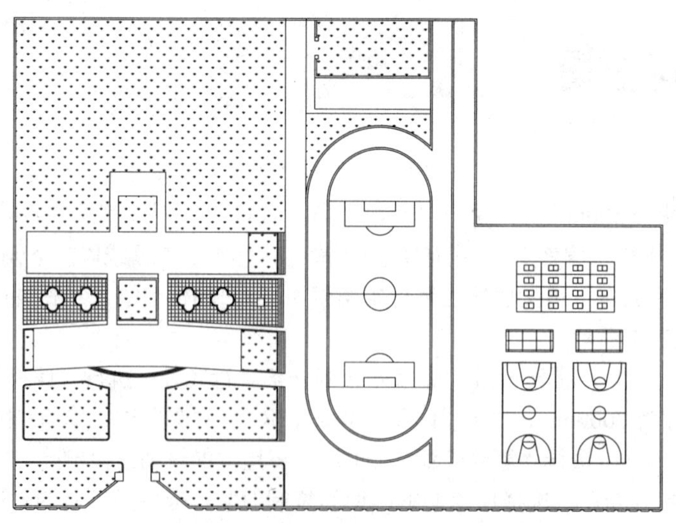

图 4-64 草坪填充

在填充时，用户应尽量把所要填充的区域形成的轮廓边全部显示在屏幕上，否则，在命令行可能会出现“未发现有效的图案填充边界”提示；或者会弹出“边界定义错误”对话框，如图 4-65 所示。

如果用户在选择拾取点时，单击的点不是区域内，而是线条上，则会弹出如图 4-66 所示的对话框，以提示用户重新选择。

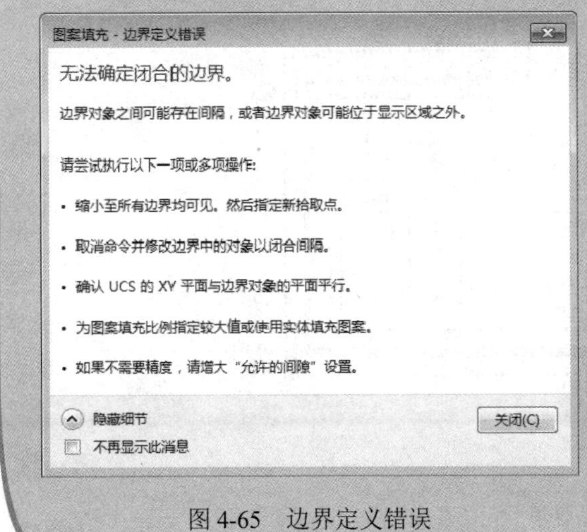

图 4-65　边界定义错误

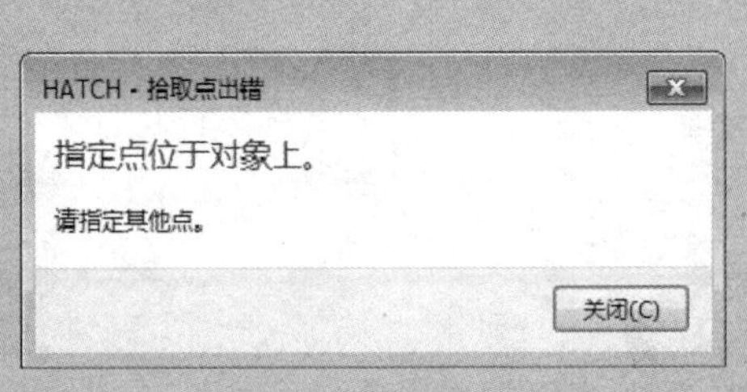

图 4-66　拾取点出错

4.10.2　插入绿化带

步骤 1　执行“插入块”命令（I），弹出“插入”对话框，选择“结果文件/04/绿化带.dwg”文件，插入绿化带图形，操作步骤如图 4-67 所示。

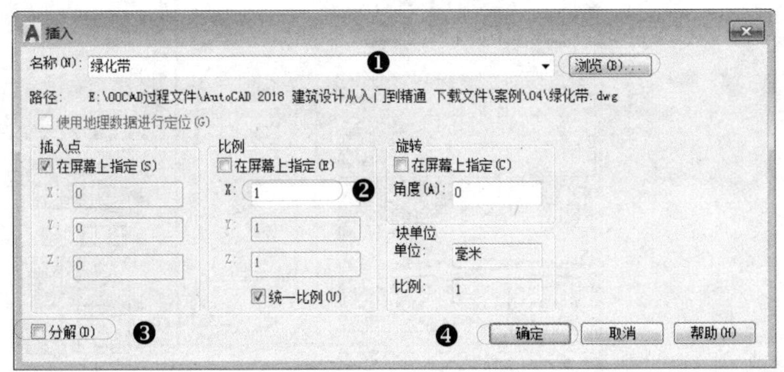

图 4-67　插入绿化带

步骤 2 接着再利用"旋转"命令（RO）、"复制"命令（CO）等，沿围墙插入一圈绿化带，并在教学楼前插入一排绿化带，如图 4-68 中虚线框所示。

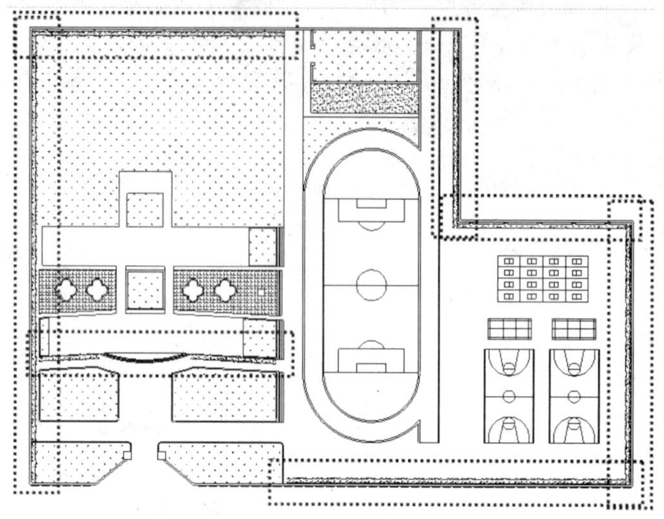

图 4-68 复制绿化带

4.10.3 插入树木

步骤 1 继续执行"插入块"命令（I），插入"结果文件/04/水杉.dwg"文件，按照如图 4-69 所示将其插入到图中相关的地方。

步骤 2 参照插入树木的方式，将其他树木花卉插入到图形中，如图 4-69 所示。

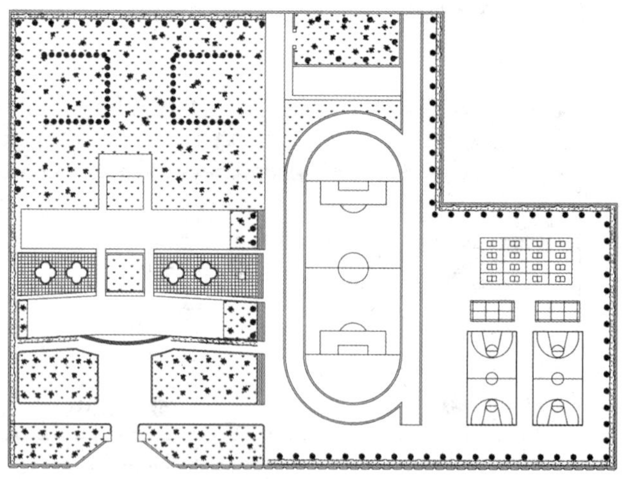

图 4-69 插入树木

4.11 总平面图的标注

在绘制完小学总平面图的轮廓、相关建筑设施、运动场地和绿化设施后，还要对其进行文字、图名等标注。

4.11.1 文字标注

步骤 1 单击“图层”工具栏的“图层控制”下拉列表框，选择“文字标注”图层为当前层；在“注释”选项卡的“文字”选项中选择“图内说明”文字样式。

步骤 2 执行“单行文字”命令（DT），对图形中的相关建筑和场所进行文字标注。

步骤 3 重复执行“单行文字”命令（DT），对该总平面图的一些情况进行文字描述，如图 4-70 所示。

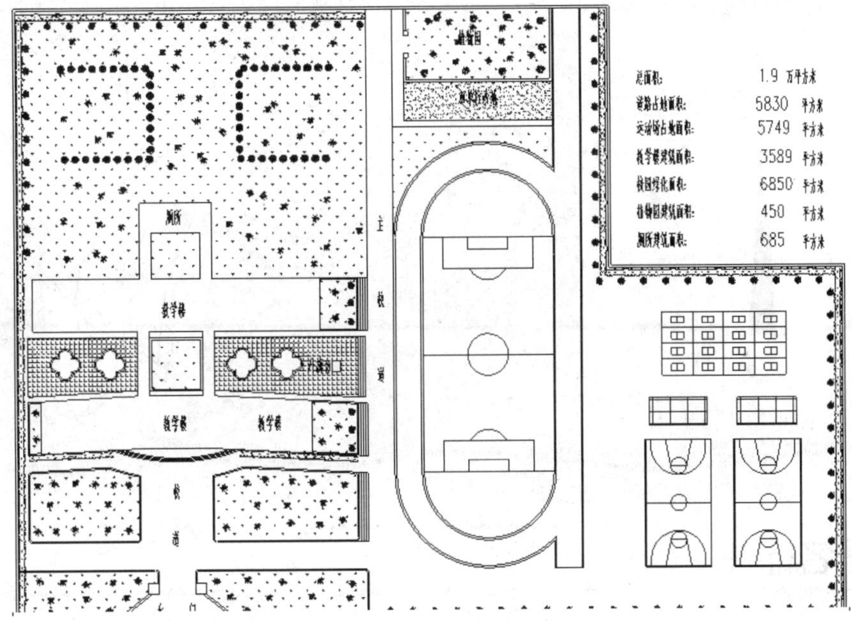

图 4-70　文字标注

4.11.2 绘制指北针

执行“圆”命令（C），在图形的右下侧绘制直径为 12000mm的圆；再使用“多段线”命令（PL），过圆的上侧象限点至下侧象限点绘制一条垂直线段，且其上侧端点宽度为 0mm，下侧宽度为 1500mm；使用“单行文字”命令在圆的上侧输入“北”，从而完成指北针的绘制，如图 4-71 所示。

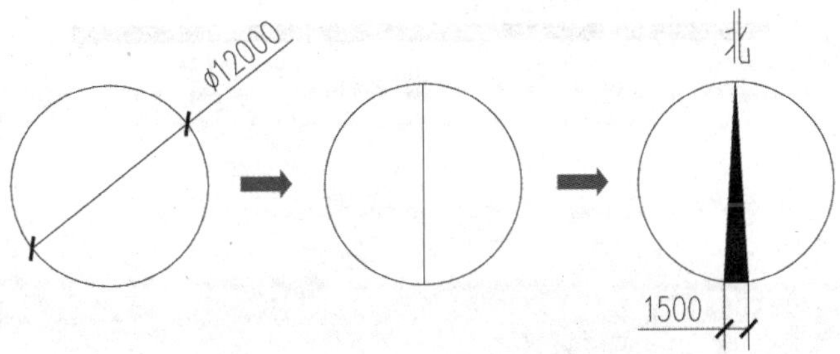

图 4-71　绘制指北针

提示——指北针及风向频率玫瑰图

（1）指北针：用来确定新建房屋的朝向。其符号应按国标规定绘制，如图 4-72 所示，细实线圆的直径为 24mm，箭尾宽度为圆直径的 1/8，即 3mm。圆内指针涂黑并指向正北，在指北针的尖端部写上“北”或“N”字符。

（2）风向频率玫瑰图：根据某一地区多年统计，各个方向平均吹风次数的百分数值，按一定比例绘制的是新建房屋所在地区风向情况的示意图。如图 4-73 所示，一般多用 8 个或 16 个罗盘方位表示，玫瑰图上表示风的吹向是从外面吹向地区中心，图中实线为全年风向玫瑰图，虚线为夏季风向玫瑰图。

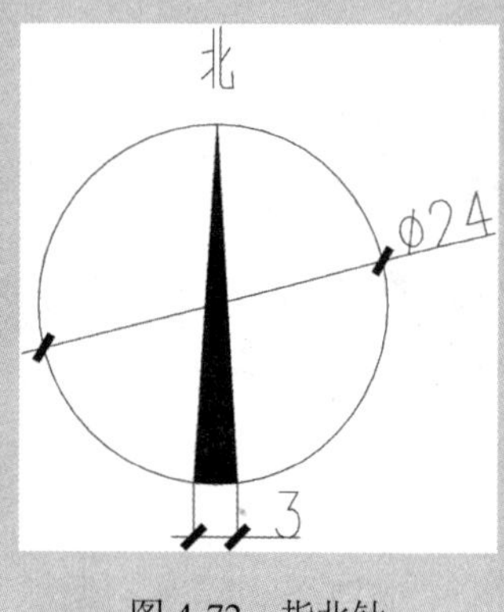

图 4-72　指北针

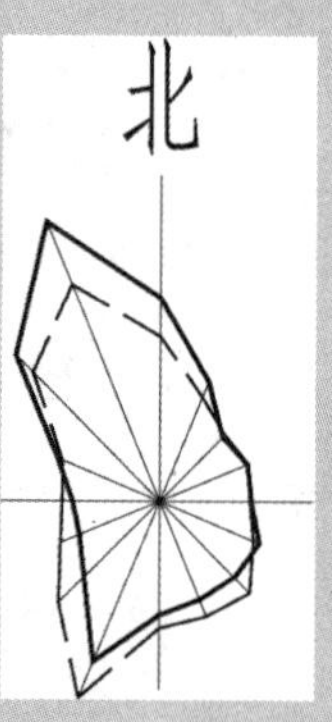

图 4-73　风玫瑰

4.11.3　图名标注

步骤 1　在“样式”工具栏中选择“图名”文字样式，在“文字”工具栏中单击“单行文字”按钮AI，设置其对正方式为“居中”，在图形的下侧中间位置输入图名“小学建筑总平面图”和“1:500”；然后分别选择相应的文字对象，执行“特性”命令（MO），打开“特性”面板，修改相应文字的大小为 10000 和 5000。

步骤 2　执行“多段线”命令（PL），在图名的下侧绘制一条水平线段，指定多段线宽度为 1500，如图 4-74 所示。

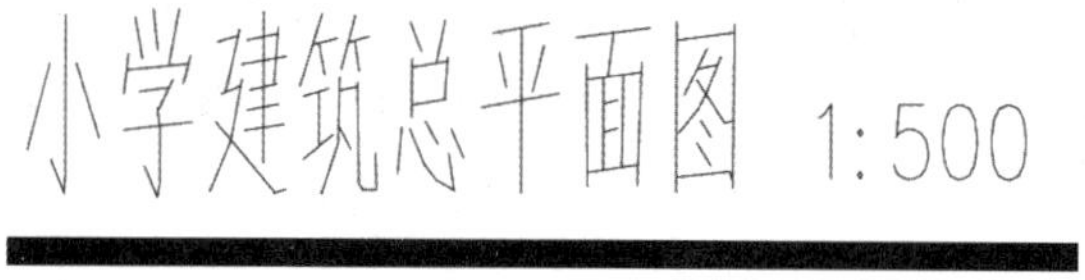

小学建筑总平面图 1:500

图 4-74　图名标注

第 5 章

办公楼总平面图的绘制

建筑总平面图应有项目总体布置、建筑红线、建筑坐标、各栋编号及层数、道路标高、规划设计的建筑面积、建筑密度、绿化率、容积率、建筑高度等各种指标，以及风玫瑰标示、图例等，方便绘图员、建筑师、地产开发商、室内设计师、地盘工人、装修及业主、保安、消防、访客等沟通之用。

本章主要学习办公楼总平面图的绘制，首先设置建筑总平面的绘图样板；然后绘制道路、相关建筑物、转盘道路和转盘花坛，以及办公楼西面的门前广场，如水池、广场、景观建筑等，并在其他相关的地方绘制配备场所，如休闲小道、景观亭、停车场等，再在相关的地方填充草坪并插入树木；最后对办公楼总平面图进行尺寸标注和文字标注，并绘制相关的指北针。

学习目标

- 办公楼总平面图绘图环境的调用
- 绘制道路、建筑物及转盘轮廓
- 绘制门前广场、停车场和其他场所
- 绿化环境的布置及总平面图的标注

5.1 实例概述与效果预览

因为在前面已经设置过相关的绘图环境并保存为样板文件，所以在绘制办公楼总平面图前，可以调用之前保存的“建筑总平面图.dwt”样板文件，再将其另存为“办公楼建筑总平面图.dwg”文件。但是，每一张建筑总平面图相关的设施、绘图比例等不尽相同，因此，需要进行相关的设置。

当绘图环境调整完成之后，便可以绘制辅助线轴网、新建建筑物轮廓、其附属设施和绿化、道路填充等，最后进行文字、尺寸和图名的标注，所绘制的办公室建筑总平面的效果如图 5-1 所示。

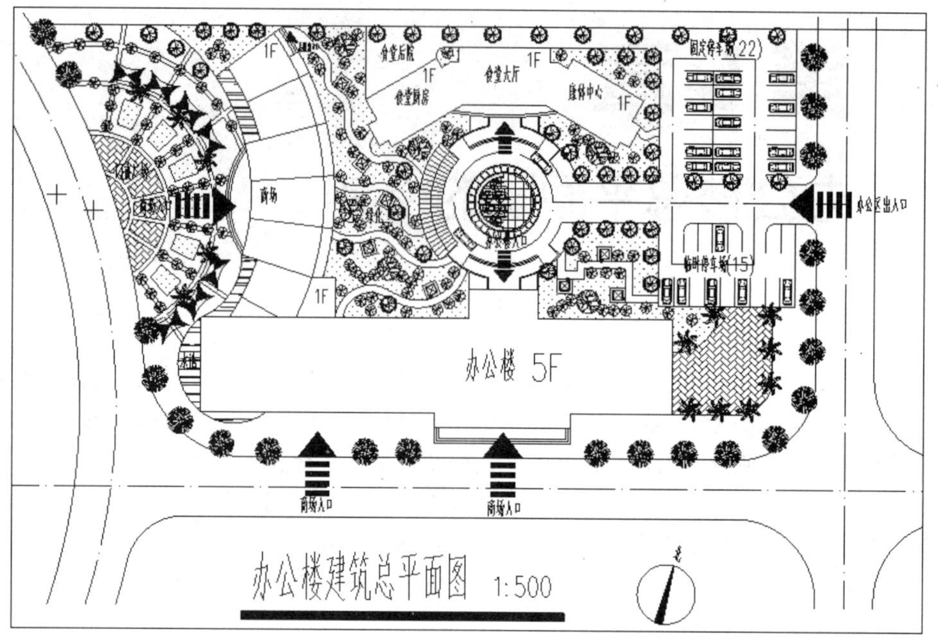

图 5-1　办公楼建筑总平面图

5.2 调用样板文件

在第 4 章已经设置好了建筑总平面图的绘制环境，在本实例中直接调用即可。

步骤 1 执行“文件/打开”菜单命令，将“结果文件/04/建筑总平面图.dwt”文件打开。再执行“文件/另存为”菜单命令，将文件另存为“结果文件/05/办公楼建筑总平面图.dwg”文件。

步骤 2 执行“格式/图层”菜单命令，弹出“图层特性管理器”选项板，单击“新建图层”按钮，在名称栏中输入“车辆”；再单击“颜色”按钮，弹出“选择颜色”对话框。

步骤 3 在颜色栏中输入“144”，单击“确定”按钮，完成该图层的颜色选择，其他相关设置采用默认值，完成“车辆”图层的建立，然后单击右上角的“关闭”按钮，退出“图层特性管理器”选项板，如图 5-2 所示。

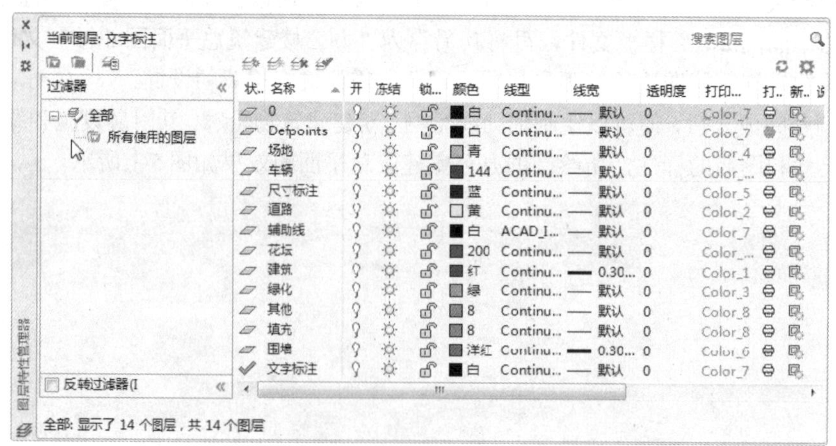

图 5-2　新建“车辆”图层

提示——Defpoints图层

Defpoints图层是Autocad系统图层，与 0 图层一样，均不能被删除，区别在于 0 图层可以被打印，Defpoints不能被打印。Defpoints图层中放置了各种标注的基准点，在平常是看不出来的，把标注分解就能发现，关闭其他图层后，选择所有对象，就会发现里面是一些点对象。

步骤 4 完成图层的建立后，执行“文件/保存”菜单命令，将修改后的绘图环境进行保存。

5.3 绘制道路

修改好绘图环境之后，接下来就开始正式绘制该办公楼的总平面图了。

步骤 1 在“图层”工具栏的“图层控制”下拉列表框中，将“辅助线”图层置为当前层。

步骤 2 执行“构造线”命令（XL），按照如图 5-3 所示的尺寸绘制几条构造线和一个圆，用以表示道路的基准线。

步骤 3 执行“偏移”命令（O），对上一步所绘制的道路基准线进行偏移，偏移尺寸如图 5-4 所示，并将所偏移的尺寸转换为“道路”图层，偏移到最上方的水平线段转换为“围墙”图层。

步骤 4 执行“圆角”命令（F），对偏移后的道路线进行圆角操作，倒角半径如图 5-4 所示；再执行“打断”命令（BR）和“修剪”命令（TR），对图形进行修剪，修剪后的图形如图 5-4 所示。

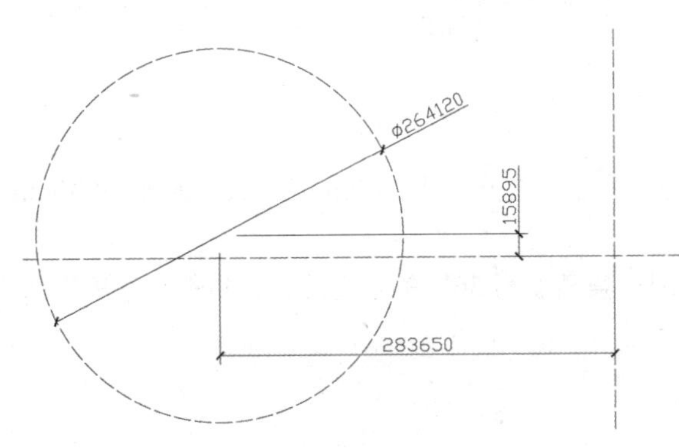

图 5-3 绘制道路基准线

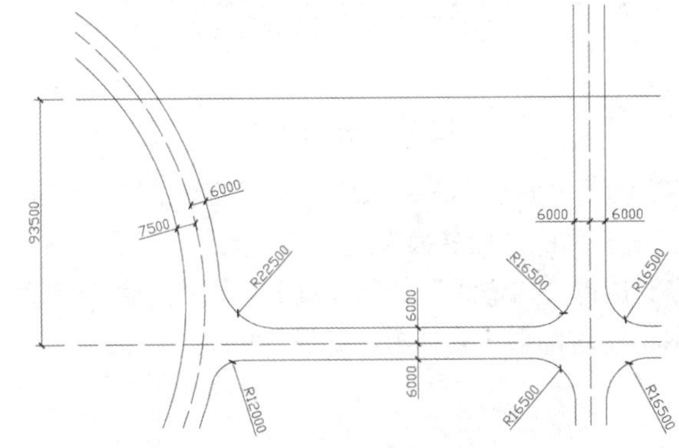

图 5-4 偏移线段

5.4 绘制建筑物

在办公大楼的总平面图中，其建筑物主要就是楼房，以及前面的台阶。

5.4.1 绘制楼房

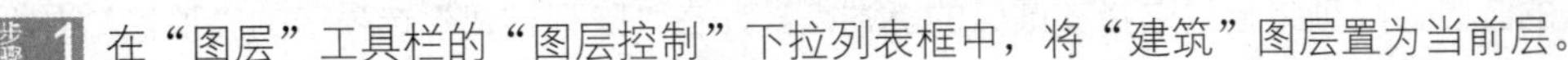

步骤 1 在“图层”工具栏的“图层控制”下拉列表框中，将“建筑”图层置为当前层。

步骤 2 执行“多段线”命令（PL），按照如图 5-5 所示的尺寸绘制多段线，用以表示建筑物轮廓线。

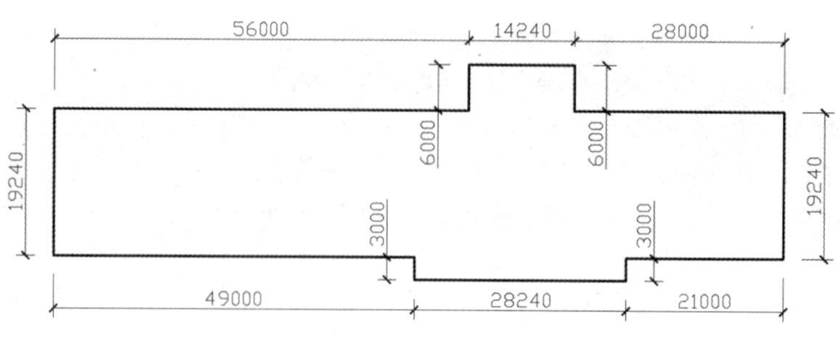

图 5-5　绘制多段线

步骤 3 执行“移动”命令（M），将该建筑物轮廓线移动到总平面图中，使该建筑物轮廓线最下面的水平线段距离下面道路基准线为 12180mm，最右边竖直线段距离右边道路基准线为 35555mm，如图 5-6 所示。

步骤 4 执行“偏移”命令（O），将右下角的水平竖直道路基准线分别向左上方进行偏移，偏移尺寸如图 5-7 所示。执行“圆”命令（C），以偏移后所形成的交点为圆心绘制一个直径为 116230mm的圆，并将所绘制的圆转换为“其他”图层。

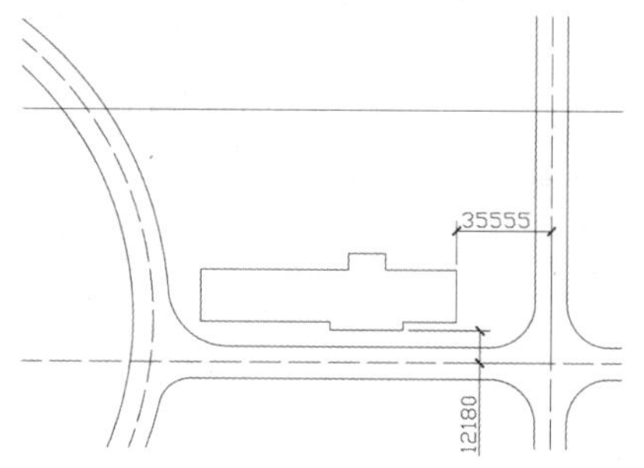

图 5-6　移动图形

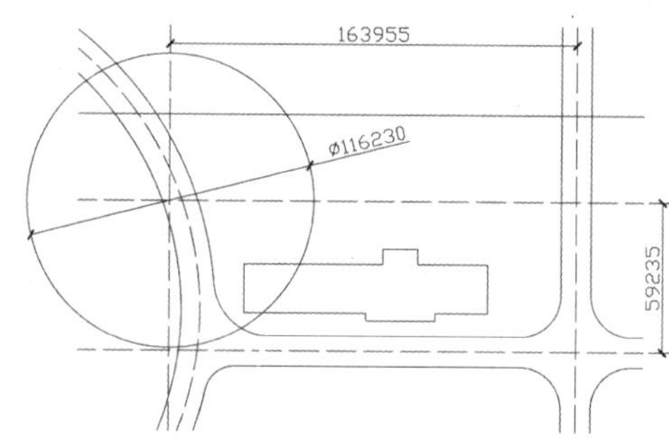

图 5-7　偏移线段并绘制圆

步骤 5 执行“偏移”命令（O），将所绘制的圆向内进行偏移，偏移尺寸分别为 2220mm、11860mm、3240mm，并将偏移后的线段转换为“建筑”图层，如图 5-8 所示。

步骤 6 执行“构造线”命令（XL），以圆心为绘制点，绘制一条角度为 36° 的构造线；再执行“修剪”命令（TR），对图形进行修剪，如图 5-9 所示。

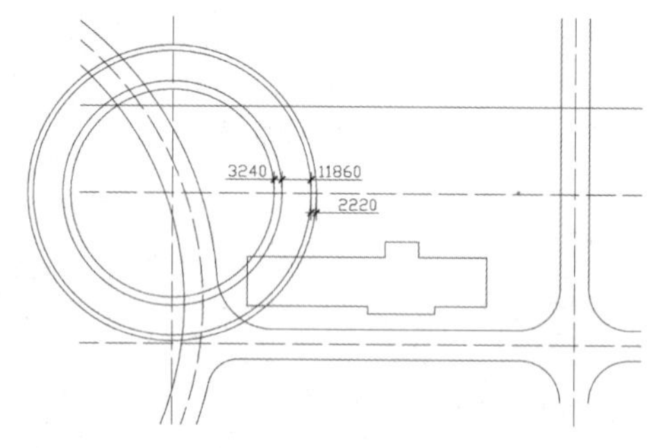

图 5-8　偏移圆

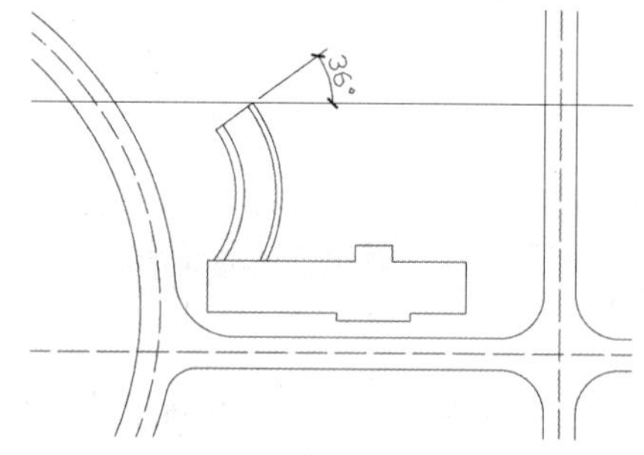

图 5-9　绘制构造线并修剪

步骤 7 执行“阵列”命令（AR），以上一步所绘制的 36° 构造线为阵列对象，选择“路径”模式，以前面偏移圆时所形成的最里面的圆弧为阵列路径（选择该圆弧的上端点），在“阵列创建”选项卡的“项目”面板中设置“介于”为 7602（阵列弧长），确定后完成阵列操作；执行“分解”命令（X），将阵列后的图形进行分解，如图 5-10 所示。

步骤 8 执行“修剪”命令（TR），对图形进行修剪，修剪后的图形如图 5-11 所示。

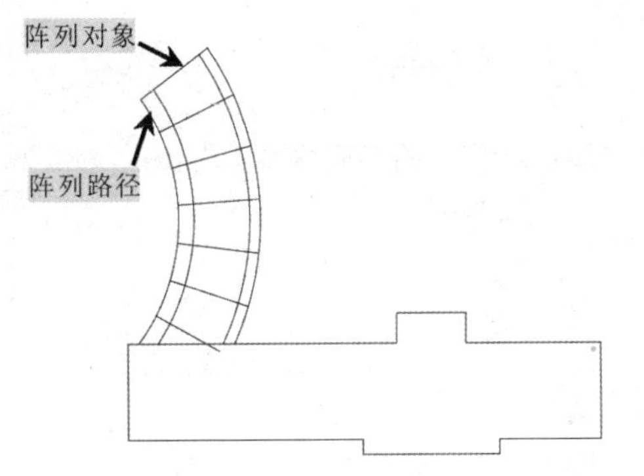

图 5-10 阵列图形并分解

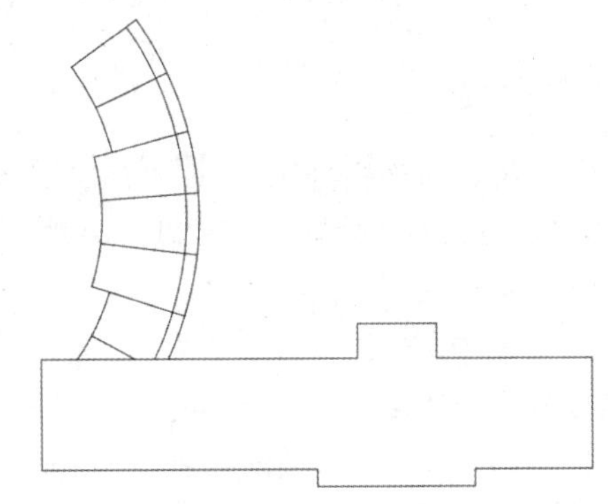

图 5-11 修剪图形

步骤 9 执行“多段线”命令（PL），如图 5-12 所示绘制一条多段线；执行“修剪”命令（TR），对图形进行修剪。

步骤 10 执行“矩形”命令（REC），绘制几个矩形，尺寸分别为 2112mm×4864mm、17024×11008mm、18688mm×11648mm；执行“移动”命令（M），将这几个矩形按照如图 5-13 所示进行移动。

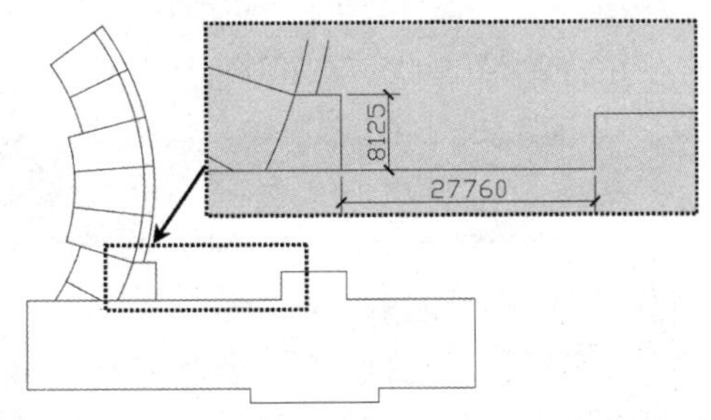

图 5-12 绘制多段线

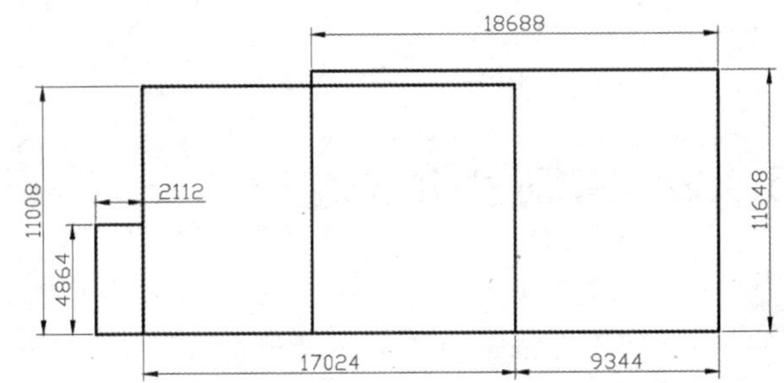

图 5-13 绘制矩形

步骤 11 执行“移动”命令（M），将左边的两个矩形向左移动，移动距离为 8550mm；再将最左边的矩形向上移动，移动距离为 1408mm，如图 5-14 所示。

步骤 12 执行“旋转”命令（RO），将左边的两个矩形绕尺寸为 17024×11008mm的矩形的右下角点进行旋转，旋转角度为 30°；执行“分解”命令（X），将矩形进行分解；执行“偏移”命令（O），按照如图 5-15 所示偏移相关的线段。

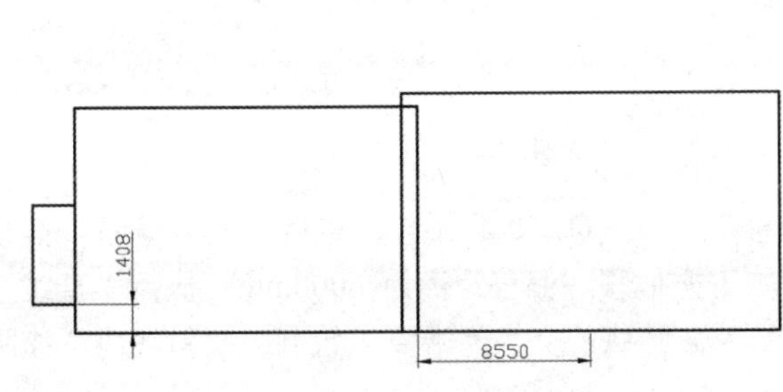

图 5-14 移动矩形

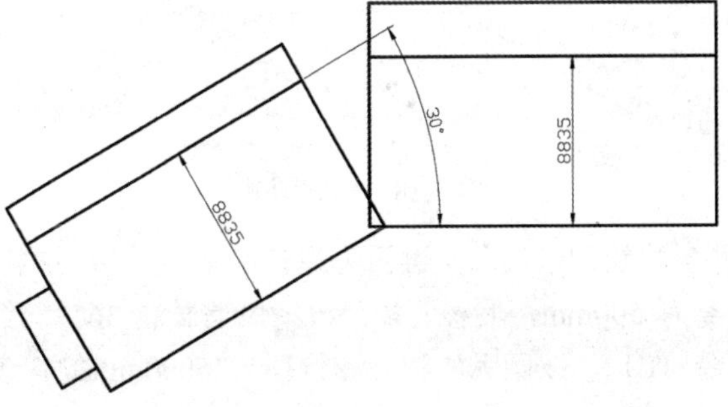

图 5-15 旋转矩形和偏移线段

步骤 13 执行“延伸”命令（EX），延伸相关的线段；执行“修剪”命令（TR），对图形进行修剪。

提示——关于延伸

如果将A线条延伸到的B线条上，那么B线条至少要超过A线条延伸假想线，否则不能延伸。

步骤14 执行“镜像”命令（MI），以上面水平线段的中点为镜像点将左边的图形镜像到右边；执行“修剪”命令（TR），对图形进行修剪，如图 5-16 所示。

步骤15 执行“移动”命令（M），将该建筑物轮廓线移动到总平面图中，使该建筑物上面的水平线段到最上面围墙轮廓线的距离为 4165mm，使其右边的竖直线段到最右边道路基准线的距离为 61331mm，如图 5-17 所示。

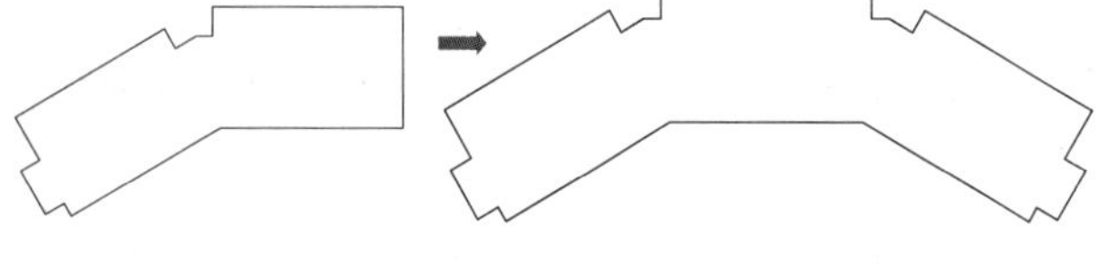

图 5-16　修剪图形

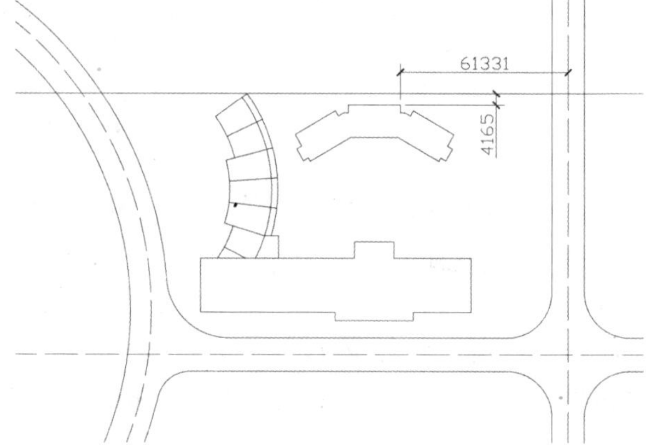

图 5-17　移动图形

5.4.2　绘制台阶

步骤1 在“图层”工具栏的“图层控制”下拉列表框中，将“其他”图层置为当前层。

步骤2 执行“圆”命令（C），以建筑物轮廓线下面水平线段的中点为圆心，绘制一个直径为 67250mm的圆；执行“移动”命令（M），将该圆向上移动，使其下侧象限点与水平线距离为 2450mm；执行“修剪”命令（TR），对图形进行修剪，如图 5-18 所示。

步骤3 执行“偏移”命令（O），将所绘制的圆弧向内偏移 500mm；再执行“修剪”命令（TR），对所偏移的圆弧进行修剪，如图 5-19 所示。

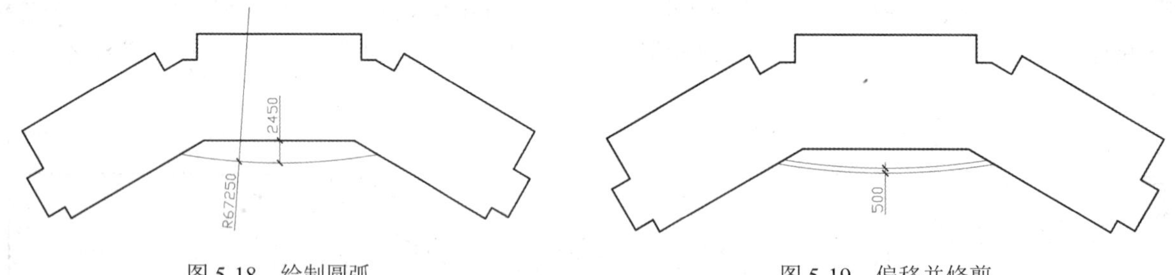

图 5-18　绘制圆弧　　图 5-19　偏移并修剪

步骤4 将绘图区域移至圆弧形建筑的上方，然后执行“偏移”命令（O），将最外面的圆弧向内偏移，偏移距离为 500mm，偏移两条，再将最上面的 36°斜线段向右下方偏移，偏移距离为 6000mm；执行“直线”命令（L），以圆弧的圆心和偏移为 6000mm的斜线段及最外面圆弧的交点为端点来绘制一条斜线段，如图 5-20 所示。

步骤5 执行“修剪”命令（TR），对所偏移的线段进行修剪，修剪后的图形如图 5-21 所示。

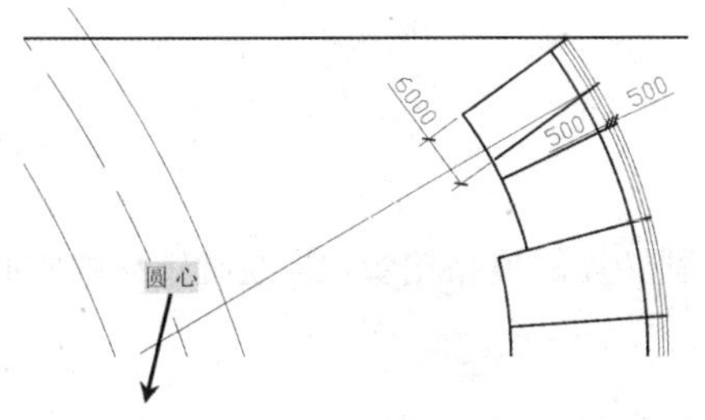

图 5-20　偏移线段和绘制斜线段

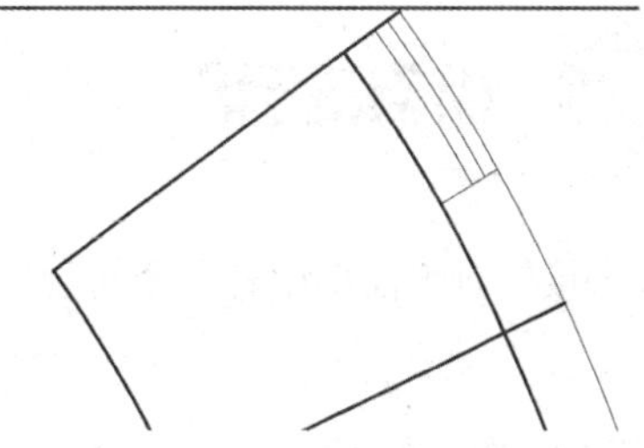

图 5-21　修剪图形

步骤 6　将绘图区域移至总平面图中建筑物图形的下方，执行“矩形”命令（REC），绘制一个尺寸为28240×3180mm的矩形；执行“移动”命令（M），将该矩形移至如图 5-22 所示的位置；执行“分解”命令（X），将该矩形进行分解；执行“偏移”命令（O），将该矩形的相关线条按照如图 5-22 所示的尺寸进行偏移；执行“修剪”命令（TR），将图形进行修剪。

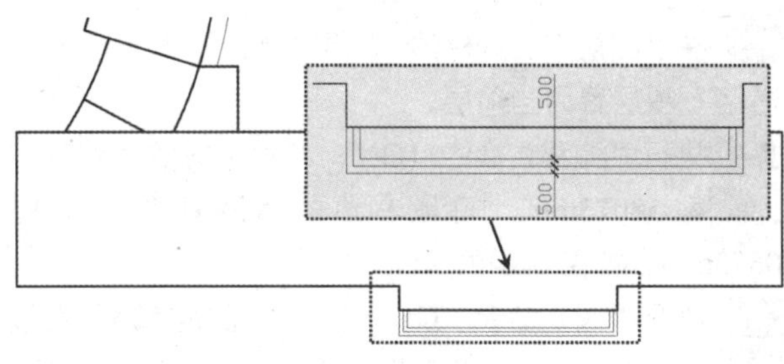

图 5-22　偏移线段

提示——关于台阶

台阶是供人们进出建筑之用的一种设施。

由于台阶的地基在主体施工时，多数已被破坏，一般是做在回填土上，为了避免沉陷和寒冷地区的土壤冻胀影响，台阶构造一般分为架空式台阶和分离式台阶。

台阶顶部平台的宽度应大于门洞口宽度，一般每边至少宽出 500mm，室外台阶顶部平台的深度不应小于 1.0m。 台阶面层标高应比首层室内地面标高低 10mm左右，并向外作 1%~2%的坡度。室外台阶踏步的踏面宽度不应小于 300mm，踢面高度不应大于 150mm。室内台阶踏步数不应小于 2 级，当高差不足 2 级时，应按坡道设置。

台阶应当与建筑的级别、功能及周围的坏境相适应。较常见的台阶形式有单面踏步、两面踏步、三面踏步及单面踏步带花池（花台）等，如图 5-23 所示。

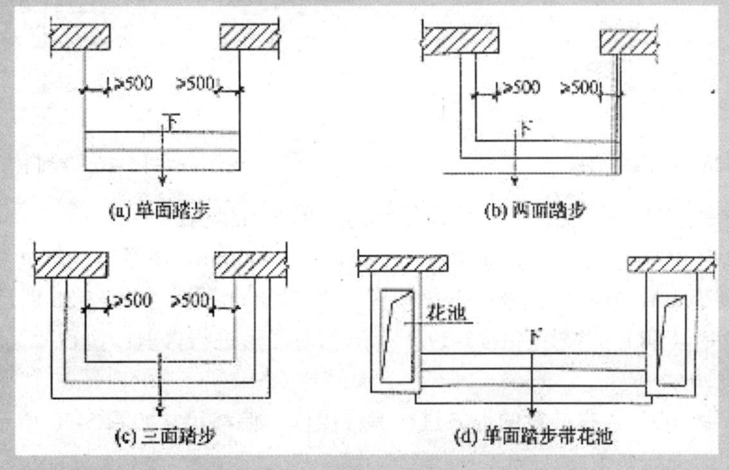

图 5-23　台阶的形式

5.5 绘制转盘

在办公大楼的总平面图中有一个转盘，在绘制的时候，先绘制转盘的道路轮廓，再绘制转盘的中心花坛效果。

5.5.1 绘制转盘道路

步骤 1 在“图层”工具栏的“图层控制”下拉列表框中，将“道路”图层置为当前层。

步骤 2 执行“偏移”命令（O），将最下方的道路基准线向上偏移 58075mm，将最右边的道路基准线向左偏移 70675mm，如图 5-24 所示。

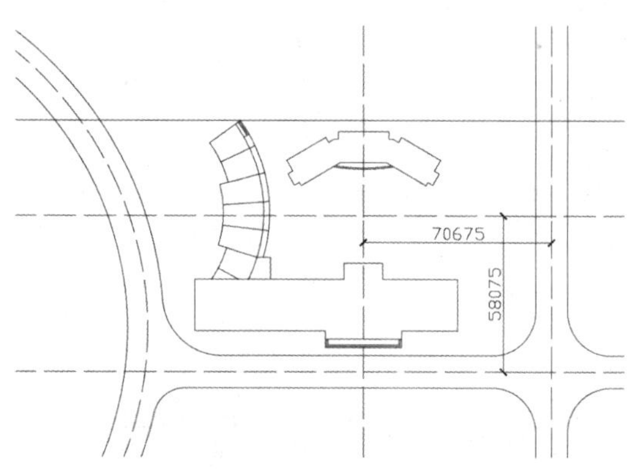

图 5-24 偏移线段

步骤 3 执行“圆”命令（C），以偏移后的道路基准线交点为圆心，绘制几个同心圆，尺寸分别为 15240mm、20240mm、25240mm、30240mm、31640mm、35240mm，并将直径为 20240mm的圆转换为“辅助线”图层，如图 5-25 所示。

步骤 4 执行“构造线”命令（XL），以圆心为绘制点，绘制 4 条带角度的构造线，角度分别为 43°、57°、123°、137°，如图 5-26 所示。

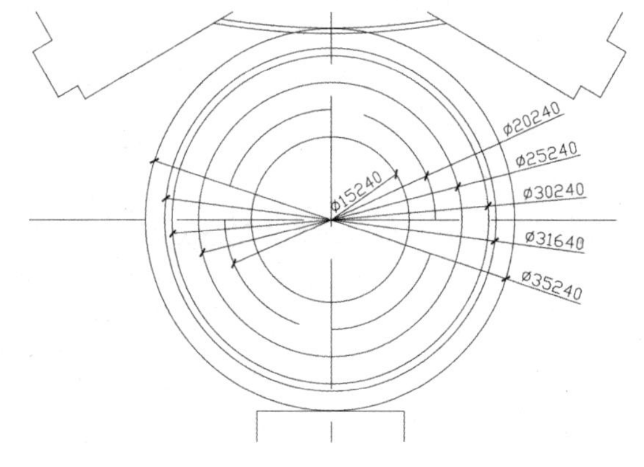

图 5-25 绘制同心圆

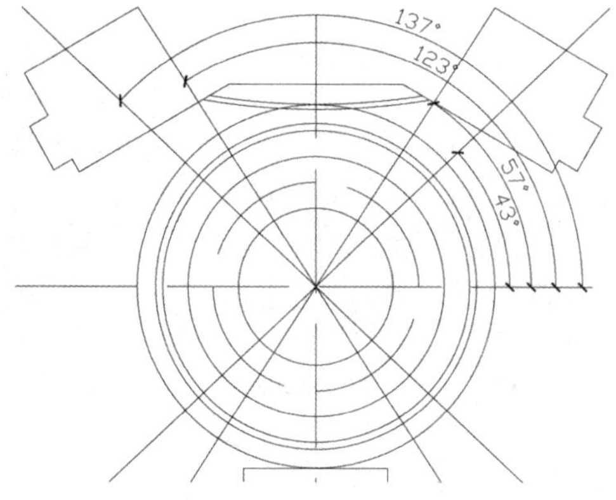

图 5-26 绘制构造线

步骤 5 执行“修剪”命令（TR），按照如图 5-27 所示对图形进行修剪。

步骤 6 执行“偏移”命令（O），将水平的辅助线上下各偏移 4000mm，将竖直的辅助线向左右偏移，偏移尺寸分别为 3400mm、7120mm，并将所偏移的线段转换为“道路”图层，如图 5-28 所示。

步骤 7 执行“修剪”命令（TR），按照如图 5-29 所示形状对图形进行修剪；执行“圆角”命令（F），在出入口处倒R3000mm的圆角。

步骤 8 执行“偏移”命令（O），在转盘的上方进行偏移操作，偏移尺寸如图 5-30 所示；执行“修剪”命令（TR），对偏移后的图形进行修剪。

步骤 9 重复上面的操作方法与尺寸，对转盘下方进行偏移和修剪，如图 5-31 所示。

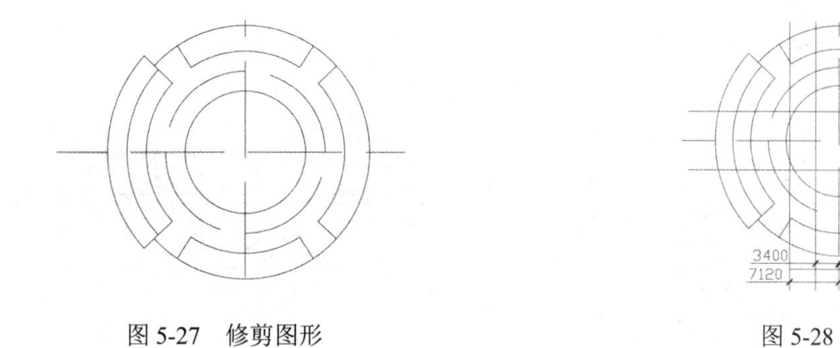

图 5-27　修剪图形　　图 5-28　偏移线段

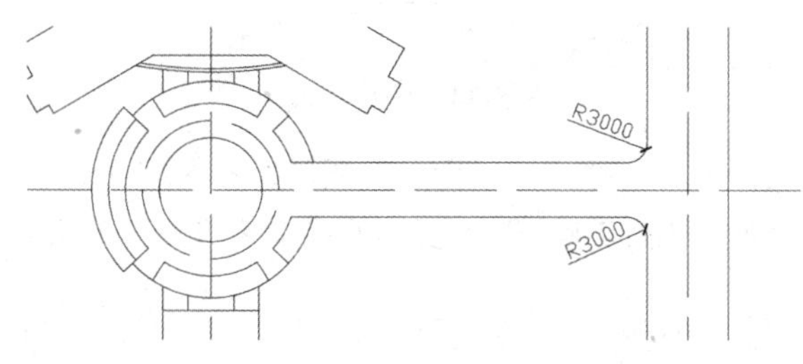

图 5-29　修剪图形

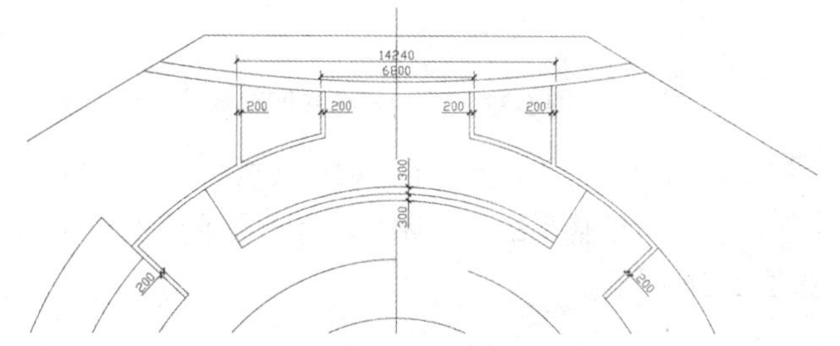

图 5-30　偏移线段并修剪

步骤 10 执行“阵列”命令（AR），以转盘左边如图 5-32 所示的斜线段为阵列对象，选择“路径”模式，以左边最外面的圆弧为阵列路径，在“阵列创建”选项卡的“项目”面板中设置“介于”为 898（阵列弧长），确定后完成阵列操作。

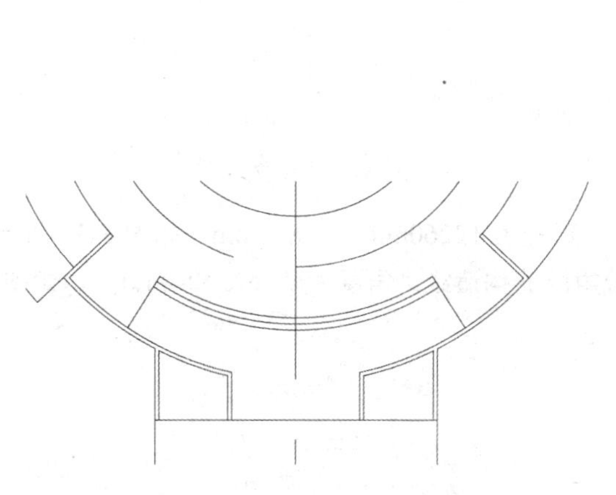

图 5-31　重复偏移线段并修剪

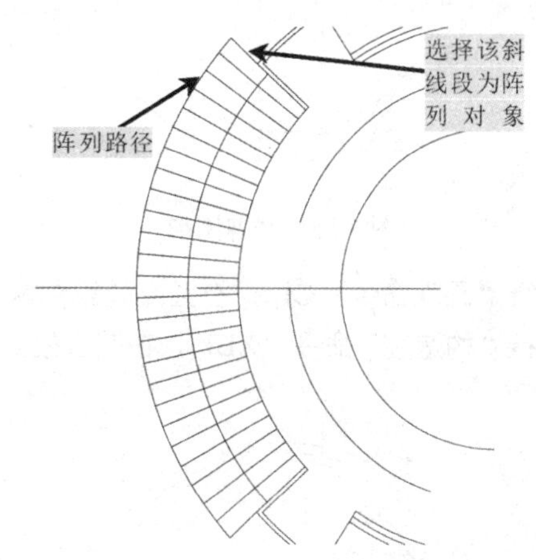

图 5-32　阵列图形

5.5.2　绘制转盘中心花坛

步骤 1 在“图层”工具栏的“图层控制”下拉列表框中，将“花坛”图层置为当前层。

步骤 2 执行“直线”命令（L），绘制一条水平和一条竖直的十字线段；执行“圆”命令（C），在十字线段交点处绘制几个同心圆，直径分别为 10000mm、10400mm、11800mm，如图 5-33 所示。

步骤 3 执行“偏移”命令（O），将水平的线段依次向上偏移，偏移 8 条，偏移距离为 450mm、300mm、900mm、300mm、900mm、300mm、900mm、300mm，将竖直的线段依次向右偏移，偏移 3 条，偏移距离为 500mm、200mm、500mm，再将竖直线段依次向左偏移，偏移两条，偏移距离为 200mm、500mm，如图 5-34 所示。

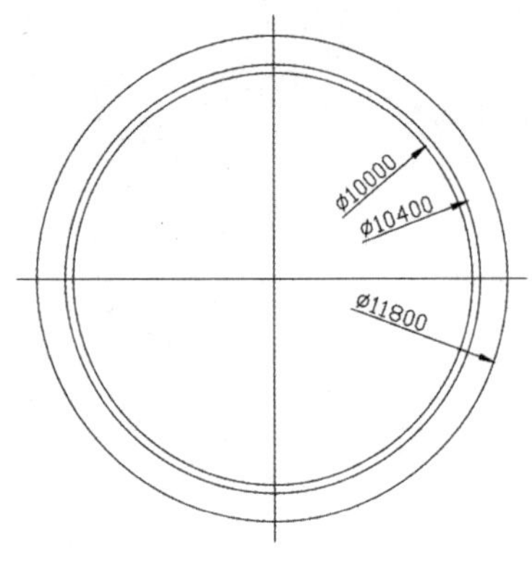

图 5-33　绘制直线和圆

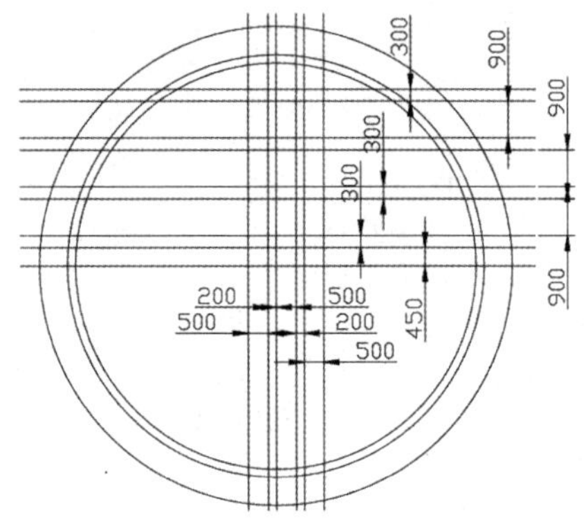

图 5-34　偏移线段

步骤 4 执行“删除”命令（E）和“修剪”命令（TR），对图形进行修剪，修剪后的图形如图 5-35 所示。

步骤 5 执行“镜像”命令（MI），将上面的图形镜像到下方来；执行“修剪”命令（TR），对图形进行修剪，如图 5-36 所示。

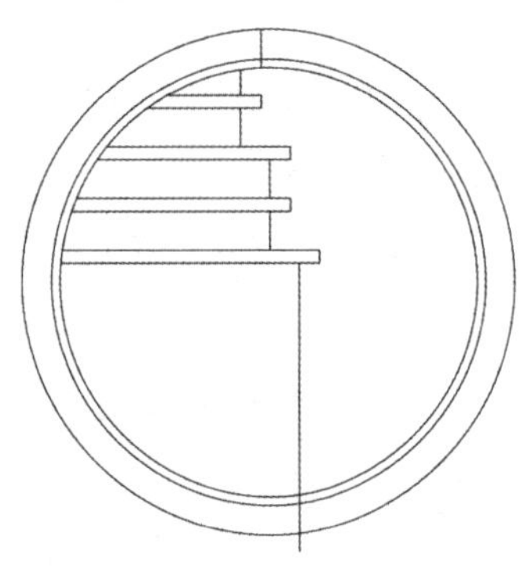
图 5-35　修剪图形

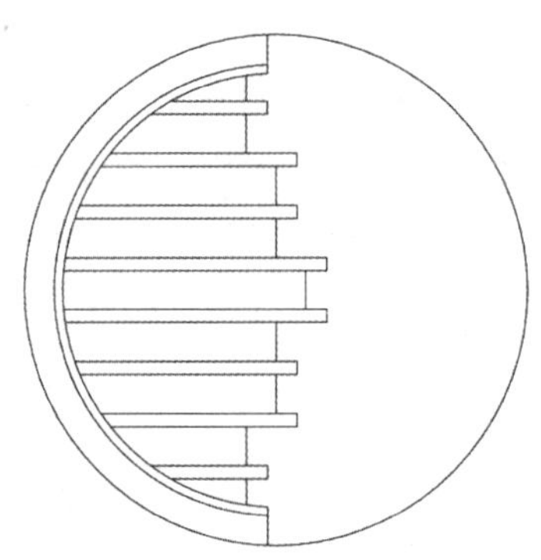
图 5-36　镜像并修剪

步骤 6 执行“圆”命令（C），在圆心处绘制两个同心圆，直径为 12260mm、12840mm，如图 5-37 所示。

步骤 7 执行“构造线”命令（XL），在圆心处绘制两条带角度的构造线，角度为 71.5° 和–71.5°，如图 5-38 所示。

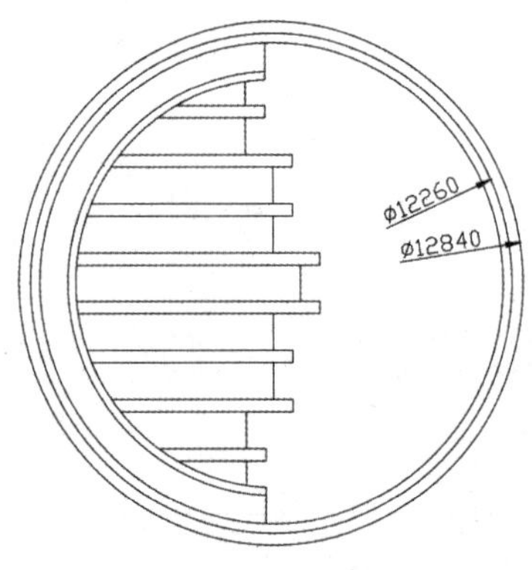

图 5-37　绘制圆

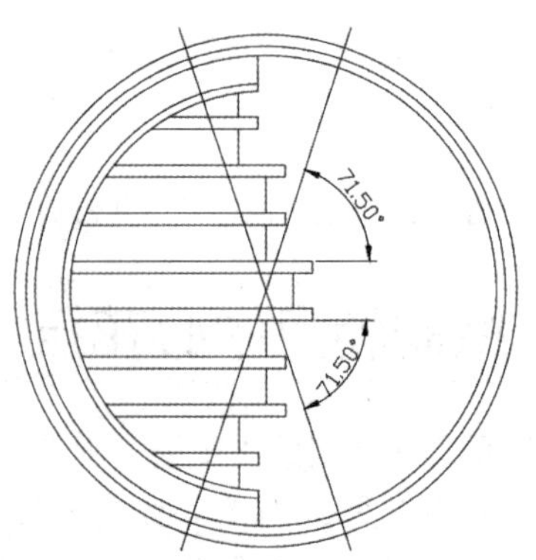

图 5-38　绘制构造线

步骤 8 执行“修剪”命令（TR），对图形进行修剪，修剪后的图形如图 5-39 所示。

步骤 9 执行“圆”命令（C），在圆心处绘制两个同心圆，直径为 12260mm、14780mm，如图 5-40 所示。

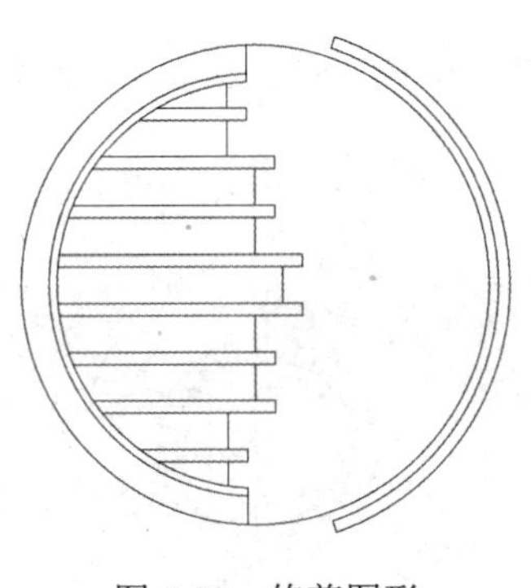

图 5-39　修剪图形

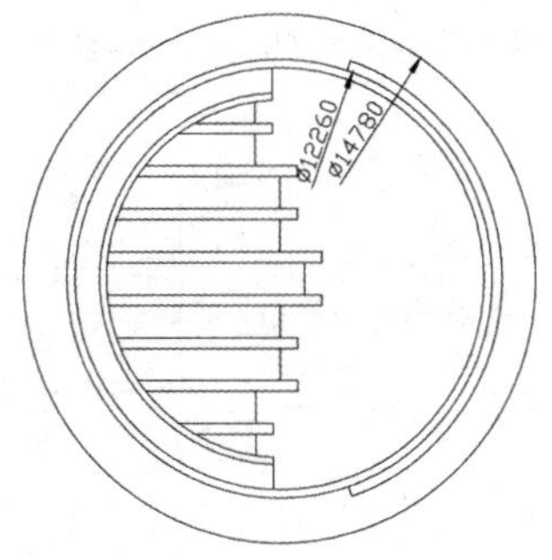

图 5-40　绘制圆

步骤 10 执行“构造线”命令（XL），在圆心处绘制两条带角度的构造线，角度为 0.5°和 11.5°，如图 5-41 所示。

步骤 11 执行“修剪”命令（TR），对图形进行修剪，修剪后的图形如图 5-42 所示。

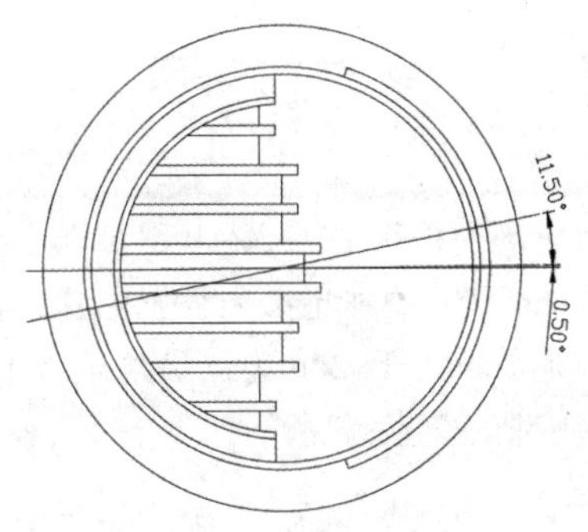

图 5-41　绘制构造线

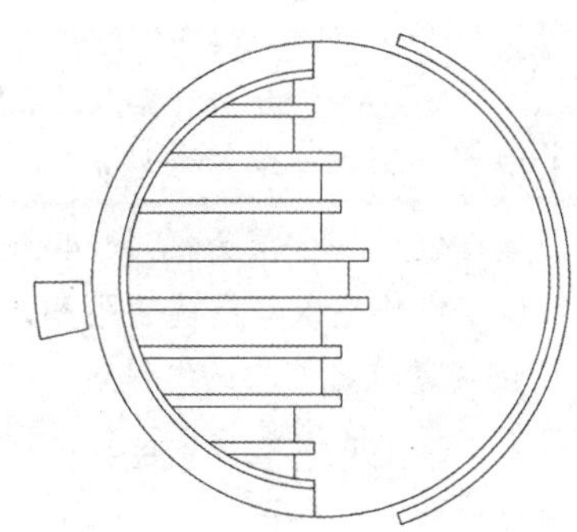

图 5-42　修剪图形

步骤 12 执行“阵列”命令（AR），以左下方图形为阵列对象，选择“极轴”模式，指定圆心为阵列中心点，在“阵列创建”选项卡的“项目”面板中设置“项目数”为 30，确定后完成阵列操作；再执行“分解”命令（X），将阵列后的图形进行分解，如图 5-43 所示。

步骤 13 执行“修剪”命令（TR），对图形进行修剪，修剪后的图形如图 5-44 所示。

步骤 14 在“图层”工具栏的“图层控制”下拉列表框中，将“填充”图层置为当前层。

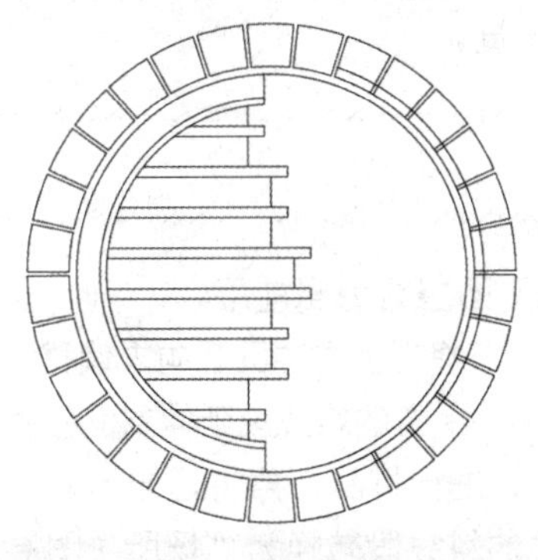

图 5-43　阵列图形

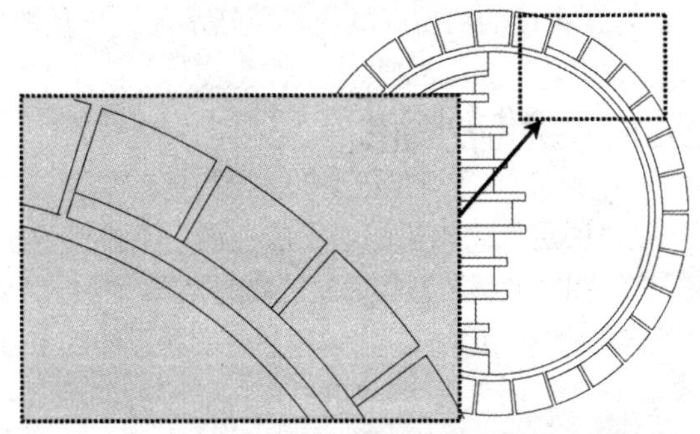

图 5-44　修剪图形

步骤 15 执行“图案填充”命令（BH），选择如图 5-45 所示的区域为填充区域，选择填充图案为ANSI37，设置填充角度为 45，填充比例为 500，对图形进行图案填充；执行“编组”命令（G），对所绘制的图形进行编组操作。

步骤16 执行“移动”命令（M），将编组后的花坛图形移动到转盘处，使它们中心点重合，如图 5-46 所示。

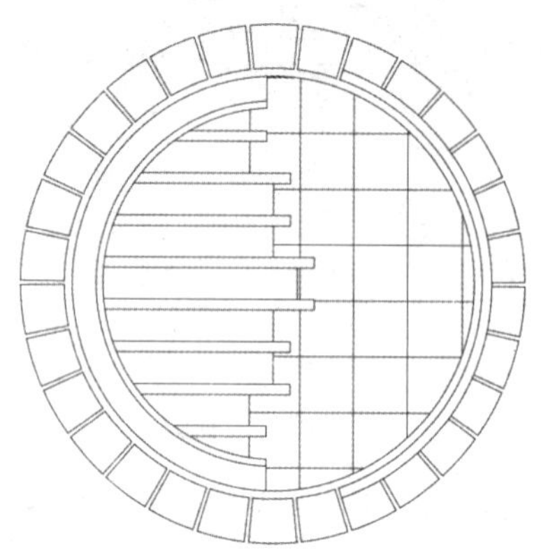

图 5-45　图案填充

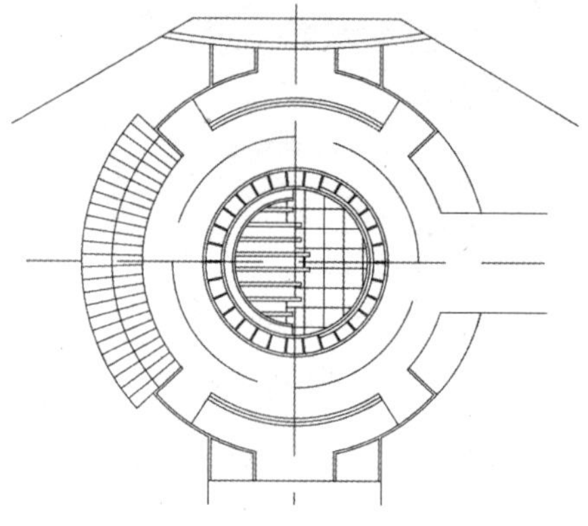

图 5-46　移动图形

提示——建筑按高度或层数分类

建筑物按照高度或层数分类如下：

（1）住宅建筑。1~3 层为低层；4~6 层为多层；7~9 层为中高层；10 图层及 10 图层以上为高层。七层及七层以上或住宅入口层楼面距室外设计地面的高度超过 16m以上的住宅必须设置电梯。

（2）除住宅建筑之外的民用建筑。高度小于 24m为单层和多层，大于 24m为高层建筑（不包括单层主体建筑）。建筑高度是指自室外设计地面至建筑主体檐口顶部的垂直高度。

（3）总高度超过 100m。无论是住宅或公共建筑均为超高层。

（4）国际上的分类：第一类高层建筑是 9~16 层（最高 50m）；第二类高层建筑是 17~25 层（最高 75m）；第三类高层建筑是 26~40 图层（最高 100m）；第四类高层建筑是 40 图层以上（100m以上）。

5.6 绘制门前广场

在办公大楼的门前广场中，包括水池、广场轮廓及广场景观建筑。

5.6.1 绘制水池

步骤1 在“图层”工具栏的“图层控制”下拉列表框中，将“场地”图层置为当前层。

步骤2 将绘图区域移至圆弧形建筑物的上方，执行“偏移”命令（O），将左上方的圆弧向内偏移 3240mm；执行“延伸”命令（EX），将偏移后的圆弧延伸到上方围墙线段上，再将上方的斜线段延伸到偏移后的圆弧上。

步骤3 执行“打断”命令（BR），将偏移后的圆弧从新形成的交点处进行打断，再将延伸的斜线段也进行打断，然后将上半段圆弧转换为“围墙”图层，剩下的圆弧和打断后的斜线段转换为“场所”图层，所绘制的图形效果如图 5-47 所示。

步骤4 执行“圆弧”命令（A），选择“起点、端点、半径”模式，在弧形建筑的中间绘制一个半径为 18500mm 的圆弧，并将绘制的圆弧转换为“其他”图层，如图 5-48 所示。

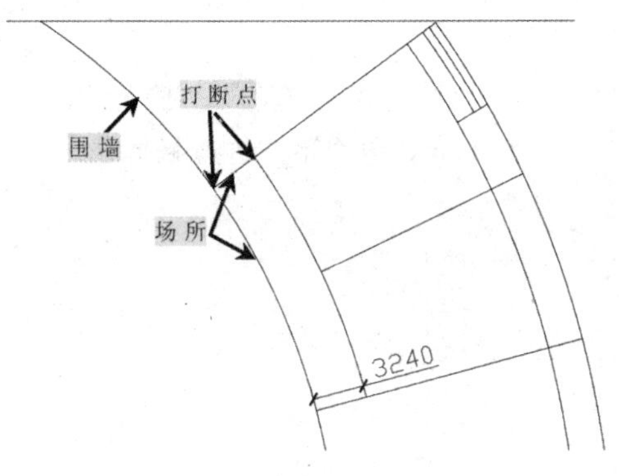

图 5-47　打断图形

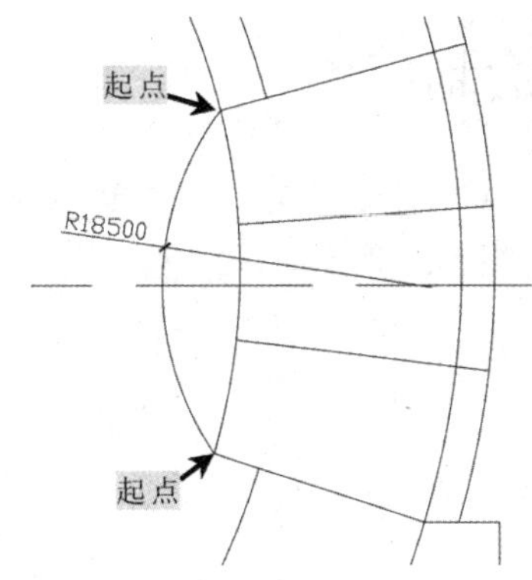

图 5-48　绘制圆弧

步骤 5 继续执行“圆弧”命令（A），选择“起点、端点、半径”模式，在弧形建筑的下方绘制一个半径为13300mm的圆弧，如图 5-49 所示。

步骤 6 执行“偏移”命令（O），将下方建筑物的左边竖直线段向右偏移 14000mm；执行“圆弧”命令（A），选择“3 点”模式，如图 5-50 所示依次选择三个点，形成一个圆弧；执行“删除”命令（E），删除用过的辅助线段。

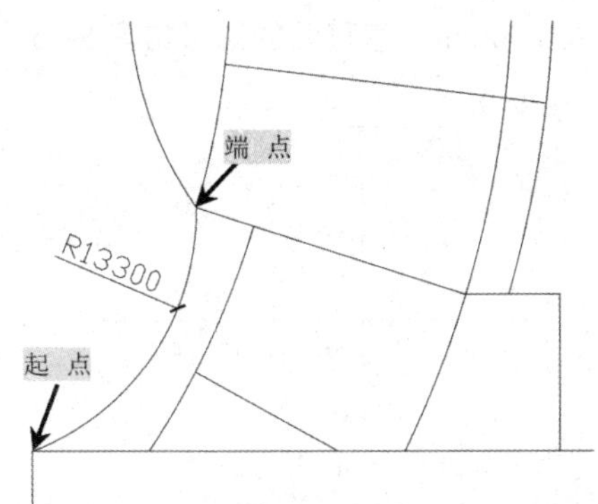

图 5-49　绘制圆弧

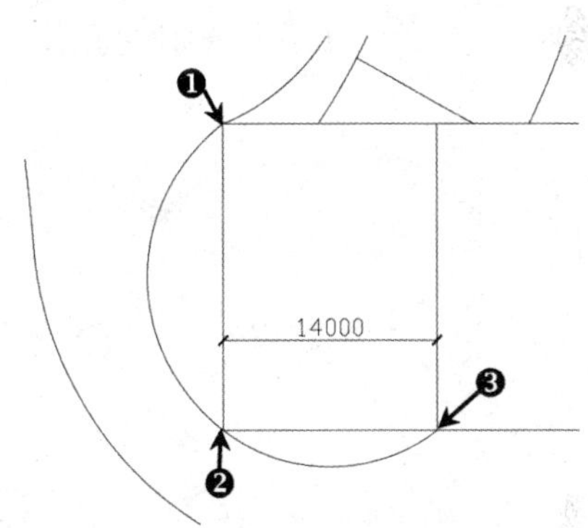

图 5-50　偏移线段和绘制圆弧

步骤 7 执行“偏移”命令（O），将弧形建筑中间部分所绘制的圆弧向内偏移 500mm，偏移两条；再执行“修剪”命令（TR），对偏移后的线段进行修剪，如图 5-51 所示。

步骤 8 执行“图案填充”命令（BH），选择如图 5-52 所示的区域为填充区域，选择填充图案为AR-RROOF，设置填充角度为 0，填充比例为 100，对水池部分进行图案填充。

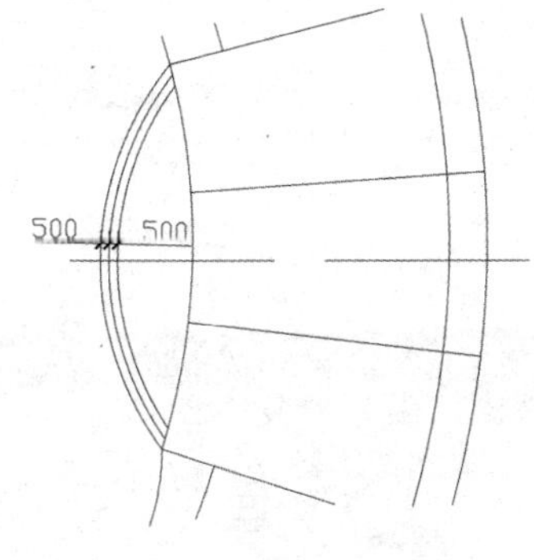

图 5-51　偏移线段

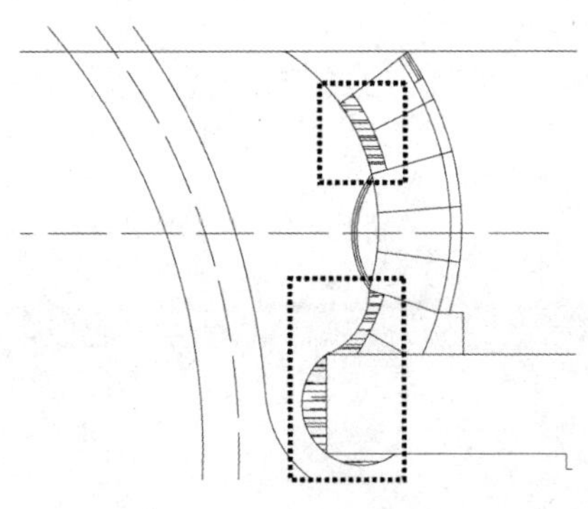

图 5-52　图案填充

5.6.2 绘制广场

步骤 1 执行“偏移”命令（O），将右边的道路基准线向左偏移 156500mm，再将下方的道路基准线向上偏移 56000mm，如图 5-53 所示。

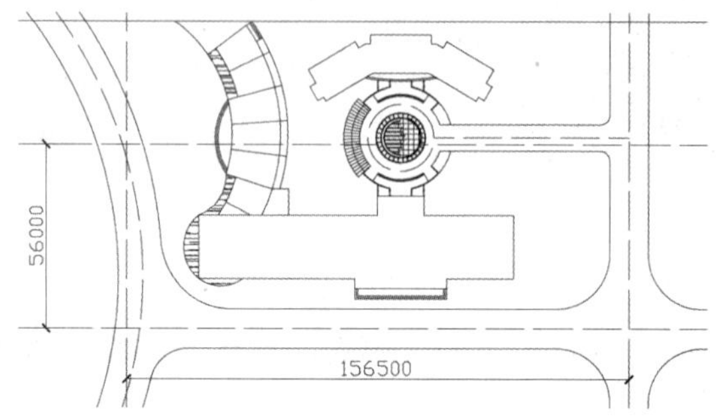

图 5-53 偏移线段

步骤 2 执行“圆”命令（C），在新形成的交点处绘制几个同心圆，直径分别为 16860mm、30300mm、50600mm、66600mm，如图 5-54 所示。

步骤 3 执行“偏移”命令（O），将刚才所绘制的圆全部向外偏移 850mm，偏移后的图形如图 5-55 所示。

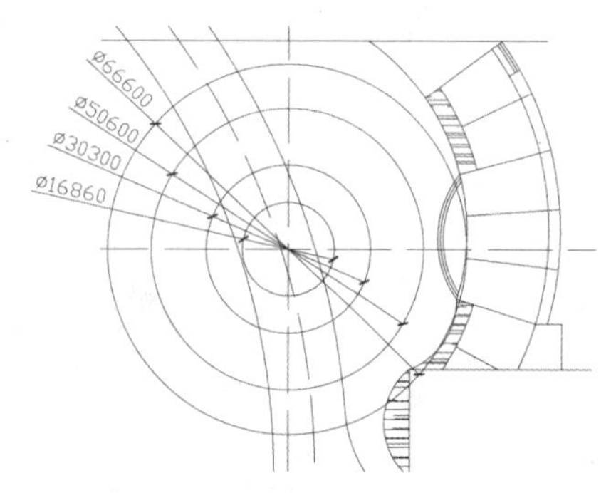

图 5-54 绘制同心圆

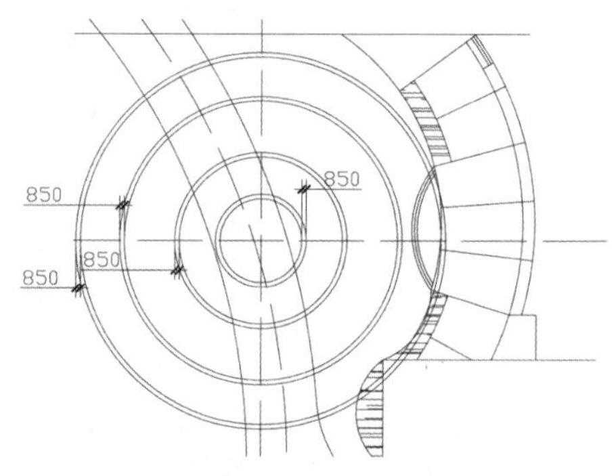

图 5-55 偏移圆

步骤 4 执行“修剪”命令（TR），按照如图 5-56 所示的形状对图形进行修剪。

步骤 5 执行“构造线”命令（XL），在圆心处绘制一条角度为 13°的构造线；再执行“偏移”命令（O），将所绘制的构造线上下各偏移 425mm，如图 5-57 所示。

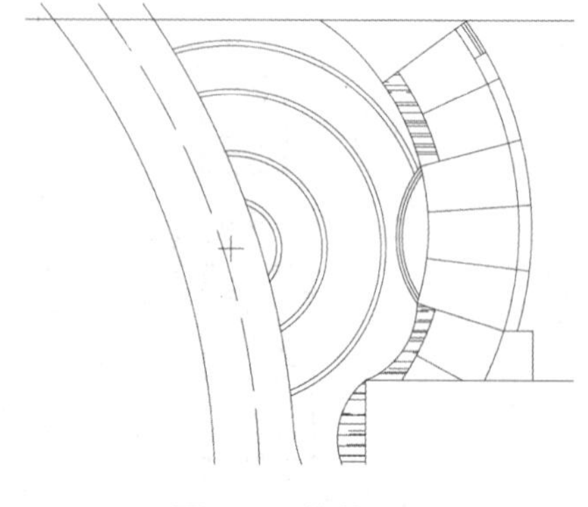

图 5-56 修剪图形

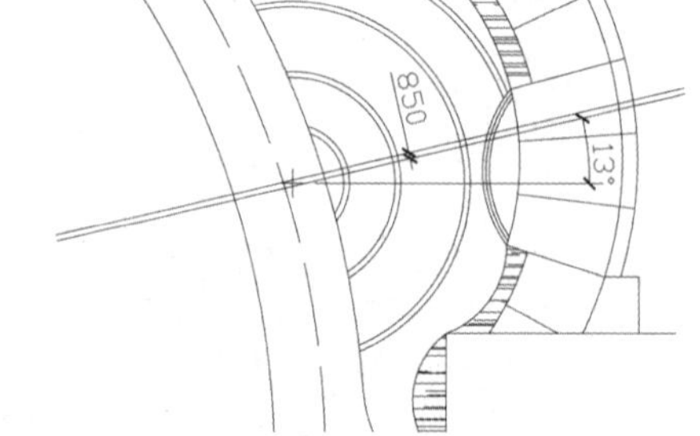

图 5-57 绘制构造线

步骤 6 执行“阵列”命令（AR），以所绘制的两条构造线为阵列对象，选择“极轴”模式，指定圆心为阵列中心点，在“阵列创建”选项卡的“项目”面板中设置“项目数”为 16，确定后完成阵列操作；再执行“分解”命令（X），将阵列后的图形分解，如图 5-58 所示。

步骤 7 执行“修剪”命令（TR），对阵列后的图形进行修剪操作，修剪后的图形如图 5-59 所示。

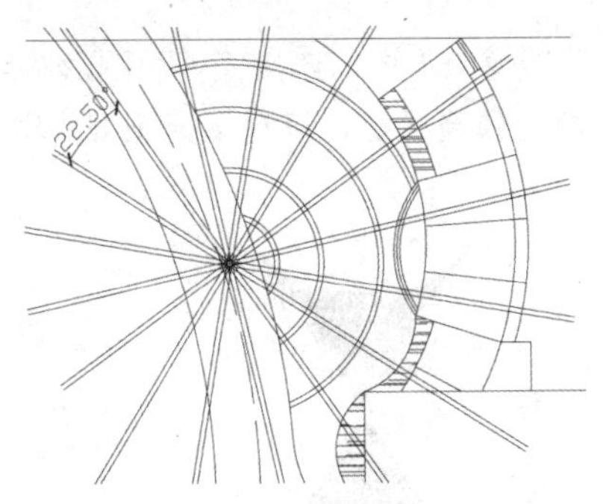

图 5-58　阵列图形

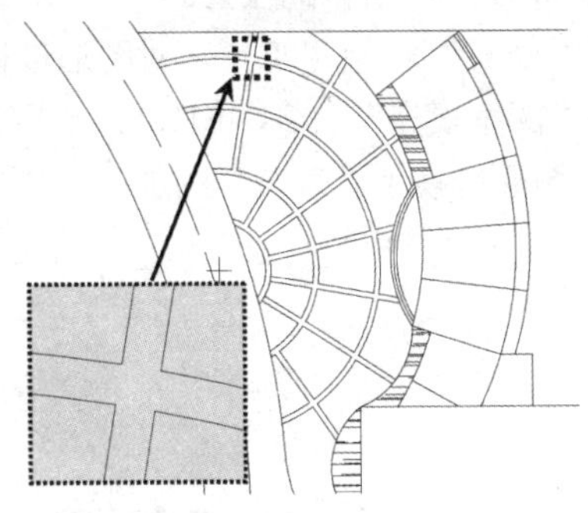

图 5-59　修剪图形

步骤 8 执行“圆”命令（C），在圆心处绘制两个同心圆，直径为 36000mm、46600mm，如图 5-60 所示。

步骤 9 执行“构造线”命令（XL），在圆心处绘制两条带角度的构造线，角度分别为 7° 和–3.5°，如图 5-61 所示。

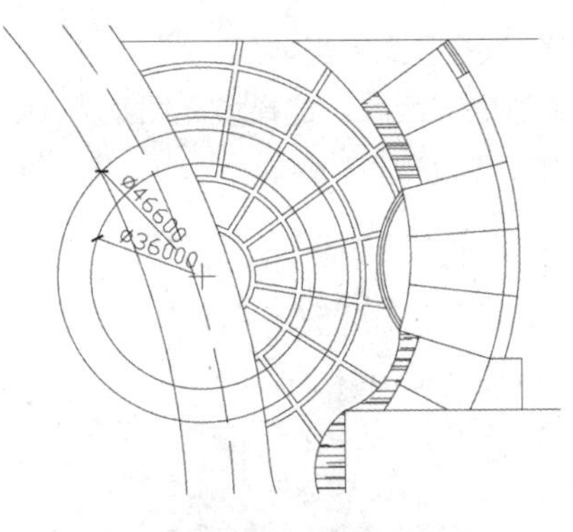

图 5-60　绘制圆

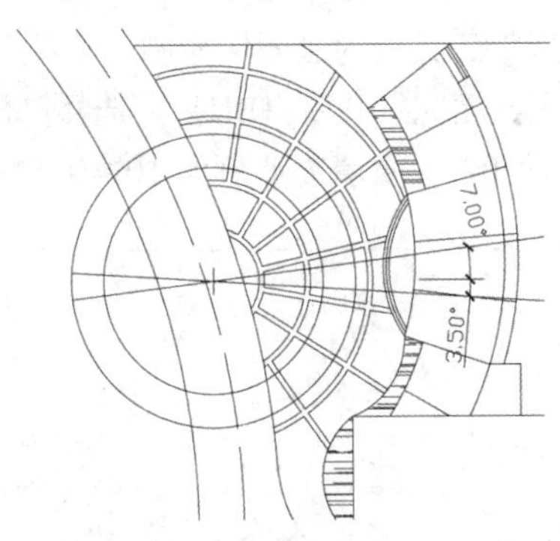

图 5-61　绘制构造线

步骤 10 执行“修剪”命令（TR），对图形进行修剪。

步骤 11 执行“阵列”命令（AR），以修剪后的图形为阵列对象，选择“极轴”模式，指定圆心为阵列中心点，在“阵列创建”选项卡的“项目”面板中设置“项目数”为 16，确定后完成阵列操作；然后执行“分解”命令（X），将阵列后的图形分解；执行“删除”命令（E），对多余的图形进行删除处理，如图 5-62 所示。

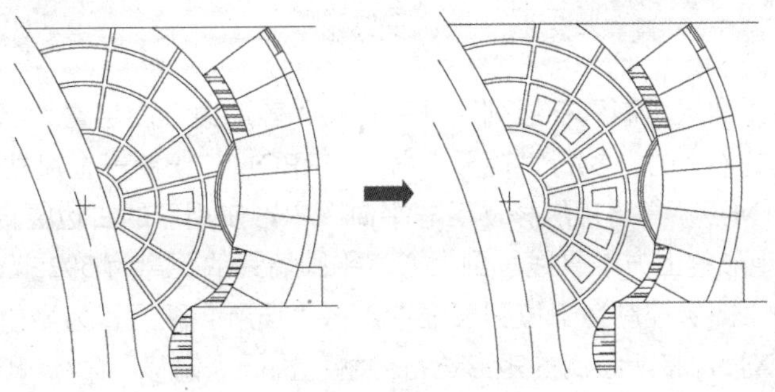

图 5-62　阵列图形

5.6.3 绘制广场景观建筑

步骤 1 执行“圆”命令（C），绘制 4 个圆，直径为 6800mm和 13000mm；再执行“移动”命令（M），将它们移动到如图 5-63 所示的位置。

步骤 2 执行“修剪”命令（TR），对图形进行修剪；执行“直线”命令（L），连接修剪后图形的对角线。

步骤 3 执行“图案填充”命令（BH），选择如图 5-63 所示的区域为填充区域，选择填充图案为SOLID；再将绘制好的图形转换为“建筑”图层。

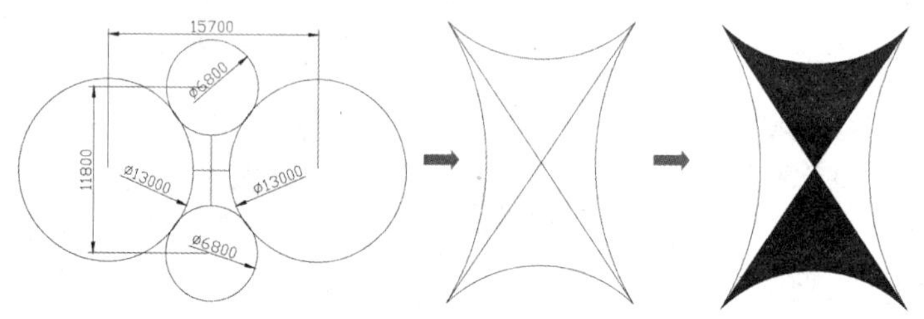

图 5-63 绘制圆弧并填充图案

步骤 4 执行“编组”命令（G），将绘制的图形编组；然后执行“复制”命令（CO）、“旋转”命令（RO）等，将绘制好的图形复制到门前广场，如图 5-64 所示。

步骤 5 在“图层”工具栏的“图层控制”下拉列表框中，将“填充”图层置为当前层。

步骤 6 执行“图案填充”命令（BH），选择如图 5-65 所示的区域为填充区域，选择填充图案为AR-HBONE，设置填充角度为 0，设置填充比例为 10，完成图形的填充操作。

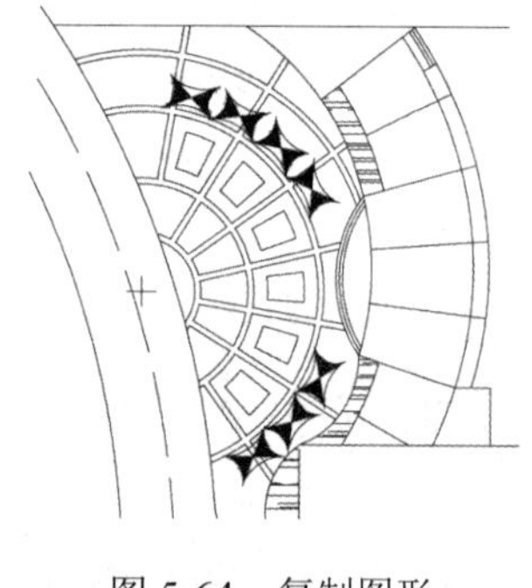

图 5-64 复制图形

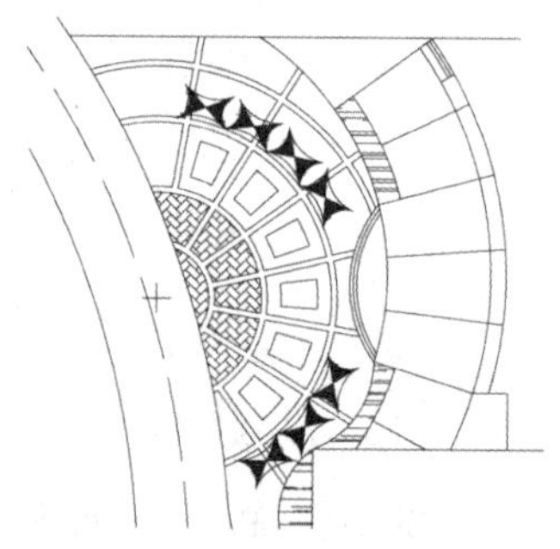

图 5-65 图案填充

5.7 绘制停车场

步骤 1 在“图层”工具栏的“图层控制”下拉列表框中，将“辅助线”图层置为当前层。

步骤 2 将绘图区域移至图形的右上方，执行“矩形”命令（REC），绘制一个尺寸为 17000mm × 42000mm的矩形；执行“移动”命令（M），将该矩形移动至总平面图中，使矩形的右边竖直线段距最右边的道路基准线的距离为 19000mm，使矩形的上方水平线段到上方水平围墙线的距离为 5925mm，如图 5-66 所示。

步骤 3 在“图层”工具栏的“图层控制”下拉列表框中，将“场所”图层置为当前层。

步骤 4 执行“分解”命令（X），将所绘制的矩形进行分解；执行“偏移”命令（O），将分解后的矩形竖直线段按照如图 5-67 所示的尺寸进行偏移，并将偏移后的线段转换为“场所”图层。

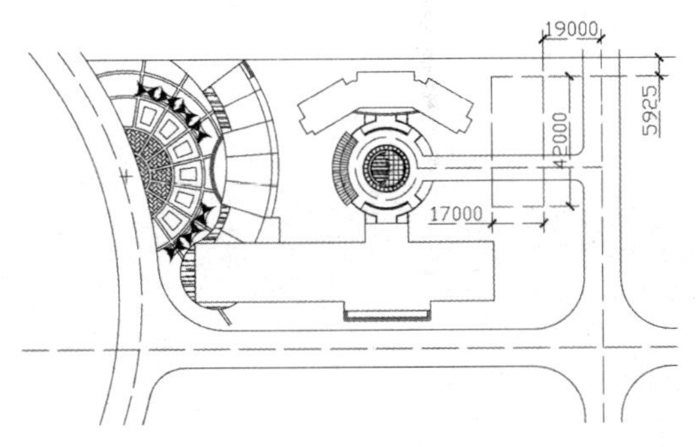

图 5-66　绘制矩形并移动

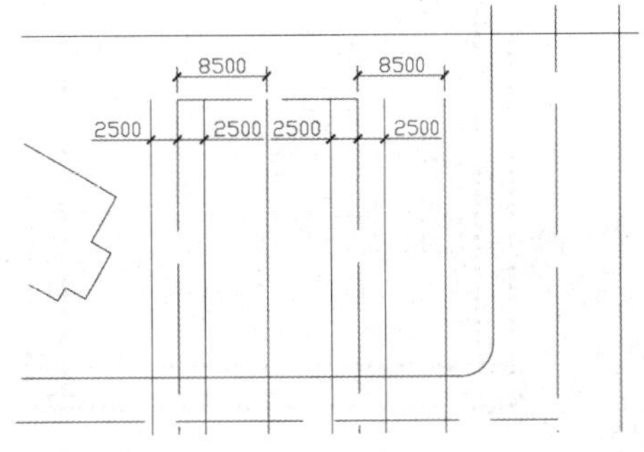

图 5-67　偏移线段

步骤 5 同样执行“偏移”命令（O），将分解后的矩形上方水平线段按照如图 5-68 所示的尺寸进行偏移，并将偏移后的线段转换为“场所”图层。

步骤 6 执行“延伸”命令（EX），按照如图 5-69 所示的形状对相关的线段进行延伸，延伸到该图虚线框中的线段上。

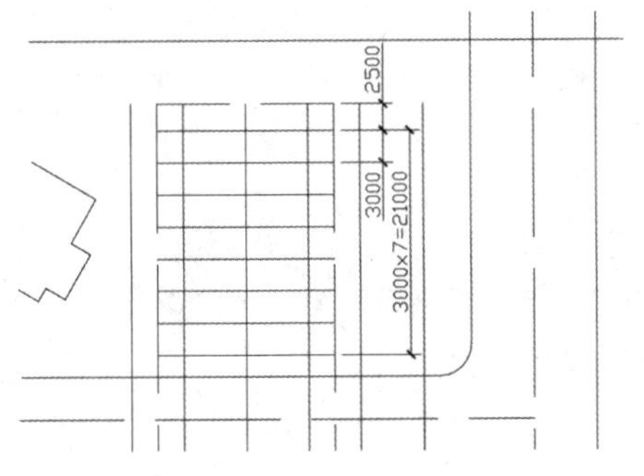

图 5-68　偏移线段

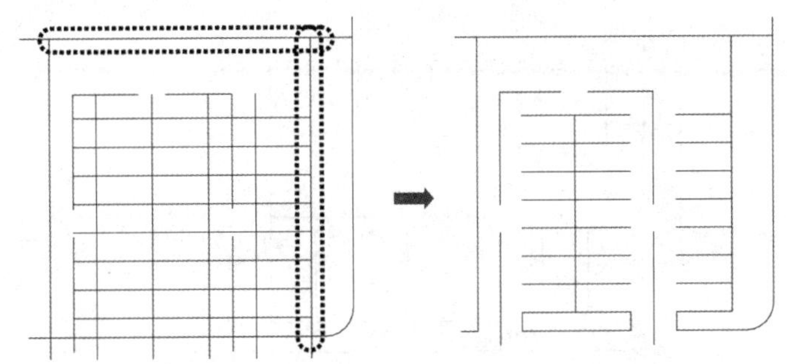

图 5-69　延伸并修剪线段

步骤 7 执行“修剪”命令（TR），按照如图 5-69 所示的形状对图形进行修剪。

步骤 8 将绘图区域移至矩形的下方，执行“偏移”命令（O），将分解后的矩形的竖直线段按照如图 5-70 所示的尺寸进行偏移，并将偏移后的线段转换为“场所”图层。

步骤 9 同样执行“偏移”命令（O），将分解后的矩形的下方水平线段按照如图 5-71 所示的尺寸进行偏移，并将偏移后的线段转换为“场所”图层。

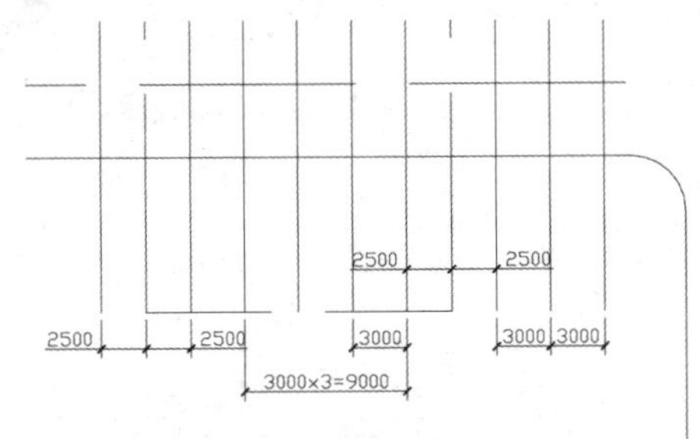

图 5-70　偏移线段

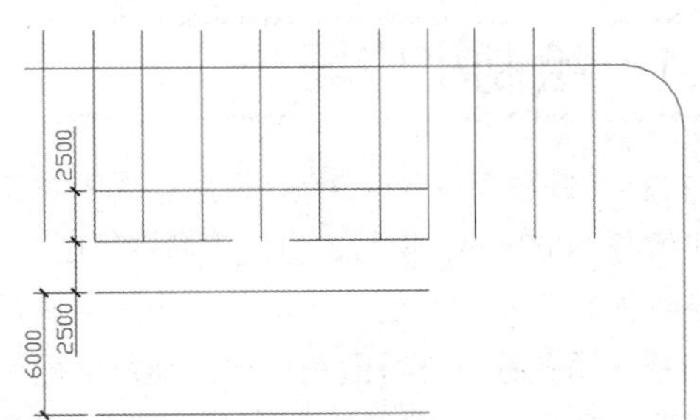

图 5-71　偏移线段

步骤 10 执行“延伸”命令（EX），按照如图 5-72 所示的形状对相关的线段进行延伸，延伸到该图虚线框的线段上。

步骤 11 执行“修剪”命令（TR），按照如图 5-72 所示的形状对图形进行修剪。

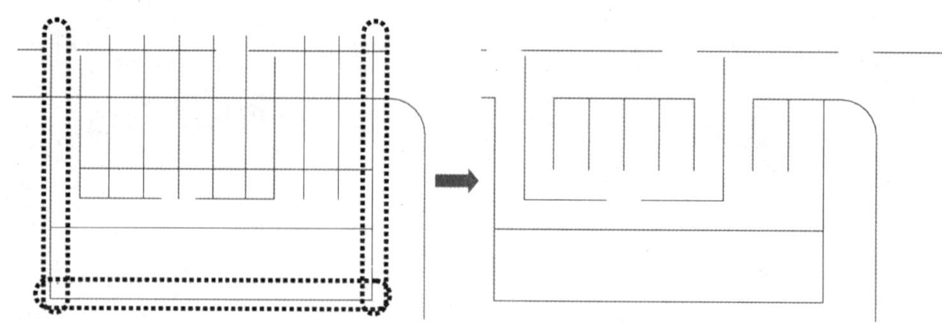

图 5-72　延伸并修剪线段

步骤 12 执行“偏移”命令（O），将刚才水平方向偏移的最右边的竖直线段依次向左偏移，偏移距离为 3100mm，偏移 8 条。

步骤 13 执行“修剪”命令（TR），对图形进行修剪，修剪后的图形如图 5-73 所示。

步骤 14 执行“圆角”命令（F），按照如图 5-74 所示的尺寸对图中相关的地方进行倒角处理。

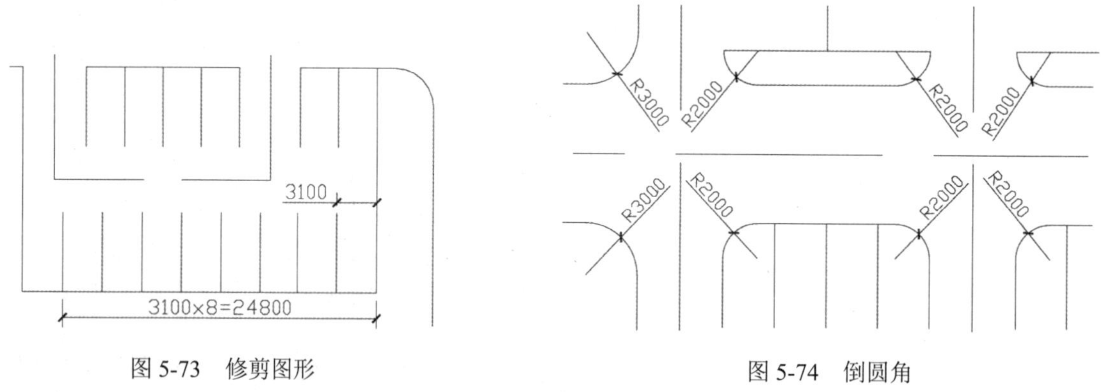

图 5-73　修剪图形

图 5-74　倒圆角

5.8 绘制其他场所

在整个办公大楼的总平面图中，还有一个小广场、草坪休闲小道、景观亭和后院围墙。

5.8.1 绘制小广场

步骤 1 执行“偏移”命令（O），将总平面图右下方的竖直道路线向左偏移 9000mm；执行“直线”命令（L），在总平面图下方建筑物的右下角点绘制一条水平的线段；执行“圆角”命令（F），将这两条线段进行圆角处理，倒角半径为 7500mm；执行“修剪”命令（TR），对图形进行修剪，如图 5-75 所示。

步骤 2 执行“圆”命令（C），以如图 5-76 所示的点为圆心绘制一个直径为 18600mm的圆；执行“修剪”命令（TR），对圆进行修剪。

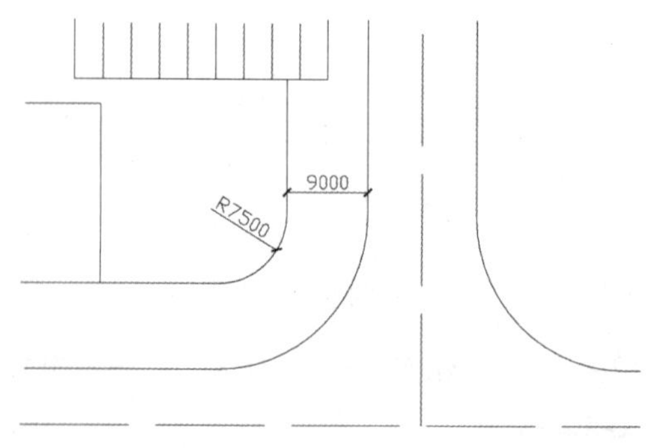

图 5-75　绘制直线段并倒圆角

步骤 3 在“图层”工具栏的“图层控制”下拉列表框中，将“填充”图层置为当前层。

步骤 4 执行“图案填充”命令（BH），选择如图 5-77 所示的区域为填充区域，选择填充图案为AR-HBONE，设置填充角度为 0，填充比例为 10，完成图形的填充操作。

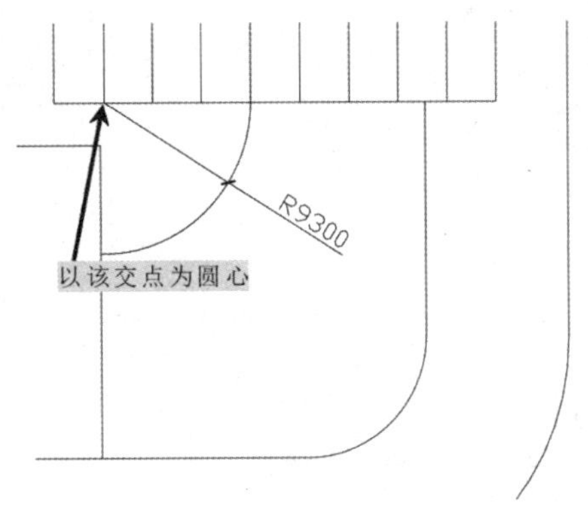

图 5-76 绘制圆弧

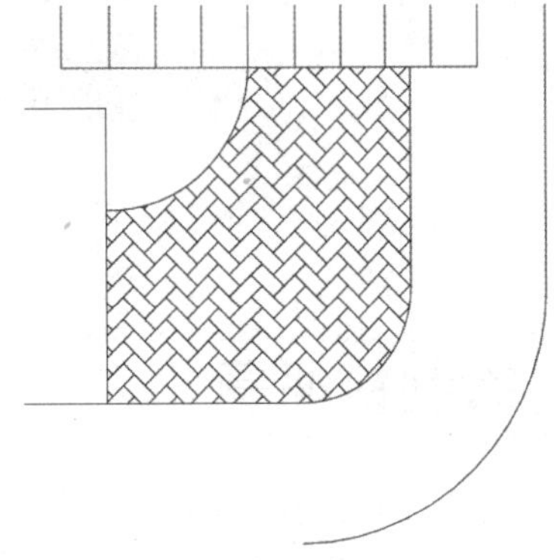

图 5-77 图案填充

5.8.2 绘制草坪休闲小道

步骤 1 在“图层”工具栏的“图层控制”下拉列表框中，将“道路”图层置为当前层。

步骤 2 执行“多段线”命令（PL），在停车场下方左侧绘制一条多段线，尺寸如图 5-78 所示。

步骤 3 执行“偏移”命令（O），将绘制好的多段线向上偏移，偏移距离为 1500mm；执行“延伸”命令（EX），将相关线段进行延伸，如图 5-79 所示。

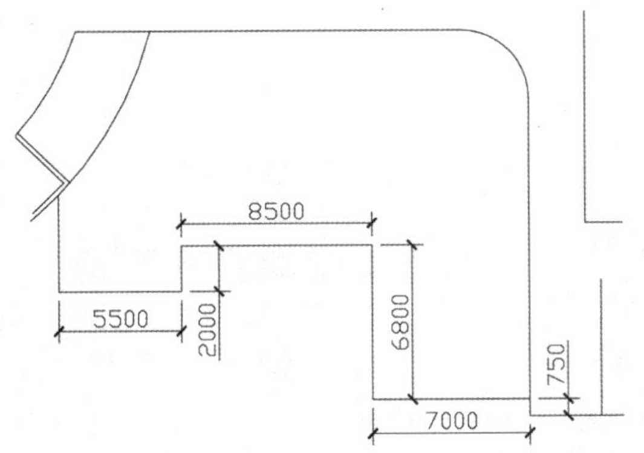

图 5-78 绘制多段线

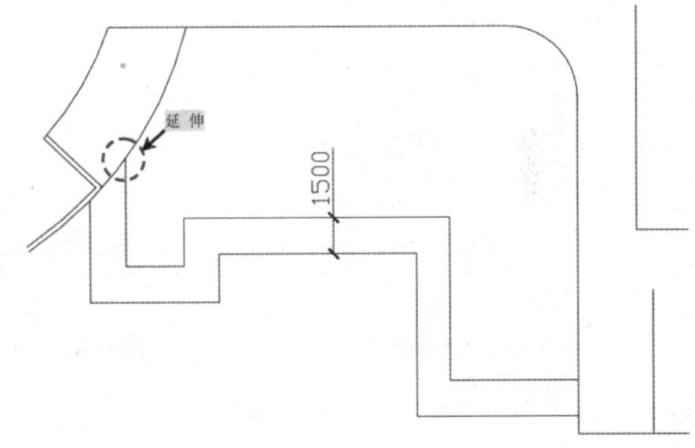

图 5-79 偏移线段

提示——框选与框交

在AutoCAD中，如果用鼠标单击一下，再把鼠标移到左边单击，叫作框交；如果鼠标单击一下，再把鼠标移到右边单点击一下，叫作框选。它们的区别：框交所选择的图形线条，只要有一部分在这个框里面，那么这些线条都将被选中；框选所选择的图形线条，只有完全在这个框里面的线条，才能被选中。

步骤 4 执行“样条曲线”命令（SPL），在该图虚线框中，绘制几条样条曲线；再执行“偏移”命令（O），将这些样条曲线进行偏移，偏移距离为 1500mm；执行“延伸”命令（EX）和“修剪”命令（TR），对偏移后的线段进行延伸和修剪，修剪后的草坪道路如图 5-80 所示。

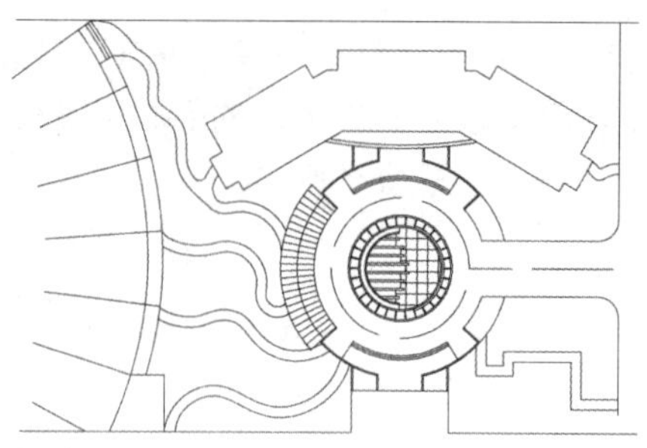

图 5-80　绘制样条曲线

5.8.3　绘制景观亭

步骤 1 在“图层”工具栏的“图层控制”下拉列表框中，将“建筑”图层置为当前层。

步骤 2 执行“矩形”命令（REC），绘制一个尺寸为 3000mm×3000mm的矩形；执行“偏移”命令（O），将该矩形向内依次偏移，偏移距离分别为 500mm、100mm，如图 5-81 所示。

步骤 3 执行“直线”命令（L），绘制两条斜线段以连接如图 5-82 所示的点；再执行“矩形”命令（REC），绘制一个尺寸为 600mm×600mm的矩形；执行“移动”命令（M），将该矩形进行移动，使其右下角点与中间矩形的右上角点重合。

步骤 4 在“图层”工具栏的“图层控制”下拉列表框中，将“填充”图层置为当前层。

步骤 5 执行“图案填充”命令（BH），选择如图 5-83 所示的区域为填充区域，选择填充图案为AR-HBONE，设置填充角度为 0，填充比例为 1，完成图形的填充操作。

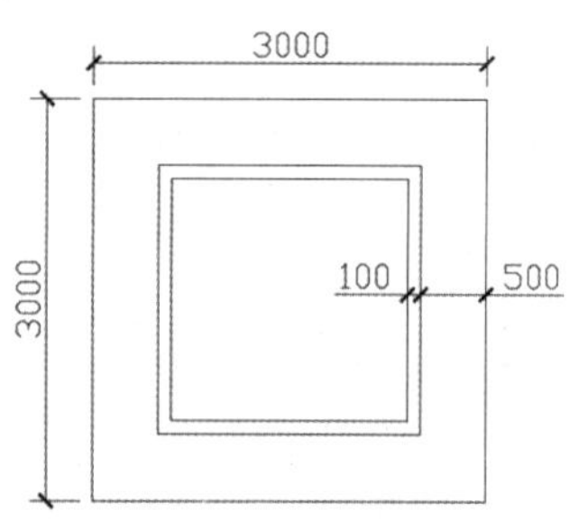

图 5-81　绘制矩形

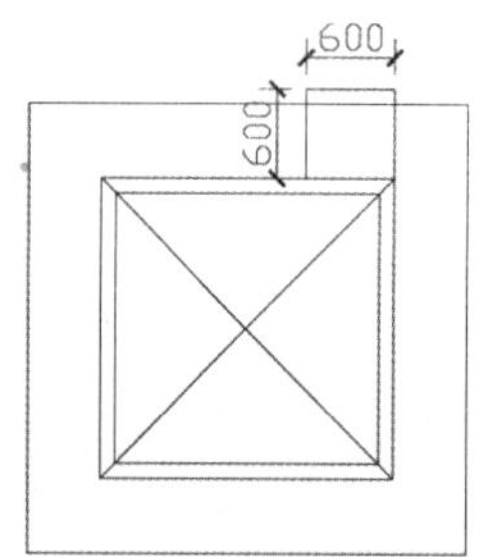

图 5-82　绘制直线和矩形

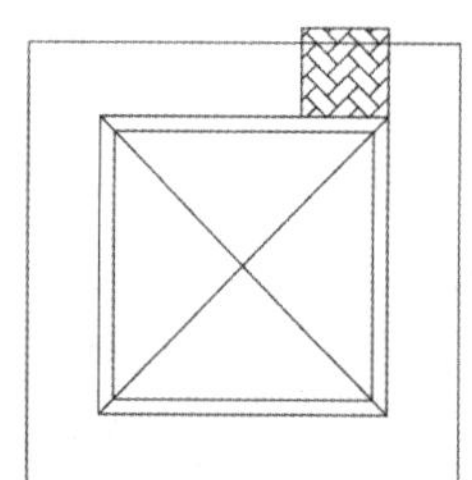

图 5-83　图案填充

步骤 6 执行“编组”命令（G），将绘制好的景观亭进行编组。

步骤 7 执行“复制”命令（CO）、“旋转”命令（RO）等，将景观亭图形复制在休闲小道旁边，复制后的图形如图 5-84 所示。

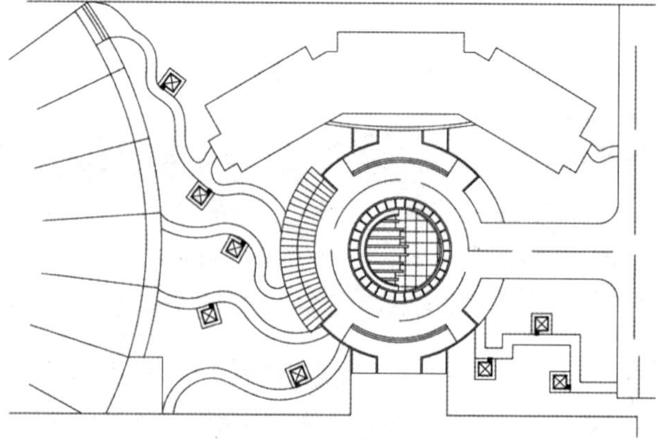

图 5-84　复制景观亭

5.8.4 绘制后院围墙

步骤 1 在“图层”工具栏的“图层控制”下拉列表框中，将“道路”图层置为当前层。

步骤 2 将绘图区域移至总平面图上方建筑的上面，执行“构造线”命令（XL），按照如图 5-85 所示捕捉相应的点来绘制两条竖直的构造线和一条水平的构造线，并将所绘制的左边那条竖直构造线转换为“围墙”图层。

步骤 3 执行“修剪”命令（TR），对图形进行修剪操作；再执行“圆角”命令（F），对相关线段进行倒圆角处理，圆角尺寸如图 5-85 所示。

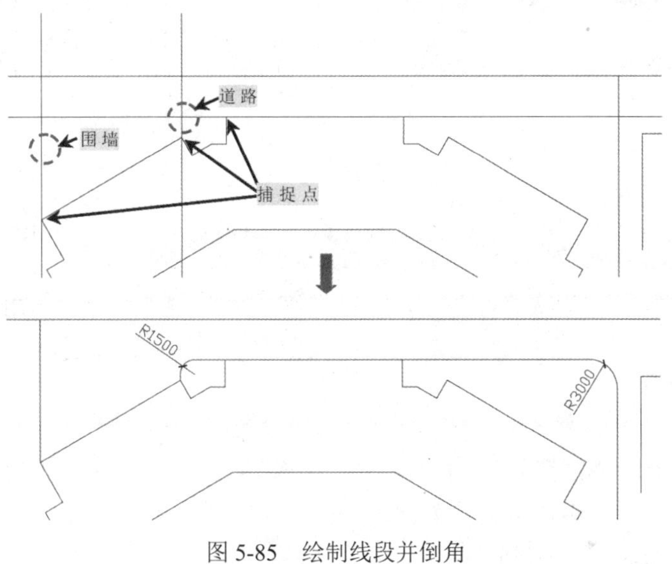

图 5-85 绘制线段并倒角

提示

建筑物按照结构类型可以分为以下四类：

（1）砌体结构。结构的竖向承重构件是采用黏土、多孔砖或承重钢筋混凝土小砌块砌筑的墙体，水平承重构件为钢筋混凝土楼板及屋面板。一般用于多层建筑中。

（2）框架结构。结构的承重部分是由钢筋混凝土或型钢组成的梁柱体系，墙体只起围护和分隔作用。适用于跨度大、荷载大，高度大的多层和高层建筑。

（3）钢筋混凝土板墙结构。结构的竖向承重构件和水平承重构件均采用钢筋混凝土制作，施工时可在现场浇注或在加工厂预制，现场吊装。可用于水平荷载较大的高层建筑。

（4）空间结构。由钢筋混凝土或型钢组成空间结构承受建筑的全部荷载，如网架、悬索、拱、膜、壳体等。适用于大跨度的公共建筑。

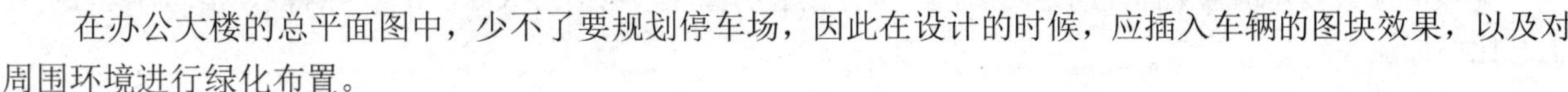

5.9 插入车辆和布置绿化

在办公大楼的总平面图中，少不了要规划停车场，因此在设计的时候，应插入车辆的图块效果，以及对周围环境进行绿化布置。

5.9.1 插入车辆图块

步骤 1 在“图层”工具栏的“图层控制”下拉列表框中，将“车辆”图层置为当前层。

步骤 2 执行“插入块”命令（I），选择“结果文件/05/车辆.dwg”文件，插入车辆图形，如图 5-86 所示。

步骤 3 再执行“复制”（CO）、“旋转”（RO）等命令，在停车场放置一些车辆，如图 5-87 所示。

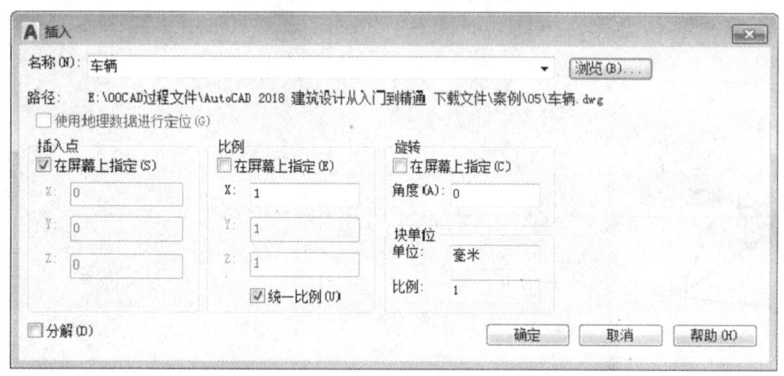

图 5-86 插入车辆

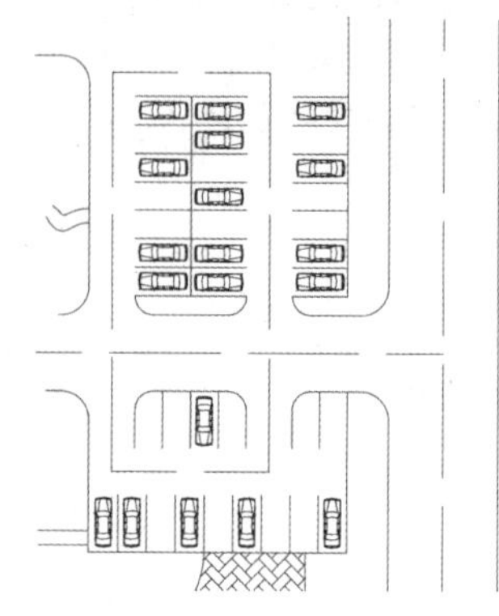

图 5-87 复制车辆

5.9.2 填充草坪

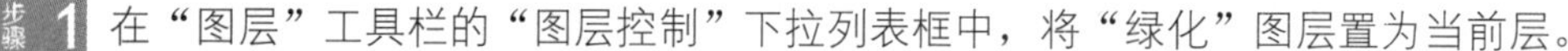

步骤 1 在“图层”工具栏的“图层控制”下拉列表框中，将“绿化”图层置为当前层。

步骤 2 执行“图案填充”命令（BH），选择如图 5-88 所示的区域为填充区域，选择填充图案为GRASS，设置填充角度为 0，填充比例为 50，对相关草坪和花坛完成绿化填充。

步骤 3 继续执行“插入块”命令（I），插入“结果文件/05”下的各种树木文件，按照如图 5-89 所示的位置将这些树木插入到图中相关地方。

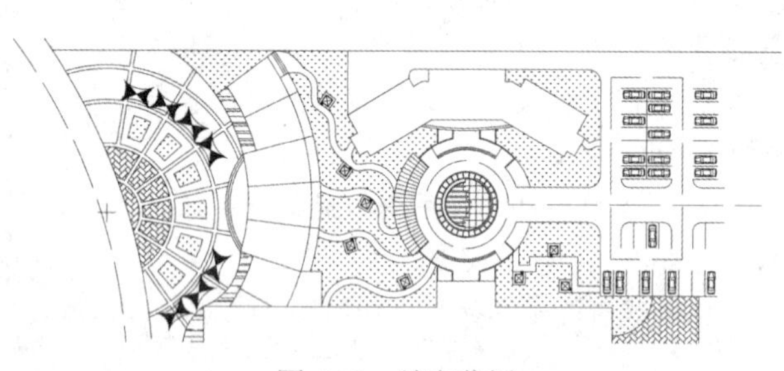

图 5-88 填充草坪

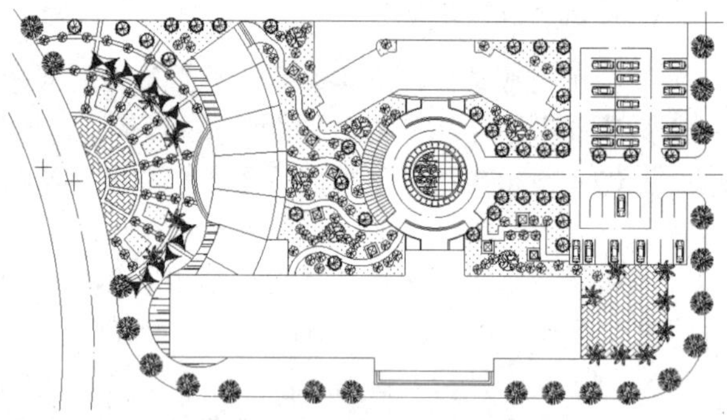

图 5-89 插入树木图块

5.10 总平面图的标注

完成办公大楼建筑总平面图的绘制后，应进行相应的标注，包括出入标示、文字标注、指北针标注、图名与比例标注等。

5.10.1 绘制出入标示

步骤 1 在“图层”工具栏的“图层控制”下拉列表框中，将“其他”图层置为当前层。

步骤 2 执行“多段线”命令（PL），绘制一条水平的多段线，长度为 5000mm。

步骤 3 执行“特性”命令（MO），将该多段线的宽度设置为 1000mm。

步骤 4 执行“复制”命令（CO），将该多段线向上方复制，复制间距为 2000mm，复制 4 条，如图 5-90 所示。

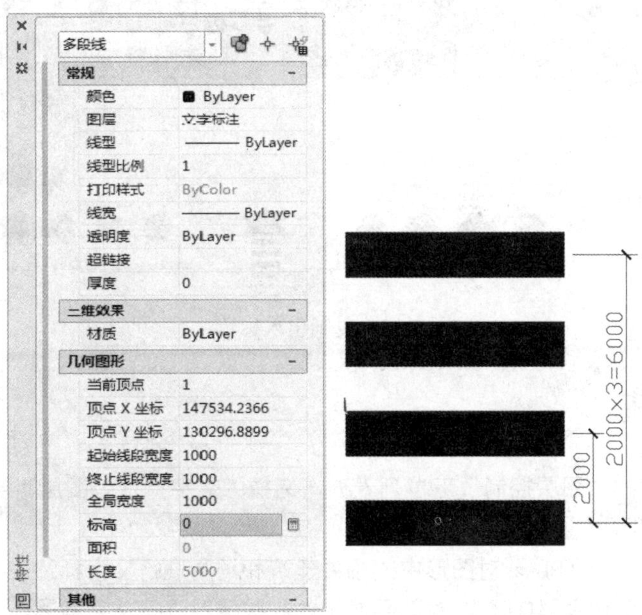

图 5-90 绘制多段线

步骤 5 继续执行“多段线”命令（PL），绘制一条竖直的多段线，长度为 5000mm。

步骤 6 执行“特性”命令（MO），将该多段线下方顶点的宽度设置为 8000mm。

步骤 7 执行“移动”命令（M），将该多段线移动到前面复制的多段线的正上方，使其下方中点与前面复制的多段线的中点在同一竖直位置，距离为 1000mm，所绘制的图形效果如图 5-91 所示。

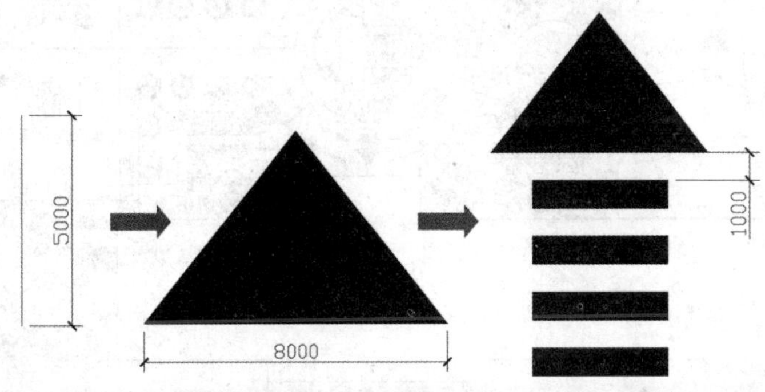

图 5-91 绘制多段线

步骤 8 执行“编组”命令（G），将绘制好的图形编组。

步骤 9 执行“复制”（CO）、“比例缩放”（SC）、“旋转”（RO）等命令，将编组后的图形依照如图 5-92 所示的位置进行复制。

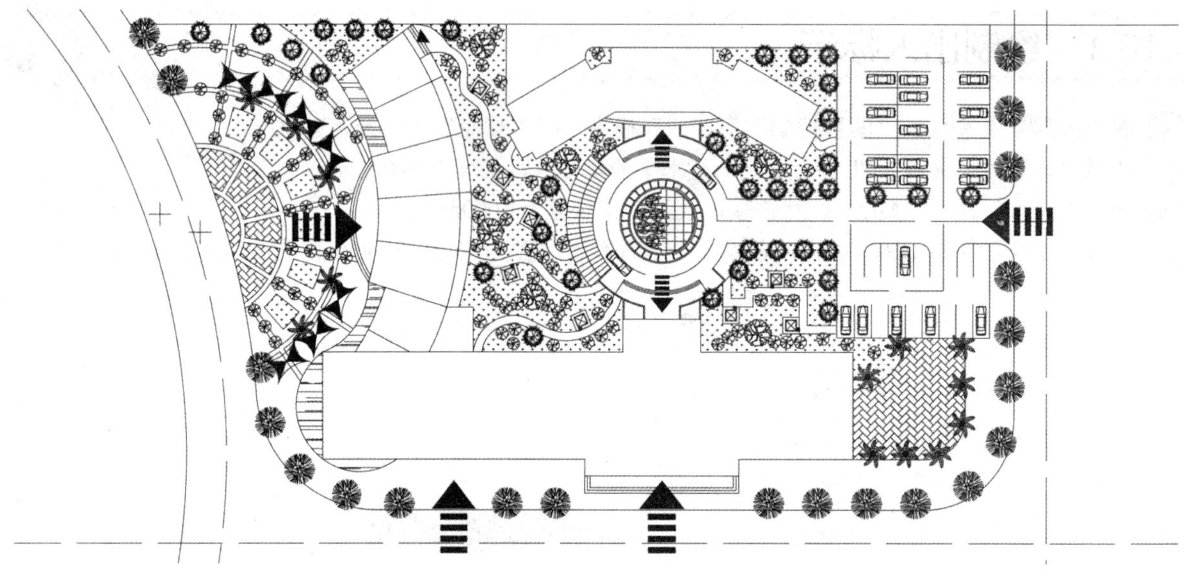

图 5-92　复制出入标示

5.10.2　文字标注

步骤 1　单击“图层”工具栏的“图层控制”下拉列表框，选择“文字标注”图层为当前层；在“注释”选项卡的“文字”选项中选择“图内说明”文字样式。

步骤 2　执行“单行文字”命令（DT），对图形中的相关建筑和场所进行文字标注。

步骤 3　重复执行“单行文字”命令（DT），对总平面图的一些情况进行文字描述，如图 5-93 所示。

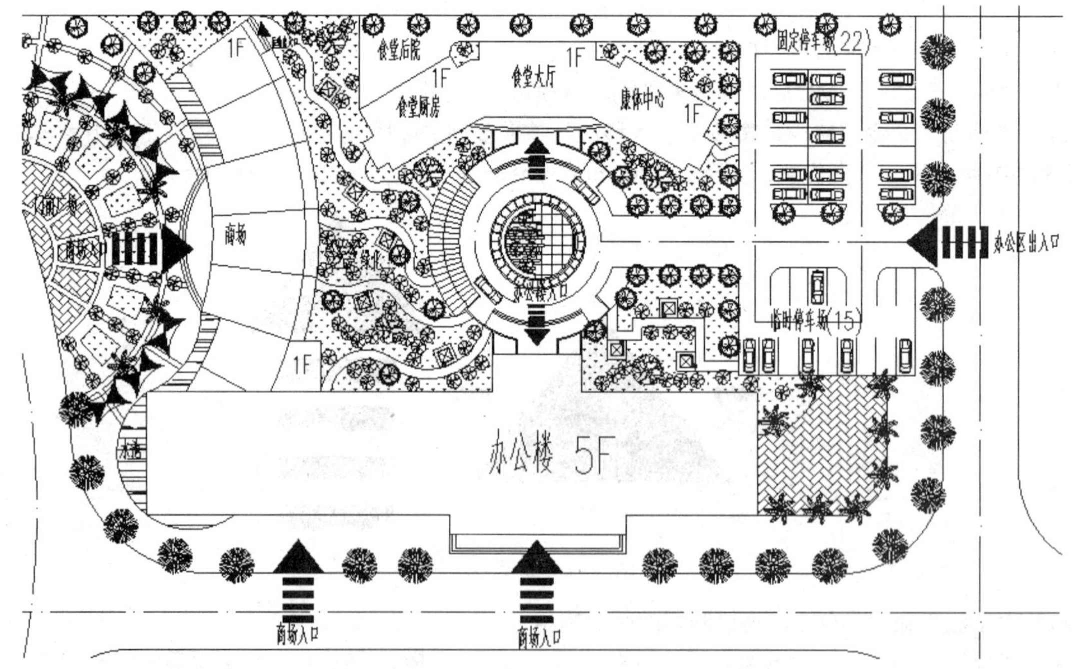

图 5-93　文字标注

5.10.3 绘制指北针

步骤 1 执行“圆”命令（C），在图形的右下侧绘制直径为 12000mm的圆。

步骤 2 再使用“多段线”命令（PL），过圆的上侧象限点至下侧象限点绘制一条垂直线段，且其上侧端点宽度为 0mm，下侧宽度为 1500mm。

步骤 3 使用“单行文字”命令在圆的上侧输入“北”，从而完成指北针的绘制。

步骤 4 执行“旋转”命令（RO），选择所绘制的指北针，将其绕圆心旋转−15°，旋转后的图形如图 5-94 所示。

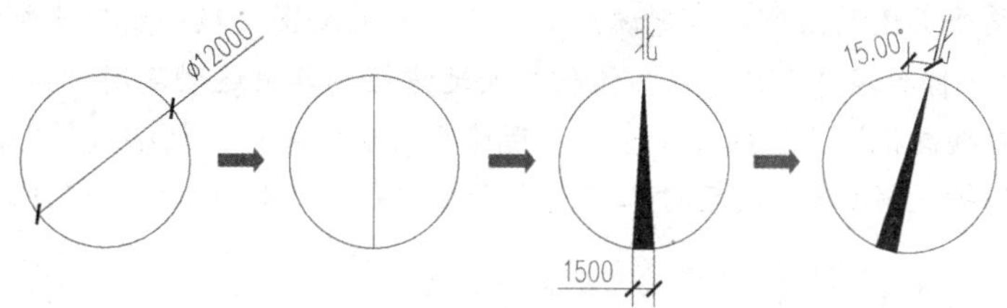

图 5-94 绘制指北针

5.10.4 图名标注

步骤 1 在“样式”工具栏中选择“图名”文字样式，在“文字”工具栏中单击“单行文字”按钮AI，设置其对正方式为“居中”，在图形的下侧中间位置输入图名“办公楼建筑总平面图”和“1:500”；然后分别选择相应的文字对象，执行“特性”命令（MO），打开“特性”面板，修改相应文字的大小为 10000 和 5000。

步骤 2 执行“多段线”命令（PL），在图名的下侧绘制一条水平线段，指定多段线宽度为 1500，如图 5-95 所示。

办公楼建筑总平面图 1:500

图 5-95 图名标注

第 6 章

工厂总平面图的绘制

本章主要学习工厂总平面图的绘制，首先设置建筑总平面的绘图样板；然后绘制道路、建筑物、转盘道路、停车场广场（如喷泉、停车场等），并在其他相关的地方绘制其余运动场所（如篮球场、羽毛球场等），以及生活区与厂区之间的隔离花坛（包括休闲亭、景观连廊、小广场、休闲小道等）、传达室和大门，并在相关地方进行草坪填充和插入树木等；最后对工厂总平面图进行尺寸标注、文字标注，并绘制相关的指北针。

学习目标

- 调用绘图环境及绘制道路轮廓
- 绘制建筑物、转盘及停车场轮廓
- 绘制运动场所、隔离花坛轮廓
- 绘制厂区花坛和厂区大门轮廓
- 绘制绿化和其他设施，以及进行总平面图的标注

6.1 实例概述与效果预览

与第 5 章一样，仍然可以调用前面章节所保存的“建筑总平面图.dwt”样板文件，并将其另存为“工厂建筑总平面图.dwg”文件；接着修改绘图环境，再绘制辅助线轴网、新建建筑物轮廓、其附属设施和绿化、道路填充等；最后进行文字、尺寸和图名的标注，所绘制的工厂建筑总平面效果如图 6-1 所示。

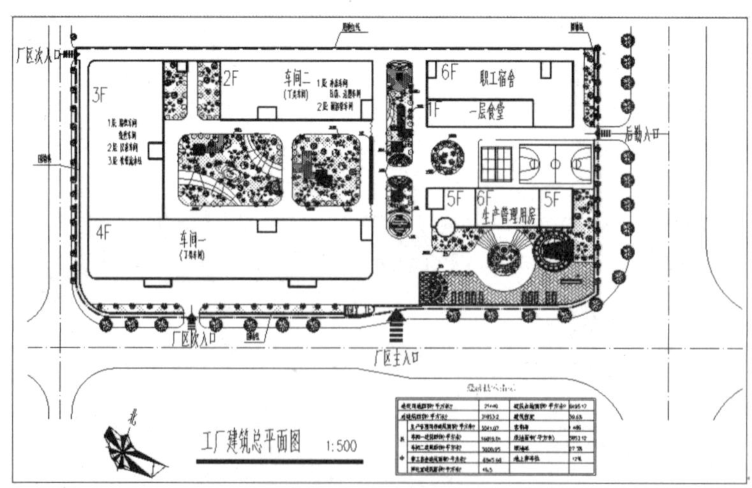

图 6-1　工厂建筑总平面图

6.2 调用样板文件

调用前面建立好的“建筑总平面图.dwt”样板文件，然后另存为新的文件，并作一些调整设置。

步骤 1 执行“文件/打开”菜单命令，将“结果文件/04/建筑总平面图.dwt”文件打开。

步骤 2 再执行“文件/另存为”菜单命令，将文件另存为“结果文件/06/工厂建筑总平面图.dwg”文件。

步骤 3 执行“格式/图层”菜单命令，弹出“图层特性管理器”选项板，单击“新建图层”按钮，在名称栏中输入“车辆”；再单击“颜色”按钮，弹出“选择颜色”对话框，在颜色栏中输入“144”，单击“确定”按钮，完成该图层的颜色选择。

步骤 4 其他相关设置采用默认值，完成“车辆”图层的建立，然后单击右上角的“关闭”按钮，退出“图层特性管理器”选项板，如图 6-2 所示。

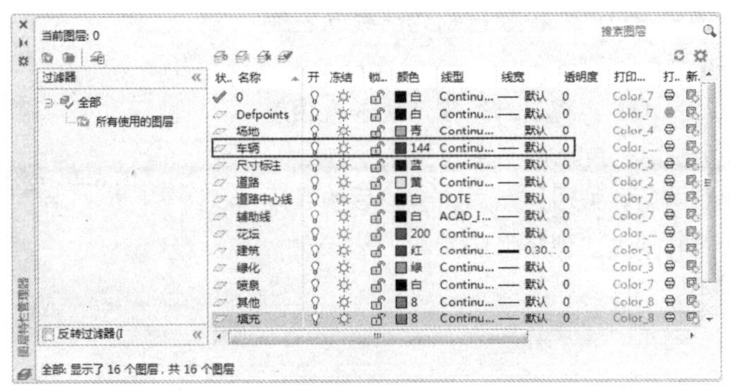

图 6-2 新建“车辆”图层

步骤 5 重复上面的步骤，新建一个“设施”图层，图层颜色设置为“11”号，其他设置保持默认状态，如图 6-3 所示。

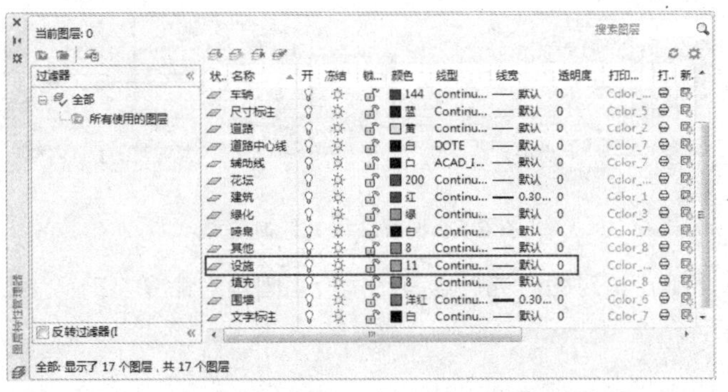

图 6-3 新建“设施”图层

步骤 6 完成图层的建立后，执行“文件/保存”菜单命令，将修改后的绘图环境进行保存。

提示——命令参数还原

如果AutoCAD中的系统变量被人无意更改，或者一些参数被人有意调整了怎么办？这时不需重装，也不需要逐个进行修改。具体做法是：OP→“配置”选项卡→“重置”，即可恢复。但恢复后，有些选项还需要调整，如十字光标的大小等。

6.3 绘制道路

前面已经设置好了相关的图层，接下来就正式开始绘制工厂的建筑总平面图。

6.3.1 绘制厂外道路

步骤 1 在“图层”工具栏的“图层控制”下拉列表框中，将“辅助线”图层置为当前层。

步骤 2 执行“构造线”命令（XL），绘制一条竖直和一条水平的构造线；执行“偏移”命令（O），将竖直的构造线向左偏移 242600mm，如图 6-4 所示。

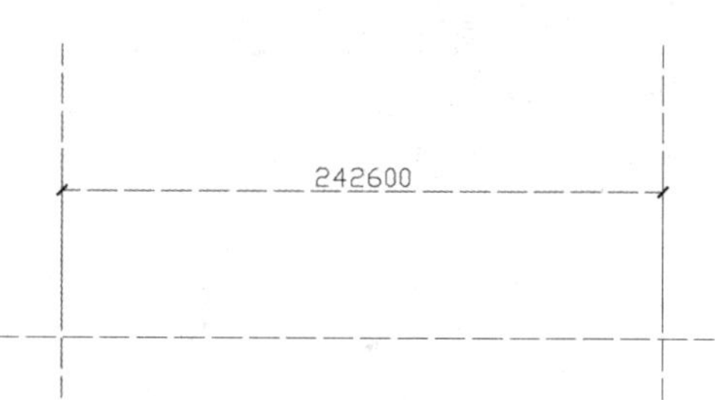

图 6-4 绘制构造线和偏移线段

步骤 3 继续执行“偏移”命令（O），将这三条构造线进行相应的偏移，偏移尺寸如图 6-5 所示；再执行“直线”命令（L），在图中虚线框所示位置绘制两条斜线段；然后将偏移后的线段和刚才所绘制的两条斜线段转换为“道路”图层。

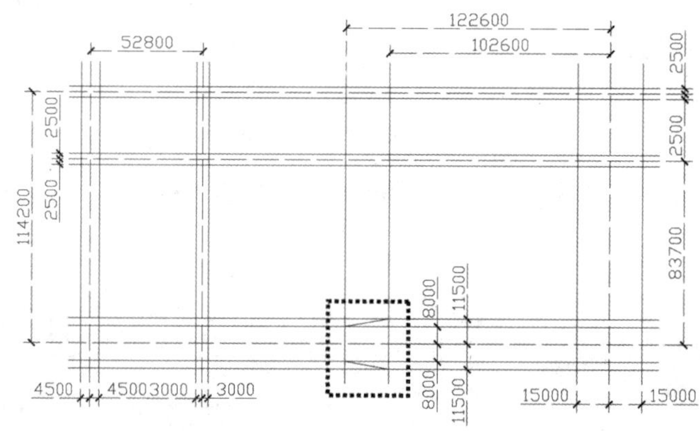

图 6-5 偏移线段并绘制直线

步骤 4 执行“修剪”命令（TR），对图形进行修剪；执行“圆角”命令（F），对图形相关的地方进行倒圆角，圆角尺寸如图 6-6 所示。

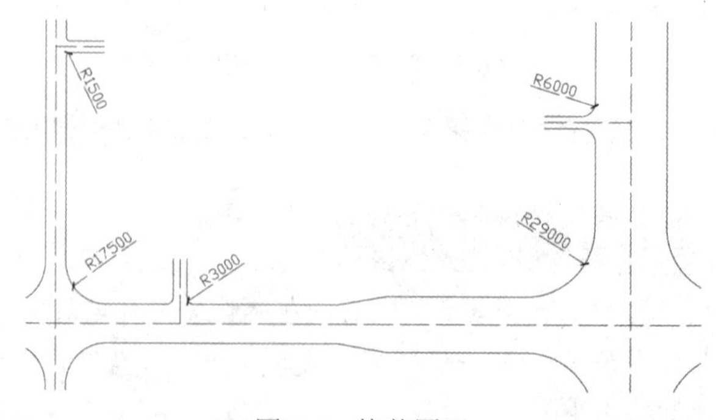

图 6-6 修剪图形

6.3.2 绘制建筑红线

步骤 1 执行“偏移”命令（O），将道路基准线向上偏移，将道路线向内偏移，偏移尺寸如图 6-7 所示。再将偏移的线段转换为“辅助线”图层，为了便于区分其他辅助线，在“默认/特性”中将这些偏移后的线段颜色转换为“红色”。

步骤 2 执行“修剪”命令（TR）和“合并”命令（J），将前面偏移的线段进行修剪合并。

步骤 3 执行“特性”命令（MO），选择合并后的多段线，设置其线宽为 500，线型比例为 0.5，最终效果如图 6-7 所示。

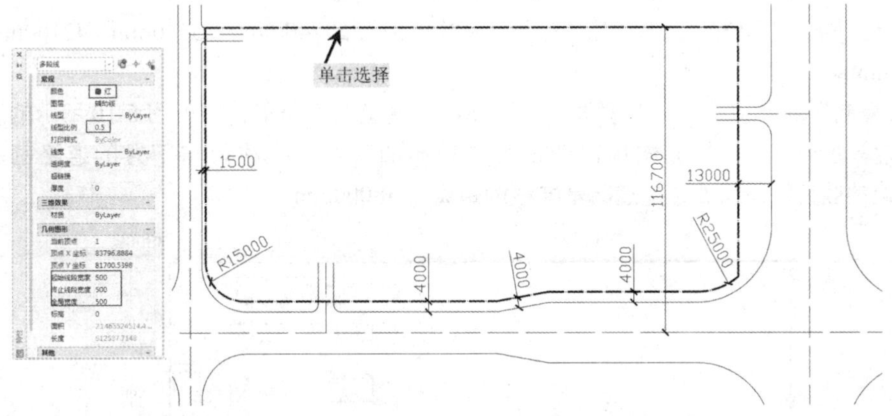

图 6-7　绘制建筑红线

6.3.3 绘制入厂道路和围墙

步骤 1 执行“偏移”命令（O），将下方水平道路上方的水平道路线向上偏移 8800mm；将右边竖直道路的左边竖直道路线向左偏移 18500mm；执行“圆角”命令（F），对刚才所偏移的线段进行倒圆角处理，圆角尺寸如图 6-8 所示。

步骤 2 执行“偏移”命令（O），将建筑红线向内偏移，偏移距离为 1500mm；执行“分解”命令（X），对偏移后的建筑红线进行分解操作，然后将分解后的线段转换为“围墙”图层，并将它们的颜色转换为“随层”（Bylayer）。

步骤 3 执行“删除”（E）、“延伸”（EX）、“修剪”（TR）等命令，对图形进行修剪操作，修剪后的图形如图 6-9 所示。

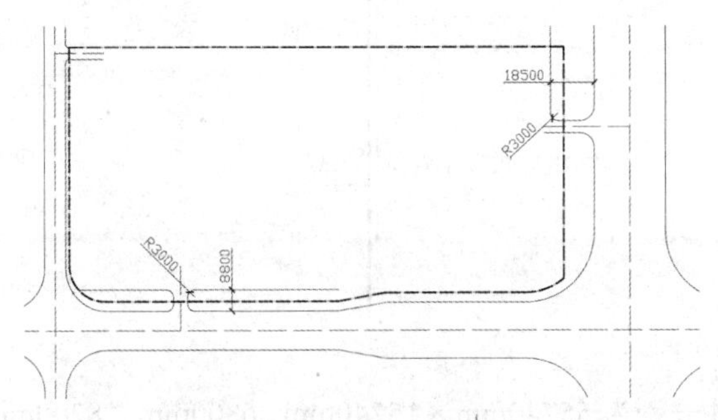

图 6-8　绘制入厂道路

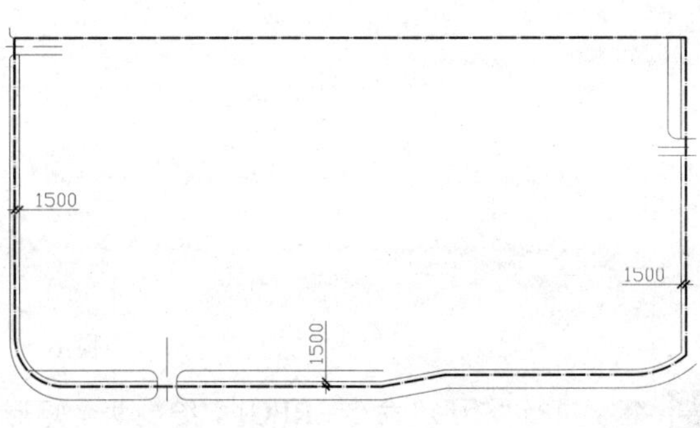

图 6-9　绘制围墙

6.4 绘制建筑物

该工厂的总平面图中，其主体建筑为两个车间、生产管理用房、职工宿舍等。

6.4.1 绘制主体建筑

步骤 1 在“图层”工具栏的“图层控制”下拉列表框中，将“建筑”图层置为当前层。

步骤 2 执行“矩形”命令（REC），绘制几个矩形，尺寸分别为 57740mm × 25540mm、42100mm × 10440mm、3740mm × 6640mm。

步骤 3 再执行“复制”命令（CO）和“移动”命令（M），将这几个矩形按照如图 6-10 所示的形状进行移动，再将这组矩形移动至工厂总平面图中，使最大的矩形的下方水平线段与下方的道路基准线的距离为 86200mm，右边的竖直线段与右边的道路基准线的距离为 38000mm。

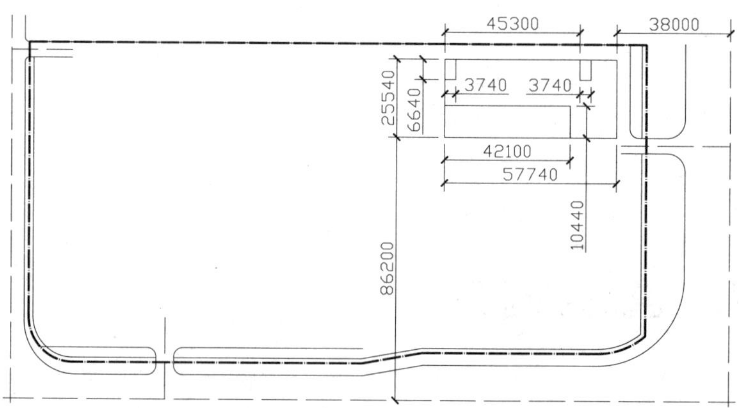

图 6-10 绘制职工宿舍

步骤 4 继续执行“矩形”命令（REC），绘制几个矩形，尺寸分别为 61040mm × 23040mm、7600mm × 4900mm、4350mm × 7840mm；再执行“移动”命令（M），将这几个矩形按照如图 6-11 所示的形状进行移动，再将这组矩形移动至工厂总平面图中，使最大的矩形的上方水平线段与前面所绘制的矩形的上方水平线段在同一水平线上，使右边的竖直线段与前面所绘制的矩形的左边的竖直线段距离为 21500mm。

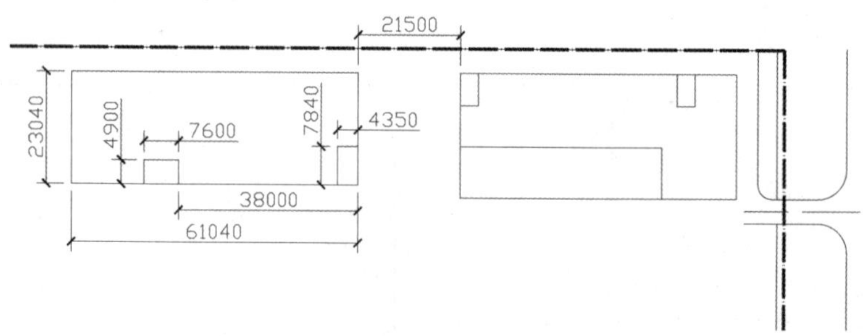

图 6-11 绘制车间二

步骤 5 继续执行“矩形”命令（REC），绘制两个矩形，尺寸分别为 55740mm × 15240mm、6800mm × 8200mm；执行“圆”命令（C），绘制直径为 7600mm和直径为 16000mm的圆。

步骤 6 执行“移动”命令（M），将这几个图形按照如图 6-12 所示的形状进行移动；执行“修剪”命令（TR），对刚才绘制的几个图形进行修剪；再将这组图形移动至工厂总平面图中，使其与职工宿舍右方保持竖直方向对齐，使最大的矩形的上方水平线段距职工宿舍下方的水平线段的距离为 24000mm。

步骤 7 执行“矩形”命令（REC），继续绘制几个矩形，尺寸分别为 114240mm × 23000mm、30640mm × 61800mm、10800mm × 3100mm、7600mm × 4900mm、6000mm × 6200mm、4300mm × 7840mm。

步骤 8 执行“移动”命令（M），将这几个矩形按照如图 6-13 所示的形状进行移动；执行“圆角”命令（F），在图 6-13 所示的地方进行倒圆角，圆角半径为 3000mm。

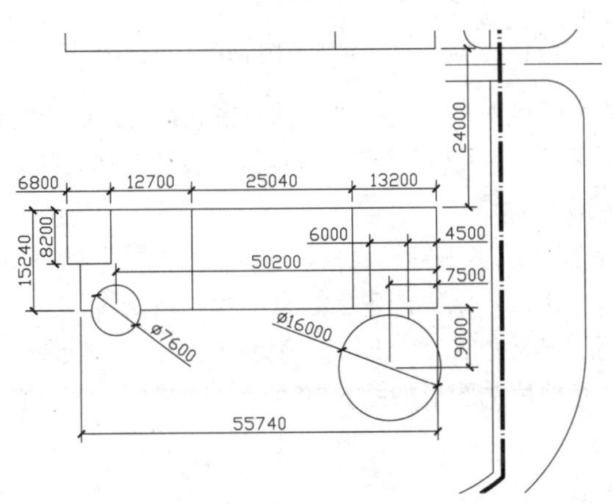

图 6-12　绘制生产管理用房

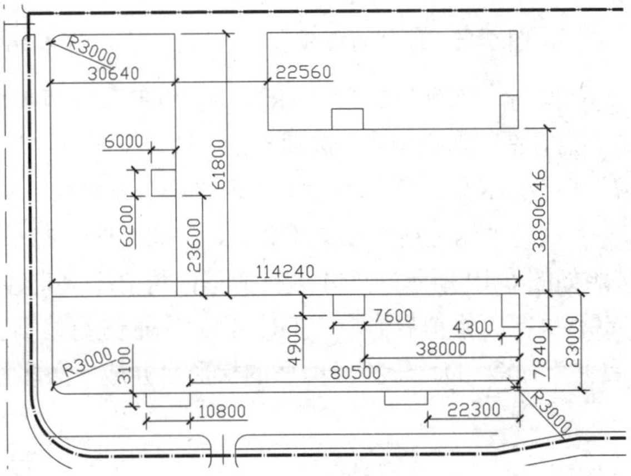

图 6-13　绘制车间一

步骤 9 执行“移动”命令（M），将这组矩形移动至工厂总平面图中，使这组图形上方的水平线段与车间二上方的水平线段保持在同一水平位置，使其右边的竖直线段与车间二右边的竖直线段保持在同一竖直位置，如图 6-13 所示。建筑物在总平面图中的效果如图 6-14 所示。

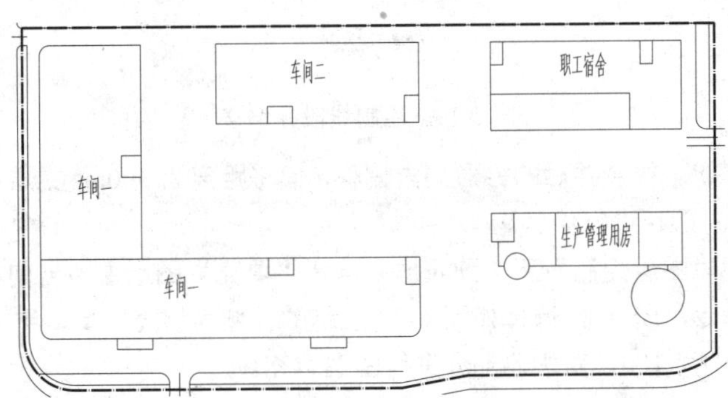

图 6-14　建筑物总体效果

6.4.2　细化建筑物

步骤 1 将绘图区域移至“生产管理用房”右下方的圆处；执行“圆”命令（C），在直径为 16000mm的圆心处绘制几个同心圆，直径分别为 10200mm、12000mm、15000mm，如图 6-15 所示。

步骤 2 执行“构造线”命令（XL），在圆心处绘制一条角度为 1.5° 和一条角度为-1.5° 的构造线，如图 6-16 所示。

步骤 3 执行“修剪”命令（TR），对刚才所绘制的构造线进行修剪，修剪效果如图 6-17 所示。

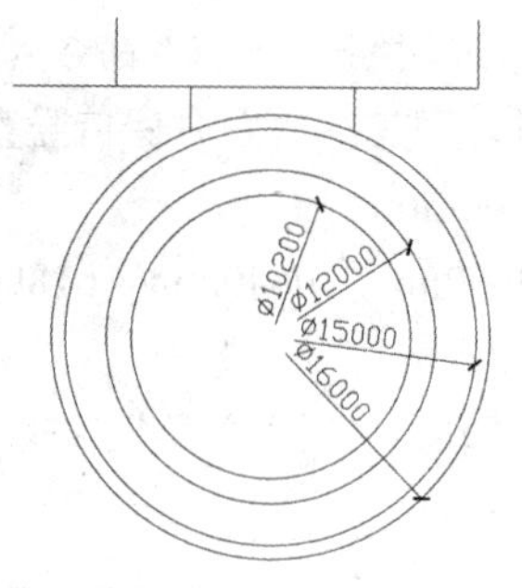

图 6-15　绘制同心圆

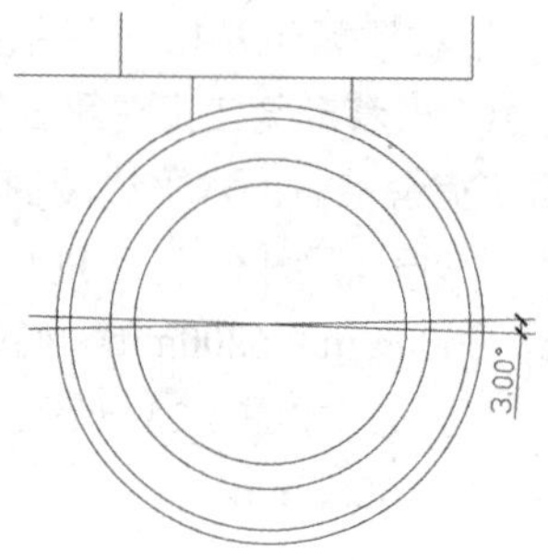

图 6-16　绘制构造线

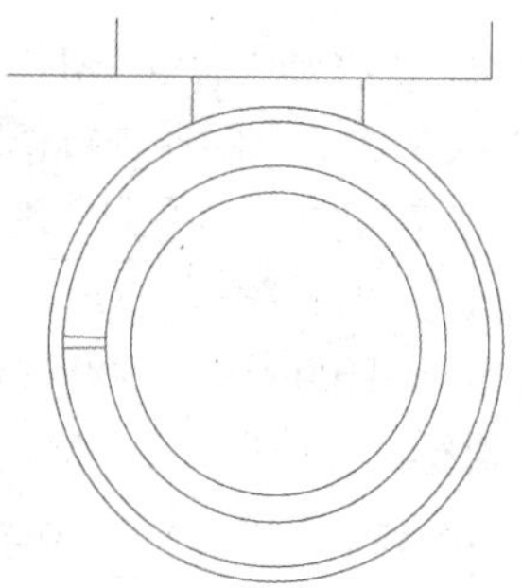

图 6-17　修剪图形

步骤 4 执行“阵列”命令（AR），以修剪后的两条构造线为阵列对象，选择“极轴”模式，指定圆心为阵列中心点，在“阵列创建”选项卡的“项目”面板中设置“项目数”为 20，确定后完成阵列操作；然后执行“分解”命令（X），将阵列后的图形进行分解操作，如图 6-18 所示。

步骤 5 执行“构造线”命令（XL），在圆心处绘制一条竖直和一条水平的构造线；再执行“偏移”命令（O），按照如图 6-19 所示的尺寸进行偏移；再执行“直线”命令（L），绘制图中虚线框所示的斜线段。

步骤 6 执行“修剪”命令（TR），对图形进行修剪；执行“删除”命令（E），将圆心处十字线删除；执行“合并”命令（J），将修剪后的梯形合并成一条多段线，修剪后的图形如图 6-20 所示。

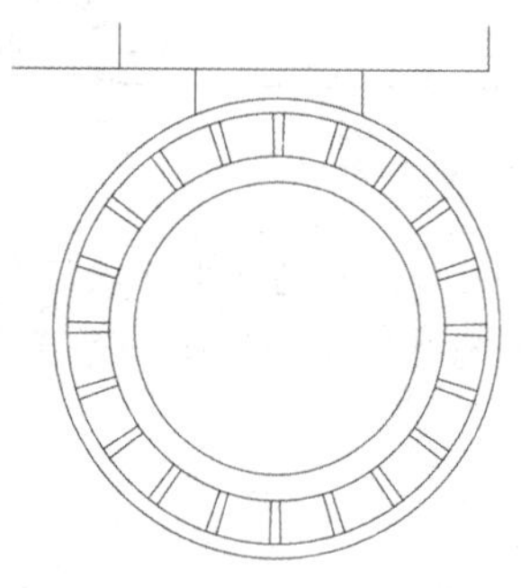

图 6-18　阵列图形

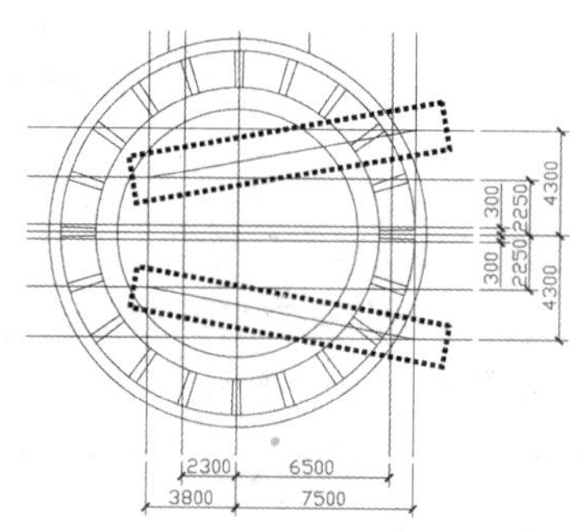

图 6-19　绘制线段并偏移

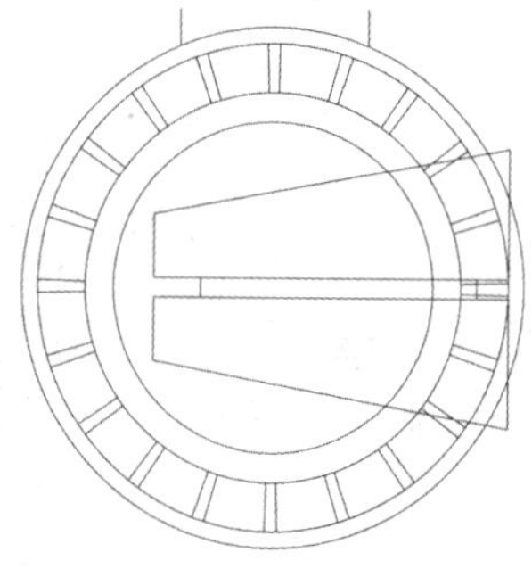

图 6-20　修剪图形

步骤 7 执行“偏移”命令（O），将合并后的梯形向内偏移，偏移距离为 300mm；再执行“修剪”命令（TR），将图形按照如图 6-21 所示的形状进行修剪。

步骤 8 在“图层”工具栏的“图层控制”下拉列表框中，将“填充”图层置为当前层。

步骤 9 执行“图案填充”命令（BH），选择如图 6-22 所示的区域为填充区域，选择填充图案为ANSI31，设置填充角度为 45，填充比例为 100，对水池部分进行图案填充。

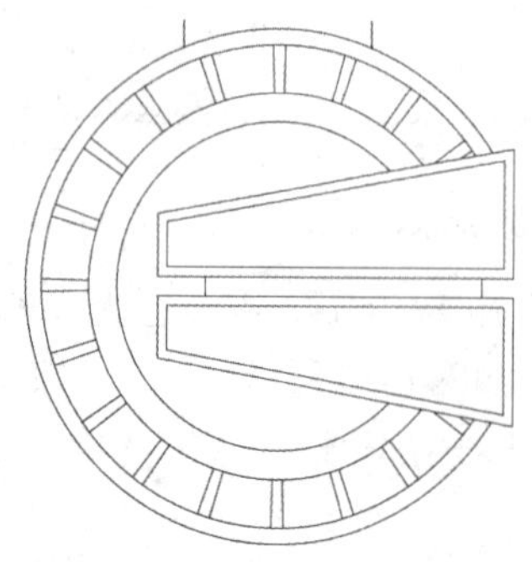

图 6-21　偏移线段并修剪图形

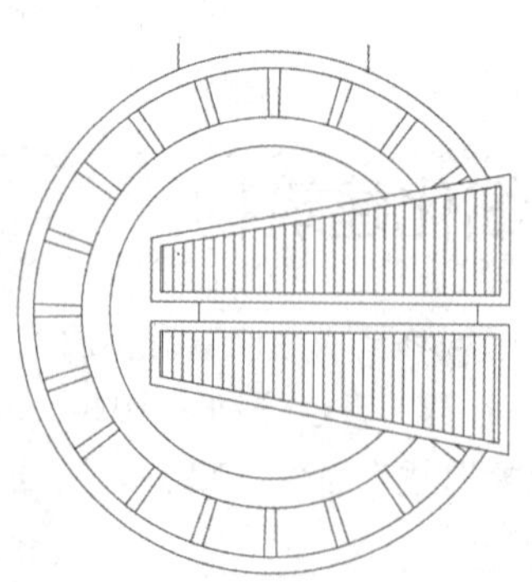

图 6-22　图案填充

6.5 绘制转盘

在工厂的转盘中，包括转盘道路轮廓及中心花坛。

6.5.1 绘制转盘道路

步骤 1 在“图层”工具栏的“图层控制”下拉列表框中，将“道路”图层置为当前层。

步骤 2 然后执行“偏移”命令（O），将最下方的道路基准线向上依次偏移，偏移距离分别为 29700mm、5000mm、3000mm，再将最右边的道路基准线向左依次偏移，偏移距离分别为 60000mm、5000mm、5000mm、23740mm，然后将偏移后的线段转换为“道路”图层，如图 6-23 所示。

步骤 3 执行“圆”命令（C），以向上偏移的第 2 条线段和向左偏移第 2 条线段的交点为圆心绘制两个同心圆，直径为 13000mm和 25000mm；执行“删除”命令（E）和“修剪”命令（TR），对图形进行修剪；执行“圆角”命令（F），按照如图 6-24 所示的形状进行倒圆角，倒角半径为 3000mm。

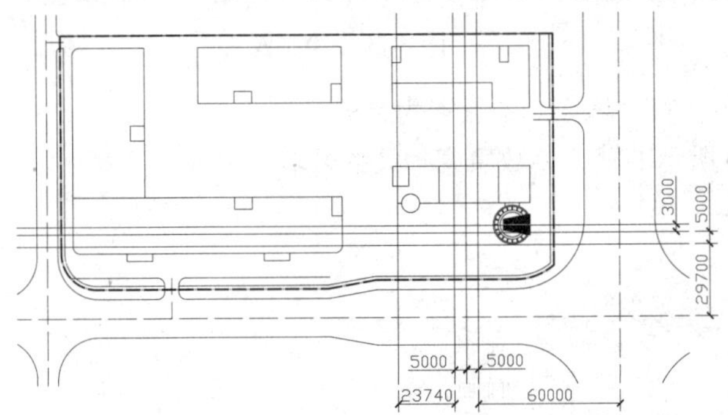

图 6-23 偏移线段

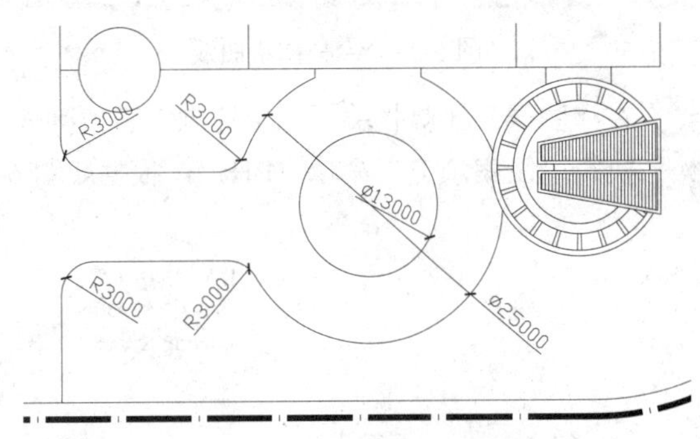

图 6-24 绘制圆并修剪图形

步骤 4 执行“构造线”命令（XL），在圆心处绘制一条角度为 30° 的构造线；执行“修剪”命令（TR），对所绘制的构造线按照如图 6-25 所示的形状进行修剪。

步骤 5 执行“阵列”命令（AR），以绘制的斜线段为阵列对象，选择“极轴”模式，指定圆心为阵列中心点，在“阵列创建”选项卡的“项目”面板中位置“项目数”为 21，“介于”为 6，确定后完成阵列操作；然后执行“分解”命令（X），对阵列后的图形进行分解操作，如图 6-26 所示。

步骤 6 执行“修剪”命令（TR），对分解后的阵列图形按照如图 6-27 所示的形状进行修剪。

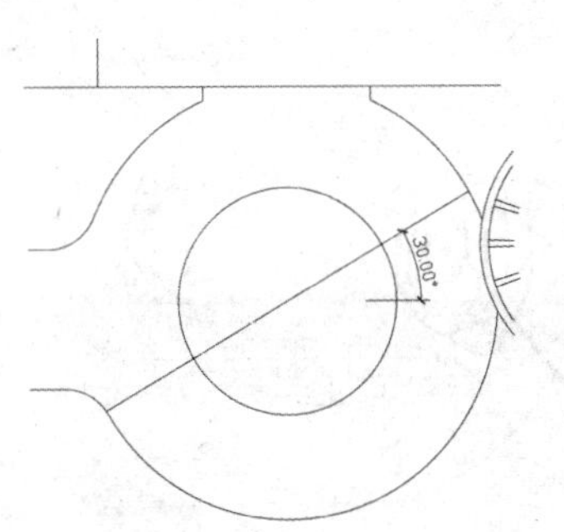

图 6-25 绘制构造线

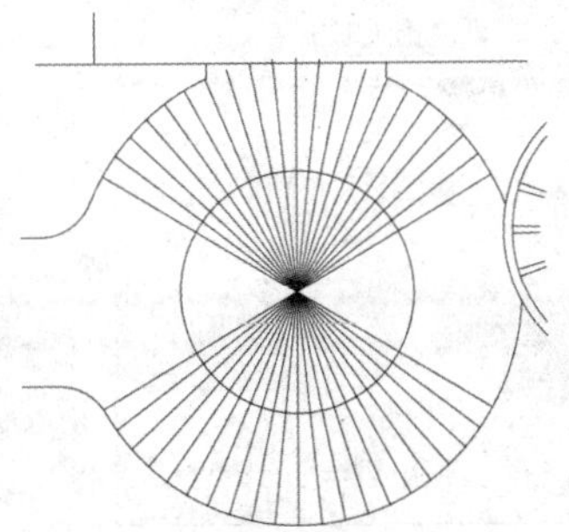

图 6-26 阵列图形

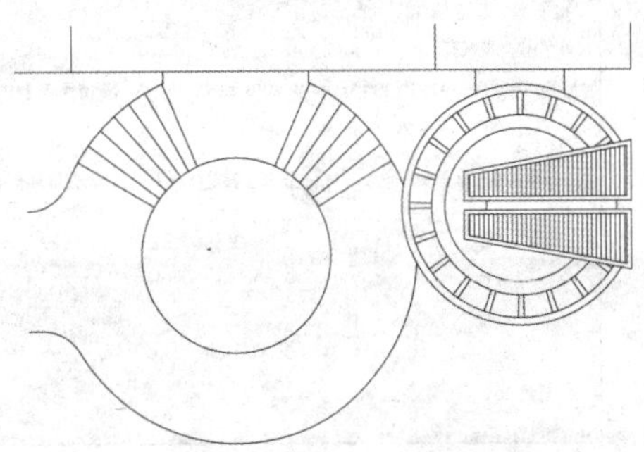

图 6-27 修剪图形

6.5.2 绘制中心花坛

步骤 1 执行“样条曲线”命令（SPL），在最小的圆中绘制几条样条曲线，用以表示休闲小道，如图 6-28 所示。

步骤 2 在“图层”工具栏的“图层控制”下拉列表框中，将“其他”图层置为当前层。

步骤 3 执行“圆”命令（C），在圆心处绘制两个同心圆，直径为 2400mm和 3850mm；再执行“移动”命令（M），将这两个同心圆向上方移动，移动距离为 3550mm，如图 6-29 所示。

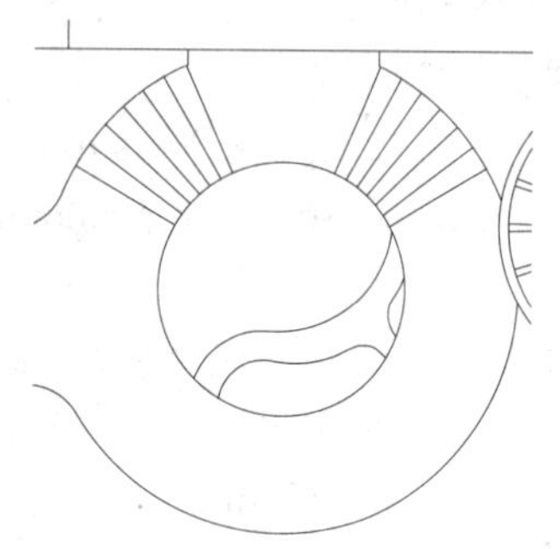

图 6-28 绘制样条曲线

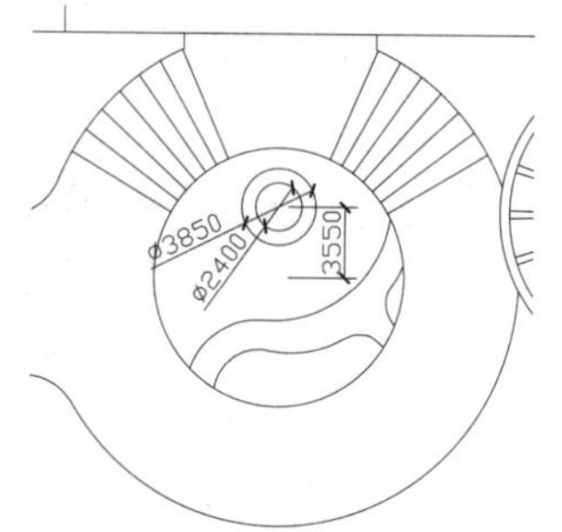

图 6-29 绘制圆

步骤 4 在“图层”工具栏的“图层控制”下拉列表框中，将“填充”图层置为当前层。

步骤 5 执行“图案填充”命令（BH），根据如图 6-30 所示的填充参数填充相关的区域。

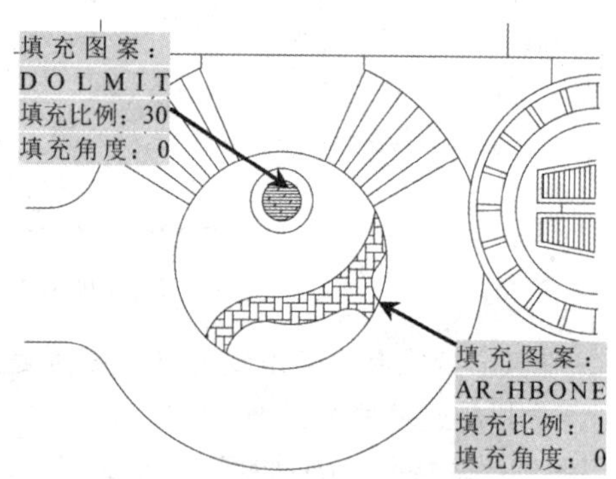

图 6-30 图案填充

步骤 6 执行“插入块”命令（I），选择“结果文件/06/景观石.dwg”文件，将其插入到如图 6-31 所示的位置。

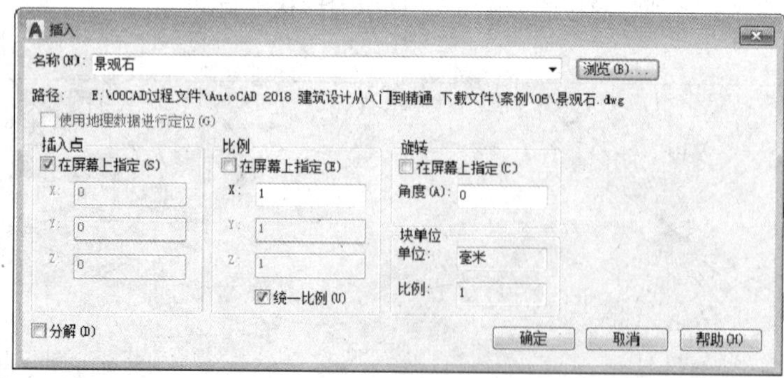

图 6-31 插入景观石

6.6 绘制停车场

在一个成熟的工厂中，停车场的规划是必不可少的，包括喷泉、停车场轮廓等。

6.6.1 绘制停车场喷泉

步骤 1 在“图层”工具栏的“图层控制”下拉列表框中，将“场地”图层置为当前层。

步骤 2 执行“偏移”命令（O），将转盘左侧的道路下方的水平线段向下方偏移，偏移距离为 6350mm，再将左边的竖直道路线向右偏移 250mm；执行“延伸”命令（EX），将偏移后的线段向左延伸，延伸到最左边的竖直道路线段上；执行“修剪”命令（TR），将偏移后的图形进行修剪，如图 6-32 所示。

步骤 3 执行“圆”命令（C），在刚才延伸所形成的交点处绘制几个同心圆，直径分别为 2540mm、3040mm、6700mm、7200mm、7650mm、7950mm、9450mm、9450mm、12450mm、12700mm，如图 6-33 所示。

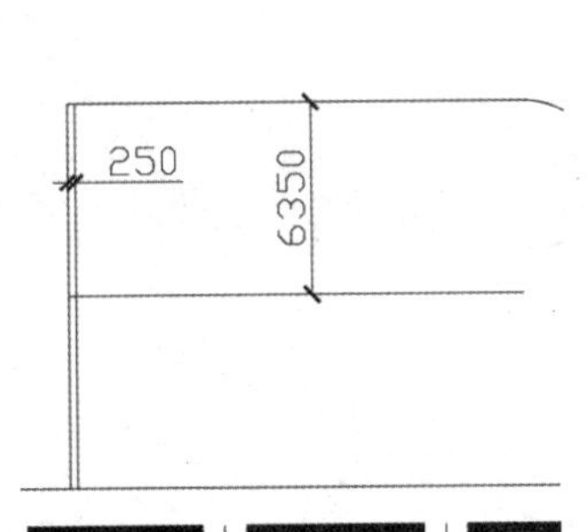

图 6-32　偏移线段

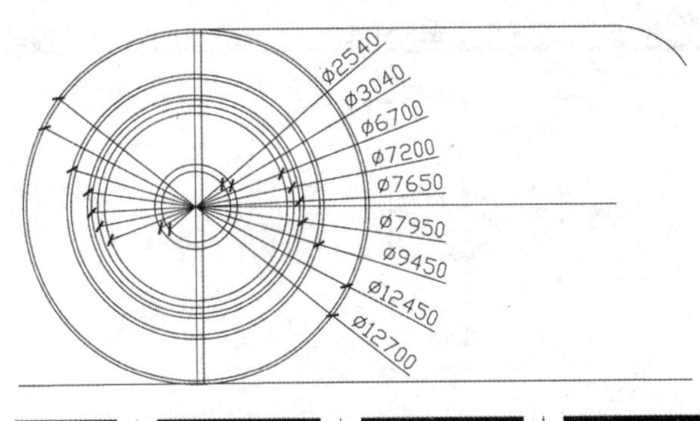

图 6-33　绘制圆

步骤 4 执行“修剪”命令（TR），将前面所绘制的图形进行修剪，修剪后的图形如图 6-34 所示。

步骤 5 执行“偏移”命令（O），将左边的竖直线段向左进行偏移，偏移距离为 4800mm、4925mm，再将最上面的水平线段向下偏移，偏移距离为 125mm、12575mm，偏移后的图形如图 6-35 所示。

步骤 6 执行“延伸”命令（EX），对相关的线段进行延伸；执行“修剪”命令（TR），对图形进行修剪，修剪后的图形如图 6-36 所示。

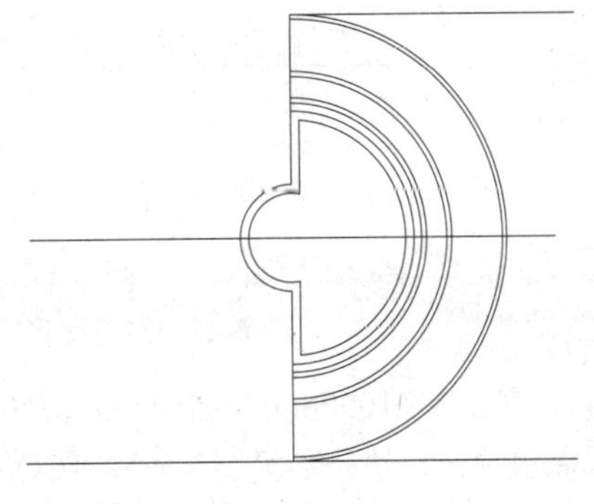

图 6-34　修剪图形

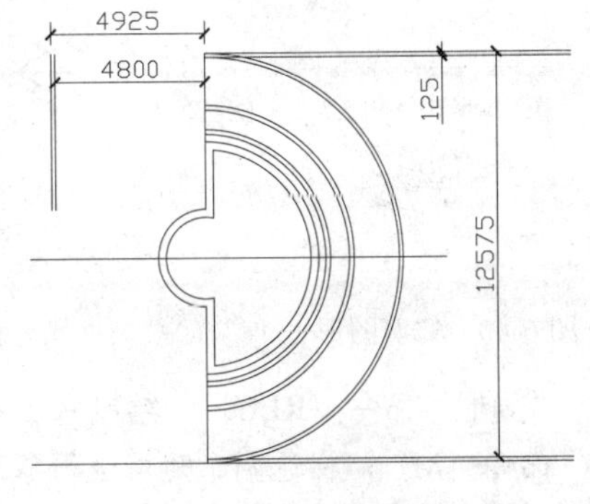

图 6-35　偏移线段

步骤 7 执行“矩形”命令（REC），绘制两个矩形，尺寸为 1600mm×7200mm和 1600mm×6950mm；执行“移动”命令（M），将这两个矩形移动到如图 6-37 所示的位置。

步骤 8 执行“修剪”命令（TR），对图形进行修剪，如图 6-37 所示。

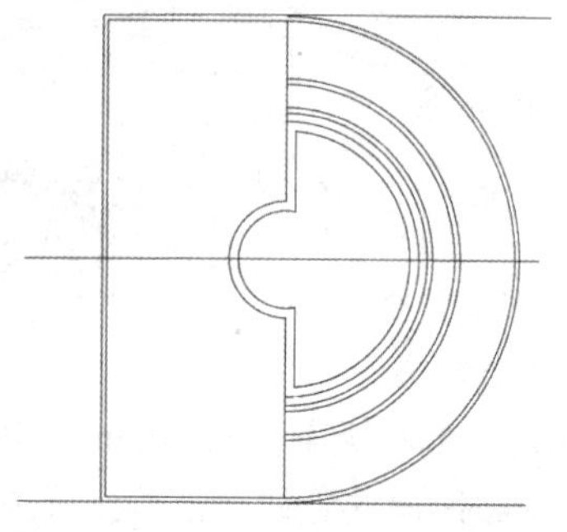

图 6-36　修剪图形

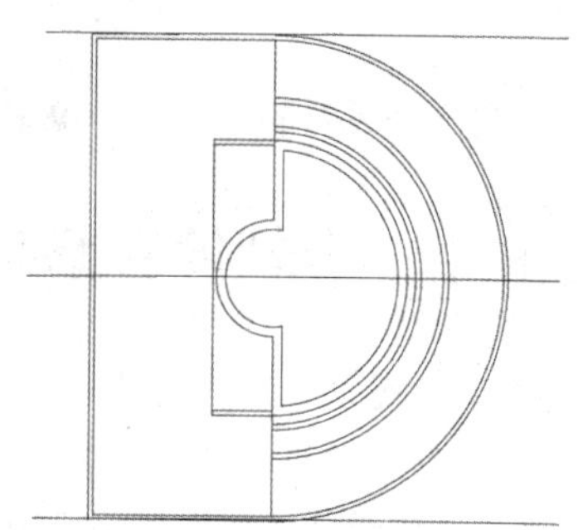

图 6-37　绘制矩形并修剪图形

步骤 9 执行“构造线”命令（XL），在从左向右数第 2 条竖直线段与中间水平线段的交点处绘制两条带角度的构造线，角度分别为 30° 和–30°，如图 6-38 所示。

步骤 10 执行“偏移”命令（O），将刚才所绘制的构造线按照如图 6-39 所示的尺寸进行偏移。

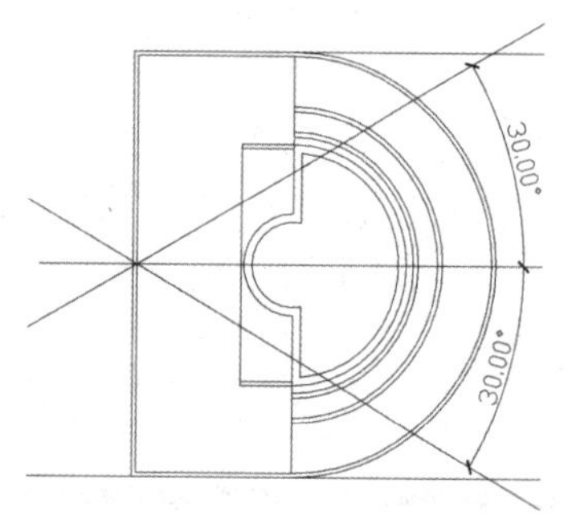

图 6-38　绘制构造线

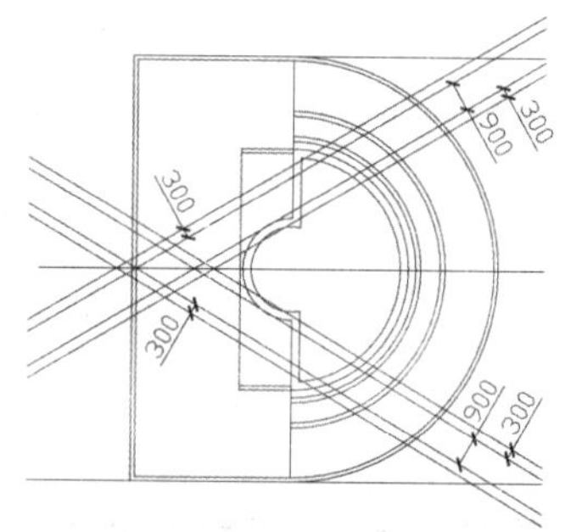

图 6-39　偏移线段

步骤 11 执行“修剪”命令（TR），将偏移后的线段按照如图 6-40 所示的形状进行修剪。

步骤 12 执行“复制”命令（CO），将刚才所绘制的图形按照如图 6-41 所示的形状进行复制。

步骤 13 执行“修剪”命令（TR），将复制后的图形按照如图 6-42 所示的形状进行修剪。

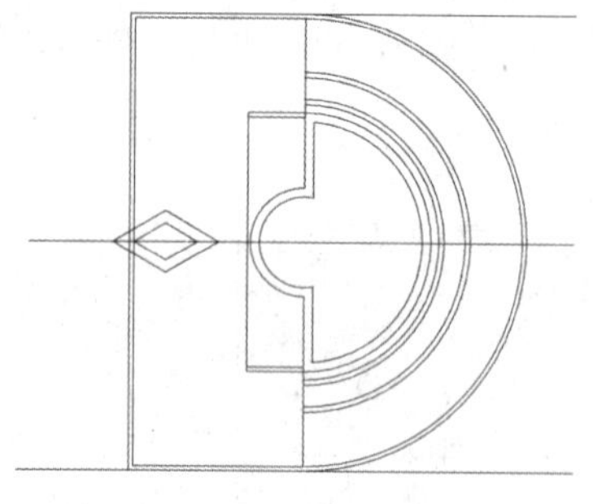

图 6-40　修剪图形

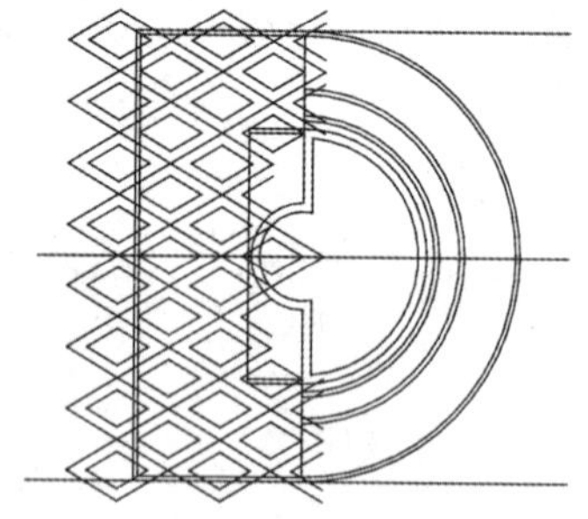

图 6-41　复制图形

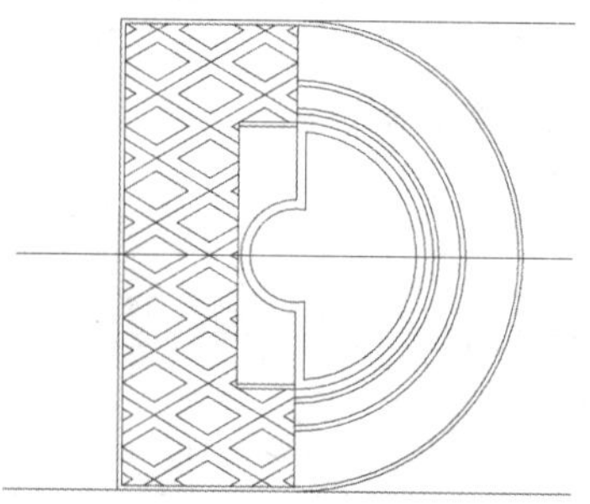

图 6-42　修剪图形

步骤 14 执行“矩形”命令（REC），绘制两个矩形，尺寸分别为 1800mm×1000mm、1550mm×750mm；执行“移动”命令（M），将这两个矩形进行移动，使它们的中心点重合；再执行“复制”命令（CO），将这两个矩形进行复制，如图 6-43 所示。

步骤15 执行“修剪”命令（TR），将图形按照如图 6-44 所示的形状进行修剪。

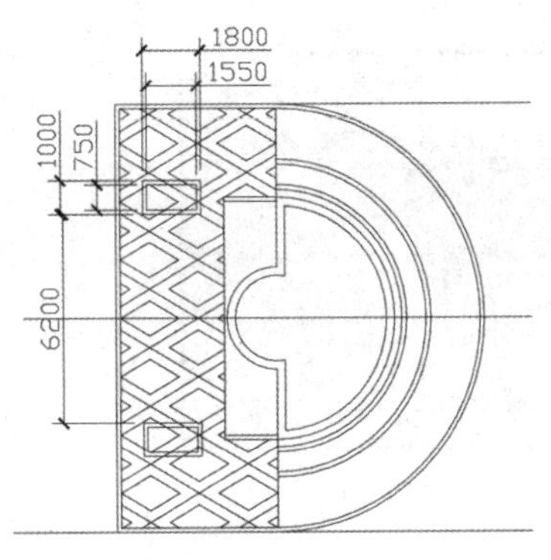

图 6-43　复制图形

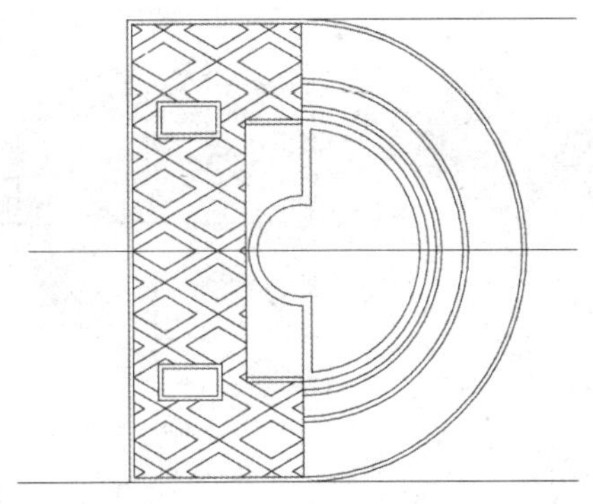

图 6-44　修剪图形

步骤16 执行“构造线”命令（XL），绘制一条角度为 89°的构造线；执行“修剪”命令（TR），对所绘制的构造线进行修剪，如图 6-45 所示。

步骤17 执行“阵列”命令（AR），以绘制的构造线为阵列对象，选择“路径”模式，选择与该构造线相交的圆弧为阵列路径，在“阵列创建”选项卡的“项目”面板中设置“项目数”为 80，确定后完成阵列操作；然后执行“分解”命令（X），对阵列后的图形进行分解操作；执行“删除”命令（E），将多出来的一条斜线段删除，如图 6-46 所示。

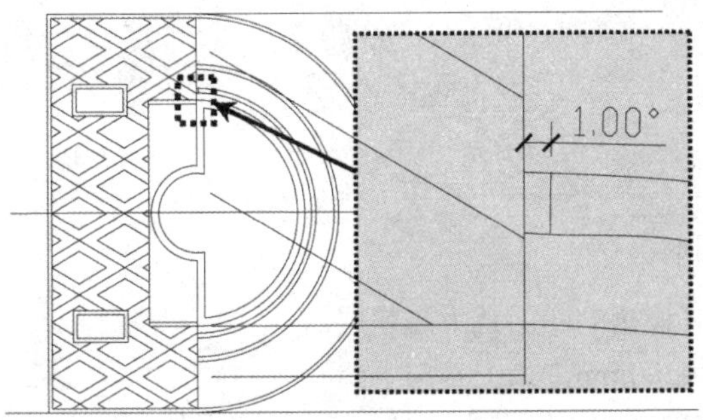

图 6-45　绘制构造线

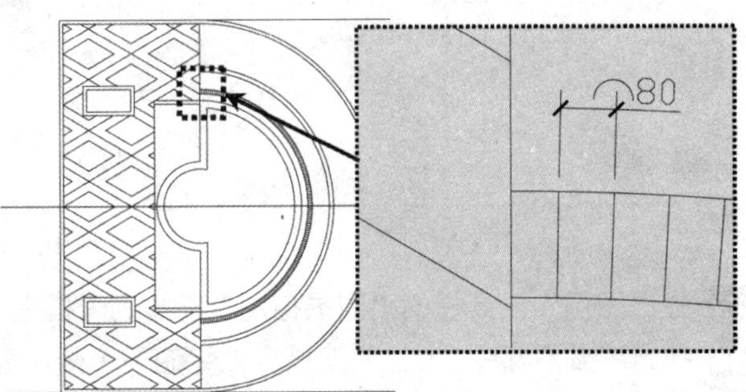

图 6-46　阵列图形

步骤18 执行“圆”命令（C），在圆心处绘制两个同心圆，直径为 9750mm和 12150mm，如图 6-47 所示。

步骤19 执行“构造线”命令（XL），在圆心处绘制 4 条带角度的构造线，角度分别为 6°、8°、–6°、–8°，如图 6-48 所示。

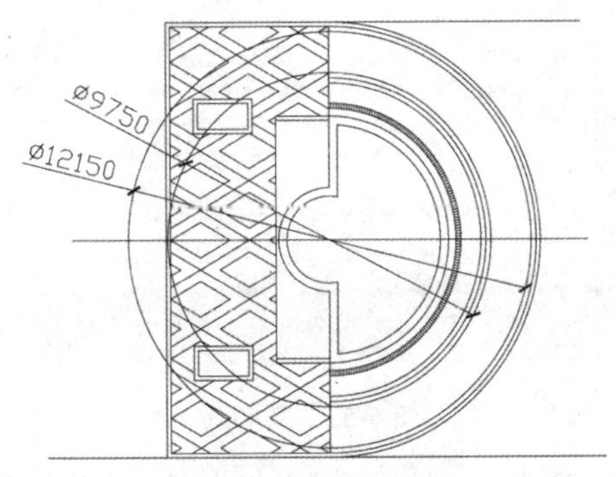

图 6-47　绘制圆

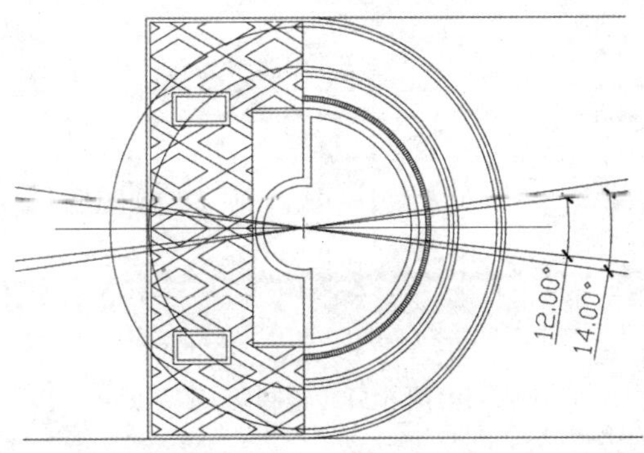

图 6-48　绘制构造线

步骤20 执行“修剪”命令（TR），将所绘制的构造线和圆进行修剪，修剪后的图形如图 6-49 所示。

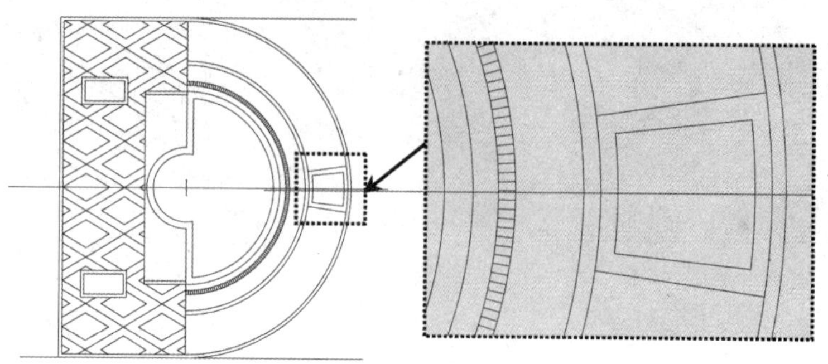

图 6-49　修剪图形

步骤21 执行“阵列”命令（AR），以修剪后的图形为阵列对象，选择“极轴”模式，指定圆心为阵列中心点，在“阵列创建”选项卡的“项目”面板中设置“项目数”为 14，确定后完成阵列操作；然后执行“分解”命令（X），对阵列后的图形进行分解操作；执行“删除”命令（E），将多出来的图形删除，如图 6-50 所示。

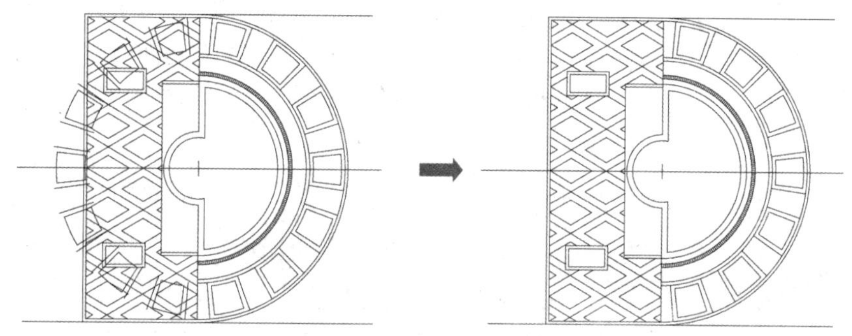

图 6-50　阵列图形

步骤22 在“图层”工具栏的“图层控制”下拉列表框中，将“设施”图层置为当前层。

步骤23 执行“圆”命令（C），在圆心处绘制一个圆，直径为 280mm，如图 6-51 所示。

步骤24 执行“复制”命令（CO），将刚才所绘制的圆向上复制一个，距离为 850mm，再向右复制一个，距离为 2600mm，如图 6-52 所示。

步骤25 执行“阵列”命令（AR），以向上复制的圆为阵列对象，选择“极轴”模式，指定圆心为阵列中心点，在“阵列创建”选项卡的“项目”面板中设置“项目数”为 6，确定后完成阵列操作。

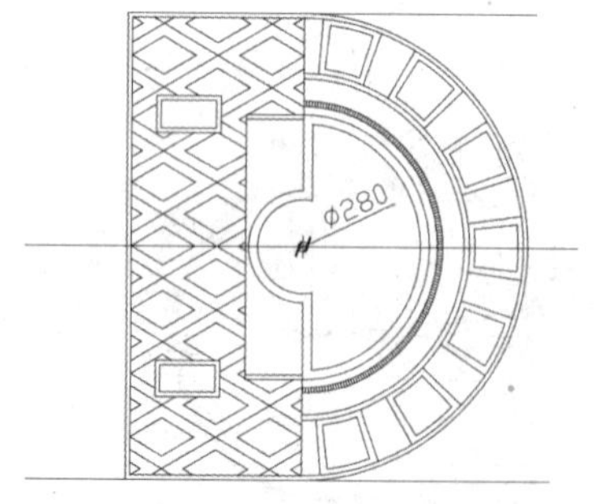

图 6-51　绘制圆

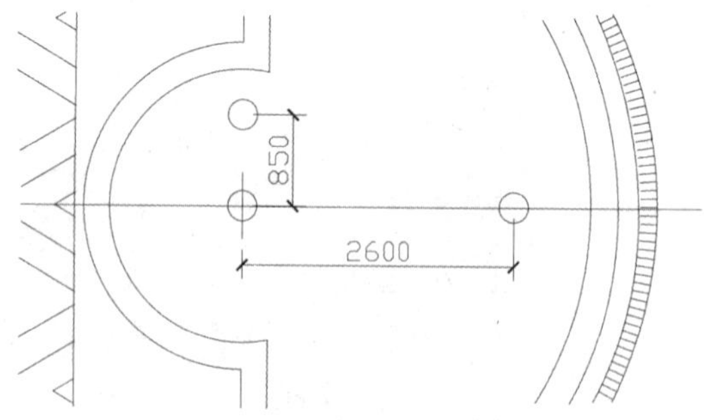

图 6-52　复制圆

步骤26 执行“阵列”命令（AR），以向右复制的圆为阵列对象，选择“极轴”模式，指定圆心为阵列中心点，在"阵列创建"选项卡的"项目"面板中设置"项目数"为16，确定后完成阵列操作；然后执行"分解"命令（X），对阵列后的图形进行分解操作；执行"删除"命令（E），将多出来的图形删除，如图6-53所示。

步骤27 在"图层"工具栏的"图层控制"下拉列表框中，将"场所"图层置为当前层。

步骤28 执行"图案填充"命令（BH），选择如图6-54所示的区域为填充区域，选择填充图案为AR-RROOF，设置填充角度为0，填充比例为30，对水池部分进行图案填充。

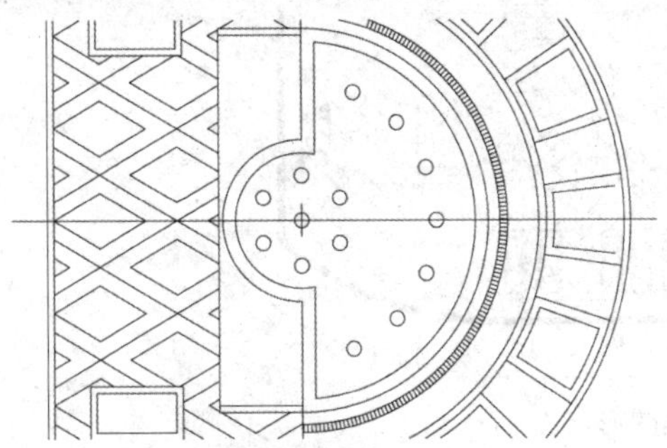

图6-53 阵列图形

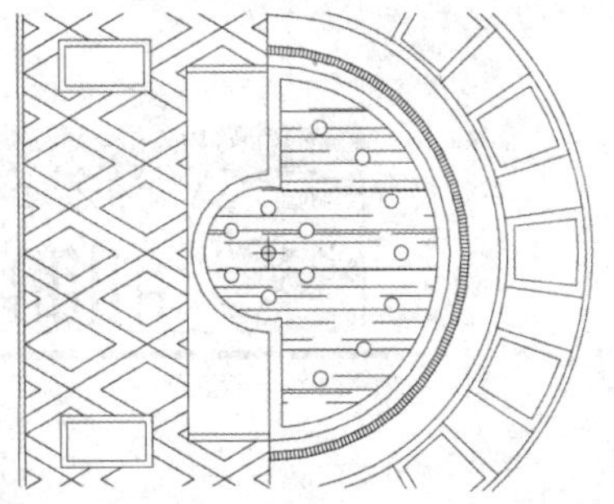

图6-54 图案填充

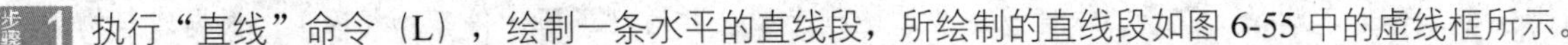

6.6.2 绘制停车场轮廓

步骤1 执行"直线"命令（L），绘制一条水平的直线段，所绘制的直线段如图6-55中的虚线框所示。

步骤2 执行"矩形"命令（REC），绘制一个尺寸为8000mm×1200mm的矩形，并将其转换为"建筑"图层；执行"移动"命令（M），将该矩形移动到如图6-56所示的位置。

步骤3 在"图层"工具栏的"图层控制"下拉列表框中，将"填充"图层置为当前层。

步骤4 执行"图案填充"命令（BH），选择如图6-57所示的区域为填充区域，选择填充图案为AR-HBONE，设置填充角度为0，填充比例为10，完成停车场的图案填充操作。

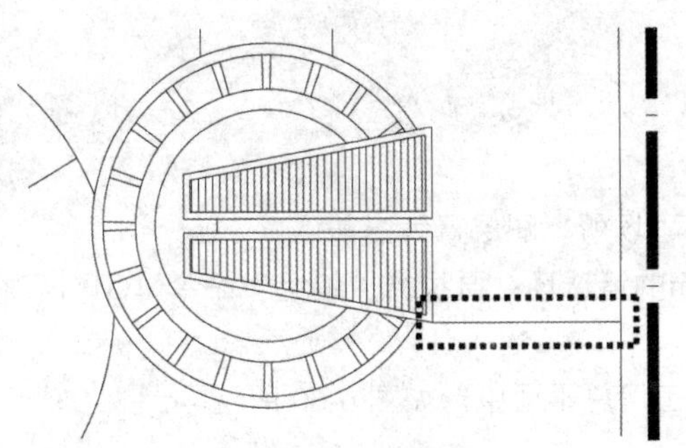

图6-55 绘制直线段

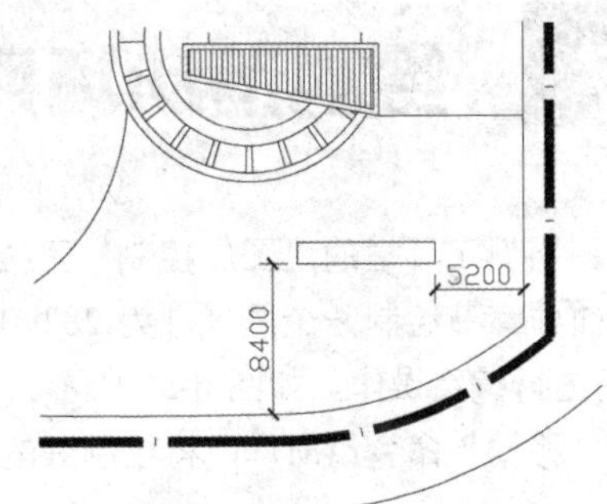

图6-56 绘制矩形

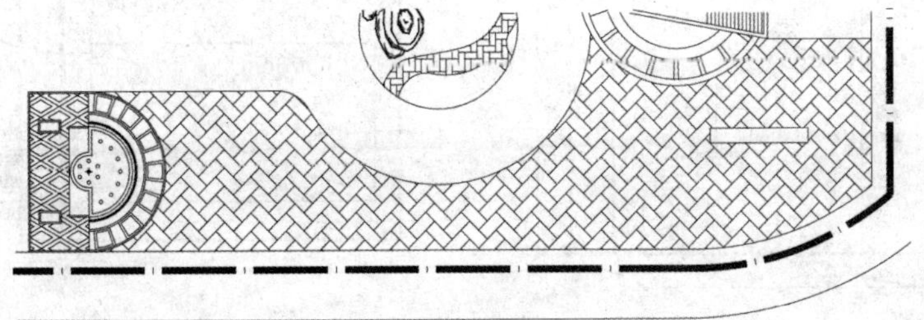

图6-57 图案填充

6.6.3 插入车辆图块

步骤 1 在“图层”工具栏的“图层控制”下拉列表框中，将“车辆”图层置为当前层。

步骤 2 执行“插入块”命令（I），选择“结果文件/06/车辆.dwg”文件，插入车辆图形，如图 6-58 所示。

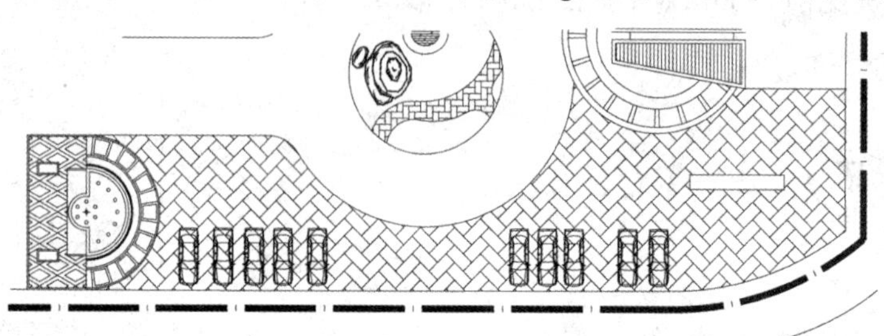

图 6-58 插入车辆图形

提示——机动车停车场设置原则

（1）在停车场（库）的设置应符合城市规划和交通组织管理的要求，便于存放。

（2）各种车辆的停车场（库）应分开设置，专用停车场（库）紧靠使用单位；公用停车场（库）宜均衡分布。客运车站、飞机场、体育场、游乐场等大型公共活动场所的停车场（库），根据建筑物主要出入口的分布分区布置，以利于车辆迅速疏散。

（3）停车场（库）出入口的位置应避开主干道和道路交叉口，出口和入口应分开，当合用时，其宽度应不小于 7m。

（4）停车场（库）内的交通路线必须明确、合理，宜采用单向行驶路线，避免交叉。

6.7 绘制运动场所

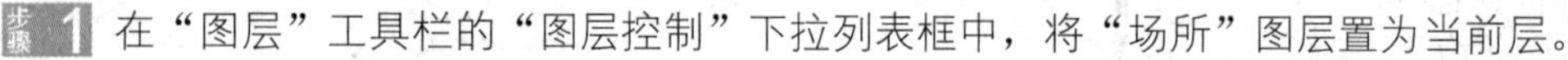

步骤 1 在“图层”工具栏的“图层控制”下拉列表框中，将“场所”图层置为当前层。

步骤 2 参照前面章节绘制一个总尺寸为 28200mm × 15200mm的篮球场；再执行“编组”命令（G），对所绘制的篮球场进行编组操作，如图 6-59 所示。

步骤 3 执行“移动”命令（M），将绘制好的篮球场移动到工厂总平面中，如图 6-60 所示。

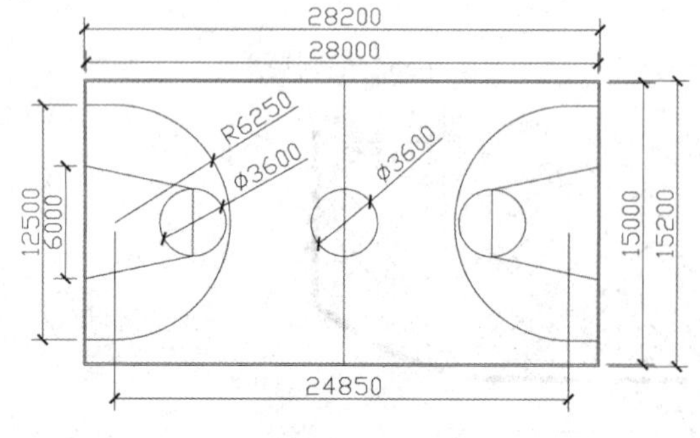

图 6-59 绘制篮球场

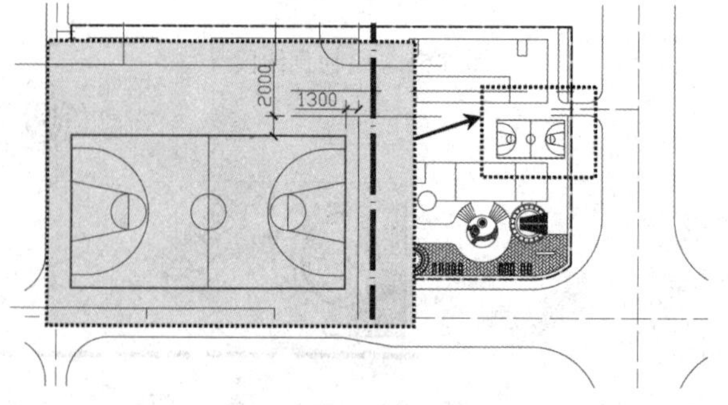

图 6-60 移动篮球场

步骤 4 绘制一个总尺寸为 6100mm×13400mm的羽毛球场；执行“复制”命令（CO），将羽毛球场向右复制一份，复制间距为 6100mm；再执行“编组”命令（G），对所绘制的羽毛场进行编组操作，如图 6-61 所示。

步骤 5 执行“移动”命令（M），将绘制好的羽毛球场移动到工厂总平面中，如图 6-62 所示。

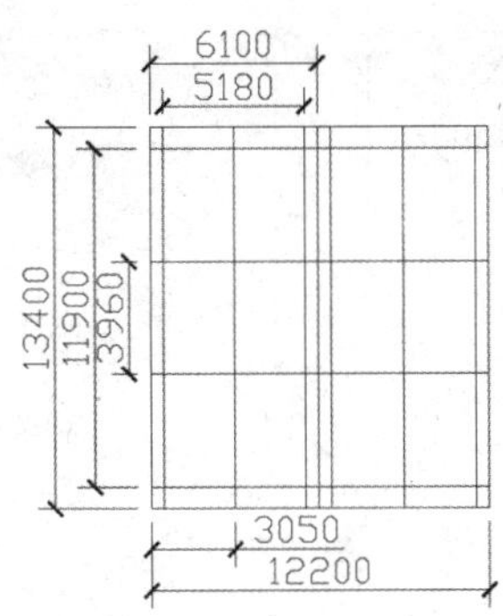

图 6-61　绘制羽毛球场

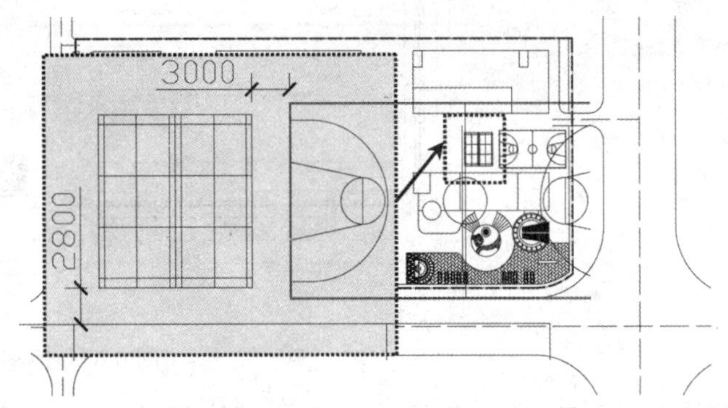

图 6-62　移动羽毛球场

步骤 6 执行“偏移”命令（O），将右边的竖直道路基准线向左进行偏移，偏移距离为 68650mm、73650mm、75150mm，并将偏移后的线段转换为“道路”图层，如图 6-63 所示。

步骤 7 执行“延伸”命令（EX），将篮球场上方的下面的那条道路线段延伸到刚才所偏移的最左边的线段上；然后执行“圆角”命令（F），如图 6-63 所示将道路进行倒圆角，倒角半径为 1500mm；执行“修剪”命令（TR），对偏移延伸后的图形进行修剪，修剪后的图形如图 6-64 所示。

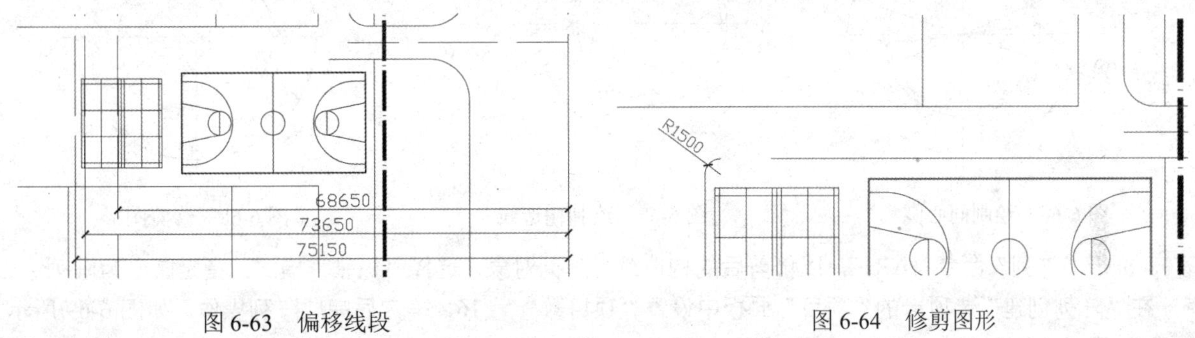

图 6-63　偏移线段　　　　图 6-64　修剪图形

6.8 绘制隔离花坛

隔离花坛的主要作用是将生产区和非生产区在地域上进行划分。

6.8.1 绘制圆形花坛

步骤 1 在“图层”工具栏的“图层控制”下拉列表框中，将“场所”图层置为当前层。

步骤 2 执行“偏移”命令（O），将工厂总平面图下方的水平道路线向上偏移 74200mm，再将右边的竖直道路基准线向左偏移 87500mm，如图 6-65 所示。

步骤 3 执行“圆”命令（C），在刚才所偏移的线段的交点处绘制 3 个同心圆，直径分别为 8500mm、9100mm 和 13300mm，如图 6-66 所示。

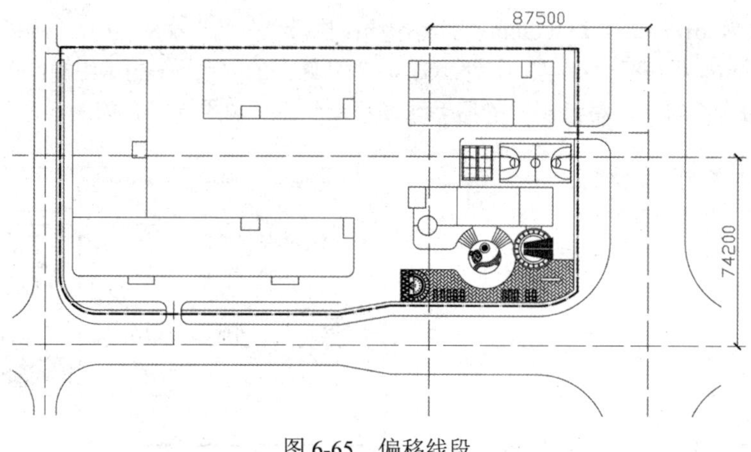

图 6-65　偏移线段

步骤 4 在水平辅助线与直径为 9100mm圆的右边交点处绘制两条带角度的构造线，角度为 38°和–38°，如图 6-67 所示。

步骤 5 执行“删除”命令（E），将直径为 9100mm的圆删除；再执行“修剪”命令（TR），将所绘制的构造线进行修剪，修剪后的图形如图 6-68 所示。

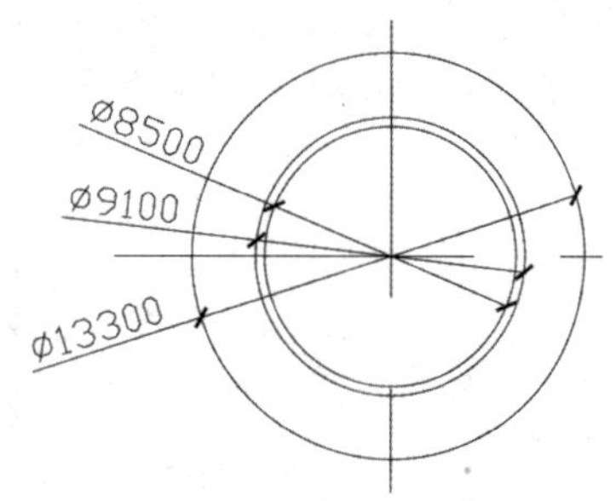

图 6-66　绘制同心圆

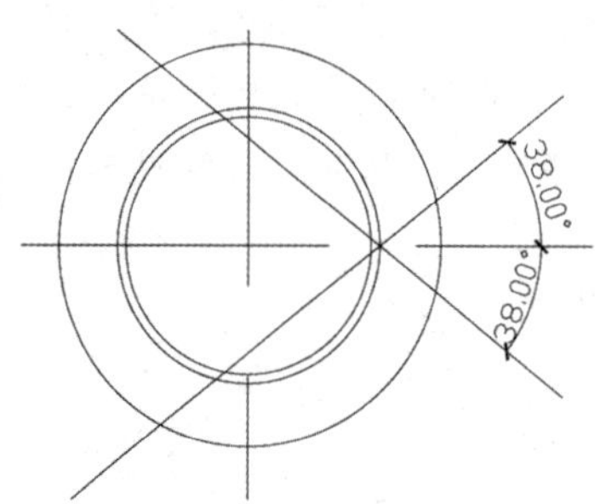

图 6-67　绘制构造线

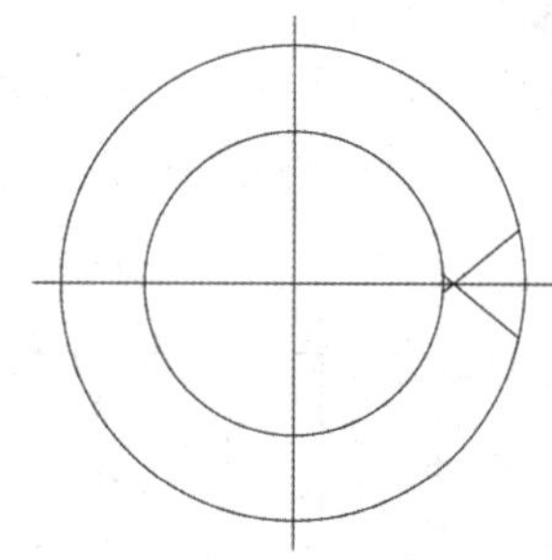

图 6-68　修剪图形

步骤 6 执行“阵列”命令（AR），以修剪后的构造线为阵列对象，选择“极轴”模式，指定圆心为阵列中心点，在“阵列创建”选项卡的“项目”面板中设置“项目数”为 16，确定后完成阵列操作，如图 6-69 所示。

步骤 7 执行“分解”命令（X），对阵列后的图形进行分解操作；再执行“修剪”命令（TR），将图形按照如图 6-70 所示的形状进行修剪。

步骤 8 在“图层”工具栏的“图层控制”下拉列表框中，将“设施”图层置为当前层。

步骤 9 执行“插入块”命令（I），选择“结果文件/06/消防设施.dwg”文件，插入消防设施图形；重复执行“插入块”命令（I），选择“结果文件/06/垃圾收集点.dwg”文件，插入垃圾收集点图形，如图 6-71 所示。

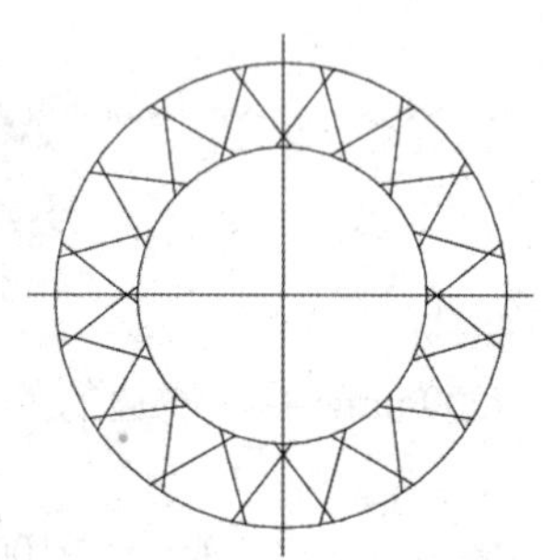

图 6-69　绘制构造线

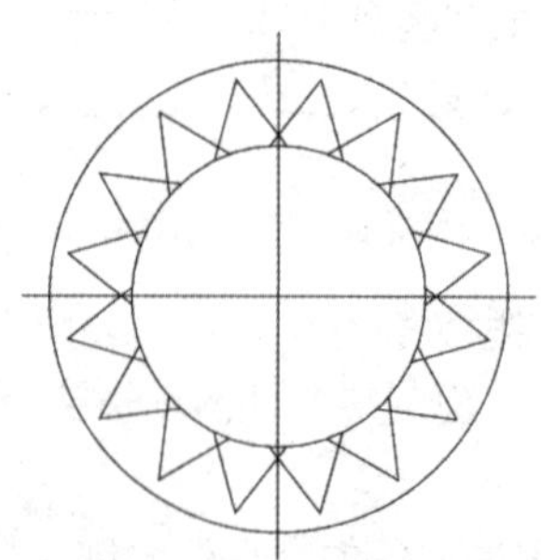

图 6-70　修剪图形

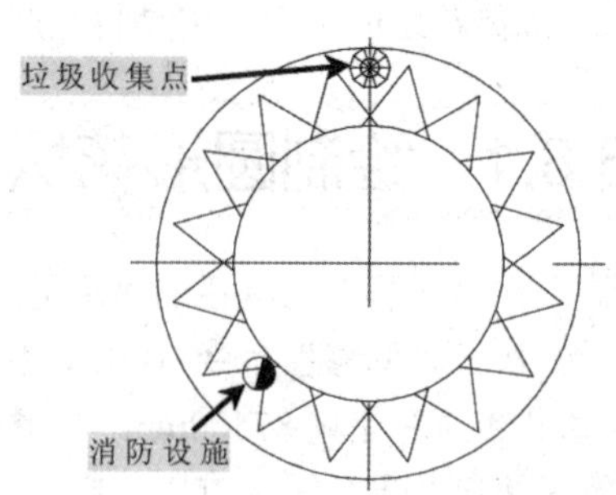

图 6-71　插入设施

6.8.2 绘制花坛喷泉

步骤 1 在“图层”工具栏的“图层控制”下拉列表框中，将“花坛”图层置为当前层。

步骤 2 将绘图区域移至车间二和职工宿舍之间，执行“矩形”命令（REC），绘制一个尺寸为 10200mm × 64000mm 的矩形；执行“移动”命令（M），将该矩形进行移动，使其上方的水平线段与职工宿舍上方的水平线段在同一水平位置，使矩形右边的竖直线段与职工宿舍左边的竖直线段的距离为 5650mm，如图 6-72 所示。

步骤 3 执行“分解”命令（X），对矩形进行分解操作；执行“偏移”命令（O），将矩形上方的水平线段向下方偏移，偏移尺寸为 40900mm、4000mm。

步骤 4 执行“修剪”命令（TR），将偏移后的图形按照如图 6-73 所示的形状进行修剪；再执行“圆角”命令（F），将修剪后的图形进行倒圆角处理，倒角半径为 3000mm。

步骤 5 执行“圆”命令（C），在矩形下方的水平线段的中点处绘制几个同心圆，直径分别为 6400mm、8320mm、10200mm、15840mm、16440mm。

步骤 6 执行“构造线”命令（XL），在所绘制的同心圆的圆心处绘制两条带角度的构造线，角度为 60° 和 120° 。

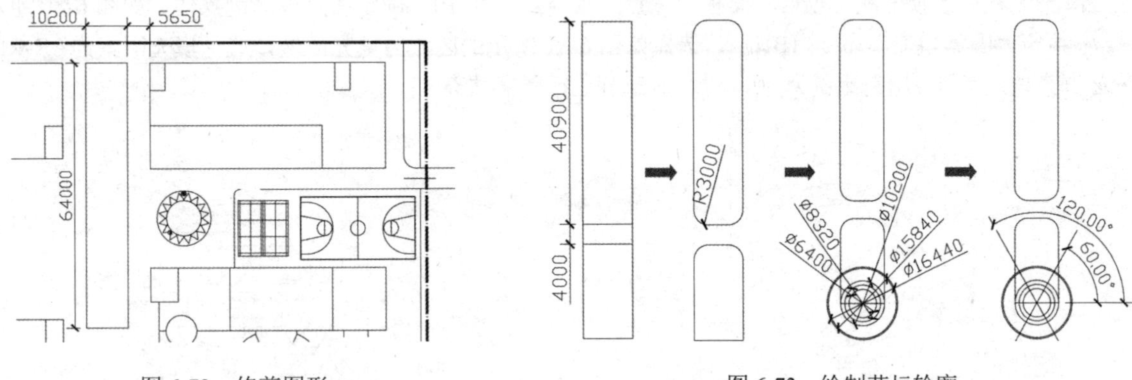

图 6-72　修剪图形　　　　图 6-73　绘制花坛轮廓

步骤 7 执行“修剪”命令（TR），在矩形下方将所绘制的图形进行修剪，修剪后的图形如图 6-74 所示。

步骤 8 执行“移动”命令（M），将同心圆上方的圆弧图形向下方移动，移动距离为 2220mm，如图 6-75 所示。

步骤 9 在“图层”工具栏的“图层控制”下拉列表框中，将“场所”图层置为当前层。

步骤 10 执行“圆”命令（C），在圆心处绘制几个同心圆，直径分别为 6880mm、7360mm、7840mm，并将所有的圆转换为“场所”图层，如图 6-76 所示。

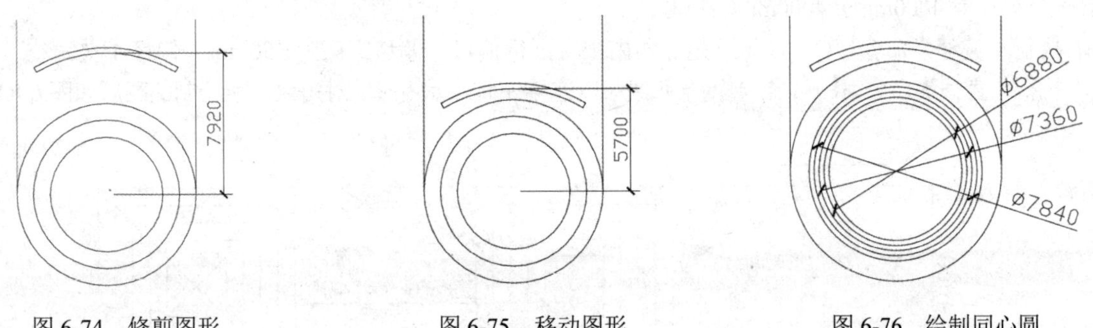

图 6-74　修剪图形　　　　图 6-75　移动图形　　　　图 6-76　绘制同心圆

步骤 11 执行“构造线”命令（XL），绘制几条带角度的构造线，角度分别为–18° 、18° 72° 、108° ，如图 6-77 所示。

步骤12 执行“修剪”命令（TR），按照如图6-78所示的形状对图形进行修剪。

步骤13 在“图层”工具栏的“图层控制”下拉列表框中，将“设施”图层置为当前层。

步骤14 执行“圆”命令（C），在圆心处绘制一个直径为280mm的圆；再执行“移动”命令（M），将该圆向右移动，移动距离为2500mm，如图6-79所示。

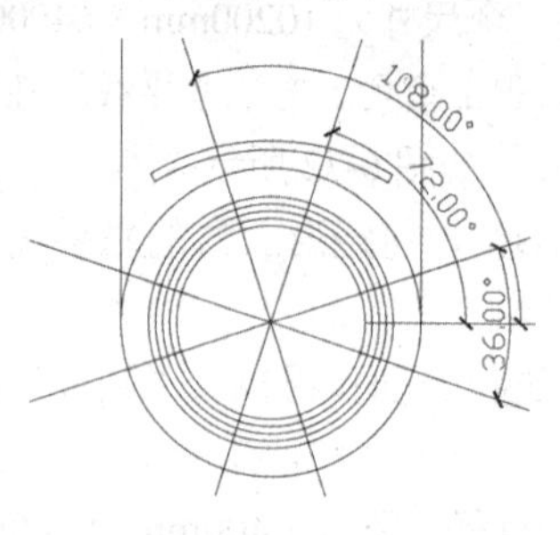

图6-77 绘制构造线

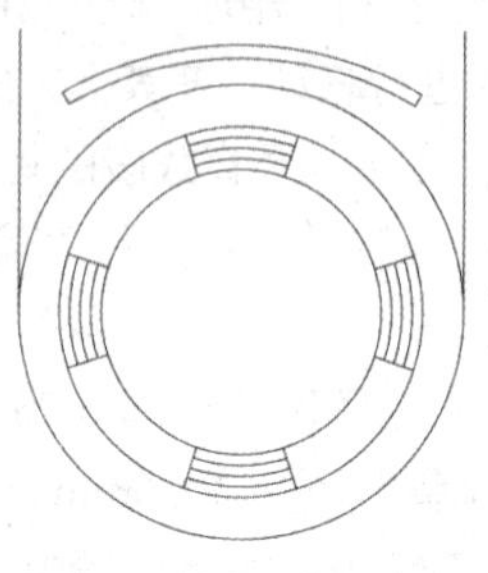
图6-78 修剪图形

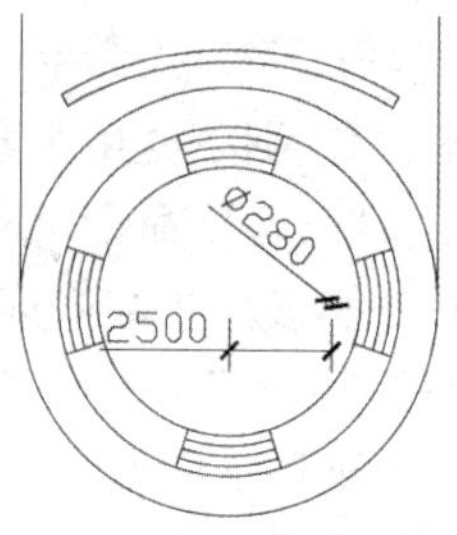

图6-79 绘制圆

步骤15 执行“阵列”命令（AR），以向右移动的圆为阵列对象，选择“极轴”模式，指定圆心为阵列中心点，在“阵列创建”选项卡的“项目”面板中设置“项目数”为10，确定后完成阵列操作，如图6-80所示。

步骤16 执行“图案填充”命令（BH），选择如图6-81所示的区域为填充区域，选择填充图案为AR-RROOF，设置填充角度为0，填充比例为30，对水池部分进行图案填充。

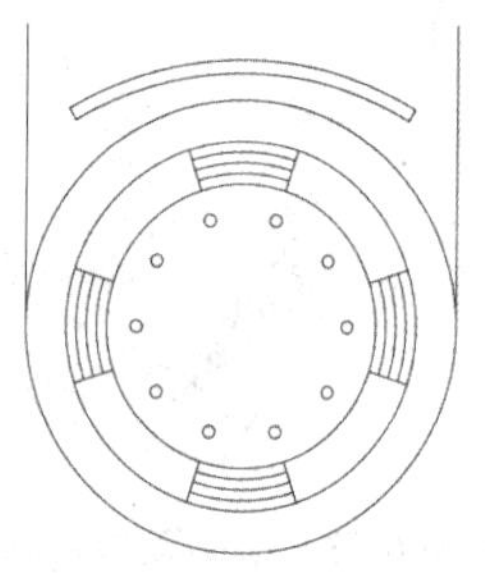
图6-80 阵列圆

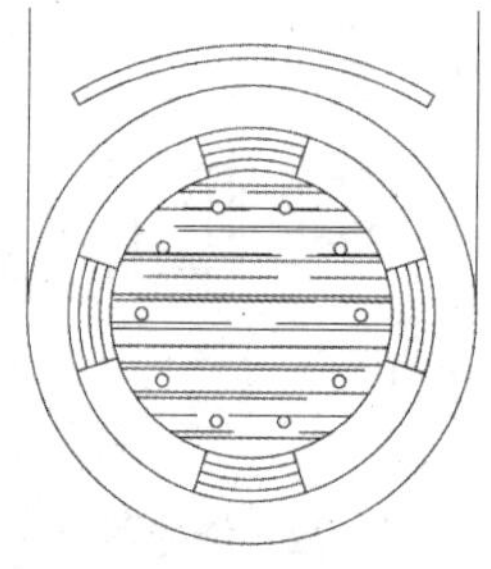
图6-81 图案填充

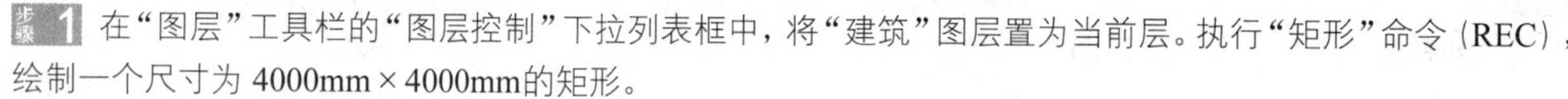

6.8.3 绘制休闲亭

步骤1 在“图层”工具栏的“图层控制”下拉列表框中，将“建筑”图层置为当前层。执行“矩形”命令（REC），绘制一个尺寸为4000mm×4000mm的矩形。

步骤2 执行“偏移”命令（O），将该矩形向内依次进行偏移，偏移距离为350mm，偏移4次。

步骤3 执行“直线”命令（L），绘制两条斜线段以连接外面最大矩形的对角点，所绘制的图形如图6-82所示。

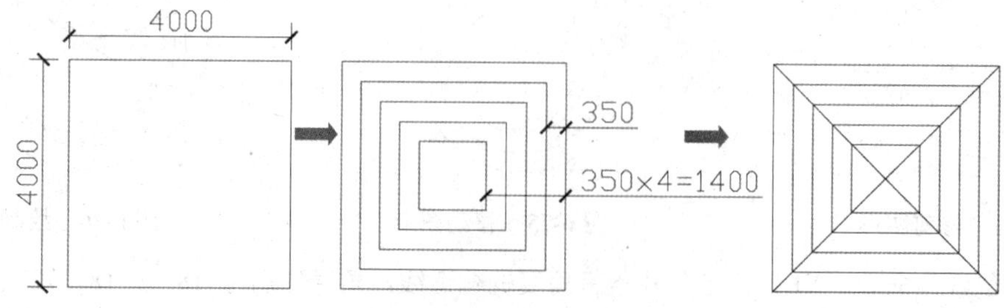

图6-82 绘制休闲亭

步骤 4 执行“矩形”命令（REC），绘制一个尺寸为 700mm×2400mm的矩形；再执行“移动”命令（M），将该矩形进行移动，使其左边的竖直线段的中点与前面所绘矩形的右边竖直线段的中点重合，如图 6-83 所示。

步骤 5 执行“分解”命令（X），对刚才所绘制的矩形进行分解操作；再执行“偏移”命令（O），将分解后的矩形的相关线段向内进行偏移，偏移距离为 150mm，偏移两次，再将表示台阶的相关线段转换为“其他”图层，如图 6-84 所示。

步骤 6 执行“编组”命令（G），对刚才所绘制的凉亭和台阶图形进行编组操作；再执行“移动”命令（M），将编组后的图形按照如图 6-85 所示的尺寸移动到花坛图形中。

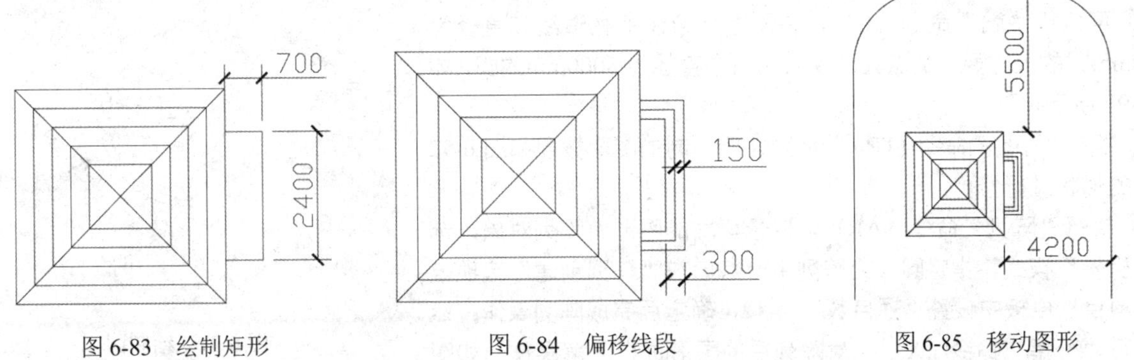

图 6-83　绘制矩形　　图 6-84　偏移线段　　图 6-85　移动图形

步骤 7 在“图层”工具栏的“图层控制”下拉列表框中，将“其他”图层置为当前层。

步骤 8 再执行“矩形”命令（REC），绘制几个尺寸为 400mm×1000mm的矩形，表示花坛草坪中的通行的石头，如图 6-86 所示。

步骤 9 采用同样方法在上方对应位置绘制一个类似的凉亭图形，所绘制的休闲亭效果如图 6-87 所示。

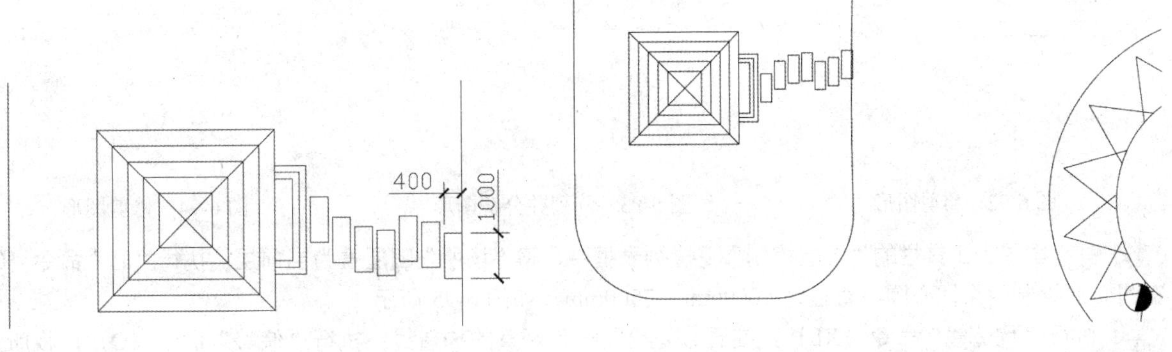

图 6-86　绘制矩形　　图 6-87　继续绘制休闲亭

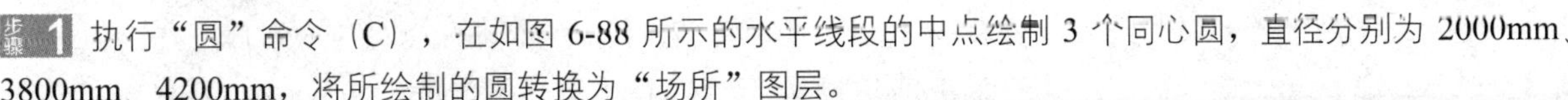

6.8.4　绘制景观连廊 1

步骤 1 执行“圆”命令（C），在如图 6-88 所示的水平线段的中点绘制 3 个同心圆，直径分别为 2000mm、3800mm、4200mm，将所绘制的圆转换为“场所”图层。

步骤 2 继续执行“圆”命令（C），以直径为 3800mm圆的下象限点为圆心，绘制 3 个同心圆，直径分别为 250mm、500mm、5000mm，如图 6-89 所示。

步骤 3 执行“构造线”命令（XL），在下方同心圆圆心处绘制两条带角度的构造线，角度为 23°和–23°，如图 6-90 所示。

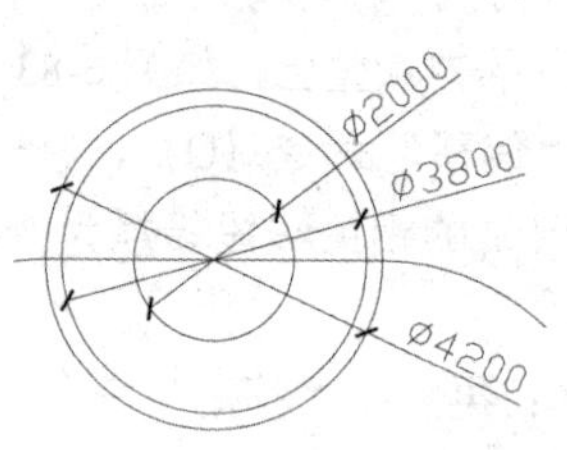

图 6-88　绘制同心圆

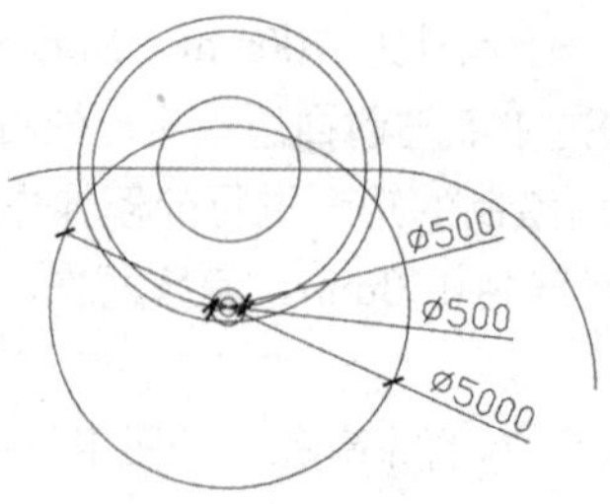

图 6-89　继续绘制圆

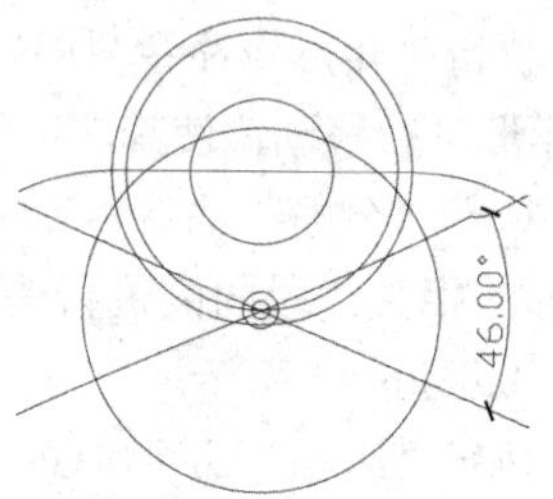

图 6-90　绘制构造线

步骤 4 再执行“圆”命令（C），在刚才所绘制的构造线和直径为5000mm圆的上方两个交点处分别绘制两个直径为 5000mm的圆，如图 6-91 所示。

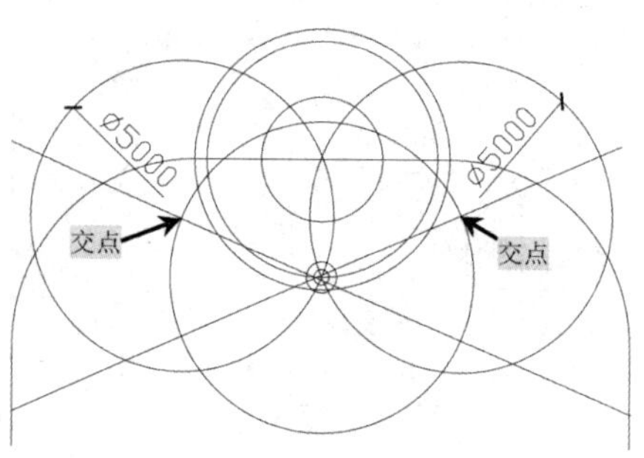

图 6-91　绘制圆

步骤 5 执行“修剪”命令（TR），将刚才所绘制的图形按照如图 6-92 所示的形状进行修剪。

步骤 6 执行“阵列”命令（AR），以修剪后的图形为阵列对象，选择“极轴”模式，指定圆心为阵列中心点，在“阵列创建”选项卡的“项目”面板中设置“项目数”为 12，确定后完成阵列操作；然后执行“分解”命令（X），对阵列后的图形进行分解操作，如图 6-93 所示。

步骤 7 再执行“删除”命令（E）和“修剪”命令（TR），将多出来的图形进行修剪和删除，如图 6-94 所示。

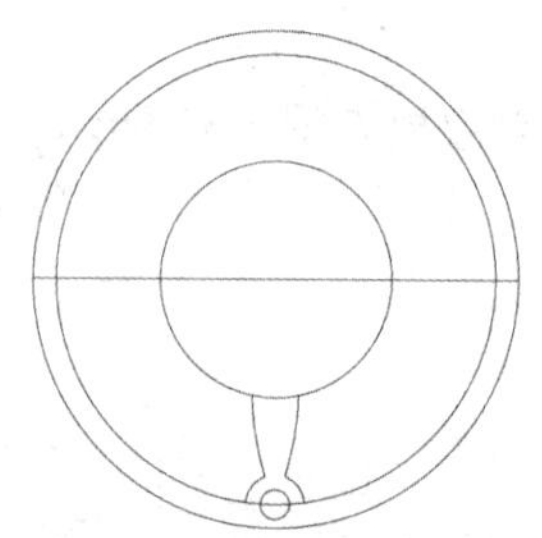
图 6-92　修剪图形

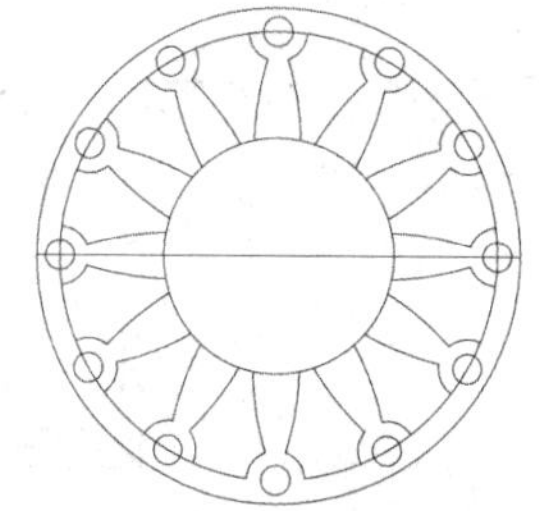
图 6-93　阵列并分解图形

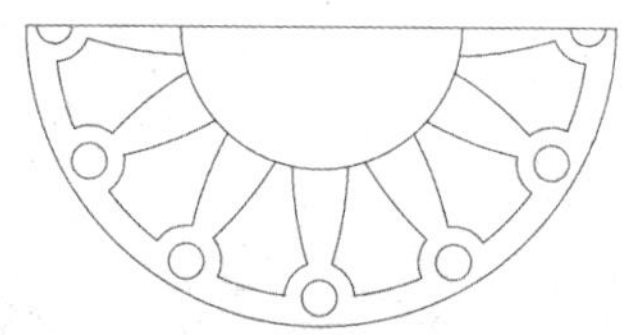
图 6-94　修剪图形

步骤 8 在“图层”工具栏的“图层控制”下拉列表框中，将“场所”图层置为当前层。执行“圆”命令（C），在圆心处绘制两个同心圆，直径为 5000mm、7500mm，如图 6-95 所示。

步骤 9 执行“构造线”命令（XL），在圆心处绘制一条竖直的构造线；执行“偏移”命令（O），将所绘制的构造线分别向左、右进行偏移，偏移距离为 70mm，如图 6-96 所示。

步骤 10 执行“修剪”命令（TR），将所绘制的图形按照如图 6-97 所示的形状进行修剪。

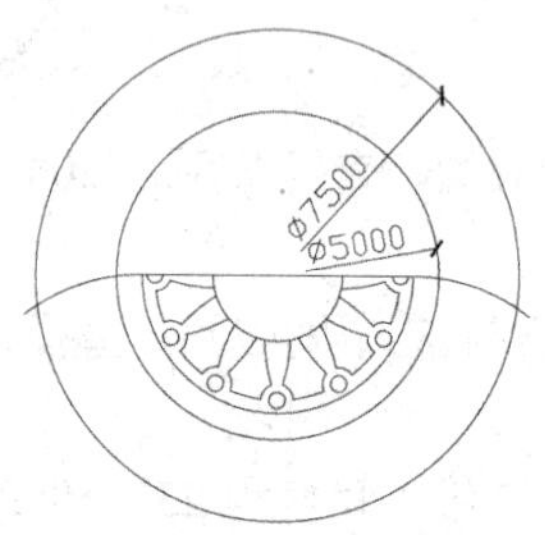

图 6-95　绘制同心圆

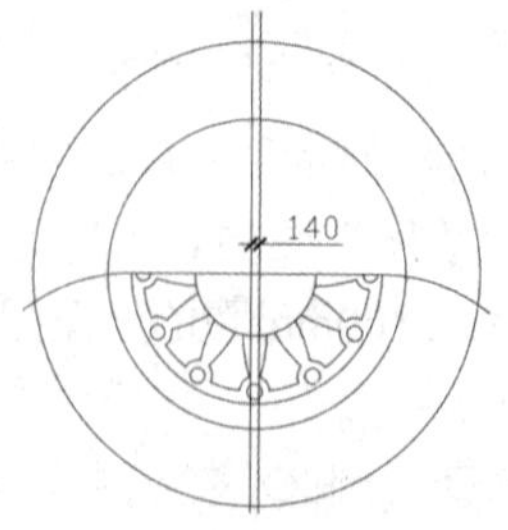

图 6-96　绘制并偏移构造线

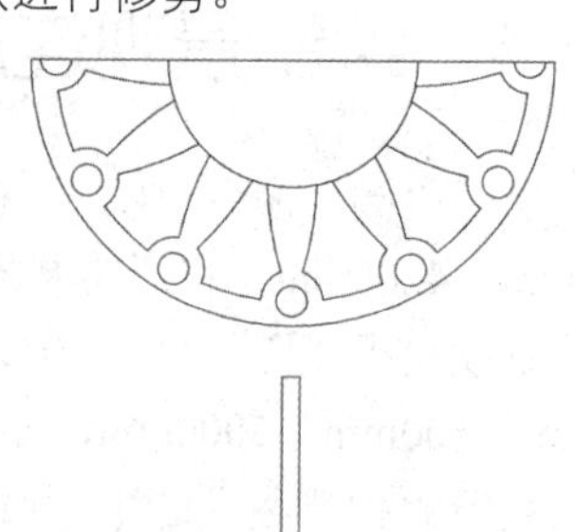
图 6-97　修剪图形

步骤11 执行“阵列”命令（AR），以修剪后的图形为阵列对象，选择“极轴”模式，指定圆心为阵列中心点，在“阵列创建”选项卡的“项目”面板中设置“项目数”为30，确定后完成阵列操作；然后执行“分解”命令（X），对阵列后的图形进行分解操作，如图6-98所示。

步骤12 执行“删除”命令（E）和“修剪”命令（TR），将多余的线段进行修剪和删除，如图6-99所示。

图6-98 阵列图形

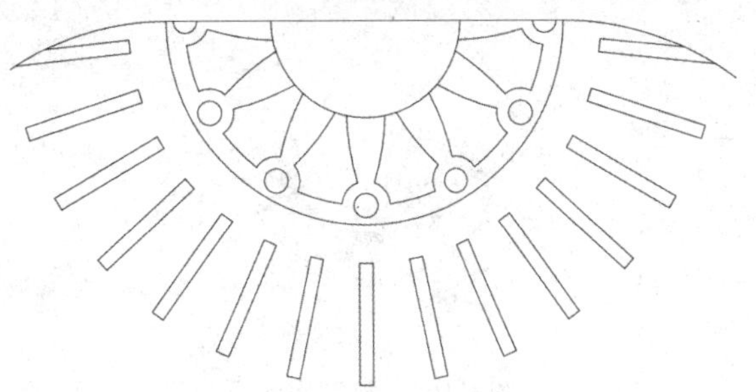

图6-99 修剪和删除

步骤13 执行“圆”命令（C），在圆心处绘制一个直径为5000mm的圆；再执行“偏移”命令（O），将所绘制的圆向外依次偏移，偏移距离为70mm，偏移5条，最后向外偏移150mm，如图6-100所示。

步骤14 执行“修剪”命令（TR），按照如图6-101所示的形状对图形进行修剪。

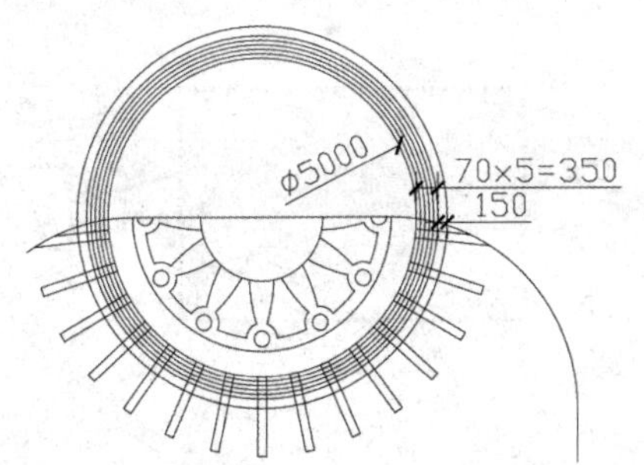

图6-100 绘制圆

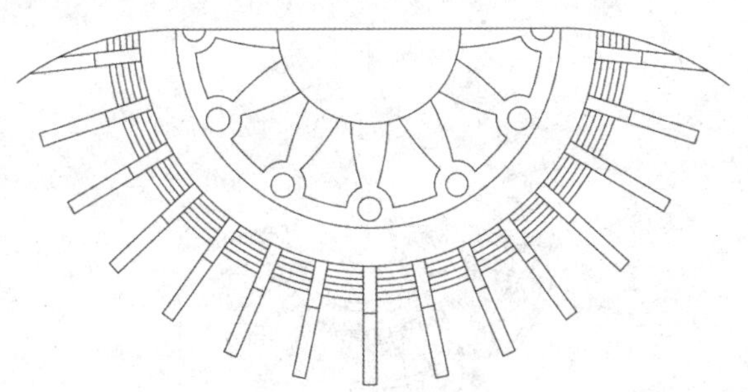

图6-101 修剪图形

步骤15 在“图层”工具栏的“图层控制”下拉列表框中，将“建筑”图层置为当前层。执行“矩形”命令（REC），绘制一个尺寸为90mm×1200mm的矩形；执行“移动”命令（M），将所绘制的矩形向下移动3630mm，如图6-102所示。

步骤16 执行“圆”命令（C），在圆心处绘制几个同心圆，直径分别为7500mm、7860mm、9060mm、9420mm，如图6-103所示。

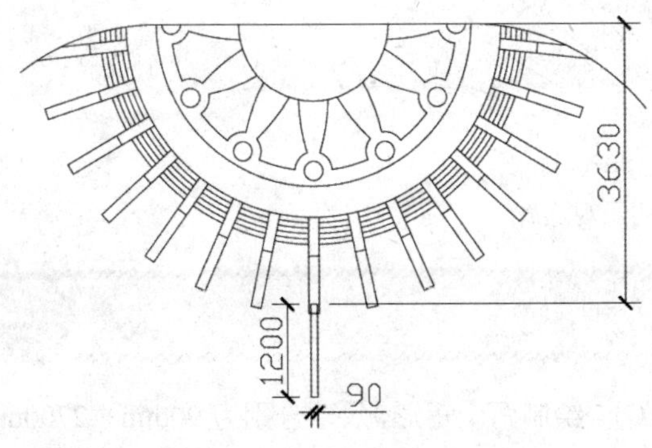

图6-102 绘制并移动矩形

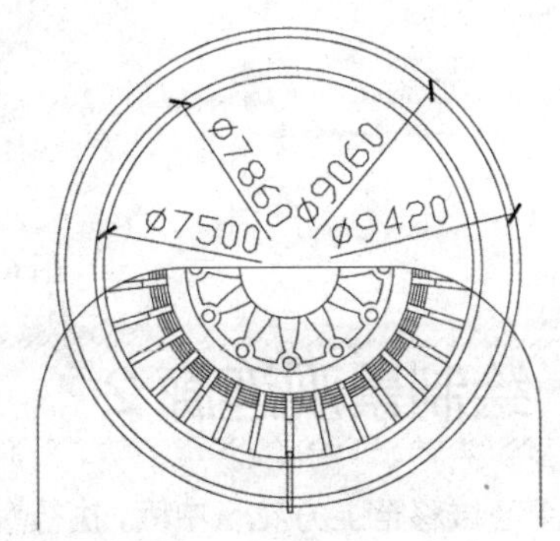

图6-103 绘制同心圆

步骤 17 执行“构造线”命令（XL），在圆心处绘制两条带角度的构造线，角度为 16°和–16°，如图 6-104 所示。

步骤 18 执行“修剪”命令（TR），将图形按照如图 6-105 所示的形状进行修剪。

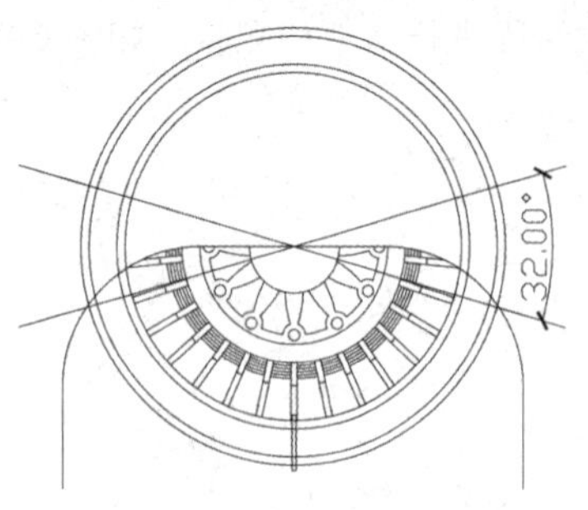

图 6-104　绘制构造线

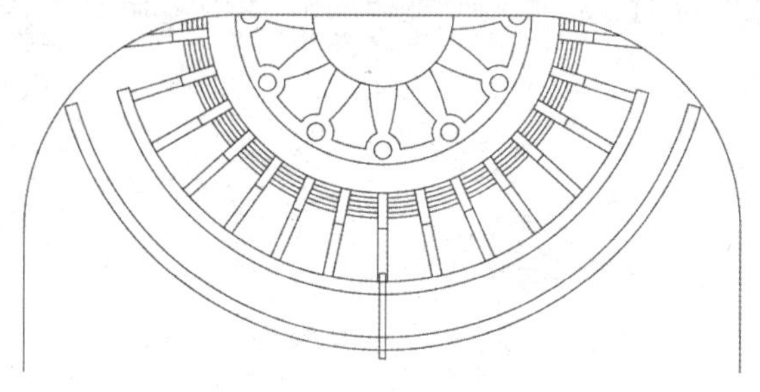

图 6-105　修剪图形

步骤 19 执行“阵列”命令（AR），以绘制的矩形为阵列对象，选择“极轴”模式，指定圆心为阵列中心点，在“阵列创建”选项卡的“项目”面板中设置“项目数”为 30，确定后完成阵列操作；然后执行“分解”命令（X），对阵列后的图形进行分解操作，如图 6-106 所示。

步骤 20 执行“删除”命令（E）和“修剪”命令（TR），将多余的线段进行修剪和删除，如图 6-107 所示。

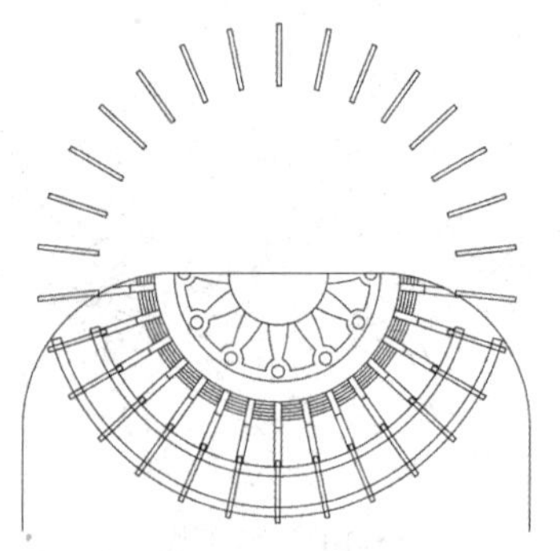

图 6-106　阵列图形

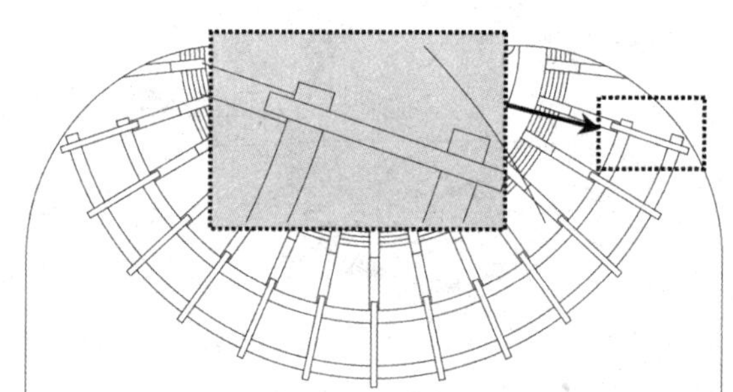

图 6-107　修剪和删除

步骤 21 采用同样方法在上方对应位置绘制一个类似的景观连廊，所绘制的图形效果如图 6-108 所示。

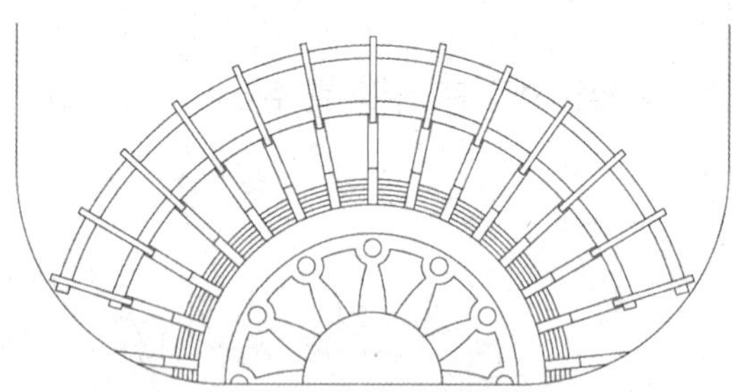

图 6-108　绘制上方的景观连廊

6.8.5　绘制景观连廊 2

步骤 1 将绘图区域移至上方花坛中间，执行“矩形”命令（REC），绘制两个矩形，尺寸分别为 90mm × 2700mm、5850mm × 180mm；再执行“移动”命令（M），将这两个矩形按照如图 6-109 所示的尺寸进行移动。

步骤 2 执行“复制”命令（CO），将大矩形向上复制一个，复制距离为 1800mm，将小矩形依次向左复制，复制距离为 360mm，复制 15 个，如图 6-110 所示。

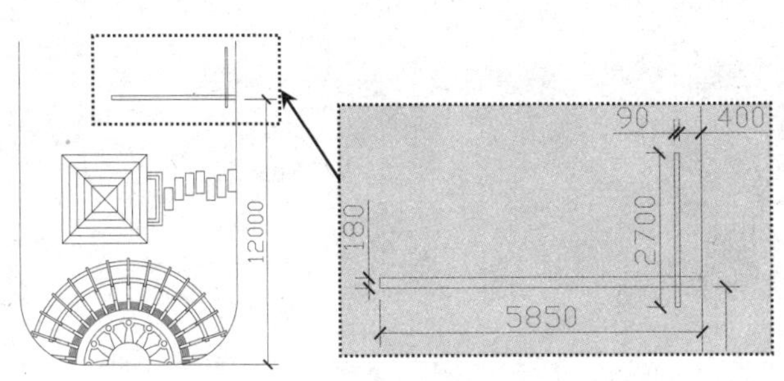

图 6-109 绘制矩形

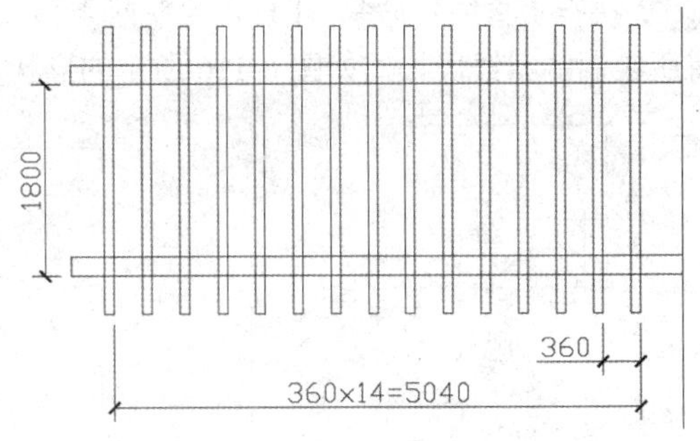

图 6-110 复制矩形

步骤 3 采用同样的方法，参照如图 6-111 所示尺寸在图形的左上方绘制一个类似的图形；然后执行“修剪”命令（TR），按照如图 6-112 所示的形状对图形进行修剪。

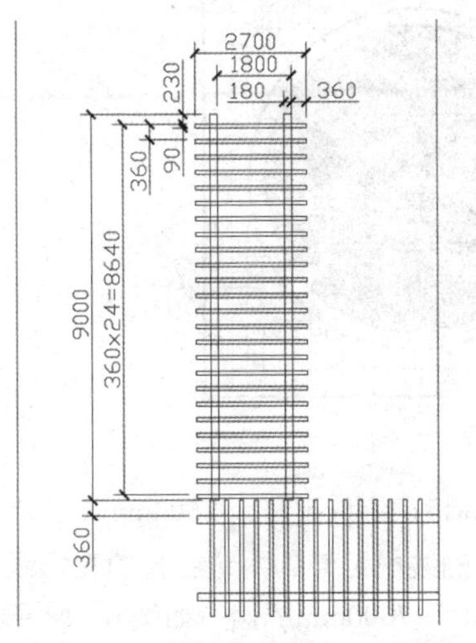

图 6-111 绘制矩形

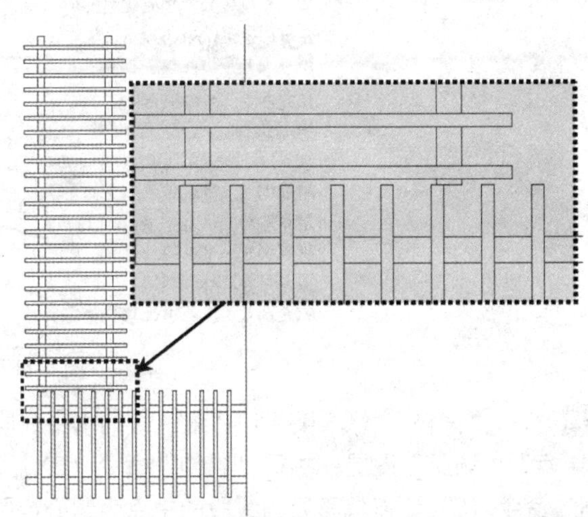

图 6-112 修剪图形

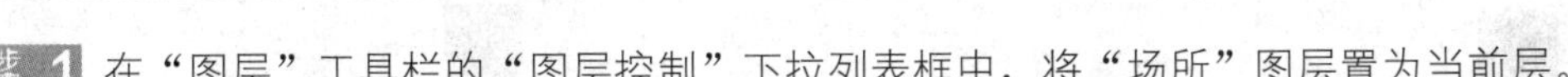

6.8.6 绘制小广场

步骤 1 在“图层”工具栏的“图层控制”下拉列表框中，将“场所”图层置为当前层。

步骤 2 将绘图区域移至上方花坛中间，执行“圆”命令（C），在上方水平线段的中点绘制一个直径为 17000mm 的圆；执行“移动”命令（M），将该圆向上移动，移动距离为 4800mm。

步骤 3 执行“修剪”命令（TR），按照如图 6-113 所示的形状对图形进行修剪。

步骤 4 执行“矩形”命令（REC），绘制 3 个矩形，尺寸分别为 2550mm × 2550mm、750mm × 750mm、150mm × 150mm；然后执行“移动”命令（M），将这几个矩形进行移动，使这几个矩形的中心点重合，再将这几个矩形移动到花坛中，移动的距离如图 6-114 所示。

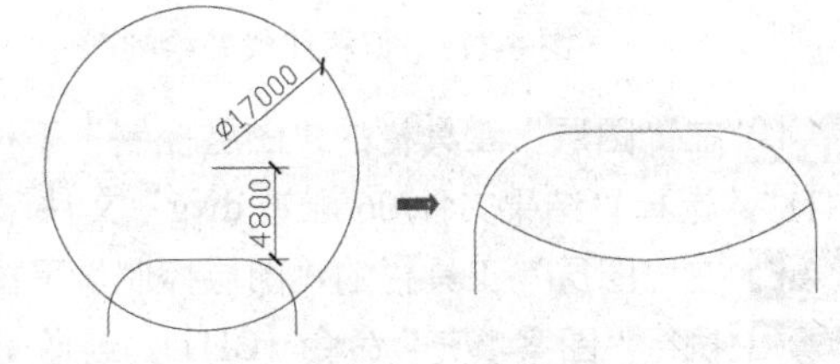

图 6-113 绘制圆弧

步骤 5 执行“圆”命令（C），以矩形的中心点为圆心，绘制两个同心圆，直径为 1800mm、2000mm，如图 6-115 所示。

步骤 6 执行“直线”命令（L），绘制两条斜线段，用来连接最大矩形的对角线；执行“修剪”命令（TR），将所绘制的斜线段按照如图 6-116 所示的形状进行修剪。

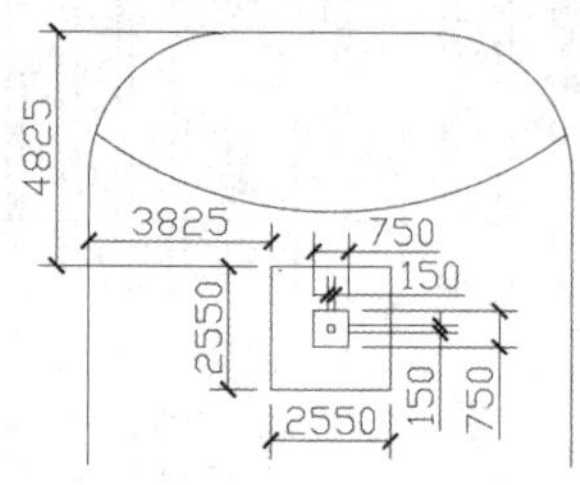

图 6-114　绘制矩形

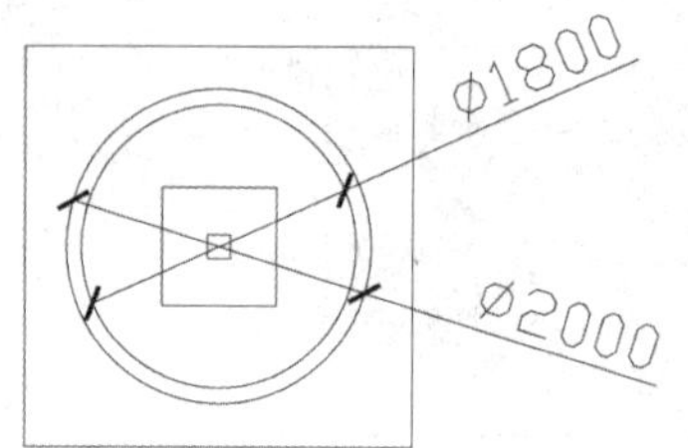

图 6-115　绘制圆

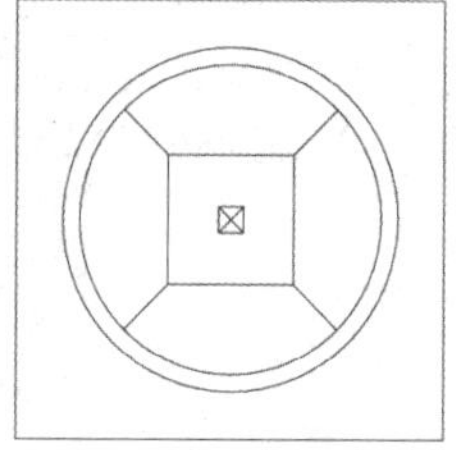

图 6-116　绘制斜线段

步骤 7 执行“图案填充”命令（BH），根据图 6-117 中提示的参数填充相关的区域。

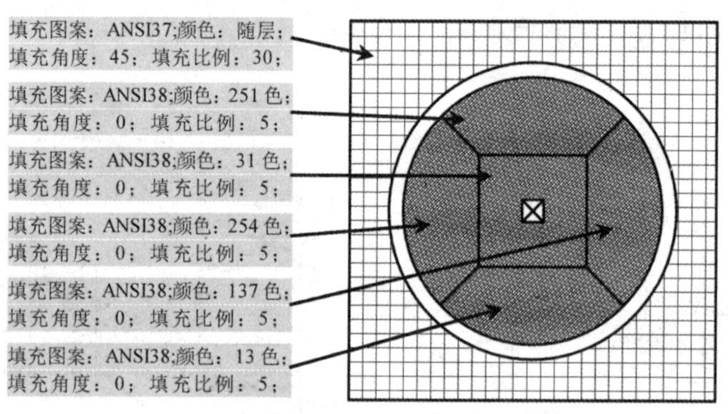

图 6-117　图案填充

步骤 8 执行“偏移”命令（O），将最上面的水平线段向下进行偏移，偏移距离为 8500mm，并将偏移后的线段转换为“场所”图层；执行“延伸”命令（EX），将偏移后的线段延伸到两边竖直的花坛线段上；执行“圆”命令（C），以偏移后的线段的中点为圆心，绘制一个直径为 7000mm的圆，如图 6-118 所示。

步骤 9 执行“修剪”命令（TR），按照如图 6-119 所示的形状对图形进行修剪。

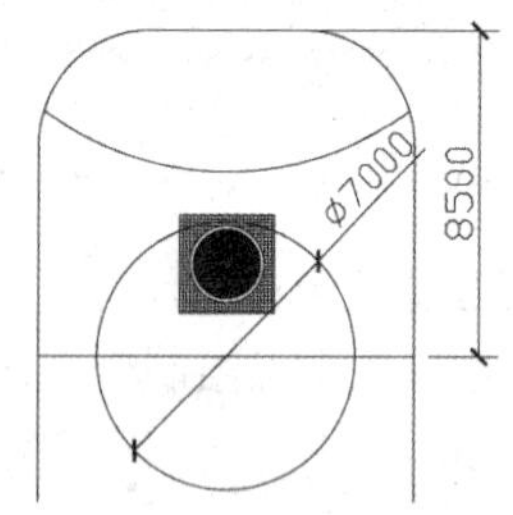

图 6-118　偏移线段并绘制圆

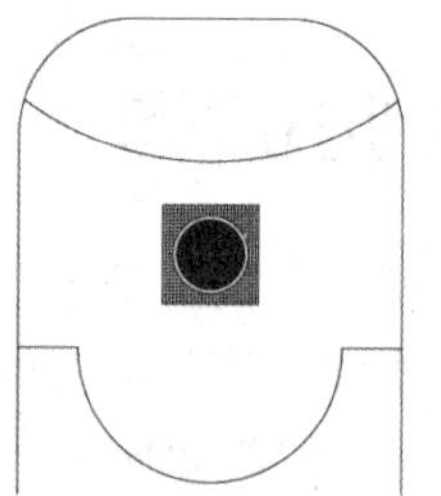

图 6-119　修剪图形

步骤 10 在“图层”工具栏的“图层控制”下拉列表框中，将“其他”图层置为当前层。执行“插入块”命令（I），选择“结果文件/06/雕塑.dwg”文件，将其插入到如图 6-120 所示的位置。

步骤 11 在“图层”工具栏的“图层控制”下拉列表框中，将“填充”图层置为当前层。

步骤 12 执行“图案填充”命令（BH），选择如图 6-121 所示的区域为填充区域，选择填充图案为AR-HBONE，设置填充角度为 0，填充比例为 5，完成图案填充。

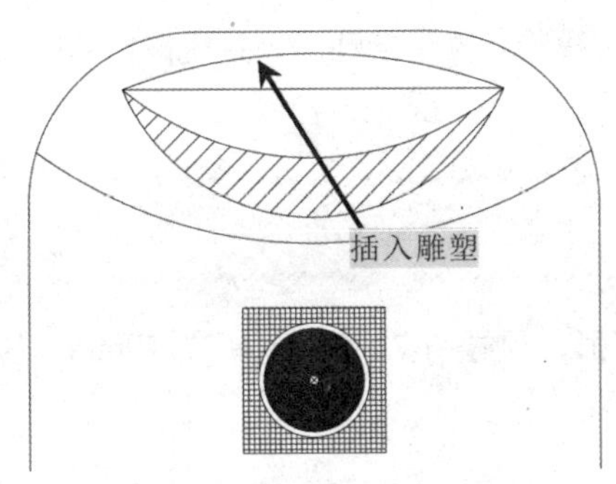

图 6-120　插入雕塑

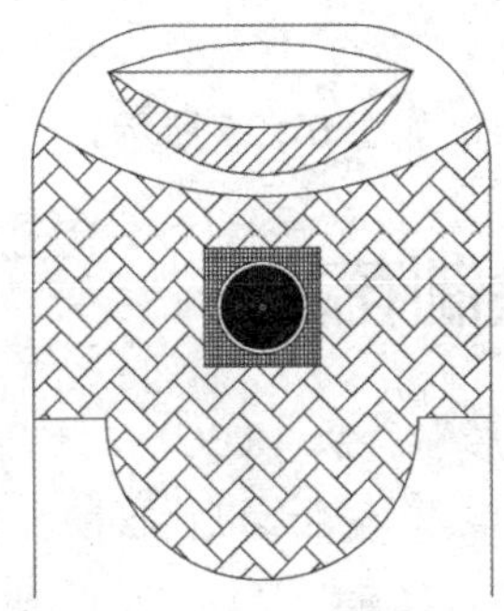
图 6-121　图案填充

6.8.7　绘制休闲小道

步骤 1 在“图层”工具栏的“图层控制”下拉列表框中，将“道路”图层置为当前层。

步骤 2 将绘图区域移至花坛中间，执行“圆弧”命令（A），在左侧任意绘制几个圆弧，用来表示休闲小道的轮廓，如图 6-122 所示。

步骤 3 执行“直线”命令（L），任意绘制几条斜线段，如图 6-123 所示。

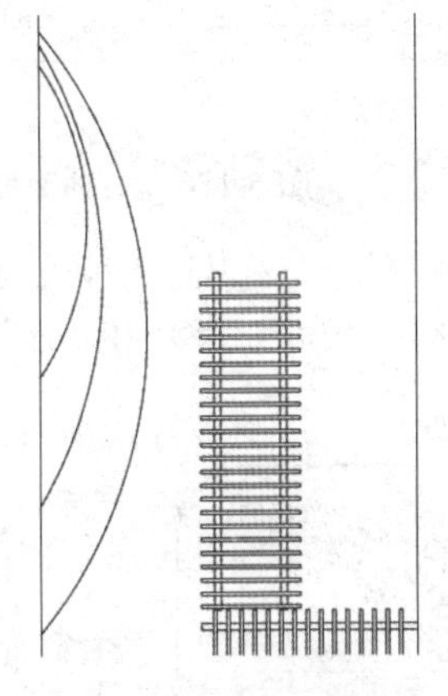
图 6-122　绘制圆弧

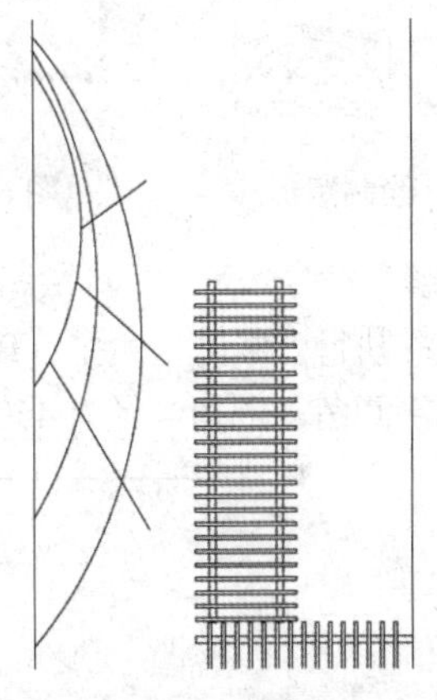
图 6-123　绘制斜线段

6.9　绘制厂区花坛

在现代的工厂总平面图中，要设置相应面积的花坛，包括宣传栏、花坛、休闲亭、休闲小道、景观石等。

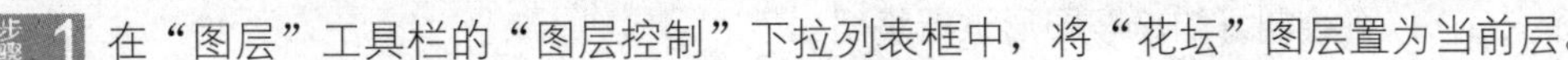

6.9.1　绘制宣传栏

步骤 1 在“图层”工具栏的“图层控制”下拉列表框中，将“花坛”图层置为当前层。

步骤 2 执行“矩形”命令（REC），绘制一个尺寸为 800mm × 26000mm的矩形，并将该矩形转换为“建筑”图层；执行“移动”命令（M），将该矩形按照如图 6-124 所示的尺寸进行移动，使其右侧竖直线段与车间右侧竖直线段保持在竖直方向上对齐。

步骤 3 执行“直线”命令（L），在矩形的上方和下方绘制几条折线段，表示自动门，并将该自动门图形转换为“设施”图层，如图 6-125 所示。

6.9.2 绘制花坛

步骤 1 执行“矩形”命令（REC），在宣传栏的左侧绘制一个矩形，尺寸为 73000mm×27750mm；执行“移动”命令（M），将该矩形进行移动，移动尺寸如图 6-126 所示。

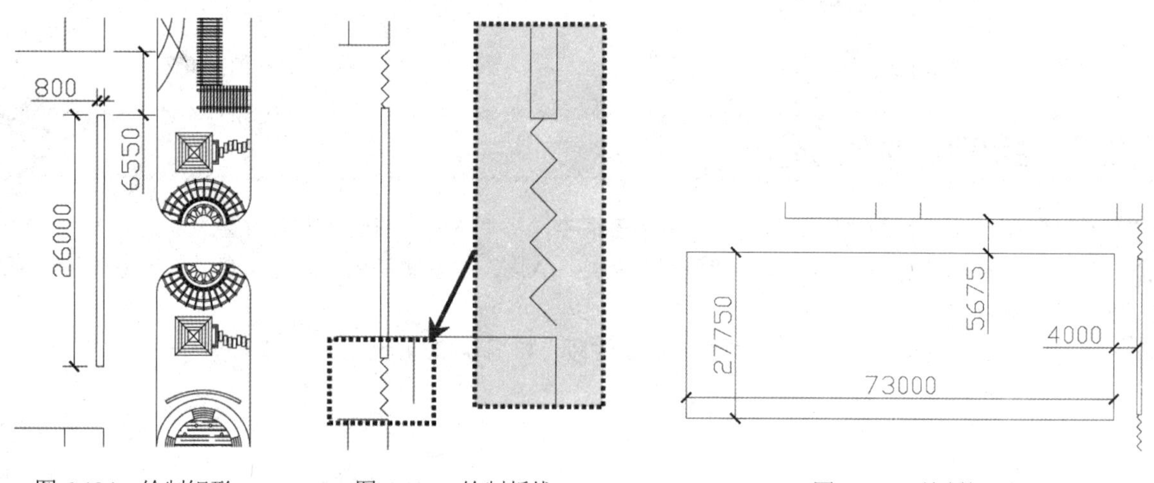

图 6-124 绘制矩形　　图 6-125 绘制折线　　图 6-126 绘制矩形

步骤 2 执行“分解”命令（X），对绘制的矩形进行分解操作；执行“偏移”命令（O），将分解后的矩形的相关线段进行偏移；执行“修剪”命令（TR），将图形进行修剪；然后执行“圆角”命令（F），将修剪后的图形的相关地方进行倒圆角，倒角半径为 4500mm，如图 6-127 所示。

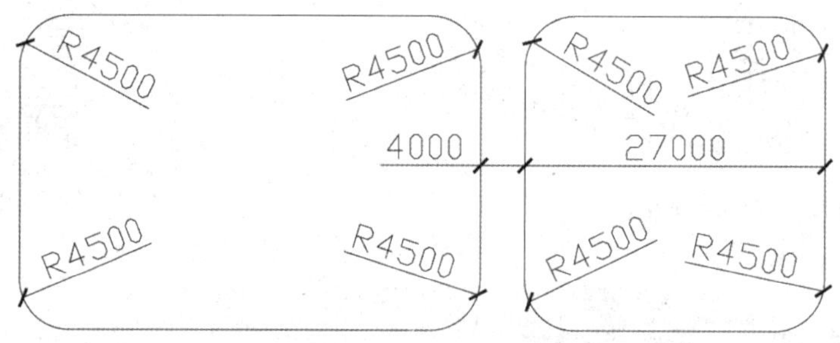

图 6-127 修剪图形

6.9.3 绘制休闲亭

步骤 1 参照前面绘制休闲亭的方法，绘制两个凉亭图形；再执行“移动”命令（M），按照如图 6-128 所示的形状将这两个凉亭进行移动；执行“修剪”命令（TR），对这两个凉亭图形进行修剪。

步骤 2 执行“编组”命令（G），将绘制好的凉亭图形进行编组。

步骤 3 执行“移动”命令（M），将编组后的凉亭图形按照如图 6-129 所示的尺寸进行移动。

步骤 4 在“图层”工具栏的“图层控制”下拉列表框中，将“道路”图层置为当前层。

步骤 5 执行“多段线”命令（PL），在凉亭左侧绘制两条多段线，表示凉亭休闲小道，如图 6-130 所示。

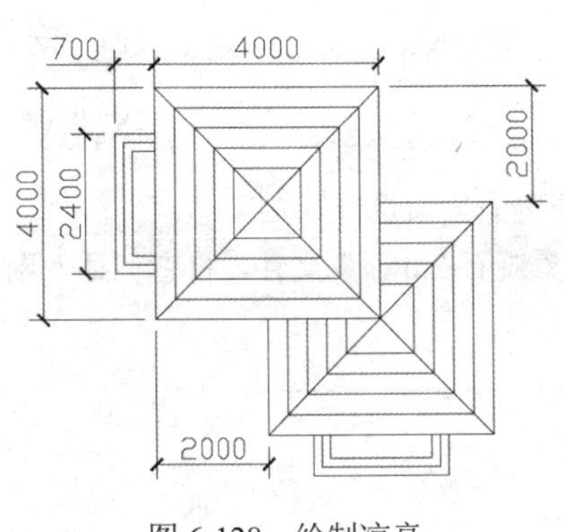

图 6-128　绘制凉亭

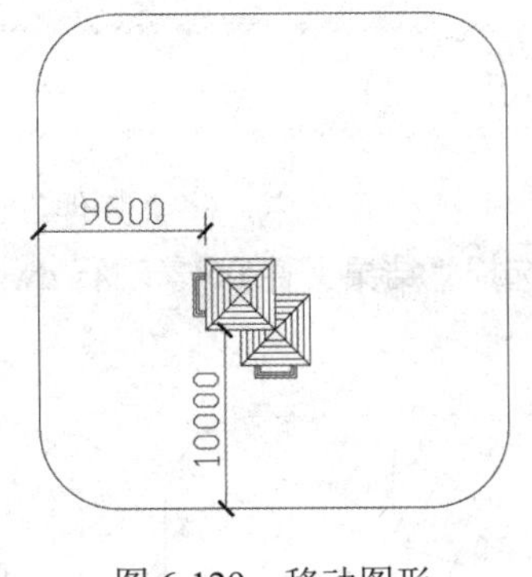

图 6-129　移动图形

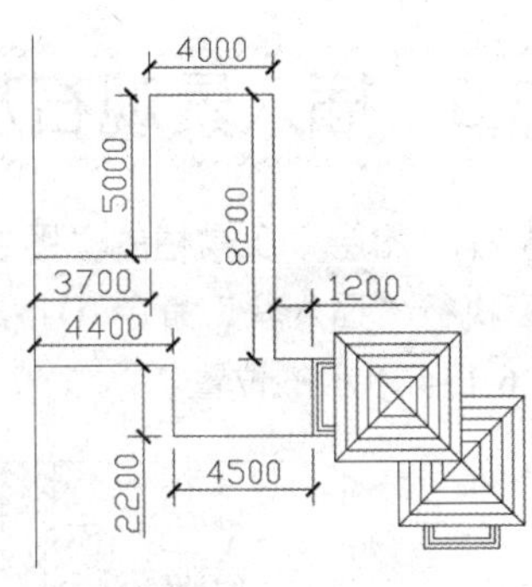

图 6-130　绘制多段线

步骤 6 在“图层”工具栏的“图层控制”下拉列表框中，将“填充”图层置为当前层。

步骤 7 执行“图案填充”命令（BH），选择如图 6-131 所示的区域为填充区域，选择填充图案为AR-HBONE，设置填充角度为 0，填充比例为 5，完成凉亭休闲小道的图案填充。

步骤 8 参照以上步骤，在左边花坛的左上侧绘制一个休闲凉亭及休闲小道，并完成图案填充，如图 6-132 所示。

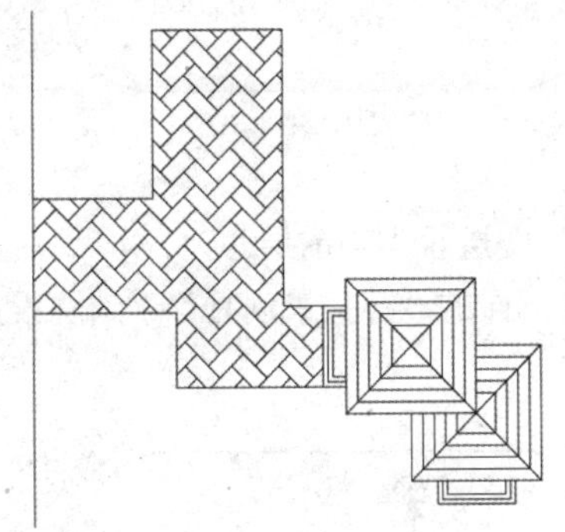

图 6-131　图案填充

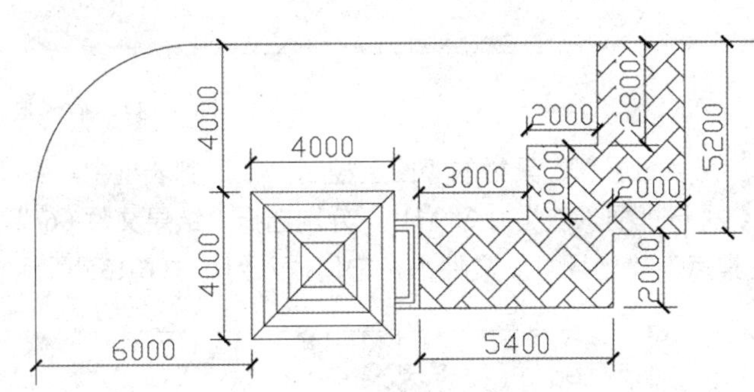

图 6-132　绘制多段线

6.9.4　绘制休闲小道

步骤 1 在“图层”工具栏的“图层控制”下拉列表框中，将“道路”图层置为当前层。

步骤 2 参照前面绘制休闲小道的方法，在左边花坛中绘制两条休闲小道，如图 6-133 所示。

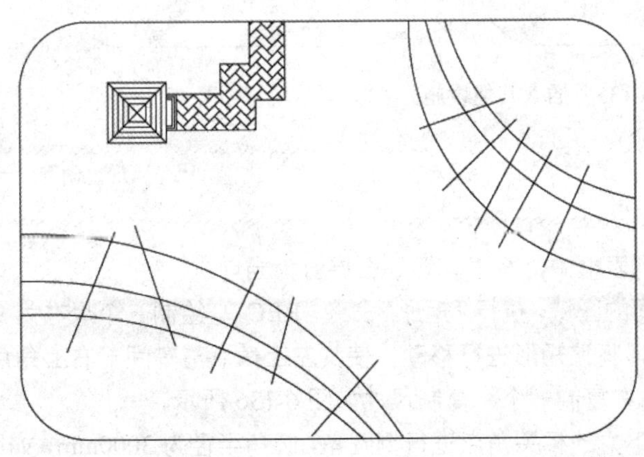

图 6-133　绘制休闲小道

6.9.5 插入景观石及设施

步骤 1 在“图层”工具栏的“图层控制”下拉列表框中，将“其他”图层置为当前层。

步骤 2 执行“插入块”命令（I），分别选择“结果文件/06/景观石.dwg、景观石 2.dwg”文件，将它们插入到如图 6-134 所示的位置。

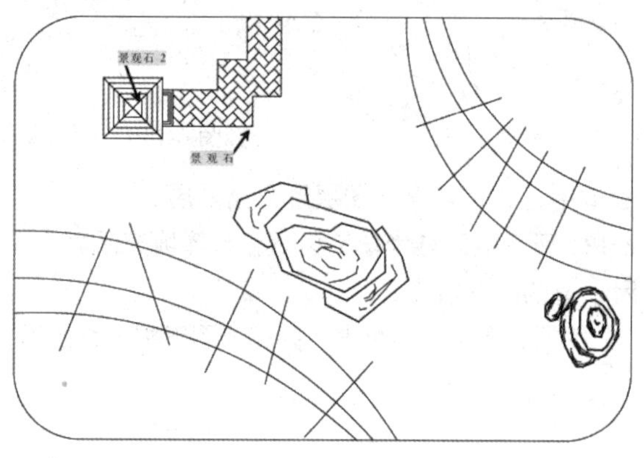

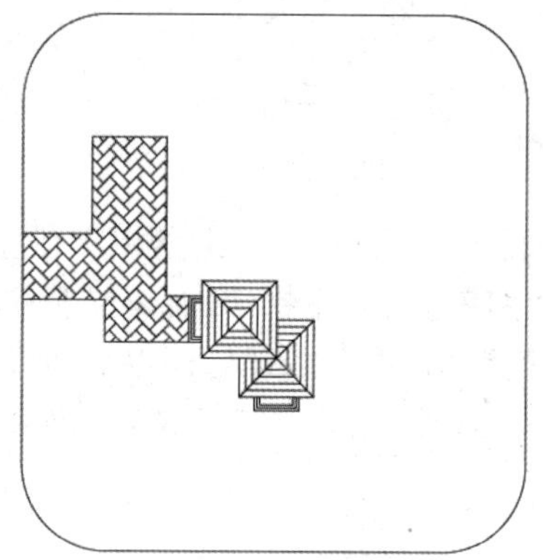

图 6-134 插入景观石

步骤 3 在“图层”工具栏的“图层控制”下拉列表框中，将“设施”图层置为当前层。

步骤 4 执行“插入块”命令（I），分别选择“结果文件/06/”文件夹下面的“石头景观柱”“消防设施”“垃圾收集点”“地坪灯”文件，将它们插入到如图 6-135 所示的位置。

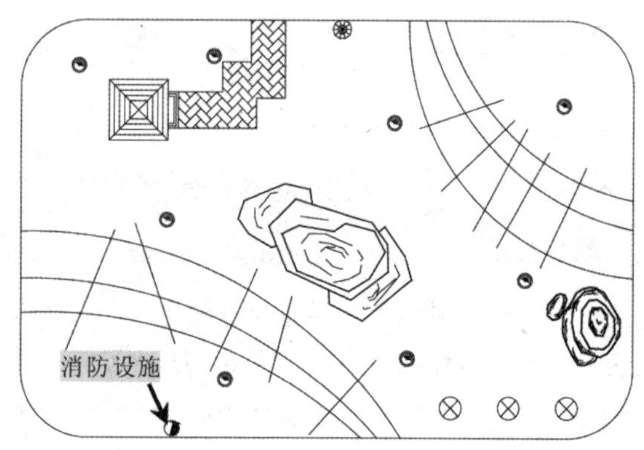

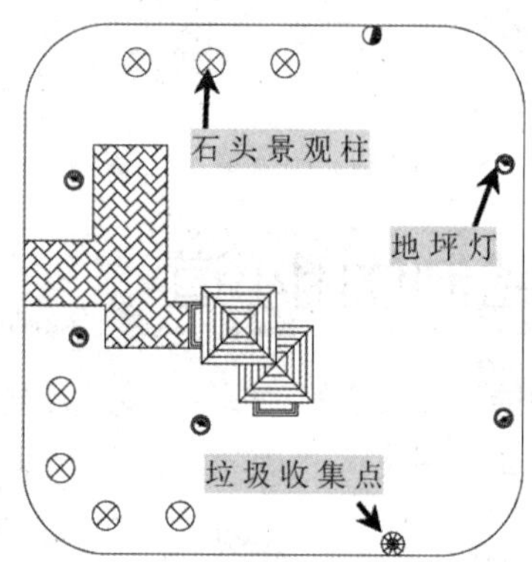

图 6-135 插入其他设施

6.9.6 绘制其他花坛

步骤 1 在“图层”工具栏的“图层控制”下拉列表框中，将“花坛”图层置为当前层。

步骤 2 将绘图区域移至车间一和车间二上方中间的区域，执行“矩形”命令（REC），绘制一个尺寸为 9280mm×23040mm的矩形；执行“移动”命令（M），将该矩形进行移动，使其左上角点与车间一右上角点重合；再执行“复制”命令（CO），将该矩形水平向右复制一个，复制尺寸如图 6-136 所示。

步骤 3 执行“圆角”命令（F），对所绘制的矩形下方的相关角点进行倒圆角，圆角半径为 3000mm，如图 6-137 所示。

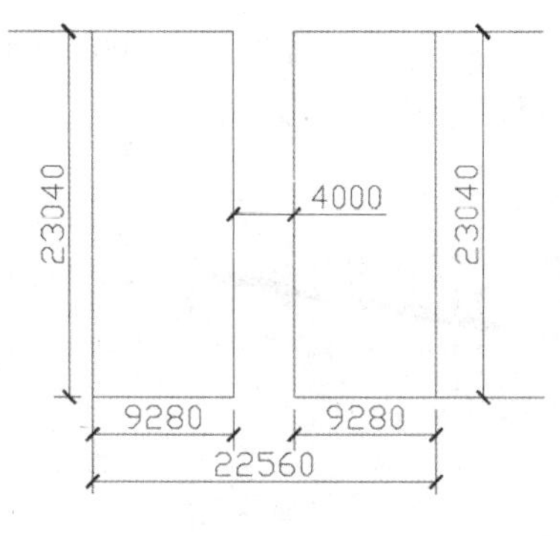

图 6-136　绘制矩形

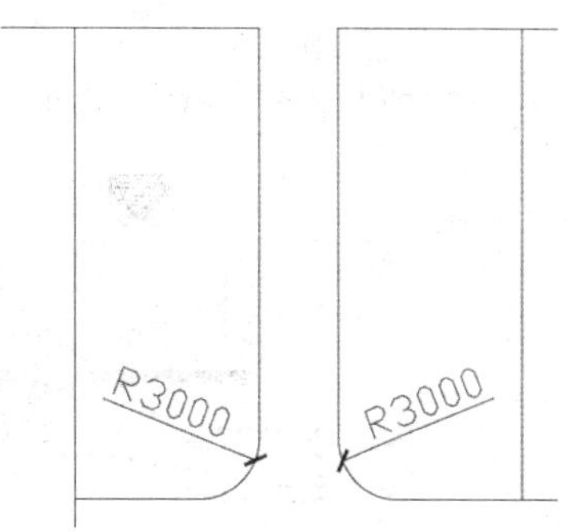

图 6-137　倒圆角

步骤 4 在“图层”工具栏的“图层控制”下拉列表框中，将“围墙”图层置为当前层。

步骤 5 执行“矩形”命令（REC），绘制一个尺寸为 9280mm × 400mm的矩形；执行“移动”命令（M），将该矩形进行移动，使其左上角点与车间一右上角点重合；再执行“复制”命令（CO），将该矩形水平向右复制一个，复制尺寸如图 6-138 所示。

步骤 6 执行“矩形”命令（REC），绘制一个尺寸为 4000mm × 4000mm的矩形；执行“移动”命令（M），将该矩形进行移动，移动的尺寸如图 6-139 所示，再将该矩形转换为“建筑”图层，表示门卫值班室。

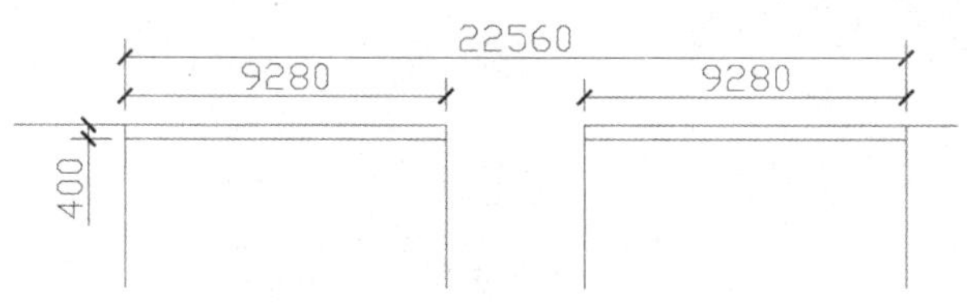

图 6-138　绘制围墙

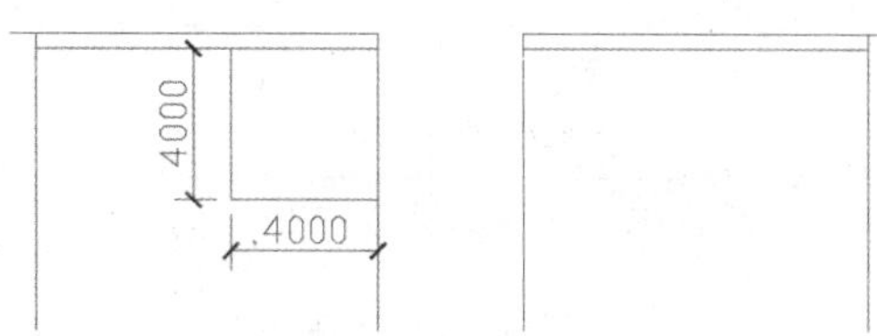

图 6-139　绘制门卫室

步骤 7 执行“矩形”命令（REC），绘制一个尺寸为 4000mm × 300mm的矩形，并将该矩形转换为“设施”图层，用以表示门口自动起落杆；执行“移动”命令（M），将其移动到如图 6-140 所示的位置，使其左侧竖直线段的中点与左边围墙矩形的右侧竖直线段的中点重合。

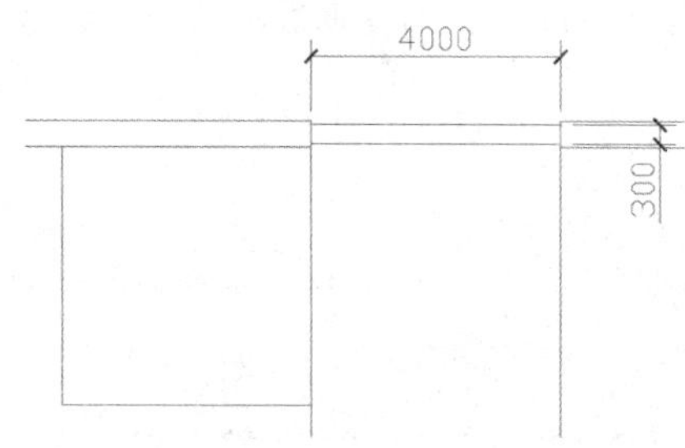

图 6-140　绘制门口栏杆

6.10 绘制厂区大门

工厂总是要有大门的，在大门处应设置传达室，以及安装自动门对象。

6.10.1　绘制传达室

步骤 1 在“图层”工具栏的“图层控制”下拉列表框中，将“建筑”图层置为当前层。

步骤 2 将绘图区域移至图形的正下方，执行“矩形”命令（REC），绘制一个尺寸为 10000mm×4000mm的矩形；再执行“移动”命令（M），按照如图 6-141 所示的尺寸将该矩形移动到厂区大门口位置。

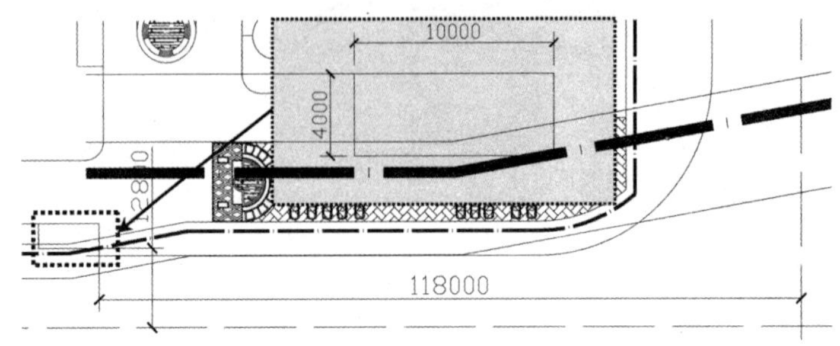

图 6-141　绘制门口栏杆

步骤 3 执行“分解”命令（X），对所绘制的矩形进行分解操作；执行“偏移”命令（O），将分解后的矩形的相关线段进行偏移操作，偏移距离如图 6-142 所示。

步骤 4 执行“直线”命令（L），绘制一条斜线段以连接刚才偏移线段新形成的交点；执行“修剪”命令（TR），将图形按照如图 6-143 所示的形状进行修剪。

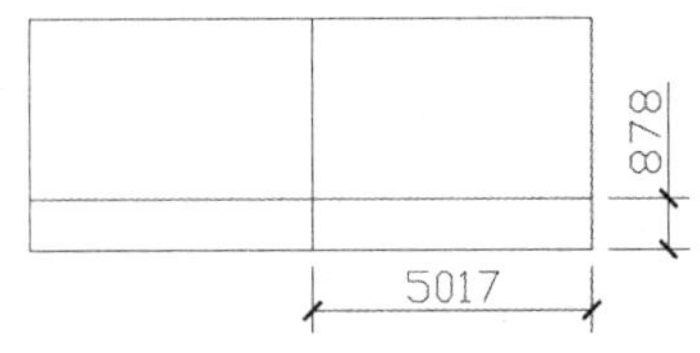

图 6-142　偏移线段

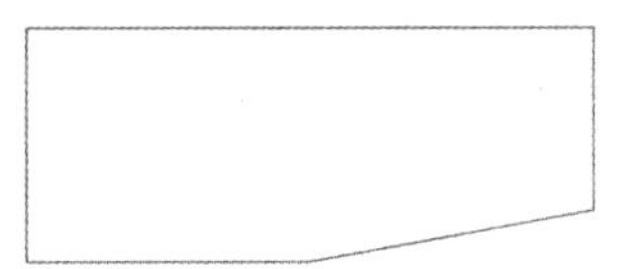

图 6-143　绘制斜线段并修剪图形

步骤 5 执行“圆”命令（C），以右端竖直线段的中点为圆心，绘制一个直径为 3122mm的圆；再执行“修剪”命令（TR），对图形进行修剪，如图 6-144 所示。

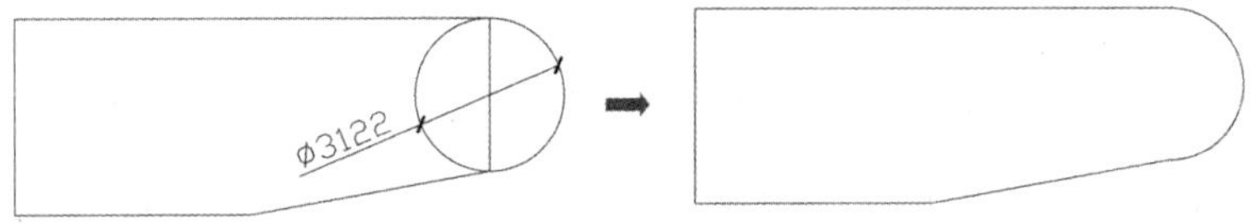

图 6-144　绘制圆弧

6.10.2　绘制自动门

步骤 1 在“图层”工具栏的“图层控制”下拉列表框中，将“设施”图层置为当前层。

步骤 2 执行“矩形”命令（REC），在停车场喷泉下方围墙处绘制一个 800mm×800mm的矩形，用于表示厂区大门口自动门门墩；再执行“移动”命令（M），将该矩形按照如图 6-145 所示的位置进行移动。

步骤 3 执行“矩形”命令（REC），绘制一个尺寸为 1800mm×400mm的矩形，用来表示自动门；执行“构造线”命令（XL），在矩形的左上角点绘制一条角度为–45° 的构造线；执行“修剪”命令（TR），将所绘制的构造线进行修剪。

步骤 4 执行“镜像”命令（MI），选择修剪后的斜线段为镜像对象，选择斜线段的下端点为镜像点，将斜线段向右镜像；重复“镜像”命令操作，直到布满整个矩形，如果超出矩形，则执行“修剪”命令（TR），将超出部分进行修剪，如图 6-146 所示。

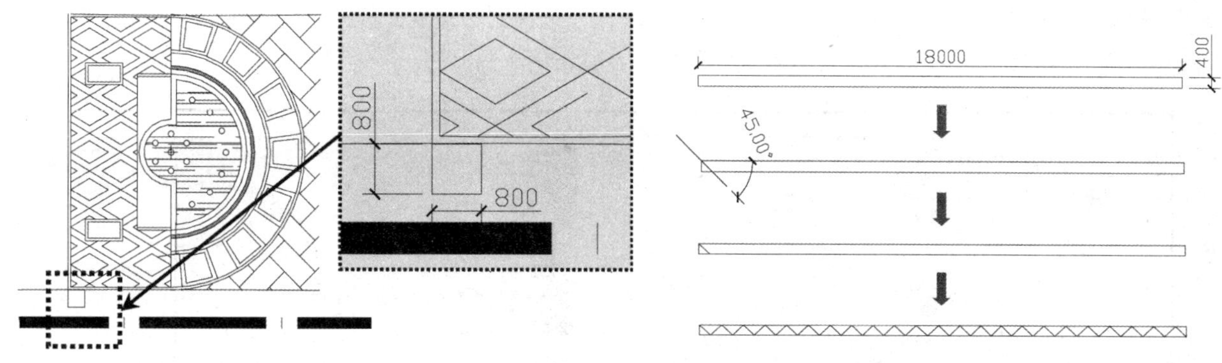

图 6-145　绘制矩形　　　　图 6-146　绘制自动门

步骤 5 执行“编组”命令（G），将绘制的图形进行编组；执行“移动”命令（M），将编组后的图形进行移动，使其右侧竖直线段的中点与大门口自动门门墩的左侧竖直线段的中点重合。

步骤 6 执行“修剪”命令（TR），根据如图 6-147 所示的形状，对从传达室到自动门门墩这一段的围墙线段进行修剪。

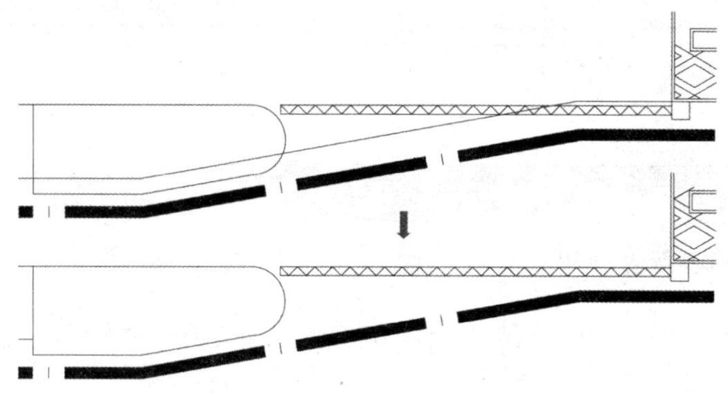

图 6-147　修剪围墙线段

6.11 绿化及其他设施的布置

工厂的总平面图绘制完成后，可根据需要插入相应的绿化及其他设置对象。

6.11.1 插入其他设施

步骤 1 在“图层”工具栏的“图层控制”下拉列表框中，将“设施”图层置为当前层。

步骤 2 执行“插入块”命令（I），分别选择“结果文件/06/”文件夹下面的 “消防设施”“垃圾收集点”“地坪灯”文件，将它们插入到图形中。

6.11.2 草坪填充

步骤 1 在“图层”工具栏的“图层控制”下拉列表框中，将“绿化”图层置为当前层。

步骤 2 执行“图案填充”命令（BH），选择如图 6-148 所示的区域为填充区域，选择填充图案为GRASS，设置填充角度为 0，填充比例为 40，对相关草坪和花坛完成绿化填充。

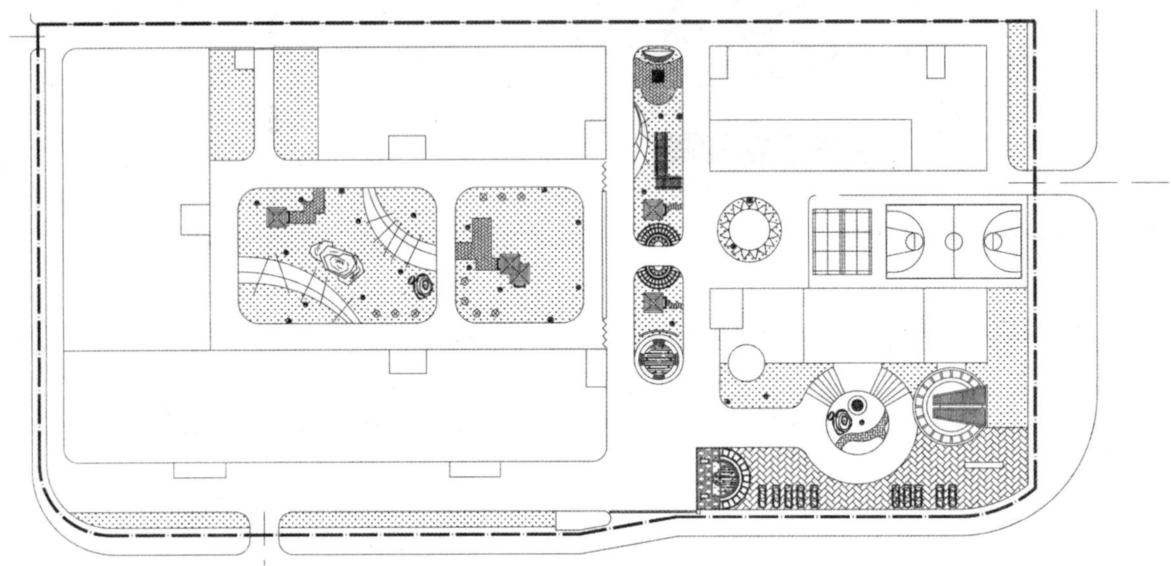

图 6-148 草坪填充

提示——填充无效时的解决办法

填充无效时的解决方法是：OP→“显示”选项卡→“应用实体填充”（勾选）。

步骤 3 执行“插入块”命令（I），插入“结果文件/06”下的各种花卉、树木文件，按照如图 6-149 所示的位置将这些树木插入到图中相关地方。

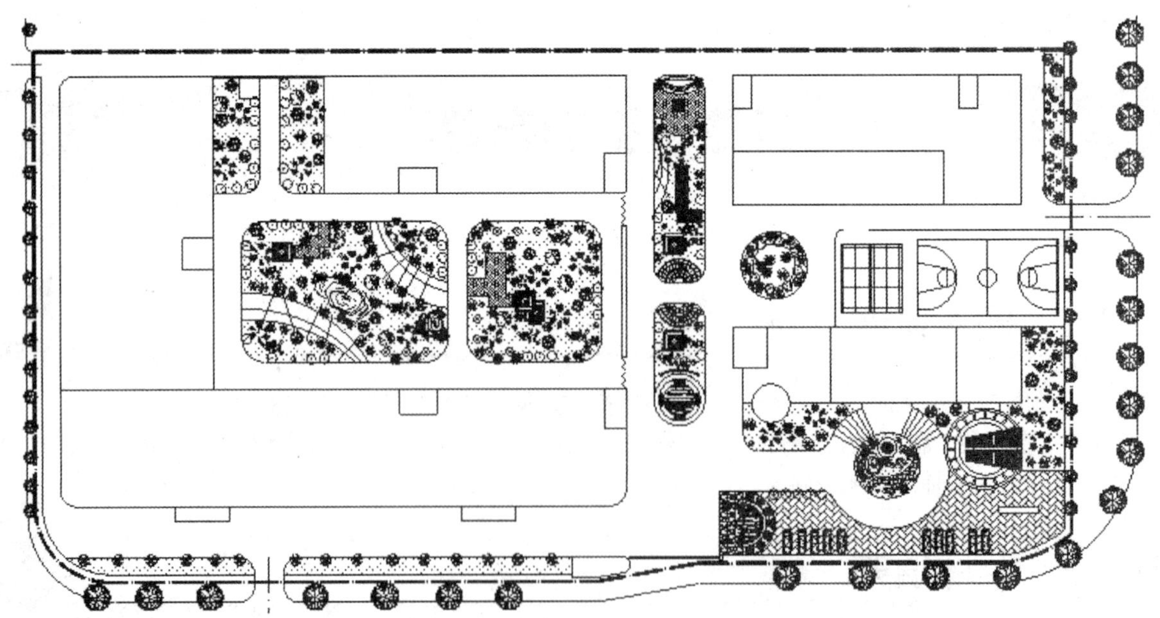

图 6-149 插入植物

6.12 总平面图的标注

在总平面图的最后，应对其进行标注操作，包括出入标示、文字标注、指北针标注、说明栏信息和图名标注等。

6.12.1 绘制出入标示

步骤 1 在“图层”工具栏的“图层控制”下拉列表框中，将“其他”图层置为当前层。执行“多段线”命令（PL），绘制一条水平的多段线，长度为 5000mm。

步骤 2 执行“特性”命令（MO），将该多段线的宽度设置为 1000mm；执行“复制”命令（CO），将该多段线向上进行复制，复制间距为 2000mm，复制 4 条。

步骤 3 执行“多段线”命令（PL），绘制一条竖直的多段线，长度为 5000mm；执行“特性”命令（MO），将该多段线下方顶点的宽度设置为 8000mm。

步骤 4 执行“移动”命令（M），将该多段线移动到前面复制的多段线的正上方，使其下方中点与前面复制的多段线的中点在同一竖直位置，距离为 1000mm，所绘制的图形效果如图 6-150 所示。执行“编组”命令（G），将绘制好的图形进行编组。

步骤 5 执行“复制”（CO）、“比例缩放”（SC）、“旋转”（RO）等命令，将编组后的图形依照如图 6-151 所示的位置进行复制。

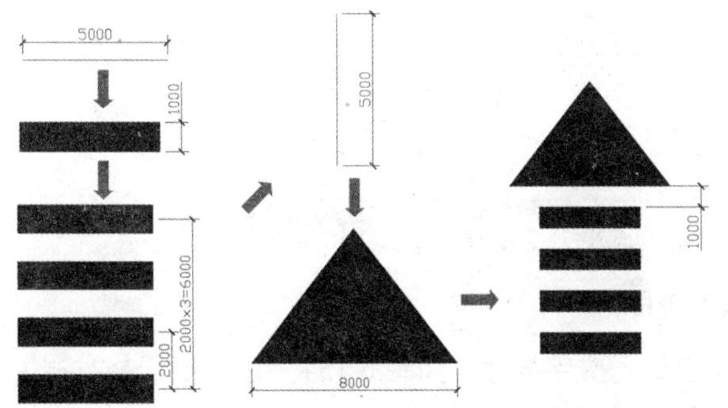

图 6-150　绘制出入标示

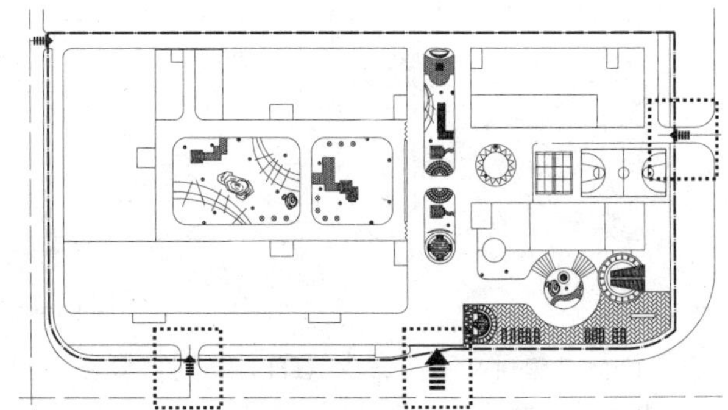

图 6-151　复制出入标示

6.12.2 文字标注

步骤 1 单击“图层”工具栏的“图层控制”下拉列表框，选择“文字标注”图层为当前层；在“注释”选项卡的“文字”选项中选择“图内说明”文字样式。

步骤 2 执行“单行文字”命令（DT），对图形中的相关建筑和场所进行文字标注；重复执行“单行文字”命令（DT），对总平面图的一些情况进行文字描述，如图 6-152 所示。

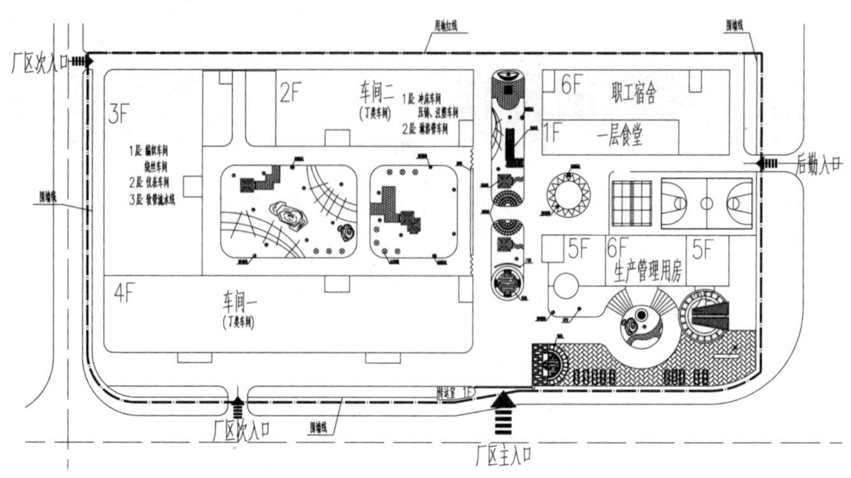

图 6-152　文字标注

6.12.3　绘制说明栏

步骤 1 执行“矩形”（REC）、“直线”（L）、“偏移”（O）、“修剪”（TR）等命令，按照如图 6-153 所示的尺寸绘制一张表格。

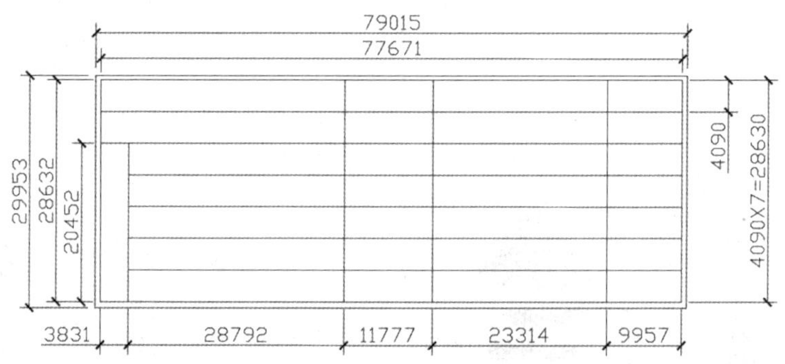

图 6-153　绘制表格

步骤 2 执行“单行文字”命令（DT），对该表格的一些情况进行文字描述，如图 6-154 所示。当表格数据输入完成之后，再执行“移动”命令（M），将该表格移动到工厂建筑总平面图的右下方的空白处。

经济技术指标

建设用地面积（平方米）		21440	建筑占地面积（平方米）	8495.17
总建筑面积（平方米）		31853.2	建筑密度	39.6%
其中	生产管理用房建筑面积（平方米）	5041.07	容积率	1.486
	车间一建筑面积（平方米）	16819.01	绿地面积（平方米）	5853.12
	车间二建筑面积（平方米）	3000.95	绿地率	27.3%
	职工宿舍建筑面积（平方米）	6945.68	地上停车位	12位
	传达室建筑面积（平方米）	46.5		

图 6-154　输入表格数据

6.12.4　插入风玫瑰

执行“插入块”命令（I），插入“结果文件/06”下的“风玫瑰”文件，用来指示该地区的风速、风向等及该厂区朝向的情况，如图 6-155 所示。

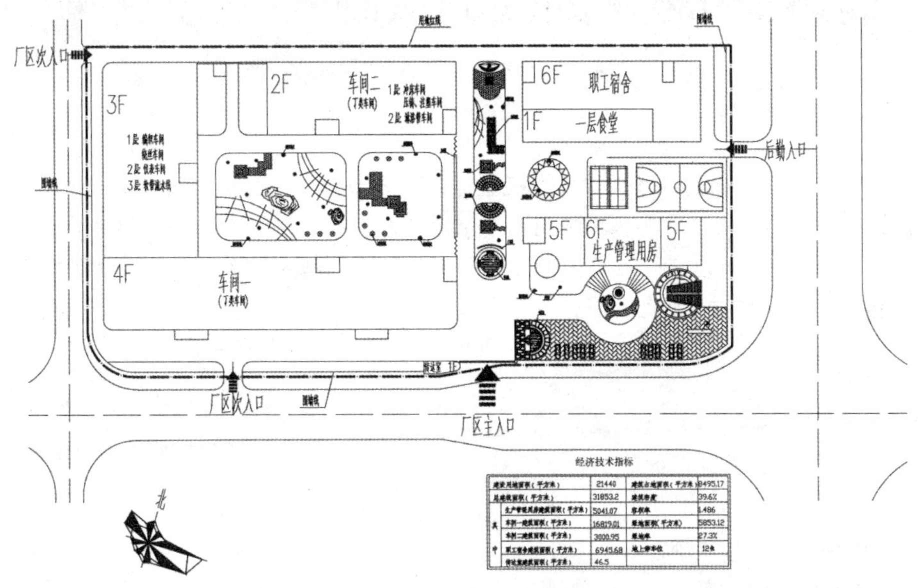

图 6-155　插入风玫瑰

6.12.5　图名标注

步骤 1 在“样式”工具栏中选择“图名”文字样式，在“文字”工具栏中单击“单行文字”按钮A，设置其对正方式为“居中”，在图形的下侧中间位置输入图名“工厂建筑总平面图”和“1:500”；然后分别选择相应的文字对象，执行“特性”命令（MO），打开“特性”面板，修改相应文字的大小为 10000 和 5000。

步骤 2 执行“多段线”命令（PL），在图名的下侧绘制一条水平线段，指定多段线宽度为 1500，如图 6-156 所示。

工厂建筑总平面图　1:500

图 6-156　图名标注

提示——鼠标中键不好用

在正常情况下，AutoCAD软件的滚轮可用来放大、缩小和平移（按住情况下），但有的时候，按住滚轮，不是平移，而是出现一个菜单。这时只需整一下系统变量MBUTTONPAN即可，它的初始值为 1，即当按住并拖动按钮或滑轮时，支持平移操作。如果值为 0，则代表支持菜单（.mnu）文件定义的动作。

第 7 章 步行街总平面图的绘制

本章主要学习步行街总平面图的绘制，首先设置建筑总平面的绘图样板；然后绘制道路、建筑物等（因为是步行街，休闲广场较多，所以需要根据不同的要求绘制相关的广场），再绘制相关的场所，如花坛、景观连廊、石头桌椅、停车场等，以及在相关的地方进行草坪填充和插入树木等；最后对步行街总平面图进行尺寸标注、文字标注，并绘制相关的指北针。

学习目标

- 绘图环境的调用及道路轮廓的绘制
- 绘制步行街各种建筑物的轮廓
- 绘制运动场和 3 个广场轮廓
- 绘制 3 个休闲广场的轮廓
- 绘制停车场及其他场所
- 步行街绿化的填充和树木的布置
- 步行街总平面图的标注操作

7.1 实例概述与效果预览

和前面章节一样，调用以前所保存的“建筑总平面图.dwt”样板文件，并将其另存为“步行街建筑总平面图.dwg”文件；接着修改绘图环境，再绘制辅助线轴网、新建建筑物轮廓、其附属设施和绿化、道路填充等；最后进行文字、尺寸和图名的标注，所绘制的步行街建筑总平面的效果如图 7-1 所示。

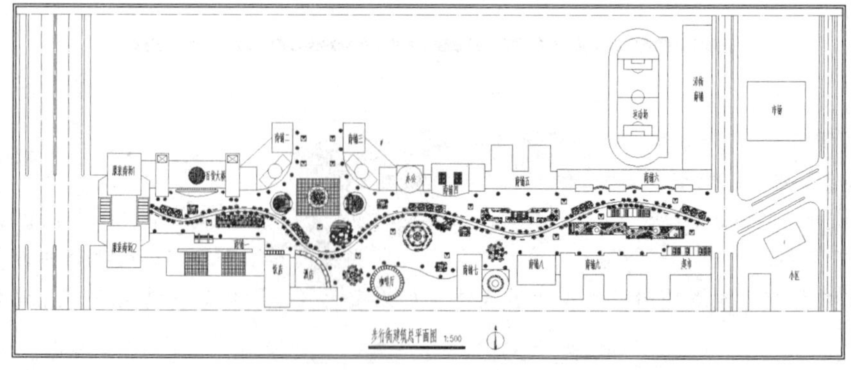

图 7-1　步行街建筑总平面图

7.2 调用样板文件

调用前面章节所建立好的“建筑总平面图.dwt”样板文件，然后另存为新的文件，并作一些调整设置。

步骤 1 执行“文件/打开”菜单命令，将“结果文件/04/建筑总平面图.dwt”文件打开。

步骤 2 再执行“文件/另存为”菜单命令，将文件另存为“结果文件/07/步行街建筑总平面图.dwg”文件。

步骤 3 执行“格式/图层”菜单命令，弹出“图层特性管理器”选项板，单击“新建图层”按钮，在名称栏中输入“车辆”；再单击“颜色”按钮，弹出“选择颜色”对话框，在颜色栏中输入“144”，单击“确定”按钮，完成该图层的颜色选择。

步骤 4 其他相关设置采用默认值，完成“车辆”图层的建立，然后单击右上角的“关闭”按钮，退出“图层特性管理器”选项板，如图 7-2 所示。

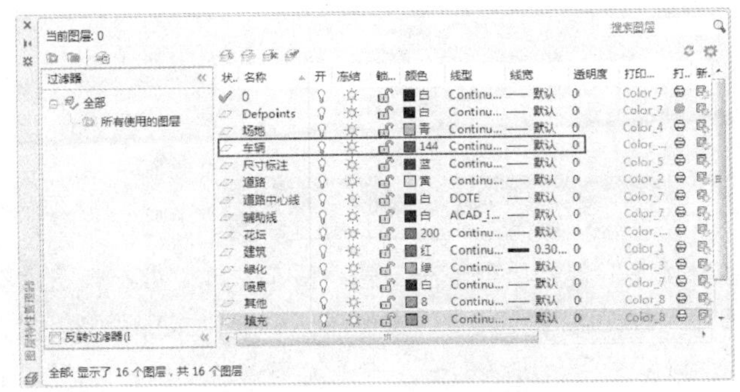

图 7-2　新建“车辆”图层

步骤 5 重复上面的步骤，新建一个“设施”图层，图层颜色设置为“11”号，其他设置保持默认状态，如图 7-3 所示。

步骤 6 完成图层的建立后，执行“文件/保存”菜单命令，将修改后的绘图环境进行保存。

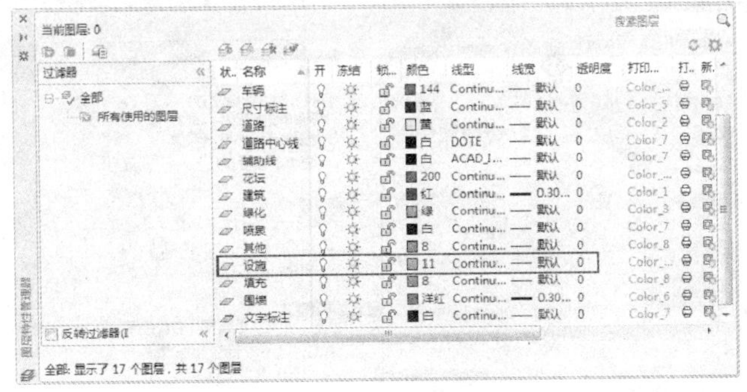

图 7-3　新建“设施”图层

7.3 绘制道路轮廓

前面已经设置好了相关的图层，接下来就正式开始绘制步行街总平面图了。

7.3.1 绘制道路基准线

步骤 1 在“图层”工具栏的“图层控制”下拉列表框中，将“辅助线”图层置为当前层。

步骤 2 执行“构造线”命令（XL），绘制一条竖直和一条水平的构造线；并执行“偏移”命令（O），将竖直的构造线向左依次偏移，偏移距离为71400mm、456500mm、18900mm，并将水平的构造线向上依次进行偏移，偏移尺寸为54500mm、92300mm，偏移后的图形如图7-4所示。

步骤 3 执行“直线”命令（L），绘制一条斜线段以连接如图7-5中虚线框所示的两个交点；然后执行“修剪”命令（TR）和“删除”命令（E），对图形进行修剪，这样步行街附近道路基准线就已经绘制好了。

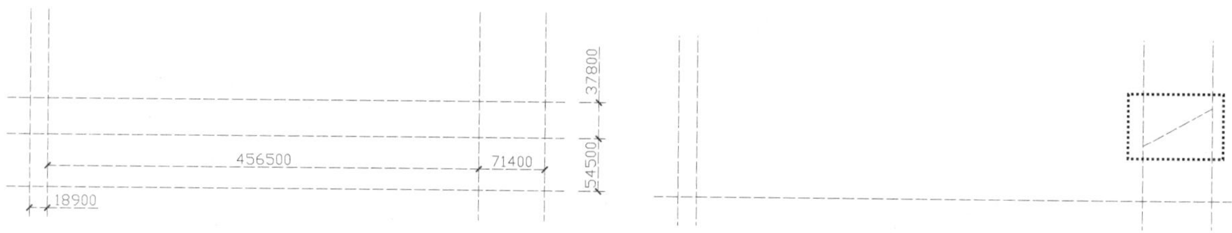

图7-4 绘制构造线并偏移

图7-5 绘制斜线段

提示——鼠标右键

在AutoCAD软件中，“确定”键有两个：一个是“回车”键；另一个是“空格”键。

因为主键盘上的“回车”键距离操作键盘的左手较远，所以很少用到，只是小键盘上的“回车”键因为要输入数据的缘故，时常用到。所以，输入命令时都以“空格”键来执行“确定”命令。

但是，在左手高频率的键盘输入命令时，一方面要做到快速准确地找到各个键的位置，又要考虑到和鼠标左键的配合，所以，在使用AutoCAD软件时，经常用鼠标右键来代替“确定”键，能起到很好的效果，并且使自己的左手不再那么累。

具体设置方法是：OP→“用户系统配置”选项卡→“绘图区域中使用快捷菜单”选项（选中）→自定义右键单击→“重复上一个命令”和“确认”选项（全部选中）→应用并关闭→确定，如图7-6所示。

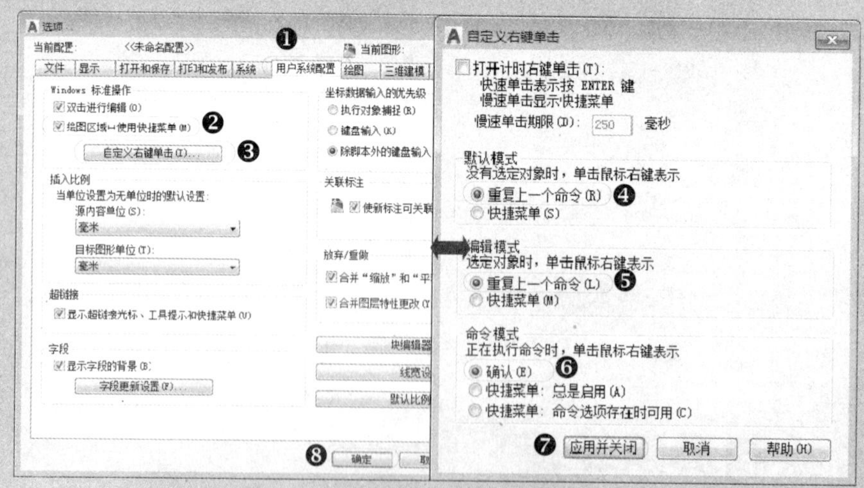

图7-6 确定键的应用

7.3.2　绘制道路轮廓

步骤 1 在“图层”工具栏的“图层控制”下拉列表框中，将“道路”图层置为当前层。

步骤 2 执行“偏移”命令（O），将道路基准线按照如图 7-7 所示的尺寸进行偏移，并将偏移后的线条转换为“道路”图层。

图 7-7　偏移线段

步骤 3 执行“延伸”命令（EX），延伸相关的线段；执行“修剪”命令（TR），对图形进行修剪操作；再执行“圆角”命令（F），将图形右边的相关道路线段进行圆角处理，如图 7-8 所示。

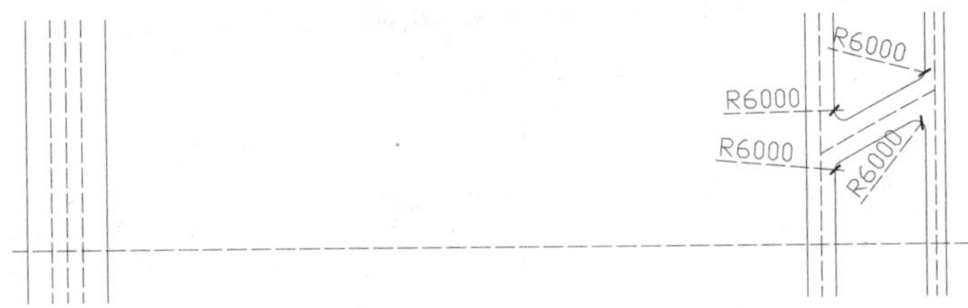

图 7-8　绘制道路轮廓

7.3.3　绘制绿化带隔离栏

步骤 1 执行“偏移”命令（O），将道路基准线按照如图 7-9 所示的尺寸进行偏移，并将偏移后的线条转换为“花坛”图层。

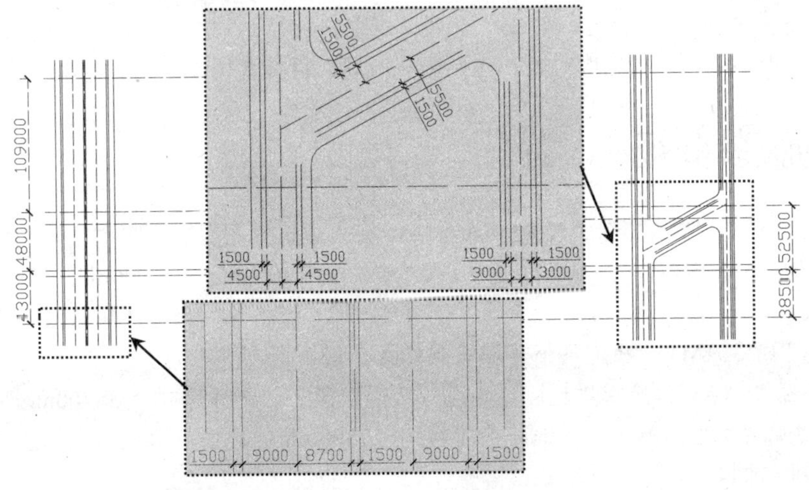

图 7-9　偏移线段

步骤 2 执行“修剪”命令（TR），将刚才偏移后的线段进行修剪；执行“删除”命令（E），将辅助线段删除，效果如图 7-10 所示。

图 7-10 修剪和删除

步骤 3 执行“圆角”命令（F），将偏移后的绿化带隔离栏没有封闭的地方进行倒圆角操作，圆角半径为 750mm，如图 7-11 所示。

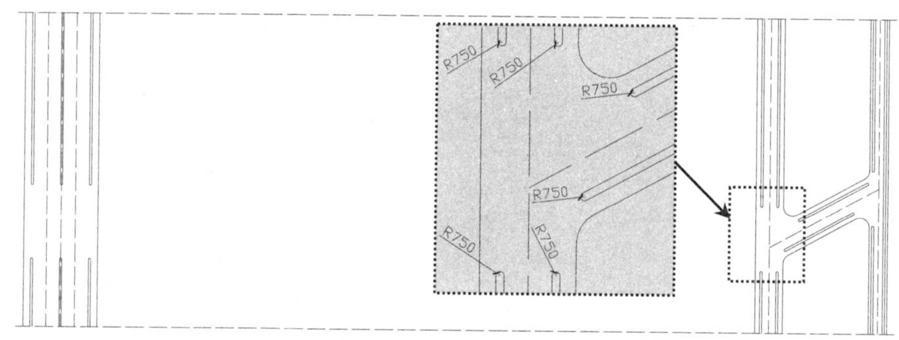

图 7-11 倒圆角

7.4 绘制建筑物轮廓

在步行街中，有很多的建筑物轮廓对象，包括服装商场、百货大楼、酒店、商铺、管理办公室等。

7.4.1 绘制服装商场

步骤 1 在“图层”工具栏的“图层控制”下拉列表框中，将“建筑”图层置为当前层。将绘图区域移至图形左侧中间，执行“矩形”命令（REC），绘制几个矩形，尺寸分别为 12000mm × 48000mm、35400mm × 40800mm、23400mm × 28200mm。

步骤 2 再执行“移动”命令（M），将这几个矩形按照如图 7-12 所示的形状与尺寸移动到步行街总平面图中。

步骤 3 执行“圆弧”命令（A），选择“起点、端点、半径”模式，选择尺寸为 35400mm × 40800mm的矩形上面水平线段的两个端点为圆弧端点，绘制一个半径为 27500mm的圆弧，再采用同样的方法，在下面水平线段的两个端点绘制一个圆弧。

步骤 4 执行“修剪”命令（TR），对这些图形进行修剪操作，修剪后的图形如图 7-13 所示。

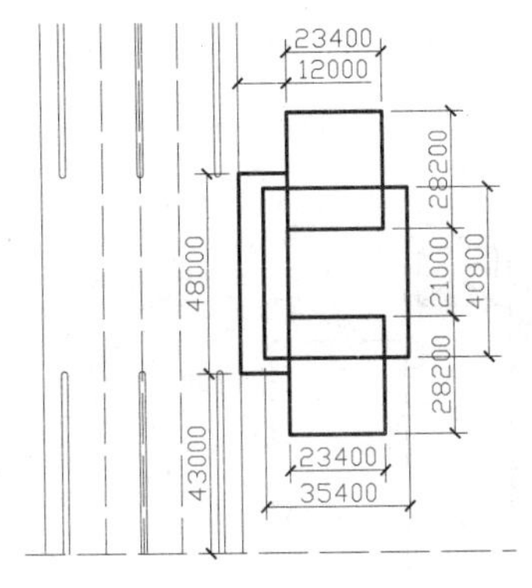

图 7-12 移动矩形

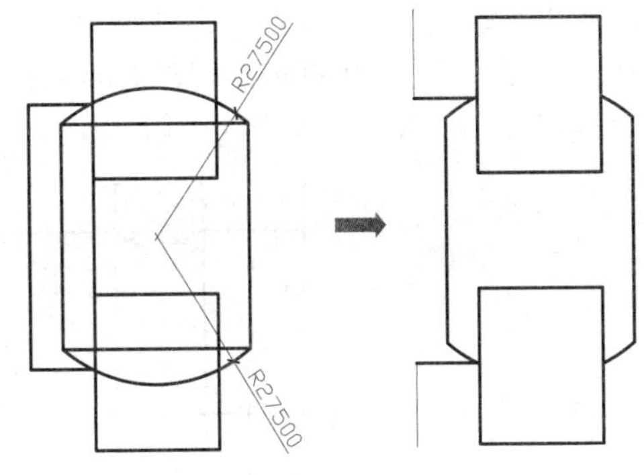

图 7-13 修剪图形

步骤5 继续执行“矩形”命令（REC），绘制几个矩形，尺寸分别为 17500mm × 21000mm、8950mm × 18000mm；然后执行“移动”命令（M），将这几个矩形按照如图 7-14 所示的形状与尺寸进行移动。

步骤6 执行“矩形”命令（REC），在两个尺寸为 8950mm × 18000mm的矩形中各绘制 7 个 7000mm × 2000mm 的矩形；然后执行“移动”命令（M），将这几个矩形按照如图 7-15 所示的形状与尺寸进行移动。

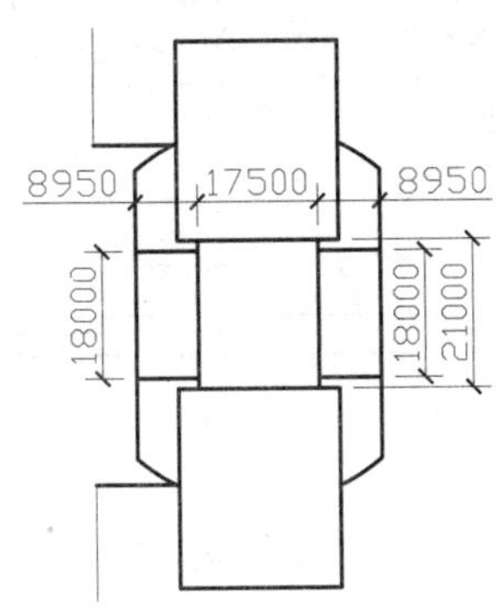

图 7-14 绘制矩形并移动

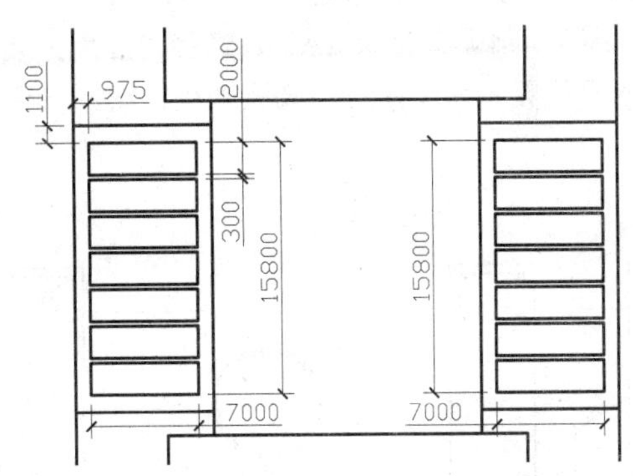

图 7-15 绘制矩形

7.4.2 绘制百货大楼

步骤1 将绘图区域移至服装商场的右上侧，执行“矩形”命令（REC），绘制几个矩形，尺寸分别为 60500mm × 18500mm、9300mm × 29000mm、7000mm × 5000mm、12000mm × 15500mm；再执行“移动”命令（M），将这几个矩形按照如图 7-16 所示的形状与尺寸移动到步行街总平面图中。

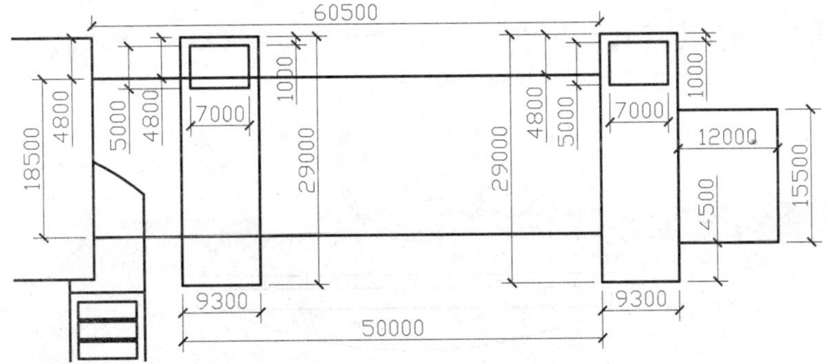

图 7-16 绘制并移动矩形

步骤2 执行“直线”命令（L），在两个尺寸为 7000mm×5000mm的矩形内部绘制两条对角线；再执行“圆”命令（C），在尺寸为 60500mm×18500mm的矩形内部绘制两个同心圆，直径为 11200mm、12000mm；再执行“移动”命令（M），将这两个同心圆移动到如图 7-17 所示的位置。

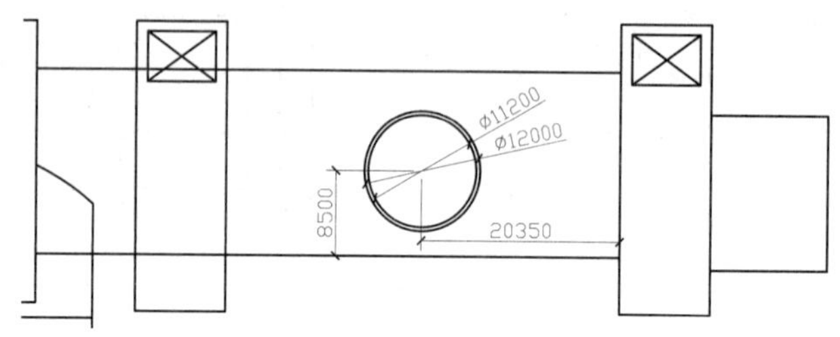

图 7-17　绘制直线和圆

步骤3 执行“修剪”命令（TR），将图形按照如图 7-18 所示的形状进行修剪。

步骤4 将绘图区域移至刚才所移动后的同心圆的下方，执行“矩形”命令（REC），绘制两个矩形，尺寸分别为 27000mm×1000mm、30000mm×1500mm；再执行“移动”命令（M），将这两个矩形按照如图 7-19 所示的形状与尺寸进行移动。

步骤5 执行“圆弧”命令（A），选择“起点、端点、半径”模式，再选择尺寸为 30000mm×1500mm的矩形下面水平线段的两个端点为圆弧端点，绘制一个半径为 37000mm的圆弧，如图 7-19 所示。

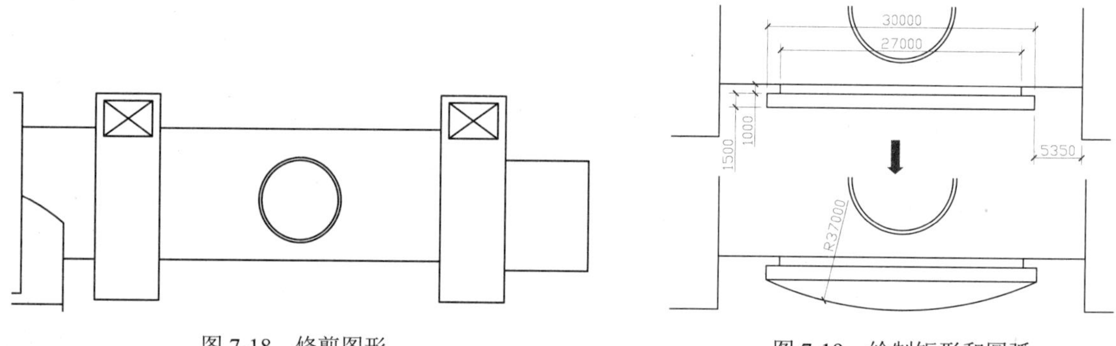

图 7-18　修剪图形

图 7-19　绘制矩形和圆弧

步骤6 在“图层”工具栏的“图层控制”下拉列表框中，将“填充”图层置为当前层。执行“图案填充”命令（BH），选择同心圆中圆的区域为填充区域，选择填充图案为NET3，设置填充角度为 0，填充比例为 300，对该圆进行图案填充；再对该区域重复“图案填充”命令（BH），选择填充图案为ANSI37，设置填充角度为 45，填充比例为 300，完成填充操作。

步骤7 执行“图案填充”命令（BH），选择尺寸为 27000mm×1000mm的矩形为填充区域，选择填充图案为ANSI31，设置填充角度为 45，填充比例为 500，对该矩形进行图案填充，填充后的图形如图 7-20 所示。

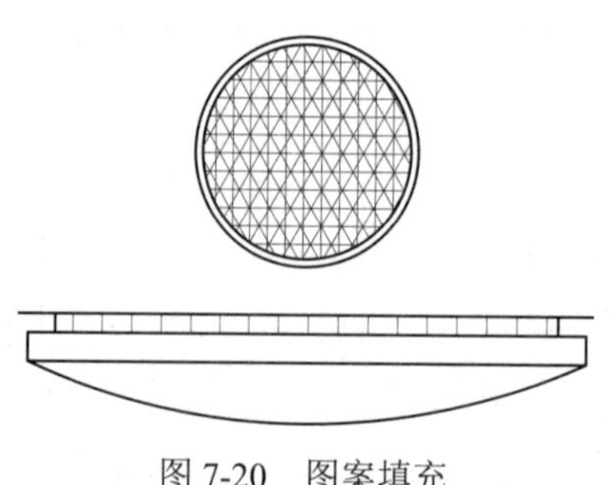

图 7-20　图案填充

7.4.3 绘制商铺一

步骤 1 在“图层”工具栏的“图层控制”下拉列表框中，将“建筑”图层置为当前层。

步骤 2 将绘图区域移至服装商场的右下侧，执行“矩形”命令（REC），绘制几个矩形，尺寸分别为 38800mm × 16000mm、69000mm × 25000mm、13000mm × 5000mm；再执行“移动”命令（M），将这几个矩形按照如图 7-21 所示的形状与尺寸移动到步行街总平面图中。

步骤 3 执行“修剪”命令（TR），对图形进行修剪操作，修剪后的图形如图 7-22 所示。

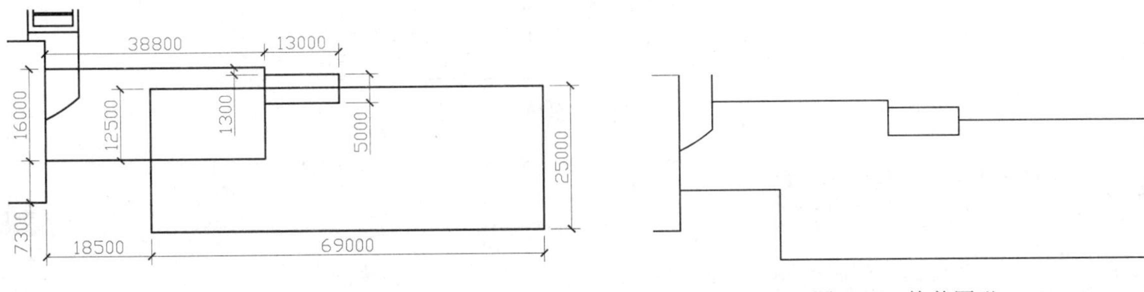

图 7-21　绘制矩形　　图 7-22　修剪图形

步骤 4 执行“矩形”命令（REC），在尺寸为 13000mm × 5000mm的矩形中绘制两个尺寸为 1000mm × 6000mm的矩形；再执行“移动”命令（M），将这两个矩形按照如图 7-23 所示的形状与尺寸进行移动。

步骤 5 执行“分解”命令（X），将尺寸为 13000mm × 5000mm的矩形进行分解；再执行“偏移”命令（O），将分解后矩形上方的水平线段向下方偏移，偏移距离为 500mm，偏移 5 条，如图 7-24 所示。

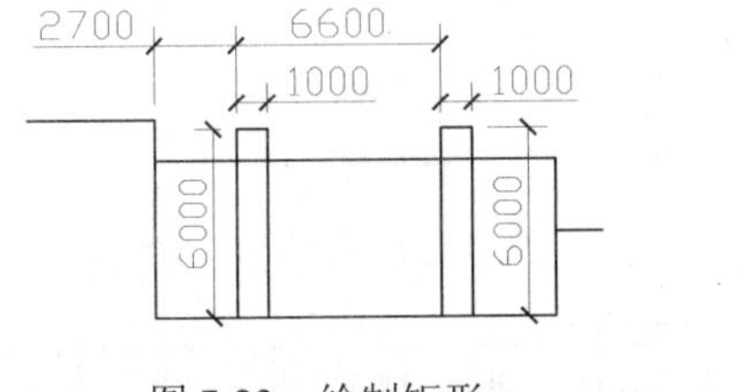

图 7-23　绘制矩形

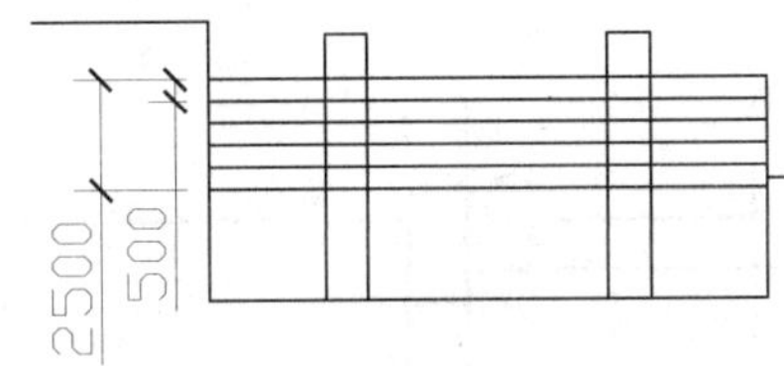

图 7-24　偏移线段

步骤 6 执行“修剪”命令（TR），对偏移后的图形进行修剪操作，修剪后的图形如图 7-25 所示。再将相关线段转换为“其他”图层。

步骤 7 执行“矩形”命令（REC），绘制几个矩形，尺寸分别为 52000mm × 2000mm、16000mm × 16000mm；再执行“移动”命令（M），将这几个矩形按照如图 7-26 所示的形状与尺寸移动到商铺一建筑物中。

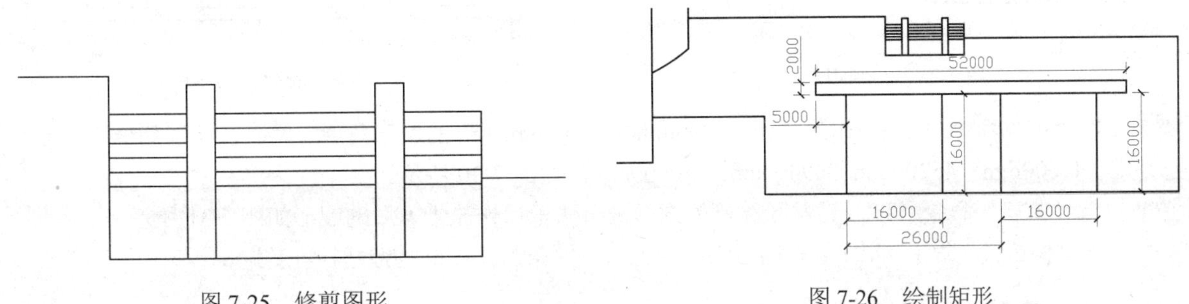

图 7-25　修剪图形　　图 7-26　绘制矩形

步骤 8 在“图层”工具栏的“图层控制”下拉列表框中，将“填充”图层置为当前层。

步骤 9 执行“图案填充”命令（BH），选择两个尺寸为 16000mm×16000mm的矩形区域为填充区域，选择填充图案为STEEL，设置填充角度为 45，填充比例为 800，对这两个矩形进行图案填充；对该区域重复“图案填充”命令，选择填充图案为STEEL，设置填充角度为 135，填充比例为 800，完成填充操作，如图 7-27 所示。

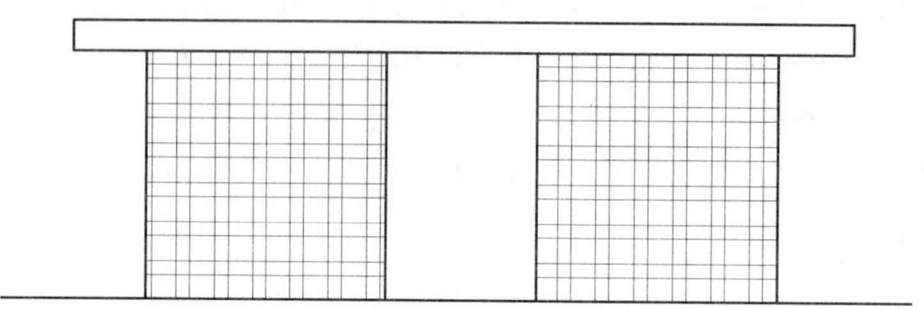

图 7-27　图案填充

7.4.4　绘制饭店和酒店

步骤 1 在“图层”工具栏的“图层控制”下拉列表框中，将“建筑”图层置为当前层。

步骤 2 将绘图区域移至商铺一的右下侧，执行“矩形”命令（REC），绘制几个矩形，尺寸分别为 18000mm×35500mm、14000mm×3000mm、3600mm×20000mm、25000mm×25000mm、33000mm×9000mm；再执行“移动”命令（M），将这几个矩形按照如图 7-28 所示的形状与尺寸移动到步行街总平面图中。

步骤 3 执行“分解”命令（X），将尺寸为 14000mm×3000mm的矩形进行分解；再执行“偏移”命令（O），将分解后矩形的相关线段按照如图 7-29 所示的尺寸进行偏移；再执行“修剪”命令（TR），将偏移后的线段进行修剪。

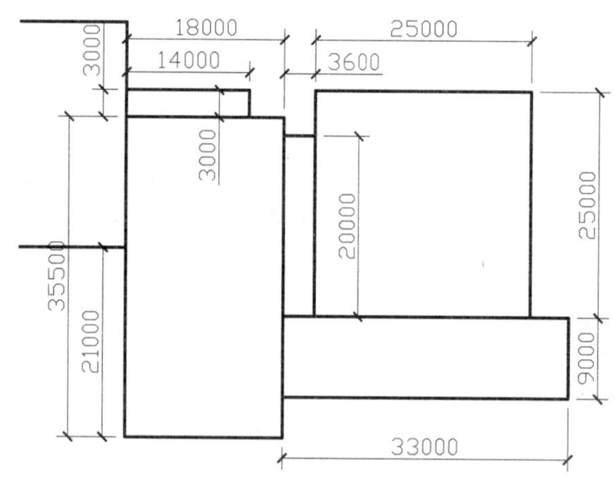

图 7-28　绘制矩形

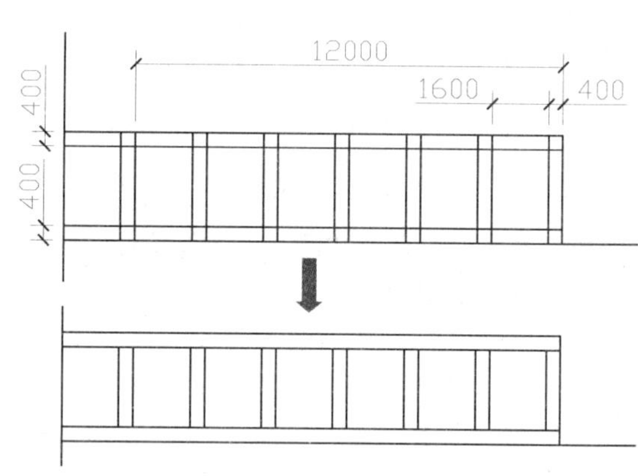

图 7-29　偏移线段并修剪

步骤 4 执行“圆”命令（C），以尺寸为 25000mm×25000mm矩形的左下角点为圆心，绘制几个同心圆，直径分别为 44600mm、45200mm、49400mm、50000mm，如图 7-30 所示。

步骤 5 执行“修剪”命令（TR），将所绘制的图形进行修剪操作，修剪后的图形如图 7-31 所示。

步骤 6 执行“构造线”命令（XL），在同心圆圆心处绘制两条带角度的构造线，角度为 8° 和 10° ，如图 7-32 所示。

步骤 7 执行“修剪”命令（TR），对所绘制的图形进行修剪操作，修剪后的图形如图 7-33 所示。

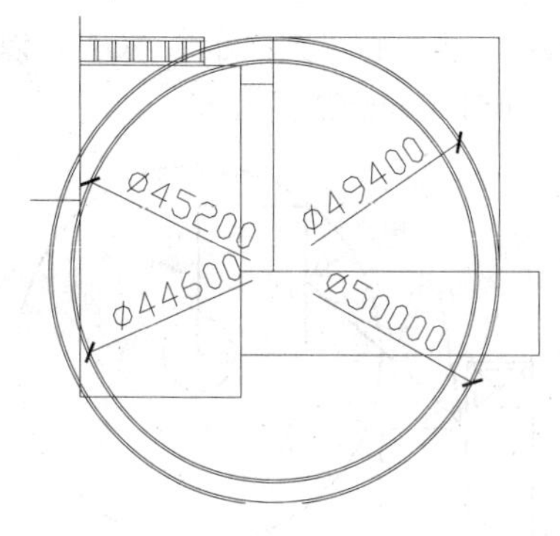

图 7-30　绘制圆

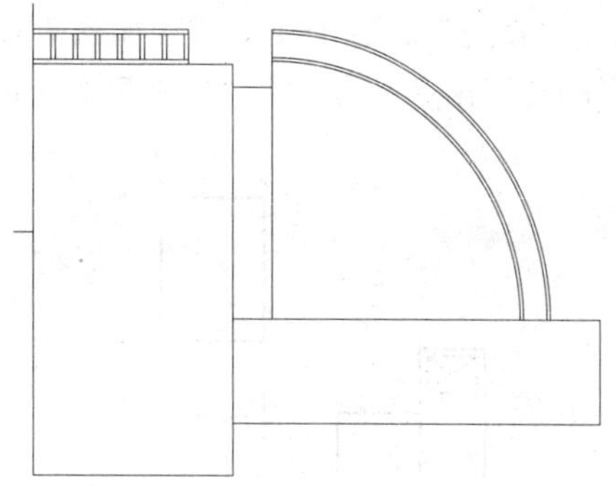

图 7-31　修剪图形

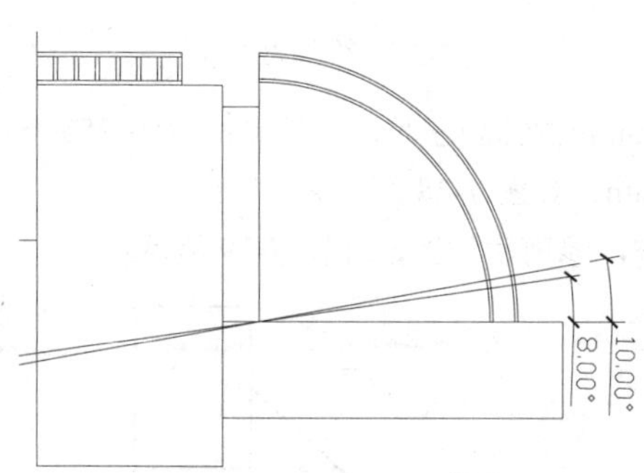

图 7-32　绘制构造线

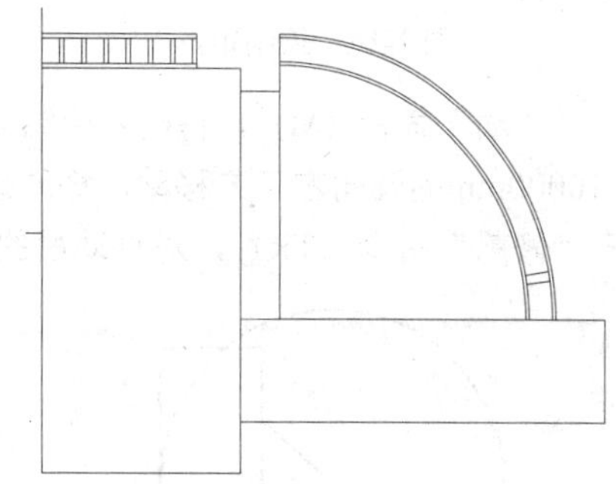

图 7-33　修剪图形

步骤 8 执行“阵列”命令（AR），以修剪后的两条斜线段为阵列对象，选择“极轴”模式，指定圆心为阵列中心点，在“阵列创建”选项卡的“项目”面板中设置“项目数”为 35，确定后完成阵列操作；再执行“分解”命令（X），对阵列后的图形进行分解操作，如图 7-34 所示。

步骤 9 执行“删除”命令（E），将多余部分的线条进行删除，删除后的图形如图 7-35 所示。

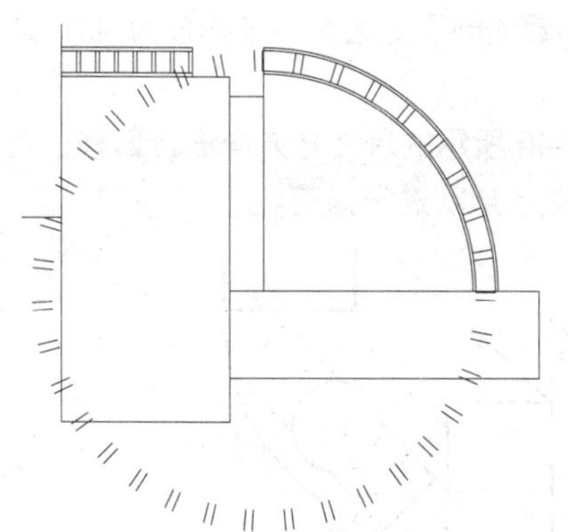

图 7-34　阵列图形并分解

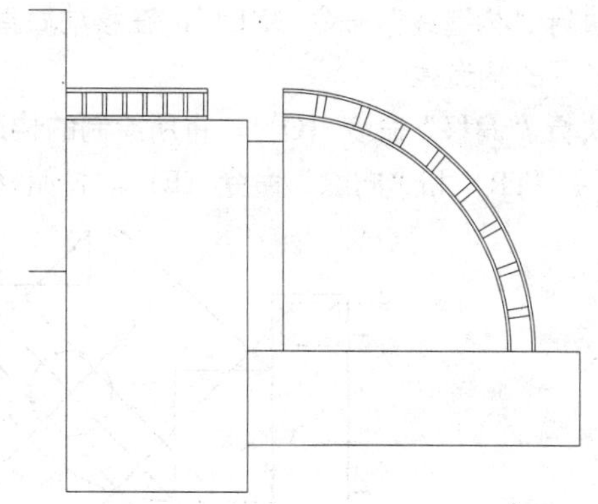

图 7-35　删除多余线条

7.4.5　绘制商铺二

步骤 1 将绘图区域移至百货大楼的右上侧，执行“矩形”命令（REC），绘制一个矩形，尺寸为 15000mm × 20000mm；然后执行“移动”命令（M），将这个矩形按照如图 7-36 所示的形状与尺寸移动到步行街总平面图中。

步骤2 执行“直线”命令（L），按照如图7-37所示绘制一条斜线段；再执行“圆”命令（C），以刚才所绘制的矩形的右下角点为圆心绘制一个直径为10000mm和一个直径为51000mm的同心圆。

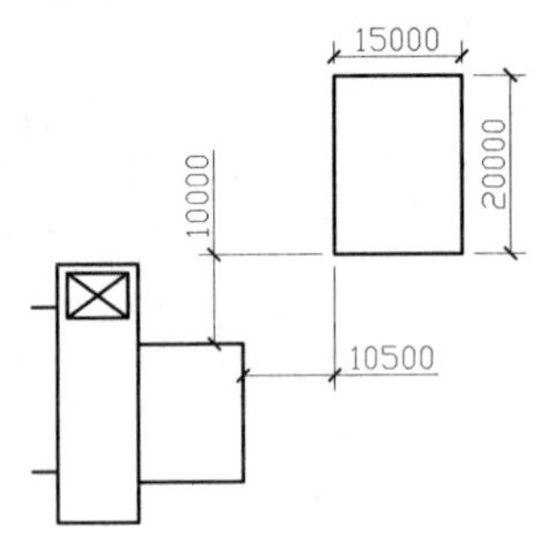

图7-36 绘制矩形

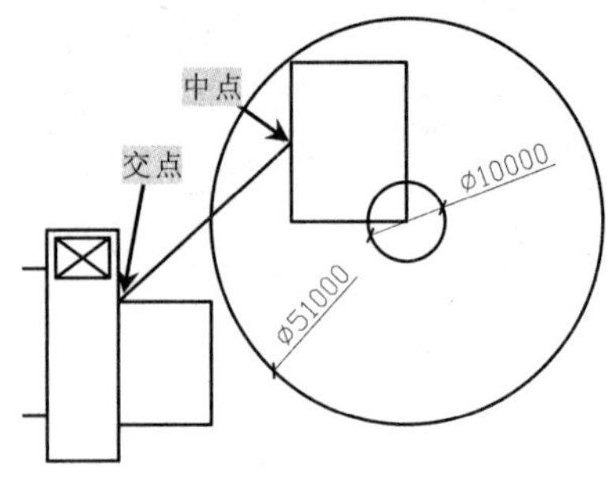

图7-37 绘制直线和圆

步骤3 执行“移动”命令（M），将刚才所绘制的直径为48000mm的圆向左移动，移动距离为25500mm；再将直径为10000mm的圆向左下方移动，移动距离均为12750mm，如图7-38所示。

步骤4 执行“修剪”命令（TR），对移动后的圆进行修剪操作，修剪后的图形如图7-39所示。

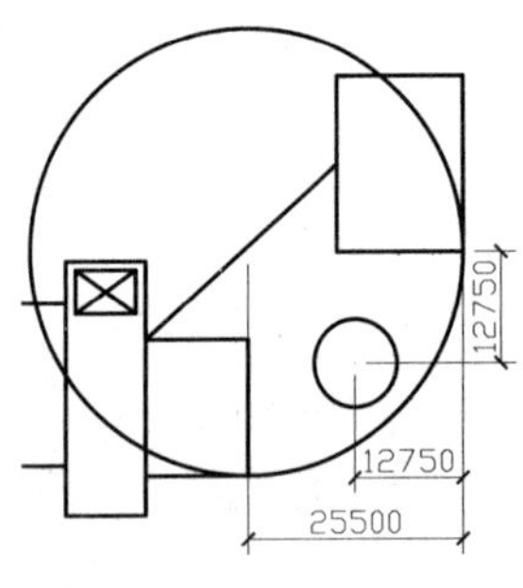

图7-38 绘制圆

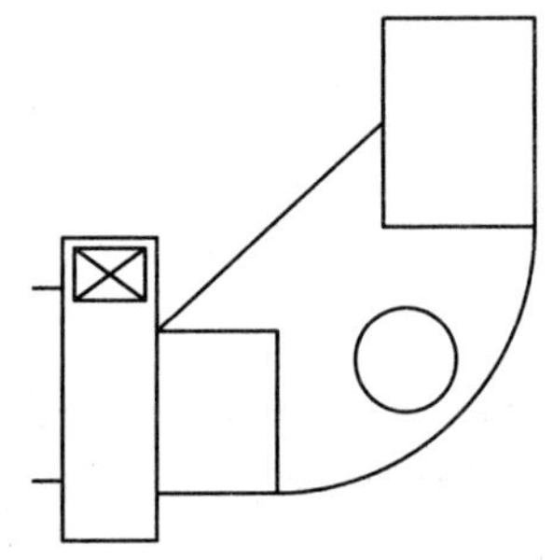
图7-39 修剪图形

步骤5 执行“构造线”命令（XL），在移动后直径为10000mm圆的圆心处绘制一条角度为45°的构造线和一条-45°的构造线。

步骤6 执行“偏移”命令（O），将所绘制的构造线按照如图7-40所示的尺寸与方向进行偏移；再执行“修剪”命令（TR）和“删除”命令（E），将偏移后的线段按照图示形状进行修剪。

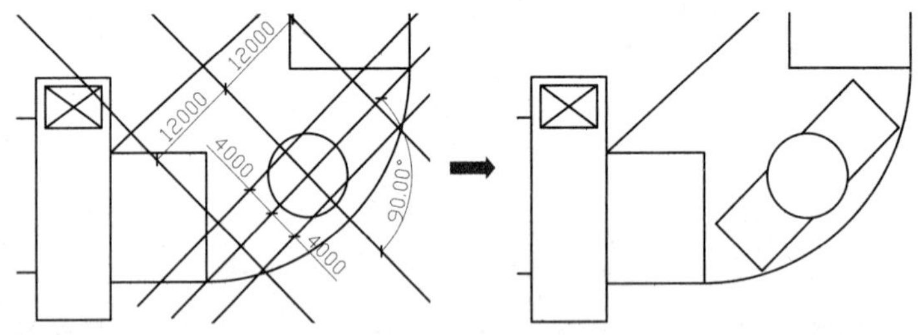

图7-40 绘制线段并修剪

7.4.6 绘制商铺三

步骤1 执行“直线”命令（L），在商铺二图形中尺寸为15000mm×20000mm矩形的右上角点向右绘制一条水平的直线段，长度为35000mm，然后将这条线段转换为“辅助线”图层，如图7-41所示。

步骤 2 执行“镜像”命令（MI），选择商铺二的图形为镜像对象，以刚才所绘制的直线段的中点为镜像点，将图形镜像到右边，如图 7-42 所示。

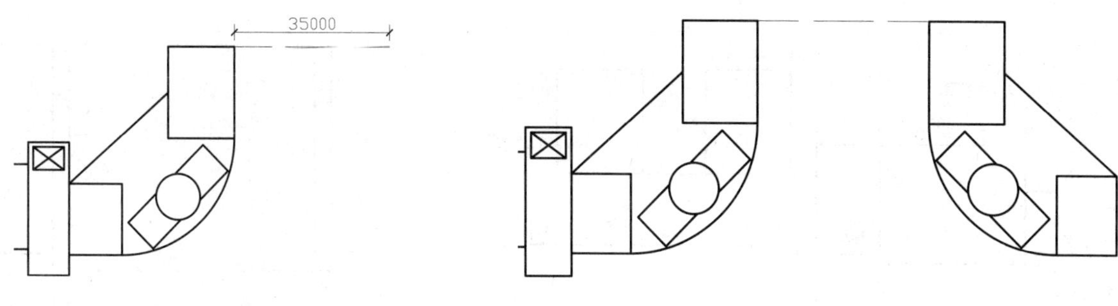

图 7-41　绘制辅助线

图 7-42　镜像图形

7.4.7　绘制管理办公建筑

步骤 1 将绘图区域移至商铺三的右侧，执行“矩形”命令（REC），绘制几个矩形，尺寸分别为 18500mm × 17000mm、5600mm × 10500mm；然后执行“移动”命令（M），将这几个矩形按照如图 7-43 所示的形状与尺寸移动到步行街总平面图中。

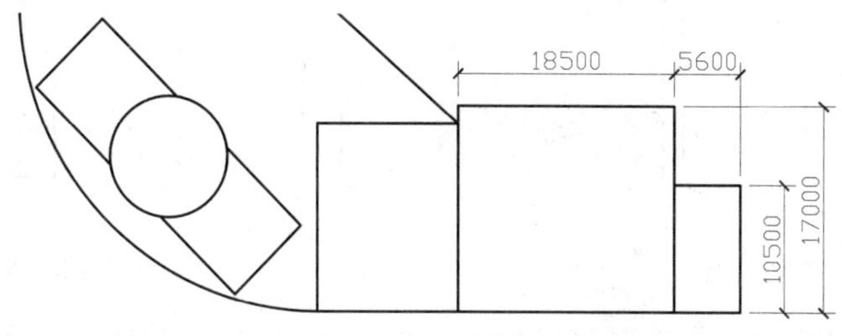

图 7-43　绘制矩形

步骤 2 执行“圆”命令（C），以尺寸为 18500mm × 17000mm矩形的下方水平线段的中点为圆心，绘制一个直径为 18500mm的圆；再执行“移动”命令（M），将该圆向上方移动，移动距离为 7750mm。

步骤 3 执行“修剪”命令（TR），将绘制好的图形进行修剪，修剪后的图形如图 7-44 所示。

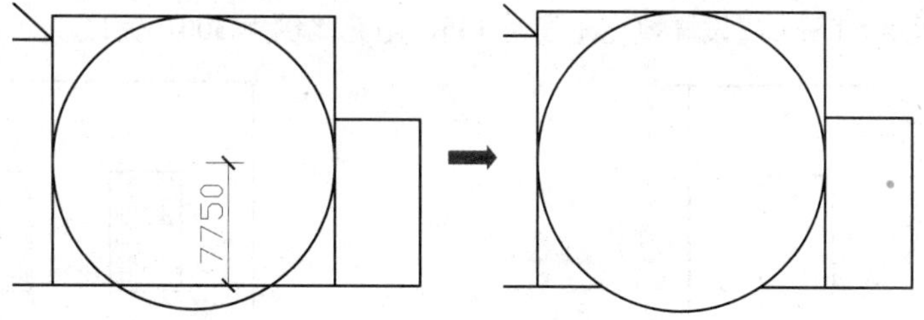

图 7-44　绘制圆并修剪

7.4.8　绘制商铺四和商铺五

步骤 1 将绘图区域移至办公建筑图形的右侧，执行“矩形”命令（REC），绘制几个矩形，尺寸分别为 25500mm × 20000mm、11000mm × 18500mm、50000mm × 12000mm、15000mm × 17500mm；然后执行“移动”命令（M），将这几个矩形按照如图 7-45 所示的形状与尺寸移动到步行街总平面图中。

步骤 2 执行“分解”命令（X），将尺寸为 25500mm×20000mm的矩形进行分解；然后执行“偏移”命令（O），按照如图 7-46 所示的尺寸与偏移方向将分解后矩形相关的线段进行偏移。

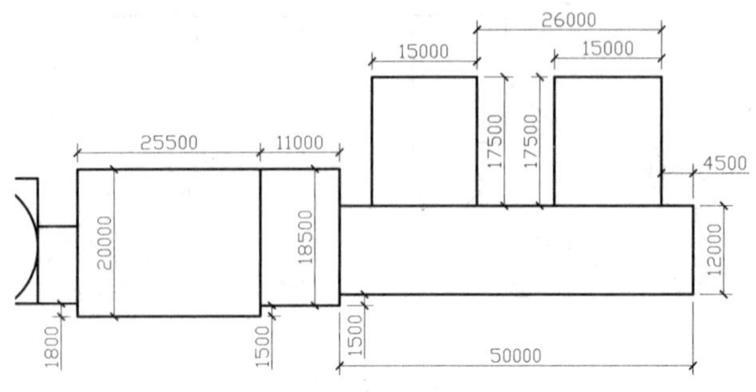

图 7-45　绘制矩形

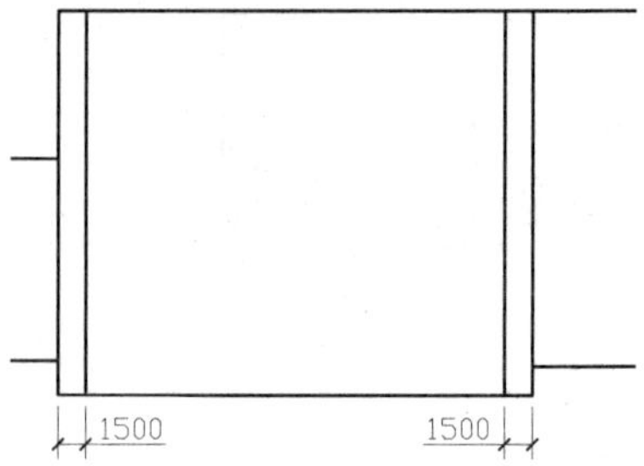

图 7-46　偏移线段

步骤 3 执行“圆弧”命令（A），选择“起点、端点、半径”模式，再选择刚才偏移线段后新形成的两个交点为圆弧端点，绘制一条半径为 3500mm的圆弧，如图 7-47 所示。

步骤 4 执行“修剪”命令（TR），将绘制好的图形按照如图 7-48 所示的形状进行修剪。

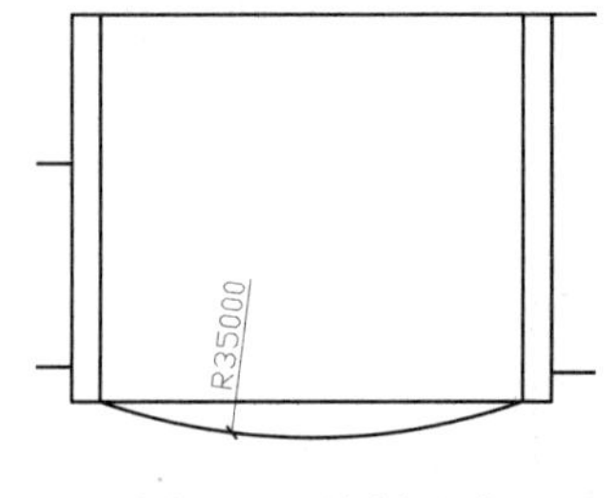

图 7-47　绘制圆弧

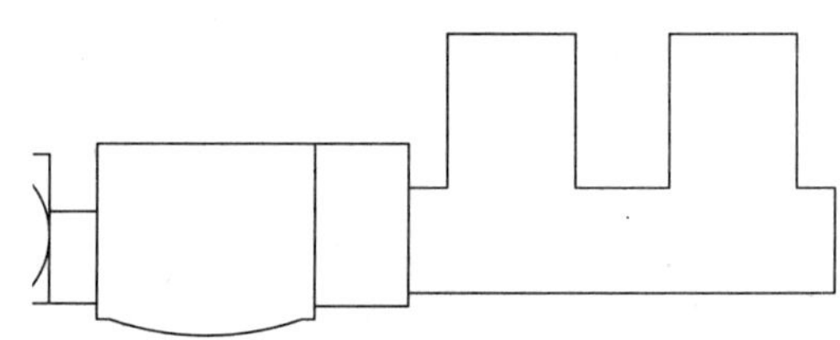

图 7-48　修剪图形

步骤 5 执行“矩形”命令（REC），在尺寸为 25500mm×20000mm的矩形内绘制两个尺寸为 5000mm×8000mm的矩形；然后执行“移动”命令（M），将这两个矩形按照如图 7-49 所示进行移动。

步骤 6 在“图层”工具栏的“图层控制”下拉列表框中，将“填充”图层置为当前层。

步骤 7 执行“图案填充”命令（BH），选择两个尺寸为 5000mm×8000mm的矩形区域为填充区域，选择填充图案为STEEL，设置填充角度为 45，填充比例为 300，对这两个矩形进行图案填充；对该区域重复“图案填充”命令，选择填充图案为STEEL，设置填充角度为 135，填充比例为 300，完成填充操作，如图 7-50 所示。

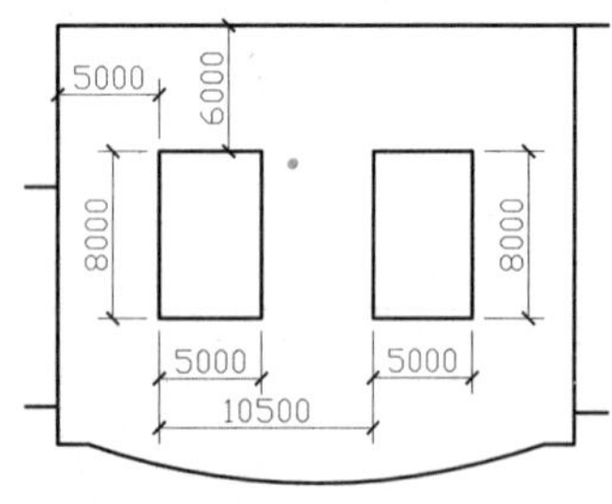

图 7-49　绘制矩形

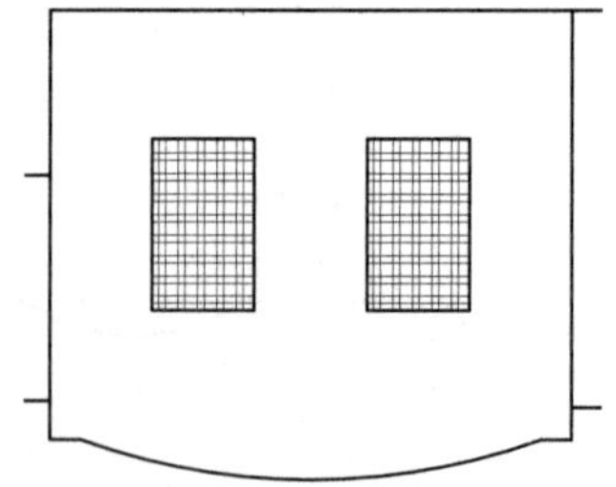

图 7-50　图案填充

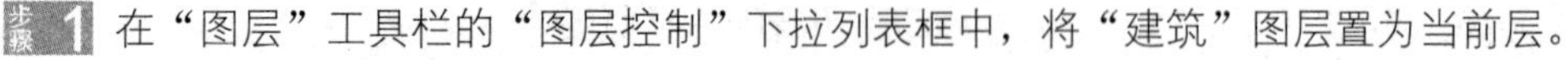

7.4.9　绘制商铺六

步骤 1 在“图层”工具栏的“图层控制”下拉列表框中，将“建筑”图层置为当前层。

步骤 2 将绘图区域移至商铺五的右侧，执行“矩形”命令（REC），绘制几个矩形，尺寸分别为 106700mm × 13000mm、12000mm × 4500mm；然后执行“移动”命令（M），将这几个矩形按照如图 7-51 所示的形状与尺寸移动到步行街总平面图中。

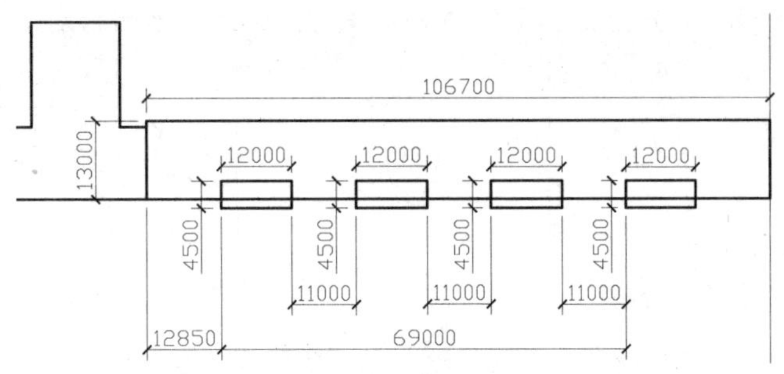

图 7-51　绘制矩形

步骤 3 执行“修剪”命令（TR），将所绘制的图形进行修剪操作，修剪后的图形如图 7-52 所示。

步骤 4 执行“圆”命令（C），在修剪后的图形中相关线段的中点处绘制几个直径为 20000mm的圆；然后执行“移动”命令（M），将这几个圆向下移动，移动距离为 9000mm；再执行“修剪”命令（TR），对图形进行修剪，修剪后的图形如图 7-53 所示。

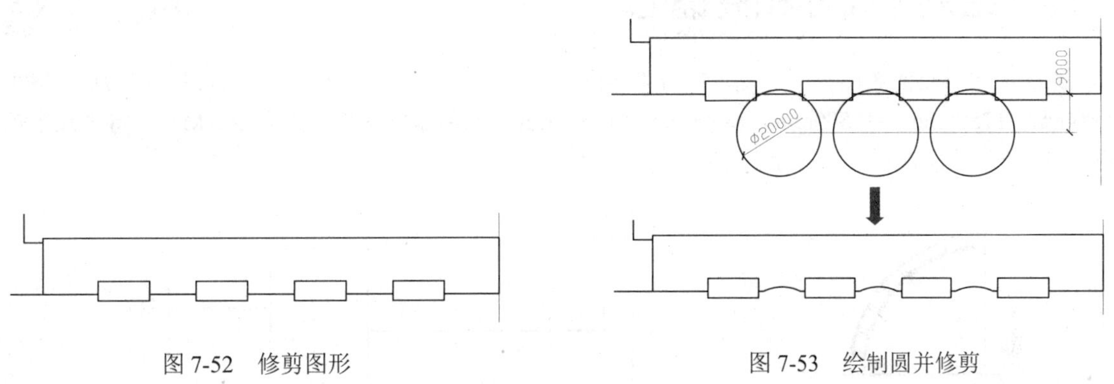

图 7-52　修剪图形　　图 7-53　绘制圆并修剪

步骤 5 执行“偏移”命令（O），将绘制好的圆弧向上方偏移，偏移距离为 1000mm，如图 7-54 所示；然后执行“直线”命令（L），绘制一条斜线段以连接偏移前和偏移后的圆弧的相关端点，如图 7-55 所示。

图 7-54　偏移圆弧　　图 7-55　绘制斜线段

提示——关于偏移

有时候用户需要将线条向某一方向进行多个偏移，但重复执行偏移命令又觉得麻烦，这时候可以使用偏移下面的多个选项进行等距偏移。

另外，用户要偏移某尺寸的一半，而该尺寸又是一个有很多位数的数，需要计算后再偏移，这样就比较麻烦，可以在偏移尺寸上输入“*/2”；如果该尺寸是个小数，则该方法系统不可识别，需要进行转换，如“15.55/2”转换为“1555/200”。

步骤 6 执行“阵列”命令（AR），以刚才所绘制的斜线段为阵列对象，选择“路径”模式，以刚才偏移后的圆弧为阵列路径，选择“定数等分”模式，在“阵列”选项卡的“项目”面板中设置“项目数”为 16，确定后完成阵列操作；然后执行“分解”命令（X），将阵列后的图形进行分解，如图 7-56 所示。

步骤 7 执行“延伸”命令（EX），按照如图 7-57 所示将偏移后的圆弧延伸到相关的线段上。

图 7-56　阵列图形并分解　　图 7-57　延伸圆弧

步骤 8 按照上面的步骤与方法，在其他两个圆弧处绘制相同的图形，绘制好的图形如图 7-58 所示。

图 7-58　重复操作

7.4.10　绘制咖啡厅和商铺七

步骤 1 将绘图区域移至酒店图形的右侧，执行“矩形”命令（REC），绘制几个矩形，尺寸分别为 48000mm×17000mm、17500mm×31500mm、18500mm×17500mm；然后执行“移动”命令（M），将这几个矩形按照如图 7-59 所示的形状与尺寸移动到步行街总平面图中。

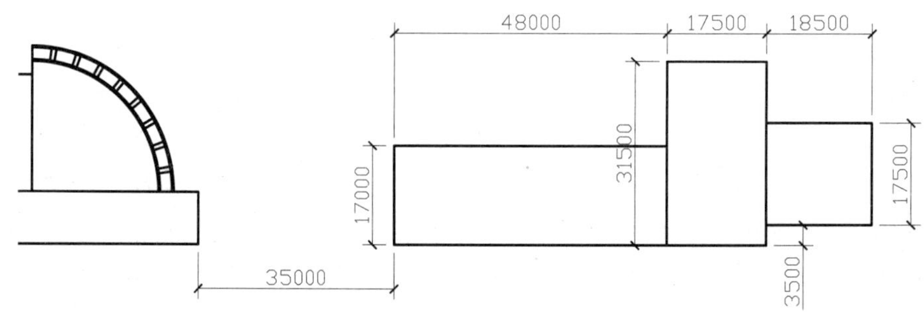

图 7-59　绘制矩形

步骤 2 执行“圆”命令（C），以尺寸为 48000mm×17000mm矩形的左边竖直线段的中点为圆心，绘制一个直径为 24000mm的圆，以尺寸为 18500mm×17500mm矩形的下方水平线段的中点为圆心，绘制一个直径为 18500mm的圆；再执行“移动”命令（M），将这两个圆按照如图 7-60 所示的尺寸与方向进行移动。

步骤 3 执行“修剪”命令（TR），将移动后的图形进行修剪，修剪后的图形如图 7-61 所示。

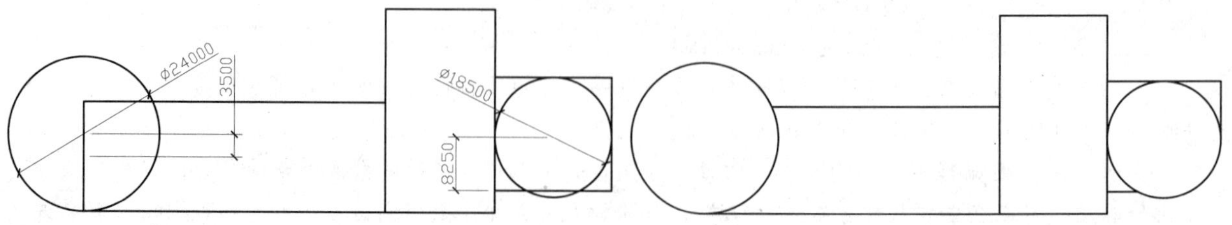

图 7-60　绘制圆　　图 7-61　修剪图形

步骤 4 执行“分解”命令（X），将尺寸为 48000mm × 17000mm的矩形进行分解；再执行“偏移”命令（O），将分解后的矩形上方的水平线段向上偏移，偏移距离为 6000mm；执行“延伸”命令（EX），将偏移后的线段延伸到直径为 24000mm的圆上，如图 7-62 所示。

步骤 5 执行“圆弧”命令（A），选择“起点、端点、半径”模式，依照如图 7-63 提示选择相关的点作为圆弧的端点，来绘制两个圆弧；再执行“修剪”命令（TR）和“删除”命令（E），删除修剪相关的线段。

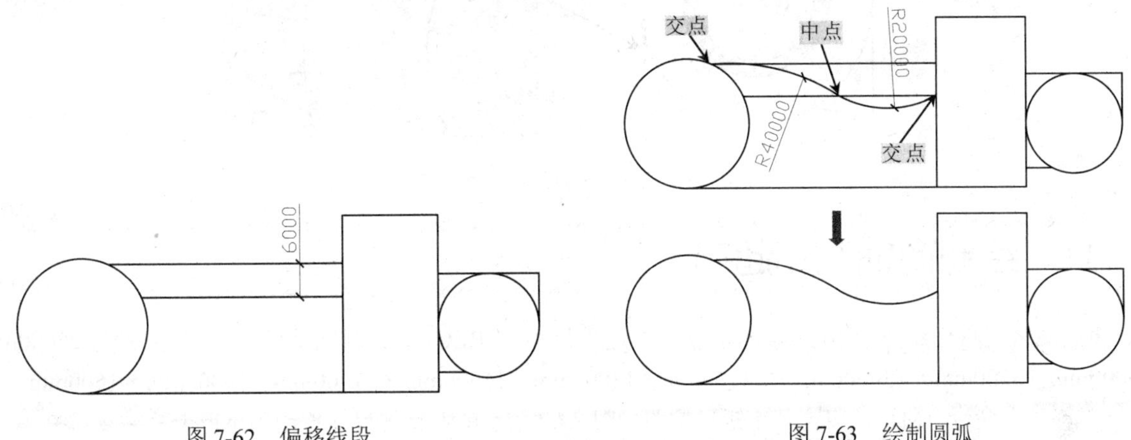

图 7-62　偏移线段

图 7-63　绘制圆弧

步骤 6 执行“偏移”命令（O），将直径为 24000mm的圆向内依次偏移，偏移距离为 400mm、2100mm，如图 7-64 所示。

步骤 7 执行“构造线”命令（XL），在圆心处绘制两条带角度的构造线，角度为 8° 和 10° ，如图 7-65 所示。

步骤 8 执行“修剪”命令（TR），对所绘制的图形进行修剪操作，修剪后的图形如图 7-66 所示。

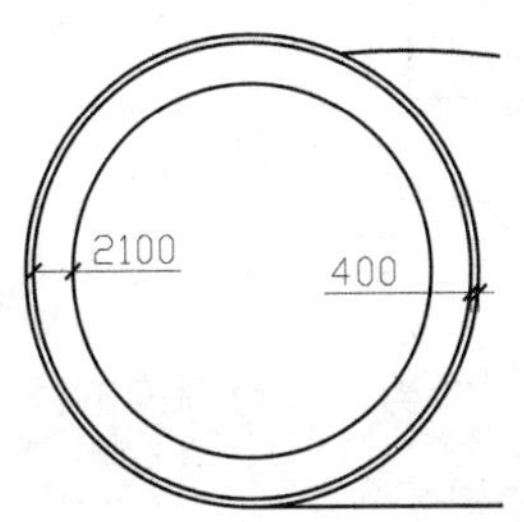

图 7-64　偏移圆

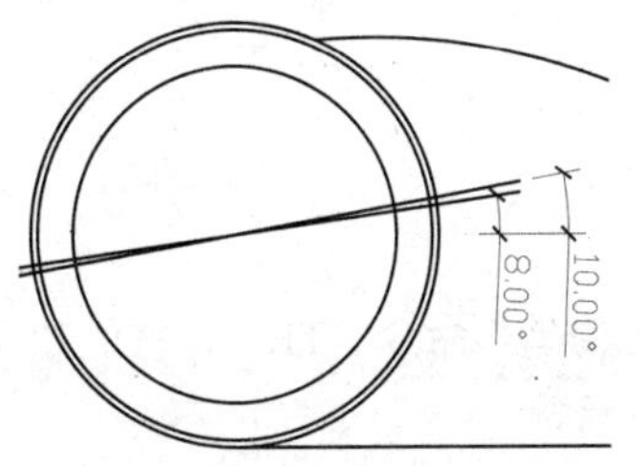

图 7-65　绘制构造线

步骤 9 执行“阵列”命令（AR），以修剪后的两条斜线段为阵列对象，选择“极轴”模式，指定圆心为阵列中心点，在“阵列”选项卡的“项目”面板中设置“项目数”为 35，确定后完成阵列操作；然后执行“分解”命令（X），对阵列后的图形进行分解操作，如图 7-67 所示。

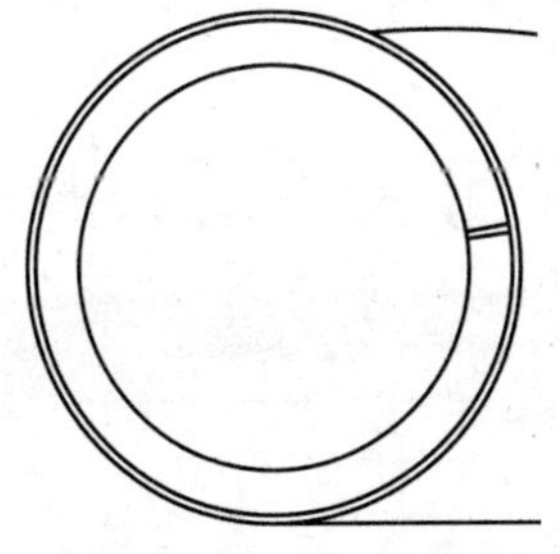

图 7-66　修剪图形

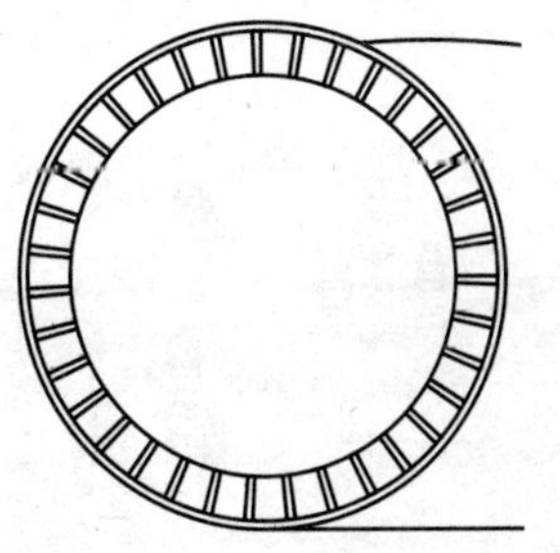

图 7-67　阵列图形并分解

步骤 10 采用同样的方法和步骤，在直径为 18500mm的圆处绘制类似的图形，所绘制的图形如图 7-68 所示。

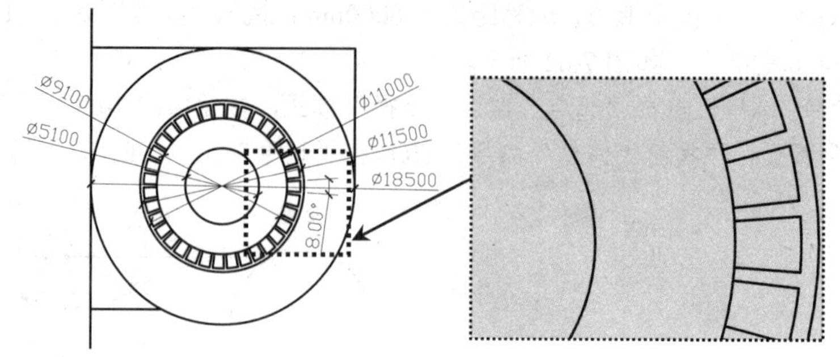

图 7-68　绘制类似图形

7.4.11　绘制商铺八和超市

步骤 1 将绘图区域移至商铺七图形的右侧，执行“矩形”命令（REC），绘制几个矩形，尺寸分别为 26000mm × 20000mm、3500mm × 13000mm、104100mm × 13000mm、16000mm × 17000mm、10000mm × 1500mm；然后执行“移动”命令（M），将这几个矩形按照如图 7-69 所示的形状与尺寸移动到步行街总平面图中。

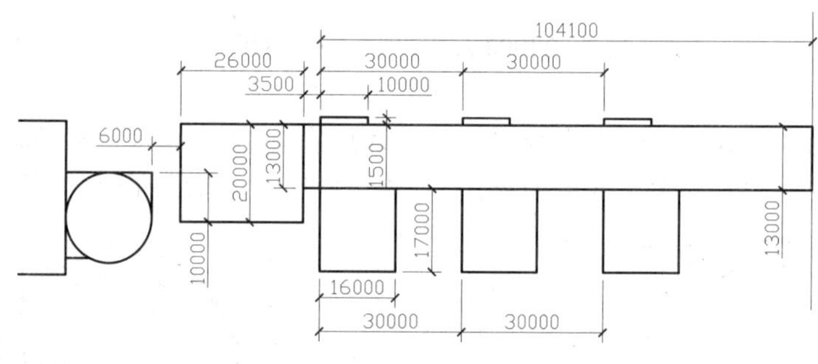

图 7-69　绘制矩形

步骤 2 执行“修剪”命令（TR），按照如图 7-70 所示的形状对图形进行修剪。步行街内的商场建筑物总效果如图 7-71 所示。

图 7-70　修剪图形

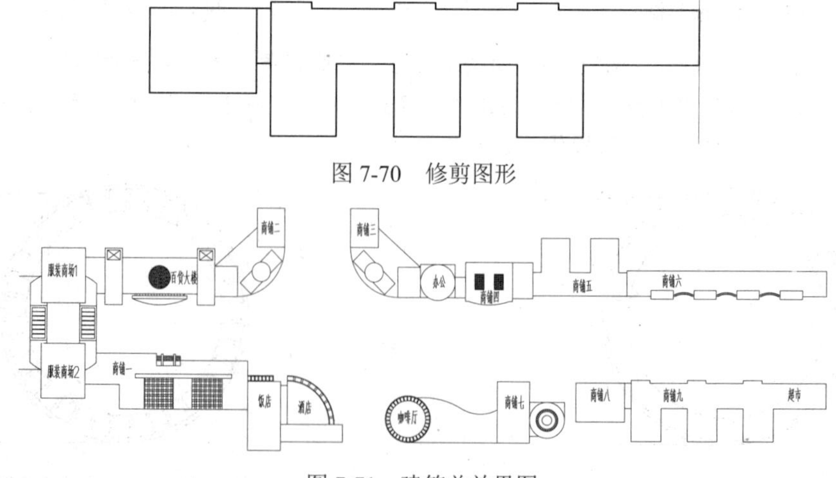

图 7-71　建筑总效果图

7.4.12 绘制其他建筑

执行“矩形”命令（REC），在图形的右上方绘制沿街建筑和市场，在图形的右下方绘制小区，如图 7-72 所示。

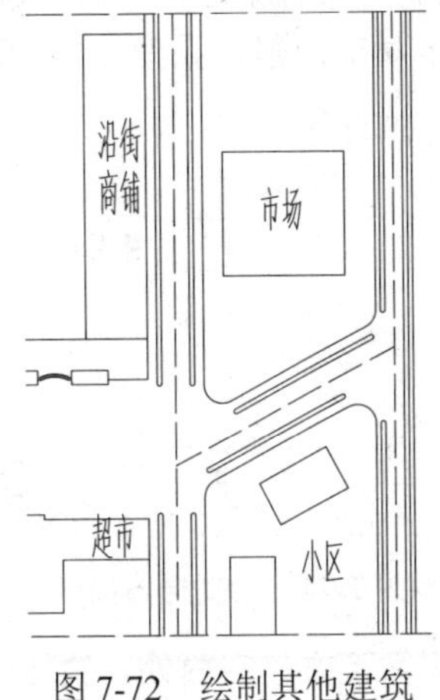

图 7-72 绘制其他建筑

7.5 绘制运动场

绘制足球场和环行跑道。

步骤 1 在“图层”工具栏的“图层控制”下拉列表框中，将“场所”图层置为当前层。

步骤 2 参照前面绘制运动场和跑道的方法，在图形的右上方绘制一个运动场，尺寸如图 7-73 所示。

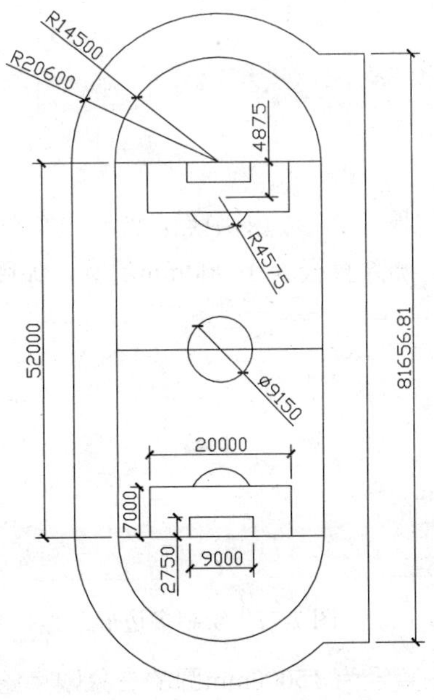

图 7-73 绘制运动场

7.6 绘制广场一

步骤 1 执行“样条曲线”命令（SPL），绘制一条样条曲线；再执行“偏移”命令（O），将所绘制的样条曲线向上偏移2000mm，用以表示该步行街的林荫小道，如图7-74所示。

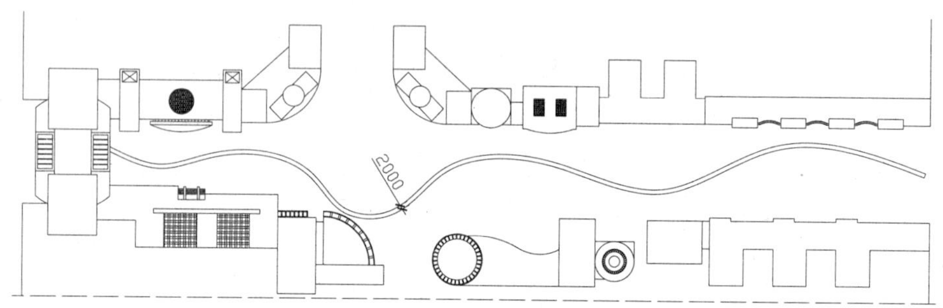

图7-74 绘制样条曲线

步骤 2 将绘图区域移至商铺二和商铺三中间靠下方的空白处，执行“矩形”命令（REC），绘制一个尺寸为30000mm×25000mm的矩形；再执行“移动”命令（M），将这个矩形移动到步行街总平面图中，如图7-75所示。

步骤 3 执行“圆”命令（C），以矩形的中心点为圆心，绘制几个同心圆，直径分别为3000mm、10000mm、15000mm，如图7-76所示。

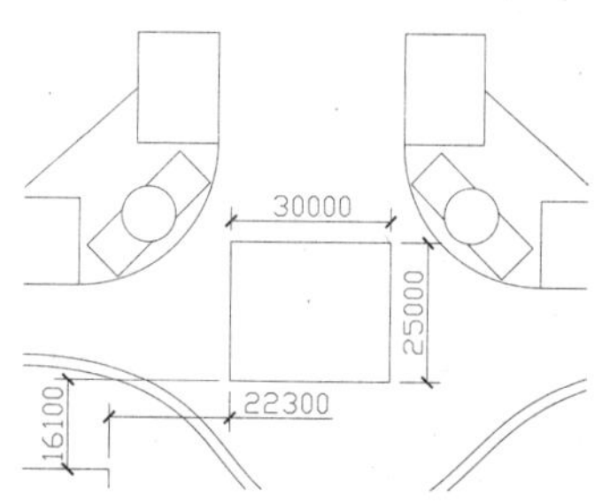

图7-75 绘制矩形

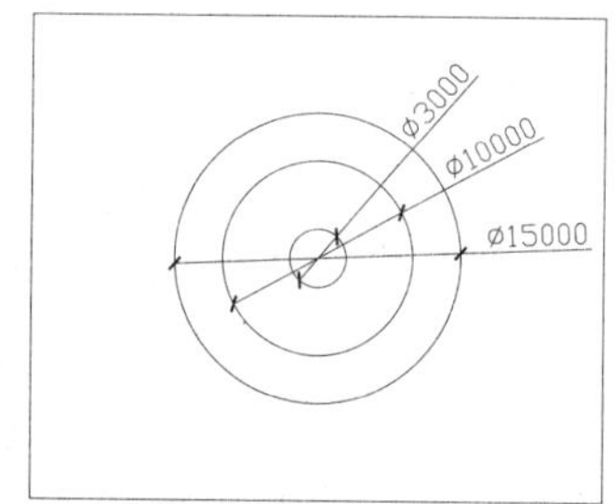

图7-76 绘制同心圆

步骤 4 执行“多边形”命令（POL），以圆心为多边形中点，绘制一个正八边形，然后外切于直径为10000mm的圆上；再执行“删除”命令（E），删除直径为10000mm的圆，如图7-77所示。

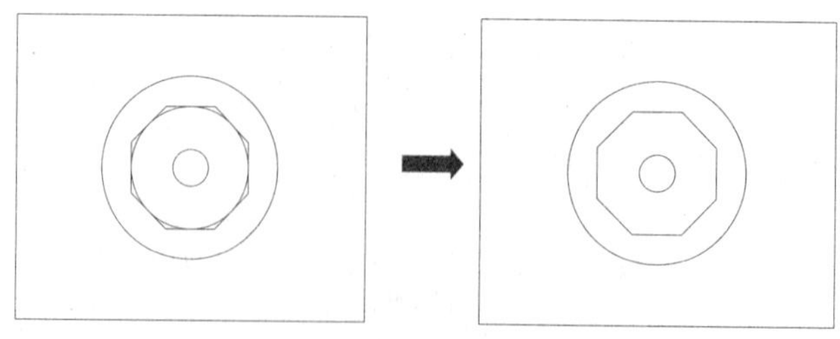

图7-77 绘制多边形

步骤 5 执行“构造线”命令（XL），在直径为15000mm圆的右象限点绘制两条带角度的构造线，角度分别为30°和–30°，如图7-78所示。

步骤 6 执行“修剪”命令（TR），将图形按照如图 7-79 所示的形状进行修剪，然后将相关的线段转换为“花坛”图层。

步骤 7 执行“阵列”命令（AR），以修剪后的两条斜线段为阵列对象，选择“极轴”模式，指定圆心为阵列中心点，在“阵列”选项卡的“项目”面板中设置“项目数”为 8，确定后完成阵列操作，如图 7-80 所示。

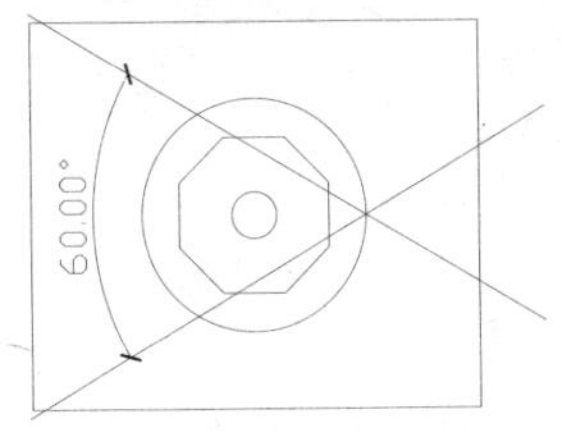

图 7-78　绘制构造线

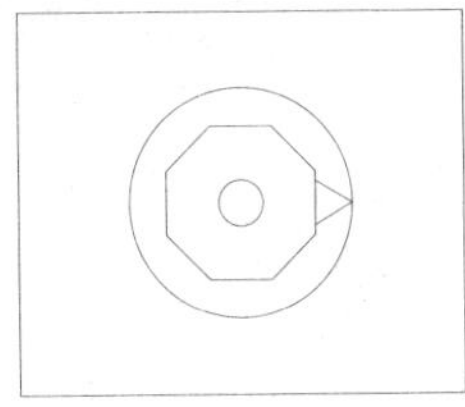

图 7-79　修剪图形

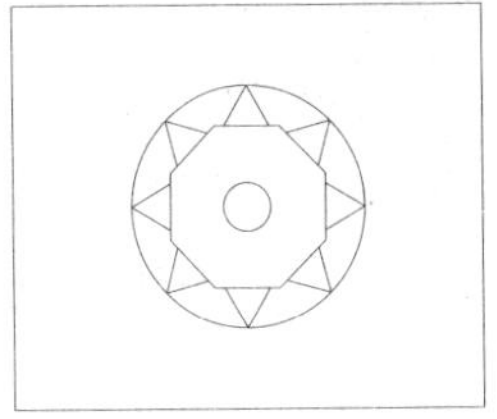

图 7-80　阵列图形

步骤 8 执行“直线”命令（L），绘制 4 条斜线段以连接多边形的对角点，再将这些斜线段转换到“花坛”图层；执行“修剪”命令（TR），将所绘制的斜线段进行修剪，修剪后的图形如图 7-81 所示。

步骤 9 执行“偏移”命令（O），将直径为 15000mm的圆向外偏移 300mm，并将偏移后的圆转换为“场所”图层，如图 7-82 所示。

步骤 10 在“图层”工具栏的“图层控制”下拉列表框中，将“填充”图层置为当前层。

步骤 11 执行“图案填充”命令（BH），选择如图 7-83 所示的区域为填充区域，选择填充图案为STEEL，设置填充角度为 45，填充比例为 800，对该区域进行图案填充；再对该区域重复“图案填充”命令，选择填充图案为STEEL，设置填充角度为 135，填充比例为 800，完成填充操作。

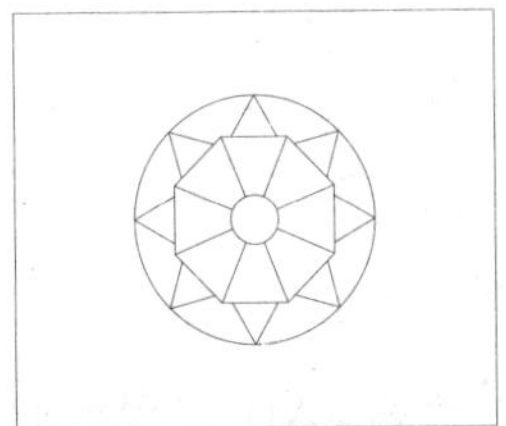

图 7-81　绘制斜线段

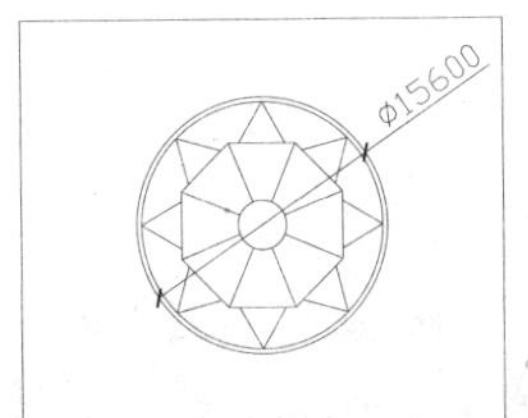

图 7-82　偏移圆

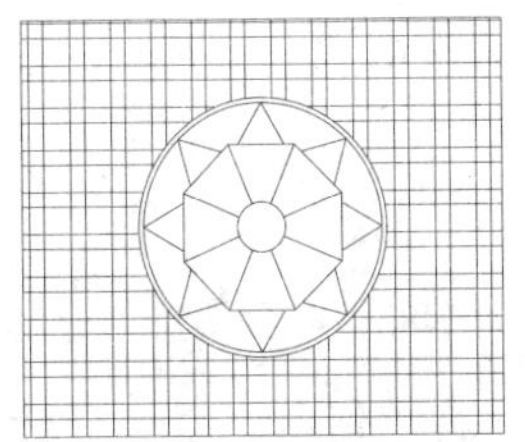

图 7-83　图案填充

7.7 绘制广场二

步骤 1 在“图层”工具栏的“图层控制”下拉列表框中，将“场所”图层置为当前层。

步骤 2 将绘图区域移至咖啡厅上方的空白处，执行“圆”命令（C），绘制一个直径为 20000mm的圆；然后执行“移动”命令（M），将该圆移动到步行街总平面图中，如图 7-84 所示。

步骤 3 继续执行“圆”命令（C），在刚才所绘制圆的圆心处绘制几个同心圆，直径分别为 5400mm、6000mm、12000mm、14000mm，如图 7-85 所示。

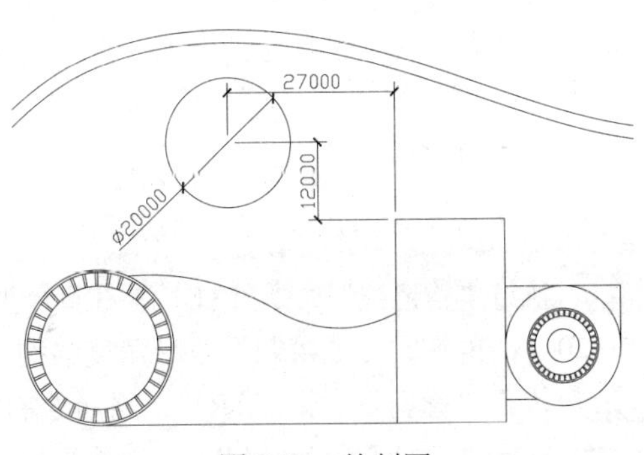

图 7-84　绘制圆

步骤4 执行“构造线”命令（XL），在圆心处绘制一条角度为30°的构造线；执行“偏移”命令（O），将该构造线向两边各偏移1500mm，如图7-86所示。

步骤5 执行“修剪”命令（TR），将绘制的构造线进行修剪，修剪后的图形如图7-87所示。

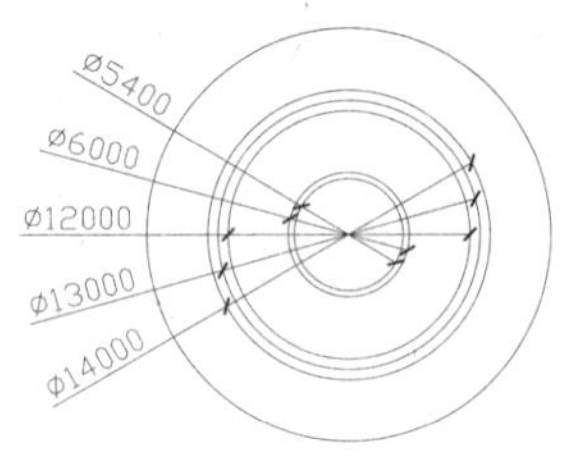

图7-85　绘制同心圆

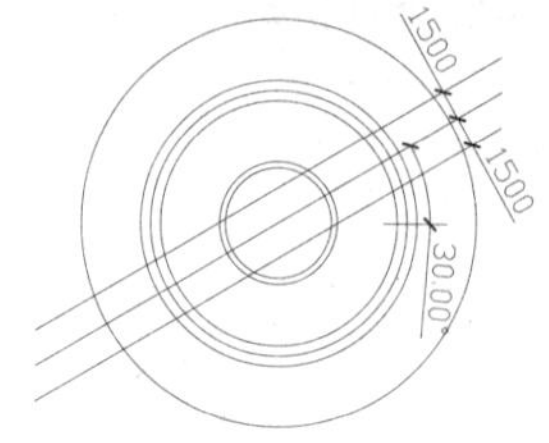

图7-86　绘制构造线

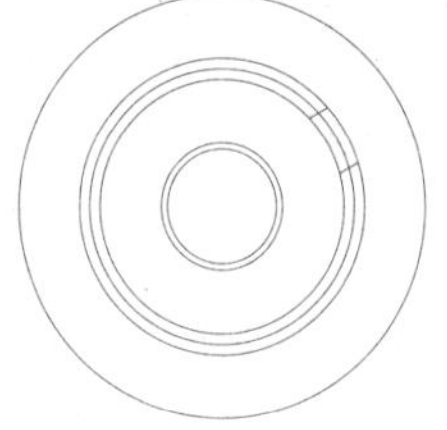
图7-87　修剪图形

步骤6 执行“阵列”命令（AR），以修剪后的两条斜线段为阵列对象，选择“极轴”模式，指定圆心为阵列中心点，在“阵列创建”选项卡的“项目”面板中设置“项目数”为6，确定后完成阵列操作；然后执行“分解”命令（X），对阵列后的图形进行分解操作，如图7-88所示。

步骤7 执行“修剪”命令（TR），对所绘制的图形进行修剪操作，修剪后的图形如图7-89所示。

步骤8 执行“构造线”命令（XL），在直径为6000mm圆的右象限点处绘制两条带角度的构造线，角度为65°和–65°；再执行“偏移”命令（O），将这两条构造线按照如图7-90所示的尺寸和方向进行偏移。

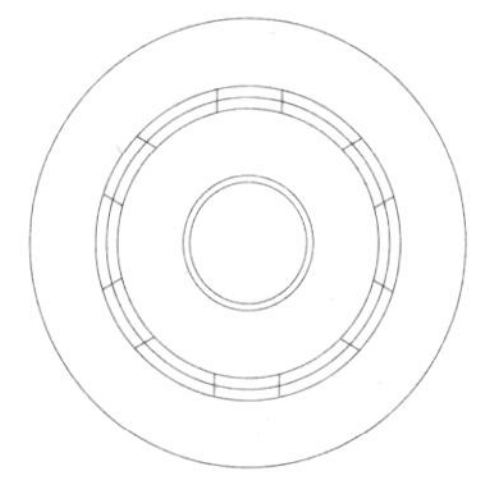
图7-88　阵列图形并分解

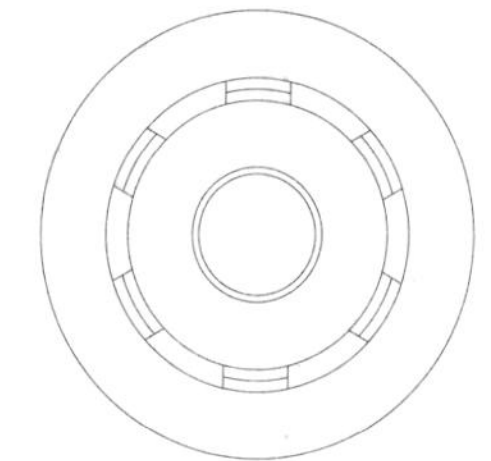
图7-89　修剪图形

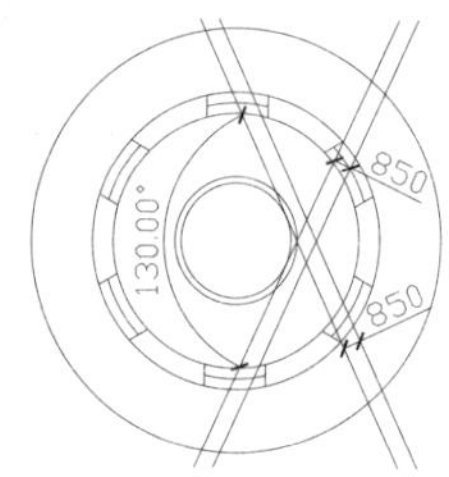

图7-90　绘制构造线

步骤9 执行“修剪”命令（TR），将所绘制的构造线进行修剪；再执行“移动”命令（M），将修剪后的图形向右移动，移动距离为1030mm，如图7-91所示。

步骤10 执行“阵列”命令（AR），以移动后的图形为阵列对象，选择“极轴”模式，指定圆心为阵列中心点，在“阵列创建”选项卡的“项目”面板中设置“项目数”为6，确定后完成阵列操作，如图7-92所示。

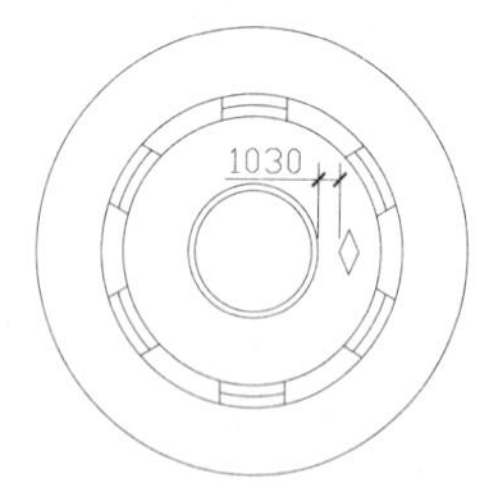

图7-91　修剪并移动图形

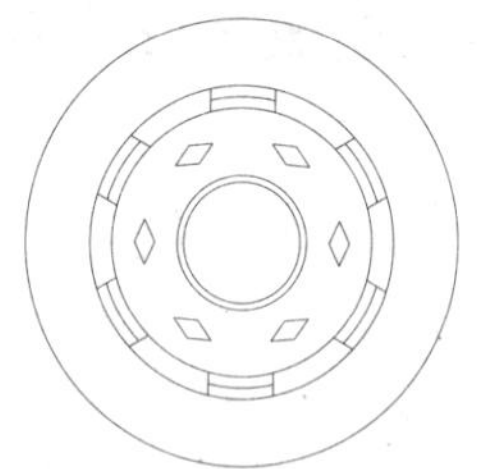
图7-92　阵列图形

步骤11 执行“构造线”命令（XL），在直径为5400mm圆的右象限点处绘制两条带角度的构造线，角度为20°和–20°；再在圆心处绘制两条带角度的构造线，角度为45°和–45°，如图7-93所示。

步骤12 执行“修剪”命令（TR），将所绘制的构造线按照如图7-94所示的形状进行修剪。

步骤13 执行“阵列”命令（AR），以修剪后的图形为阵列对象，选择“极轴”模式，指定圆心为阵列中心点，在“阵列创建”选项卡的“项目”面板中设置“项目数”的 7，确定后完成阵列操作；再将相关的线段转换到“花坛”图层，如图 7-95 所示。

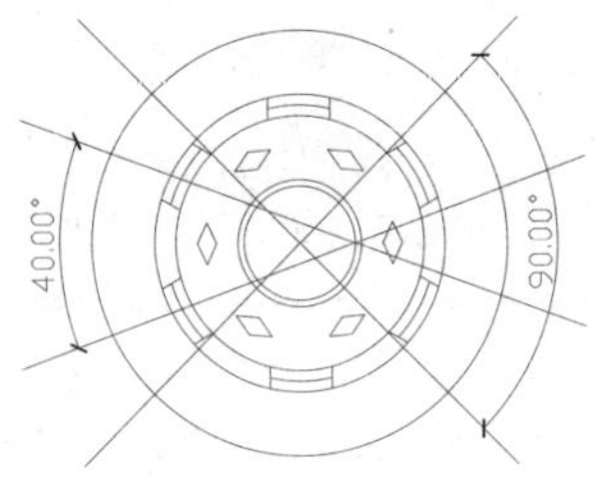

图 7-93　绘制构造线

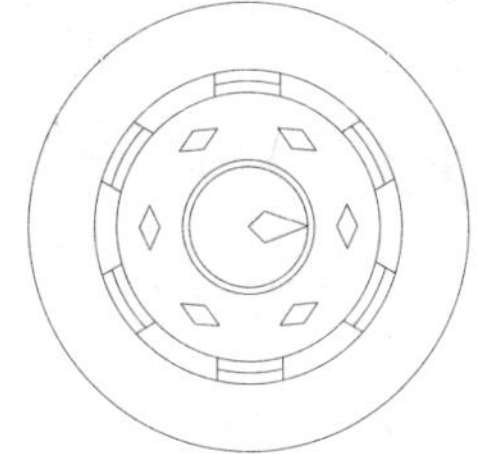

图 7-94　修剪图形

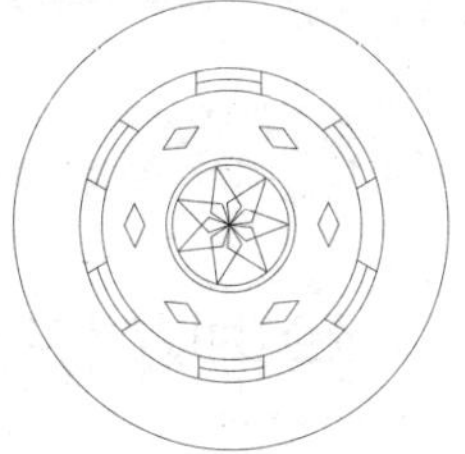

图 7-95　阵列图形

7.8 绘制广场三

步骤 1 将绘图区域移至咖啡厅建筑的左侧，然后执行“圆”命令（C），绘制几个同心圆，直径分别为 4500mm、5500mm、7500mm、9500mm、11000mm；再执行“移动”命令（M），将这几个同心圆按照如图 7-96 所示的尺寸与方向移动到步行街建筑总平面图中。

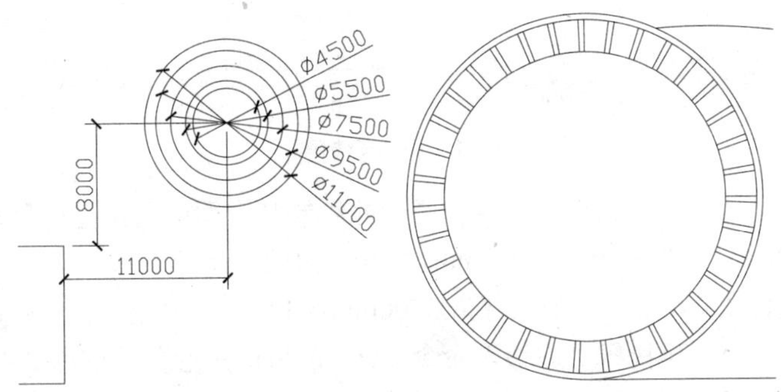

图 7-96　绘制同心圆

步骤 2 执行“构造线”命令（XL），在圆心处绘制一条水平构造线和一条竖直的构造线；再执行“偏移”命令（O），将刚才绘制的构造线按照如图 7-97 所示的尺寸进行偏移。

步骤 3 执行“修剪”命令（TR），将图形按照如图 7-98 所示进行修剪。

步骤 4 执行“编组”命令（G），将所绘制的广场图形进行编组；再执行“复制”命令（CO），将其复制到商铺七和商铺八之间的空白处，如图 7-99 所示。

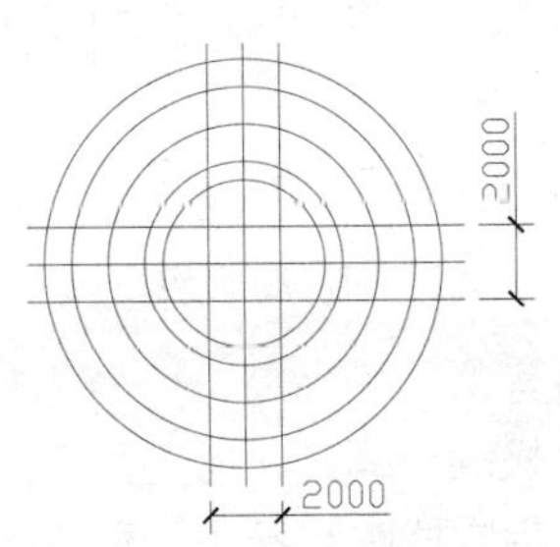

图 7-97　绘制构造线

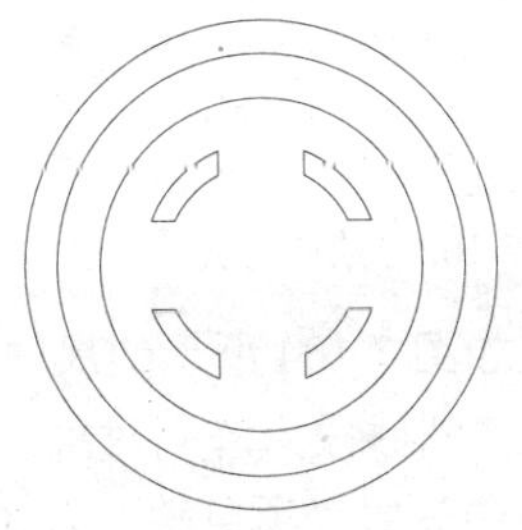

图 7-98　修剪图形

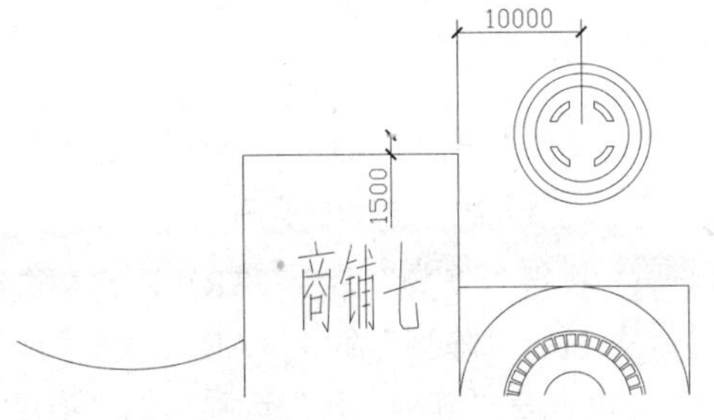

图 7-99　复制广场

7.9 绘制广场花坛

在广场花坛中，绘制花坛轮廓和景观连廊。

7.9.1 绘制花坛

步骤 1 将绘图区域移至广场一左边的空白处，执行“圆”命令（C），绘制一个直径为 16000mm的圆；再执行“移动”命令（M），将该圆移动到步行街总平面图中，如图 7-100 所示。

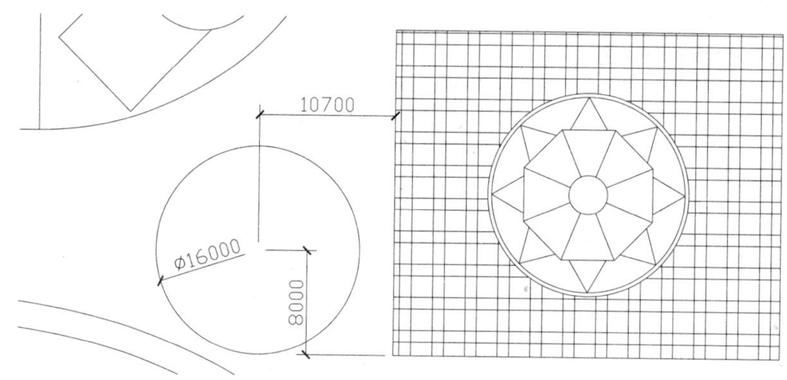

图 7-100 绘制圆

步骤 2 继续执行“圆”命令（C），在刚才所绘制的圆心处绘制几个同心圆，直径分别为 1000mm、1200mm、1500mm、3000mm、3200mm、3700mm、12000mm，如图 7-101 所示。

步骤 3 执行“矩形”命令（REC），绘制一个尺寸为 3700mm × 3700mm的矩形；然后执行“移动”命令（M），将该矩形的中点移动到圆心处；再执行“偏移”命令（O），将该矩形向外偏移 200mm，如图 7-102 所示。

步骤 4 执行“构造线”命令（XL），在圆心处绘制两条带角度的构造线，角度分别为 15° 和 22° ，如图 7-103 所示。

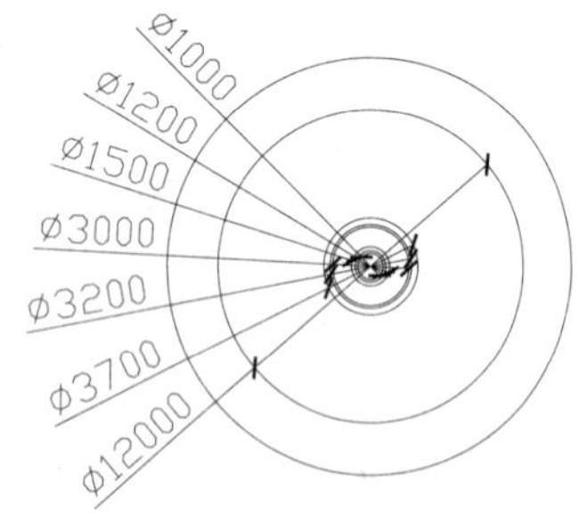

图 7-101 绘制同心圆

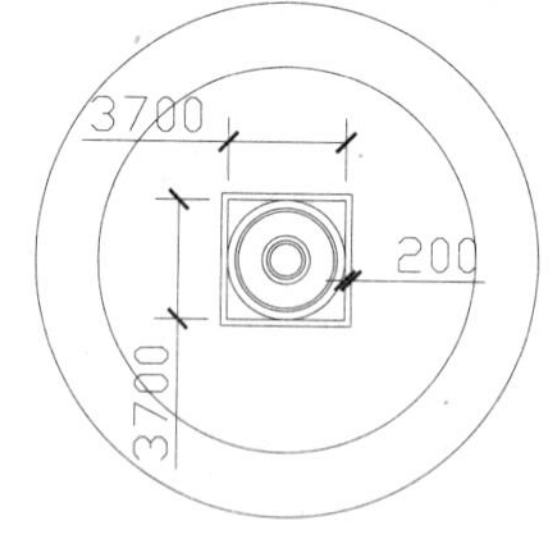

图 7-102 绘制矩形

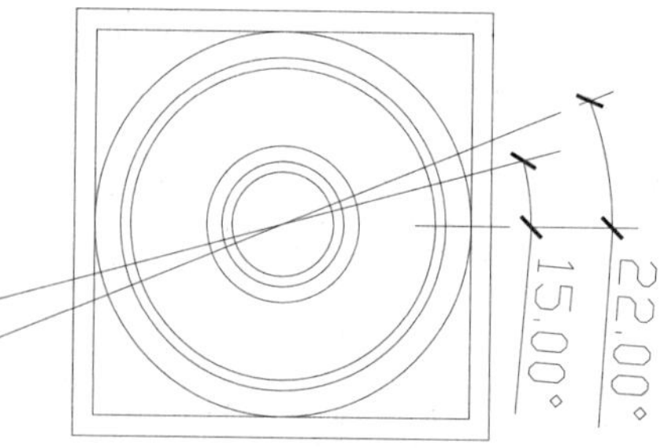

图 7-103 绘制构造线

步骤 5 执行“修剪”命令（TR），将构造线按照如图 7-104 所示的尺寸进行修剪。

步骤 6 执行“阵列”命令（AR），以修剪后的两条斜线段为阵列对象，选择“极轴”模式，指定圆心为阵列中心点，在“阵列创建”选项卡的“项目”面板中设置“项目数”为 8，确定后完成阵列操作；再将相关的线段转换为“花坛”图层，如图 7-105 所示。

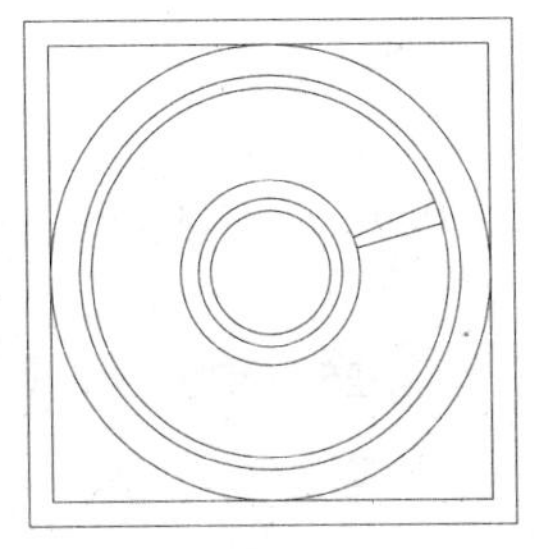

图 7-104　修剪图形

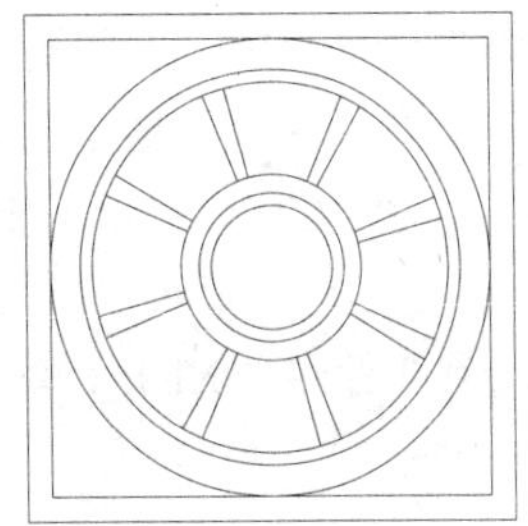

图 7-105　阵列图形

7.9.2　绘制景观连廊

步骤 1 在“图层”工具栏的“图层控制”下拉列表框中，将“建筑”图层置为当前层。

步骤 2 执行“圆”命令（C），在圆心处绘制几个同心圆，直径分别为 6000mm、6360mm、10640mm、11000mm，如图 7-106 所示。

步骤 3 执行“构造线”命令（XL），在圆心处绘制两条带角度的构造线，角度分别为 74° 和–74°，如图 7-107 所示。

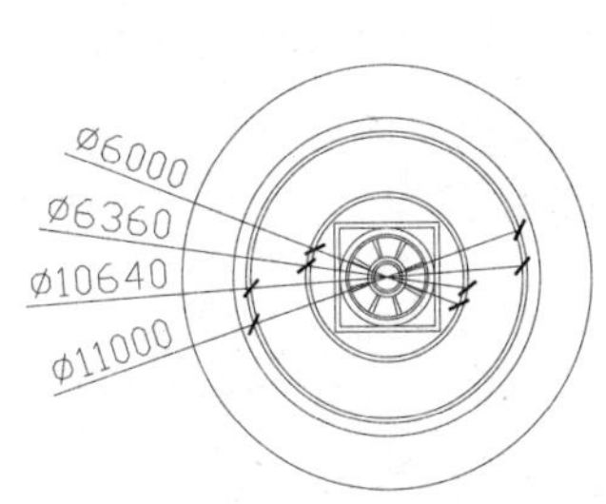

图 7-106　绘制同心圆

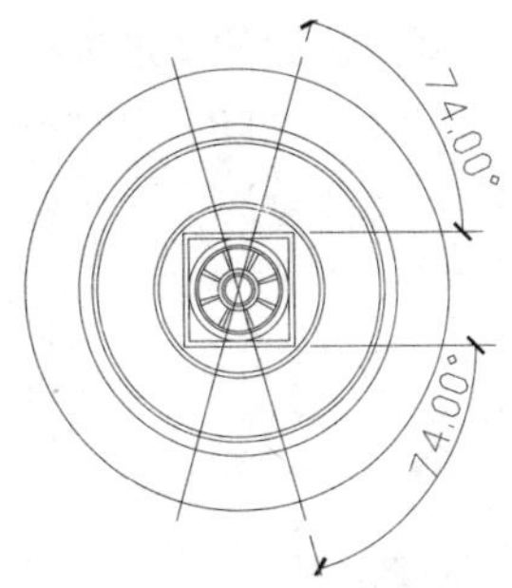

图 7-107　绘制构造线

步骤 4 执行“修剪”命令（TR），将图形按照如图 7-108 所示的形状进行修剪。

步骤 5 执行“矩形”命令（REC），绘制一个尺寸为 3000mm × 90mm的矩形；执行“移动”命令（M），将该矩形进行移动，使其中心点与圆心在同一水平线上，使其右边的竖直线段与花坛左边的竖直线段的距离为 700mm，如图 7-109 所示。

步骤 6 执行“阵列”命令（AR），以所绘制的矩形为阵列对象，选择“极轴”模式，指定圆心为阵列中心点，在“阵列创建”选项卡的“项目”面板中设置“项目数”为 36，确定后完成阵列操作；然后执行“分解”命令（X），对阵列后的图形进行分解操作，如图 7-110 所示。

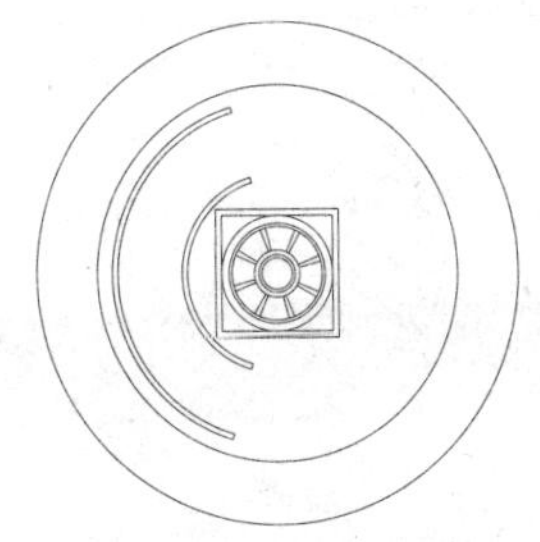

图 7-108　修剪图形

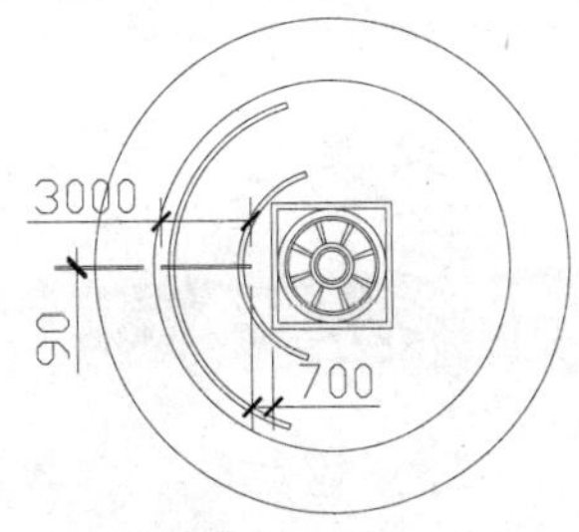

图 7-109　绘制矩形

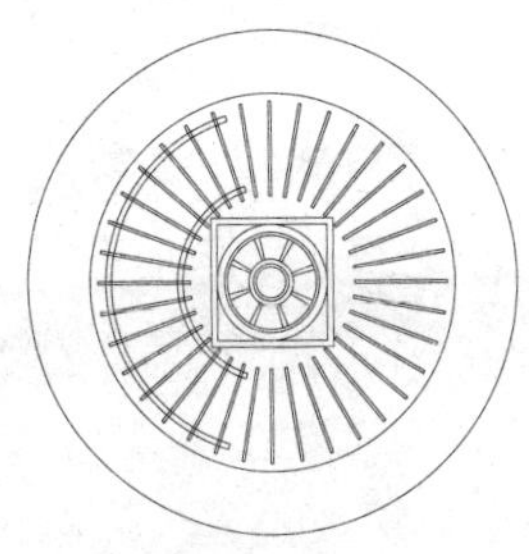

图 7-110　阵列图形

步骤 7 执行“删除”命令（E），按照如图 7-111 所示的形状删除多余的图形。

步骤 8 在“图层”工具栏的“图层控制”下拉列表框中，将“花坛”图层置为当前层。

步骤 9 执行“圆”命令（C），在圆心处绘制几个同心圆，直径分别 12400mm、14400mm、14800mm，如图 7-112 所示。

步骤 10 执行“构造线”命令（XL），绘制两条带角度的构造线，角度分别为 25° 和 27° ，如图 7-113 所示。

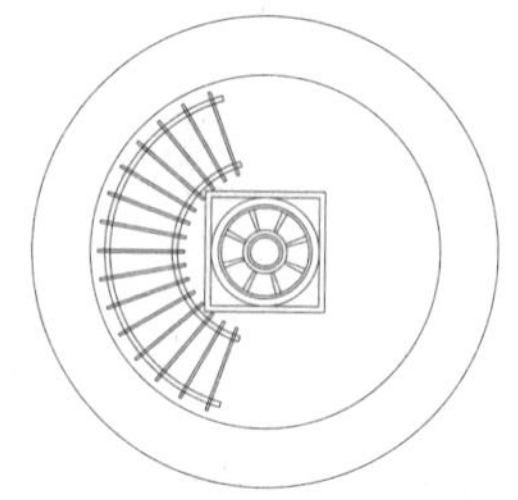

图 7-111 删除多余图形

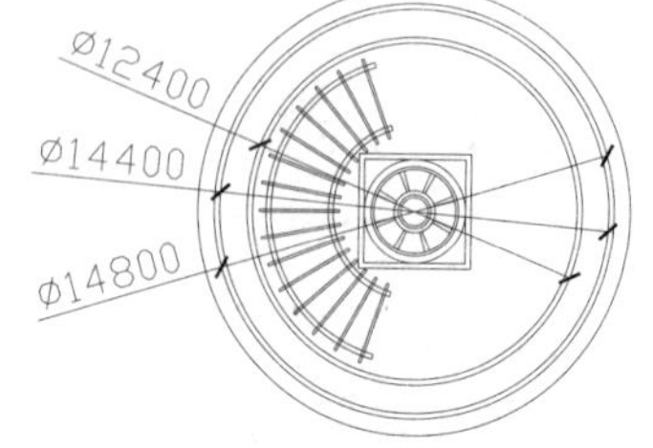

图 7-112 绘制同心圆

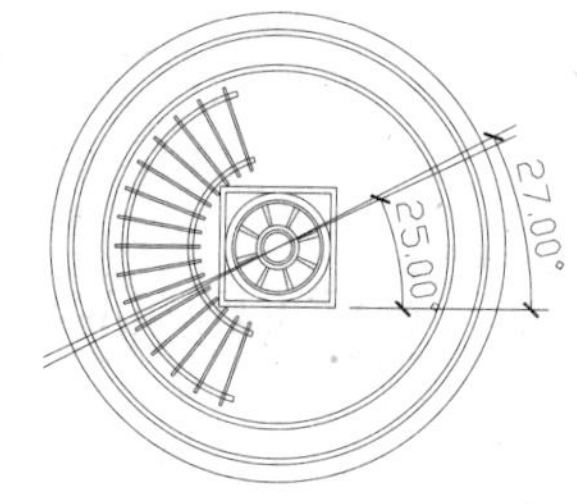

图 7-113 绘制构造线

步骤 11 执行“修剪”命令（TR），将图形按照如图 7-114 所示进行修剪。

步骤 12 执行“阵列”命令（AR），以修剪后的两条斜线段为阵列对象，选择“极轴”模式，指定圆心为阵列中心点，在“阵列创建”选项板卡“项目”面板中设置“项目数”为 36，确定后完成阵列操作；然后执行“分解”命令（X），对阵列后的图形进行分解操作，如图 7-115 所示。

步骤 13 执行“修剪”命令（TR）和“删除”命令（E），将图形按照如图 7-116 所示的形状进行修剪，并将多余的线段删除。

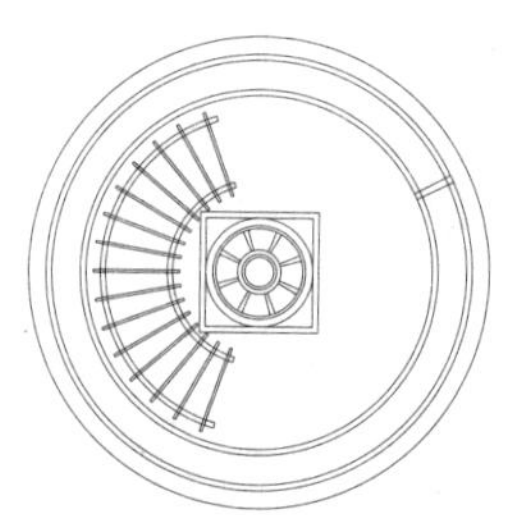

图 7-114 修剪图形

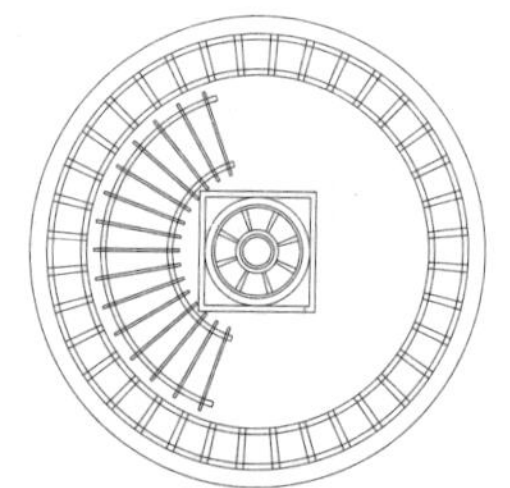

图 7-115 阵列图形并分解

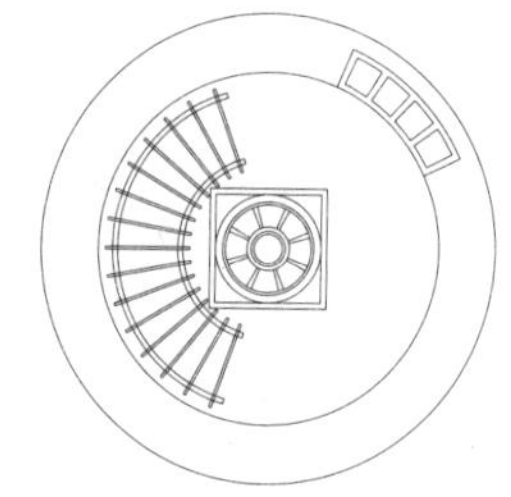

图 7-116 修剪和删除

步骤 14 执行“直线”命令（L），按照如图 7-117 所示绘制相关的斜线段以连接修剪后图形的对角点。

步骤 15 执行“镜像”命令（MI），以圆心为镜像点，将刚才所绘制的图形镜像到下方，如图 7-118 所示。

步骤 16 在“图层”工具栏的“图层控制”下拉列表框中，将“填充”图层置为当前层。

步骤 17 执行“图案填充”命令（BH），选择如图 7-119 所示的区域为填充区域，选择填充图案为AR-HBONE，设置填充角度为 0，填充比例为 5，对这两个矩形进行图案填充。

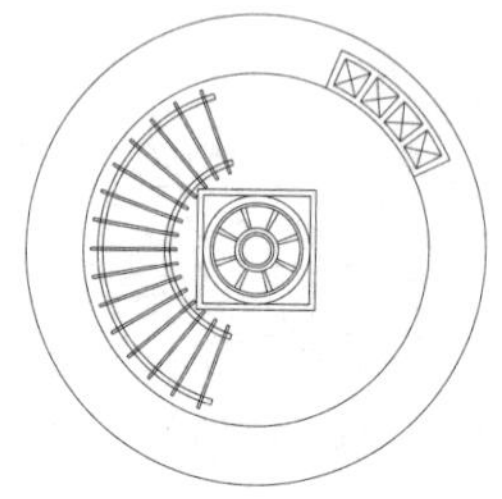

图 7-117 绘制直线

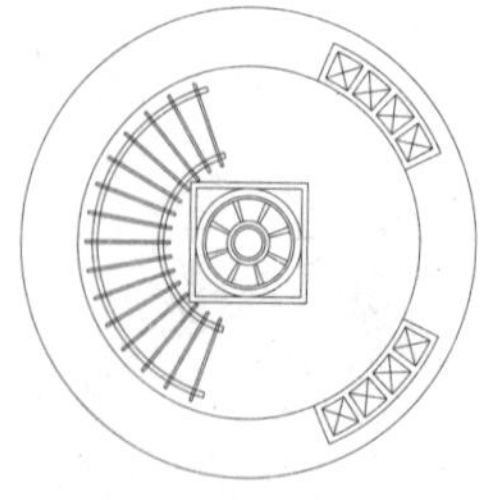

图 7-118 镜像图形

图 7-119 图案填充

步骤18 执行“镜像”命令（MI），将该花坛图形镜像到广场的右边，如图 7-120 所示。

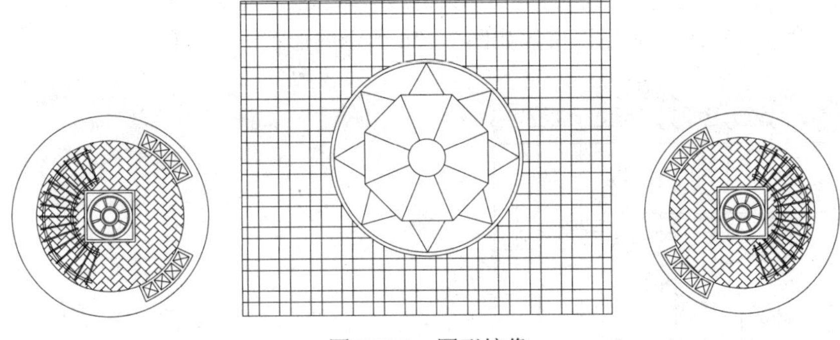

图 7-120　图形镜像

7.10 绘制休闲广场一

在休闲广场一中，绘制花坛、石头桌椅、休憩小道、凉亭和入口小广场。

7.10.1　绘制花坛

步骤1 在“图层”工具栏的“图层控制”下拉列表框中，将“场所”图层置为当前层。执行“矩形”命令（REC），绘制一个尺寸为 40000mm × 8000mm的矩形，如图 7-121 所示。

步骤2 执行“分解”命令（X），对该矩形进行分解操作；再执行“偏移”命令（O），将分解后矩形右边的竖直线段向左进行偏移，偏移距离为 450mm，偏移 3 条，如图 7-122 所示。

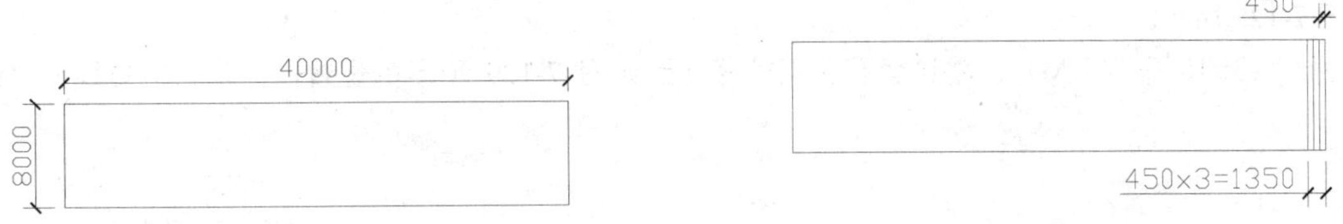

图 7-121　绘制矩形　　　图 7-122　偏移线段

步骤3 执行“矩形”命令（REC），绘制两个矩形，尺寸分别为 7000mm × 6000mm、1500mm × 6000mm；再执行“移动”命令（M），将这两个矩形按照如图 7-123 所示的尺寸移动到休闲广场图形中。

步骤4 执行“偏移”命令（O），将尺寸为 7000mm × 6000mm的矩形向内偏移，偏移距离为 100mm，如图 7-124 所示。

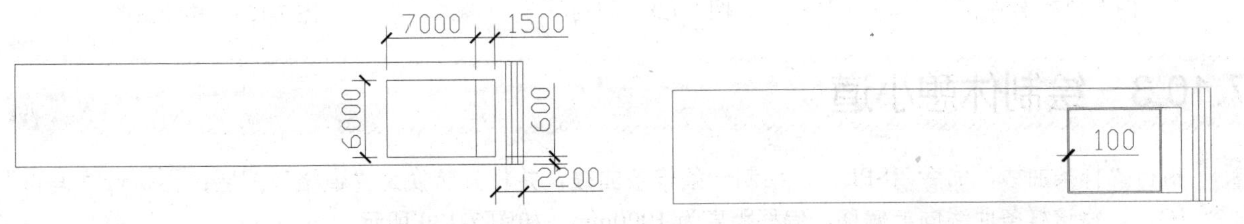

图 7-123　绘制矩形　　　图 7-124　偏移矩形

步骤5 执行“圆”命令（C），绘制几个直径如图 7-125 所示的圆；然后执行“移动”命令（M），将这几个圆按照图示的尺寸进行移动，并将所绘制的圆及相关的线条转换为“花坛”图层。

步骤6 执行“修剪”命令（TR），将图形按照如图 7-126 所示的形状进行修剪。

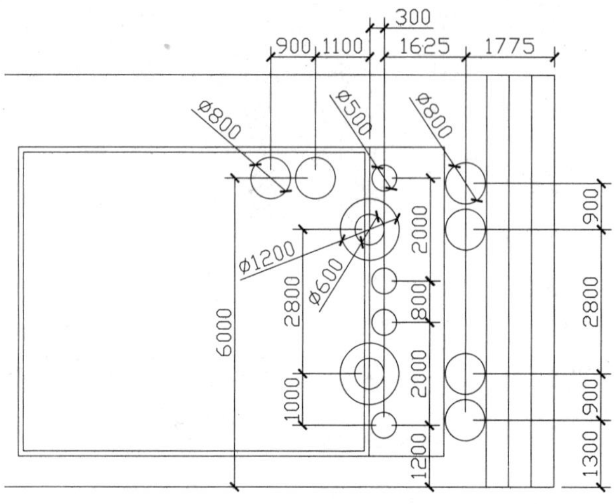

图 7-125　绘制圆

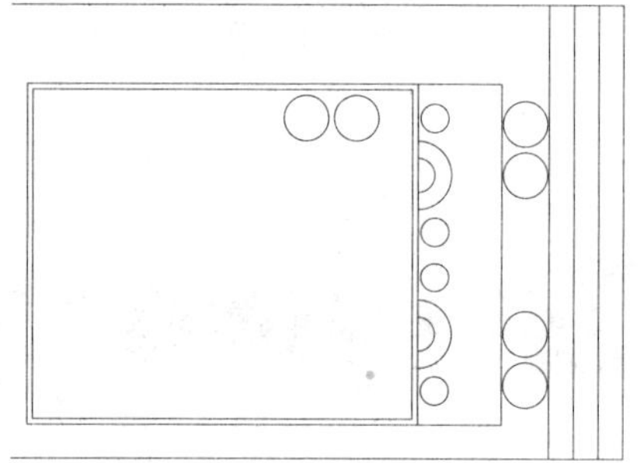

图 7-126　修剪图形

7.10.2　绘制石头桌椅

步骤1 执行“圆”命令（C），绘制两个圆，直径分别为 1500mm和 400mm；然后执行“移动”命令（M），将它们按照如图 7-127 所示的形状与尺寸进行移动。

步骤2 执行“阵列”命令（AR），以直径为 400mm的圆为阵列对象，选择“极轴”模式，指定直径为 1500mm圆的圆心为阵列中心点，在“阵列创建”选项卡的“项目”面板中设置“项目数”为 6，确定后完成阵列操作，如图 7-128 所示。

步骤3 执行“移动”命令（M），将这套石头桌椅移动到如图 7-129 所示的位置，再将它们转换为“设施”图层。

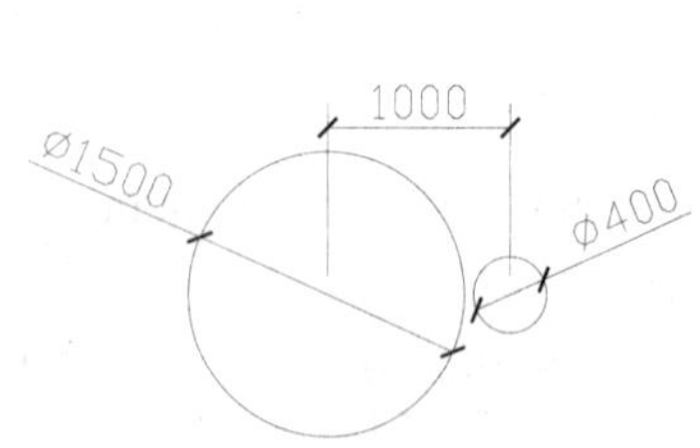

图 7-127　绘制圆

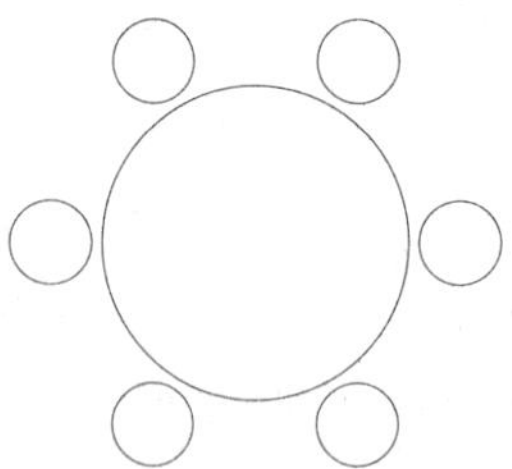

图 7-128　阵列图形

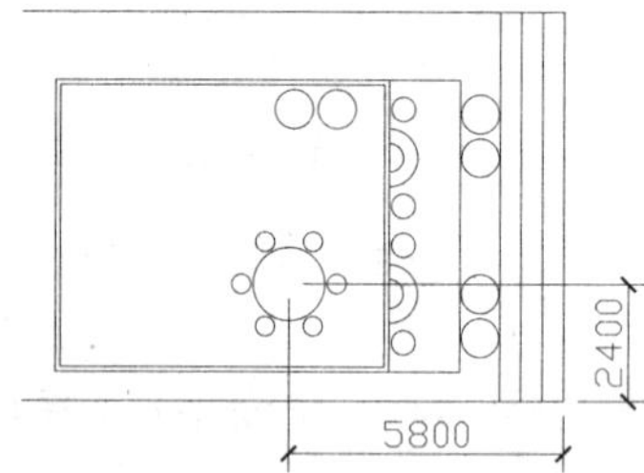

图 7-129　移动图形

7.10.3　绘制休憩小道

步骤1 执行“样条曲线”命令（SPL），绘制一条样条曲线，并将其转换为“道路”图层；再执行“偏移”命令（O），将该样条曲线向上偏移，偏移距离为 1000mm，如图 7-130 所示。

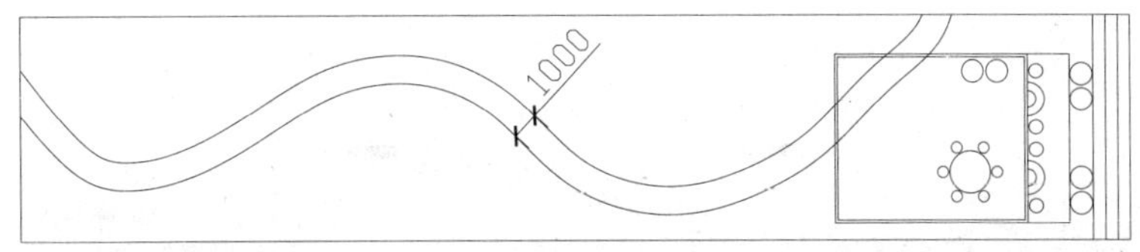

图 7-130　绘制样条曲线

步骤 2 执行“矩形”命令（REC），绘制一个尺寸为 7000mm × 1500mm的矩形；再执行“移动”命令（M），将该矩形按照如图 7-131 所示的尺寸移动到休闲广场图形中；再执行“偏移”命令（O），将最大矩形上方的水平线段向下偏移，偏移距离为 400mm。

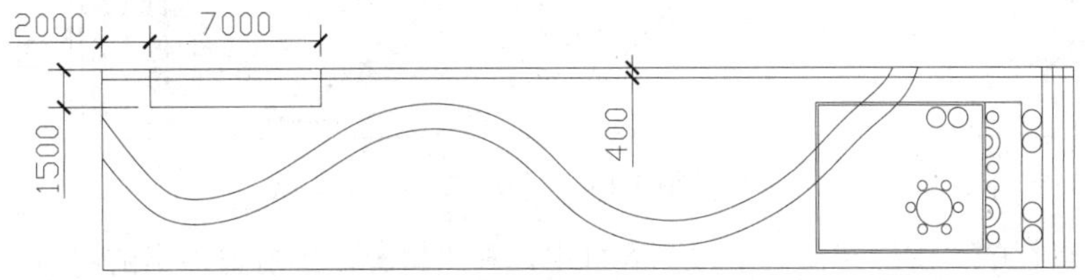

图 7-131　绘制矩形并偏移线段

步骤 3 执行“圆”命令（C），绘制两个圆，直径分别为 3000mm和 6000mm；再执行“移动”命令（M），将这两个圆按照如图 7-132 所示的尺寸移动到休闲广场图形中。

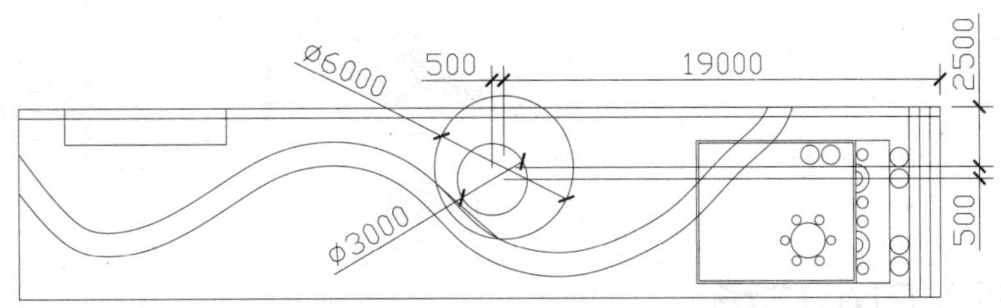

图 7-132　绘制圆

步骤 4 执行“修剪”命令（TR），将图形按照如图 7-133 所示的形状进行修剪。

图 7-133　修剪图形

7.10.4　绘制凉亭

步骤 1 在“图层”工具栏的“图层控制”下拉列表框中，将“建筑”图层置为当前层。执行“矩形”命令（REC），绘制一个尺寸为 3000mm × 3000mm的矩形。

步骤 2 执行“偏移”命令（O），将矩形向内依次偏移，偏移距离为 350mm，偏移 3 次；执行“直线”命令（L），绘制两条斜线段以连接矩形的对角线，所绘制的凉亭图形如图 7-134 所示。

步骤 3 执行“编组”命令（G），对凉亭图形进行编组操作；再执行“移动”命令（M），将凉亭图形移动到休闲广场中，如图 7-135 所示。

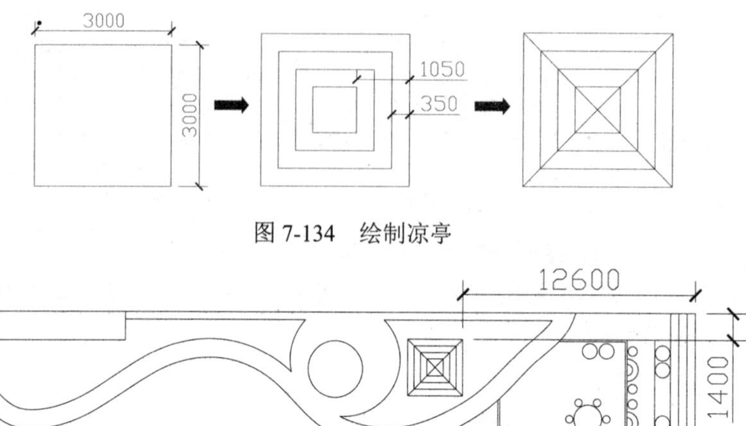

图 7-134　绘制凉亭

图 7-135　移动凉亭

步骤 4 在“图层”工具栏的“图层控制”下拉列表框中，将“填充”图层置为当前层。

步骤 5 执行“图案填充”命令（BH），选择如图 7-136 所示的区域为填充区域，选择填充图案为AR-HBONE，设置填充角度为 0，填充比例为 5，对图形进行图案填充。

图 7-136　图案填充

7.10.5　绘制入口小广场

步骤 1 在“图层”工具栏的“图层控制”下拉列表框中，将“场所”图层置为当前层。

步骤 2 执行“圆”命令（C），绘制几个同心圆，直径分别为 5000mm、6400mm、7000mm；再执行“移动”命令（M），将它们按照如图 7-137 所示的尺寸移动到休闲广场图形中。

图 7-137　绘制同心圆

步骤 3 执行“修剪”命令（TR），将图形进行修剪，修剪后的图形如图 7-138 所示；执行“构造线”命令（XL），在圆心处绘制两条带角度的构造线，角度分别为 88° 和 136° ，如图 7-139 所示。

步骤 4 执行“圆”命令（C），绘制一个直径为 800mm的圆；然后执行“复制”命令（CO），将该圆按照如图 7-140 所示的尺寸与方位进行复制。

步骤 5 在“图层”工具栏的“图层控制”下拉列表框中，将“填充”图层置为当前层。

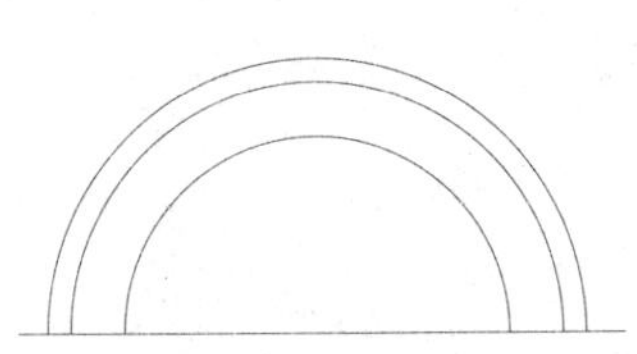

图 7-138　修剪图形

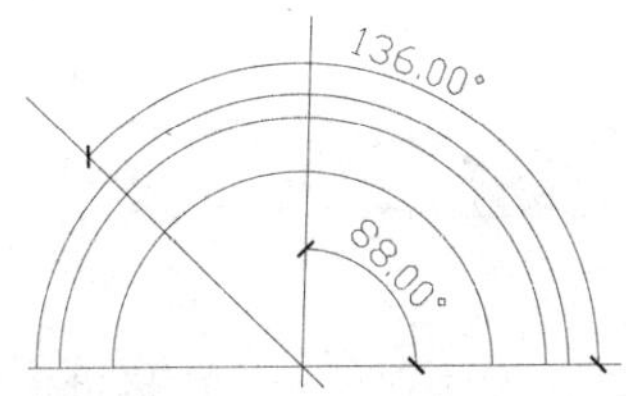

图 7-139　绘制构造线

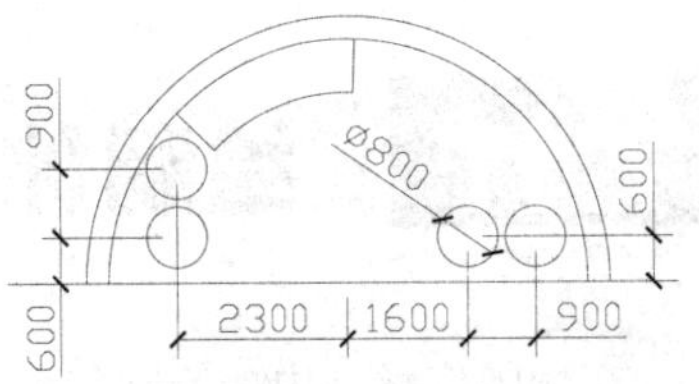

图 7-140　绘制圆

步骤 6 执行“图案填充”命令（BH），选择如图 7-141 所示的区域为填充区域，选择填充图案为STEEL，设置填充角度为 45，填充比例为 200，对该区域进行图案填充；再对该区域重复“图案填充”命令，选择填充图案为STEEL，设置填充角度为 135，填充比例为 200，完成填充操作。

步骤 7 执行“样条曲线”命令（SPL），绘制一条样条曲线，并将该样条曲线转换为“道路”图层；再执行“偏移”命令（O），将该样条曲线向右偏移，偏移距离为 1000mm，如图 7-142 所示。

步骤 8 执行“图案填充”命令（BH），选择刚才所绘制的道路区域为填充区域，选择填充图案为GRAVEL，设置填充角度为 0，填充比例为 30，对道路进行图案填充，如图 7-143 所示。

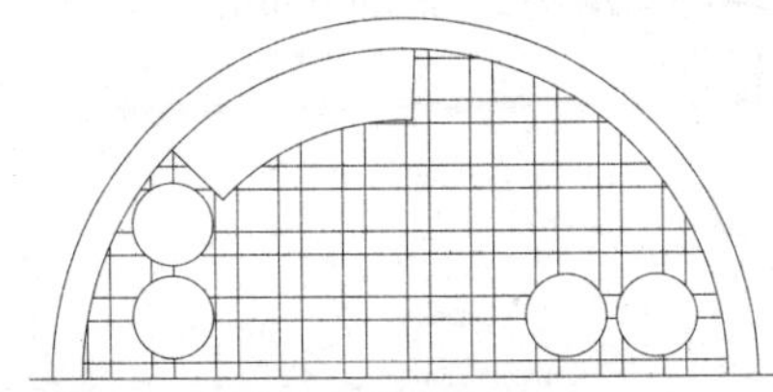

图 7-141　图案填充

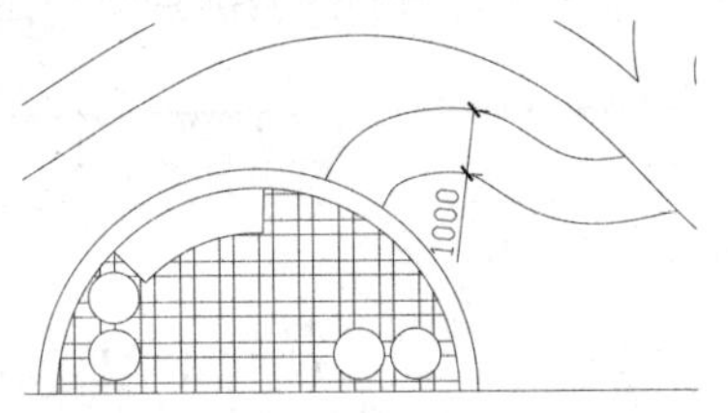

图 7-142　绘制样条曲线并偏移

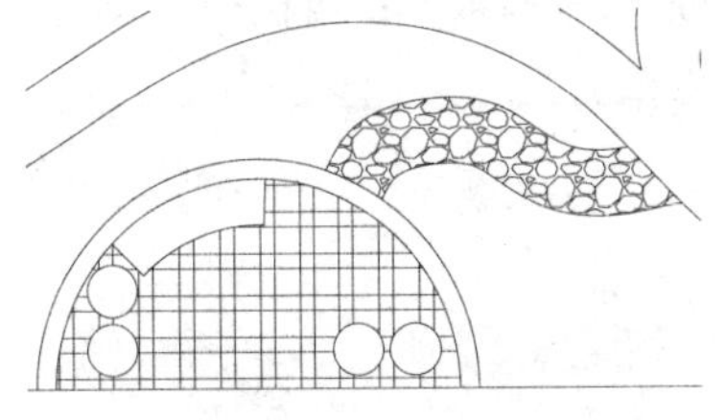

图 7-143　图案填充

步骤 9 执行“编组”命令（G），将该休闲广场进行编组；执行“复制”命令（CO），将编组后的图形复制一份到左边；执行“旋转”命令（RO），将复制后的图形旋转 180°；再执行“移动”命令（M），将旋转后的图形移动到原来图形的左边，使两个图形中的道路连接起来，如图 7-144 所示。

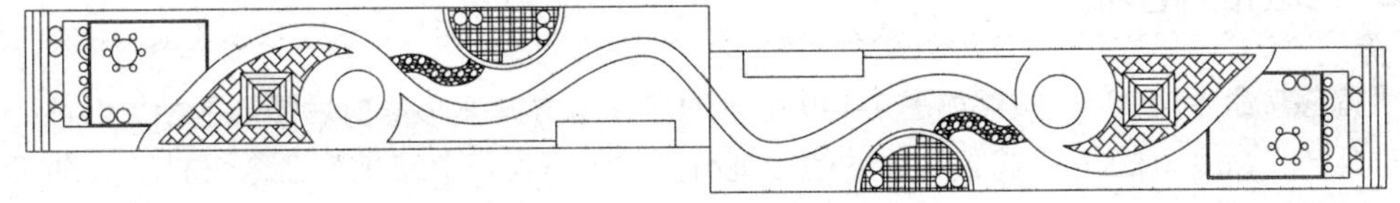

图 7-144　旋转和移动

步骤 10 执行“移动”命令（M），将这两个休闲广场图形按照如图 7-145 所示的尺寸移动到步行街总平面图中。

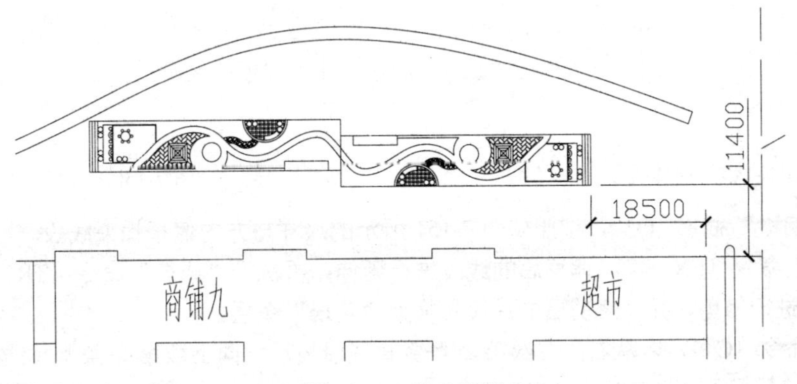

图 7-145　移动图形

7.11 绘制休闲广场二

在休闲广场二中，绘制外形轮廓、花坛、景观连廊、广场过道等。

7.11.1 绘制广场外形轮廓

步骤1 在"图层"工具栏的"图层控制"下拉列表框中，将"场所"图层置为当前层。执行"矩形"命令（REC），绘制一个尺寸为27000mm×10000mm的矩形，如图7-146所示。

步骤2 执行"分解"命令（X），将该矩形进行分解；再执行"偏移"命令（O），对分解后矩形的相关线段进行偏移操作，偏移距离如图7-147所示。

步骤3 执行"直线"命令（L），连接如图7-148所示的两条斜线段；然后执行"修剪"命令（TR），对图形进行修剪操作；再执行"圆角"命令（F），对相关地方进行倒圆角处理，倒角半径为1500mm。

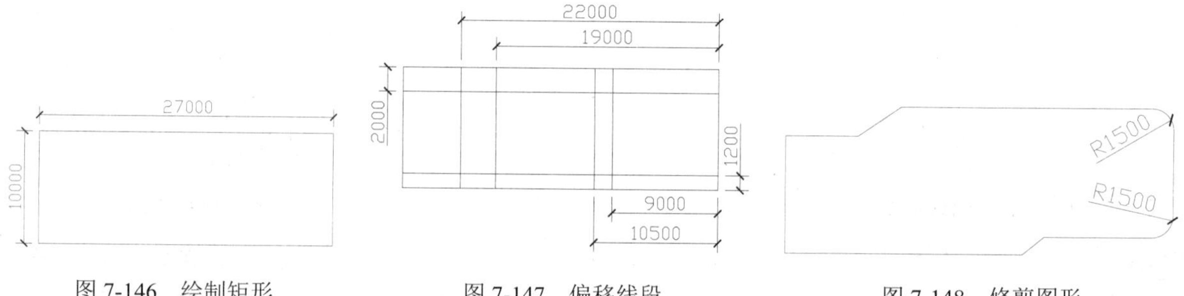

图7-146 绘制矩形　　图7-147 偏移线段　　图7-148 修剪图形

7.11.2 绘制花坛

步骤1 执行"偏移"命令（O），按照如图7-149所示的尺寸与方向偏移修剪后图形的相关线段。

步骤2 执行"延伸"命令（EX），将偏移后的线段进行延伸；再执行"修剪"命令（TR），按照如图7-150所示的形状将图形进行修剪，并将修剪后的线段转换为"花坛"图层。

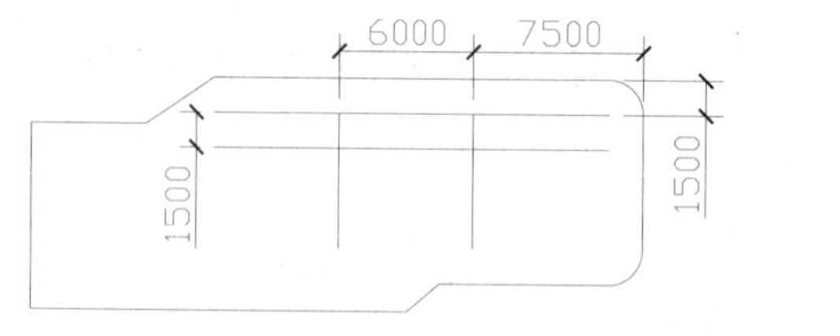

图7-149 偏移线段

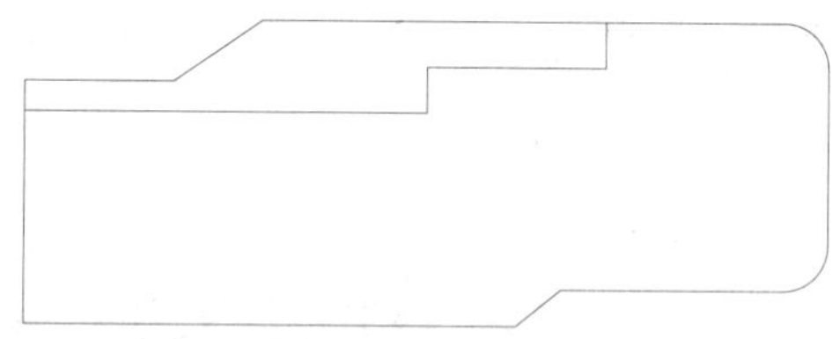

图7-150 修剪图形

步骤3 继续执行"偏移"命令（O），按照如图7-151所示的尺寸与方向偏移相关线段。

步骤4 执行"延伸"命令（EX），将偏移后的线段进行延伸；再执行"修剪"命令（TR），按照如图7-152所示的形状将图形进行修剪，并将修剪后的线段转换为"花坛"图层。

步骤5 执行"圆"命令（C），以从右向左数第2条竖直线段与从下向上数第2条水平线段的交点为圆心，绘制几个同心圆，直径分别为1000mm、1500mm、4000mm、4500mm，如图7-153所示。

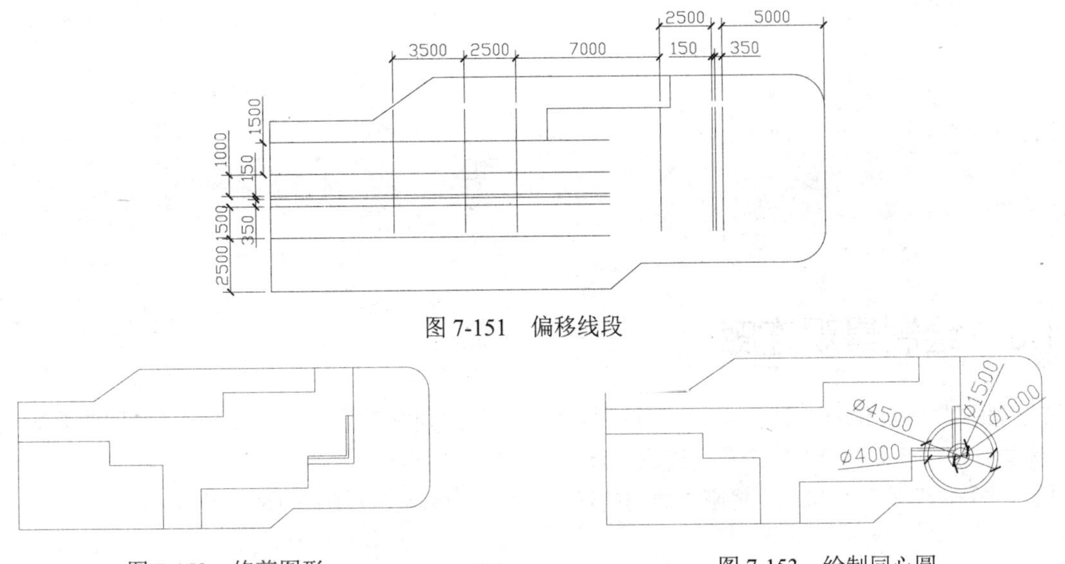

图 7-151　偏移线段

图 7-152　修剪图形

图 7-153　绘制同心圆

步骤 6 执行“移动”命令（M），将直径为 1000mm、1500mm的同心圆向下移动 300mm，再向右移动 300mm，如图 7-154 所示；执行“修剪”命令（TR），按照如图 7-155 所示对图形进行修剪。

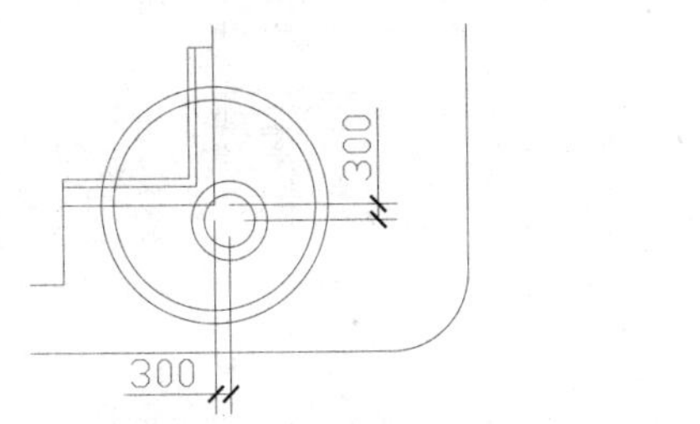

图 7-154　移动图形

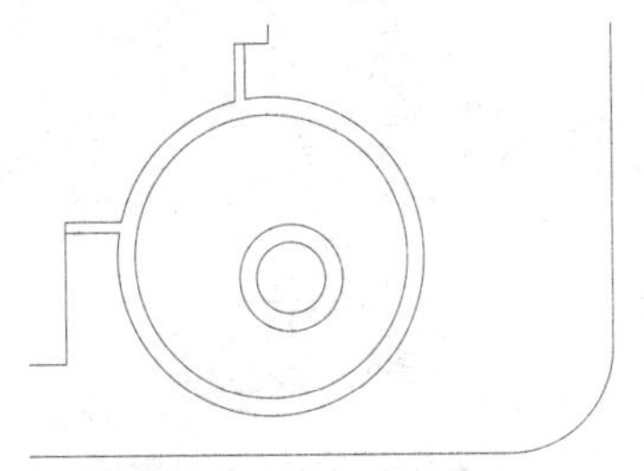

图 7-155　修剪图形

步骤 7 执行“构造线”命令（XL），在直径为 1500mm的圆心处绘制一条水平的构造线；再执行“修剪”命令（TR），将所绘制的构造线进行修剪。

步骤 8 执行“阵列”命令（AR），以所绘制的构造线为阵列对象，选择“极轴”模式，指定直径为 4500mm 圆的圆心为阵列中心点，在“阵列创建”选项卡的“项目”面板中设置“项目数”为 36，确定后完成阵列操作；然后执行“分解”命令（X），对阵列后的图形进行分解操作，如图 7-156 所示。

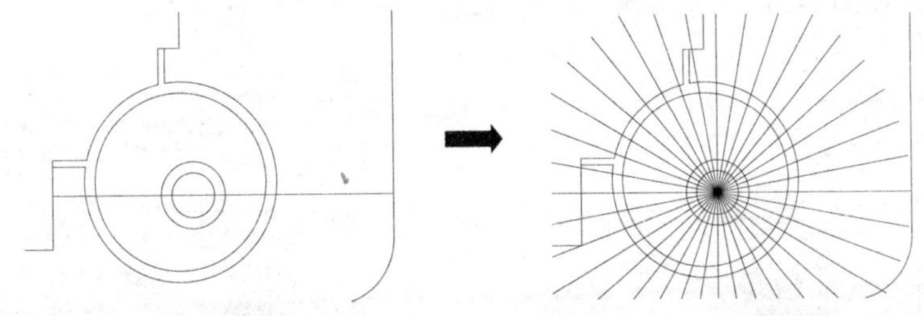

图 7-156　阵列图形

步骤 9 执行“修剪”命令（TR），对阵列后的图形进行修剪，修剪后的图形如图 7-157 所示。

步骤 10 执行“矩形”命令（REC），绘制一个尺寸为 1000mm × 500mm的矩形，用以表示石头凳子；再执行“复制”命令（CO），将这个矩形按照如图 7-158 所示的尺寸进行复制。

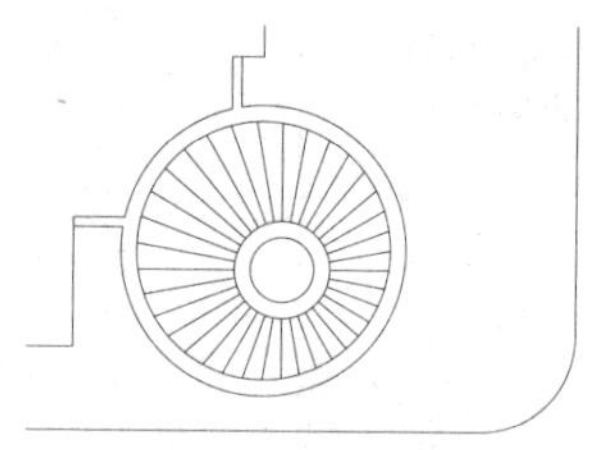

图 7-157　修剪图形

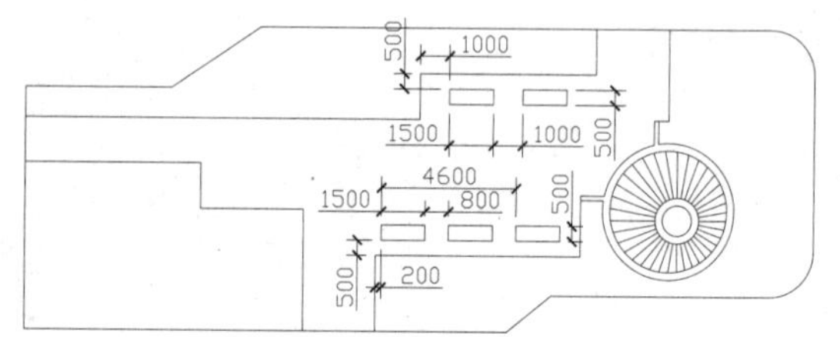

图 7-158　绘制矩形

7.11.3　绘制景观连廊

步骤 1 在“图层”工具栏的“图层控制”下拉列表框中，将“建筑”图层置为当前层。参照前面章节中绘制景观连廊的方法与步骤，绘制一个景观连廊，尺寸如图 7-159 所示。

步骤 2 执行“移动”命令（M），将刚才绘制的景观连廊图形移动到如图 7-160 所示的位置。

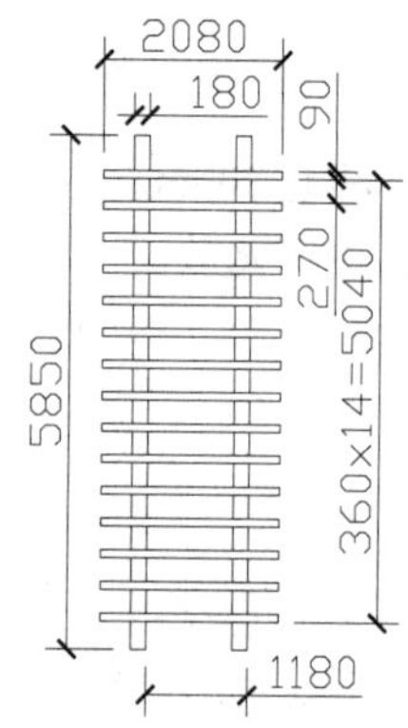

图 7-159　绘制景观连廊

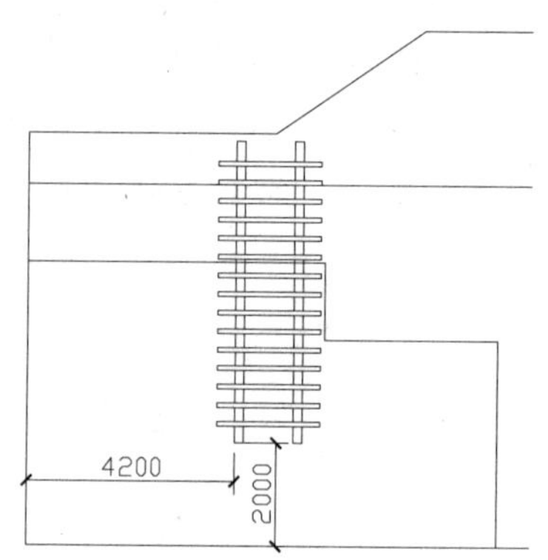

图 7-160　移动图形

7.11.4　绘制广场过道

步骤 1 在“图层”工具栏的“图层控制”下拉列表框中，将“道路”图层置为当前层。执行“偏移”命令（O），将休闲广场左边的竖直线段向右偏移 2000mm，如图 7-161 所示。

步骤 2 执行“圆”命令（C），绘制几个圆，直径分别为 500mm、1000mm、1400mm；再执行“移动”命令（M），将这几个圆按照如图 7-162 所示的尺寸进行移动。

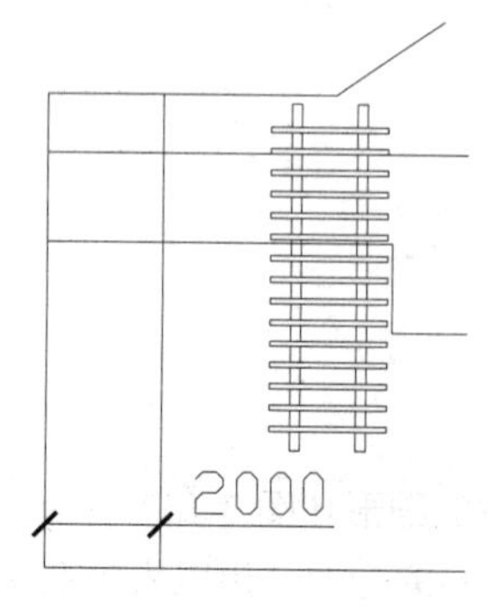

图 7-161　偏移线段

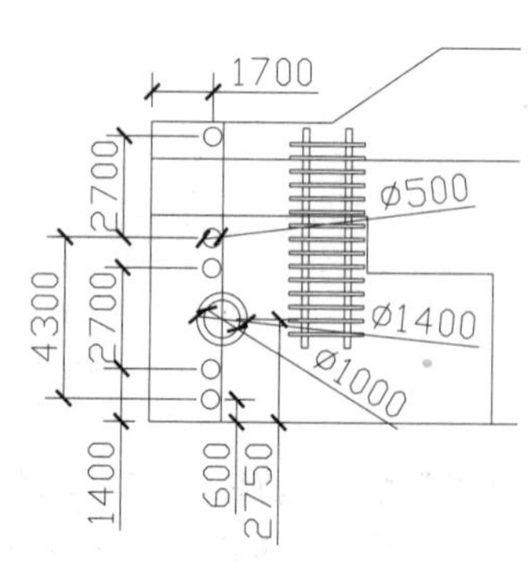

图 7-162　移动图形

步骤3 执行“修剪”命令（TR），将图形按照如图7-163所示的尺寸进行修剪。

步骤4 在“图层”工具栏的“图层控制”下拉列表框中，将“填充”图层置为当前层。执行“图案填充”命令（BH），选择如图7-164所示的区域为填充区域，选择填充图案为ANSI37，设置填充角度为45，填充比例为200，对图形进行图案填充。

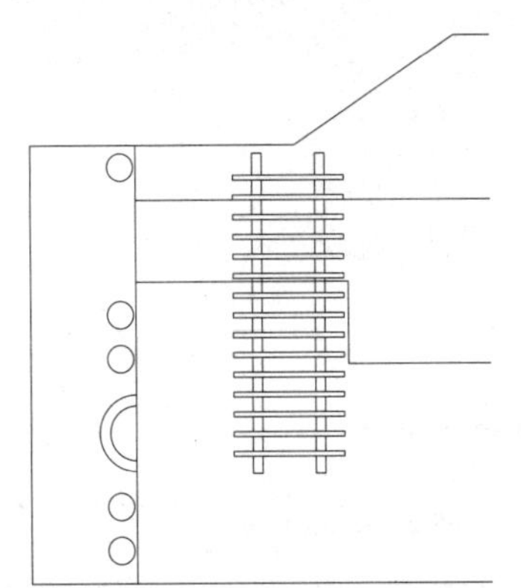

图7-163 修剪图形

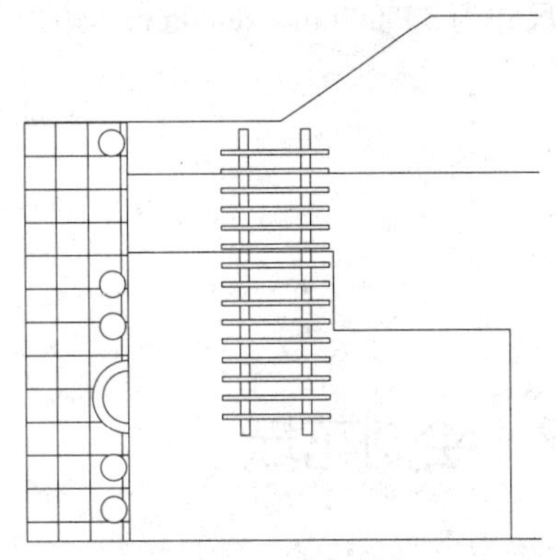

图7-164 图案填充

步骤5 执行“编组”命令（G），将该休闲广场进行编组；再执行“镜像”命令（MI），将编组后的图形镜像到图形的左边，如图7-165所示。

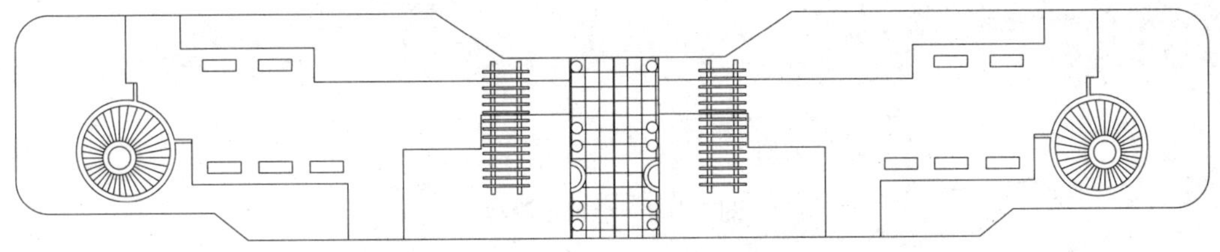

图7-165 镜像图形

步骤6 执行“移动”命令（M），将这两个休闲广场图形按照如图7-166所示的尺寸移动到步行街总平面图中。

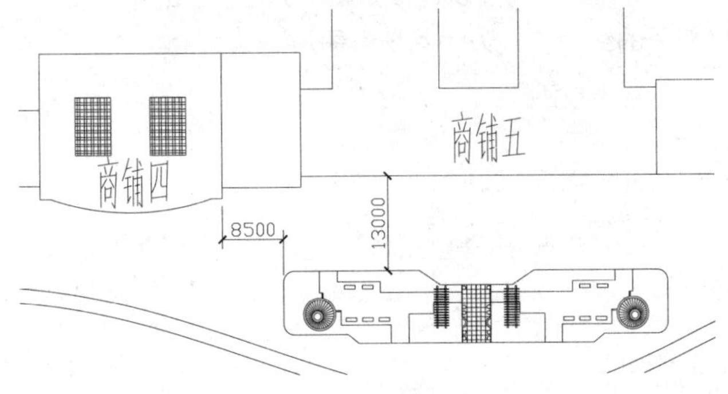

图7-166 移动图形

7.12 绘制休闲广场三

在休闲广场三中，绘制外形轮廓、花坛、凉亭、矩形花坛、石头桌椅等。

7.12.1 绘制广场外形轮廓

在“图层”工具栏的“图层控制”下拉列表框中，将“场所”图层置为当前层。执行“矩形”命令（REC），绘制一个尺寸为33500mm×8000mm的矩形，如图7-167所示。

图7-167 绘制矩形

7.12.2 绘制花坛

步骤 1 在“图层”工具栏的“图层控制”下拉列表框中，将“花坛”图层置为当前层。执行“多段线”命令（PL），在矩形右上方绘制一条如图7-168所示的多段线。

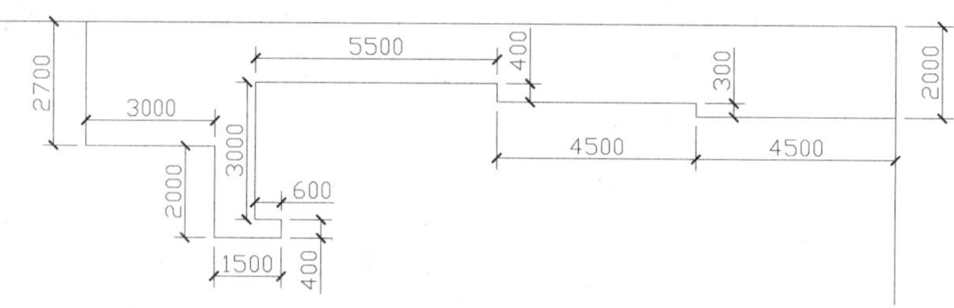

图7-168 绘制多段线

步骤 2 执行“分解”命令（X），将外面的矩形进行分解；再按照如图7-169所示的尺寸将相关的线段进行偏移。

步骤 3 执行“直线”命令（L），绘制一条斜线段以连接如图7-170所示的两个交点；再执行“修剪”命令（TR），将图形进行修剪，然后将修剪后的线段转换为“花坛”图层。

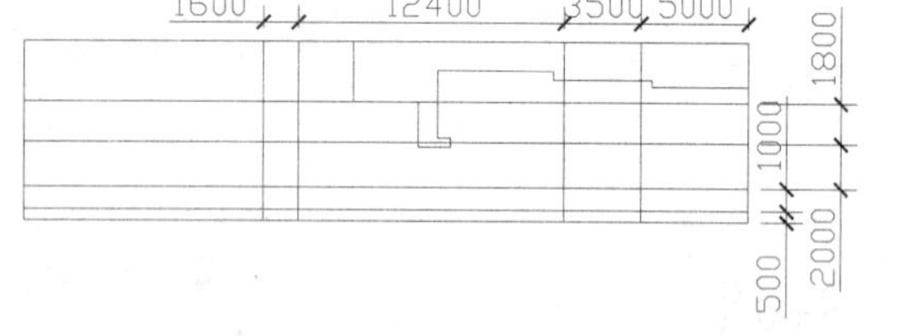

图7-169 偏移线段

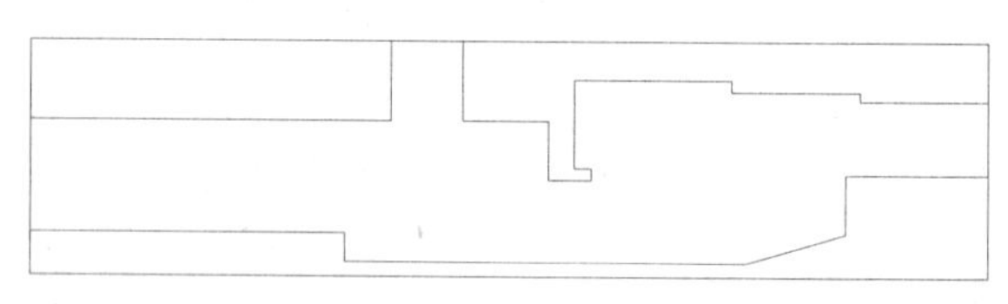

图7-170 修剪图形

7.12.3 绘制凉亭

步骤 1 在“图层”工具栏的“图层控制”下拉列表框中，将“建筑”图层置为当前层。

步骤 2 参照前面章节中绘制凉亭的部分，绘制一个3000mm×3000mm的凉亭；然后执行“编组”命令（G），将该凉亭图形进行编组；接着执行“移动”命令（M），将绘制好的凉亭移动到如图7-171所示的位置。

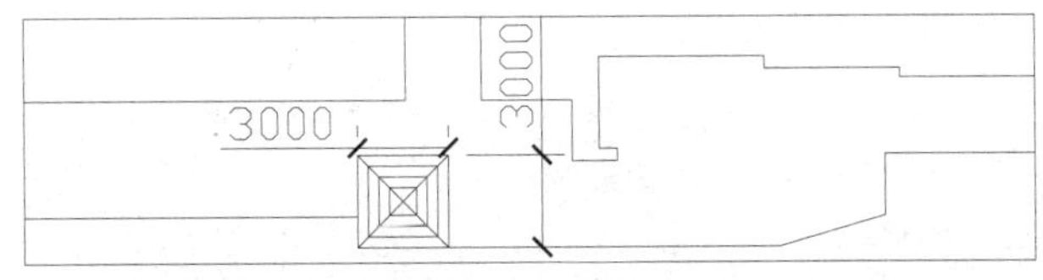

图 7-171　绘制凉亭

7.12.4　绘制矩形花坛

步骤 1 在"图层"工具栏的"图层控制"下拉列表框中，将"花坛"图层置为当前层。执行"矩形"命令（REC），绘制一个尺寸为 1500mm × 1500mm的矩形。

步骤 2 执行"偏移"命令（O），将该矩形向内偏移 150mm；再执行"圆"命令（C），以矩形的中心点为圆心，绘制一个直径为 1200mm的圆。

步骤 3 执行"编组"命令（G），将该图形进行编组；再执行"复制"命令（CO），将编组后的图形复制到休闲广场中，所绘制的图形的效果如图 7-172 所示。

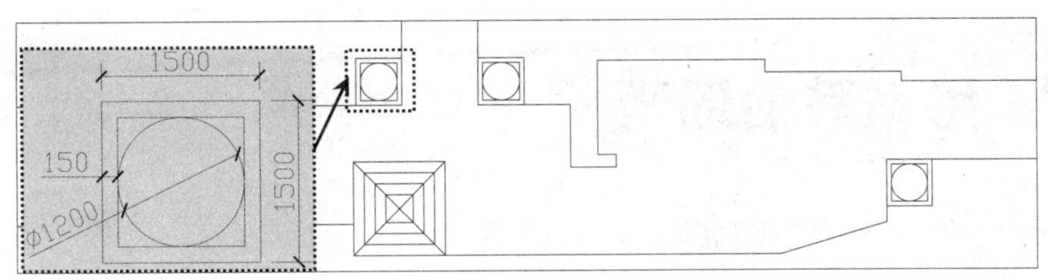

图 7-172　绘制矩形花坛

7.12.5　绘制石头桌椅

步骤 1 在"图层"工具栏的"图层控制"下拉列表框中，将"设施"图层置为当前层。

步骤 2 参照前面绘制石头桌椅的方法与步骤，绘制如图 7-173 所示的石头桌椅图形；再执行"移动"命令（M），将绘制好的图形移动到图中所示的位置。

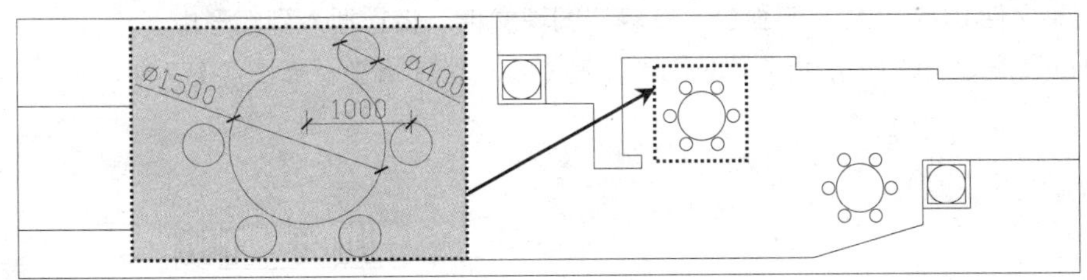

图 7-173　绘制石头桌椅

步骤 3 在"图层"工具栏的"图层控制"下拉列表框中，将"填充"图层置为当前层。

步骤 4 执行"图案填充"命令（BH），选择如图 7-174 所示的区域为填充区域，选择填充图案为AR-HBONE，设置填充角度为 0，填充比例为 50，对图形进行图案填充。

步骤 5 执行"编组"命令（G），将该休闲广场进行编组；然后执行"移动"命令（M），将这个编组后的图形按照如图 7-175 所示的尺寸移动到步行街总平面图中。

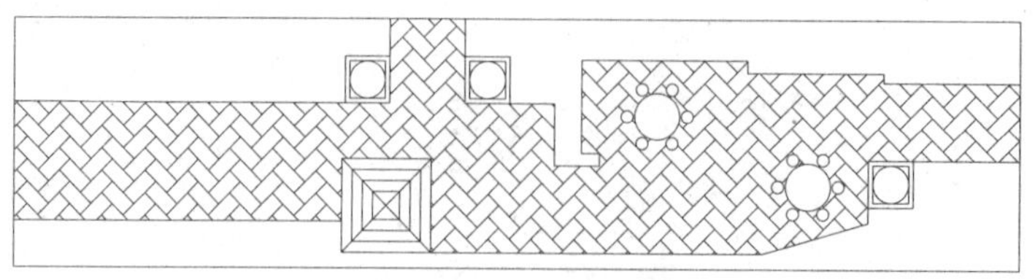

图 7-174　图案填充

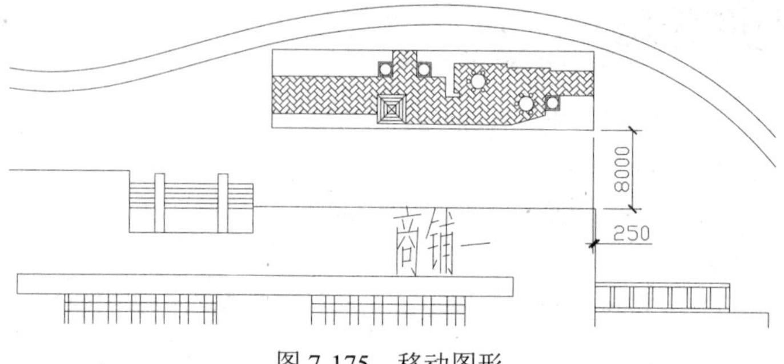

图 7-175　移动图形

7.13 绘制其他场所

在其他场所中，绘制停车场、景观花坛、休闲长凳等。

7.13.1 绘制停车场

步骤 1 在“图层”工具栏的“图层控制”下拉列表框中，将“场所”图层置为当前层。执行“矩形”命令（REC），绘制一个尺寸为 30000mm × 6000mm的矩形。

步骤 2 执行“分解”命令（X），将该矩形进行分解；再执行“偏移”命令（O），将右边竖直的线段依次向左偏移，偏移距离为 3000mm，偏移 9 条，如图 7-176 所示。

步骤 3 在“图层”工具栏的“图层控制”下拉列表框中，将“车辆”图层置为当前层。执行“插入块”命令（I），选择“结果文件/07/”文件夹下面的“车辆”图块文件，将它插入到图形中。

步骤 4 执行“复制”命令（CO），将停车场图形复制到步行街图形中，如图 7-177 所示。

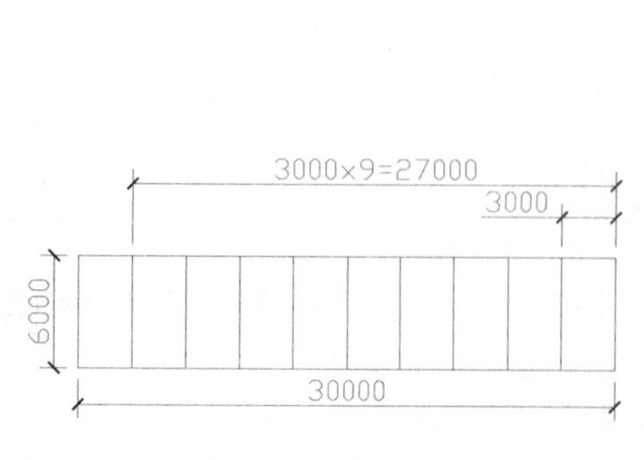

图 7-176　偏移线段

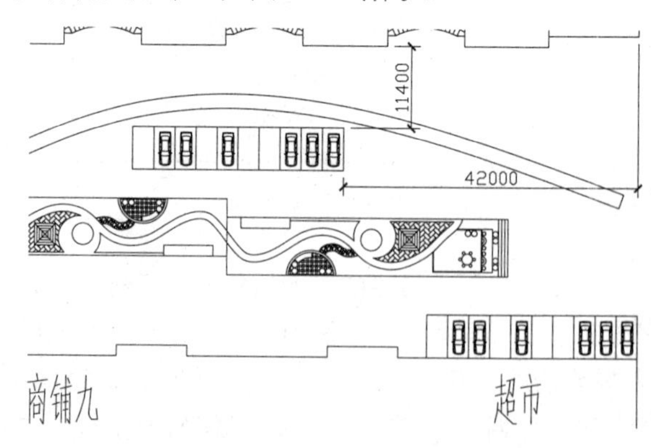

图 7-177　移动停车场

7.13.2　绘制景观花坛

步骤 1　在“图层”工具栏的“图层控制”下拉列表框中，将“花坛”图层置为当前层。

步骤 2　执行“矩形”命令（REC），绘制一个尺寸为 7000mm×6000mm的矩形；再重复执行“矩形”命令（REC），在该矩形内部任意绘制几个矩形，用以表示景观花坛，如图 7-178 所示。

步骤 3　执行“编组”命令（G），将该花坛图形进行编组；再执行“复制”命令（CO），将编组后的图形复制在步行街图形中适合的位置。

7.13.3　绘制其他花坛

步骤 1　将绘图区域移至总平面图的右边，执行“偏移”命令（O），将林荫小道的上面样条曲线向上偏移 5500mm；然后执行“直线”命令（L），任意绘制两条斜线段；再执行“修剪”命令（TR），对图形进行修剪，如图 7-179 所示。

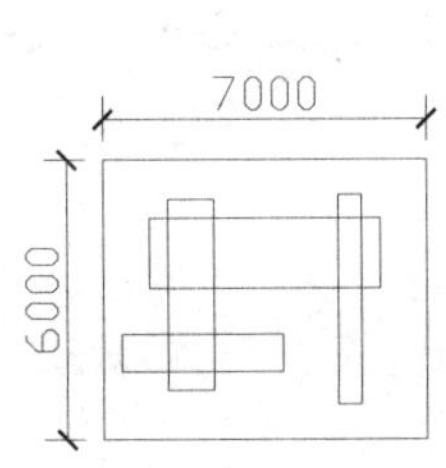

图 7-178　绘制花坛

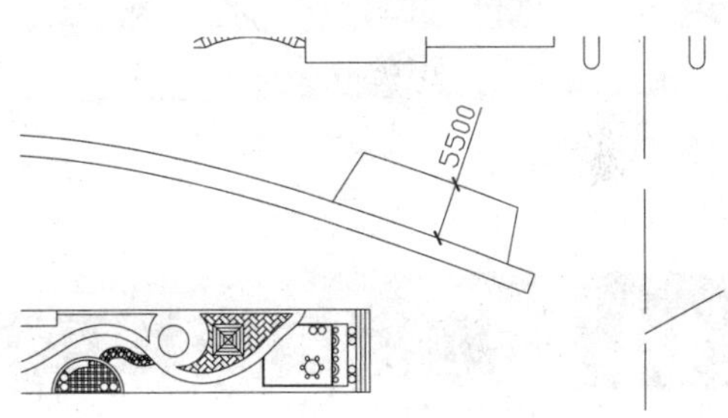

图 7-179　修剪图形

步骤 2　参照以上步骤在步行街总平面图中的其他地方绘制类似的花坛，所绘制出来的效果如图 7-180 所示。

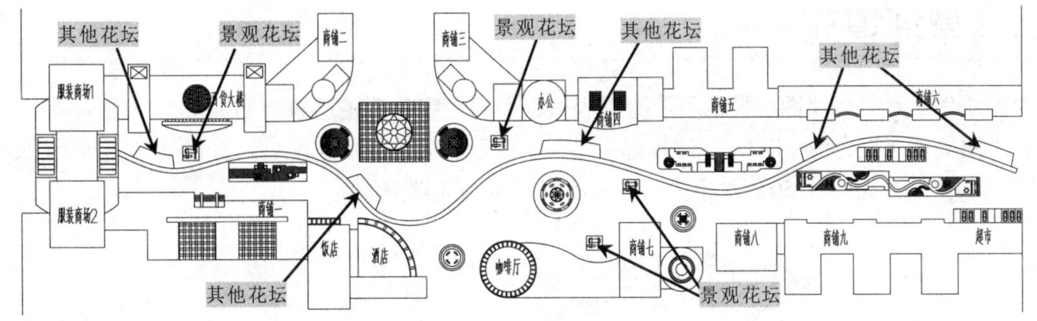

图 7-180　绘制其他花坛

7.13.4　绘制休闲长凳

步骤 1　在“图层”工具栏的“图层控制”下拉列表框中，将“设施”图层置为当前层。

步骤 2　执行“矩形”命令（REC），绘制一个尺寸为 3000mm×500mm的矩形；再绘制一个直径为 250mm的圆；再执行“复制”命令（CO），将这个圆按照如图 7-181 所示的尺寸复制在矩形内。

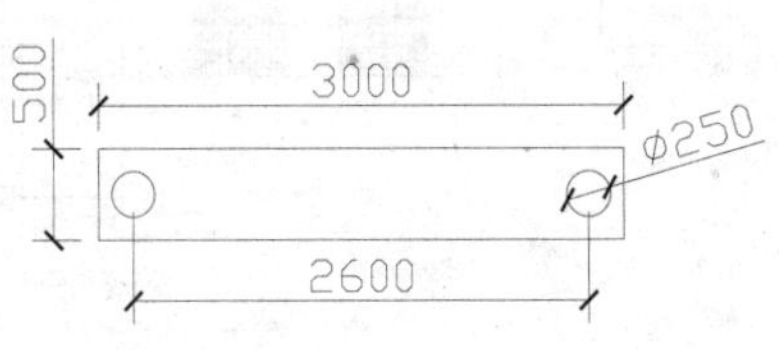

图 7-181　绘制长凳图形

步骤 3 执行“编组”命令（G），将休闲长凳图形进行编组；然后执行“复制”命令（CO）和“旋转”命令（RO），将长凳图形复制到步行街中。

步骤 4 执行“插入块”命令（I），选择“结果文件/07/”文件夹下面的“装饰灯柱”图块文件，将其插入到图形中。

步骤 5 重复执行“插入块”命令（I），选择“结果文件/07/”文件夹下面的“景观池”“景观石”图块文件，将其插入到图形中，如图 7-182 所示。

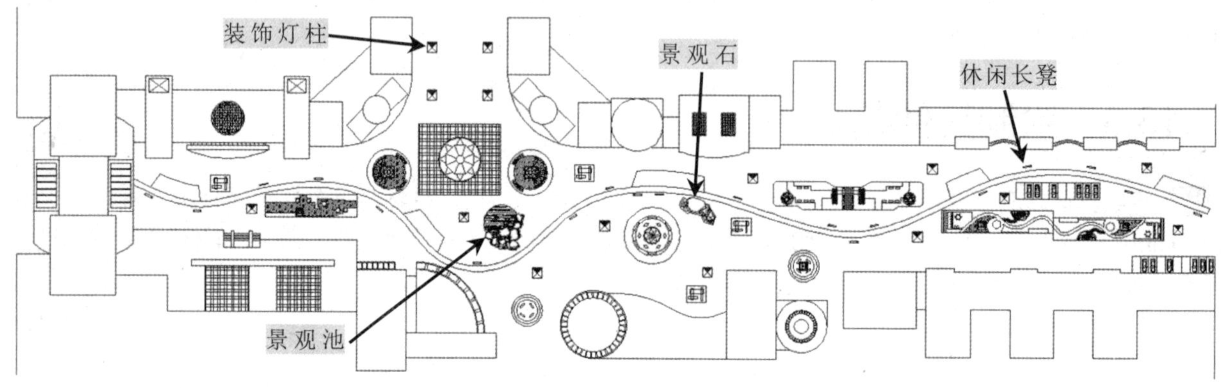

图 7-182　插入图形

7.14 地板填充和草坪填充

为草坪填充 GRASS 图案，并在步行街两边插入各种不同的树木图块。

7.14.1 草坪填充

步骤 1 在“图层”工具栏的“图层控制”下拉列表框中，将“绿化”图层置为当前层。

步骤 2 执行“图案填充”命令（BH），选择如图 7-183 所示的区域为填充区域，选择填充图案为GRASS，设置填充角度为 0，填充比例为 50，对相关草坪和花坛完成绿化填充。

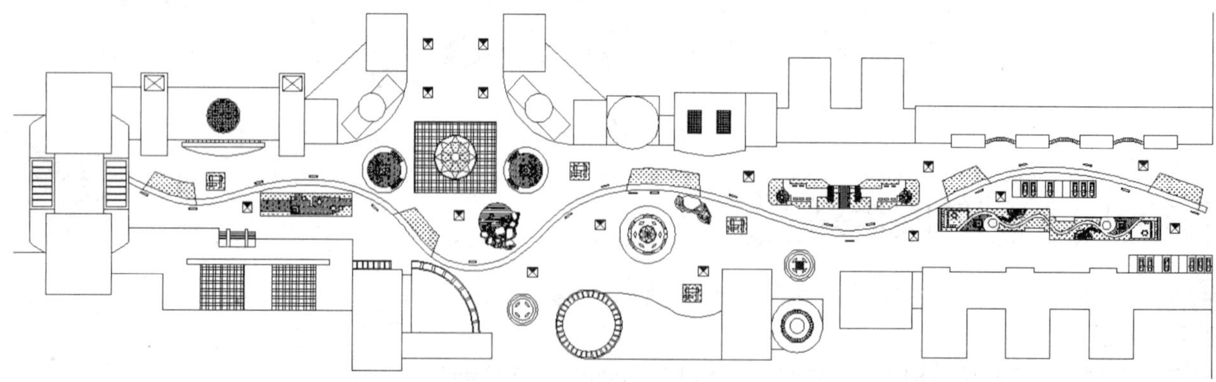

图 7-183　草坪填充

7.14.2 插入树木

执行“插入块”命令（I），插入“结果文件/07”下的各种花卉、树木文件，按照如图 7-184 所示的位置将这些树木和花卉插入到图中相关的地方。

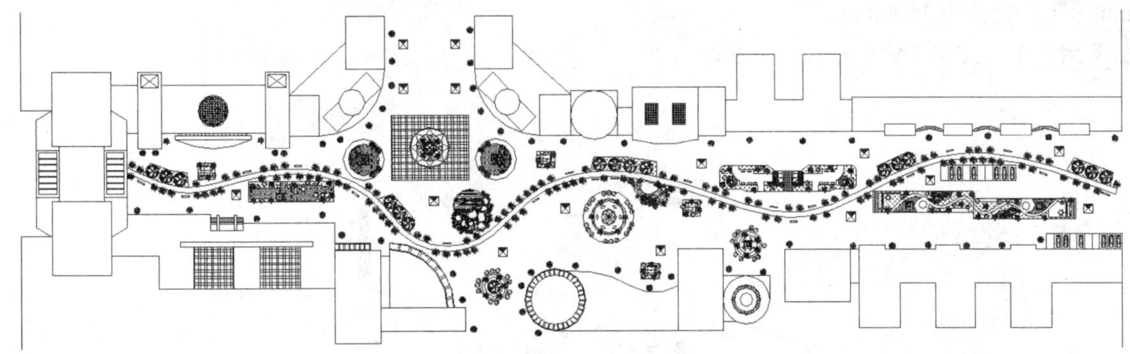

图 7-184 插入树木

7.15 总平面图的标注

步行街的轮廓绘制完成后，最后应对其进行文字标注、指北针标注、图名标注等。

7.15.1 文字标注

步骤 1 单击“图层”工具栏的“图层控制”下拉列表框，选择“文字标注”图层为当前层；在“注释”选项卡以“文字”选项中选择“图内说明”文字样式。

步骤 2 执行“单行文字”命令（DT），对图形中的相关建筑和场所进行文字标注；重复执行“单行文字”命令（DT），对总平面图的情况进行一些文字描述，如图 7-185 所示。

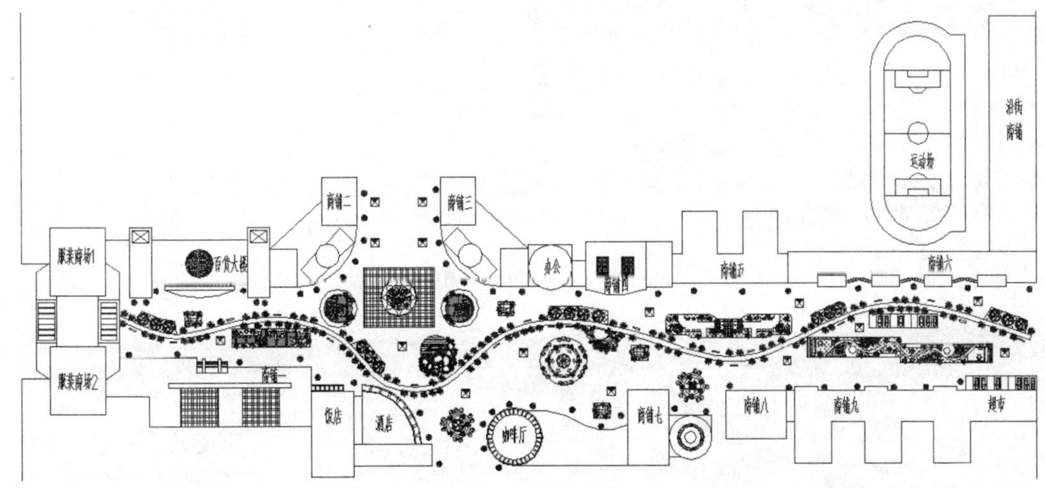

图 7-185 文字标注

7.15.2　绘制指北针

步骤1 执行“圆”命令（C），在图形的右下侧绘制直径为12000mm的圆。

步骤2 使用“多段线”命令（PL），以圆的上侧象限点至下侧象限点绘制一条垂直线段，且其上侧端点宽度为0mm，下侧宽度为1500mm。

步骤3 使用“单行文字”命令在圆的上侧输入“北”，完成指北针的绘制，如图7-186所示。

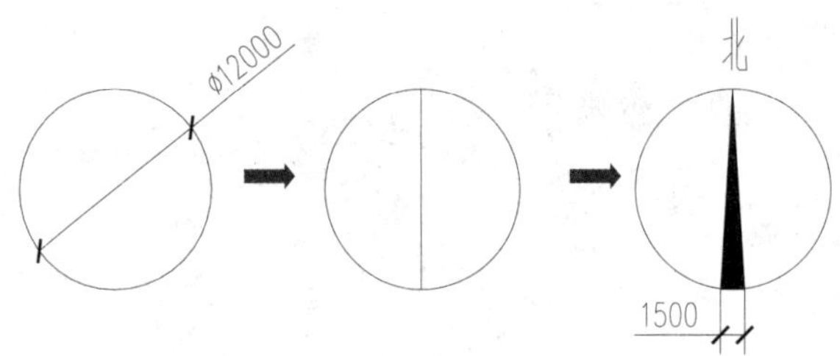

图7-186　绘制指北针

7.15.3　图名的标注

步骤1 在“样式”工具栏中选择“图名”文字样式，在“文字”工具栏中单击“单行文字”按钮AI，设置其对正方式为“居中”，在图形的下侧中间位置输入图名“步行街建筑总平面图”和“1:500”；然后分别选择相应的文字对象，执行“特性”命令（MO），打开“特性”面板，修改相应文字的大小为10000和5000。

步骤2 执行“多段线”命令（PL），在图名的下侧绘制一条水平线段，指定多段线宽度为1500，如图7-187所示。

步行街建筑总平面图　1:500

图7-187　图名标注

第 8 章

别墅平面图的绘制

建筑平面图是建筑物工程图的组成部分，以比例图绘制，表现该建筑物内的客厅、房间、空间及其他硬件的分布。其中包括承重墙、出入口、窗的位置图、阳台、散水、室内布置设施、尺寸标注、说明文字等。方便、绘图员、建筑师、地产开发商、室内设计师、地盘工人、装修及业主、保安、消防、访客等沟通之用。

本章主要学习别墅平面图的绘制，首先调用建筑样板，以及对门、窗、标高图块、楼梯等设计，然后对别墅底层、二层和屋顶平面图进行绘制，从而学习轴线、墙体、门、窗、楼梯、定位轴线、标高、文字标注等相关图形的绘图步骤和方法，并从中学到一些技巧，让用户掌握建筑平面图的绘制。

学习目标

- 建筑绘图环境的设置
- 别墅首层轴线、墙体、柱子、门窗的绘制
- 别墅首层散水、栏杆、楼梯、其他设施的绘制
- 别墅首层的标高、尺寸、轴号、图名的标注
- 别墅二层平面图的演练
- 别墅屋顶层平面图的绘制

8.1 别墅底层平面图的绘制

在绘制别墅底层平面图时，首先根据要求设置匹配的绘图环境，包括图层的规划、文字及标注样式；再根据要求绘制定位轴线、墙体、柱子、散水、开启门窗洞口和楼梯，以及对客厅和卫生间布置设施；最后绘制标高、剖切符号，进行尺寸、图内文字的标注，编制定位轴线、指北针和图名的标注，其绘制完成后的最终效果如图 8-1 所示。

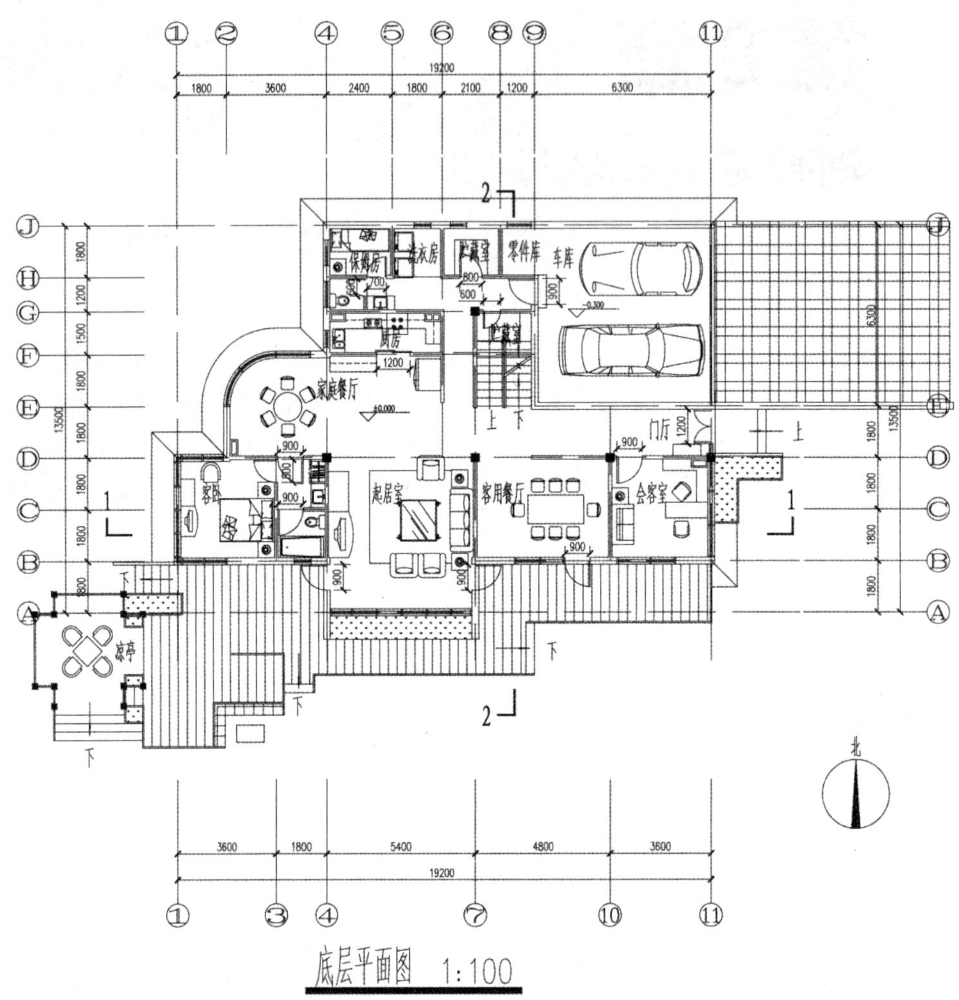

图 8-1 别墅底层平面图

8.1.1 设置绘图环境

在绘制建筑物的平面图之前，同样需要对其绘图环境进行设置，其设置方法与总平面图大致相同，包括绘图区域、图层规划、文字和标注样式等。

1. 绘图单位的设置

绘图单位的设置请参照 4.2.1 节相关内容。

2. 绘图界限的设置

绘图界限的设置请参照 4.2.2 节相关内容。

3. 图层的设置

由前面的图可知：该别墅的底层平面图由轴线、门窗、墙体、楼梯、设施、文本标注、尺寸标注等元素组成，因此，要绘制该平面图，需要建立如表 8-1 所示的图层。

表 8-1　图层设置

序号	图层名	线宽	线型	颜色	打印属性
1	轴线	默认	点画线（ACAD_ISO04W100）	红色	不打印
2	墙体	0.30mm	实线（CONTINUOUS）	黑色或白色	打印
3	柱子	默认	实线（CONTINUOUS）	黑色或白色	打印
4	门窗	默认	实线（CONTINUOUS）	青色	打印
5	设施	默认	实线（CONTINUOUS）	200 色	打印
6	楼梯	默认	实线（CONTINUOUS）	140 色	打印
7	花坛	默认	实线（CONTINUOUS）	200 色	打印
8	栏杆	默认	实线（CONTINUOUS）	40 色	打印
9	绿化	默认	实线（CONTINUOUS）	绿色	打印
10	散水	默认	实线（CONTINUOUS）	洋红	打印
11	标高	默认	实线（CONTINUOUS）	黄色	打印
12	填充	默认	实线（CONTINUOUS）	8 色	打印
13	轴线编号	默认	实线（CONTINUOUS）	绿色	打印
14	尺寸标注	默认	实线（CONTINUOUS）	蓝色	打印
15	文字标注	默认	实线（CONTINUOUS）	黑色	打印
16	其他	默认	实线（CONTINUOUS）	8 色	打印

注：设置方法请参照 4.2.3 节相关内容，将“全局比例因子”设置为 100 即可。

4. 文字样式的设置

由表 8-1 可知，该建筑平面图上的文字有尺寸文字、图内文字说明、图名文字、轴线符号等，打印比例为 1:100，文字样式中的高度为打印到图纸上的文字高度与打印比例倒数的乘积。根据建筑制图标准，该平面图文字样式的规划如表 8-2 所示。

表 8-2　文字样式

<table>
<tr><th>文字样式名</th><th>打印到图纸上的文字高度</th><th>图形文字高度（文字样式高度）</th><th>字体丨大字体</th><th>宽度因子</th></tr>
<tr><td>尺寸文字</td><td>3.5</td><td>0</td><td rowspan="3">Tssdeng/gbcib</td><td rowspan="4">0.7</td></tr>
<tr><td>图内说明</td><td>3.5</td><td>350</td></tr>
<tr><td>图名</td><td>7</td><td>700</td></tr>
<tr><td>轴号文字</td><td>5</td><td>500</td><td>Complex</td></tr>
</table>

注：文字样式的设置请参照 4.2.4 节相关内容。将“高度”设置为 350，“宽度因子”设置为 0.7 即可。建立如表 8-2 所示中其他各种文字样式，如图 8-2 所示。

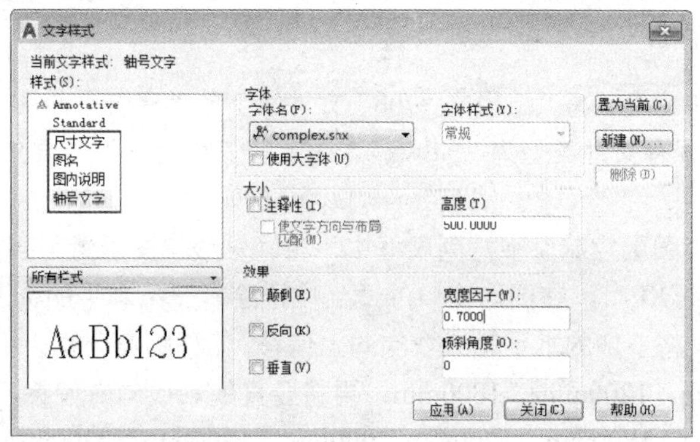

图 8-2　设置其他文字样式

5. 尺寸标注样式的设置

根据建筑平面图的尺寸标注要求，应设置其延伸线的起点偏移量为 5mm，超出尺寸线为 2.5mm，尺寸起止符号用“建筑标注”，其长度为 2mm，文字样式选择“尺寸文字”样式，文字大小为 3.5，其全局比例为 100。

绘图界限的设置请参照 4.2.5 节相关内容。其中新建样式名定义为“建筑平面标注-100”，将选项卡中的“使用全局比例”设置为 100 即可。

6. 保存为样板文件

保存为样板文件请参照 4.2.6 节相关内容，将文件另存为“结果文件/08/建筑平面图.dwt”样板文件。

提示——建筑平面图的形成

建筑平面图是假想用一水平剖切平面，沿门窗洞口的位置将建筑物切开后，对剖切面以下部分所做出的水平剖面图，称为建筑平面图，简称平面图。它反映出房屋的平面形状、大小和房间的布置，墙（或柱）的位置、厚度和材料，门窗的类型和位置等情况，如图 8-3 所示。

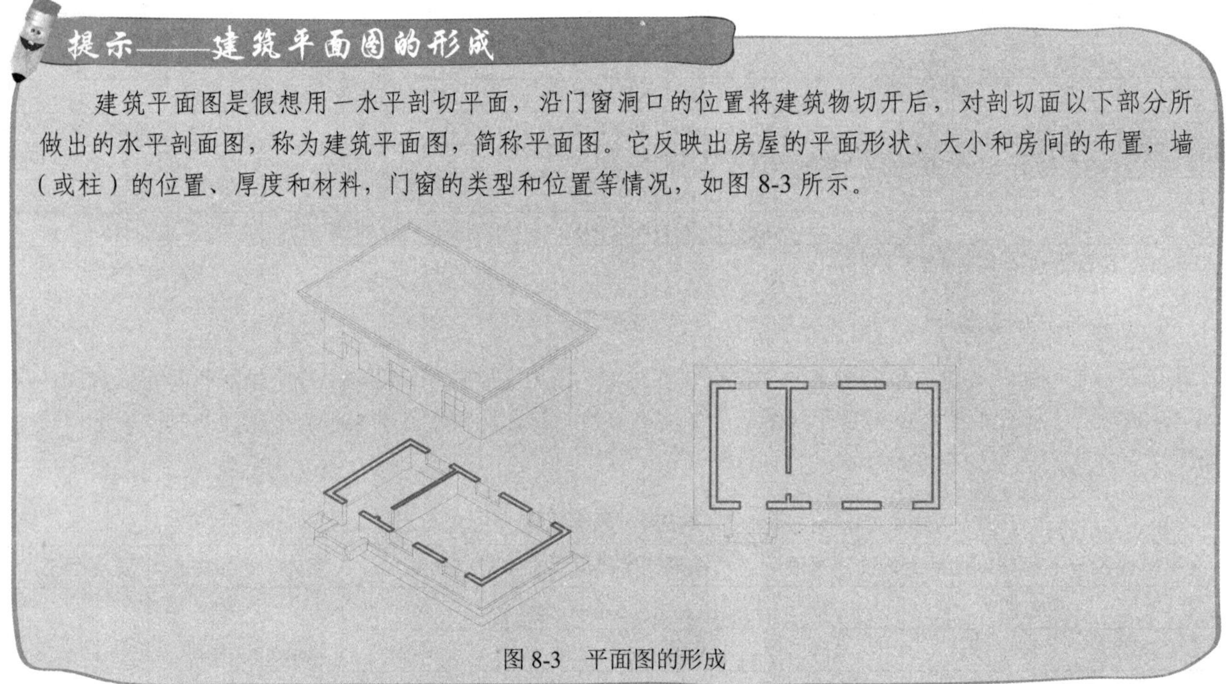

图 8-3 平面图的形成

8.1.2 绘制轴线

在绘制别墅底层平面图之前，首先应绘制别墅的轴线网结构。下面使用构造线、偏移、修剪等命令，来绘制别墅底层平面图的轴线网。

步骤 1 执行“文件/打开”菜单命令，将“结果文件/08”文件夹下的“建筑平面图.dwt”文件打开；再执行“文件/另存为”菜单命令，选择保存文件类型为“*.dwg”格式，将其保存为“结果文件/08/别墅底层平面图.dwg”文件。

步骤 2 在“图层”工具栏的“图层控制”下拉列表框中，将“轴线”图层置为当前层。按F8 键打开“正交”模式，执行“构造线”命令（XL），在图形窗口的适当位置绘制一条水平的构造线和一条竖直的构造线。

步骤 3 执行“偏移”命令（O），将下侧的水平轴线依次向上偏移，偏移距离分别为 1800mm、1800mm、1800mm、1800mm、1800mm、1500mm、1200mm和 1800mm；再将竖直的轴线向右偏移，偏移距离分别为 1800mm、1800mm、1800mm、2400mm、1800mm、1200mm、900mm、1200mm、2700mm和 3600mm，如图 8-4 所示。

步骤 4 执行“圆”命令（C），以上一步下方向上偏移的第五条轴线（总偏移距离为 7200mm）和向右方偏移的第三条轴线（总偏移距离为 3600mm）的交点为圆心，绘制一个直径为 3600mm的圆，如图 8-5 所示。

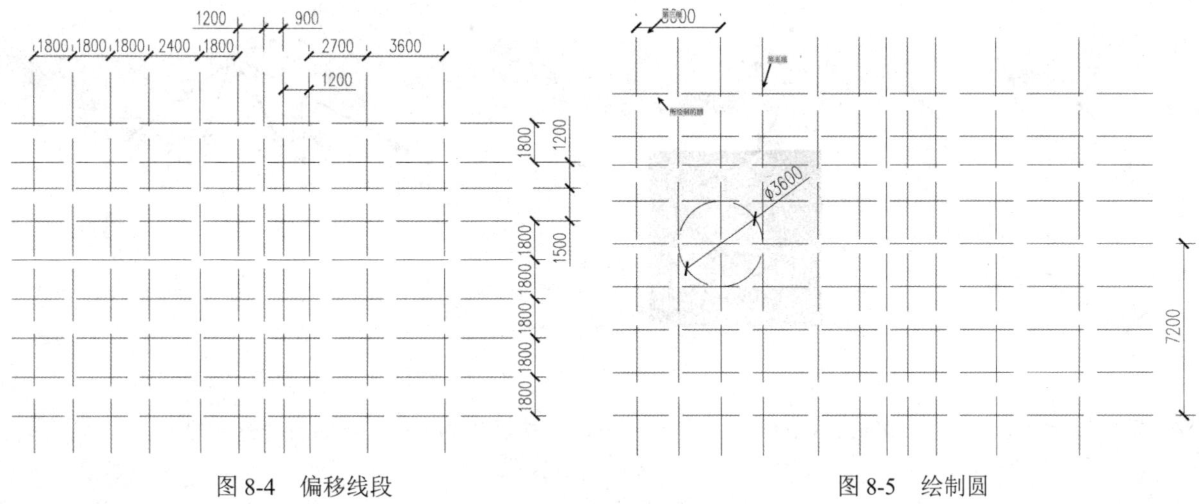

图 8-4 偏移线段　　图 8-5 绘制圆

步骤 5 执行“修剪”命令（TR），按照设计的要求，修剪掉多余的线条，使其形成轴线网结构，如图 8-6 所示。

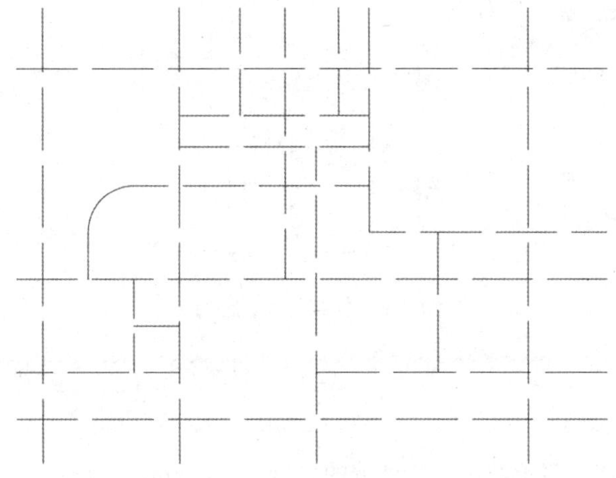

图 8-6 修剪图形

8.1.3 绘制柱子

根据设计要求，使用矩形、填充、复制等命令，绘制相关的柱子。

步骤 1 在“图层”工具栏的“图层控制”下拉列表框中，将“柱子”图层置为当前层。

步骤 2 执行“矩形”命令（REC），绘制一个 300mm×300mm的矩形；再执行“图案填充”命令（BH），选择所绘制的矩形为填充区域，选择填充图案为SOLID，如图 8-7 所示。

步骤 3 单击所填充后的柱子，然后在填充的图形中间出现一个夹点，移动鼠标指针到该夹点上，当夹点变成红色的时候，单击鼠标左键，选择“复制”选项（C），然后依照设计要求将该柱子图形复制到如图 8-8 所示的地方。

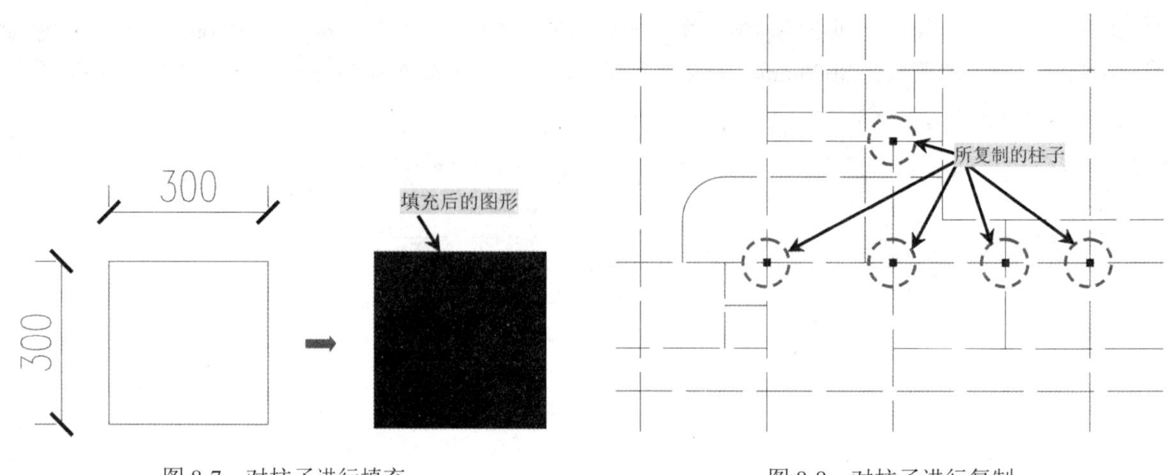

图 8-7　对柱子进行填充　　　　图 8-8　对柱子进行复制

步骤 4 重复以上步骤，绘制 200mm×200mm的凉亭柱子，并按照如图 8-9 所示的尺寸进行复制。

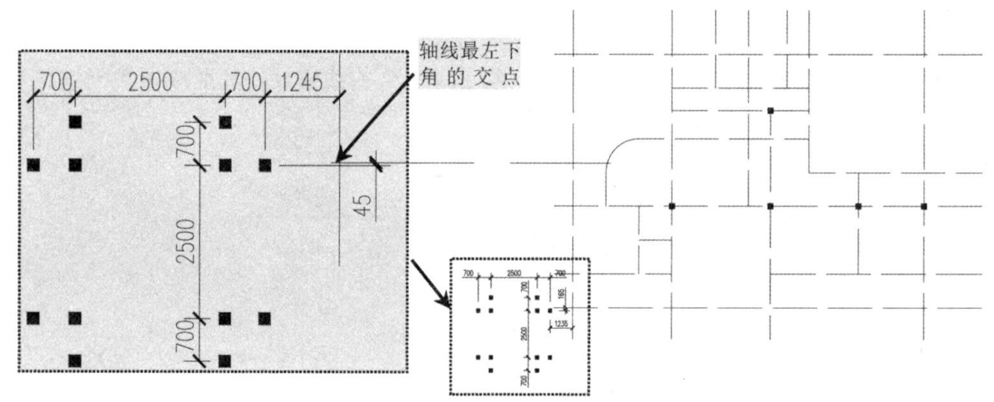

图 8-9　复制凉亭的柱子

8.1.4　绘制墙体

由于该别墅采用的是钢筋混凝土结构，其外墙的厚度为 240mm，部分墙（如卫生间）厚为 120mm，户外栏杆的宽度为 100mm和 50mm，因此本例采用多线的方式来绘制墙体。首先应建立“墙体 240”“墙体 120”“墙体 100”和“墙体 50”等几种多线样式；然后用绘制的多线来表示墙体，并对其进行相应的编辑操作，最后绘制墙柱。

步骤 1 在“图层”工具栏的“图层控制”下拉列表框中，将“墙体”图层置为当前层。

步骤 2 执行“格式/多线样式”菜单命令，弹出“多线样式”对话框，单击“新建”按钮，弹出“创建新的多线样式”对话框；在“新样式名”文本框中输入多线名称Q240，单击“继续”按钮，弹出“新建多线样式”对话框。

步骤 3 在“说明”文本框中输入“宽度为 240mm的墙体”；在“封口”选项组的“直线”选项中勾选“起点”和“端点”两个复选框；在“图元”选项组中单击偏移为 0.5 的选项，在下方的“偏移”文本框中更改为 120，同样，将偏移为–0.5 选项的偏移值更改为–120；单击“确定”按钮，返回“多线样式”对话框；单击“置为当前”按钮，再单击“确定”按钮，如图 8-10 所示。

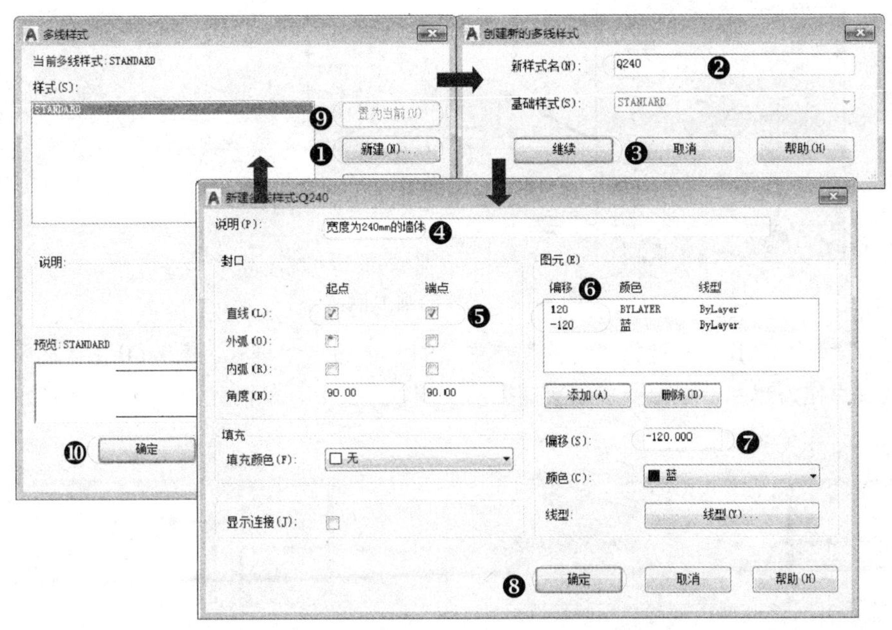

图 8-10 创建的 Q240 多线样式

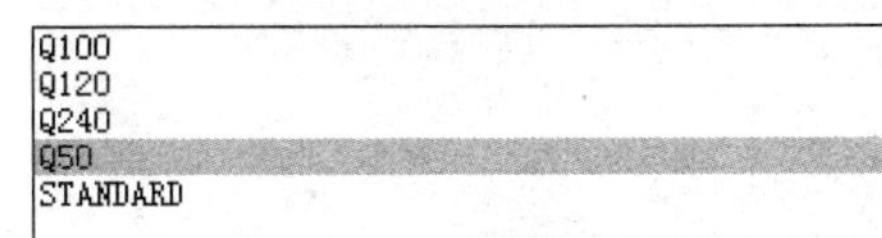

图 8-11 所创建的多线样式

步骤4 再按照同样的方法创建“墙体 120”“墙体 100”和“墙体 50”的多线样式，如图 8-11 所示。

步骤5 执行“多线”命令（ML），选择“样式”选项（ST），设置“样式名”为Q240；再选择“比例”选项（S），设置多线比例为 1；再选择“对正”选项（J），选择“无”选项（Z），将“对正方式”定义为Z。

步骤6 捕捉右上角的轴线交点作为起点，按F8 键切换到“正交”模式，根据要求依次捕捉相应的轴线交点，从而完成上面部分外墙的绘制，如图 8-12 所示。

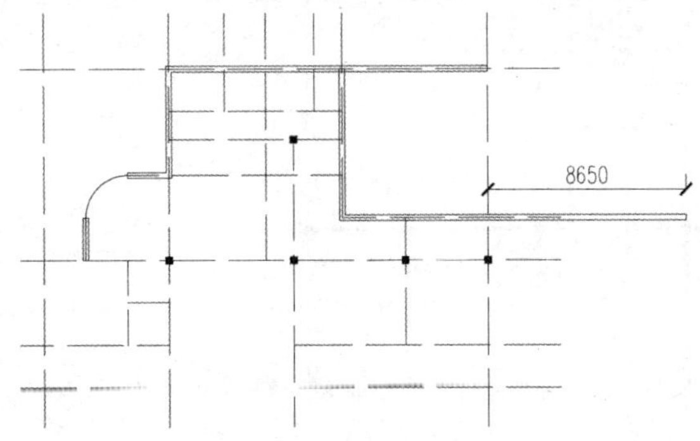

图 8-12 绘制上面的 24 墙

步骤7 执行“偏移”命令（O），将圆弧轴线处的圆弧向两边偏移 120mm，并将它们转换为“墙体”图层，如图 8-13 所示。

步骤8 执行“多线”命令（ML），然后如图 8-14 所示捕捉相应的轴线交点作为起点，根据要求依次捕捉相应的轴线交点，从而完成下面部分外墙的绘制。

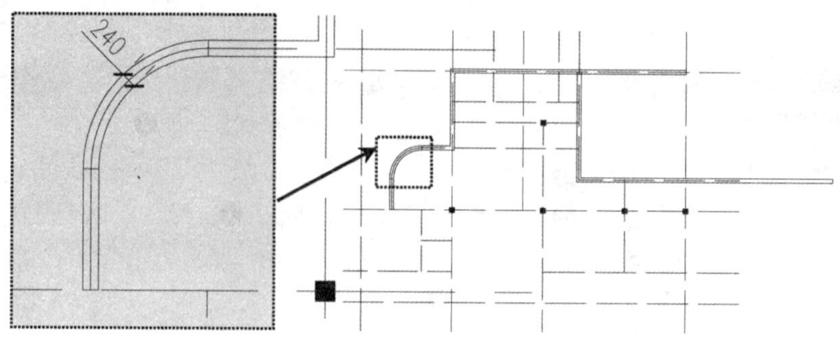

图 8-13　偏移的圆弧墙体

步骤 9　执行“多线”命令（ML），选择“样式”选项（ST），设置“样式名”为Q120；然后如图 8-15 所示捕捉相应的轴线交点作为起点，根据要求依次捕捉相应的轴线交点，从而完成 120mm墙的绘制。

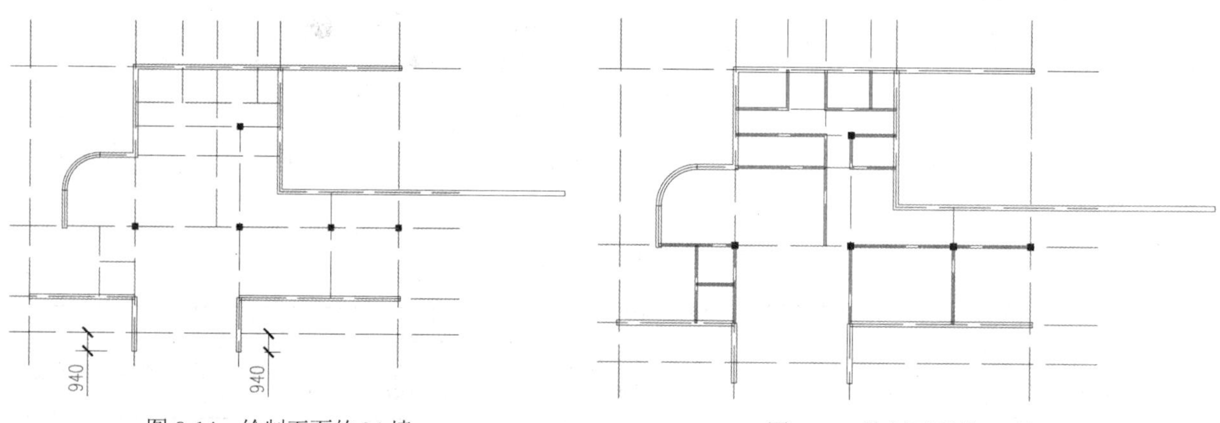

图 8-14　绘制下面的 24 墙　　图 8-15　绘制下面的 12 墙

步骤 10　执行“修改/对象/多线”命令，弹出“多线编辑工具”对话框，单击“T形合并”按钮后，对 24 墙指定的交点进行合并操作，合并后的效果如图 8-16 所示。

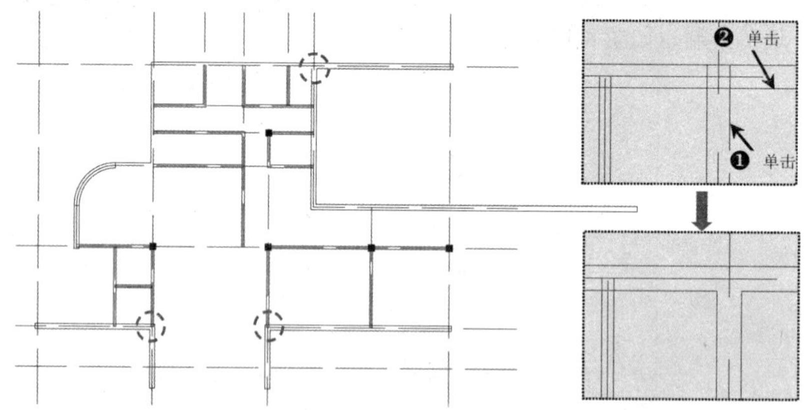

图 8-16　合并后的效果

提示——多线编辑修剪

当某些多线接头由于形状复杂而不能用多线编辑进行修剪时，则需要把多线进行分解打散，使之成为单个线条，再使用“修剪”命令（TR）进行修剪。

步骤 11 继续执行“修改/对象/多线”命令，如图 8-17 所示对 12 墙进行合并操作。

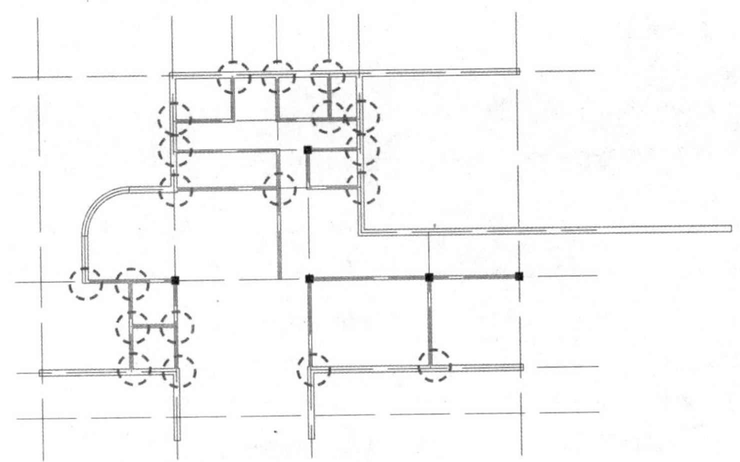

图 8-17　12 墙合并后的效果

步骤 12 执行“矩形”命令（REC），绘制几个矩形，尺寸分别为 580mm × 300mm、460mm × 180mm、200mm × 180mm，并将它们移动，表示两种管道井，如图 8-18 所示。

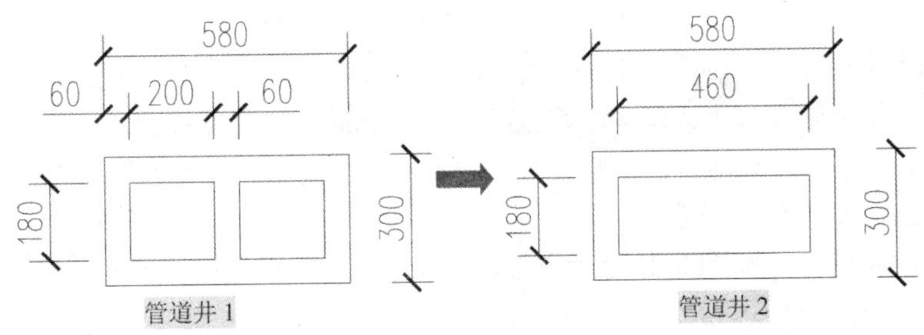

图 8-18　绘制的管道井

步骤 13 执行“复制”命令（CO）和“旋转”命令（RO），将这两种管道井进行移动，移动位置如图 8-19 所示。

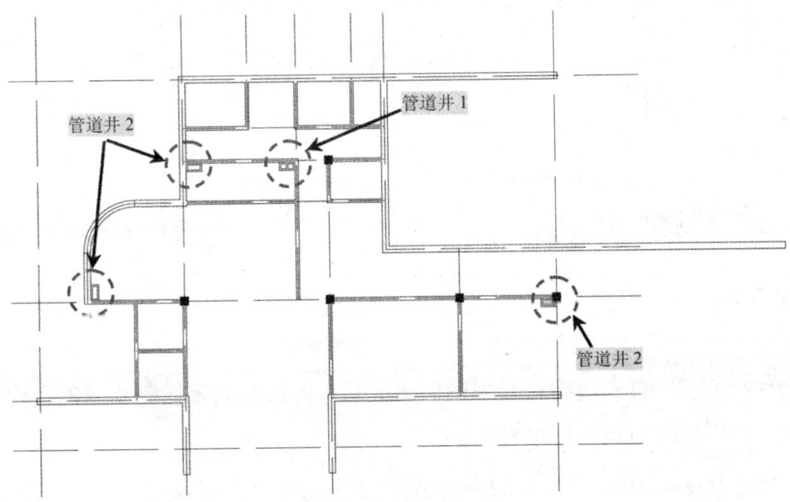

图 8-19　绘制的管道井

提示——建筑平面图的表达内容

建筑平面图的表达内容包括以下 10 个方面：

（1）建筑物及其组成房间的名称、尺寸、定位轴线和墙壁厚等。

（2）走廊、楼梯位置及尺寸。

（3）门窗位置、尺寸及编号。门的代号是M，窗的代号是C。在代号后面写上编号，同一编号表示同一类型的门窗，如M-1、C-1。

（4）台阶、阳台、雨篷、散水的位置及细部尺寸。

（5）室内地面的高度及各层地面的标高。

（6）首层地面上应画出剖面图的剖切位置线，以便与剖面图对照查阅。

（7）室内的装饰做法。

（8）其他细节部分的配置和位置情况，如楼梯、隔板、各种卫生设备等。

（9）在底层平面图上的指北针符号，用以确定建筑物的朝向。

（10）索引符号。

8.1.5 绘制散水

步骤 1 在“图层”工具栏的“图层控制”下拉列表框中，将“散水”图层置为当前层。执行“偏移”命令（O），将上面和左右两边最外面的轴线向外边偏移，偏移距离为 920mm，并将偏移后的线段转换为“散水”图层。

步骤 2 执行“修剪”命令（TR），对刚才偏移的线条进行修剪；再执行“合并”命令（J），将刚才偏移的线段合并成一条多段线，如图 8-20 所示。

步骤 3 执行“直线”命令（L），如图 8-21 所示连接轴线交点和散水线的转折点，从而完成散水的绘制。

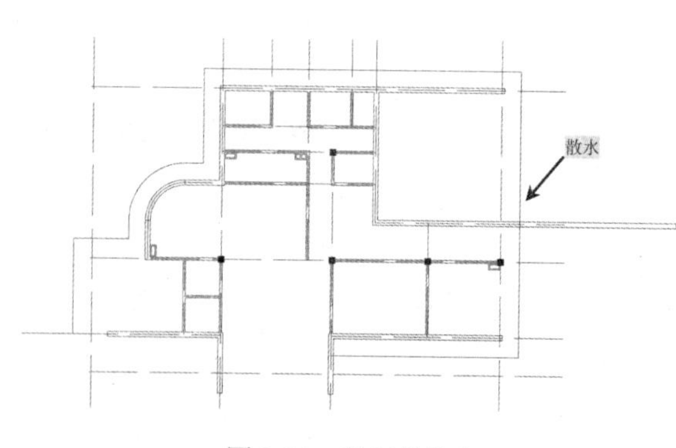

图 8-20 绘制的散水

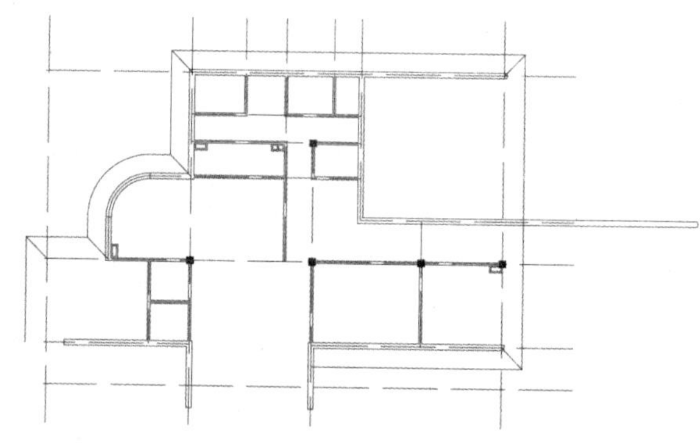

图 8-21 散水的最终效果

8.1.6 绘制门窗

在对建筑门窗进行绘制前，首先要确定开启的门窗洞口，再根据需要绘制相应的门窗平面图块，然后将绘制好的门窗图块插入到相应的门窗洞口位置。

步骤 1 执行“偏移”命令（O），依照如图 8-22 所示的尺寸进行偏移；再执行“修剪”命令（TR），对外墙墙体进行修剪，从而形成 1~3 处的门窗洞口。

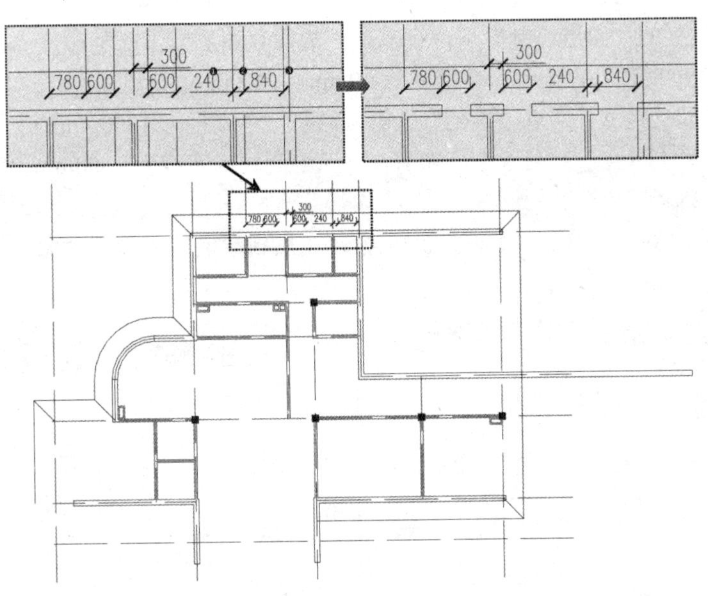

图 8-22　绘制门窗洞口

步骤 2　使用上述同样的方法，再对外墙的 1~13 处门窗洞口进行开启，如图 8-23 所示。

步骤 3　使用上述同样的方法，再对内墙的 1~9 处门窗洞口进行开启；执行“多线”命令（ML），绘制如图 8-24 所示的一段厚度为 120mm的隔断墙。

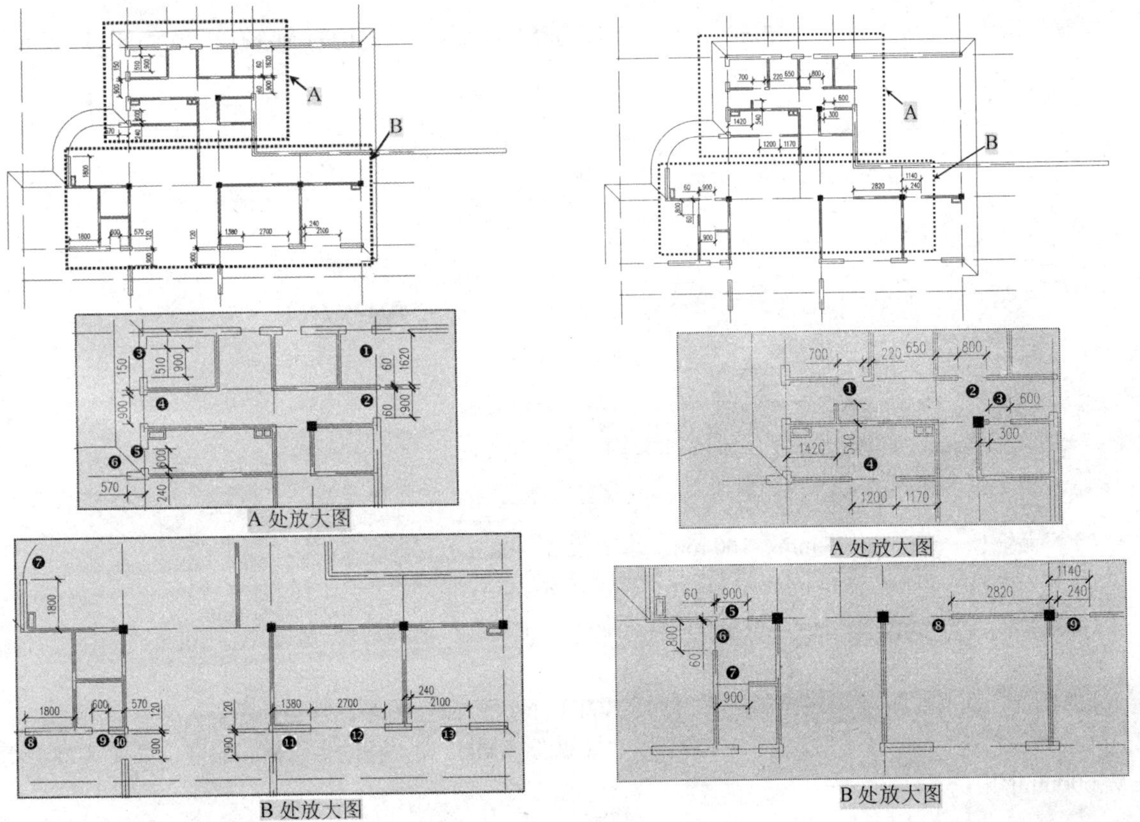

图 8-23　开启外墙的门窗洞口

图 8-24　开启内墙的门窗洞口

步骤 4 单击“图层”工具栏的“图层控制”下拉列表框，选择 0 图层为当前层。

步骤 5 执行“矩形”命令（REC），绘制一个尺寸为 60mm × 1000mm的矩形；执行“圆弧”命令（A），选择“起点、端点、半径”选项，绘制一个半径为 1000mm的圆弧；执行“修剪”命令（TR），对图形进行修剪，从而绘制一扇宽度为 1000mm的平面门对象，如图 8-25 所示。

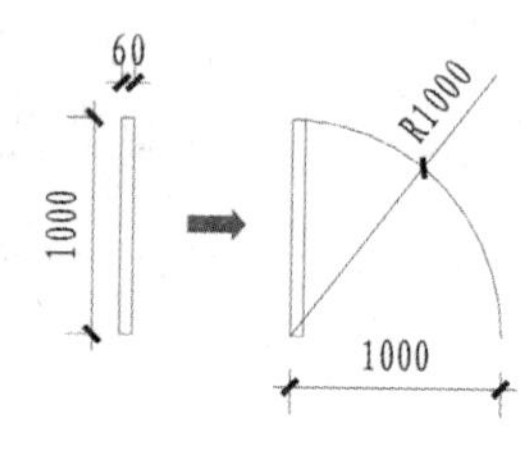

图 8-25　绘制门对象

步骤 6 执行“写块”命令（W），弹出“写块”对话框，然后将绘制的平面门对象保存为“M-1000”图块，如图 8-26 所示。

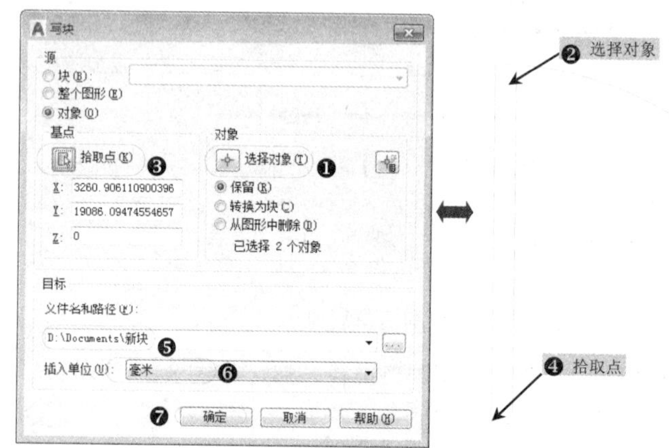

图 8-26　写块

步骤 7 重复使用绘制“M-1000”的方法，来绘制双扇门SSM-1224 和推拉门TLM-1212，如图 8-27 所示。

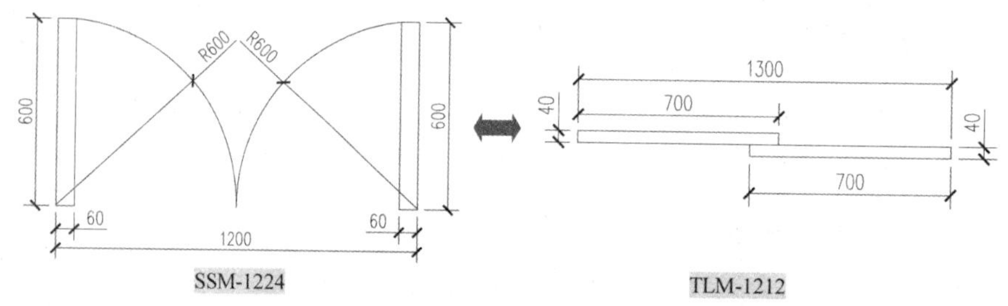

图 8-27　绘制门

提示——推拉门厚度

推拉门的厚度与用户所选的材料有关，一般它的厚度有下面几种类型：

（1）大推拉：50mm、75 mm、100 mm，多数都是 100 mm；

（2）小推拉：50 mm、40 mm、35 mm，多数为 40 mm；

（3）衣柜：40 mm、35 mm、20 mm、板材 50 mm（还是用玻璃的好）。

步骤 8 在“图层”工具栏的“图层控制”下拉列表框中，将“门窗”图层置为当前层。

步骤 9 执行“插入块”（I）、“旋转”（RO）、“镜像”（MI）和“移动”（M）命令，如图 8-28 所示插入一扇 600mm的门。

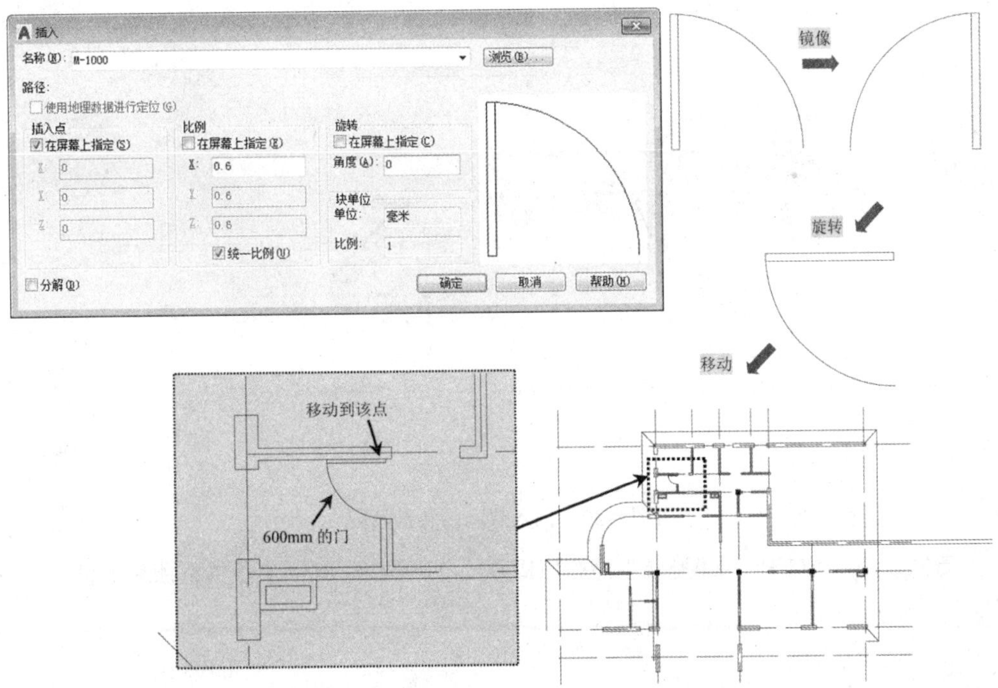

图 8-28　插入 600mm 的门

步骤 10 重复上面的步骤，如图 8-29 所示插入其他的平开门。

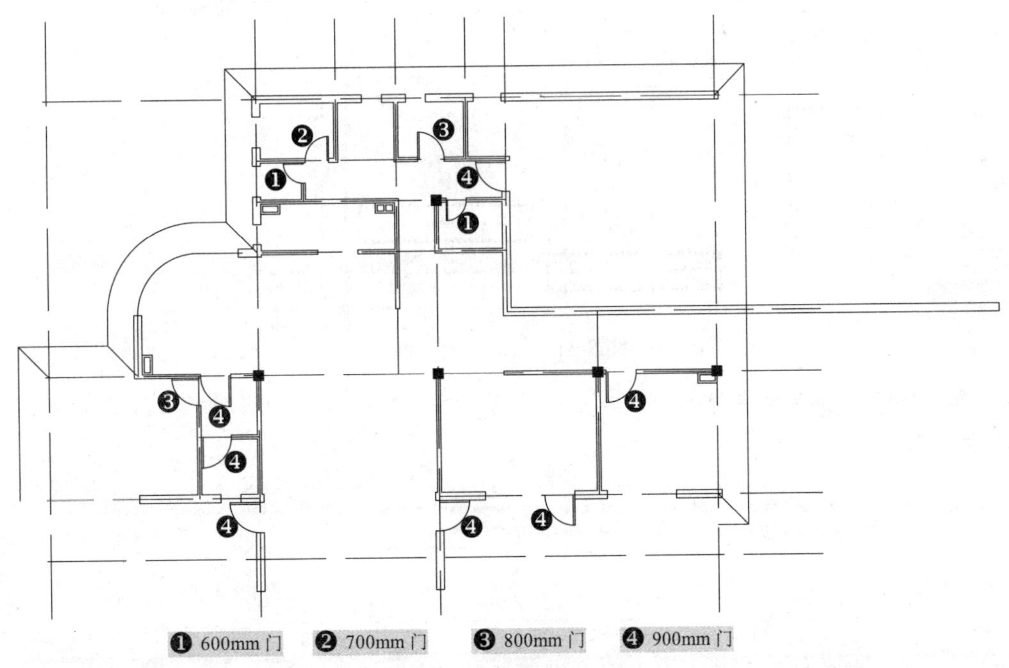

图 8-29　插入其他门

步骤 11 采用同样的操作，如图 8-30 所示插入双扇门SSM-1224 和推拉门TLM-1212。

步骤 12 执行"矩形"命令，绘制一个尺寸为 240mm × 50mm的矩形；然后执行"移动"命令（M），将它移动到如图 8-31 所示的位置；再执行"复制"命令（CO），对矩形进行复制，表示窗的隔断。

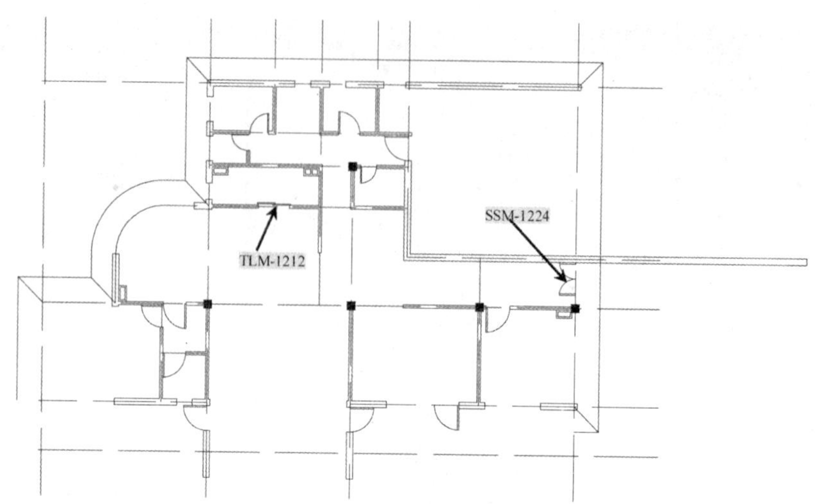

图 8-30　插入双扇门和推拉门

步骤 13 执行“复制”命令（CO）和“旋转”命令（RO），依照如图 8-31 中虚线框所示的位置与方式，完成其他地方的窗体隔断。

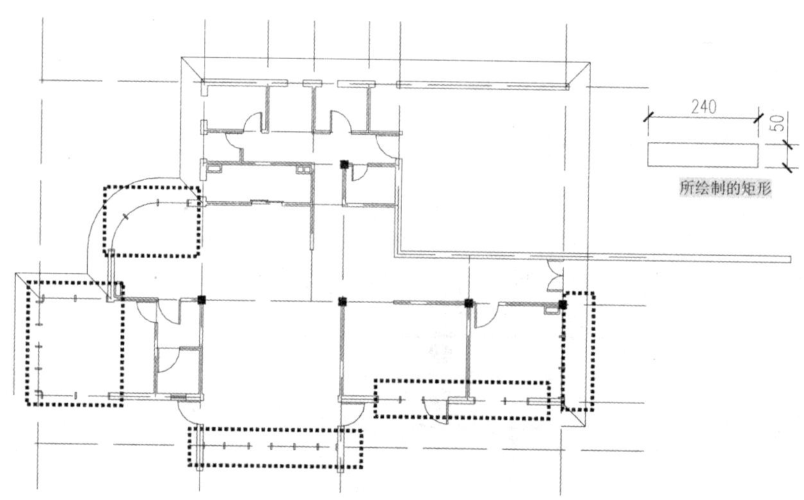

图 8-31　绘制窗的隔断

步骤 14 执行“格式/多线样式”菜单命令，弹出“多线样式”对话框，按照门的绘制方式，创建如图 8-32 所示两种格式的多线样式。

图 8-32　创建多线样式

步骤 15 执行“多线”命令（ML），选择“样式”选项（ST），设置“样式名”为C240；再选择“比例”选项（S），设置多线比例为 1；再选择“对正”选项（J）和“无”选项（Z），将“对正方式”定义为Z；按 F8 键切换到“正交”模式，在如图 8-33 所示虚线框的位置绘制窗隔断之间的窗体；再切换到C120 多线样式，绘制双扇门附近的 120mm窗体；再执行“偏移”命令（O）和“修剪”命令（O），在图形的右上角绘制车库的卷帘门。

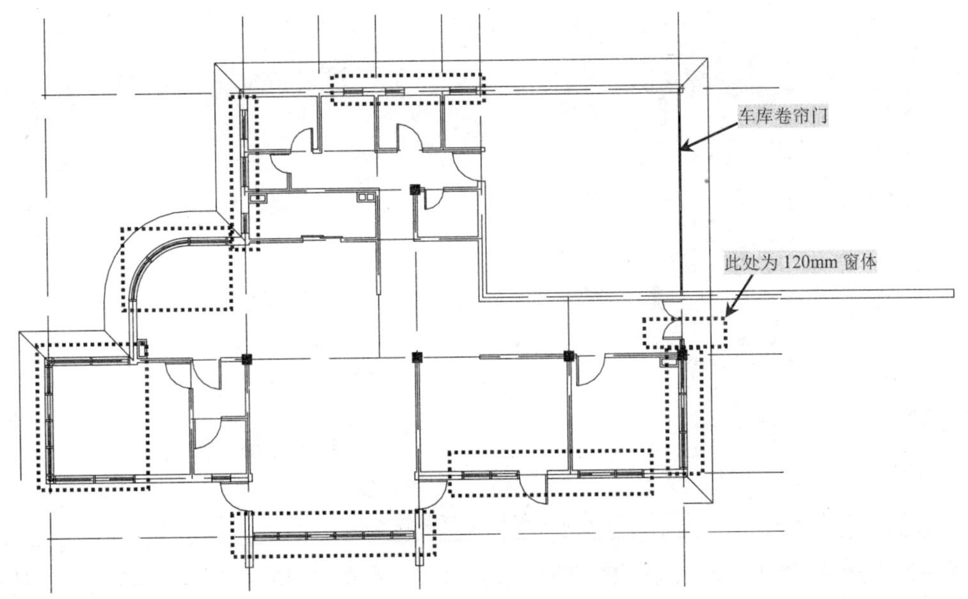

图 8-33　绘制窗体和卷帘门

8.1.7　绘制户外栏杆

根据设计要求，该别墅难免有休闲走廊，所以需要设置相关的户外栏杆。

步骤 1 在“图层”工具栏的“图层控制”下拉列表框中，将“栏杆-外”图层置为当前层。

步骤 2 执行“多线”命令（ML），选择“样式”选项（ST），设置“样式名”为Q50；再选择“比例”选项（S），设置“多线比例”为 1；再选择“对正”选项（J）和“无”选项（Z），将“对正方式”定义为Z；按F8 键切换到“正交”模式，如图 8-34 所示绘制凉亭的户外栏杆。

步骤 3 继续执行“多线”命令（ML），在凉亭的右上方绘制厚度为 50mm的栏杆，尺寸如图 8-35 所示。

步骤 4 按F8 键开启“正交”模式，执行“直线”命令（L），以凉亭柱子的中点为起点，绘制几条直线段，尺寸如图 8-36 所示；然后执行“多线”命令（ML），根据刚才绘制的直线，绘制几段户外栏杆。

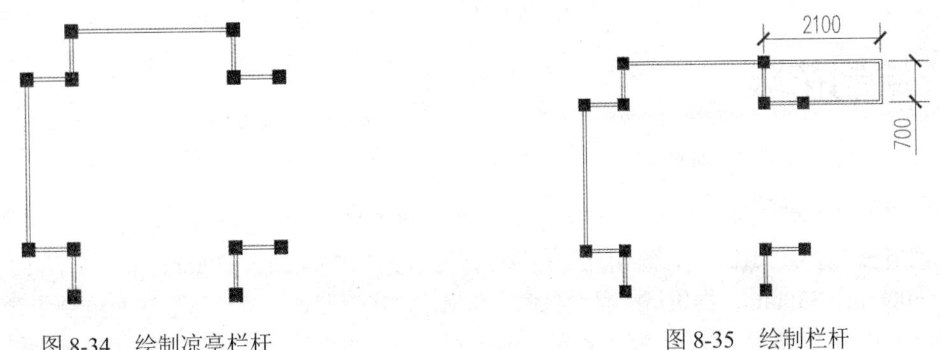

图 8-34　绘制凉亭栏杆　　　图 8-35　绘制栏杆

步骤 5 执行“直线”命令（L），沿着外墙的轮廓线绘制一条直线段，让休闲走廊形成一个封闭的区域，便于木地板的填充，如图 8-36 所示。

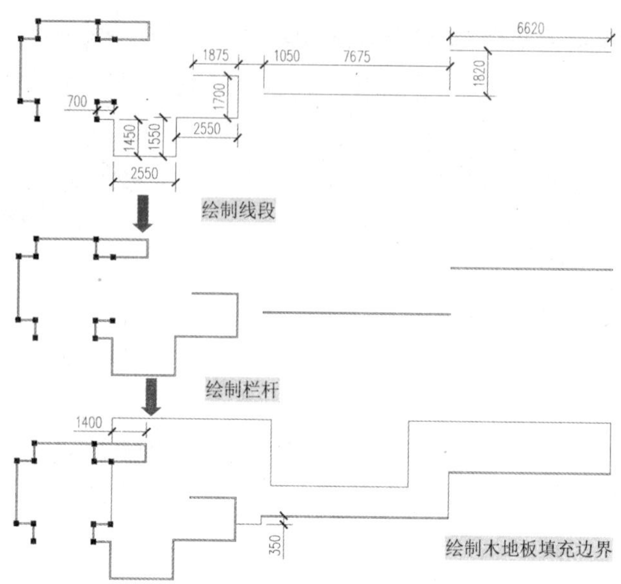

图 8-36　绘制栏杆和轮廓线

步骤 6 执行“多线”命令（ML），选择“样式”选项（ST），设置“样式名”为Q100；按F8 键切换到“正交”模式，在左边绘制一段长度为 2200mm，厚度为 100mm的户外栏杆，在右边绘制一段长度为 2400mm，厚度为 100mm的户外栏杆，如图 8-37 所示。

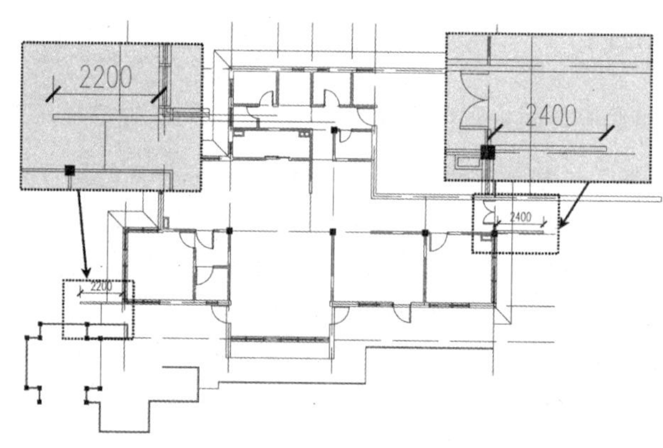

图 8-37　绘制厚度为 100mm 的栏杆

8.1.8　绘制花坛

接下来绘制花坛，花坛在别墅中，起着绿化和美化的作用。

步骤 1 在“图层”工具栏的“图层控制”下拉列表框中，将“花坛”图层置为当前层。

步骤 2 执行“矩形”命令（REC），绘制几个矩形，尺寸分别为 700mm×630mm、600mm×530mm、700mm×430mm、600mm×330mm；再执行“移动”命令（M），将矩形进行移动，形成两组中点重合的矩形花坛图形；再执行“编组”命令（G），将这两组矩形分别编组；然后执行“移动”命令（M）和“复制”命令（CO），将这两组矩形进行移动和复制，移动到凉亭边的指定位置，如图 8-38 所示。

步骤 3 执行“多线”命令（ML），选择“样式”选项（ST），设置“样式名”为Q50；按F8 键切换到“正交”模式，根据要求在右边厚度为 100mm，长度为 2400mm的墙附近绘制一个花坛，尺寸如图 8-39 所示；再执行“修剪”命令（TR），对被覆盖的散水线段进行修剪操作。

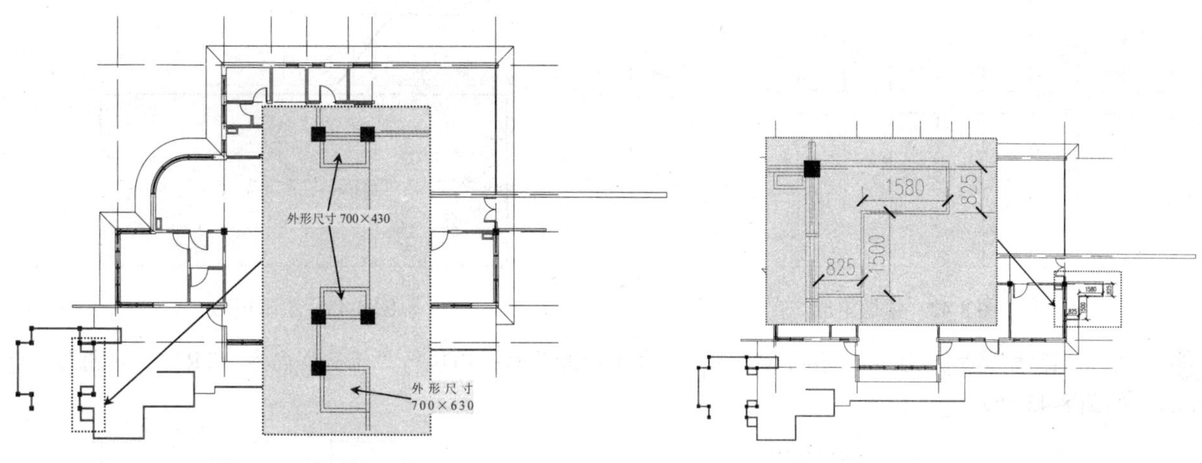

图 8-38　绘制矩形花坛　　　　图 8-39　绘制花坛

8.1.9　绘制楼梯

楼梯是连接上下层必不可少的设施，它在建筑物中起着很大的作用。

步骤 1　在“图层”工具栏的“图层控制”下拉列表框中，将“楼梯”图层置为当前层。

步骤 2　执行“矩形”命令（REC），绘制几个矩形，尺寸分别为 3300mm × 120mm、1000mm × 1920mm、280mm × 895mm；再执行“移动”命令（M），将这几个矩形按照如图 8-40 所示的位置进行移动。

步骤 3　执行“复制”命令（CO），将尺寸 280mm × 895mm的矩形向左复制，复制后再执行“移动”命令（M），将几个矩形按照如图 8-41 所示的位置进行移动。

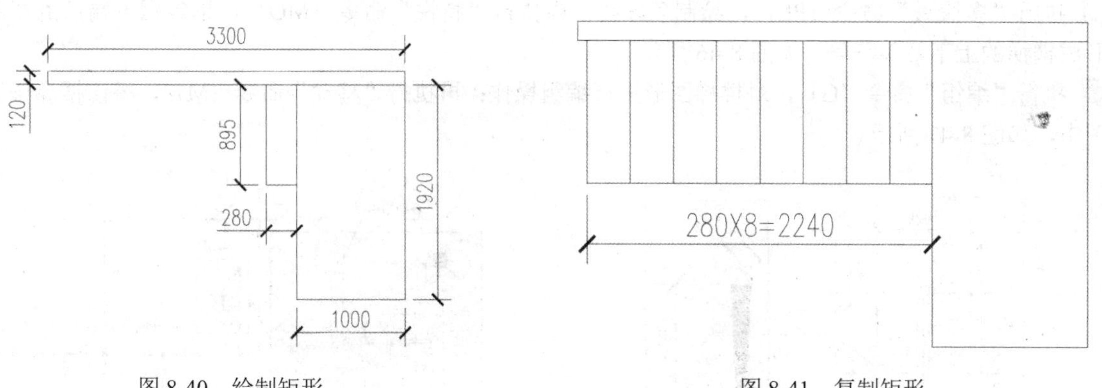

图 8-40　绘制矩形　　　　图 8-41　复制矩形

步骤 4　执行“镜像”命令（MI），以尺寸为 1000mm × 1920mm的矩形的竖直线段中点为镜像点，将刚才复制的矩形向下方镜像，镜像结果如图 8-42 所示。

步骤 5　执行“矩形”命令（REC），绘制两个矩形，尺寸分别为 2360mm × 130mm、2300mm × 10mm；然后执行“移动”命令（M），将这两个矩形进行移动，如图 8-43 所示。

步骤 6　执行“分解”命令（X），将矩形进行分解；执行“修剪”命令（TR），对该图形进行相关的修剪；再执行“旋转”命令（RO），将该楼梯图形旋转 90°，如图 8-44 所示。

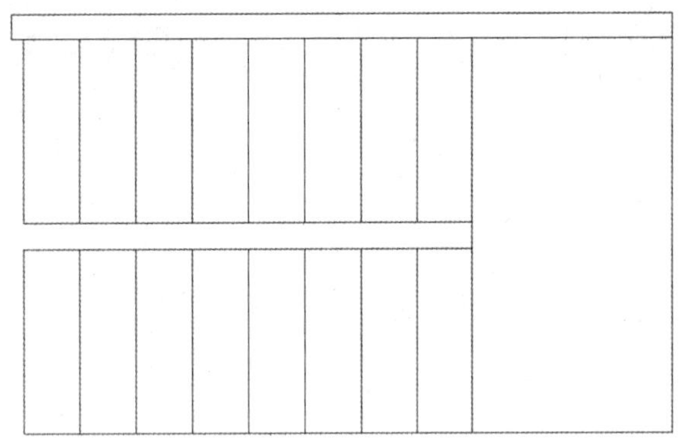

图 8-42　镜像矩形

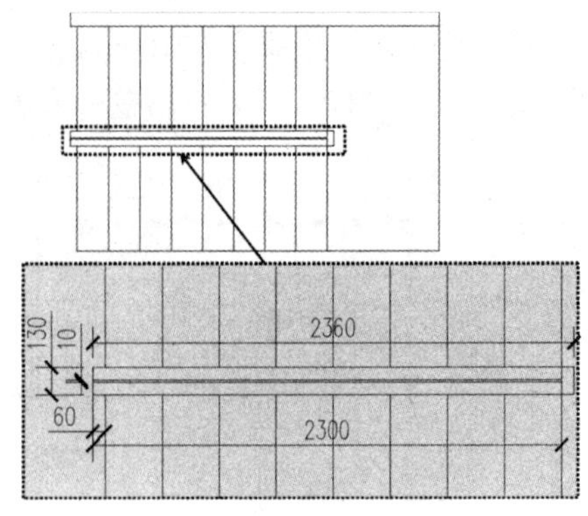

图 8-43　绘制矩形

步骤 7 执行“直线”命令（L），绘制几条线段，表示折断符号；再执行“修剪”命令（TR），对图形进行修剪，如图 8-45 所示。

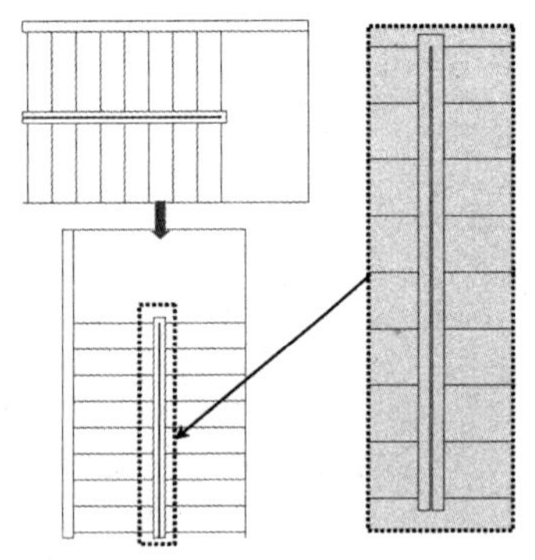

图 8-44　修剪图形

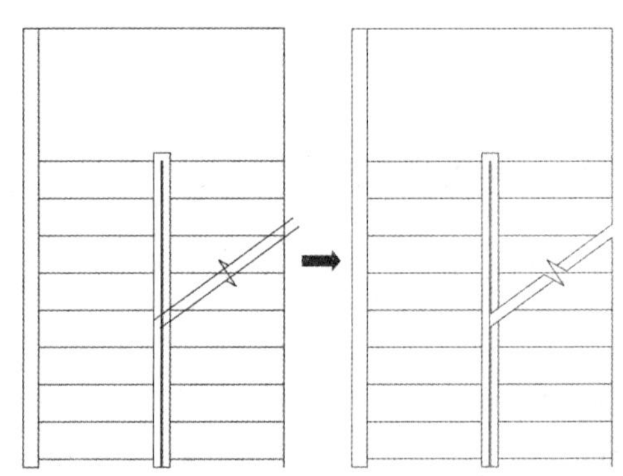

图 8-45　绘制折断符号

步骤 8 执行“多段线”命令（PL），绘制多段线；再执行“特性”命令（MO），指定相关端点的宽度，从而形成楼梯的上下箭头符号，如图 8-46 所示。

步骤 9 执行“编组”命令（G），对楼梯图形进行编组操作；再执行“移动”命令（M），将该楼梯移动到平面图中，如图 8-47 所示。

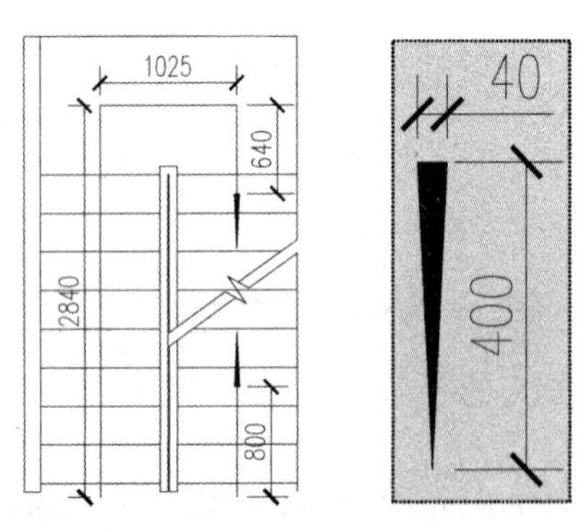

图 8-46　绘制楼梯上下示意图

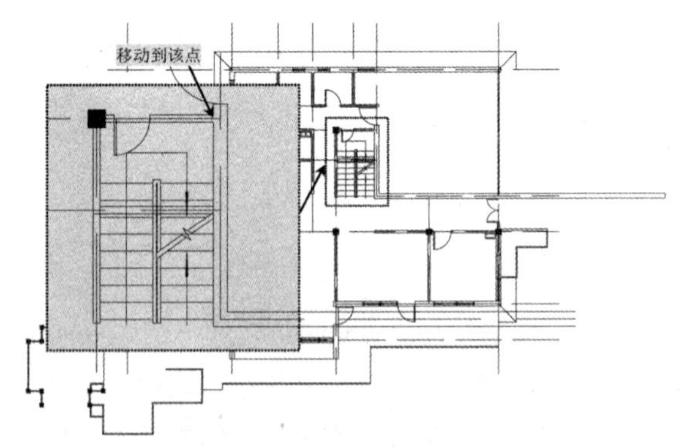

图 8-47　移动楼梯

步骤 10 执行“直线”命令（L），绘制户外的楼梯，楼梯踏步尺寸为 300mm；再执行“多段线”命令（PL）和“特性”命令（MO），绘制相关的箭头符号，所绘制的图形如图 8-48 所示。

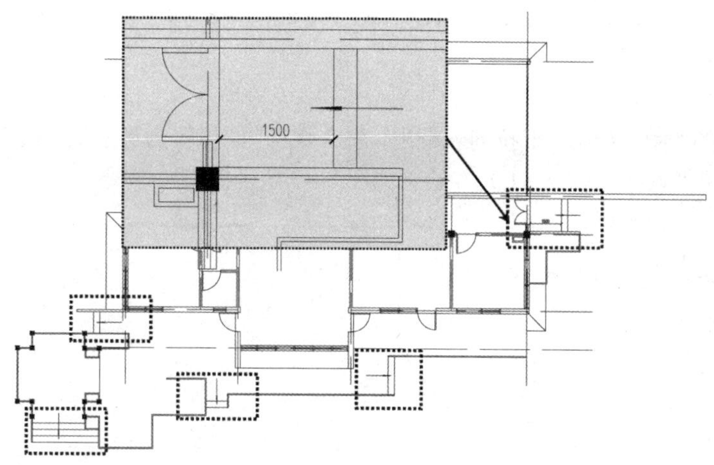

图 8-48　绘制户外楼梯

提示——楼梯的一些基本要求

楼梯尺寸一般按宽度 0.3m，高度 0.15m设计比较合适，使用也方便。

（1）楼梯的数量、位置和楼梯间形式应满足使用方便和安全疏散的要求。

（2）梯段净宽除符合防火规范的规定外，供日常主要交通用的楼梯的梯段净宽应根据建筑物使用特征，一般按每股人流宽为 0.55+（0～0.15）m的人流股数确定，不能少于两股人流。

注：0~0.15m为人流在行进中人体的摆幅，公共建筑人流众多的场所应取上限值。

（3）梯段改变方向时，平台扶手处的最小宽度不应小于梯段净宽。当有搬运大型物件需要时应再适量加宽。

（4）每个梯段的踏步一般不超过 18 级，亦不少于 3 级。

（5）楼梯平台上部及下部过道处的净高不应小于 2m。梯段净高不应小于 2.20m。楼梯的梯段净宽不应小于 1.10m。

注：梯段净高为自踏步前缘线（包括最低和最高一级踏步前缘线以外 0.30m范围内）量至直上方突出物下缘间的铅垂高度。

（6）楼梯应至少于一侧设扶手，梯段净宽达三股人流时应两侧设扶手，达四股人流时应加设中间扶手。

（7）室内楼梯扶手高度自踏步前缘线量起不宜小于 0.90m。楼梯水平段栏杆长度大于 0.50m时，扶手高度不应小于 1.05m。

（8）踏步前缘部分应有防滑措施。

（9）有儿童经常使用的楼梯梯井净宽大于 0.20m时，必须采取安全措施。

8.1.10　绘制各种设施设备

根据设计要求，该别墅需要在南面布置一套石头座椅，可通过矩形、多线、直线等命令来绘制；别墅的室内主要设施有床、组合沙发、电视（柜）、座椅、盆景等；卫生间的主要设施有浴缸、浴盆、马桶等。

用户可以根据需要临时绘制，这里为了快速绘图，可调用事先准备好的图块“布置”到相应的位置。

1. 绘制石头桌椅

在“图层”工具栏的“图层控制”下拉列表框中，将“设施”图层置为当前层。执行“多线”命令（ML）、“矩形”命令（REC）和“直线”命令（L），绘制如图 8-49 所示的石头座椅。

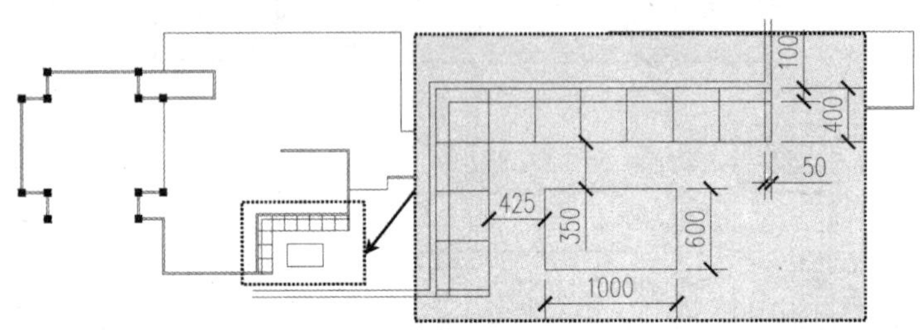

图 8-49　绘制户外石头座椅

2. 绘制室内设施

步骤 1 执行“直线”命令（L），在厨房绘制如图 8-50 所示的平台和吊柜；执行“特性”命令（MO），设置吊柜线条的线性为DASHED2，比例为 0.3。

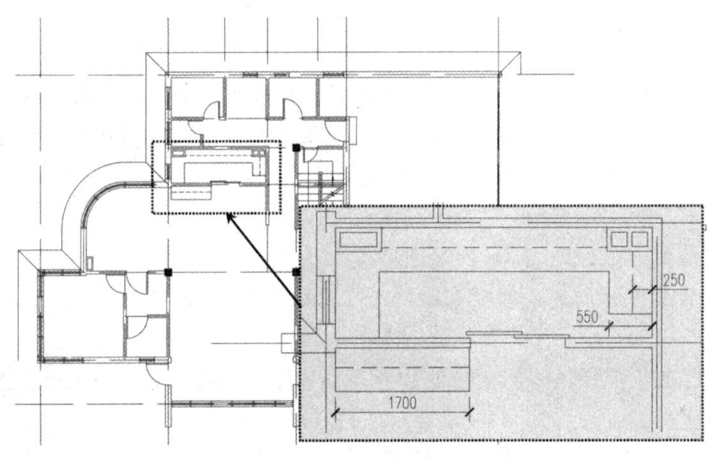

图 8-50　绘制厨房平台和吊柜

步骤 2 执行“直线”命令（L），在室内其他地方绘制相关的壁柜，厚度为 400mm，具体位置如图 8-51 所示。

步骤 3 执行“插入块”命令（I），在室内插入相关的设施，并通过“旋转”（RO）、“复制”（CO）等命令，对图形进行操作，效果如图 8-52 所示。

步骤 4 重复执行“插入块”命令（I），在凉亭位置插入“凉亭桌椅”，效果如图 8-53 所示。

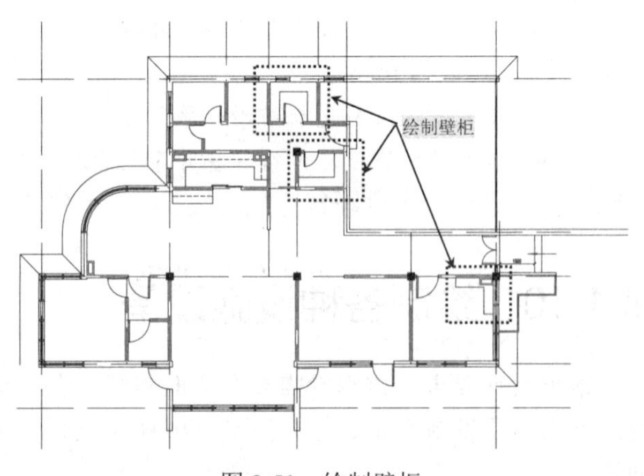

图 8-51　绘制壁柜

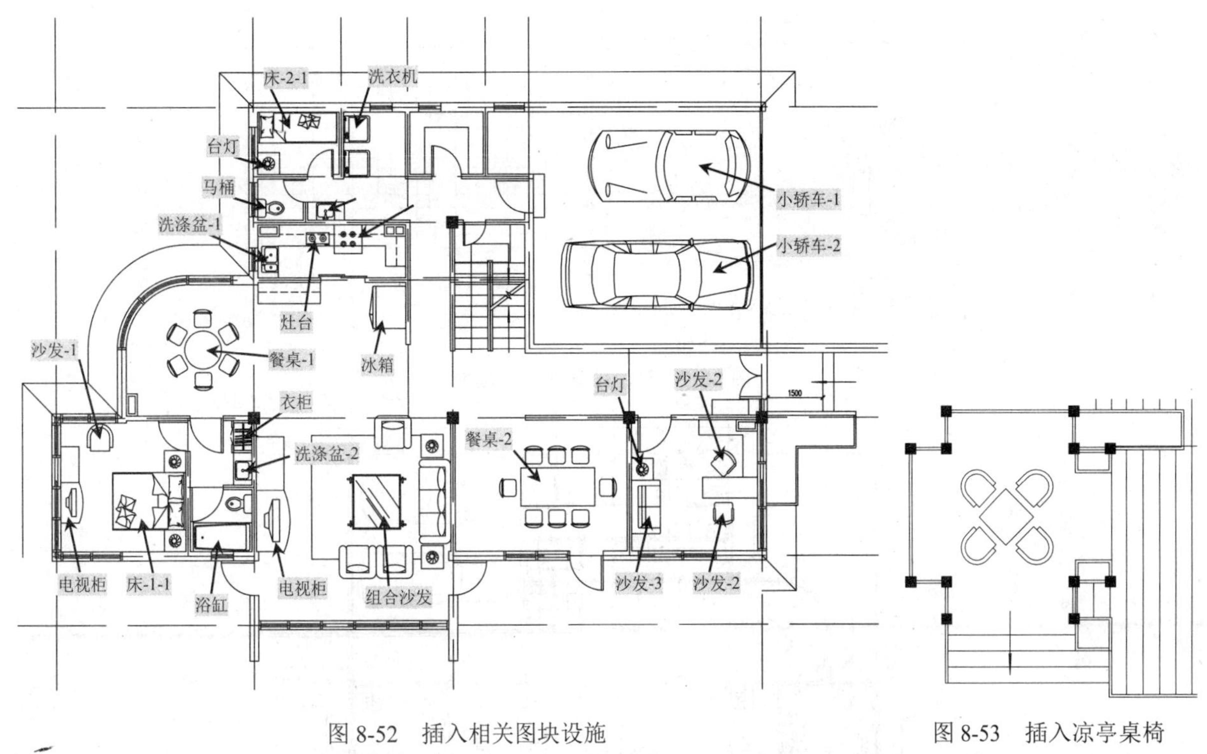

图 8-52　插入相关图块设施　　　图 8-53　插入凉亭桌椅

3. 休闲走廊、车库和花坛的填充

步骤 1 在“图层”工具栏的“图层控制”下拉列表框中，将“填充”图层置为当前层。

步骤 2 执行“图案填充”命令（BH），选择休闲走廊为填充区域，选择填充图案为ANSI31，设置填充比例为 100，填充结果如图 8-54 所示。

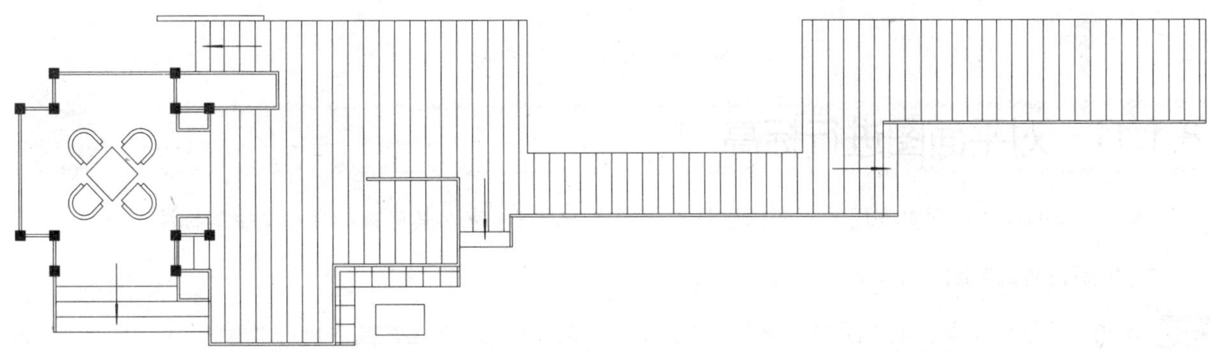

图 8-54　填充休闲走廊

步骤 3 重复执行“图案填充”命令（BH），选择车库外面为填充区域，选择填充图案为ANSI32，设置填充比例为 100，填充角度为 45，对车库外面区域进行填充；重复“图案填充”命令，再次选择该填充区域，选择填充图案为ANSI32，设置填充比例为 100，填充角度为 135，对该区域进行填充，填充结果如图 8-55 所示。

步骤 4 在“图层”工具栏的“图层控制”下拉列表框中，将“绿化”图层置为当前层。

步骤 5 执行“图案填充”命令（BH），选择花坛为填充区域，选择填充图案为GRASS，设置填充比例为 10，填充结果如图 8-56 所示。

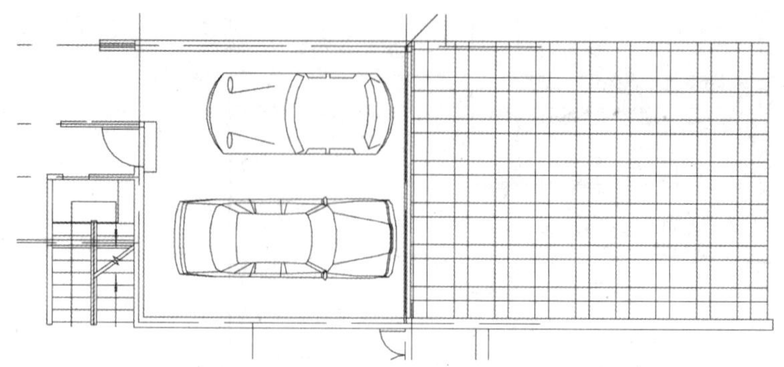

图 8-55 对车库外面进行填充

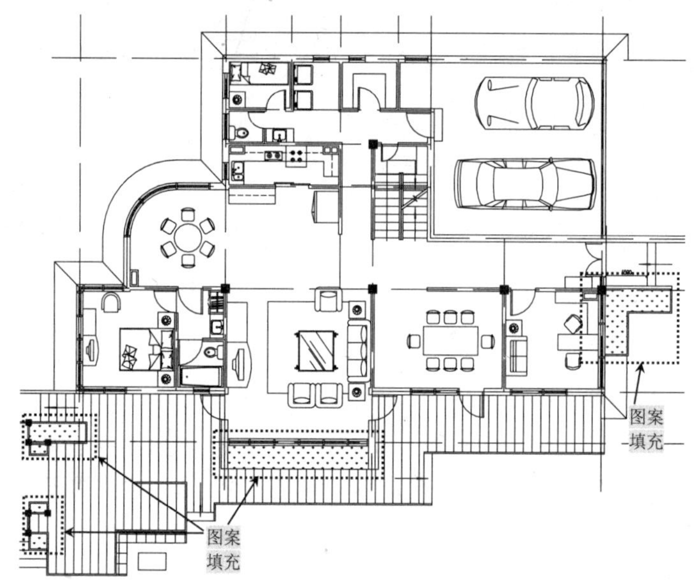

图 8-56 对花坛进行填充

8.1.11 对平面图进行标高

通过前面的操作，别墅底层的平面图已基本绘制完毕，接下来对其进行标高和文字等标注。

1. 标高符号的绘制

步骤 1 单击“图层”工具栏的“图层控制”下拉列表框，选择 0 图层为当前层。执行“直线”命令（L），首先绘制一条长度为 1800mm的水平线段；再执行“偏移”命令（O），将水平线段向下偏移 300mm；执行“构造线”命令（XL），绘制一条 45°的构造线。

步骤 2 执行“修剪”命令（TR），对构造线进行修剪；执行“镜像”命令（MI），对 45°斜线段水平镜像；再执行“删除”命令（E），将多余线条进行修剪，从而完成标高符号的绘制，如图 8-57 所示。

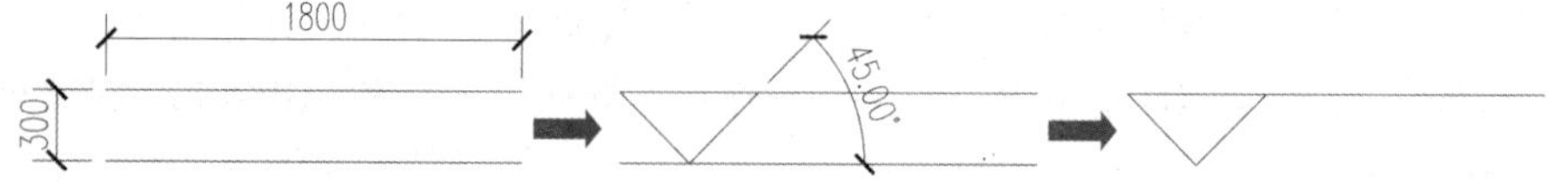

图 8-57 绘制标高符号

步骤 3 在“样式”工具栏中选择“尺寸文字”样式；执行“绘图/块/定义属性”命令（ATT），将弹出“属性定义”对话框，分别进行属性和文字的设置，然后在标高符号的右侧捕捉一点确定位置，如图 8-58 所示。

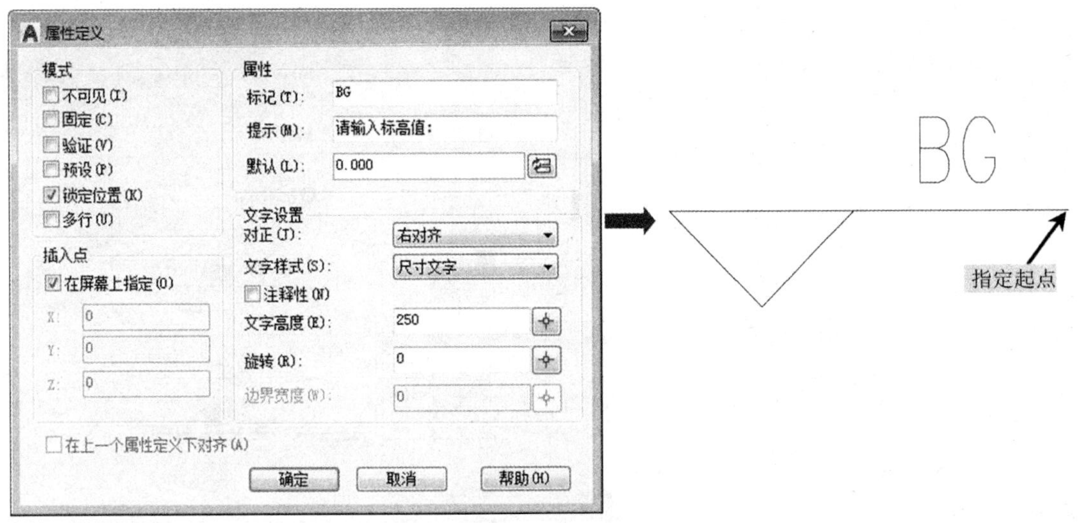

图 8-58　属性定义

步骤 4 执行“写块”命令（W），弹出“写块”对话框，选择整个标高及定义的属性文字对象，选择标高符号下侧作为基点，再将其命名为“标高.dwg”，然后单击“确定”按钮，如图 8-59 所示。

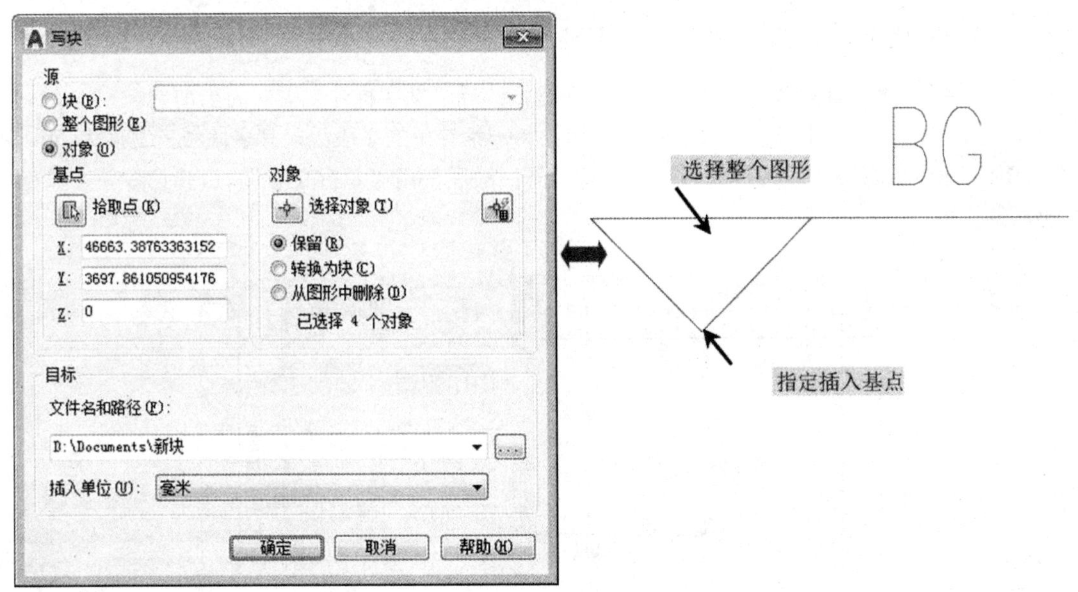

图 8 59　写块

2. 插入标高符号

步骤 1 单击“图层”工具栏的“图层控制”下拉列表框，选择“标高”图层为当前层。

步骤 2 执行“插入块”命令（I），选择“结果文件/08/标高.dwg”图块文件，在室内捕捉一点作为标高符号的插入基点，再根据要求输入标高值为 0.000；在车库位置捕捉一点作为标高符号的插入基点，再根据要求输入标高值为–0.300，如图 8-60 所示。

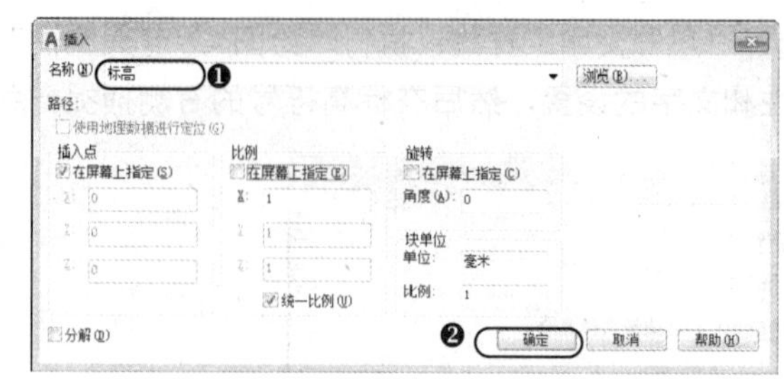

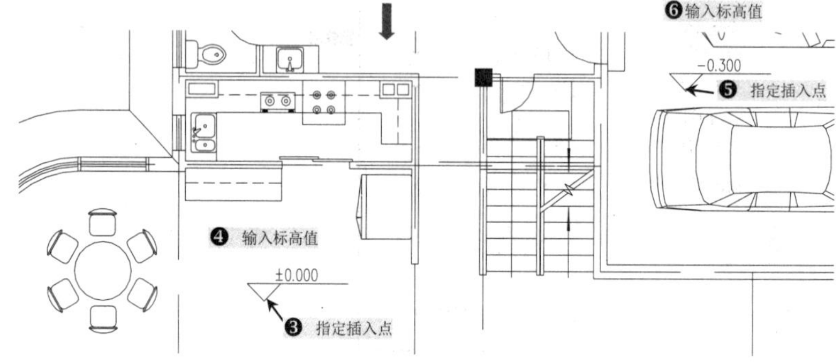

图 8-60　标高操作

8.1.12　绘制剖切符号

针对一套完整的建筑平面图，在相应的位置还应绘制剖切符号，为后面剖面图的绘制奠定基础。

步骤 1 单击“图层”工具栏的“图层控制”下拉列表框，选择“文字标注”图层为当前层。

步骤 2 执行“多段线”命令（PL），如图 8-61 所示绘制一条转角的多段线，其多段线的宽度为 50；再使用“打断”（BR）命令，将该多段线打断，形成剖切符号；然后使用“单行文字”（T）命令，在该剖切符号的两端输入剖切编号“1”。

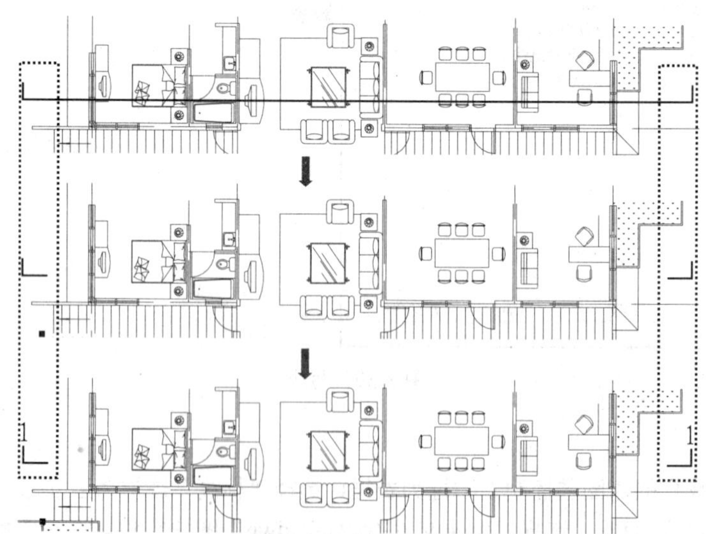

图 8-61　绘制 1-1 剖切符号

步骤 3 重复以上步骤，绘制 2-2 剖切符号，如图 8-62 所示。

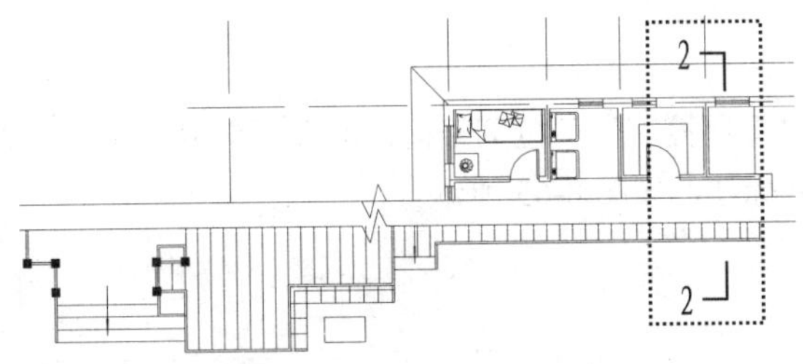

图 8-62　绘制 2-2 剖切符号

8.1.13　尺寸标注和文字说明

当别墅平面图的相关图形绘制完成后，接下来就是尺寸相关的标注，即进行文字和定位轴号的标注。

1. 尺寸标注

步骤 1 单击“图层”工具栏的“图层控制”下拉列表框，选择“尺寸标注”图层为当前层。执行“线性”（DLI）、“连续”（DCO）等命令，对图形的下侧进行标注，如图 8-63 所示。

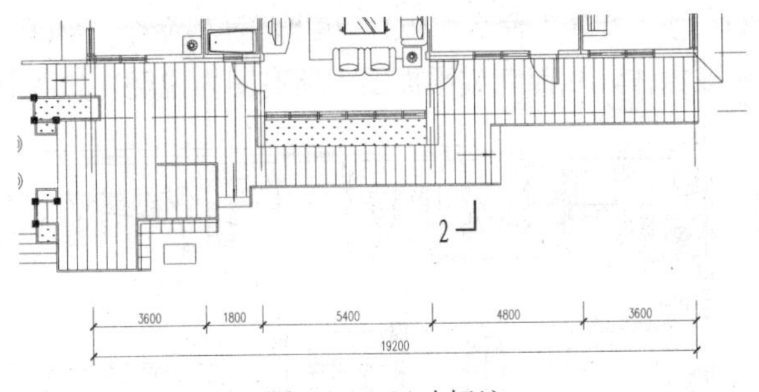

图 8-63　尺寸标注

步骤 2 再使用上面相同的方法，对图形的上、左、右侧进行尺寸标注，然后单击“图层”工具栏的“图层控制”下拉列表框，将“轴线”图层关闭，最后效果如图 8-64 所示。

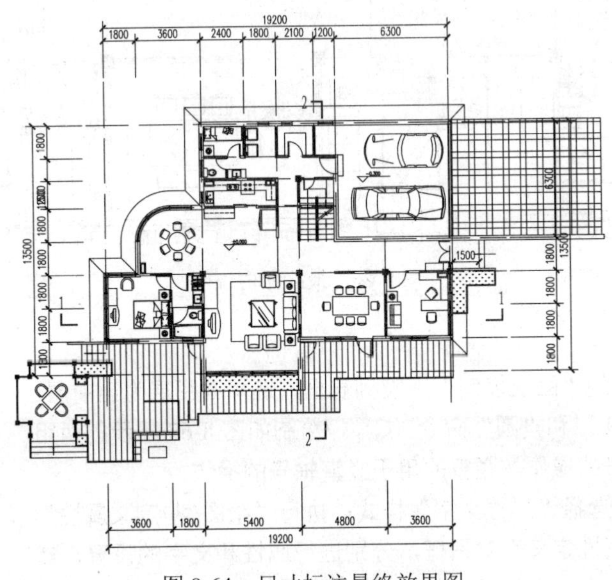

图 8-64　尺寸标注最终效果图

2. 图内说明

步骤 1 单击“图层”工具栏的“图层控制”下拉列表框，选择“文字标注”图层为当前层。执行“单行文字”命令（DT），对餐厅进行文字标注，如图 8-65 所示。

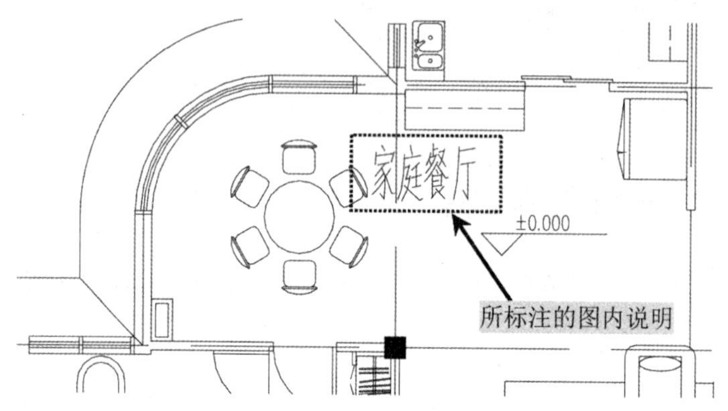

图 8-65 图内说明

步骤 2 执行“复制”命令（CO）、“旋转”命令（RO）和“特性”命令（MO），对上一步所标注的图内说明进行相关的复制、旋转和修改操作，从而完成平面图的所有图内说明，如图 8-66 所示。

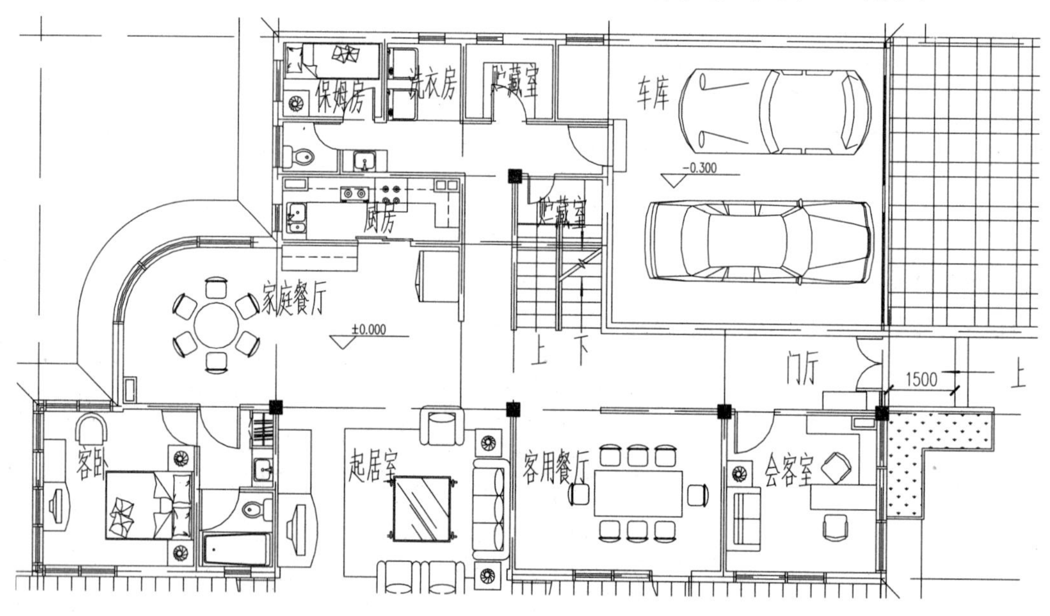

图 8-66 最终图内说明

3. 轴号的绘制

步骤 1 单击“图层”工具栏的“图层控制”下拉列表框，选择 0 图层为当前层。

步骤 2 执行“直线”命令（L）和“圆”命令（C），绘制如图 8-67 所示的两组图形，水平的用于水平轴号的操作，竖直的用于竖直轴号的操作。

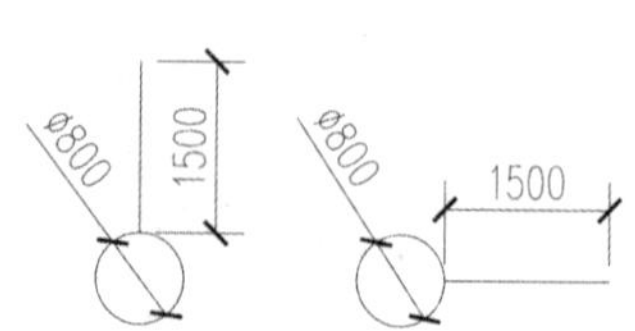

图 8-67 绘制轴号

步骤 3 在“样式”工具栏中选择“尺寸文字”样式；执行“绘图/块/定义属性”命令（ATT），将弹出“属性定义”对话框，分别进行属性和文字的设置，然后在轴线符号的圆中捕捉圆心确定位置，如图 8-68 所示。

步骤 4 执行“复制”命令（CO），将刚才属性定义的文字复制一个到水平轴线符号的圆中。

步骤 5 执行“写块”命令（W），弹出“写块”对话框，选择整个竖直轴线符号及定义的属性文字对象，再选择轴线符号上侧作为基点，再将其保存为“轴线编号-1.dwg”文件，然后单击“确定”按钮，如图 8-69 所示。

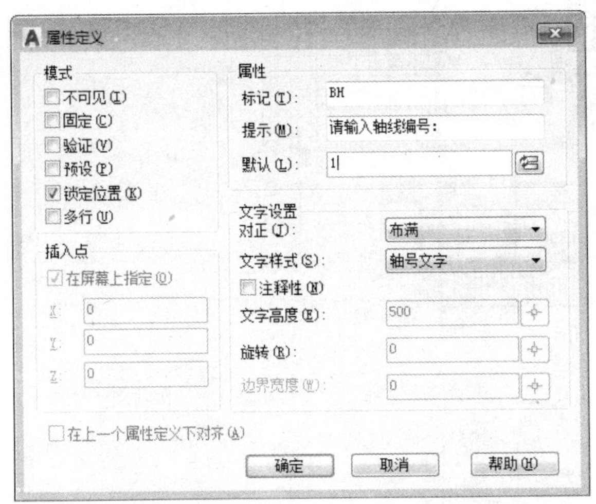

图 8-68 属性定义

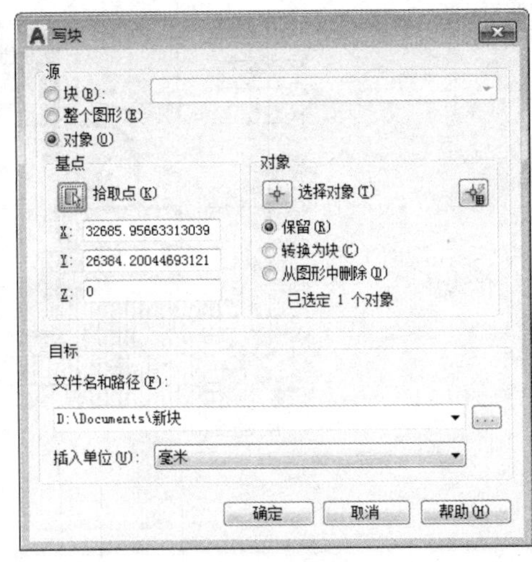

图 8-69 写块

步骤 6 重复“写块”操作，将水平轴线进行写块操作，命名为“轴线编号-2”。单击“图层”工具栏的“图层控制”下拉列表框，选择“轴线编号”图层为当前层。

步骤 7 执行“插入块”命令（I），选择“结果文件/08/轴线编号-1.dwg”图块文件，在竖直的轴线上标注相关的轴线编号，并输入轴线编号“1”，如图 8-70 所示。

步骤 8 执行“复制”命令（CO），将该轴线编号以标注线的端点为复制点，依次向右复制；然后双击该轴线编号，弹出“增强属性编辑器”对话框，在“值”文本框中输入要编写的轴线编号，单击“确定”按钮，完成轴线编号的修改，如图 8-71 所示。

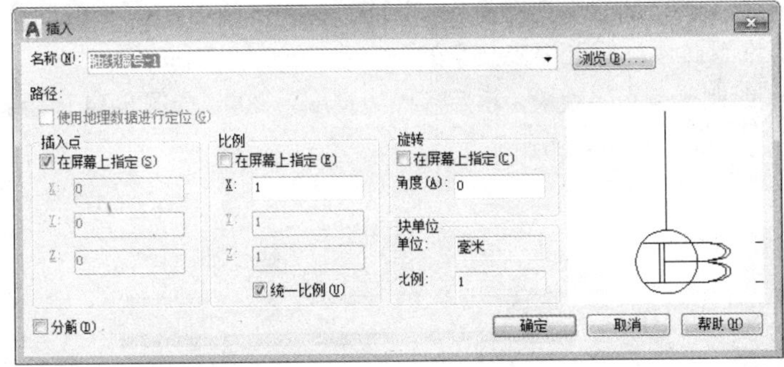

图 8-70 插入轴线编号

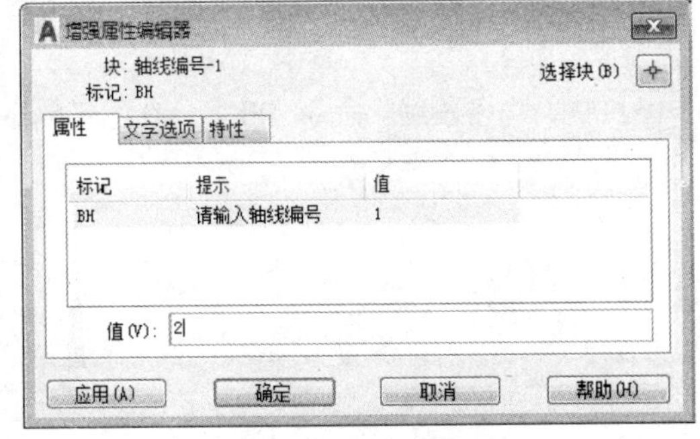

图 8-71 修改轴线编号

步骤 9 重复以上步骤，选择“结果文件/08/轴线编号-2.dwg”图块文件，在水平的轴线上标注相关的轴线编号，如图 8-72 所示。

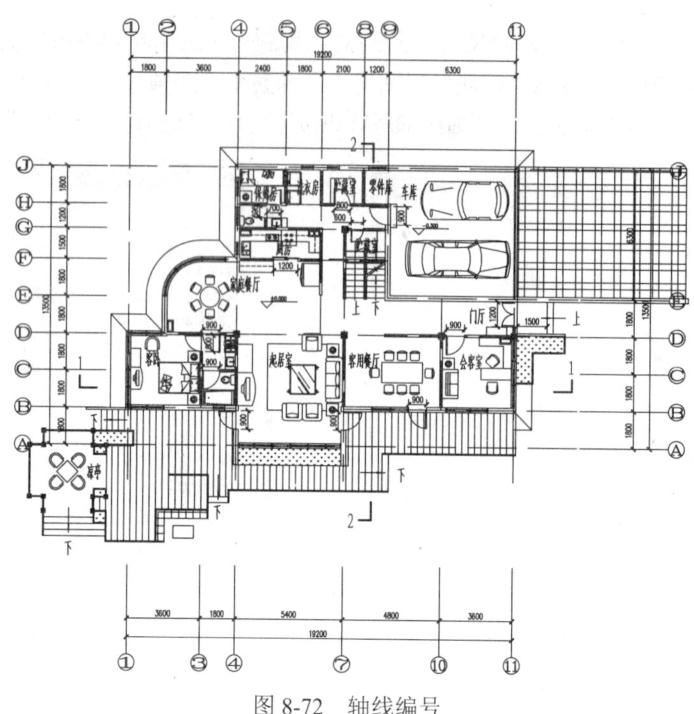

图 8-72　轴线编号

4. 绘制指北针和图名

步骤 1 单击“图层”工具栏的“图层控制”下拉列表框，选择“文字标注”图层为当前层。

步骤 2 执行“圆”命令（C），在图形的右下侧绘制直径为 2400mm的圆；再使用“多段线”命令（PL），以圆的上侧象限点至下侧象限点绘制一条垂直线段，且其上侧端点宽度为 0mm，下侧宽度为 300mm；使用“单行文字”命令在圆的上侧输入“北”，从而完成指北针的绘制，如图 8-73 所示。

步骤 3 在“样式”工具栏中选择“图名”文字样式，在“文字”工具栏中单击“单行文字”按钮A，设置其对正方式为“居中”，在图形的下侧中间位置输入图名“底层平面图”和“1:100”；然后分别选择相应的文字对象，执行“特性”命令（MO），打开“特性”面板，修改相应文字的大小为 2000 和 1000。

步骤 4 执行“多段线”命令（PL），在图名的下侧绘制一条水平线段，指定多段线宽度为 300，如图 8-74 所示。

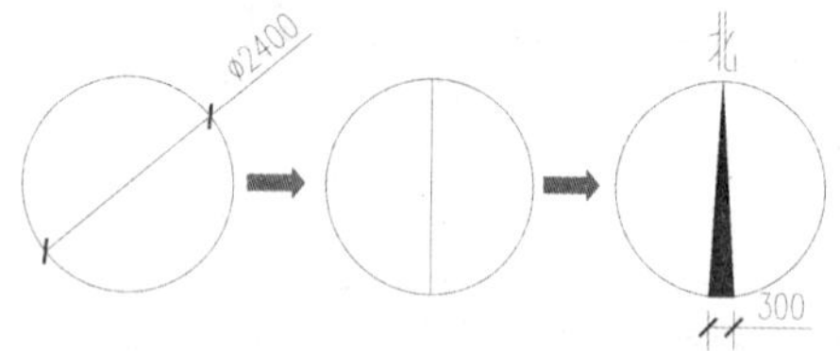

图 8-73　绘制指北针

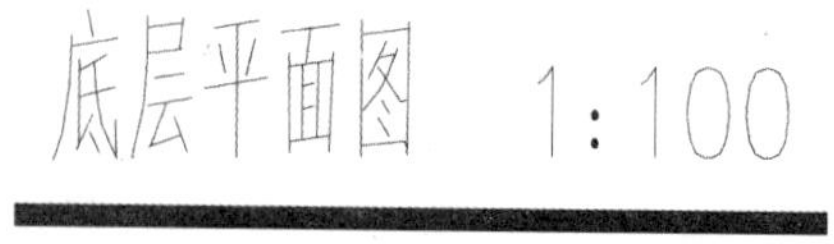

底层平面图　1:100

图 8-74　图名标注

提示——建筑平面图的类别

建筑平面图主要反映的是建筑物的平面位置。按工种可分为建筑施工图、结构施工图和设备施工图。用作施工使用的房屋建筑平面图有底层平面图（表示第一层房间的布置、建筑入口、门厅及楼梯等）、标准层平面图（表示中间各层的布置）、顶层平面图（房屋最高层的平面布置图）及屋顶平面图（屋顶平面的水平投影，其比例尺一般比其他平面图小）。

8.2 别墅二层平面图的演练

打开“建筑平面图.dwt”格式样板文件，调用其绘图环境，然后将其另存为“别墅二层平面图”文件，便于该层平面图的绘制。

步骤 1 执行“文件/打开”菜单命令，将“结果文件/08/建筑平面图.dwt”文件打开。

步骤 2 再执行“文件/另存为”菜单命令，将文件另存为“结果文件/08/别墅二层平面图.dwg”文件。

接下来的绘图步骤可以参照“别墅底层平面图”的绘制方法与步骤进行绘制，所绘制的“别墅二层平面图”最终效果如图 8-75 所示。

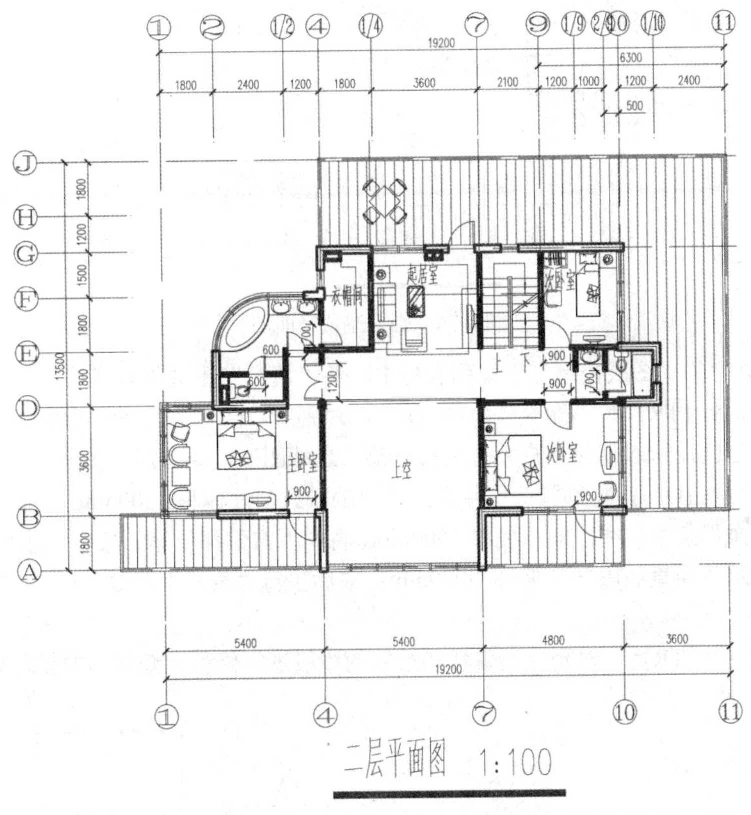

图 8-75 别墅二层平面图

8.3 别墅屋顶平面图的绘制

前面已经绘制好了该别墅的底面平面图和二层平面图，接下来绘制屋顶平面图，效果如图 8-76 所示。

步骤 1 执行“文件/打开”菜单命令，将“结果文件/08/建筑平面图.dwt”文件打开。再执行“文件/另存为”菜单命令，将文件另存为“结果文件/08/别墅屋顶平面图.dwg”文件。

步骤 2 执行“插入”命令（I），插入“结果文件/08/别墅底层平面图.dwg和别墅二层平面图.dwg”。

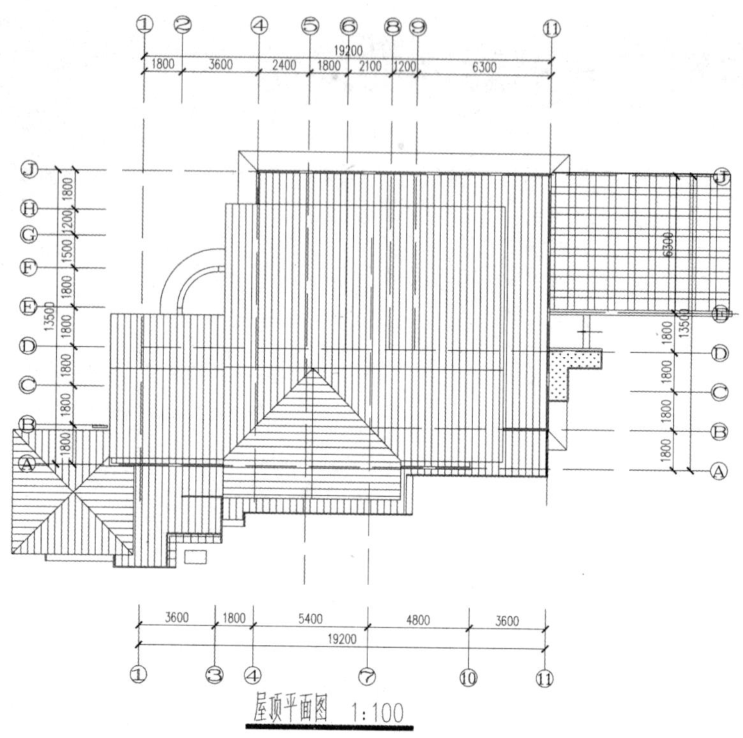

图 8-76 别墅屋顶平面图

步骤 3 在“图层”工具栏的“图层控制”下拉列表框中，将“填充”图层置为当前层。

步骤 4 执行“修剪”命令（TR）和“删除”命令（E），对别墅二层平面图进行相关的修剪，因为绝大多数室内图形都会被屋顶挡住，所以仅保留户外栏杆和一部分外墙图形，修剪后的图形如图 8-77 所示。

步骤 5 执行“偏移”命令（O），将别墅二层平面图外墙的轴线向外偏移 1500mm，并转换为“填充”图层；然后将刚才偏移的上面那条水平线段向下偏移 7500mm，将向上方偏移的第二条水平线段向下偏移 2500mm，再将刚才偏移的右边那条竖直线段向左偏移 9000mm；最后执行“直线”命令（L），连接相关的点来绘制两条斜线段。

步骤 6 执行“修剪”命令（TR），对刚才所偏移和绘制的线段进行修剪，修剪后的图形如图 8-78 所示。

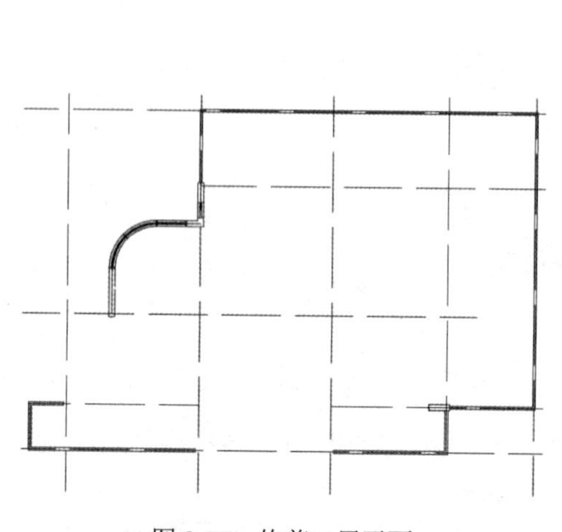

图 8-77 修剪二层平面

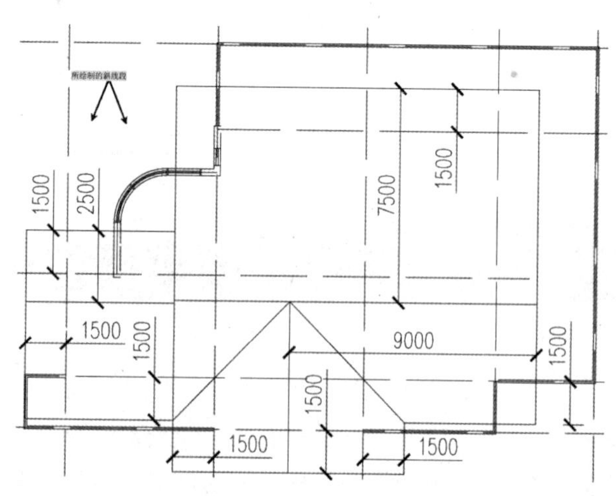

图 8-78 偏移和修剪线段

步骤 7 执行“删除”命令（TR）、“偏移”命令（O）、“格式刷”命令（MA）和“修剪”命令（TR），对左上角露出来的墙体、下面被挡住的墙体及户外栏杆被挡住的地方进行修剪，如图 8-79 所示。

步骤 8 重复执行“修剪”命令（TR）和“删除”命令（E），对别墅底层平面图进行修剪，因为底层平面图的上面和左右两面的很多图形都被二层挡住了，所以仅保留下面的休闲走廊的相关图形，修剪后的图形如图 8-80 所示。

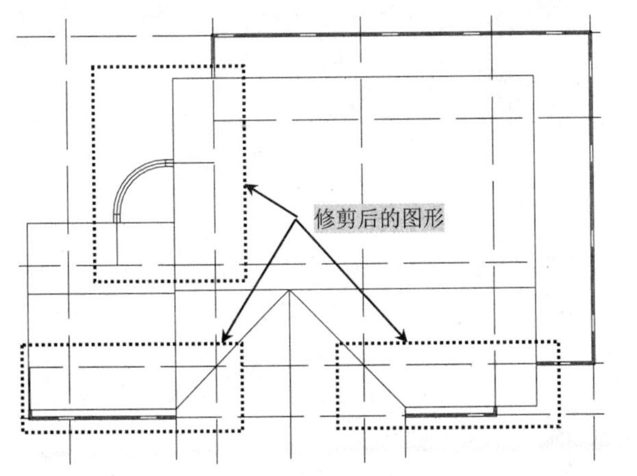

图 8-79　修剪户外栏杆和墙体

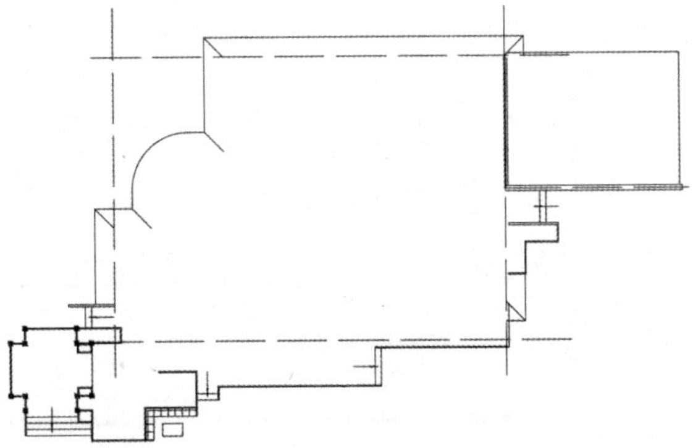

图 8-80　修剪底层平面图

步骤 9 执行“直线”命令（L），对左下角凉亭的栏杆绘制轴线；执行“偏移”命令（O），对刚才绘制的轴线向外偏移 900mm；再次执行“直线”命令（L），在新形成的矩形中绘制该矩形的对角线，并将这些线段转换为“填充”图层；执行“修剪”命令（TR），对该图形进行修剪，如图 8-81 所示。

步骤 10 执行“修剪”命令（TR）和“删除”命令（E），对凉亭屋顶所遮住的图形进行修剪和删除。

步骤 11 执行“移动”命令（M），以某一轴线的交点为复制点，将修剪后的别墅底层平面图移动到修剪后的二层平面图中；再执行“修剪”命令（TR）和“删除”命令（E），对被别墅二层平面图所遮住的图形进行修剪和删除，如图 8-82 所示。

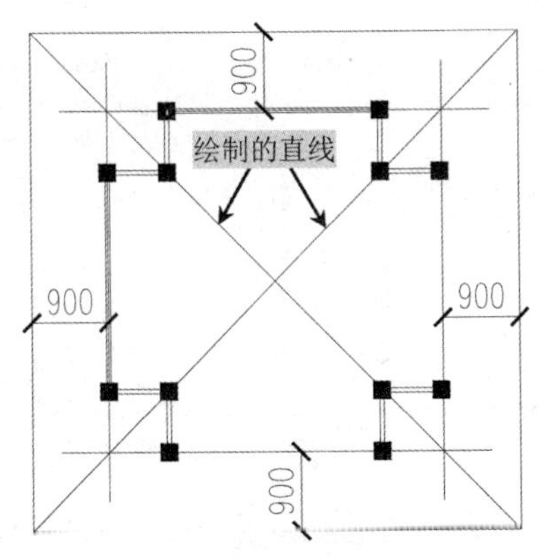

图 8-81　绘制凉亭屋顶

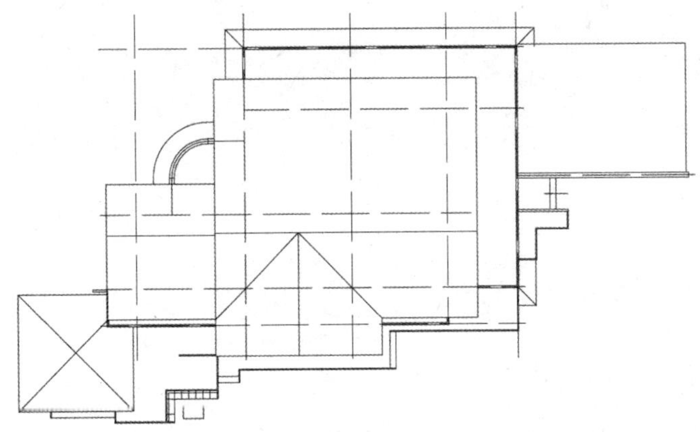

图 8-82　修剪和删除图形

步骤 12 执行“图案填充”命令（BH），对底层平面图中的休闲走廊、车库外区域、二层平面图的阳台区域、凉亭屋顶和住宅屋顶区域进行填充，底层平面图和二层平面图填充部分的参数可参照前面相关步骤中的设置。屋顶的填充参数为：填充图案（ANSI31），填充比例（100），竖直的填充角度为 45°，水平的填充角度为 135°，为了便于区分，可以将屋顶填充图案的颜色转变为青色，最终效果如图 8-83 所示。

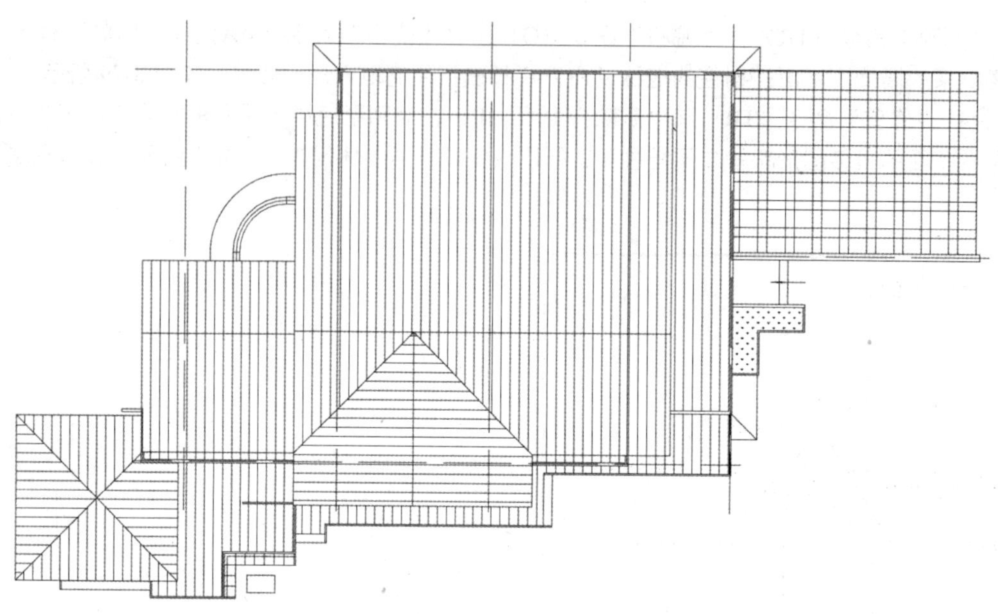

图 8-83 填充图案

步骤 13 单击“图层”工具栏的“图层控制”下拉列表框，选择“尺寸标注”图层为当前层。执行“线性”（DLI）、“连续”（DCO）等命令，对图形进行尺寸标注。

步骤 14 单击“图层”工具栏的“图层控制”下拉列表框，选择“轴线编号”图层为当前层。执行“插入块”命令（I），选择“结果文件/08/轴线编号-1.dwg和轴线编号-2.dwg”图块文件，将图形插入相关的轴线编号。

步骤 15 单击“图层”工具栏的“图层控制”下拉列表框，选择“文字标注”图层为当前层。执行“圆”命令（C）和“多段线”命令（PL），最终效果如图 8-76 所示。

第 9 章 别墅立面图的绘制

在绘制该别墅立面图之前，首先应该根据要求设置相关的绘图环境，包括设置图形界限、图层规划、文字和尺寸标注的样式，并将其另存为样板文件；然后使用直线、偏移、修剪、填充、矩形等相关命令，完成该别墅立面图的基本绘制；最后对其进行尺寸标注、引线标注、文字标注、标高标注、图名标注，从而完成该别墅立面图的最终绘制。

学习目标

- 别墅立面图绘图环境的设置
- 插入别墅底层平面图效果
- 绘制别墅南立面图的墙体、屋顶和凉亭
- 绘制别墅南立面图的门窗、栏杆、楼梯、花坛
- 进行别墅南立面图的尺寸、标高、图名标注
- 别墅其他立面图的演示效果

9.1 绘制别墅南立面图

在绘制建筑立面图之前，同样也需要设置其绘图环境，然后根据平面图的墙体结构，绘制水平线段，并进行相应的编辑操作，从而完成别墅南立面图的绘制，如图 9-1 所示。

图 9-1 别墅南立面图效果

9.1.1 设置绘图环境

别墅立面图绘制的绘图环境设置，请参照第 8 章相应章节，设置完成后将文件另存为“结果文件/09/建筑立面图.dwt”样板文件。

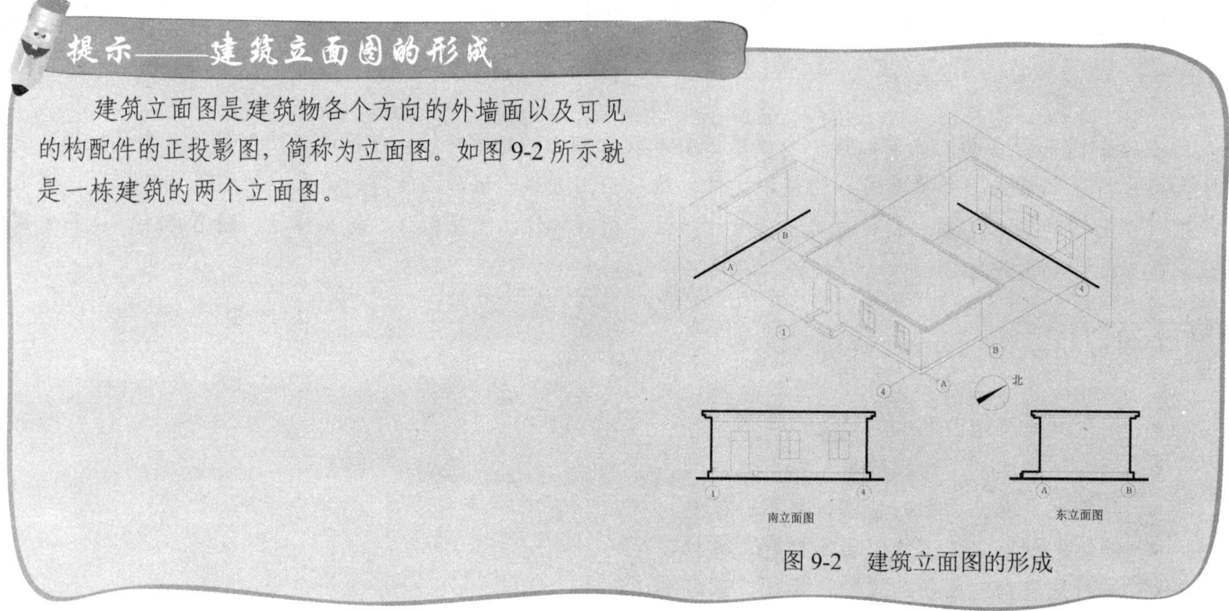

提示——建筑立面图的形成

建筑立面图是建筑物各个方向的外墙面以及可见的构配件的正投影图，简称为立面图。如图 9-2 所示就是一栋建筑的两个立面图。

图 9-2　建筑立面图的形成

9.1.2 插入平面图

在前面已经设置好了相关的绘图环境，再根据平面图的墙体结构来投影相关线段，然后进行相应的编辑操作，从而完成对正立面图的绘制。

步骤 1 执行“文件/打开”菜单命令，将“结果文件/09”文件夹下的“建筑立面图.dwt”文件打开；再执行“文件/另存为”菜单命令，选择保存文件类型为“*.dwg”格式，将其保存为“结果文件/09/别墅南立面图.dwg”文件。

步骤 2 在“图层”工具栏的“图层控制”下拉列表框中，将 0 图层置为当前层。执行“插入块”命令（I），分别插入“结果文件/08/别墅底层平面图.dwg和别墅二层平面图.dwg”文件。

步骤 3 执行“移动”命令（M），将底层平面图和二层平面图进行移动，使它们在竖直方向上对齐。

步骤 4 执行“格式/图层”菜单命令，将“尺寸标注”“楼梯”“绿化”“散水”“设施”“填充”“文字标注”“轴线”和“轴线编号”等图层关闭，如图 9-3 所示。

状.	名称	开	冻结	锁..	线宽	线型	透明度	颜色	打印...	打.	新.
	尺寸标注				—— 默认	Continuous	0	蓝	Color_5		
	楼梯				—— 默认	Continuous	0	140	Colo...		
	绿化				—— 默认	Continuous	0	绿	Color_3		
	散水				—— 默认	Continuous	0	洋红	Color_6		
	设施				—— 默认	Continuous	0	200	Colo...		
	填充				—— 默认	Continuous	0	8	Color_8		
	文字标注				—— 默认	Continuous	0	白	Color_7		
	轴线				—— 默认	ACAD_ISO04W100	0	红	Color_1		
	轴线编号				—— 默认	Continuous	0	绿	Color_3		

关闭图层

图 9-3　关闭图层

9.1.3 绘制墙体

现在已经关闭了其他暂时不需要的图层，接下来就根据其底层平面图相应的墙体投影绘制相关的竖直线段和水平线段，从而形成南立面图的轮廓对象。

步骤 1 在“图层”工具栏的“图层控制”下拉列表框中，将“墙体”图层置为当前层。在图形的正下方绘制一条长度为 40000mm的水平线段。

步骤 2 执行“偏移”命令（O），将绘制的水平线段向下方偏移，偏移尺寸为 1055mm、625mm、2780mm、1250mm、100mm、3050mm、300mm，并将最下面的那条线段转换为地坪线，如图 9-4 所示。

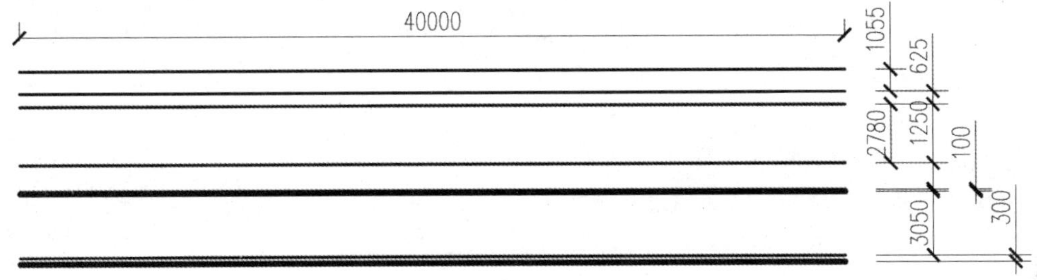

图 9-4 关闭图层

步骤 3 按F8 键打开“正交”模式。执行“构造线”命令（XL），分别捕捉底层平面图和二层平面图墙体上的相关点绘制竖直的构造线，如图 9-5 所示。

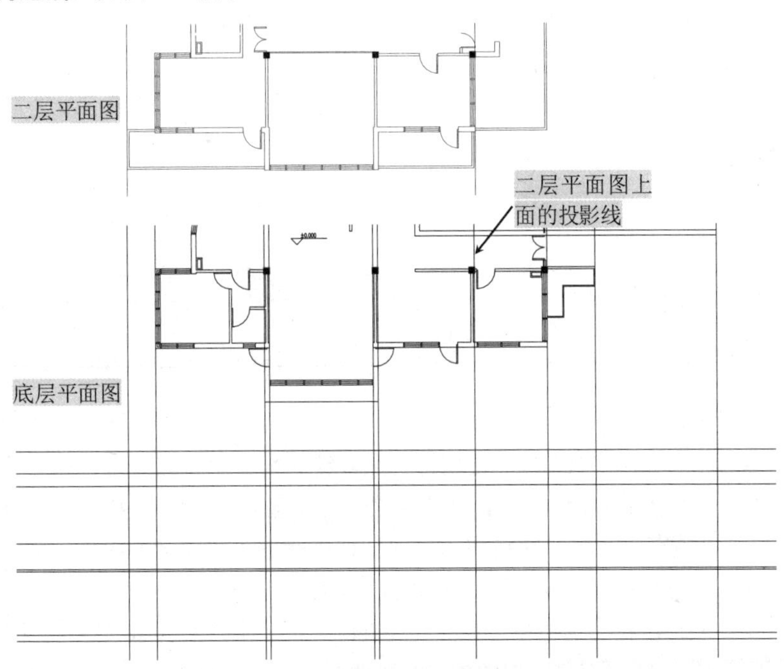

图 9-5 绘制投影线

步骤 4 执行“偏移”命令（O），将最右边的数值线条向左偏移，偏移距离为 10750mm、4800mm、8400mm，如图 9-6 所示。

步骤 5 执行“修剪”命令（TR），对图形进行修剪，修剪后的图形如图 9-7 所示。

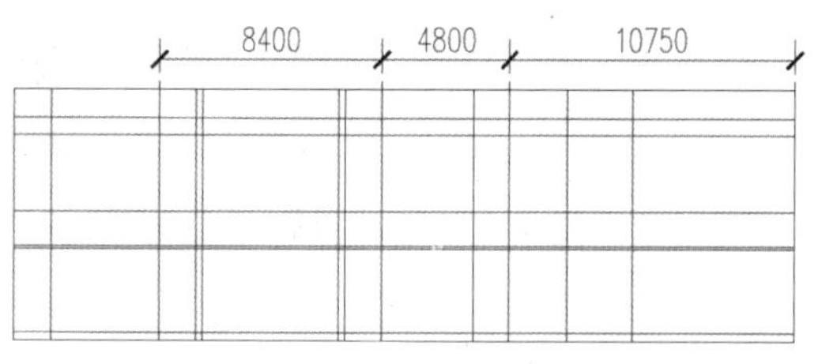

图 9-6　偏移线段

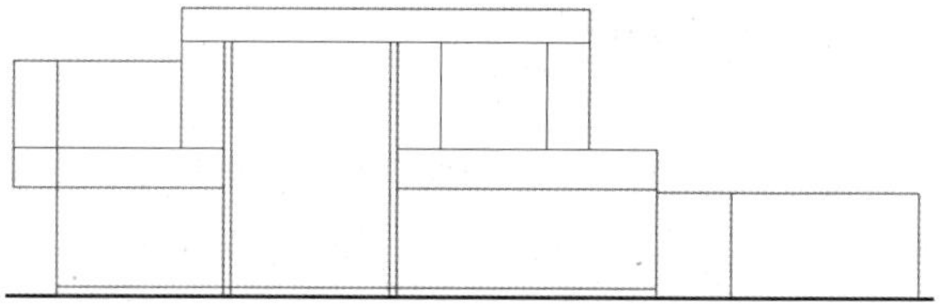

图 9-7　修剪线段

提示——墙体的设计要求

（1）具有足够的强度和稳定性。
（2）满足热工方面（保温、隔热、防止产生凝结水）的要求。
（3）满足隔声的要求。
（4）满足防火要求。
（5）满足防潮、防水要求。
（6）满足经济和适应建筑工业化的发展要求。

9.1.4　绘制屋顶

步骤 1 执行“偏移”命令（O），将最上面的水平线段向下偏移 1320mm，将左数第三条竖直线段向右偏移 4200mm；然后在刚才偏移的两条线段所形成的交点处绘制一条角度为 21.8°的构造线；再执行“镜像”命令（MI），将刚才绘制的斜线段按照如图 9-8 所示镜像到右边。

步骤 2 执行“修剪”命令（TR）和“删除”命令（E），对图形进行修剪，修剪后的图形如图 9-9 所示。

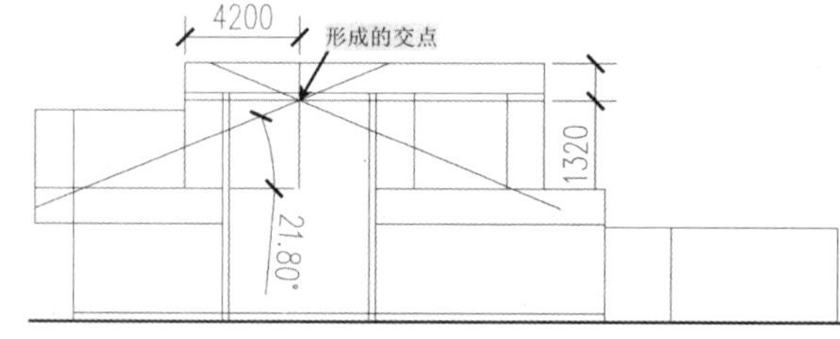

图 9-8　偏移线段和绘制斜线段

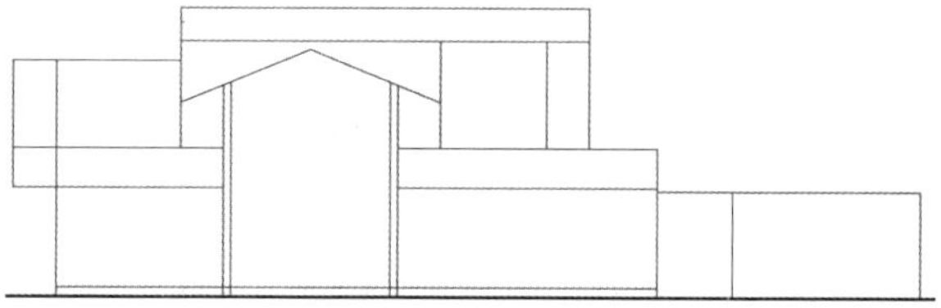

图 9-9　修剪图形

步骤 3 执行“直线”命令（L），如图 9-10 所示在相关交点处绘制两条水平直线段；执行“修剪”命令（TR），对图形进行修剪；再执行“偏移”命令（O），将右边的一条竖直线段向右偏移 1200mm（别墅二层楼东面凸出部分的墙体）；打开“填充”图层，并将属于屋顶的线条转换为“填充”图层，为了与“别墅屋顶平面图”颜色相对应，将刚才转换图层的线段的颜色转换为“青色”。

步骤 4 执行“偏移”命令（O），将屋顶斜线段向左下方偏移 50mm和 100mm；执行“直线”命令（L），在交点处绘制一条竖直的线段，并向左偏移 120mm；再根据新形成的交点绘制两条水平的线段；执行“修剪”命令（TR），对图形进行修剪，如图 9-11 所示。

步骤 5 执行“镜像”命令（MI），将上一步绘制的线段向左镜像；再执行“修剪”命令（TR），对图形进行修剪，如图 9-12 所示。

步骤 6 执行“偏移”命令（O），偏移相关线段；执行“修剪”命令（TR），对图形进行修剪，如图 9-13 所示。

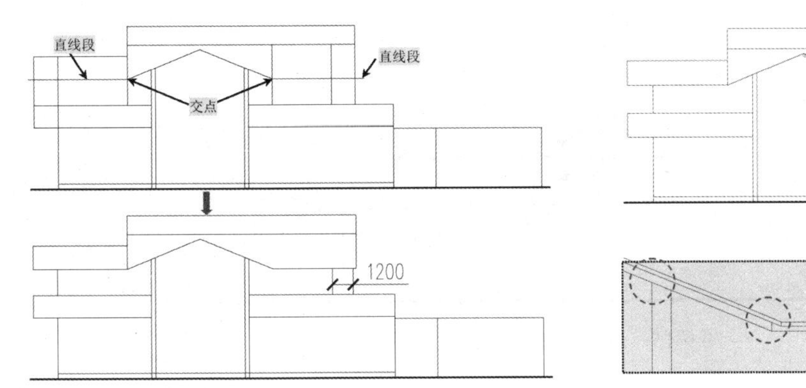

图 9-10 绘制直线

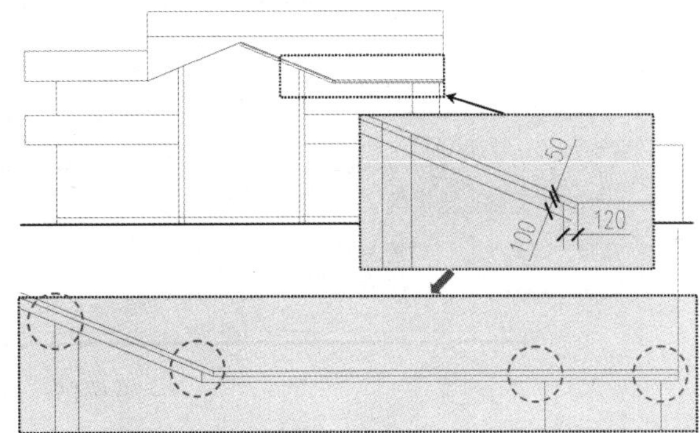

图 9-11 修剪图形

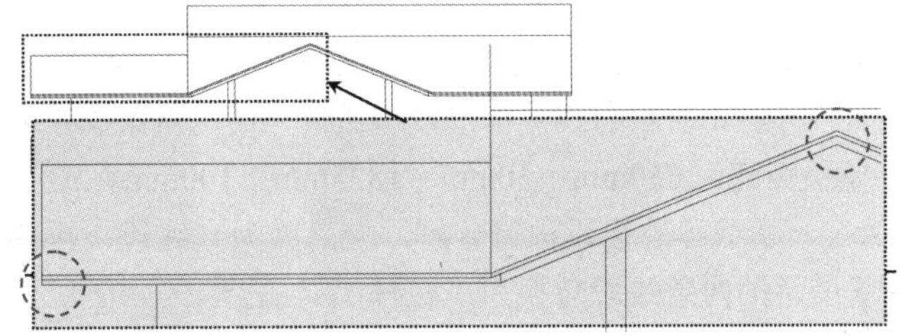

图 9-12 镜像并修剪图形

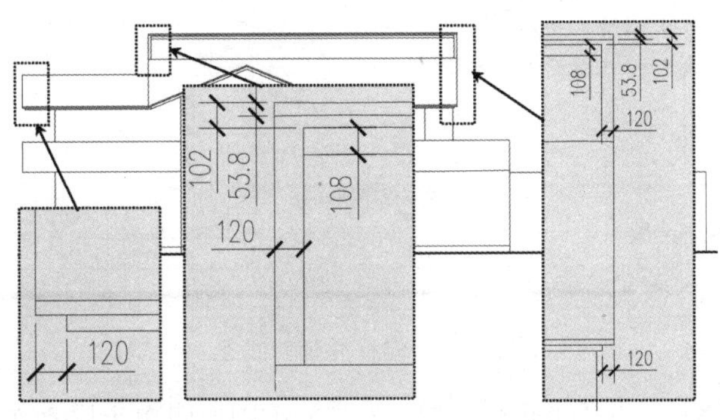

图 9-13 偏移并修剪图形

步骤 7 执行“偏移”命令（O），将两条水平的线段向上偏移 150mm；再执行“延伸”命令，将线段向下延伸，如图 9-14 所示。

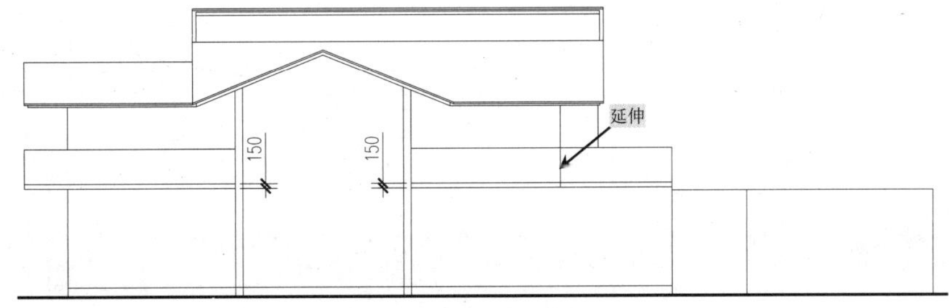

图 9-14 偏移并延伸线条

步骤 8 执行“偏移”命令（O），将两条水平的线段向下偏移 50mm；再将线段转换为“栏杆-外”图层，如图 9-15 所示。

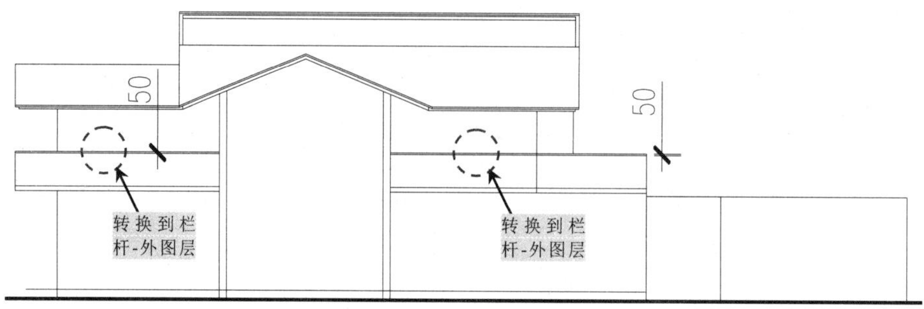

图 9-15　偏移并转换图层

9.1.5　绘制凉亭

步骤 1 执行“构造线”命令（XL），从“别墅底层平面图”凉亭的柱子外轮廓绘制 8 条竖直的投影线。

步骤 2 执行“偏移”命令（O），将刚才绘制的竖直构造投影线最外面的两条向左和向右各偏移 812.5mm，再将地坪线线段向上方偏移，偏移距离为 650mm、50mm、1825mm、100mm。

步骤 3 执行“分解”命令（X），将偏移的线段进行分解，使之成为直线段，再将刚才分解的直线段转换为“墙体”图层；并将如图 9-16 所示的两条线段转换为“栏杆-外”图层。

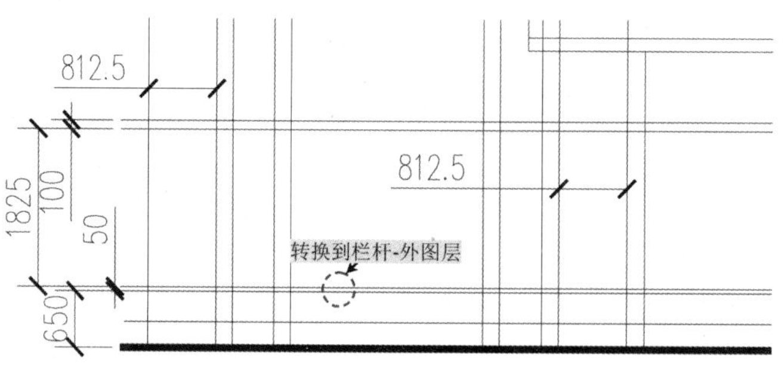

图 9-16　偏移并延伸线条

步骤 4 执行“修剪”命令（TR），对图形进行修剪，修剪后的图形如图 9-17 所示。

步骤 5 执行“构造线”命令（XL），在如图 9-18 所示的点处绘制一条角度为 21.8° 的构造线；再执行“镜像”命令（MI），将其镜像到右边；再执行“修剪”命令，对图形进行修剪，并将相关线条转换为“填充”图层，为了与“别墅屋顶平面图”屋顶颜色对应，再将它们的颜色转换为“青色”。

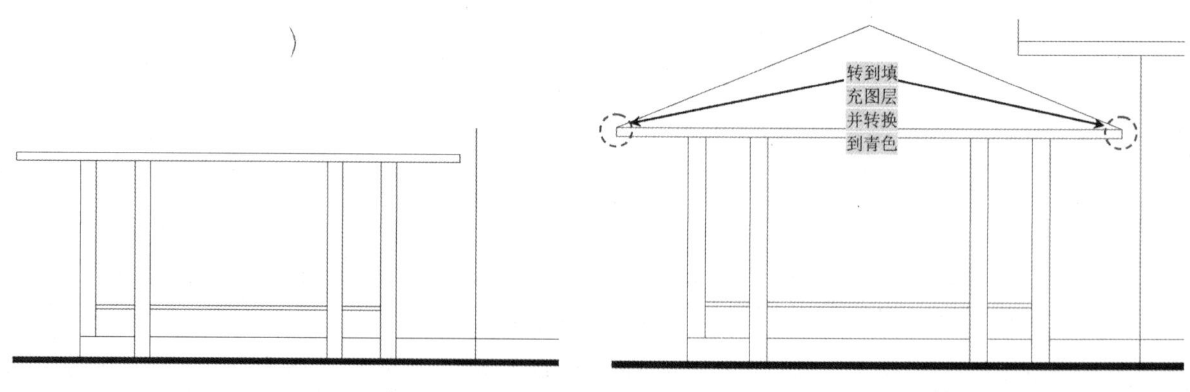

图 9-17　修剪线段

图 9-18　绘制凉亭屋顶

9.1.6 绘制门窗

步骤 1 在“图层”工具栏的“图层控制”下拉列表框中，将 0 图层置为当前层。执行“矩形”命令（REC），绘制一个尺寸为 800mm×2740mm的矩形。

步骤 2 执行“分解”命令（X），将矩形进行分解；执行“偏移”命令（O），将上方水平线段向下方偏移 100mm，再依次偏移 70mm、30mm。

步骤 3 执行“复制”命令（CO），将刚才偏移的 70mm和 30mm线段依次向下方复制，复制的间距为 100mm，复制 5 组；再执行“偏移”命令（O），将刚才复制的线段最下面的那条线段向下方依次偏移 1300mm、30mm，如图 9-19 所示。

步骤 4 执行“复制”命令（CO），将刚才绘制的窗体复制到如图 9-20 所示的位置，平均复制 6 组，注意与两边墙线保持 50mm的距离；再执行“合并”命令（J），将窗体上面的线条合并成一条线段；再执行“延伸”命令（EX），将合并后的线段延伸到两边墙体上。

步骤 5 执行“复制”命令（CO），选择刚才绘制的窗体，向上方复制 3550mm，如图 9-21 所示。

图 9-19 绘制窗体　　图 9-20 复制窗体 1　　图 9-21 复制窗体 2

步骤 6 执行“合并”命令（J），将刚才复制的窗体下面的水平线段合并成一条线段；再执行“延伸”命令（EX），将合并后的线段延伸到两边墙体上；再执行“删除”命令（E），将窗体上面的水平线段删除；再执行“延伸”命令（EX），将竖直的线段延伸到屋顶，如图 9-22 所示。

步骤 7 执行“偏移”命令（O），将二楼窗体下方的水平线段向上方偏移，偏移尺寸为 2900mm、3240mm、3580mm，如图 9-23 所示。

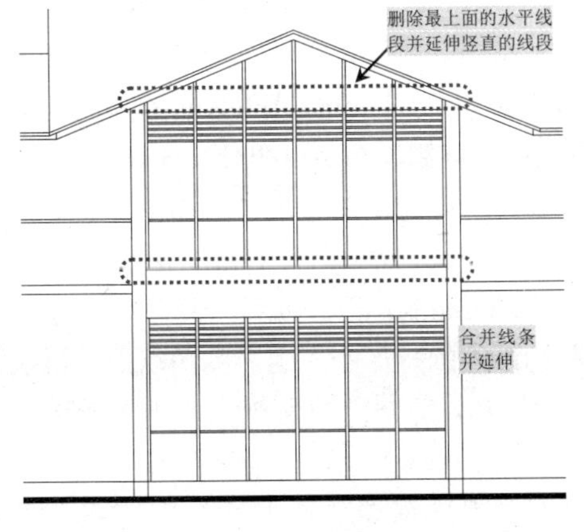

图 9-22 复制窗体 3

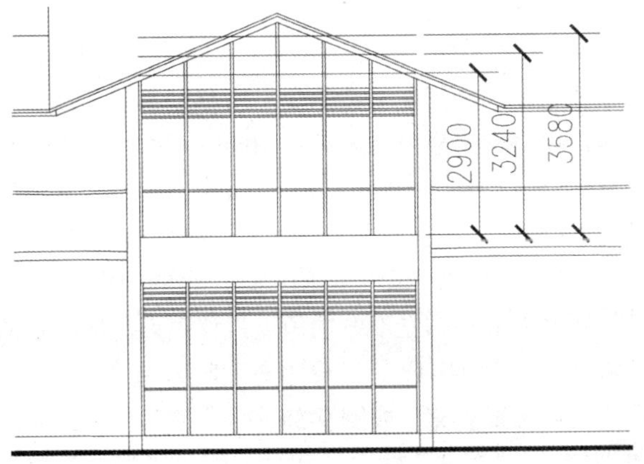

图 9-23 偏移线段

步骤 8 执行“修剪”命令（TR），对图形进行修剪，修剪结果如图 9-24 中虚线框所示。

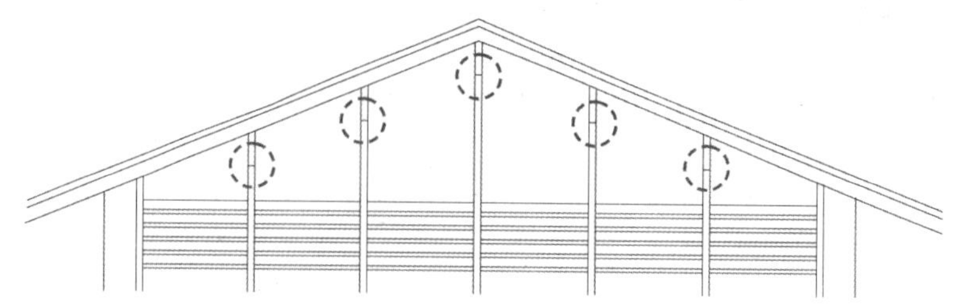

图 9-24　修剪线段

步骤 9 在“图层”工具栏的“图层控制”下拉列表框中，将 0 图层置为当前层。执行“矩形”命令（REC），绘制两个矩形，尺寸分别为 825mm×1600mm和 1800mm×1700mm；执行“移动”命令（M），将尺寸为 825mm×1600mm的矩形按照如图 9-25 所示的尺寸进行移动。

步骤 10 执行“矩形”命令（REC），绘制一个尺寸为 20mm×1600mm的矩形；执行“移动”命令（M），以刚才绘制的矩形的下方中点为移动点，移动到如图 9-25 所示的中点重合处；再执行“镜像”命令（MI），选择刚才移动后的矩形，以外面大矩形下方的中点为镜像点，镜像到右边。

步骤 11 执行“矩形”命令（REC），绘制一个尺寸为 825mm×20mm的矩形；执行“移动”命令（M），以刚才绘制的矩形左上方角点为移动点，移动到前面所绘制的尺寸为 825mm×1600mm的矩形左上方角点处，再向下方移动 385mm；再执行“复制”命令（CO），选择刚才所移动后的矩形，向下方复制两个矩形，复制间距为 405mm。

步骤 12 执行“修剪”命令（TR），对刚才复制后的矩形进行如图 9-26 所示的修剪；再执行“镜像”命令，选择刚才修剪后的矩形，以外面大矩形下方的中点为镜像点，镜像到右边。

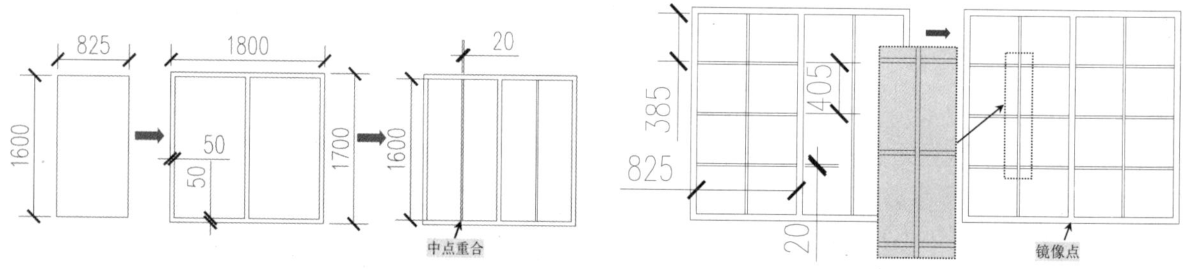

图 9-25　绘制并镜像矩形

图 9-26　修剪并镜像矩形

步骤 13 执行“矩形”命令（REC），绘制一个尺寸为 382.5mm×365mm的矩形；执行“移动”命令（M），以刚才绘制的矩形左下方的角点为移动点，移动到前面所绘制的尺寸为 825mm×1600mm的矩形左下方的角点处，再将该矩形向上方移动 10mm、向右方移动 10mm；再执行“复制”命令（CO），选择刚才移动后的矩形，以尺寸为 825mm×1600mm的矩形左下方的角点为复制基点，如图 9-27 所示向图中的 16 个窗格进行复制。

步骤 14 执行“矩形”命令（REC），绘制一个尺寸为 1800mm×240mm的矩形；执行“移动”命令（M），以刚才绘制的矩形左下方的角点为移动点，移动到前面所绘制的最大的矩形的左上方的角点处；再执行“图案填充”命令（BH），选择填充图案为ANSI31，设置填充角度为 45，填充比例为 20，对刚才所绘制的矩形区域进行图案填充，如图 9-28 所示。

步骤 15 执行“写块”命令（W），弹出“写块”对话框，然后将绘制的窗体对象保存为“C-3-S”图块，如图 9-29 所示。

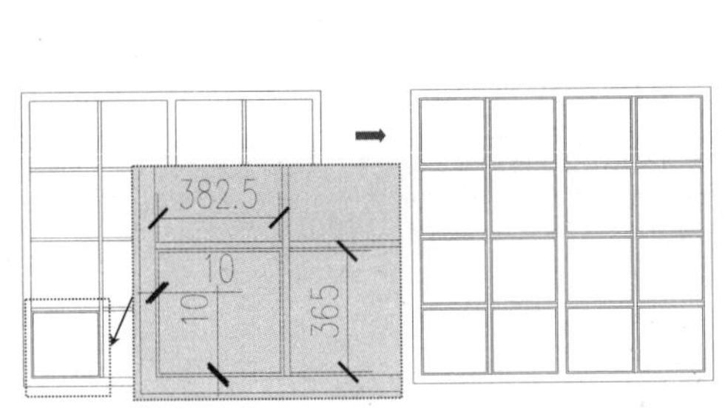

图 9-27　绘制窗格

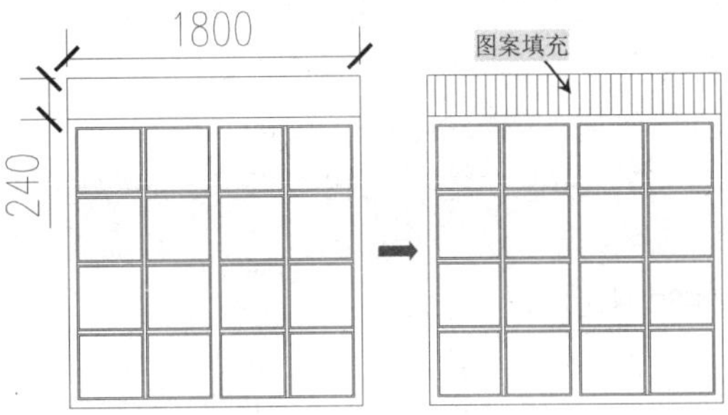

图 9-28　图案填充

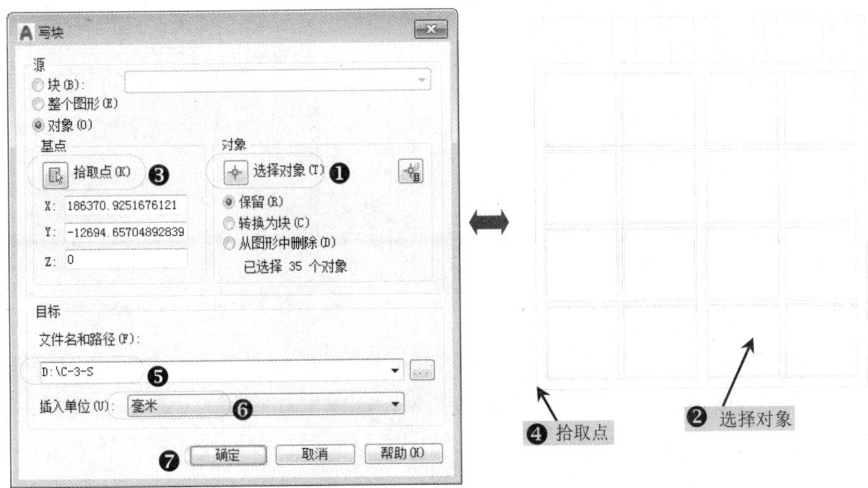

图 9-29　写块操作

步骤 16 参照前面绘制“C-3-S”窗体的步骤，来绘制“C-1-S”窗体，并进行写块操作，窗体尺寸如图 9-30 所示。

步骤 17 继续参照前面绘制“C-3-S”窗体的步骤，来绘制“C-2-S”窗体，并进行写块操作，窗体尺寸如图 9-31 所示。

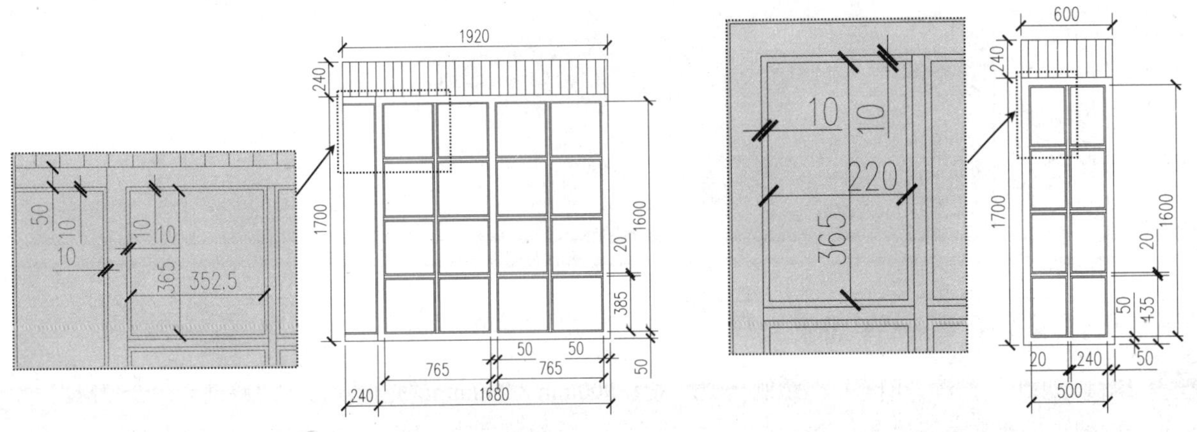

图 9-30　绘制 C-1-S 窗体

图 9-31　绘制 C-2-S 窗体

步骤 18 继续参照前面绘制“C-3-S”窗体的步骤，来绘制“C-4-S”窗体，并进行写块操作，窗体尺寸如图 9-32 所示。

步骤 19 执行“矩形”命令（REC），绘制一个尺寸为 900mm×2500mm的矩形；执行“分解”命令（X），将刚才绘制的矩形进行分解；执行“偏移”命令（O），向内偏移相关的线段；执行“修剪”命令（TR），对图形进行修剪，如图 9-33 所示。

步骤 20 执行“矩形”命令（REC），绘制一个尺寸为 720mm×380mm的矩形；执行“移动”命令（M），以刚才绘制的矩形的左上角点为移动点，移动修剪后内框的左上角点，向右移动 10mm，再向下移动 10mm，如图 9-33 所示。

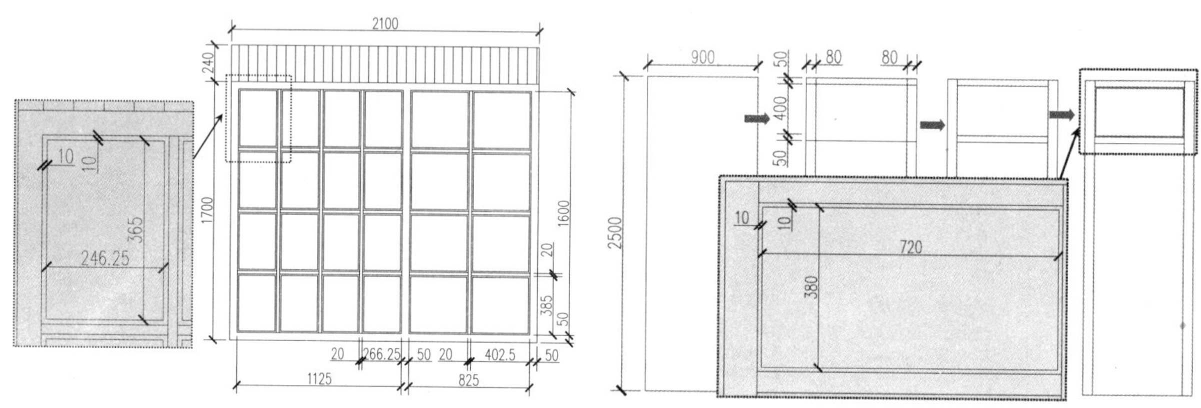

图 9-32　绘制 C-4-S 窗体

图 9-33　绘制矩形

步骤 21 执行“矩形”命令（REC），绘制一个尺寸为 740mm×300mm的矩形；执行“偏移”命令（O），将刚才绘制的矩形向内偏移 10mm；执行“移动”命令（M），以刚才绘制的矩形左上角点为移动点，移动到如图 9-34 所示的点上；执行“复制”命令（CO），将刚才移动后的那两个矩形向下方复制一组，复制距离为 360mm。

步骤 22 执行“矩形”命令（REC），绘制一个尺寸为 740mm×490mm的矩形；执行“偏移”命令（O），将刚才绘制的矩形向内偏移 10mm；执行“移动”命令（M），以刚才绘制的矩形左上角点为移动点，移动到如图 9-35 所示的点上，再次执行“移动”命令（M），将刚才移动后的那两个矩形向下方移动，复制距离为 60mm；执行“圆”命令（C），在图 9-35 所示位置绘制一个直径为 60mm的圆，表示门把手。

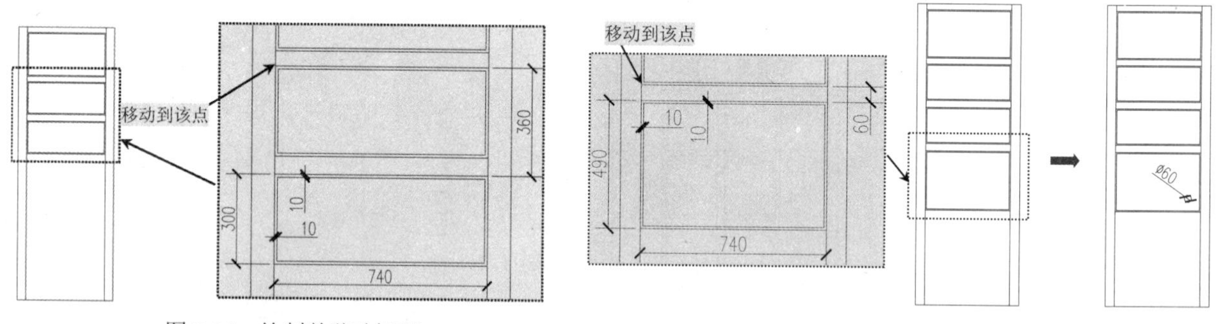

图 9-34　绘制并移动矩形

图 9-35　绘制矩形和圆

步骤 23 执行“矩形”命令（REC），绘制一个尺寸为 900mm×240mm的矩形；执行“移动”命令（M），以刚才绘制的矩形左下方的角点为移动点，移动到门左上方的角点处；执行“图案填充”命令（BH），设置填充图案为ANSI31，填充角度为 45，填充比例为 20，对刚才所绘制的矩形区域进行图案填充，如图 9-36 所示。

步骤 24 执行“写块”命令（W），将刚才绘制的门进行写块操作，保存块名称为“M-1-S”。

步骤 25 参照前面绘制“M-1-S”的步骤，来绘制“M-2-S”门，并进行写块操作，门的尺寸如图 9-37 所示。

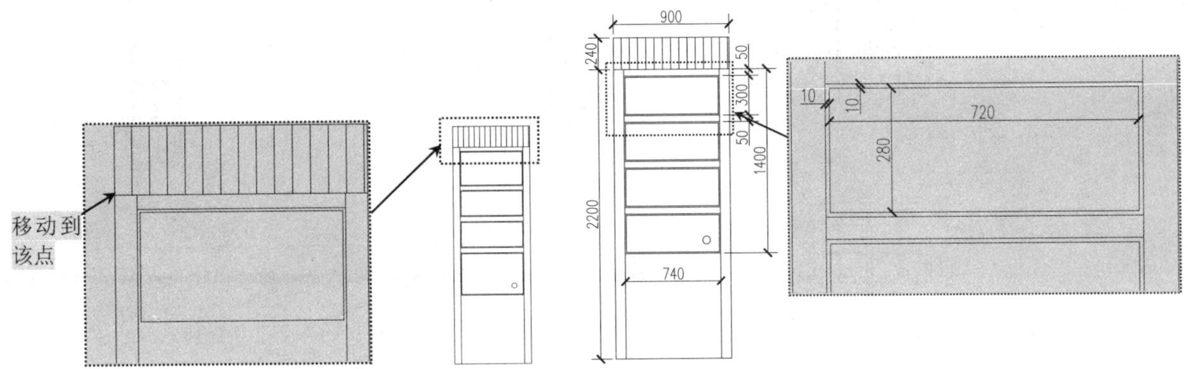

图 9-36　绘制矩形和图案填充

图 9-37　绘制 M-2-S 门

9.1.7　插入门窗图形

步骤 1 在“图层”工具栏的“图层控制”下拉列表框中，将“门窗”图层置为当前层。

步骤 2 执行“插入块”命令（I），插入“C-1-S”窗体图形，如图 9-38 所示插入到指定点；执行“移动”命令（M），将插入的“C-1-S”窗体向上移动 800mm。

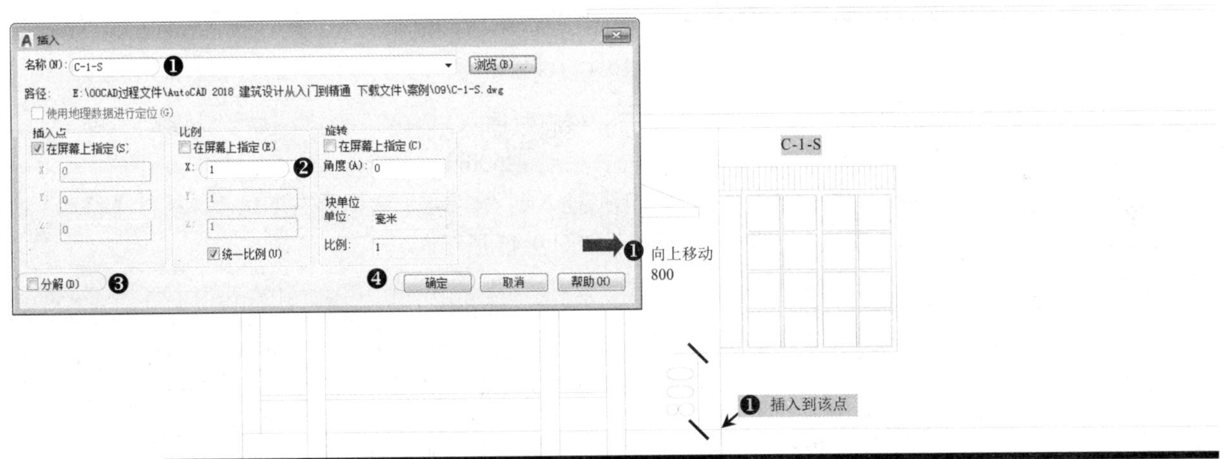

图 9-38　插入 C-1-S 窗体

步骤 3 继续执行“插入块”命令（I），如图 9-39 所示在二楼左侧插入“C-5-S”窗体；然后执行“移动”命令（M），将该窗体向上移动，移动距离为 800mm。

步骤 4 继续执行“插入块”命令（I），插入“C-2-S”窗体图形，如图 9-40 所示插入到指定点；执行“移动”命令（M），将插入的“C-2-S”窗体向上移动 800mm，再向左移动 450mm。

步骤 5 继续执行“插入块”命令（I），插入“C-3-S”窗体图形，如图 9-41 所示插入到指定点；执行“移动”命令（M），将插入的“C-3-S”窗体向上移动 800mm，再向右移动 1260mm。

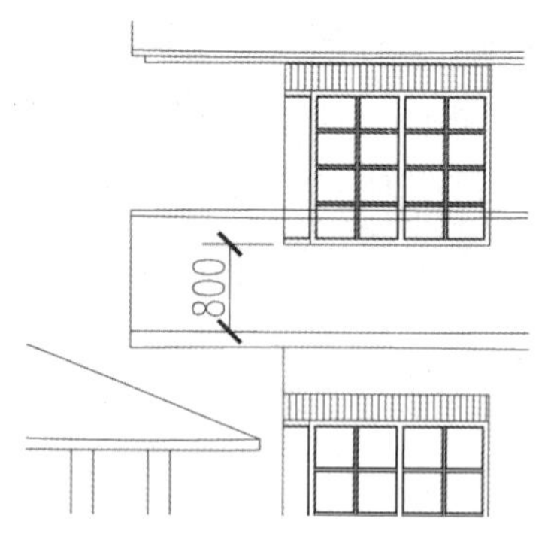

图 9-39　插入 C-5-S 窗体

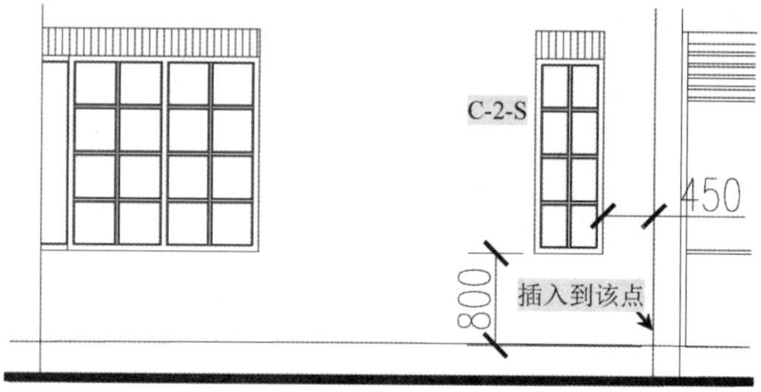

图 9-40　插入 C-2-S 窗体

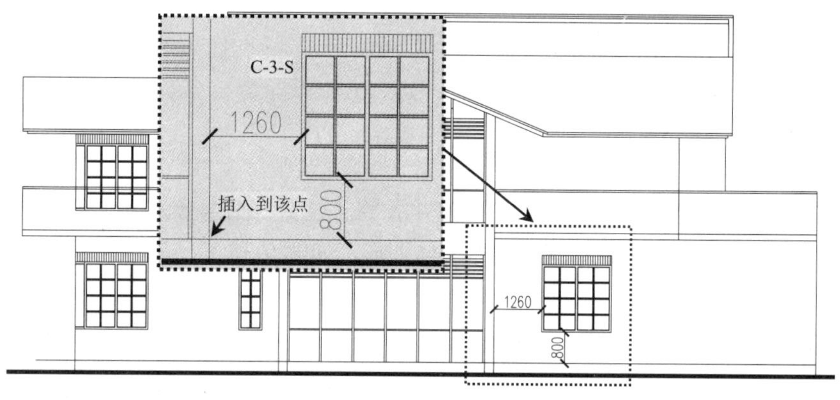

图 9-41　插入 C-3-S 窗体

步骤 6 继续执行“插入块”命令（I），如图 9-42 所示在二楼右侧插入“C-6-S”窗体；执行“移动”命令（M），将所插入的窗体向上移动，移动距离为 800mm，再向右移动 1260mm。

步骤 7 继续执行“插入块”命令（I），将“M-1-S”图形插入到“C-3-S”窗体的右下角点；执行“移动”命令（M），将插入的“M-1-S”窗体向下移动 800mm，如图 9-43 所示。

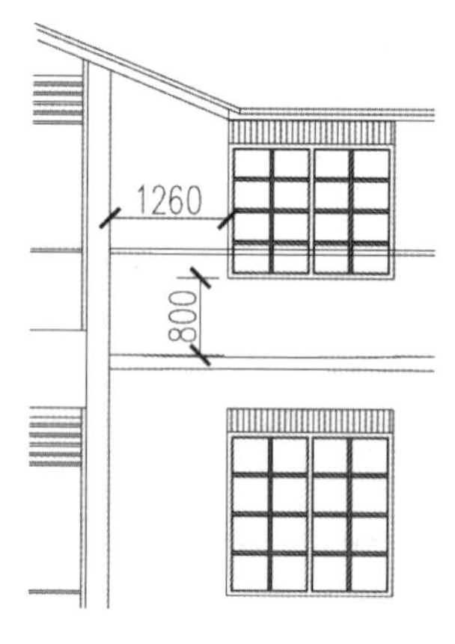

图 9-42　插入 C-6-S 窗体

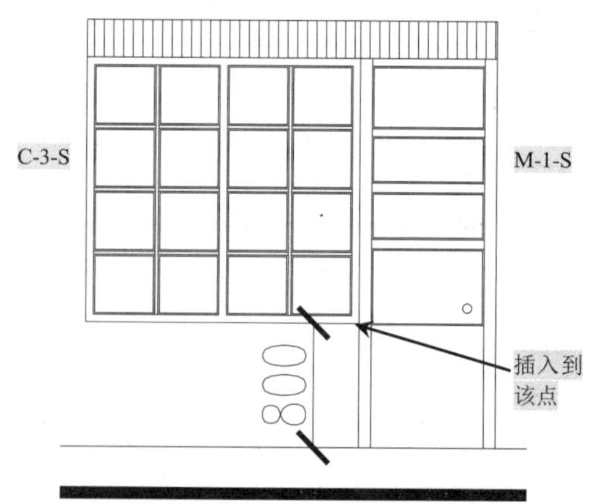

图 9-43　插入 M-1-S 门

步骤 8 继续执行“插入块”命令（I），将“M-2-S”图形插入到二层楼的“C-3-S”窗体的右下角点；然后执行“移动”命令（M），将插入的“M-1-S”窗体向下移动 800mm，如图 9-44 所示。

步骤 9 执行“复制”命令（CO），将“M-2-S”门向左复制，复制距离为 9750mm，如图 9-45 所示。

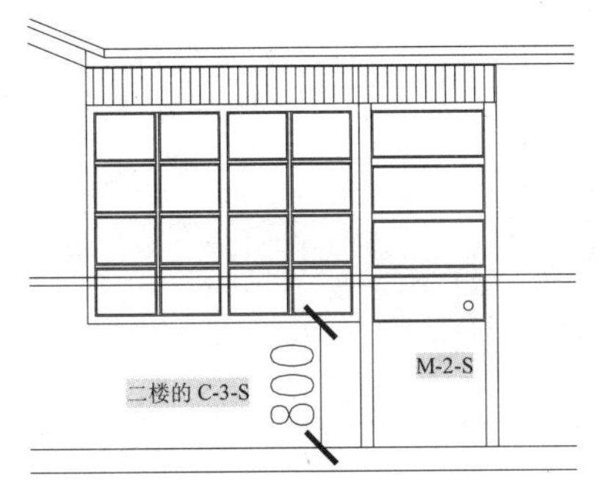

图 9-44　插入 M-2-S 门

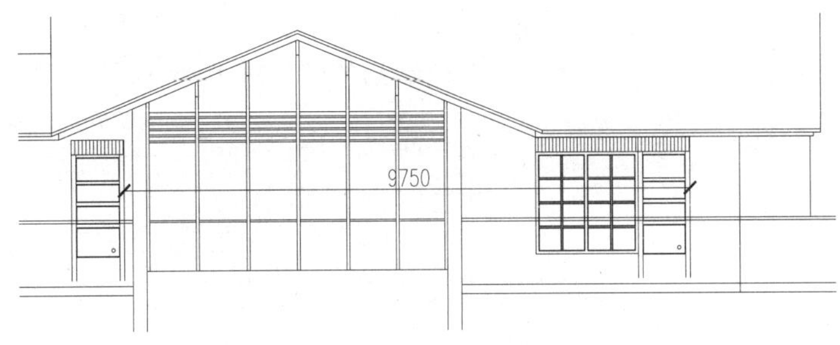

图 9-45　复制门

步骤 10 继续执行“插入块”命令（I），插入“C-4-S”窗体图形，如图 9-46 所示插入到指定的点；然后执行“移动”命令（M），将插入的“C-4-S”窗体向上移动 800mm，再向左移动 1380mm。

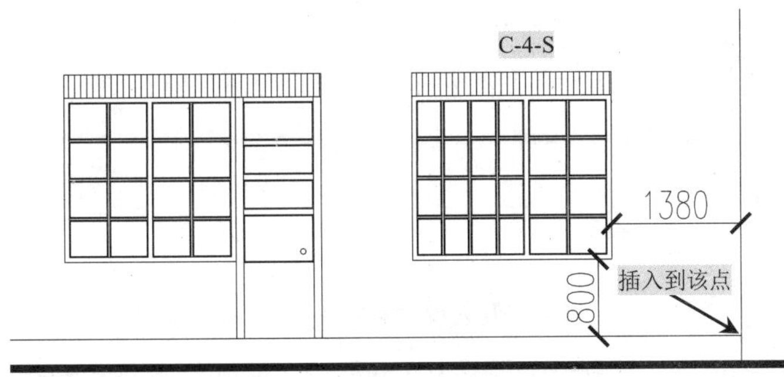

图 9-46　插入 C-4-S 窗体

步骤 11 因为二楼插入的门窗影响到二楼栏杆，所以要对二楼门窗进行修剪。执行“分解”命令（X），对二楼的门窗进行分解；执行“修剪”命令（TR）和“删除”命令（E），对二楼栏杆所遮住的图形进行修剪和删除，再将修剪后的图形转换为“门窗”图层；为了便于操作和管理，执行“编组”命令（G），对二楼修剪后的门窗分别进行编组，如图 9-47 所示。

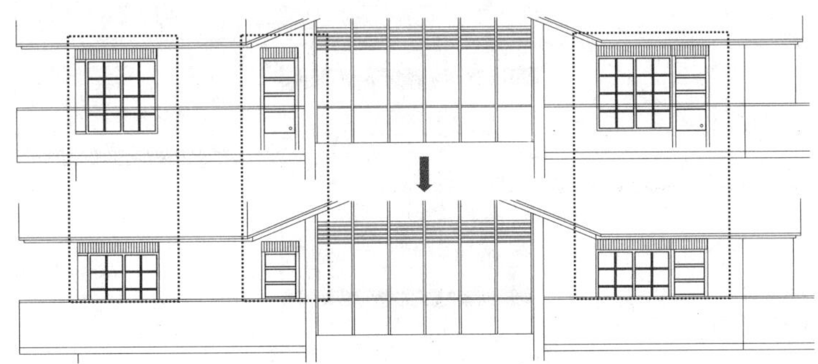

图 9-47　修剪二楼门窗

9.1.8　绘制栏杆

步骤 1 在“图层”工具栏的“图层控制”下拉列表框中，将“栏杆-外”图层置为当前层。

步骤 2 执行“矩形”命令（REC），绘制两个矩形，尺寸分别为 5850mm × 700mm和 14415mm × 700mm；执行“移动”命令（M），将这两个矩形按照如图 9-48 所示的位置移动。

步骤 3 执行“分解”命令（X），将一楼的“M-1-S”进行分解；执行“修剪”命令（TR），对栏杆遮住的凉亭柱子、墙体和门下部分进行修剪，并将修剪后的门“M-1-S”转换为“门窗”图层；为了便于操作和管理，执行“编组”命令（G），将修剪后的门“M-1-S”进行编组，如图 9-48 所示。

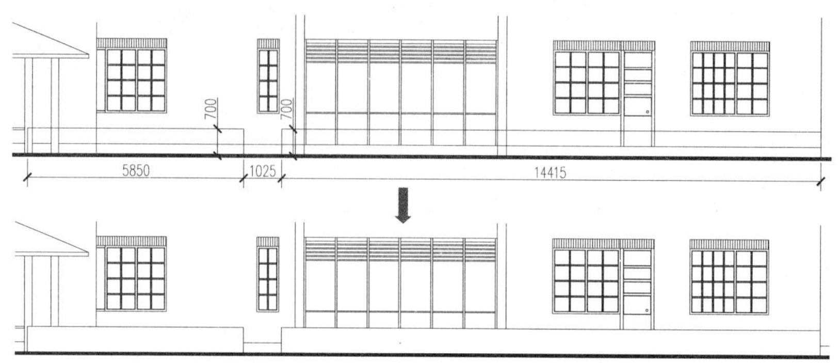

图 9-48 绘制矩形和修剪图形

步骤 4 执行“分解”命令（X），对前面所绘制的两个矩形进行分解操作；执行“偏移”命令（O），按照如图 9-49 所示的尺寸进行偏移相关线段。

图 9-49 偏移线段

步骤 5 执行“矩形”命令（REC），绘制一个尺寸为 250mm×350mm的矩形；执行“移动”命令（M），将该矩形移动到凉亭左侧；执行“复制”命令（CO），将该矩形向左复制 270mm，再向右复制 270mm；执行“修剪”命令（TR），如图 9-50 所示对该部分栏杆进行修剪。

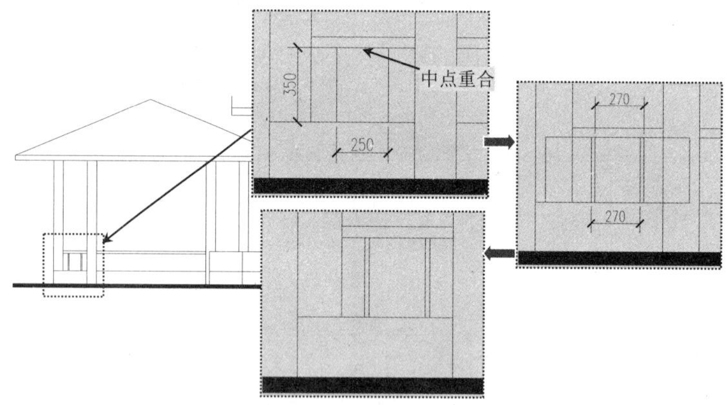

图 9-50 绘制矩形并修剪

步骤 6 参照上面的操作步骤和尺寸，继续绘制剩下的凉亭栏杆，如图 9-51 所示。

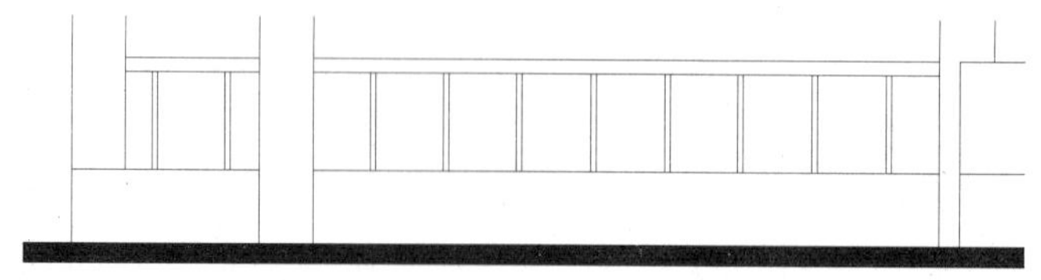

图 9-51 绘制剩下的栏杆

步骤 7 执行“矩形”命令（REC），绘制两个矩形，尺寸分别为 60mm × 460mm和 60mm × 60mm；执行“移动”命令（M），将这两个矩形按照如图 9-52 所示的尺寸移动到二楼栏杆左侧；执行“复制”命令（CO），将这两个矩形向右复制，直到该段栏杆被复制满，复制间距为 500mm。

步骤 8 参照上面的操作步骤和尺寸，继续绘制二楼右侧的栏杆（注意右侧是两段栏杆），如图 9-53 所示。

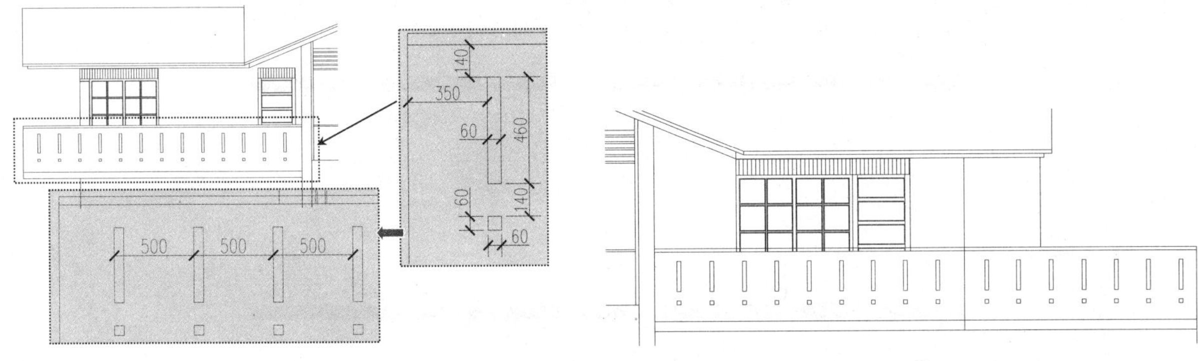

图 9-52 绘制二楼左侧的栏杆

图 9-53 绘制二楼右侧的栏杆

步骤 9 执行“矩形”命令（REC），绘制一个尺寸为 2430mm × 600mm的矩形；执行“移动”命令（M），将该矩形移动到右边如图 9-54 所示的位置。

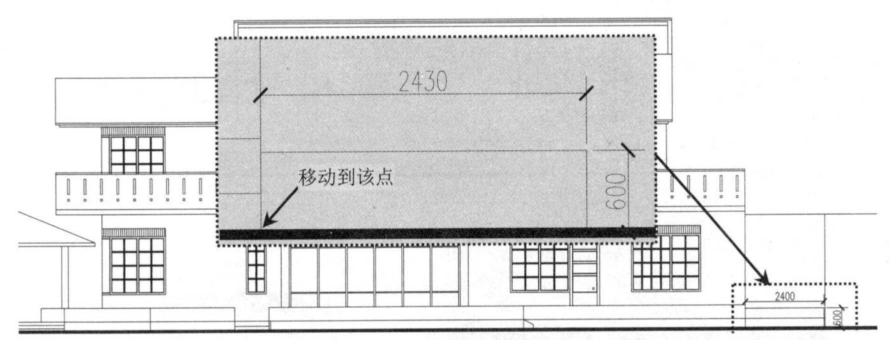

图 9-54 绘制矩形并移动

9.1.9 绘制楼梯

步骤 1 在“图层”工具栏的“图层控制”下拉列表框中，将“楼梯”图层置为当前层。

步骤 2 执行“矩形”命令（REC），绘制两个矩形，尺寸分别为 50mm × 500mm和 3150mm × 100mm；执行“移动”命令（M），将这两个矩形按照如图 9-55 所示的位置移动；再执行“复制”命令（CO），将尺寸为 3150mm × 100mm的矩形向上复制两个，复制间距为 100mm。

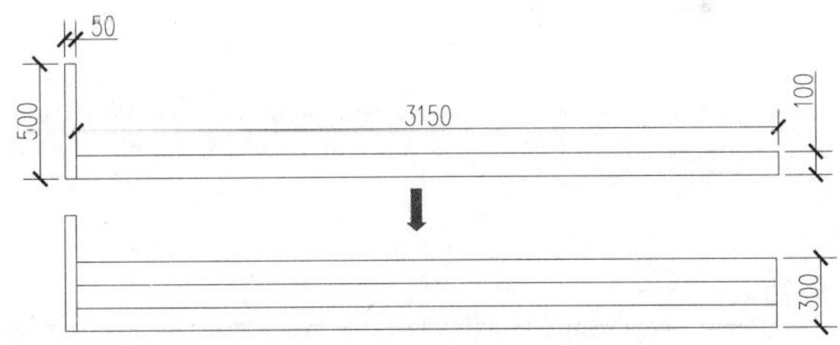

图 9-55 绘制矩形

步骤 3 执行“移动”命令（M），将这几个矩形进行移动，以左下角的点为移动点，移动到如图 9-56 所示的点；执行“修剪”命令（TR），如图中虚线框所示，对图形进行修剪。

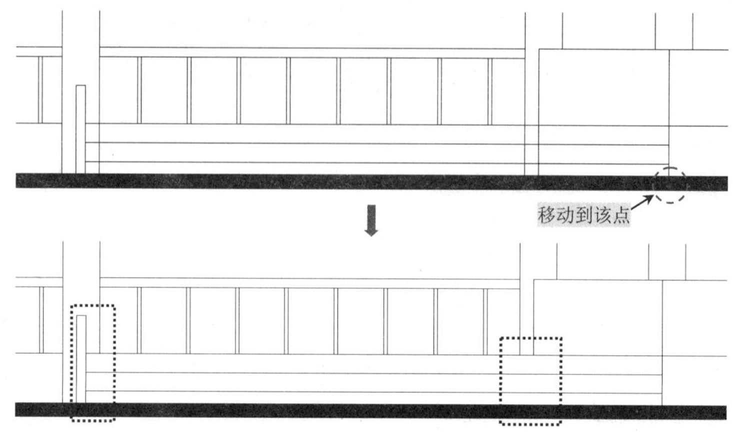

图 9-56　移动并修剪图形

步骤 4 继续执行“矩形”命令（REC）、“直线”命令（L）、“偏移”命令（O）和“移动”命令（M），绘制其他地方的楼梯，如图 9-57 所示。

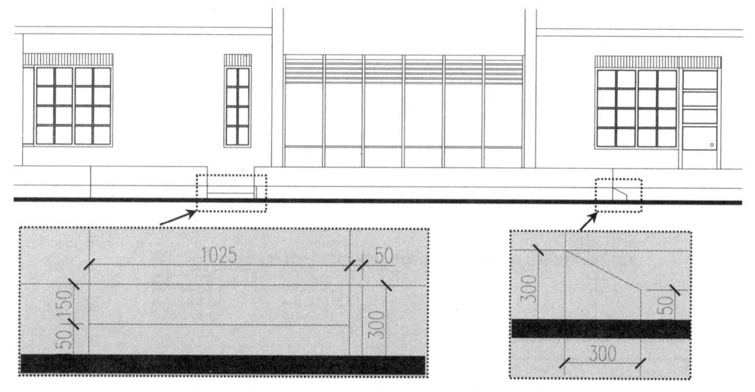

图 9-57　绘制其他地方的楼梯

步骤 5 执行“矩形”命令（REC），绘制两个矩形，尺寸分别为 2200mm×150mm和 220mm×220mm，并将这两个矩形转换为“墙体”图层；执行“移动”命令（M），将这两个矩形按照如图 9-58 所示移动到图形的右边；执行“复制”命令（CO），将移动后尺寸为 220mm×220mm的矩形向右复制，复制 10 个，复制间距为 400mm。

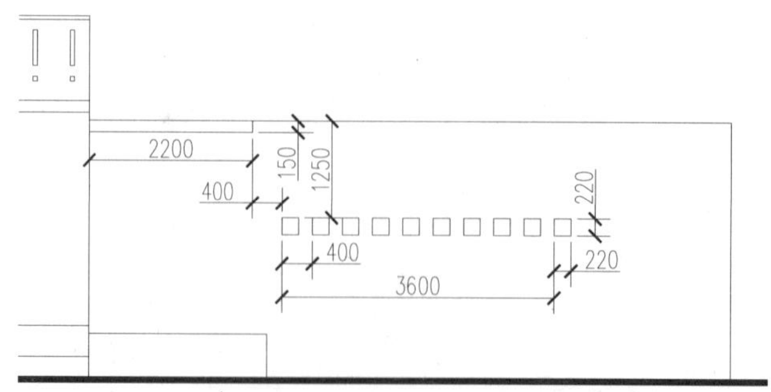

图 9-58　绘制右边的墙体

9.1.10 绘制花坛

步骤 1 在“图层”工具栏的“图层控制”下拉列表框中，将“花坛”图层置为当前层。

步骤 2 执行“矩形”命令（REC），绘制尺寸为 650mm×300mm的矩形；执行“移动”命令（M），将这个矩形按照如图 9-59 所示移动到凉亭楼梯右侧；执行“修剪”命令（TR），对图形进行修剪。

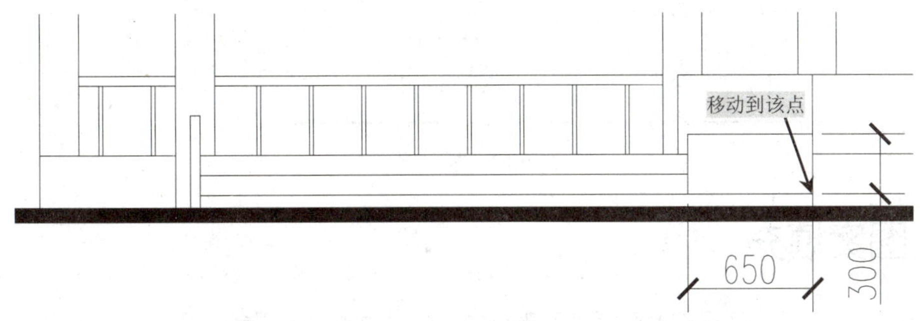

图 9-59 绘制凉亭处花坛

步骤 3 执行“矩形”命令（REC），绘制尺寸为 2430mm×300mm的矩形；执行“移动”命令（M），将这个矩形按照如图 9-60 所示移动到房屋的右侧；执行“分解”命令（X），对矩形进行分解；执行“偏移“命令（O），将矩形右侧的竖直线段向左偏移 1580mm。

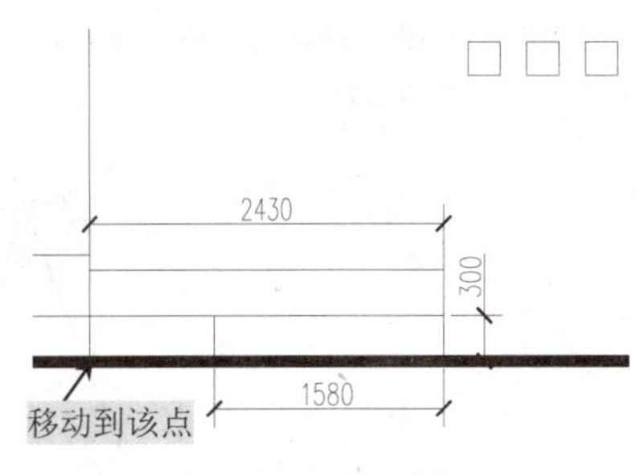

图 9-60 绘制花坛

9.1.11 绘制各种设施

步骤 1 在“图层”工具栏的“图层控制”下拉列表框中，将“设施”图层置为当前层。

步骤 2 执行“矩形”命令（REC），绘制尺寸为 2550mm×700mm的矩形；执行“分解”命令（X），将这个矩形进行分解；执行“偏移”命令（O），按照如图 9-61 所示尺寸偏移相关线条；执行“修剪”命令（TR），对图形进行修剪。

步骤 3 执行“编组”命令（G），对所绘制的图形进行编组操作；执行“移动”命令（M），将编组后的图形按照图 9-61 中所示位置进行移动。

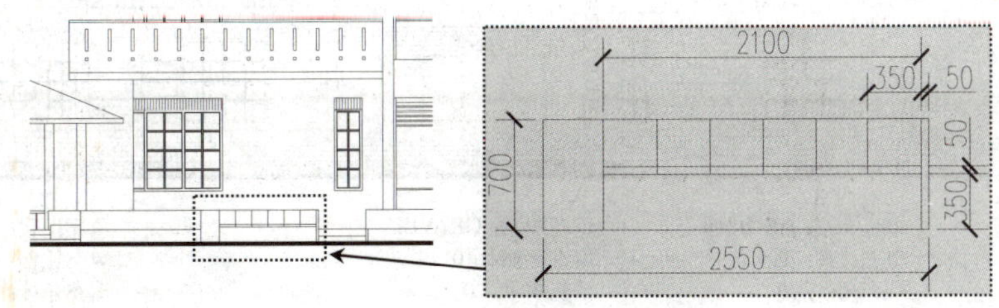

图 9-61 绘制石头座椅

步骤 4 执行“修剪”命令（TR），对该石头座椅遮住的栏杆等图形进行修剪。

步骤 5 执行“插入块”命令（I），选择“结果文件/09/路灯”图形，将“路灯”插入到如图 9-62 所示的位置（三扇门上面和遮雨篷下面）。

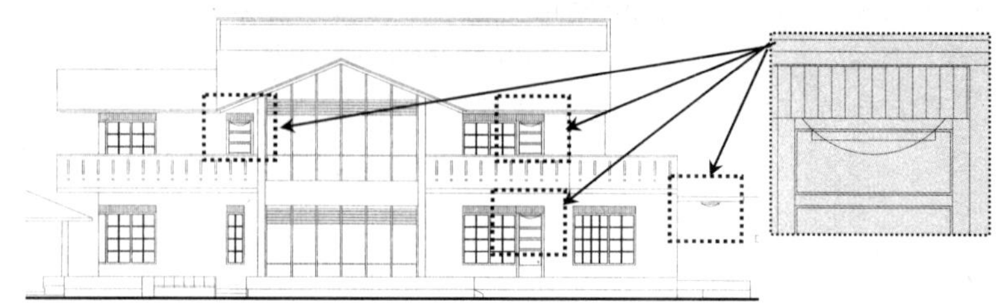

图 9-62　插入路灯

9.1.12 图案填充

步骤 1 在“图层”工具栏的“图层控制”下拉列表框中，将“填充”图层置为当前层。

步骤 2 执行“图案填充”命令（BH），选择屋顶和凉亭屋顶为填充区域，选择填充图案为ANSI31，设置填充比例为 100，对图形进行填充，为了与“别墅屋顶平面图”颜色统一，将刚才填充的图形颜色转换为“青色”，如图 9-63 所示。

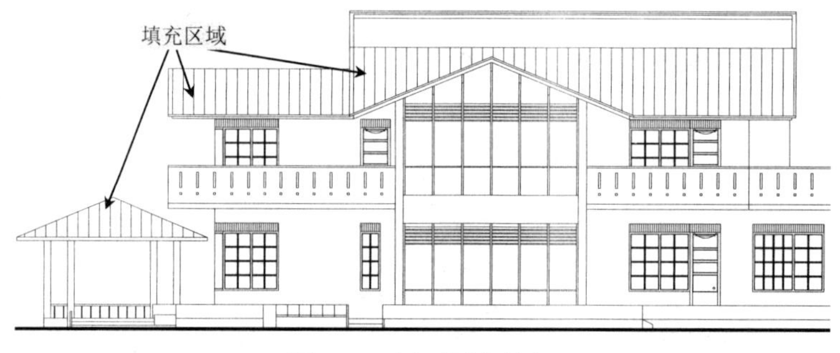

图 9-63　屋顶图案填充

步骤 3 继续执行“图案填充”命令（BH），根据如图 9-64 所示的填充参数填充相关的区域。

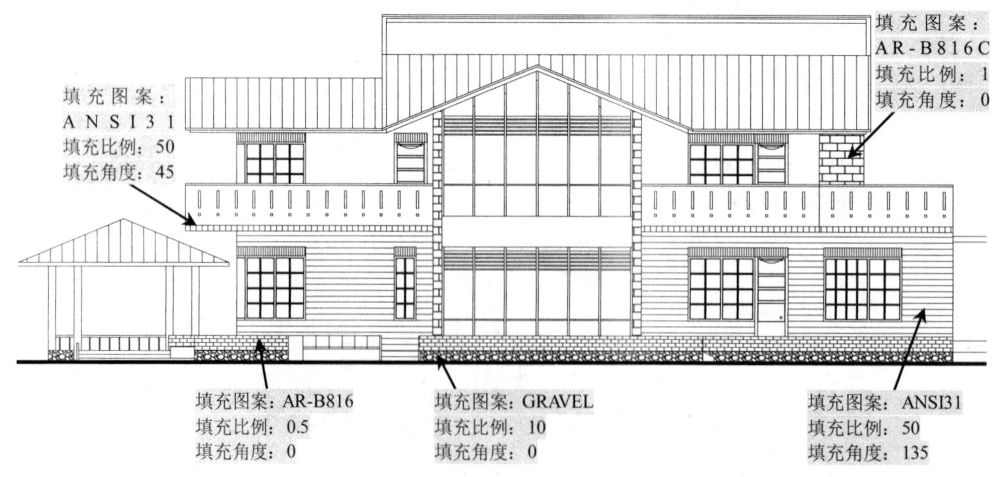

图 9-64　其他地方图案填充

步骤4 在“图层”工具栏的“图层控制”下拉列表框中，将“其他”图层置为当前层。执行“插入块”命令（I），选择“结果文件/09/人物”图形，将“人物”插入到相关位置。

步骤5 在“图层”工具栏的“图层控制”下拉列表框中，将“绿化”图层置为当前层。执行“插入块”命令（I），选择“结果文件/09/树木”图形，将“树木”插入到相关位置，如图 9-65 所示。

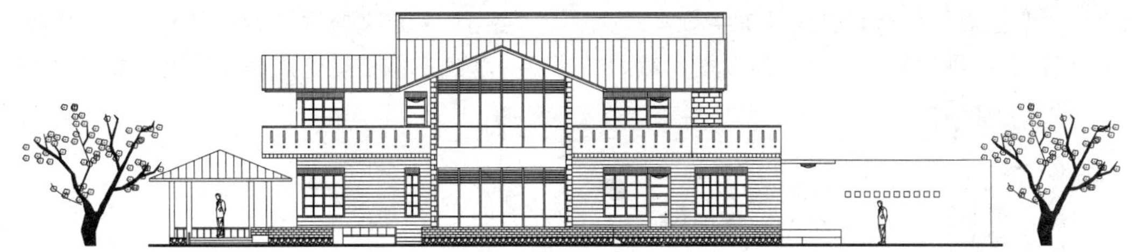

图 9-65　插入人物和树木

9.1.13　尺寸标注

当别墅立面图的相关图形绘制完成后，接下来就是尺寸的标注，即进行文字和定位轴号的标注。

步骤1 单击“图层”工具栏的“图层控制”下拉列表框，选择“尺寸标注”图层为当前层。

步骤2 执行“线性”（DLI）、“连续”（DCO）等相关标注命令，在图形右侧进行相关的高度标注，如图 9-66 所示。

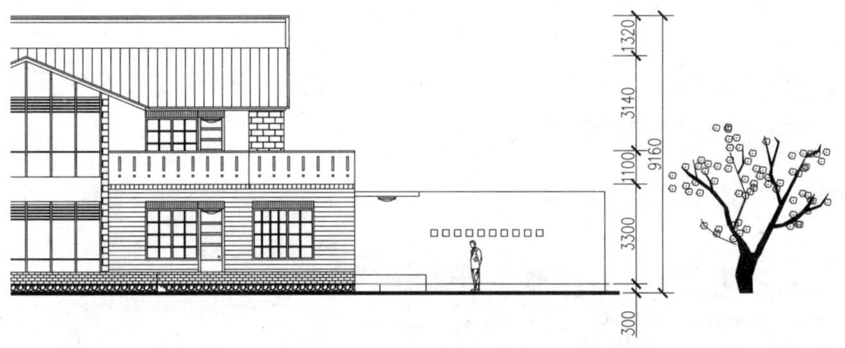

图 9-66　高度标注

9.1.14　对平面图进行标高和文字说明

通过前面的操作，别墅的南立面图已基本绘制完毕，接下来对其标高和文字等进行标注。

1. 标高符号的绘制

步骤1 单击“图层”工具栏的“图层控制”下拉列表框，选择 0 图层为当前层。执行“直线”命令（L），绘制一条长度为 1800mm的水平线段。

步骤2 执行“偏移”命令（O），将水平线段向下偏移 300mm；执行“构造线”命令（XL），绘制一条 45°的构造线；再执行“修剪”命令（TR），对构造线进行修剪。

步骤3 执行“镜像”命令（MI），对 45°斜线段水平镜像；再执行“删除”命令（E），将多余线条进行修剪，从而完成标高符号的绘制，如图 9-67 所示。

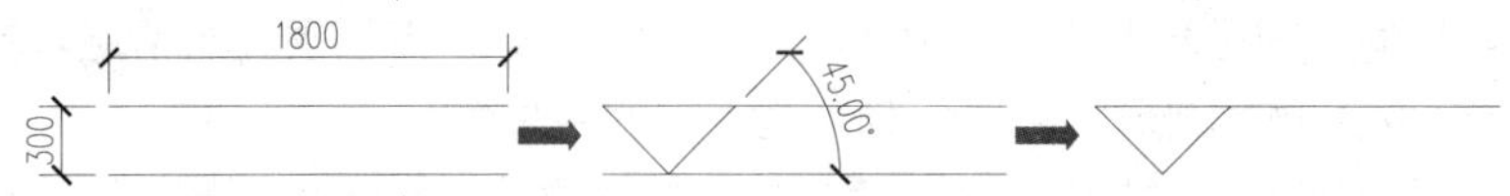

图 9-67　绘制标高符号

步骤 4 在“样式”工具栏中选择“尺寸文字”样式；执行“绘图/块/定义属性”命令（ATT），将弹出“属性定义”对话框，分别进行属性和文字的设置，然后在标高符号的右侧捕捉一点确定位置，如图 9-68 所示。

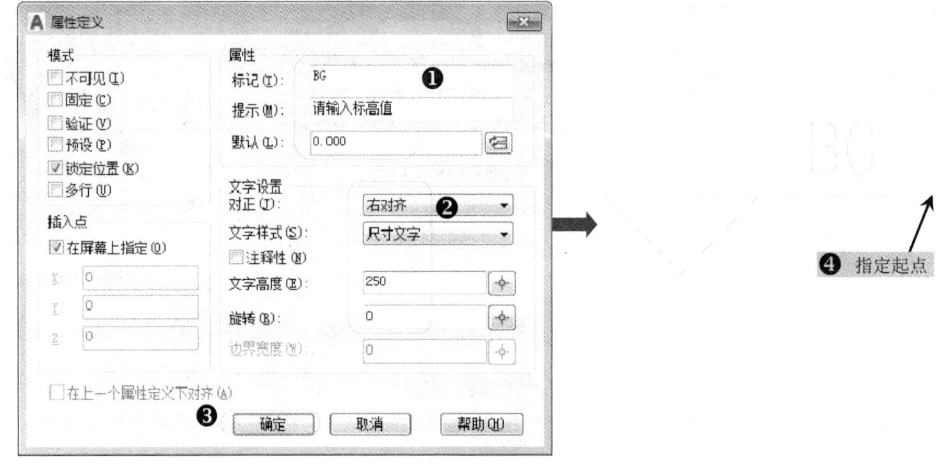

图 9-68　属性定义

步骤 5 执行“写块”命令（W），弹出“写块”对话框，选择整个标高及定义的属性文字对象，再选择标高符号下侧作为基点，再将其命名为“标高.dwg”，然后单击“确定”按钮，如图 9-69 所示。

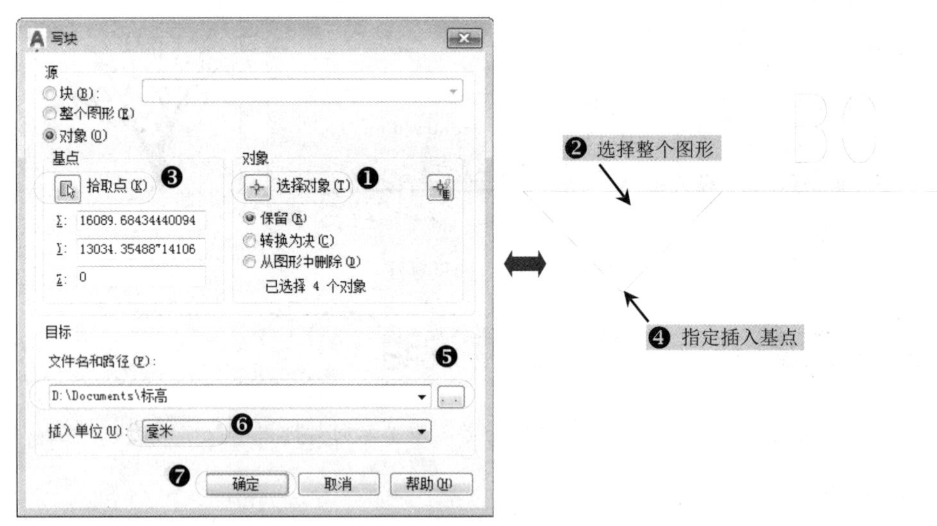

图 9-69　写块

2. 插入标高符号

步骤 1 单击“图层”工具栏的“图层控制”下拉列表框，选择“标高”图层为当前层。

步骤 2 执行“插入块”命令（I），选择“结果文件/09/标高.dwg”图块文件，对相关的高度地方进行标高标注（标高的尺寸请参照该点距一楼室内地面的距离），标注标高后的图形如图 9-70 所示。

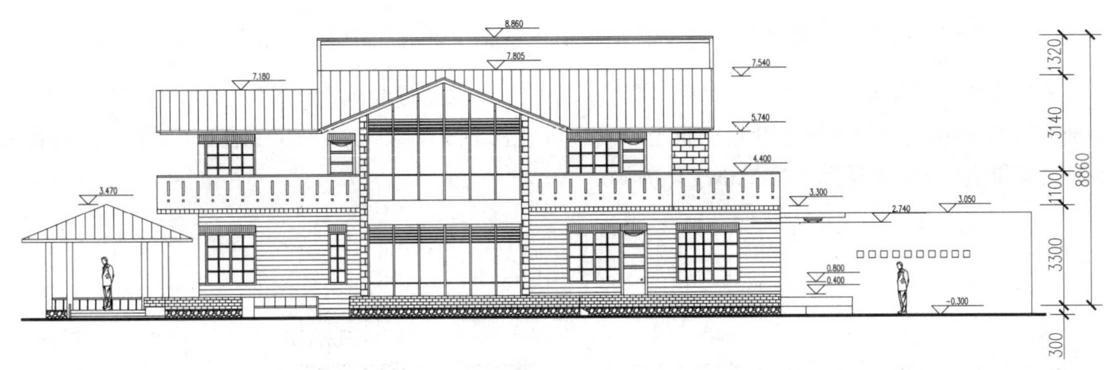

图 9-70　标高操作

3. 绘制图名

步骤 1 单击“图层”工具栏的“图层控制”下拉列表框，选择“文字标注”图层为当前层。

步骤 2 在“样式”工具栏中选择“图名”文字样式，在“文字”工具栏中单击“单行文字”按钮A͟I，设置其对正方式为“居中”，在图形的下侧中间位置输入图名“南立面图”和“1:100”；然后分别选择相应的文字对象，执行“特性”命令（MO），打开“特性”面板，修改相应文字的大小为 2000 和 1000。

步骤 3 执行“多段线”命令（PL），在图名的下侧绘制一条水平线段，指定多段线宽度为 300，如图 9-71 所示。

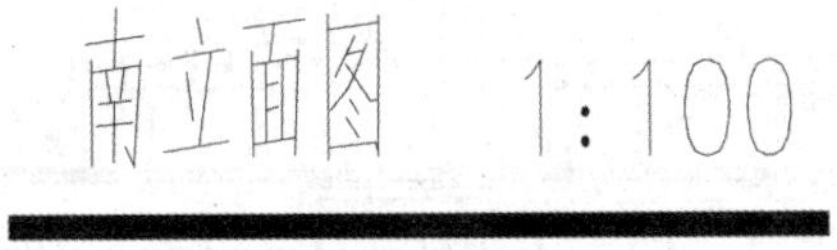

南立面图　1:100

图 9-71　图名标注

提示——精简图层

在使用AutoCAD作图时，经常要调入其他图库文件或复制外部图形，但在使用过程中，随时间的推移乱七八糟的图层会越来越多，这对经常使用图层的人来说却是很烦恼的事情。那么在插入外部图块时就应该注意：

（1）确定自己固定的图层。根据作图需要来命名图层，也有一些公司对图层名称做了规定。总之原则是确保图层的固定性和精简性。确定了固定图层之后，保存下来，作为模板文件以便之后调用。

（2）整理好自己的图库。一般所使用的图库，大多是下载或者从各种信息渠道收集而来的，里面的图块大多是别人收集或建立的。因为图块自身就有图层属性，而别人使用的图层名称又各不相同，所以当调用时，也把图块的图层属性复制过来了。因此，应在插入图块之前对源图块进行分解（完全分解），然后根据需要对这个图块的线条进行图层转换，再保存为块。

9.2 绘制别墅其他立面图

打开“建筑立面图.dwt”格式样板文件，调用其绘图环境，然后将其另存为别墅北立面图，便于该层立面图的绘制。

步骤 1 执行“文件/打开”菜单命令，将“结果文件/09/建筑立面图.dwt”文件打开。

步骤 2 再执行“文件/另存为”菜单命令，将文件另存为“结果文件/09/别墅北立面图.dwg”文件。

接下来的绘图可以参照“别墅南立面图”的绘制方法与步骤进行绘制，所绘制的“别墅北立面图”最终效果如图 9-72 所示(结果文件/09/别墅北立面图.dwg)。其他立面图如图 9-73(结果文件/09/别墅东立面图.dwg)和图 9-74（结果文件/09/别墅西立面图.dwg）所示。

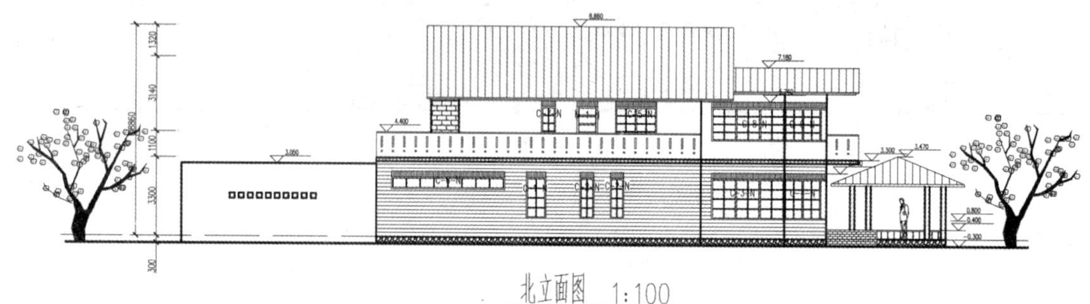

图 9-72 别墅北立面图

图 9-73 别墅东立面图

图 9-74 别墅西立面图

第 10 章 别墅剖面图的绘制

建筑剖面图是建筑设计过程中的一个基本组成部分，是反映建筑物内部竖直方向剖切面情况的图纸。它主要用来表示房屋内部的分层、形式、构造方式、材料、做法、各部位间的联系及高度情况。在施工过程中，建筑剖面是进行分层、砌筑内墙、铺设楼板和内部装修等工作的依据，与建筑平面图、立面图相互配合，表示房屋的全局，它是房屋施工图中最基本的图样。

在本章的别墅剖面图学习中，首先绘制该别墅的 1-1 剖面图，来引导用户掌握绘制建筑剖面图的基本步骤及方法，然后将该别墅的 2-2 剖面图的最终效果给出，让用户自行去按照 1-1 剖面图的绘制方法去绘制，从而让用户更加牢固地掌握建筑剖面图的绘制。

学习目标

- 剖面图绘图环境的设置及辅助图形的插入
- 剖面图地坪线、屋顶、剖面墙体的绘制
- 剖面图楼板、门窗、楼梯、室内栏杆的绘制
- 剖面图的图案填充、标高标注、尺寸标注、图名标注
- 别墅 2-2 剖面图的效果预览

10.1 别墅 1-1 剖面图的实例分析与效果

因为绘制建筑剖面图是一个参照建筑平面图和建筑立面图来绘图的过程，所以在绘制别墅 1-1 剖面图时，首先插入第 8 章别墅平面图和第 9 章立面图来作为尺寸参照依据，这样绘制的剖面图才能准确，最终效果如图 10-1 所示。

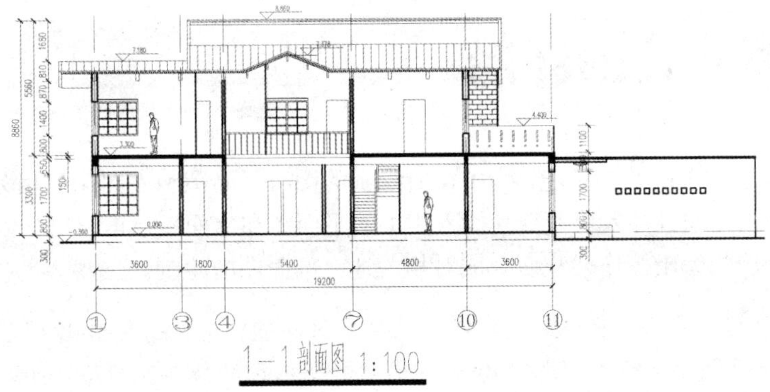

图 10-1　1-1 剖面图效果

10.2 剖面图绘图环境的设置

与绘制建筑平面图、立面图一样，在绘制剖面图之前，首先应设置绘图环境，包括设置图形界限与单位、图层、文字和标注样式等。

由前面的图可知：该别墅的剖面图由轴线、门窗、墙体、楼梯、设施、文本标注、尺寸标注等元素组成，因此，要绘制该剖面图，需要在原有的基础上新建如表 10-1 所示的图层。

表 10-1 图层设置

序号	图层名	线宽	线型	颜色	打印属性
1	楼板	默认	实线（CONTINUOUS）	244 色	打印
2	轴线编号	默认	实线（CONTINUOUS）	绿色	打印

别墅剖面图绘制的绘图环境设置，请参照第 8 章相应章节，设置完成后将文件另存为“结果文件/10/建筑剖面图.dwt”样板文件。

提示——建筑剖面图的形成

剖面图是与平面图、立面图互相配合不可缺少的重要图样之一。假想用一个铅垂切平面，选择能反映全貌、构造特征及有代表性的部位剖切，按正投影法绘制的图形称为剖面图，如图 10-2 所示。

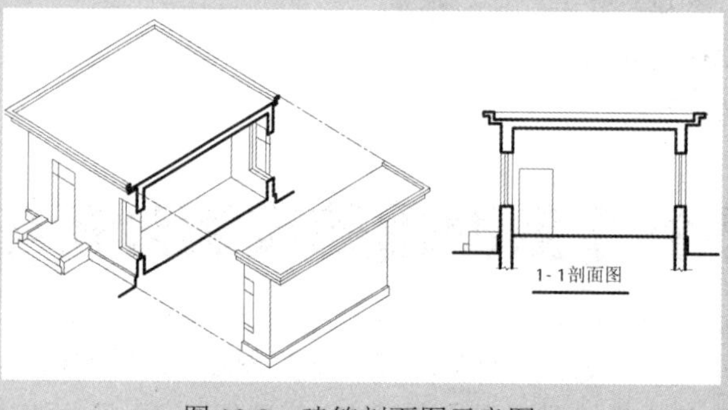

图 10-2 建筑剖面图示意图

10.3 插入辅助图形

在前面已经设置好了相关的绘图环境，为了让所绘制的图与平面图和立面图的相关特征项对应，且能快速绘制图形，在这里可以先通过插入块命令来插入相关的平面图和立面图，再根据平面图的墙体结构，投影相关线段，然后进行相应的编辑操作，从而完成对相关地方剖面图的绘制。

步骤 1 执行“文件/打开”菜单命令，将“结果文件/10”文件夹下的“建筑剖面图.dwt”文件打开；再执行“文件/另存为”菜单命令，选择保存文件类型为“*.dwg”格式，将其保存为“结果文件/10/别墅建筑 1-1 剖面图.dwg”文件。

提示——修改图块

在很多时候，当我们插入块或更新图纸版本之后，发现有的图块需要修改，而普通方法又修改不了图块，就只有将其分解，修改后再合并重定义成块，其实没有这个必要。只需要执行“修改块”命令（refedit），按提示操作；修改好图块之后，执行refclose命令，确定并保存，则原先的图块在修改之后也随之保存。

步骤 2 在“图层”工具栏的“图层控制”下拉列表框中，将0图层置为当前层。

步骤 3 执行“插入块”命令（I），分别插入“结果文件/08/别墅底层平面图.dwg”和“结果文件/09/别墅南立面图.dwg”文件。

步骤 4 执行“移动”命令（M），将底层平面图移动到准备绘图的区域的正上方，再将南立面图移动到准备绘图的区域的左边。

步骤 5 执行“格式/图层”菜单命令，将“尺寸标注”“楼梯”“绿化”“散水”“设施”“文字标注”“轴线”和“轴线编号”等图层关闭，如图10-3所示。

状.	名称	开	冻结	锁..	线宽	线型	透明度	颜色	打印...	打.	新
	标高				—— 默认	Continuous	0	黄	Color_2		
	尺寸标注				—— 默认	Continuous	0	蓝	Color_5		
	楼梯				—— 默认	Continuous	0	140	Colo...		
	绿化				—— 默认	Continuous	0	绿	Color_3		
	其他				—— 默认	Continuous	0	8	Color_8		
	散水				—— 默认	Continuous	0	洋红	Color_6		
	设施				—— 默认	Continuous	0	200	Colo...		
	文字标注				—— 默认	Continuous	0	白	Color_7		
	轴线				—— 默认	ACAD_ISO04W100	0	红	Color_1		
	轴线编号				—— 默认	Continuous	0	绿	Color_3		

关闭图层

图10-3 关闭图层

步骤 6 执行“分解”命令（X），将左边的“别墅南立面图”进行分解；执行“复制”命令（CO），将“别墅南立面图”分解后显示的图形复制到右边，与上面的“别墅底层平面图”对齐，如图10-4所示。

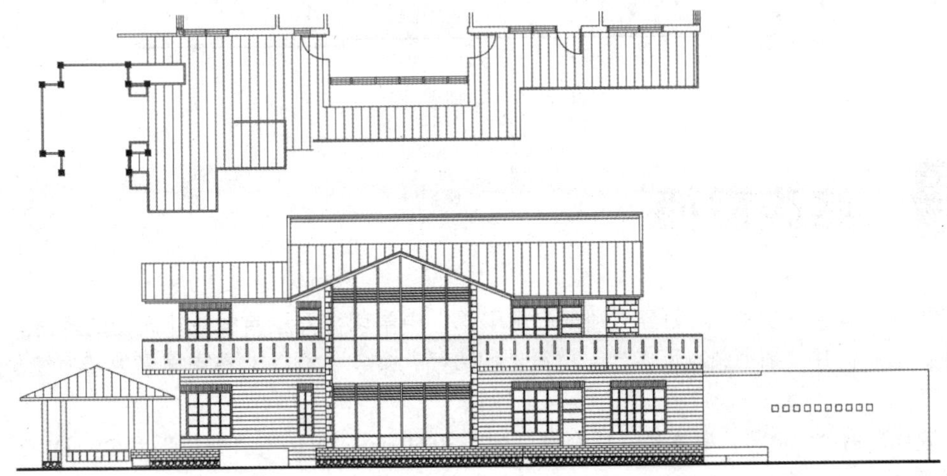

图10-4 复制图形

10.4 绘制地坪线

现在已经关闭了其他暂时不需要的图层，接下来就根据其底层平面图相应的剖切位置来确定没有在视图内的图形，然后将其删除。

步骤 1 根据“别墅底层平面图”中“1-1”剖切位置与视图方向可以确定：凉亭、休闲走廊和前面的玻璃等都没有在视图内。

步骤 2 利用“修剪”命令（TR）、“删除”命令（E）、“延伸”命令（EX）和“合并”（J）命令对图形进行修剪和删除，修剪后的图形如图 10-5 所示。

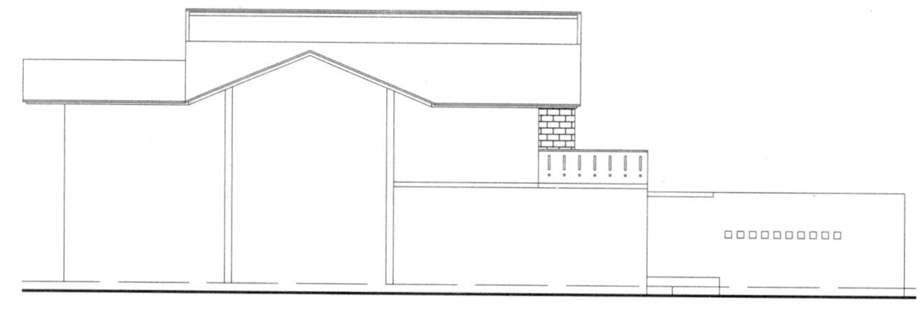

图 10-5 修剪图形

步骤 3 在“图层”工具栏的“图层控制”下拉列表框中，将“地坪线”图层置为当前层。

步骤 4 执行“直线”命令（L），在图形的下方根据相关的点，绘制该剖面图的地坪线；然后执行“修剪”命令（TR），对地坪线进行修剪，修剪后的效果如图 10-6 所示。

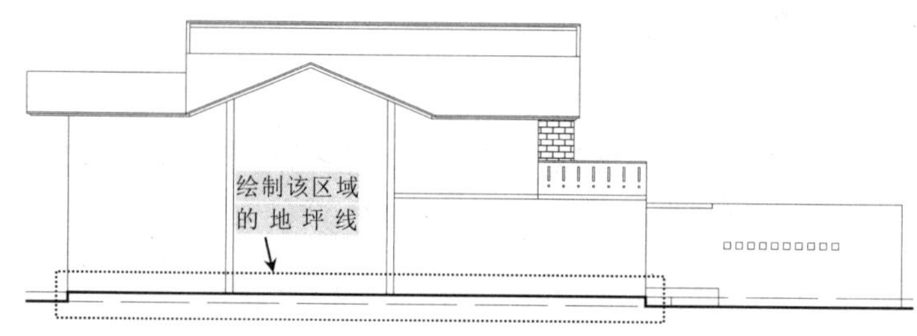

图 10-6 绘制地坪线

10.5 修改屋顶

步骤 1 执行“线性”命令（DLI），测量“别墅底层平面”中剖切符号与南面最外面墙的距离，测得水平距离为 3669mm；然后打开“别墅东立面图”，执行“构造线”命令（XL），在南面最外墙处绘制一条竖直的构造线。

步骤 2 执行“偏移”命令（O），将该构造线向屋内偏移 3669mm；再执行“线性”命令（DLI），测量剖切后屋顶的高度尺寸，测得高度为 6970mm。

步骤 3 执行“偏移”命令（O），将地坪线上的轴线向上偏移 6970mm，如图 10-7 所示。

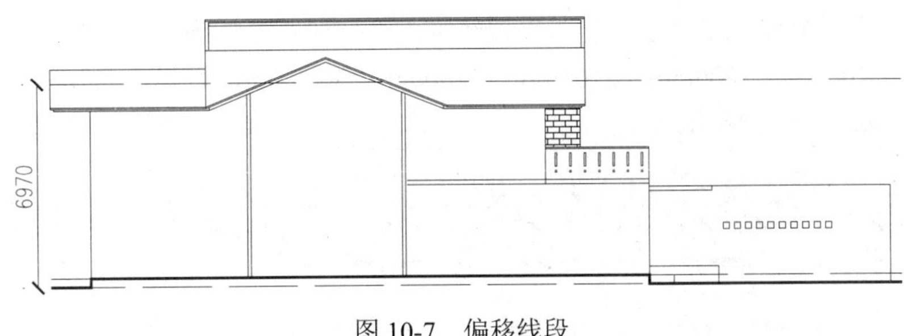

图 10-7　偏移线段

步骤 4 执行“复制”命令（O），将屋顶左下边和右下边属于屋顶的水平线段和竖直线段复制到刚才偏移的线段上，如图 10-8 所示。

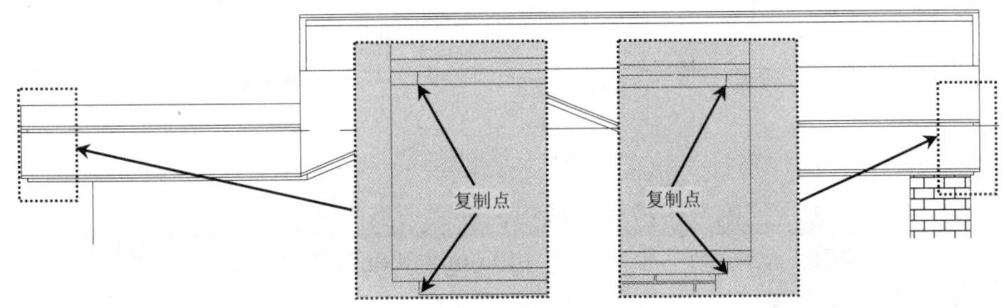

图 10-8　复制图形

步骤 5 执行“延伸”命令（EX）、“修剪”命令（TR）和“删除”命令，对复制后的屋顶进行修剪，这时，右边的墙上图案填充也已经空出一部分，因此也一并删除，如图 10-9 所示。

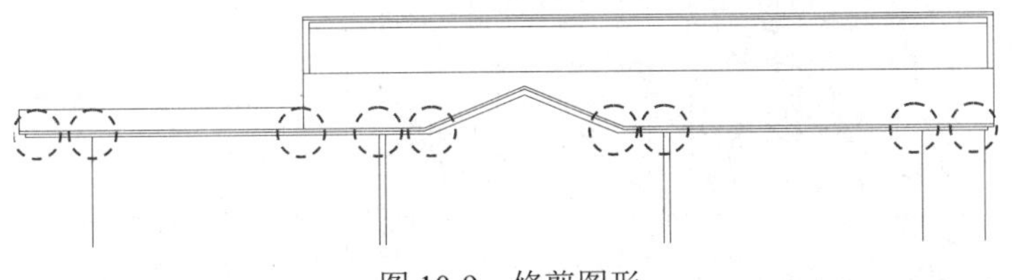

图 10-9　修剪图形

步骤 6 这里对前面的屋顶已经做好了相关修剪，但是修剪后的屋顶图形是否能遮住屋顶后面的屋檐图形，需要再次测量相关立面图屋顶的高度。打开“别墅西立面图”，执行“线性”命令（DLI），测量该剖面图中所对应的屋顶后面的屋檐高度尺寸，测得该剖面图左边屋顶后面的屋檐高度为 6366.5mm，测得该剖面图右边屋顶后面的屋檐高度为 6046.4mm。

步骤 7 执行“偏移”命令（O），将地坪线上的轴线分别向上偏移 6366.5mm和 6046.4mm；执行“复制”命令（CO），将屋檐相关的线段复制到所偏移的轴线上；执行“延伸”命令（EX）和“修剪”命令（TR），对复制后的屋顶后面的屋檐图形进行修剪，修剪后的图形如图 10-10 所示。

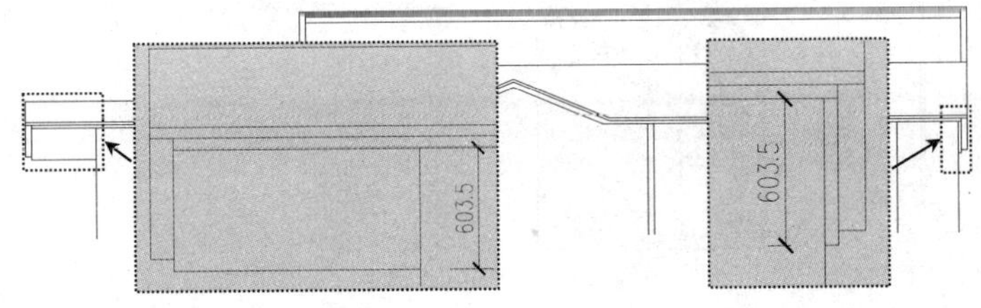

图 10-10　绘制屋顶后面图形

步骤 8 执行“偏移”命令（O），将最左边的竖直墙体线段向右分别进行偏移，偏移距离为 120mm、1800mm、1800mm、1800mm、4200mm、1200mm、2100mm、2700mm、3600mm，并将它们转换为“虚线”图层，表示室内的相关轴线，如图 10-11 所示。

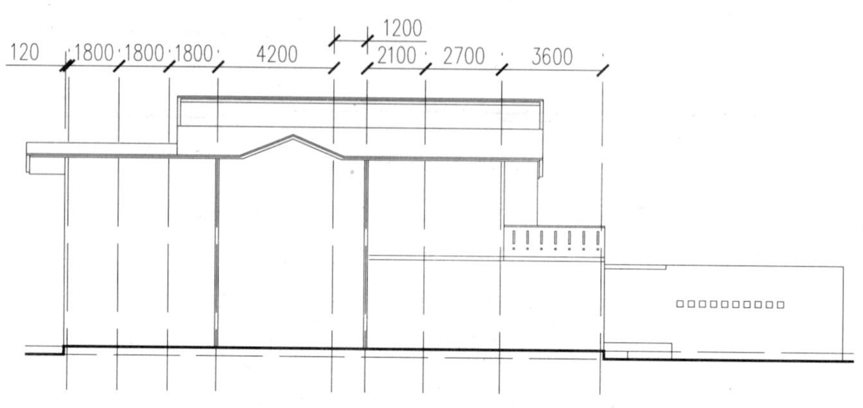

图 10-11　绘制轴线

步骤 9 在“图层”工具栏的“图层控制”下拉列表框中，将“填充”图层置为当前层。

步骤 10 执行“矩形”命令（REC），绘制一个尺寸为 140mm×300mm的矩形；执行“移动”命令（M），将该矩形移动如图 10-12 所示的位置。

步骤 11 执行“复制”命令（CO），将矩形按照如图 10-12 所示的尺寸进行复制；为了与屋顶颜色保持一致，将刚才绘制的矩形的颜色更改为“青色”；执行“修剪”命令（TR），对被矩形遮挡住的墙体进行修剪。

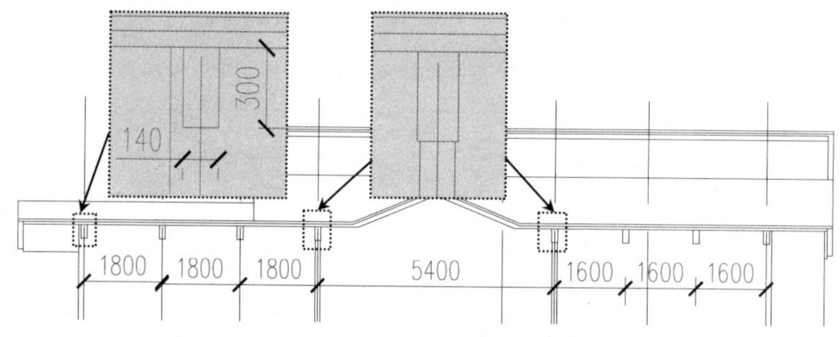

图 10-12　绘制屋顶后面图形

步骤 12 执行“复制”命令（CO），选中左边分解后的“别墅南立面图”原始图中前面大窗的 5 组最长的竖直线段和 5 条最短的水平线段，然后利用相同的参照点为复制点，复制到该剖面图中，如图 10-13 所示。

步骤 13 执行“修剪”命令（TR），对刚才复制的图形进行修剪，修剪后的图形如图 10-14 所示。

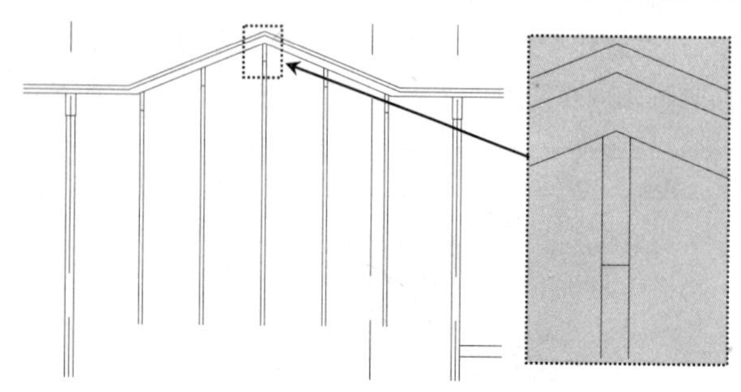

图 10-13　复制相关线段

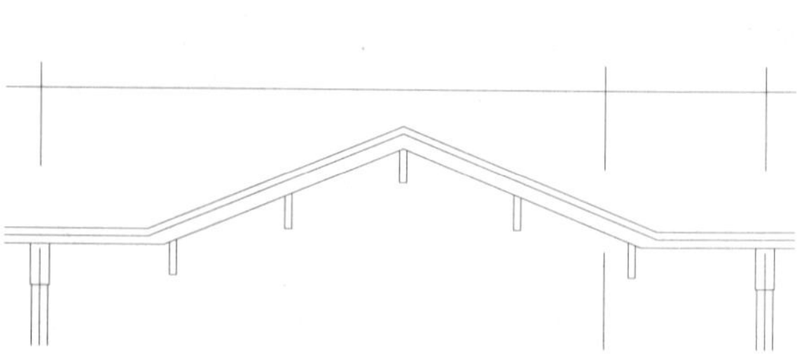

图 10-14　修剪图形

10.6 绘制剖面墙体

步骤 1 在“图层”工具栏的“图层控制”下拉列表框中，将“墙体”图层置为当前层。

步骤 2 执行“偏移”命令（O），依照“别墅底层平面图”中相关的剖切位置和剖切位置上相关墙体的厚度尺寸来偏移所对应墙体上的轴线，并将偏移后的轴线转换为“墙体”图层；再执行“修剪”命令（TR），对偏移后的剖切位置上的墙体图形进行修剪，修剪后的图形如图 10-15 所示。

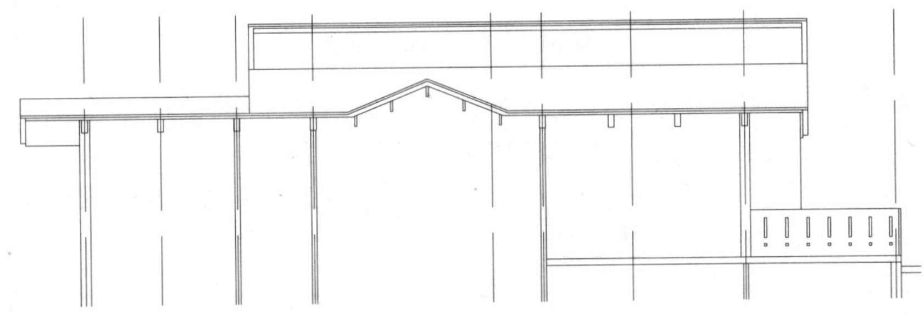

图 10-15 绘制墙体

步骤 3 现在绘制没有被剖切但能看到的室内墙体线段，继续执行“偏移”命令（O），按照如图 10-16 所示的尺寸继续偏移相关的轴线，将偏移后的轴线转换为“墙体”图层；然后执行“修剪”命令（TR），对图形进行修剪。

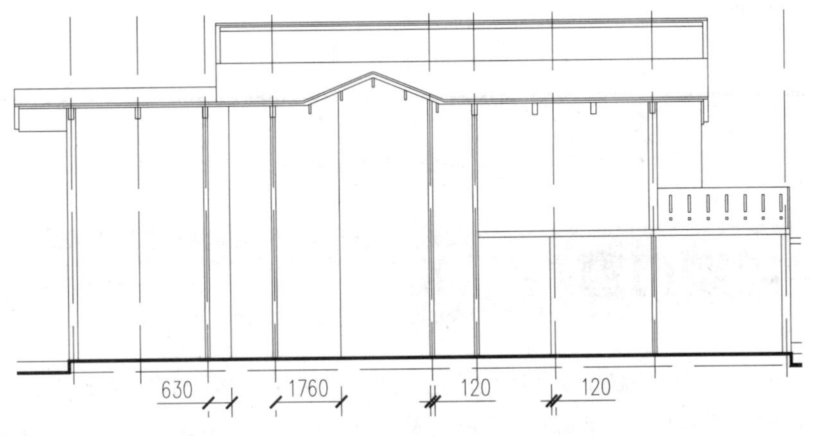

图 10-16 修剪墙体

10.7 绘制楼板

步骤 1 在“图层”工具栏的“图层控制”下拉列表框中，将“楼板”图层置为当前层。

步骤 2 执行“延伸”命令（EX），将图形右边的二楼楼板延伸到左边外墙的墙面，并将它们转换为“楼板”图层；执行“偏移”命令（O），将最下面的楼板线段向下偏移 300mm，表示过梁；执行“修剪”命令（TR），对楼板图形进行修剪，如图 10-17 所示。

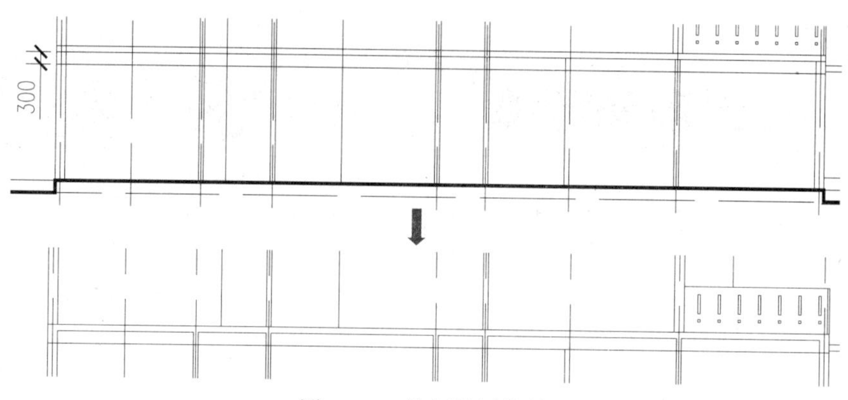

图 10-17　绘制楼板线段

步骤 3 执行“图案填充”命令（BH），依照如图 10-18 所示选择楼板的相关区域，选择填充图案为“SOLID”，对图形进行填充（注意二楼中间一段是空的，剖切符号并没有剖切到它，因此不用填充）；重复执行“图案填充”命令（BH），选择图形右边二楼户外栏杆的剖切部分，选择填充图案为“SOLID”，选择填充图层为“栏杆-外”，对该栏杆图形区域进行填充。

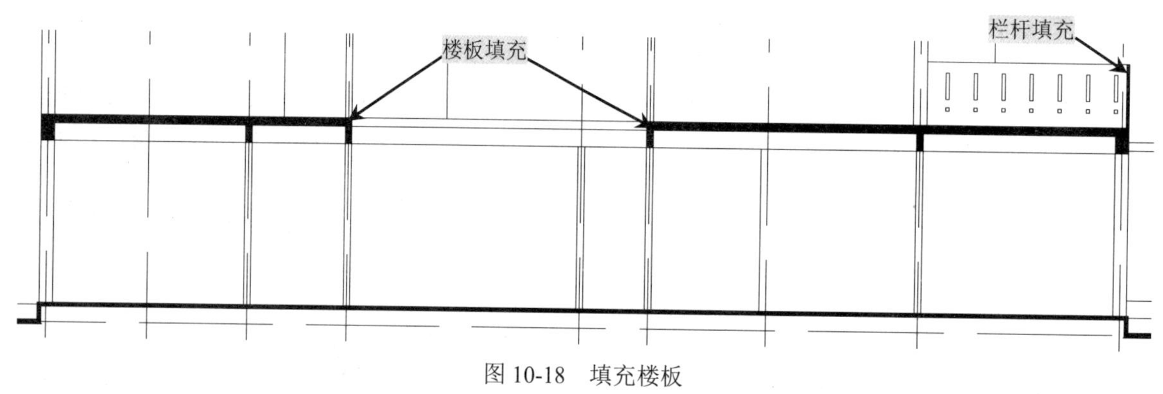

图 10-18　填充楼板

10.8 绘制门窗

和建筑平面图一样，剖切图中被剖切到的门窗也要开启门窗洞，然后利用“多线”命令来绘制被剖切的窗体。在该剖面图中，由于图形的左边剖切之后能看到窗在室内的形状，因此，也要绘制该窗的室内相关尺寸。

这里仍然向绘制立面图中的窗一样，先绘制窗的图形，再利用“写块”命令将其写块，最后将其插入到图中。而室内的门，因为在建筑立面图中已经将形状表达出来了，所以可以用矩形代替。

10.8.1 开启门窗洞口

步骤 1 在“图层”工具栏的“图层控制”下拉列表框中，将“门窗”图层置为当前层。执行“偏移”命令（O），将地坪线上的轴线向上偏移，偏移距离为 1100mm、2800mm、4400mm、5800mm，如图 10-19 所示。

步骤 2 执行“修剪”命令（TR），根据“别墅底层平面图”中相关的剖切位置来开启被剖切到的窗洞，所开启的窗洞效果如图 10-20 所示的虚线框。

步骤3 执行“格式/多线样式”菜单命令，弹出“多线样式”对话框，单击“新建”按钮，弹出“创建新的多线样式”对话框；在“新样式名”文本框中输入C240，单击“继续”按钮，弹出“新建多线样式”对话框。

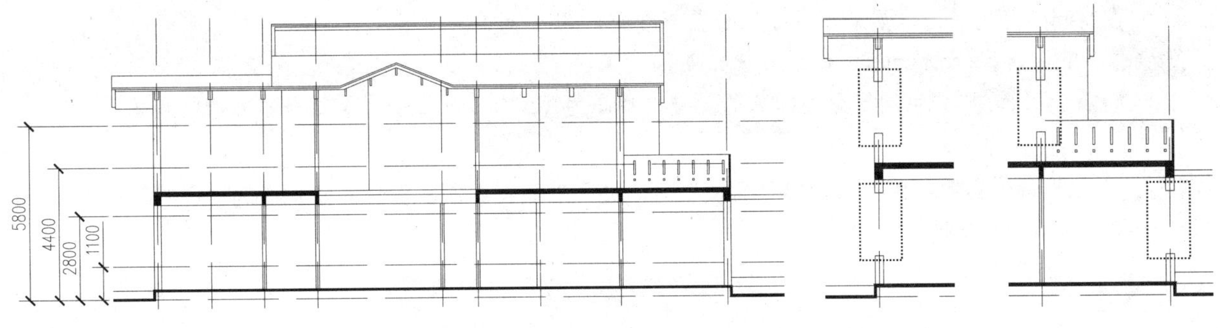

图 10-19 偏移线段

图 10-20 开启的窗洞效果

步骤4 在“说明”文本框中输入“240mm墙的窗”；在“封口”选项组的“直线”选项中勾选中“起点”和“端点”两个复选框；在“图元”选项组中单击偏移为 0.5 的选项，在下方的“偏移”文本框中输入 40。

步骤5 同样，将偏移为–0.5 选项的“偏移”值更改为–40；再单击“添加”按钮，在下方的“偏移”文本框中输入 120；同样再添加一个“–120”的图元选项。

步骤6 单击“确定”按钮，返回“多线样式”对话框；单击“置为当前”按钮，再单击“确定”按钮，如图 10-21 所示。

步骤7 执行“多线”命令（ML），选择“样式”选项（ST），设置样式名为C240；再选择“比例”选项（S），输入多线比例为 1；再选择“对正”选项（J）和“无”选项（Z），将“对正方式”定义为Z；按F8 键切换到“正交”模式，依次捕捉开启窗洞后上下两端的水平线段的中点，绘制C240 窗剖切图，如图 10-22 所示。

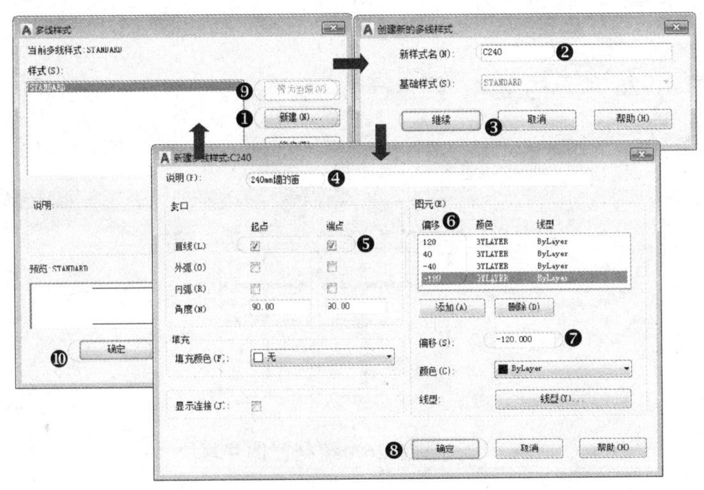

图 10-21 创建 C240 多线样式

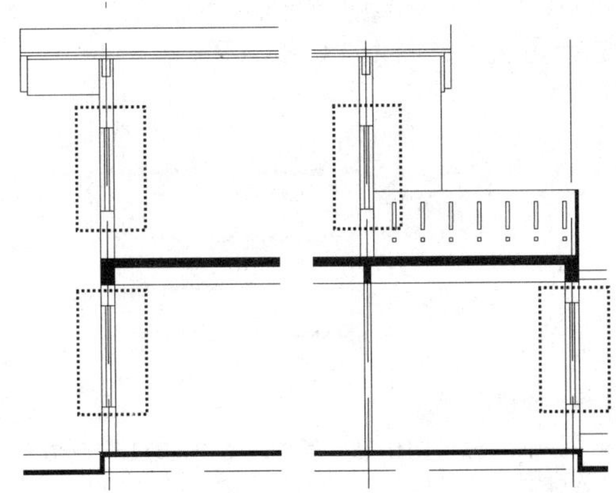

图 10-22 绘制窗剖切图

10.8.2 绘制窗体

步骤1 在“图层”工具栏的“图层控制”下拉列表框中，将 0 图层置为当前层。

步骤2 执行“矩形”命令（REC）和“偏移”命令（O）等，参照立面图中窗的绘制方法，绘制如图 10-23 所示尺寸的窗体（其内部尺寸请参照 9.1.6 章节“C-1-S”窗体的绘制）。

提示——预览虚框

在绘制矩形或圆时，如果没有了随着鼠标变化的用于预览的虚框，就会让人产生没有使用该命令的错觉。此时，执行dragmode 命令，选择ON选项即可。

如果为OFF，则拖动时不显示对象的轮廓，如果为AUTO，则拖动时总是显示对象的轮廓。

步骤 3 执行“写块”命令（W），弹出“写块”对话框，然后将绘制的窗体对象保存为“C-1-CUT”图块，操作步骤如图 10-24 所示。

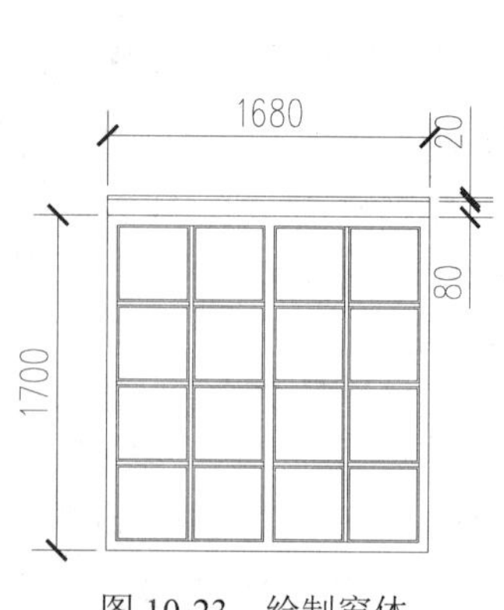

图 10-23 绘制窗体

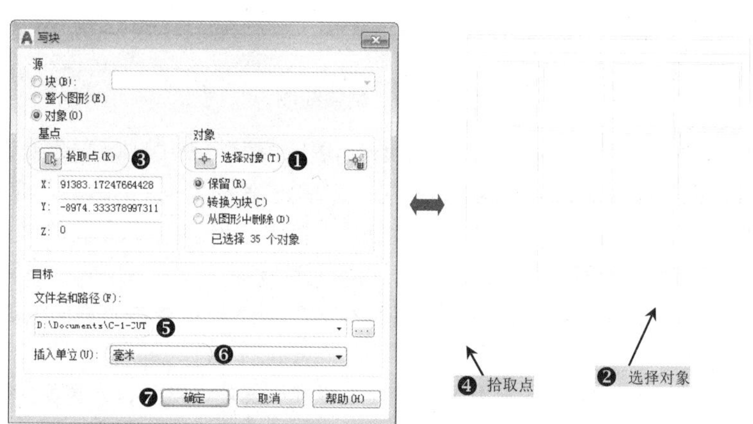

图 10-24 写块

步骤 4 重复以上步骤，绘制一个尺寸如图 10-25 所示的窗体；再执行“写块”命令（W），将该窗体进行写块，命名为“C-2-CUT”。

步骤 5 继续上面的操作步骤，绘制一个尺寸如图 10-26 所示的窗体；再执行“写块”命令（W），将该窗体进行写块，命名为“C-3-CUT”。

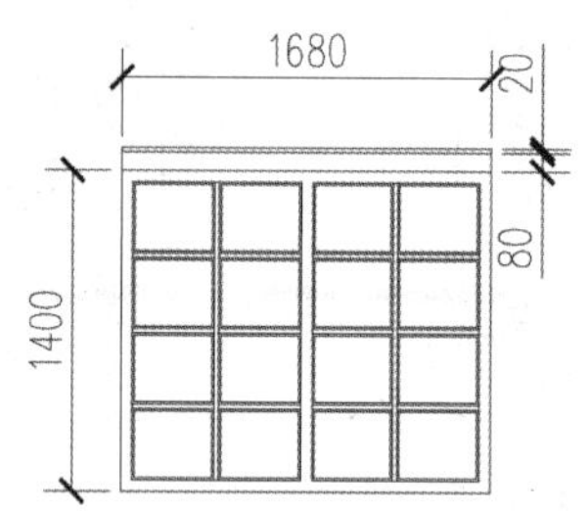

图 10-25 绘制“C-2-CUT”窗体

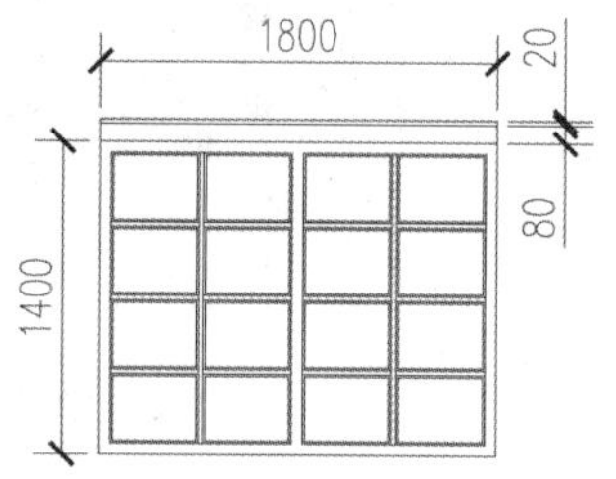

图 10-26 绘制窗体并写块

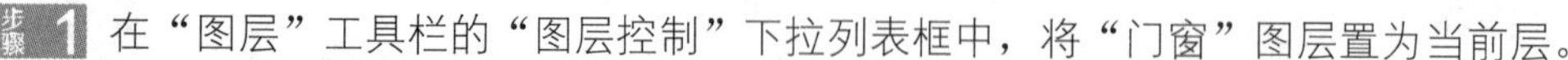

10.8.3 插入墙体

步骤 1 在“图层”工具栏的“图层控制”下拉列表框中，将“门窗”图层置为当前层。

步骤 2 执行“插入块”命令（I），插入“C-1-CUT”窗体图形，如图 10-27 所示插入到指定点。

步骤 3 重复“插入块”命令（I），继续插入“C-2-CUT”窗体图形，如图 10-28 所示插入到指定位置。

步骤 4 继续“插入块”命令（I），继续插入“C-3-CUT”窗体图形，如图 10-29 所示插入到指定位置；再执行“移动”命令（M），将插入的“C-3-CUT”窗体向上方移动 800mm。

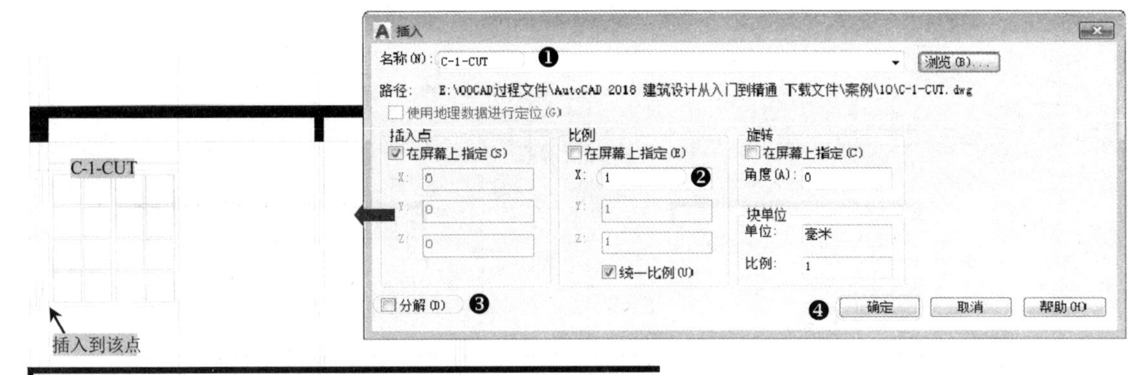

图 10-27　插入“C-1-CUT”窗体

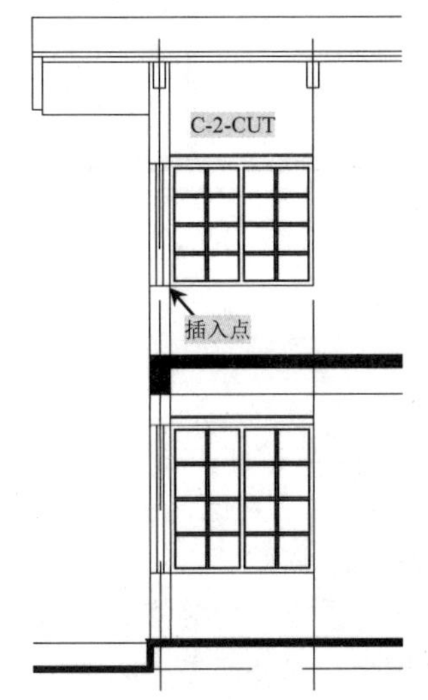

图 10-28　插入“C-2-CUT”窗体

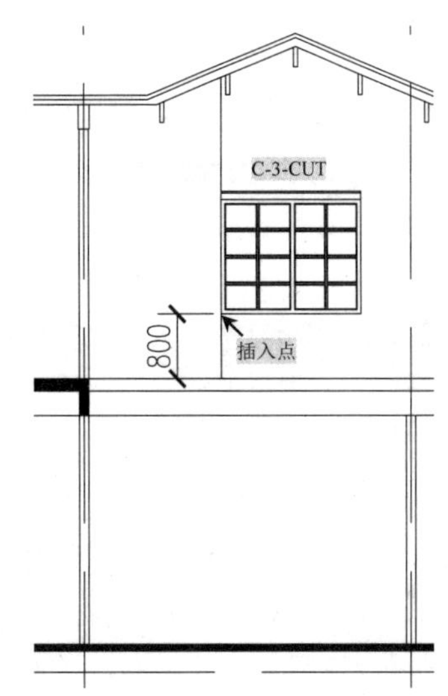

图 10-29　插入“C-3-CUT”窗体

10.8.4　绘制门

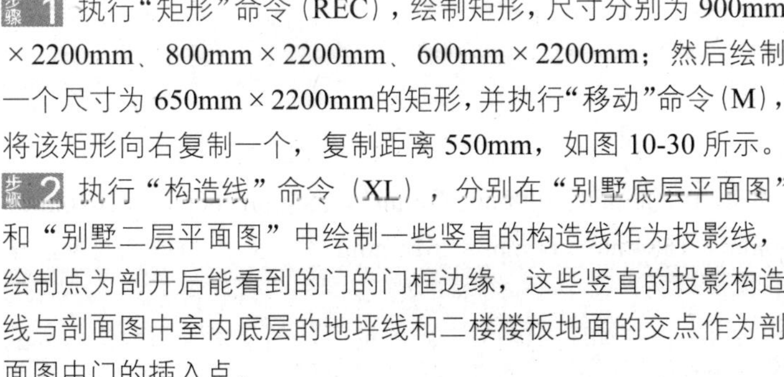

步骤 1　执行“矩形”命令（REC），绘制矩形，尺寸分别为 900mm × 2200mm、800mm × 2200mm、600mm × 2200mm；然后绘制一个尺寸为 650mm × 2200mm的矩形，并执行“移动”命令（M），将该矩形向右复制一个，复制距离 550mm，如图 10-30 所示。

步骤 2　执行“构造线”命令（XL），分别在“别墅底层平面图”和“别墅二层平面图”中绘制一些竖直的构造线作为投影线，绘制点为剖开后能看到的门的门框边缘，这些竖直的投影构造线与剖面图中室内底层的地坪线和二楼楼板地面的交点作为剖面图中门的插入点。

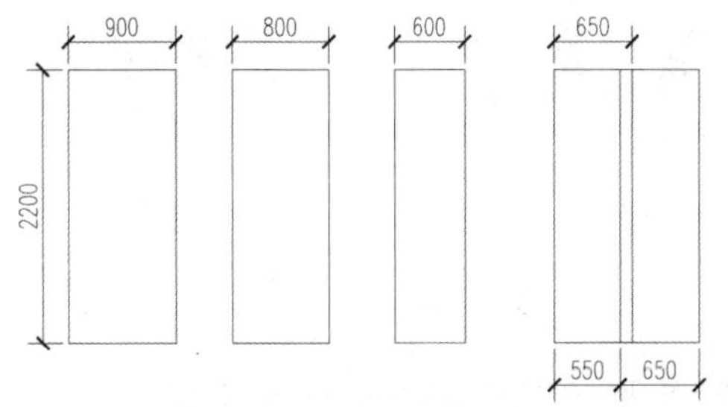

图 10-30　绘制矩形

步骤 3　参照“别墅底层平面图”和“别墅二层平面图”中相关门的宽度尺寸，执行“复制”命令（CO）和“移动”命令（M），将这些矩形参照相关门的宽度移动到剖面图中。

步骤 4 执行“修剪”命令（TR），对一些门被墙体遮挡住的部分进行修剪，修剪后的图形如图 10-31 所示。

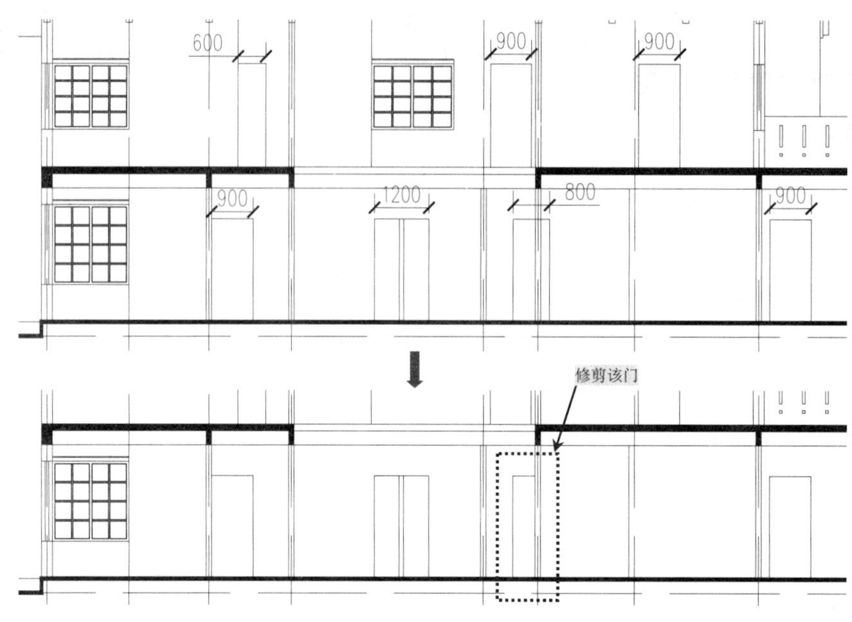

图 10-31 移动门并修剪

提示——建筑剖面图的识读方法

如何读懂别人绘制好的剖面图，主要从以下几个方面入手:

（1）首先要了解剖面图的剖切位置与编号，结合底层平面图阅读，了解被剖切到的墙体、楼板、屋顶等部位，对应剖面图与平面图的相应关系，建立起建筑内部的空间关系。

（2）结合建筑设计说明或材料做法表，查阅地面、墙面、楼面、顶棚等的装修做法。

（3）根据剖面图尺寸及标高，了解建筑层高、总高、层数及房屋室内外高差。

（4）了解建筑构配件之间的搭接关系。

（5）了解建筑屋面的构造及屋面坡度的形成。

（6）了解墙体、梁等承重构件的竖向定位关系，如轴心是否偏心。

10.9 绘制楼梯

步骤 1 在“图层”工具栏的“图层控制”下拉列表框中，将“楼梯”图层置为当前层。

步骤 2 执行“矩形”命令，绘制几个矩形，尺寸分别为 1920mm × 3300mm、60mm × 1584mm、60mm × 2616mm；然后执行“移动”命令（M），选择尺寸为 60mm × 1584mm、60mm × 2616mm的两个矩形为移动对象，按照如图 10-32 所示的尺寸进行移动。

步骤 3 执行“直线”命令（L）和“延伸”命令（EX），在如图 10-33 中虚线框所示的位置绘制两条水平的线段来连接相关的点。

步骤 4 执行“偏移”命令（O），将上一步所绘制的下面那条水平线段向下偏移，偏移距离为 185mm，如图 10-34 所示。

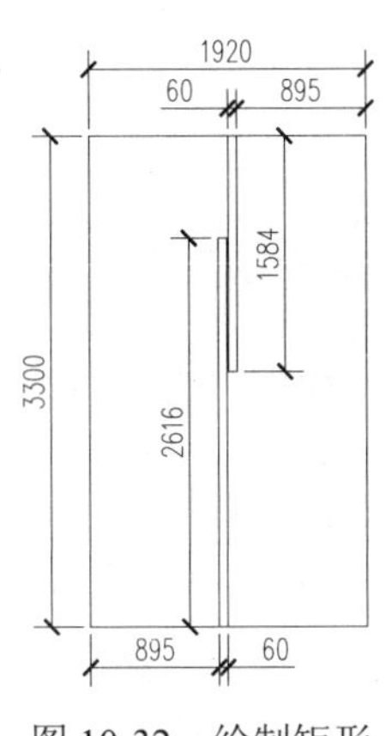

图 10-32　绘制矩形

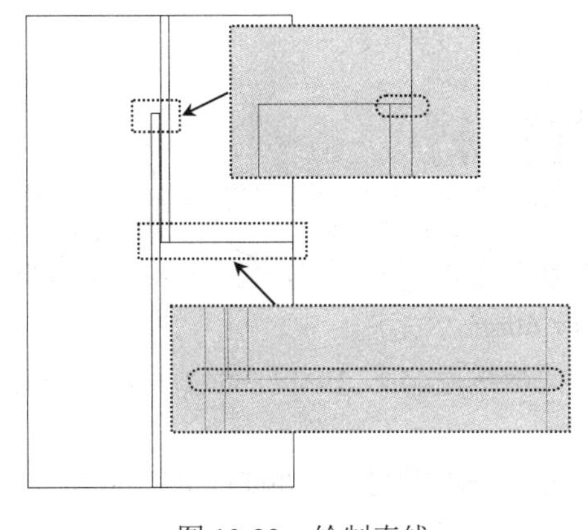

图 10-33　绘制直线

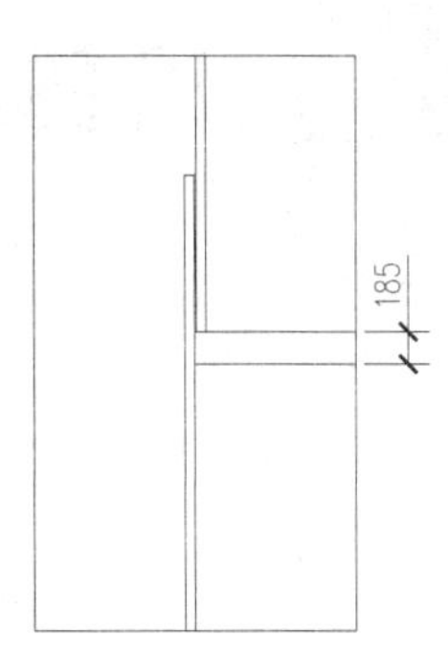

图 10-34　偏移线段

步骤 5 执行“矩形”命令（REC），绘制一个尺寸为 895mm × 132mm的矩形；然后执行“移动”命令（M），将该矩形进行移动，使其左下角点与外面最大矩形的左下角点重合，移动后的图形如图 10-35 所示。

步骤 6 执行“复制”命令（CO），将该矩形向上方复制，复制间距为 132mm，复制 13 个，复制后的图形如图 10-36 所示。

步骤 7 参照上面的步骤，在图形右上方绘制同样的矩形，再复制该矩形，复制后的图形如图 10-37 所示。

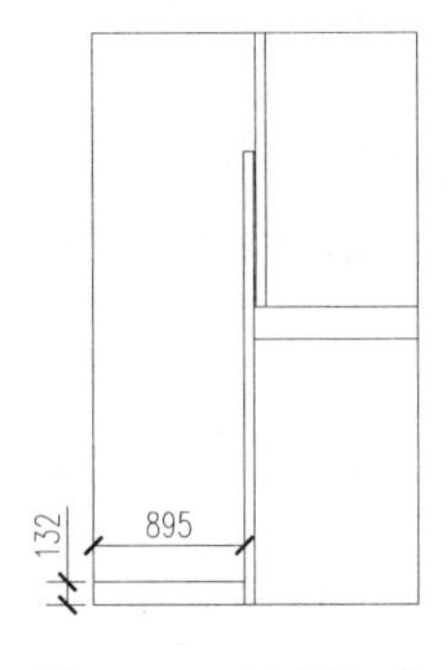

图 10-35　绘制矩形

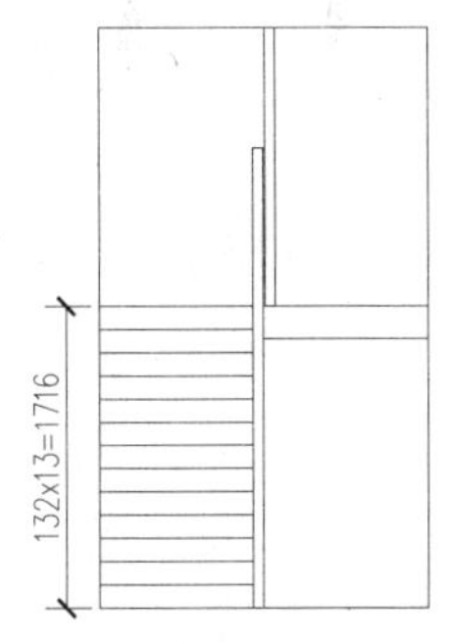

图 10-36　绘制下侧楼梯

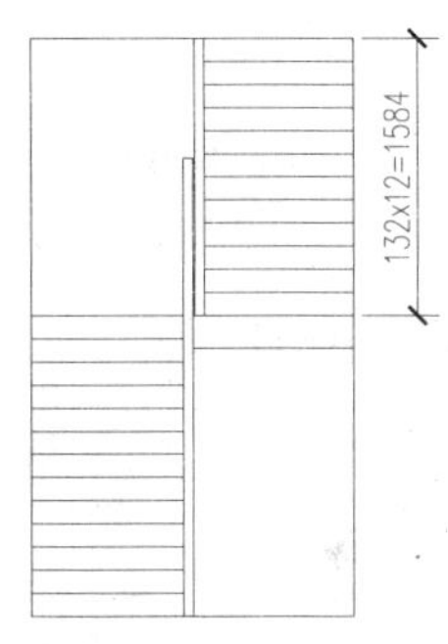

图 10-37　绘制上侧楼梯

步骤 8 执行“移动”命令（M），将刚才绘制的这些图形选择相关的移动点移动到如图 10-38 所示的位置。

步骤 9 执行“修剪”命令（TR）和“删除”命令（E），将被楼板和过梁挡住的图形修剪掉，如图 10-38 所示。

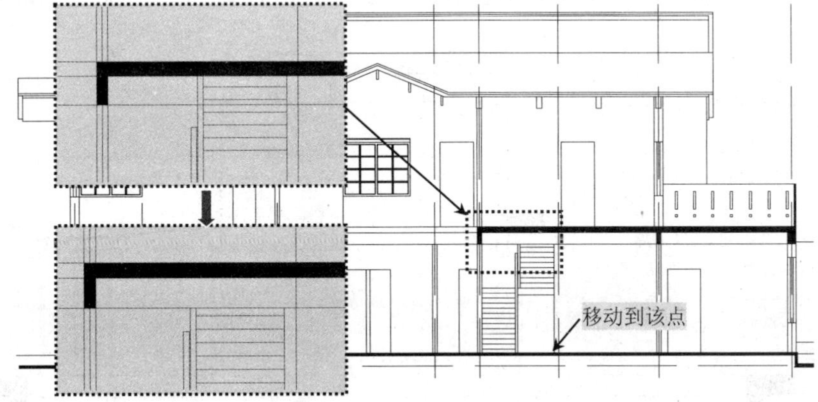

图 10-38　移动楼梯并修剪

步骤 10 执行“编组”命令（G），将该楼梯部分进行编组。

10.10 绘制室内栏杆

步骤 1 在“图层”工具栏的“图层控制”下拉列表框中，将“栏杆-内”图层置为当前层。执行“矩形”命令（REC），绘制一个尺寸为 5280mm × 60mm的矩形。

步骤 2 执行“移动”命令（M），将矩形按照如图 10-39 所示的移动点进行移动，移动到二楼客厅处，再向上方移动 840mm。

步骤 3 执行“矩形”命令（REC），绘制一个尺寸为 20mm × 840mm的矩形；执行“移动”命令（M），以矩形左上角点为移动点，移动到上一步所绘制的矩形的左下角点，并向右移动 155mm，移动后的图形如图 10-40 所示。

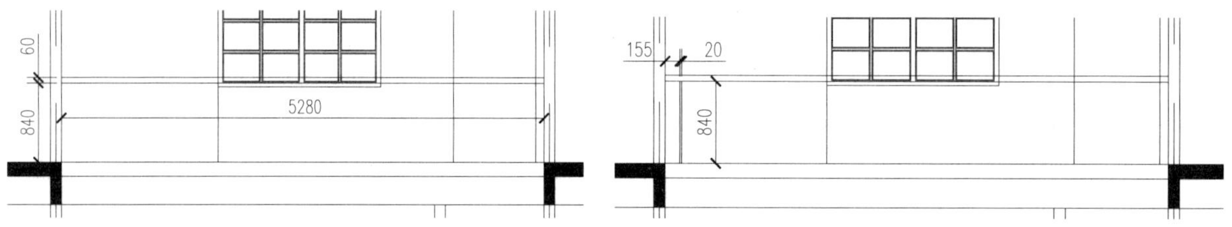

图 10-39　移动矩形　　　　图 10-40　绘制矩形并移动

步骤 4 执行“复制”命令（CO），将刚才移动后的矩形向左复制，复制间距为 250mm，复制 20 个，复制后的图形如图 10-41 所示。

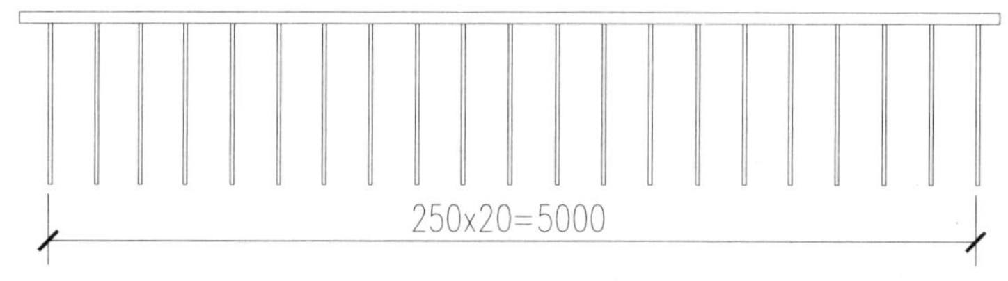

图 10-41　复制矩形

步骤 5 执行“修剪”命令（TR），对被墙体挡住的栏杆部分进行修剪操作，修剪后的图形如图 10-42 所示。

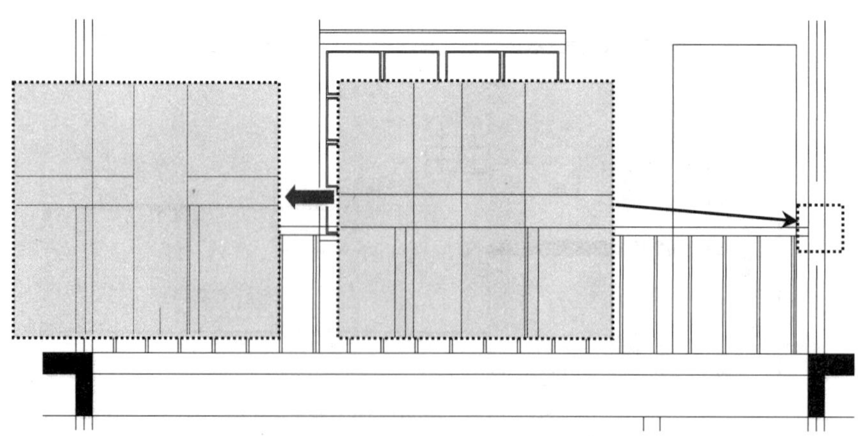

图 10-42　修剪图形

10.11 图案填充

步骤 1 在“图层”工具栏的“图层控制”下拉列表框中，将“填充”图层置为当前层。

步骤 2 执行“图案填充”命令（BH），选择屋顶为填充区域，选择填充图案为“ANSI31”，设置填充比例为“100”，对图形进行填充；为了与“别墅屋顶平面图”颜色统一，将刚才填充的图形颜色转换为“青色”，如图 10-43 所示。

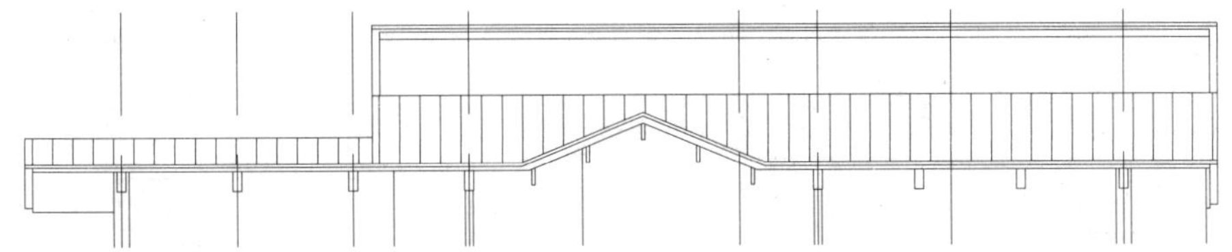

图 10-43　屋顶图案填充

步骤 3 继续执行“图案填充”命令（BH），根据如图 10-44 所示的填充参数填充相关的区域。

步骤 4 在“图层”工具栏的“图层控制”下拉列表框中，将“其他”图层置为当前层。

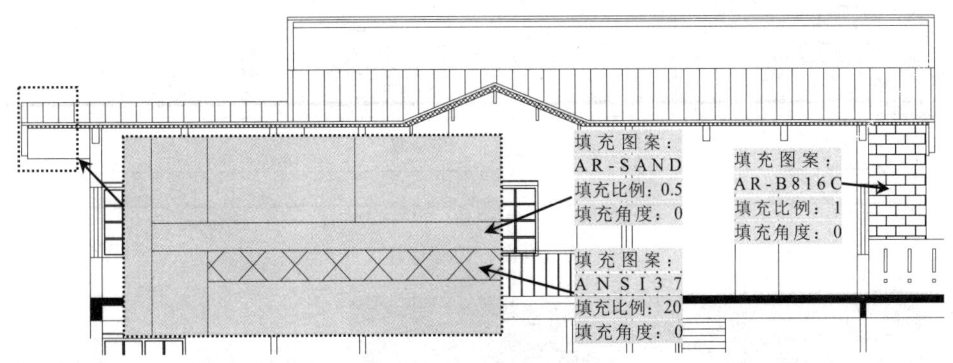

图 10-44　其他图案填充

步骤 5 执行“插入块”命令（I），选择“结果文件/10/人物”图形，将“人物”插入到相关位置，如图 10-45 所示。

图 10-45　插入人物图形

10.12 尺寸标注

步骤 1 单击“图层”工具栏的“图层控制”下拉列表框，选择“尺寸标注”图层为当前层。

步骤 2 执行“线性”命令（DLI）、“连续”命令（DCO）等相关标注命令，对图形两侧相关的一些高度特征的位置进行高度标注；再在图形的下方对被剖切到的相关轴线进行水平标注，标注后的图形如图 10-46 所示。

图 10-46　尺寸标注

> **提示——撤消与恢复**
>
> 在AutoCAD中，可以按Ctrl+Z组合键取消上面的操作，按Ctrl+Y组合键恢复。该操作在 2004 版本之前只能恢复一步，2004 版本之后可以恢复多步。

10.13 标高和轴号标注

绘制到这里，该别墅的 1-1 剖面图已基本绘制完毕，接下来对其进行标高和轴号标注。

10.13.1　插入标高符号

步骤 1 单击“图层”工具栏的“图层控制”下拉列表框，选择“标高”图层为当前层。

步骤 2 执行“插入块”命令（I），选择“结果文件/10/标高.dwg”图块文件，对相关的高度地方进行标注（标高的尺寸请参照该点距一楼室内地面的距离），标注后的图形如图 10-47 所示。

图 10-47　标高标注

10.13.2　插入轴号

步骤 1 单击“图层”工具栏的“图层控制”下拉列表框，选择“轴线编号”图层为当前层。

步骤 2 执行“插入块”命令（I），选择 “结果文件/10/轴线编号.dwg”图块文件，然后在图形左下方的第一条竖直轴线端点上插入该轴线编号，并输入轴线编号“1”，操作步骤如图 10-48 所示。

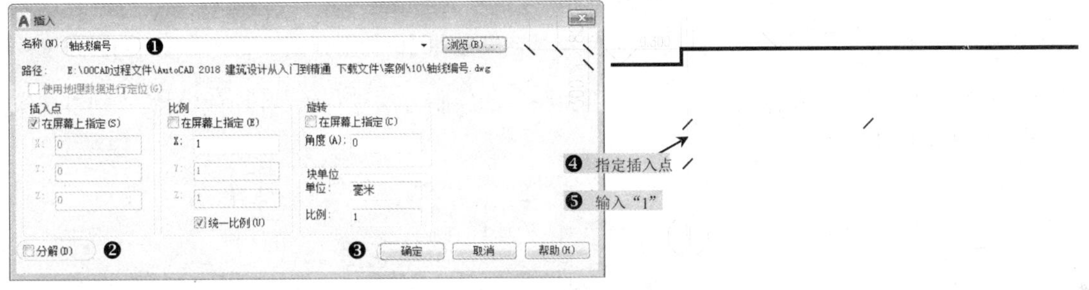

图 10-48　插入轴线编号

步骤 3 执行“复制”命令（CO），将该轴线编号以标注线的端点为复制点，依次向右进行复制；然后双击该轴线编号，弹出“增强属性编辑器”对话框，在“值”文本框中输入要编写的轴线编号，单击“确定”按钮，完成轴线编号的修改，如图 10-49 所示。

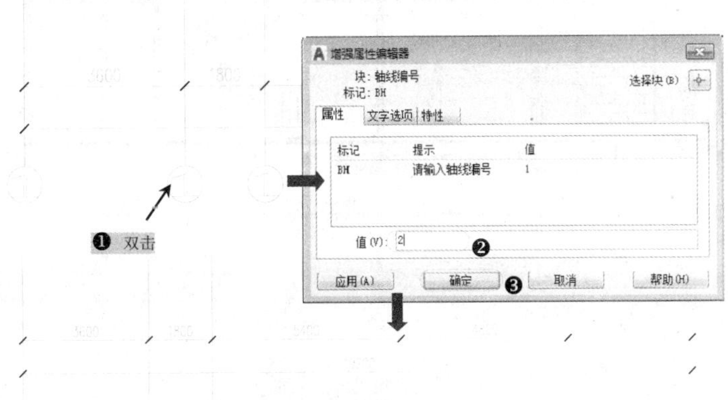

图 10-49　修改轴线编号

10.13.3 图名的标注

步骤 1 单击“图层”工具栏的“图层控制”下拉列表框，选择“文字标注”图层为当前层。

步骤 2 在“样式”工具栏中选择“图名”文字样式，在“文字”工具栏中单击“单行文字”按钮A，设置其对正方式为“居中”，在图形下侧中间位置输入图名“1-1 剖面图”和“1:100”；然后分别选择相应的文字对象执行“特性”命令（MO），打开“特性”面板，修改相应文字的大小为 2000 和 1000。

步骤 3 执行“多段线”命令（PL），在图名的下侧绘制一条水平线段，并指定多段线宽度为 300，如图 10-50 所示。

1—1 剖面图 1:100

图 10-50 图名标注

10.14 绘制别墅 2-2 剖面图

打开“建筑剖面图.dwt”格式样板文件，调用其绘图环境，然后将其另存为“别墅建筑 2-2 剖面图”，便于该剖面图的绘制。

步骤 1 执行“文件/打开”菜单命令，将“结果文件/10/建筑剖面图.dwt”文件打开。

步骤 2 执行“文件/另存为”菜单命令，将文件另存为“结果文件/10/别墅建筑 2-2 剖面图.dwg”。

接下来的绘图步骤可以参照“别墅建筑 1-1 剖面图”的绘制方法进行绘制，所绘制的“别墅建筑 2-2 剖面图”的最终效果如图 10-51 所示。

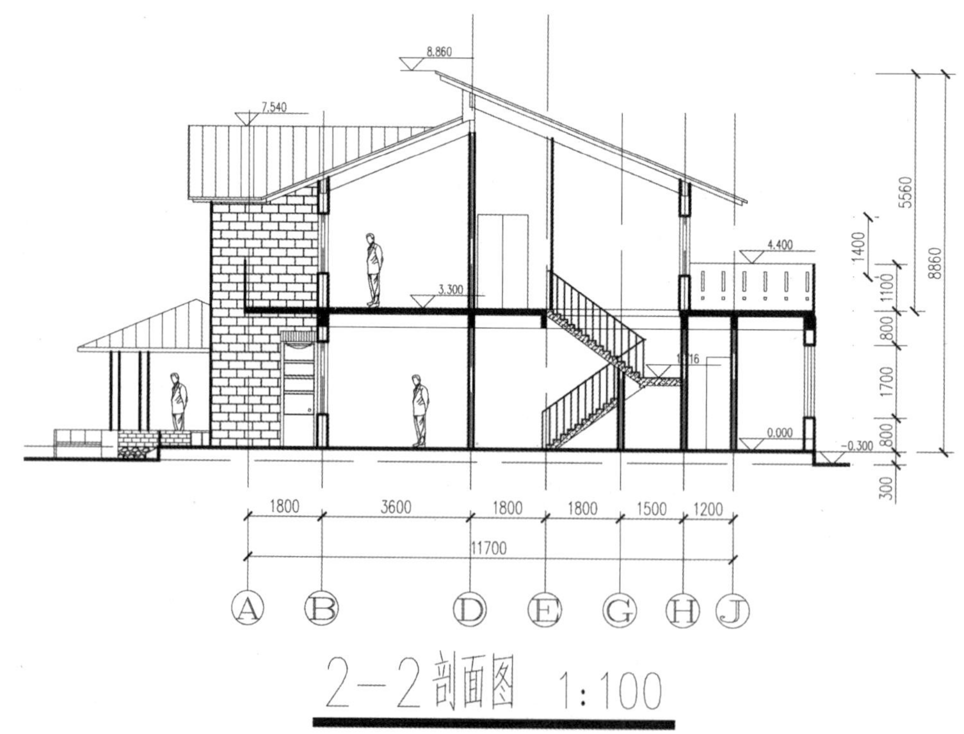

图 10-51 别墅 2-2 剖面图

第 11 章 别墅墙身详图和节点大样图的绘制

在建筑施工图中，因为建筑平面、立面、剖视图通常采用 1:100 等较小比例来绘制，所以对房屋的一些细部构造，如形状、层次、尺寸、材料和做法等，无法完全表达清楚。因此，在施工图设计过程中，常常按实际需要在建筑平面、立面、剖视图中另外绘制详细的图形来表现施工图样。

本章主要学习别墅各个建筑详图的绘制，首先讲解别墅外墙墙身详图的绘制方法；然后讲解楼梯节点详图的绘制；最后绘出门窗详图的效果预览。

学习目标

- 墙身详图绘图环境的调用
- 插入辅助图形及绘制墙脚
- 绘制窗体、楼板和栏杆
- 绘制屋檐、纤维材料及详图的标注
- 绘制楼梯节点详图
- 门窗详图的效果预览

11.1 绘制别墅外墙墙身详图

从前面可以知道，建筑详图是根据复制原图中的相关的线条图形，然后加以修改而绘制的图形。所以绘制外墙墙身详图也大致相同，先设置绘图环境，再根据剖面图来绘制外墙墙身详图。所绘制的墙身详图最终效果如图 11-1 所示。

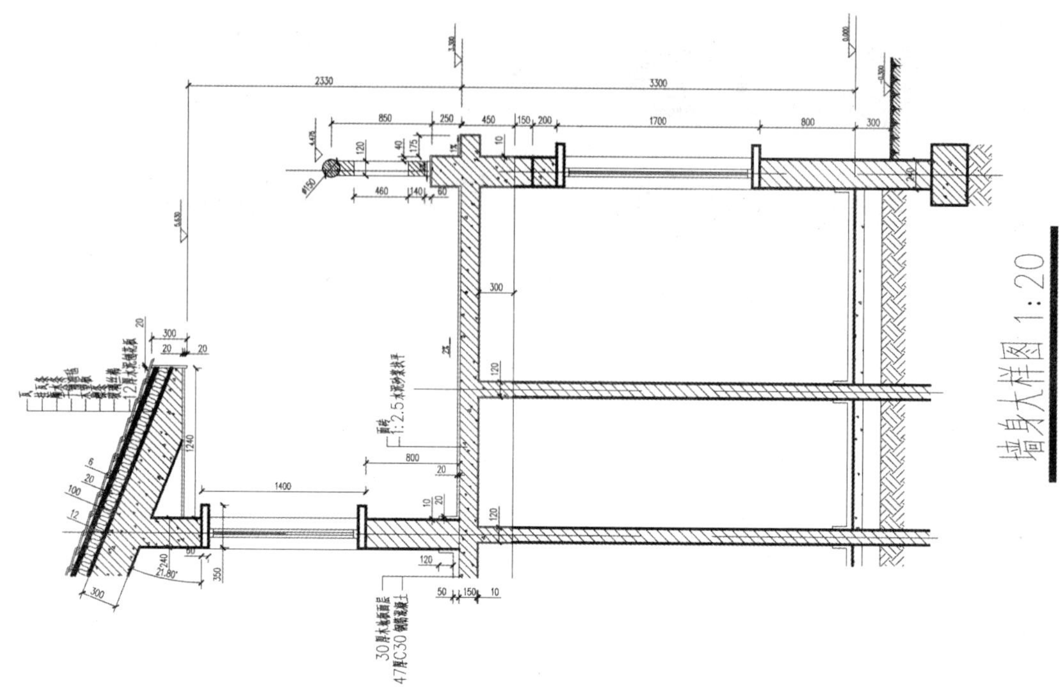

图 11-1　外墙墙身详图效果

提示——建筑详图的图示方法

建筑详图应以所绘制的建筑细部构造表达清楚的要求来进行绘制。建筑详图的图示方法一般包括剖面详图、平面详图、立面详图和断面详图。

（1）剖面详图：通常外墙墙身、楼梯间等地方适合用剖面详图表达；
（2）平面详图：楼梯间除了用剖面详图表达外，还可以用平面详图表达；
（3）立面详图：门窗等常用立面详图表达；
（4）断面详图：门窗、楼梯等的细节部分可以用断面详图表达。

详图中的屋面、楼面、地面等构造、材料与做法，可以在建筑剖面详图中用指引线从所指的部位引出，然后按其多层次构造的顺序，逐层次地用文字来说明表达，也可用文字说明内墙的材料和做法，如图 11-2 所示。

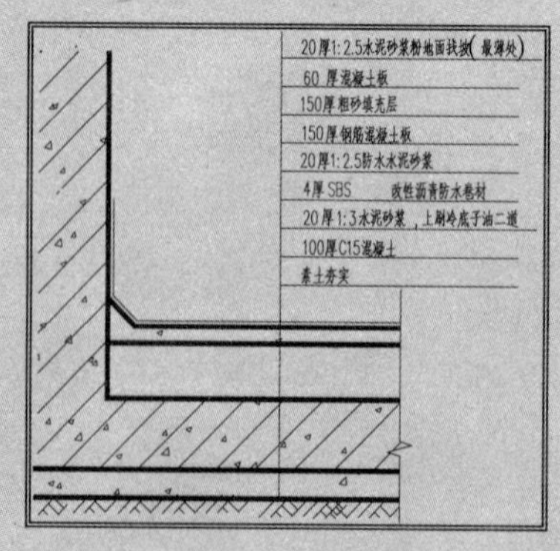

图 11-2　引出说明

11.1.1 详图绘图环境的调用

由于篇幅有限，在此调用事先准备好的“建筑详图.dwt”文件。

步骤 1 执行“文件/打开”菜单命令，将“结果文件/11”文件夹下的“建筑详图.dwt”文件打开。

步骤 2 执行“文件/另存为”菜单命令，选择保存文件类型为“*.dwg”格式，将其保存为“结果文件/11/别墅建筑外墙墙身详图.dwg”文件。

11.1.2 插入辅助图形

为了让所绘制的建筑详图与剖面图的相关特征项对应，且能快速地绘制图形，在这里可以先通过“插入块”命令插入相关的剖面图，然后根据设计要求进行相应的编辑操作，从而完成对相关地方建筑详图的绘制。

步骤 1 在“图层”工具栏的“图层控制”下拉列表框中，将0图层置为当前层。执行“插入块”命令（I），插入“结果文件/10/别墅建筑2-2剖面图.dwg”。

步骤 2 执行“分解”命令（X），将图形进行分解；执行“移动”命令（M），框选住要修改成详图的区域，将图形复制到一边，复制后的图形如图11-3所示。

步骤 3 执行“格式/图层”菜单命令，将“尺寸标注”“楼梯”“绿化”“散水”“设施”“文字标注”“轴线”和“轴线编号”等图层关闭，如图11-4所示。

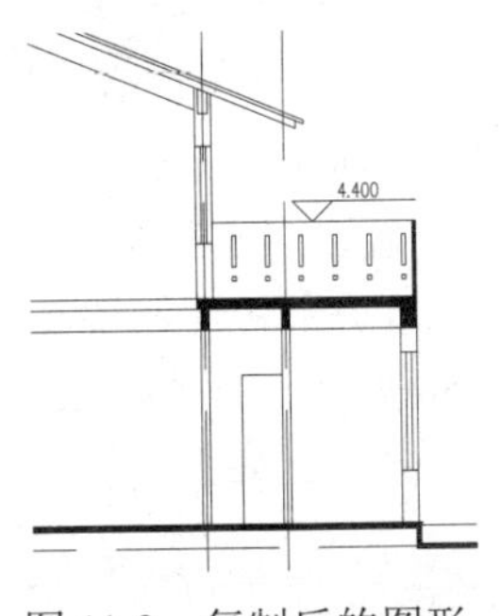

图 11-3　复制后的图形

状	名称	开	冻结	锁	线宽	线型	透明度	颜色	打印...	打	新
	标高				—— 默认	Continuous	0	黄	Color_2		
	尺寸标注				—— 默认	Continuous	0	蓝	Color_5		
	楼梯				—— 默认	Continuous	0	140	Colo...		
	绿化				—— 默认	Continuous	0	绿	Color_3		
	其他				—— 默认	Continuous	0	8	Color_8		
	散水				—— 默认	Continuous	0	洋红	Color_6		
	设施				—— 默认	Continuous	0	200	Colo...		
	文字标注				—— 默认	Continuous	0	白	Color_7		
	轴线				—— 默认	ACAD_ISO04W100	0	红	Color_1		
	轴线编号				—— 默认	Continuous	0	绿	Color_3		

关闭图层

图 11-4　关闭图层

11.1.3 绘制墙脚

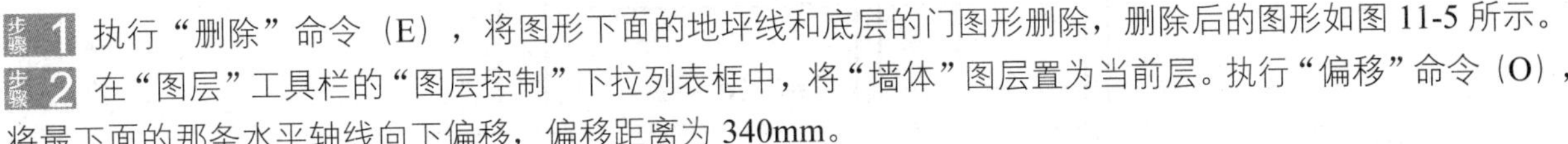

步骤 1 执行“删除”命令（E），将图形下面的地坪线和底层的门图形删除，删除后的图形如图11-5所示。

步骤 2 在“图层”工具栏的“图层控制”下拉列表框中，将“墙体”图层置为当前层。执行“偏移”命令（O），将最下面的那条水平轴线向下偏移，偏移距离为340mm。

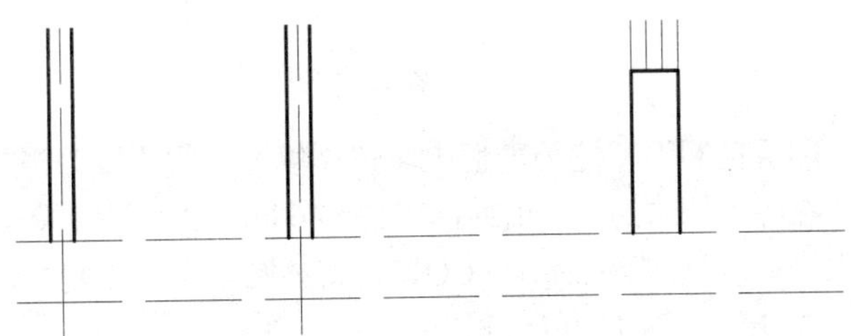

图 11-5　删除图形

步骤 3 执行“矩形”命令（REC），绘制一个尺寸为 500mm×300mm的矩形；再执行“移动”命令（M），将矩形按照如图 11-6 所示的尺寸进行移动。

步骤 4 执行“延伸”命令（EX），将图 11-6 中竖直的墙体线条向下延伸，延伸到刚才偏移距离为 340mm的轴线上。

步骤 5 将上面的两条水平轴线转换为“墙体”图层。执行“偏移”命令（O），将上面的水平墙体线段向下偏移，偏移距离为 80mm、150mm、200mm，将下面的水平墙体线段向下偏移，偏移距离为 10mm、60mm，并将偏移后的线段转换为“填充”图层，如图 11-7 所示。

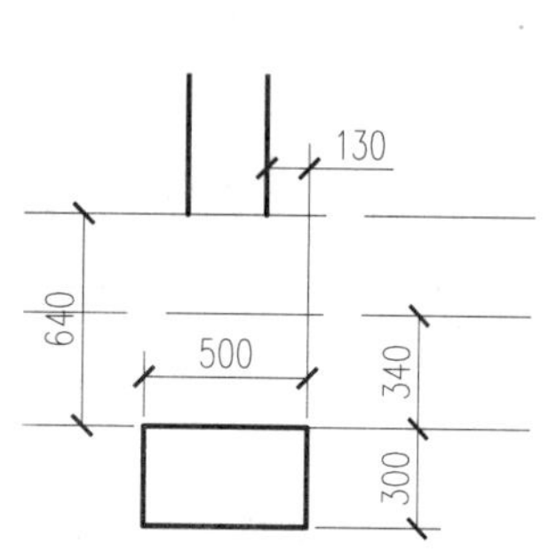

图 11-6　绘制矩形

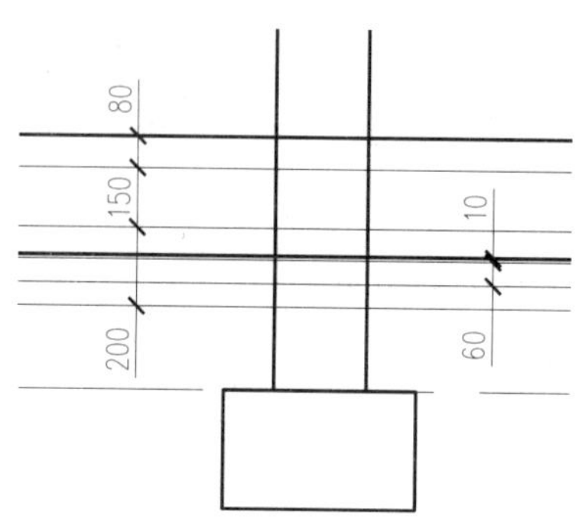

图 11-7　偏移线段

提示——墙身防潮层的作用与位置

作用：防止土壤中的水分沿基础上升，以免位于勒脚处的地面水渗入墙内而导致墙身受潮。可以提高建筑物的耐久性，保持室内干燥卫生。在构造形式上有水平防潮层和垂直防潮层两种形式。

位置：① 水平防潮层一般在室内地面不透水垫层（如混凝土）范围以内，通常在－0.060m 标高处设置，而且至少要高于室外地坪 150mm，以防雨水溅湿墙身；② 当地面垫层为透水材料（如碎石、炉渣等）时，水平防潮层的位置应平齐或高于室内地面一匹砖的地方，即在+0.060m 处；③ 当两相邻房间之间室内地面有高差时，应在墙身内设置高低两道水平防潮层，并在靠土壤一侧设置垂直防潮层，将两道水平防潮层连接起来，以避免回填土中的潮气侵入墙身。

步骤 6 执行“修剪”命令（TR），将偏移后的图形线条进行修剪，修剪后的图形如图 11-8 所示。

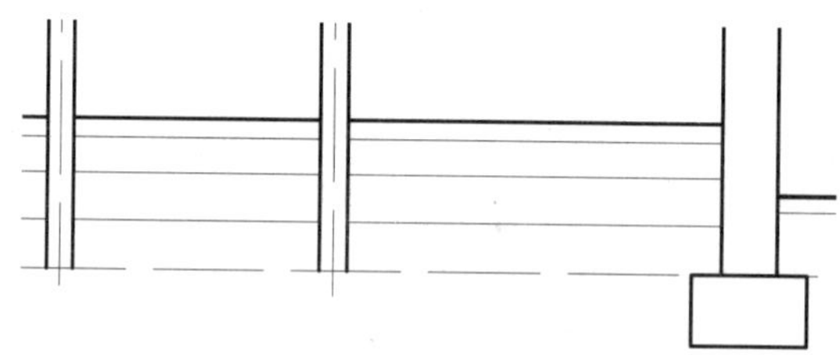

图 11-8　修剪图形

步骤 7 在“图层”工具栏的“图层控制”下拉列表框中，将“填充”图层置为当前层。

步骤 8 执行“圆”命令（C），在图形的右边，以前面向下偏移 60mm的水平线段与竖直墙体的交点处为圆心，绘制一个直径为 120mm的圆；执行“复制”命令（CO），将该圆水平向右复制，复制间距为 120mm，复制 8 个，直到将右边的水平线段布满，如图 11-9 所示。

步骤 9 执行“修剪”命令（TR），对刚才绘制的圆进行修剪，修剪后的图形如图 11-10 所示。

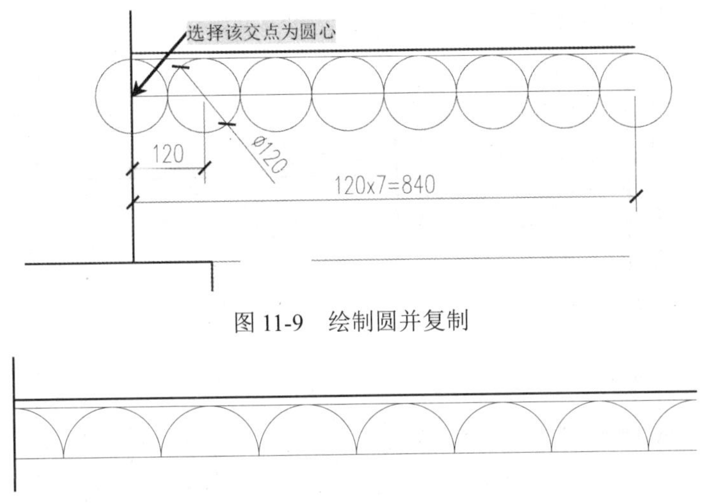

图 11-9　绘制圆并复制

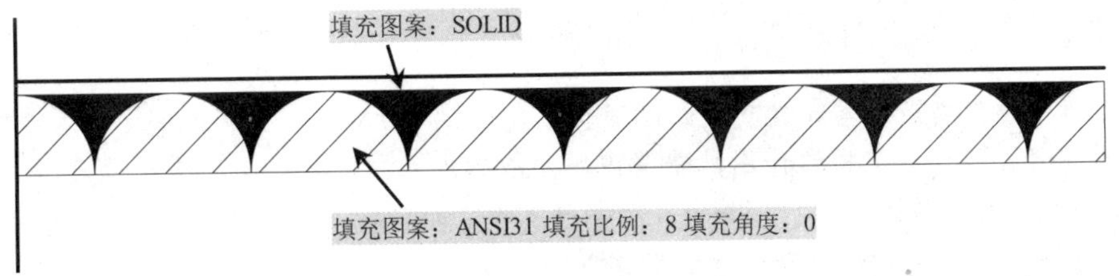

图 11-10　修剪图形

步骤 10 执行"图案填充"命令（BH），根据如图 11-11 所示选择相关的区域，然后参照该图中提示的相关填充参数，对图形进行填充。

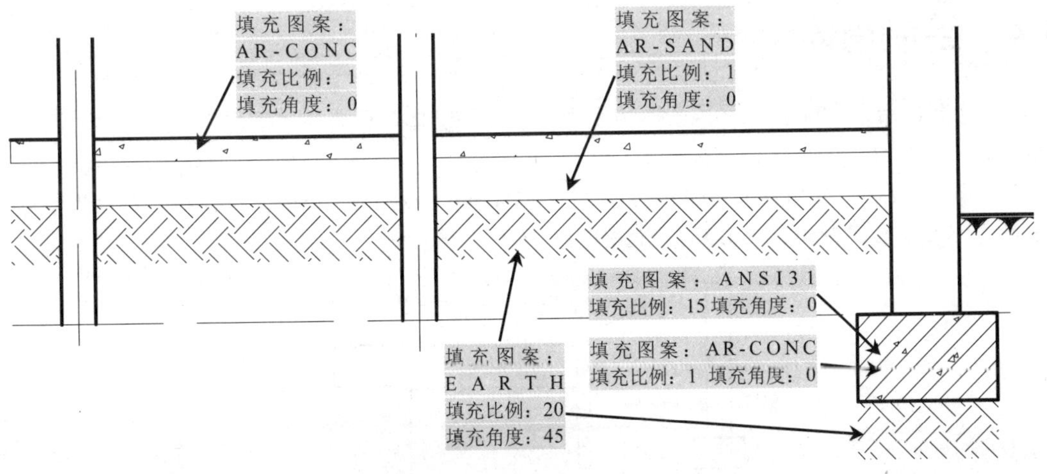

图 11-11　图案填充

步骤 11 继续执行"图案填充"命令（BH），选择图形左边的区域，然后参照如图 11-12 所示的填充参数，对图形进行填充。

图 11-12　图案填充

步骤 12 执行"偏移"命令（O），将室内的地面水平线段向上偏移 50mm、120mm，将墙体竖直的线段向外偏移 10mm、20mm，并将偏移的线段转换为"墙面"图层，偏移后的图形如图 11-13 所示。

步骤 13 执行“修剪”命令（TR），对刚才偏移的线段进行修剪，修剪后的图形如图 11-14 所示。

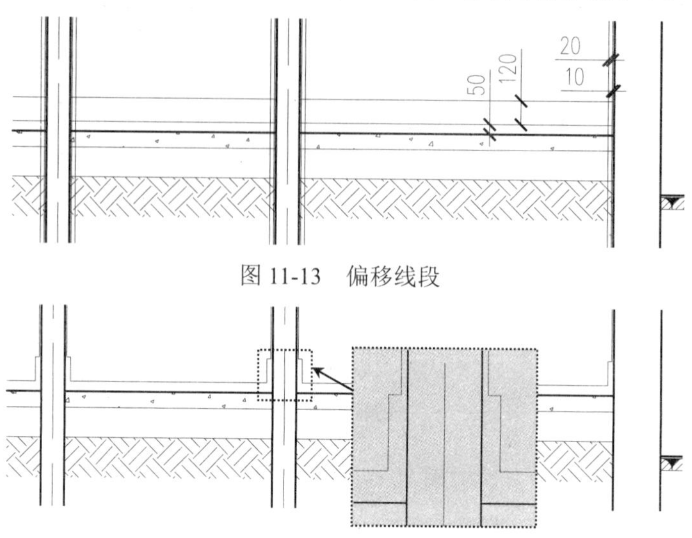

图 11-13　偏移线段

图 11-14　修剪图形

提示——勒脚

勒脚是指外墙身接近室外地面处的表面保护和饰面处理部分。

它是加固墙身，防止外界机械作用力碰撞破坏；保护近地面处的墙体，防止地表水、雨雪、冰冻对墙脚的侵蚀；用不同的饰面材料处理墙面，增强建筑物立面美观。勒脚高度一般是指位于室内地坪与室外地面的高差部分，也可根据立面的需要提高勒脚的高度尺寸。

通常在勒脚的外表面作水泥砂浆或其他强度较高且有一定防水能力的抹灰处理，也可用石块砌筑，或用天然石板、人造石板贴面。

11.1.4　绘制窗体

步骤 1 执行“修剪”命令（TR），将原图形中底楼外墙上的窗体删除。在“图层”工具栏的“图层控制”下拉列表框中，将“墙体”图层置为当前层。

步骤 2 执行“矩形”命令（REC），绘制一个尺寸为 350mm×60mm的矩形；再执行“移动”命令（M），选择矩形的左下角点为移动点，将其移动至如图 11-15 所示的位置。

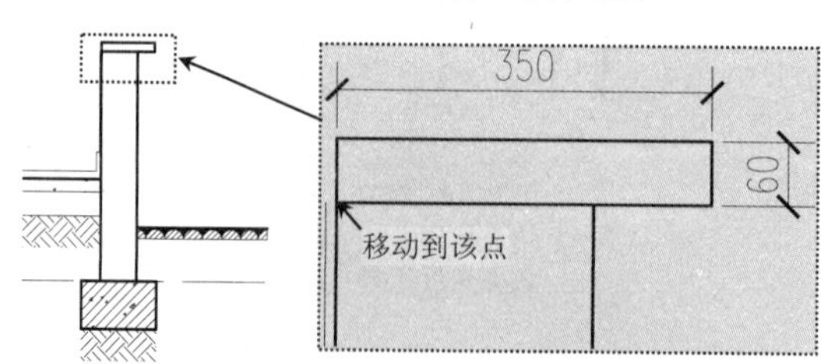

图 11-15　移动矩形

步骤 3 执行“复制”命令（CO），将矩形向上方复制一个，复制距离为 1640mm，如图 11-16 所示。

步骤 4 在“图层”工具栏的“图层控制”下拉列表框中，将“门窗”图层置为当前层。

步骤5 执行“矩形”命令（REC），绘制一个尺寸为 70mm×40mm的矩形；再执行“移动”命令（M），将矩形移动至如图 11-17 所示的位置；执行“复制”命令（CO），将矩形向上方复制一个，复制距离为 1540mm。

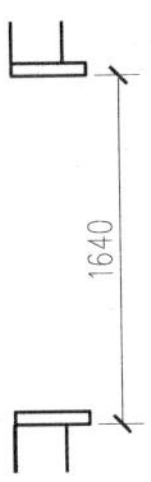

图 11-16 复制矩形

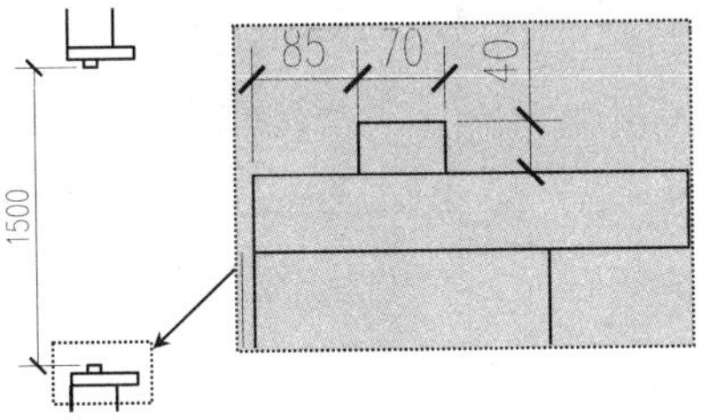

图 11-17 绘制矩形

步骤6 执行“直线”命令（L），绘制一条竖直的直线段连接两个小矩形的角点；然后执行“偏移”命令（O），将该竖直线段向右偏移，偏移距离为 25mm、20mm、25mm、95mm，再向左偏移，偏移距离为 95mm。

步骤7 执行“合并”命令（J），将向左偏移的线段与室内墙面的竖直线段合并成一条线段；执行“延伸”命令（EX），将向右偏移 95mm的线段向上下两端延伸，并将左边竖直的墙面线段延伸到屋顶，如图 11-18 所示。

步骤8 执行“偏移”命令（O），将窗台上最大的矩形向外偏移，偏移距离为 10mm，并将偏移后的矩形转换为“墙面”图层；执行“分解”命令（X），对偏移后的矩形进行分解；再执行“修剪”命令（TR），对偏移后的矩形按照如图 11-19 所示的形状进行修剪。

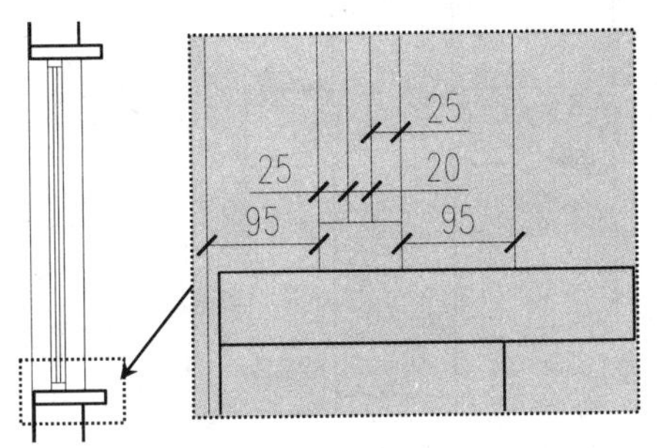

图 11-18 延伸直线

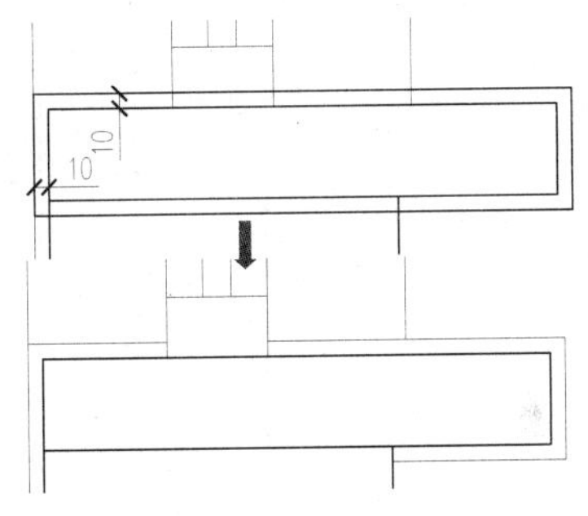

图 11-19 修剪矩形

步骤9 执行“直线”命令（L），在矩形的左下方绘制一条水平的直线段来连接两点，并将该直线转换为“墙面”图层，如图 11-20 所示。

步骤10 参照以上步骤和尺寸，对窗台上方的矩形进行类似的操作，所绘制的窗台图形如图 11-21 所示。

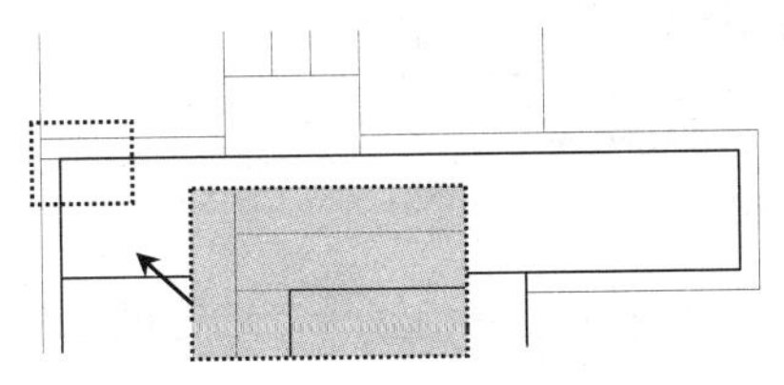

图 11-20 绘制直线段

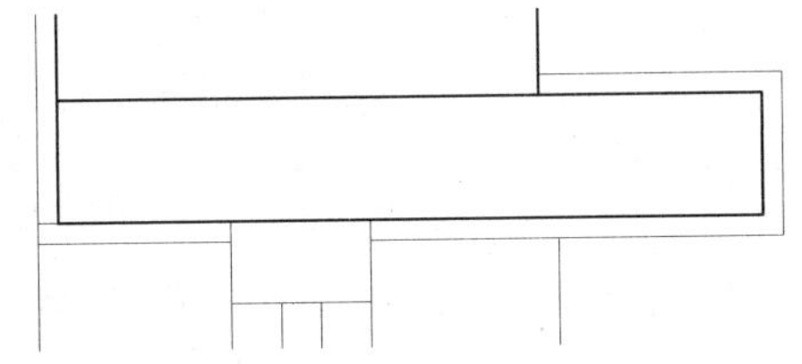

图 11-21 绘制窗台上方图形

步骤11 在“图层”工具栏的“图层控制”下拉列表框中，将“墙体”图层置为当前层。执行“直线”命令（L），在窗体上方绘制一条水平线段，使其与窗体上方的矩形保持 200mm的距离，表示过梁，如图 11-22 所示。

步骤12 在“图层”工具栏的“图层控制”下拉列表框中，将“填充”图层置为当前层。执行“图案填充”命令（BH），选择过梁的区域，然后参照如图 11-23 所示的相关填充参数，对过梁图形进行填充。

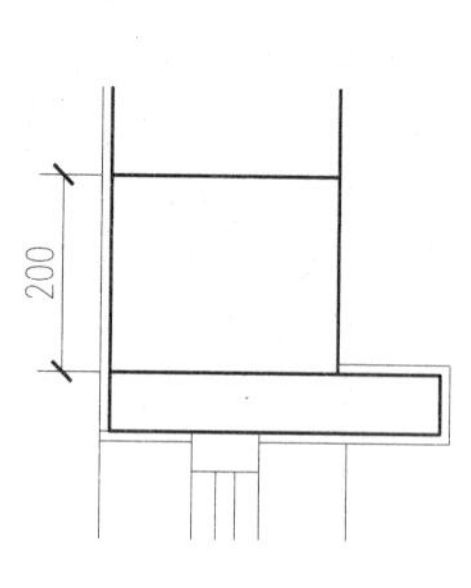

图 11-22　绘制过梁直线

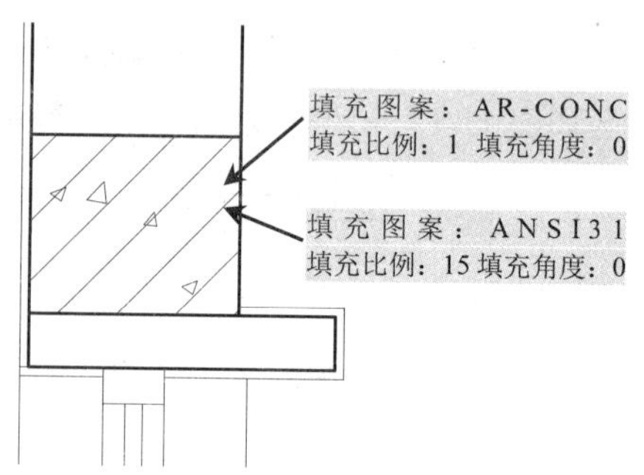

图 11-23　图案填充

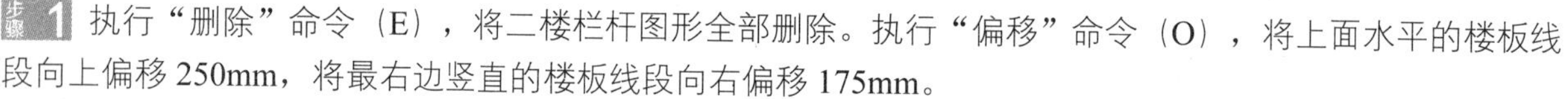

11.1.5　绘制楼板

步骤 1 执行“删除”命令（E），将二楼栏杆图形全部删除。执行“偏移”命令（O），将上面水平的楼板线段向上偏移 250mm，将最右边竖直的楼板线段向右偏移 175mm。

步骤 2 执行“延伸”命令（EX），对图形进行延伸；执行“修剪”命令（TR），对图形进行修剪，修剪后的图形如图 11-24 所示。

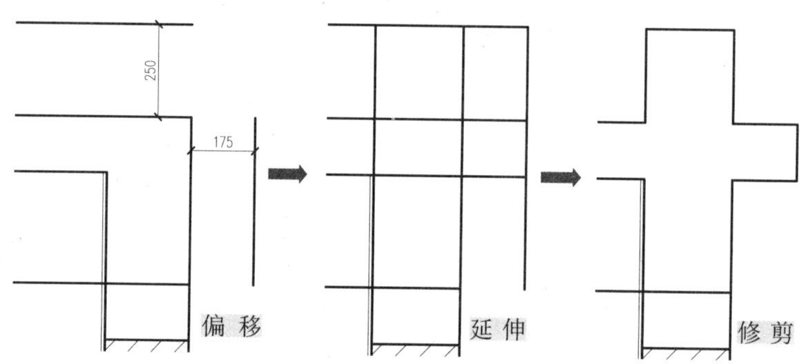

图 11-24　延伸线条并修剪

步骤 3 执行“偏移”命令（O），将楼板下面的水平线段向下偏移 10mm，并转换为“墙面”图层；再执行“修剪”命令（TR），将底楼室内的墙面图形进行修剪，修剪后的图形如图 11-25 所示。

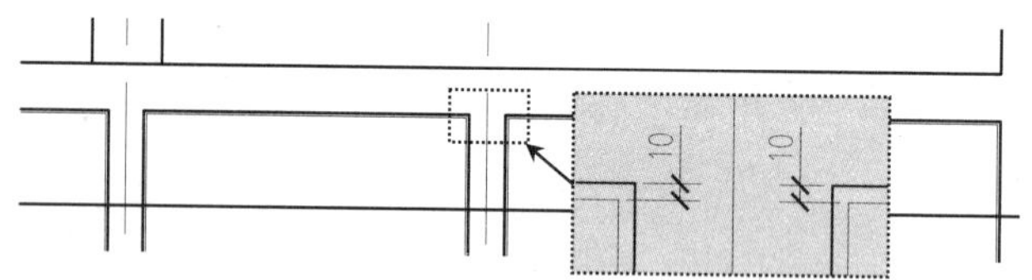

图 11-25　偏移线段并修剪

步骤 4 继续执行“偏移”命令（O），按照如图 11-26 所示的尺寸偏移相关的楼板线段，然后将偏移的线段转换为“墙面”图层；再执行“修剪”命令（TR），对偏移的线段进行修剪。

步骤 5 执行“旋转”命令（RO），按照如图 11-27 所示选择相关旋转点，然后将两条水平线段进行旋转，旋转角度为 1°；再执行“延伸”命令（EX）和“修剪”命令（TR），对图形进行延伸和修剪。

步骤 6 在“图层”工具栏的“图层控制”下拉列表框中，将“填充”图层置为当前层。

步骤 7 执行“图案填充”命令（BH），选择楼板的区域，然后参照如图 11-28 所示的相关填充参数，对过梁图形进行填充。

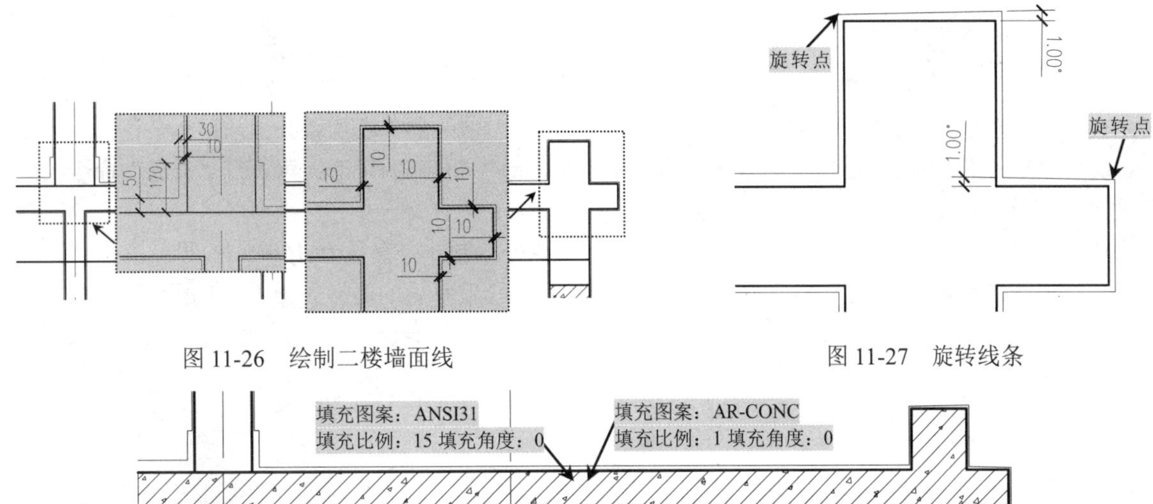

图 11-26　绘制二楼墙面线　　　　图 11-27　旋转线条

图 11-28　图案填充

提示——外墙墙身详图的内容

一般情况下，外墙墙身详图应该包含以下内容，如图 11-29 所示。

（1）外墙墙脚主要是指一层窗台及以下部分，包括散水（或明沟）、防潮层、勒脚、一层地面、踢脚等部分的形状、大小材料及其构造情况。

（2）中间部分主要包括楼板层、门窗过梁、圈梁的形状、大小材料及其构造情况。还应表示出楼板与外墙的关系。

（3）檐口应表示出屋顶、女儿墙、屋顶圈梁的形状、大小、材料及其构造情况。

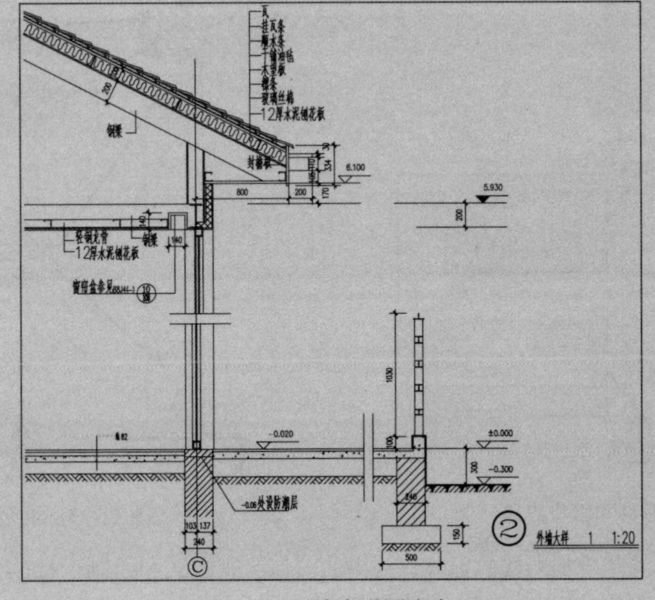

图 11-29　墙身详图内容

11.1.6 绘制栏杆

步骤 1 在“图层”工具栏的“图层控制”下拉列表框中，将“栏杆-外”图层置为当前层。

步骤 2 执行“矩形”命令（REC），绘制一个尺寸为 120mm×850mm的矩形；再执行“移动”命令（M），将矩形按照如图 11-30 所示的尺寸与位置进行移动。

步骤 3 执行“圆”命令（C），在矩形上方水平线段的中点处绘制一个直径为 150mm的圆；执行“偏移”命令（O），将刚才绘制的圆向内进行偏移，偏移距离为 4mm，偏移后的图形如图 11-31 所示。

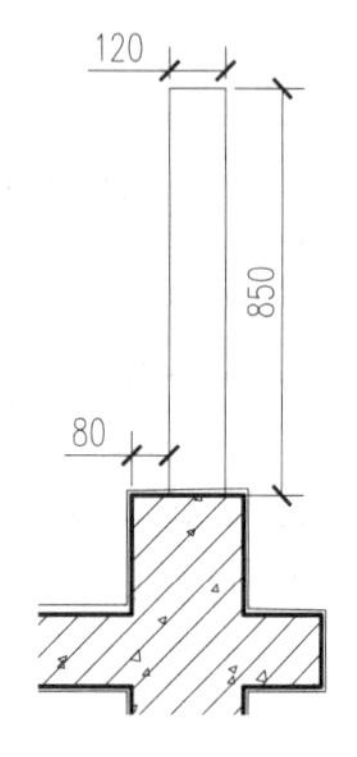

图 11-30 绘制矩形

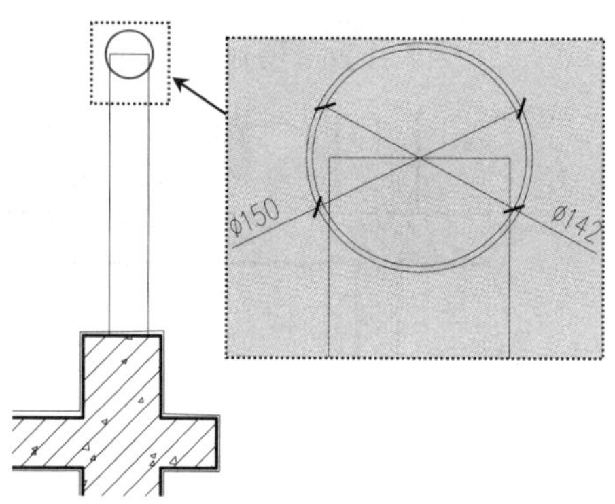

图 11-31 偏移圆

步骤 4 执行“分解”命令（X），对矩形进行分解；执行“偏移”命令（O），将分解后的矩形上面的水平线段向下方进行偏移，偏移距离为 190mm、460mm、140mm；再执行“修剪”命令（TR）和“删除”命令（E），对图形进行修剪，对多余的线条进行删除，修剪后的图形如图 11-32 所示。

步骤 5 在“图层”工具栏的“图层控制”下拉列表框中，将“填充”图层置为当前层。

步骤 6 执行“图案填充”命令（BH），选择栏杆的区域，然后参照如图 11-33 所示的相关填充参数，对过梁图形进行填充。

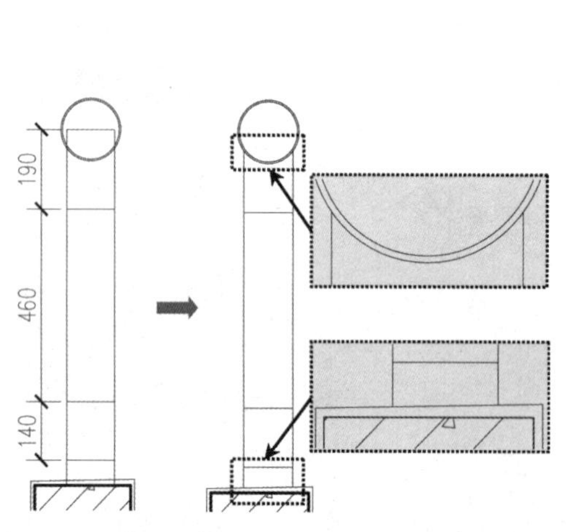

图 11-32 偏移和修剪线段

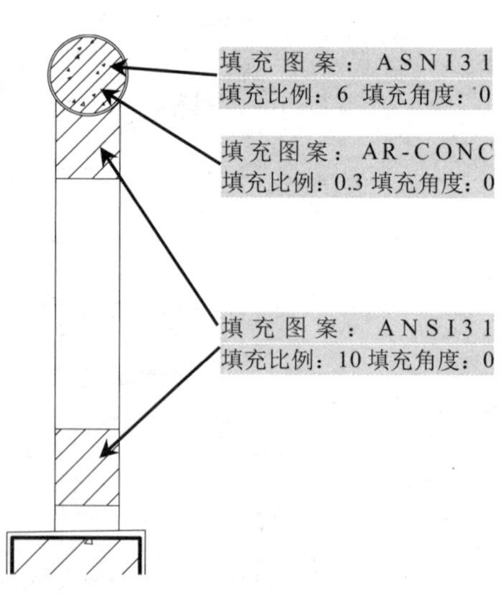

图 11-33 填充过梁图形

绘制完栏杆后，接着就是绘制二楼的窗体。二楼的窗体绘制方式和绘制一楼的方式相同，大家可以参照前面的章节来绘制二楼的窗体，这里就不详细讲述了。

提示——索引符号与详图符号

在建筑施工图中，有时会因为比例问题而无法表达清楚某一局部，为了方便施工需另画详图。一般用索引符号注明画出详图的位置、详图的编号及详图所在的图纸编号。索引符号和详图符号内的详图编号与图纸编号两者对应一致。

按“国标”规定，索引符号的圆和引出线均应以细实线绘制，圆直径为10mm。引出线应对准圆心，圆内过圆心画一水平线，上半圆中用阿拉伯数字注明该详图的编号，下半圆中用阿拉伯数字注明该详图所在图纸的图纸号。详图符号用一粗实线圆绘制，直径为14mm。详图与被索引的图样同在一张图纸内时，应在符号内用阿拉伯数字注明详图编号，如不在同一张图纸内，可用细实线在符号内画一水平直径，在上半圆中注明详图编号，在下半圆中注明被索引图纸号，如图11-34所示。

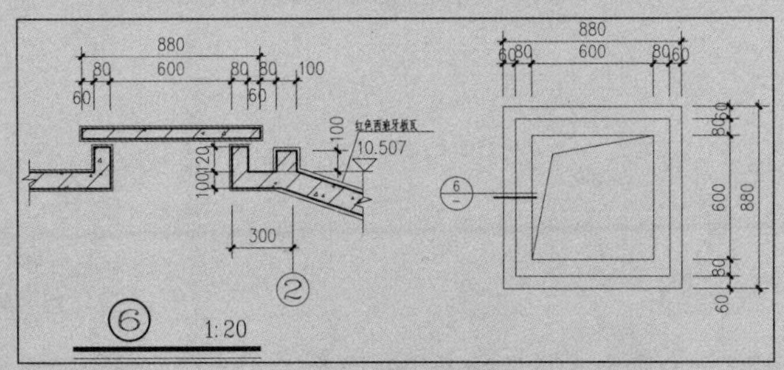

图11-34　索引符号与详图符号

当索引符号用于索引剖面详图时，应在被剖切的部位绘制剖切位置线。引出线所在一侧应为投射方向。

如果详图与被索引的图样在同一张图纸内，则在下半圆中间画一水平细实线。索引出的详图如采用标准图，应在索引符号水平直径的延长线上加注该标准图册的编号，如图11-35所示。

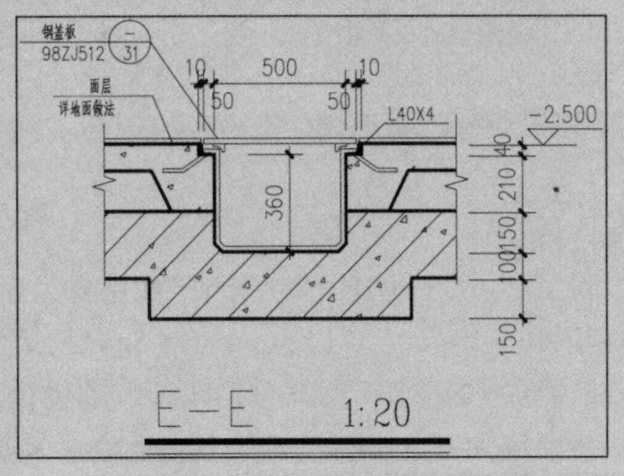

图11-35　引用标准图的索引符号

11.1.7　绘制屋檐

步骤1 执行“删除”命令（E），将屋檐处的图形进行删除，仅保留屋顶过梁图形，如图11-36所示。

步骤2 执行“偏移”命令（O），将二楼楼板上面的水平线段向上进行偏移，偏移的距离分别为2350mm、20mm，然后将它们转换为“其他”图层，如图11-37所示。

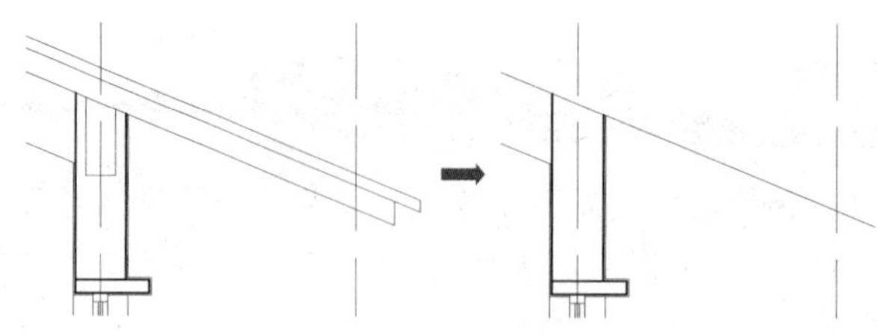

图 11-36　删除多余线条

步骤 3　在“图层”工具栏的“图层控制”下拉列表框中，将“墙体”图层置为当前层。

步骤 4　执行“矩形”命令（REC），绘制一个尺寸为 20mm×300mm的矩形；再执行“移动”命令（M），将矩形移动到如图 11-38 所示的位置，使其与二楼竖直的外墙体保持 1240mm的水平距离。

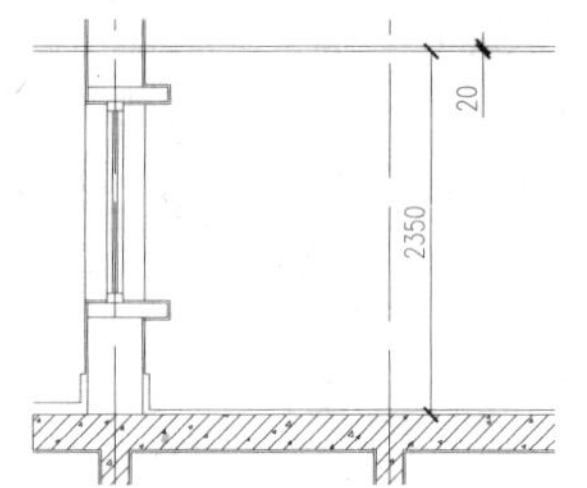

图 11-37　偏移线条

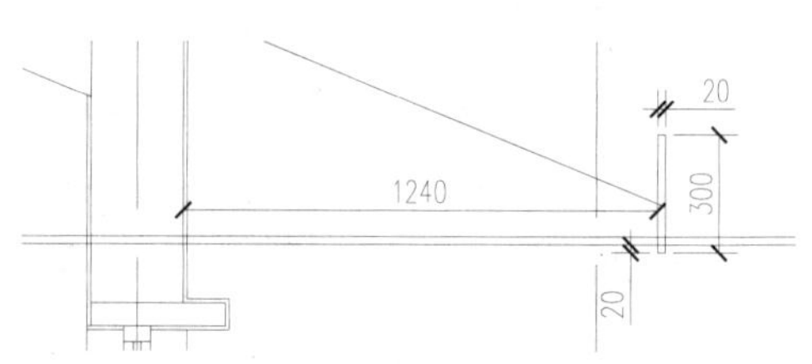

图 11-38　绘制矩形

步骤 5　执行“延伸”命令（EX），对图形相关的线条进行延伸，并将相关线段转换为“墙体”图层；执行“修剪”命令（TR），对图形进行修剪，如图 11-39 所示。

步骤 6　执行“偏移”命令（O），将屋檐最上面的斜线段向右上方进行偏移，偏移距离为 12mm、100mm、20mm、6mm；再执行“修剪”命令（TR），对图形进行修剪，修剪后的图形如图 11-40 所示。

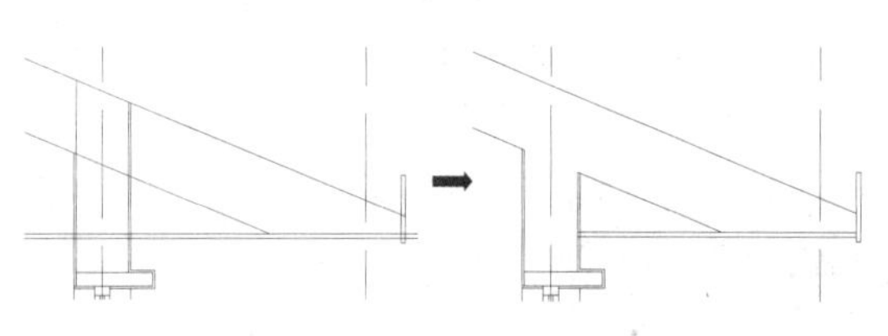

图 11-39　修剪图形

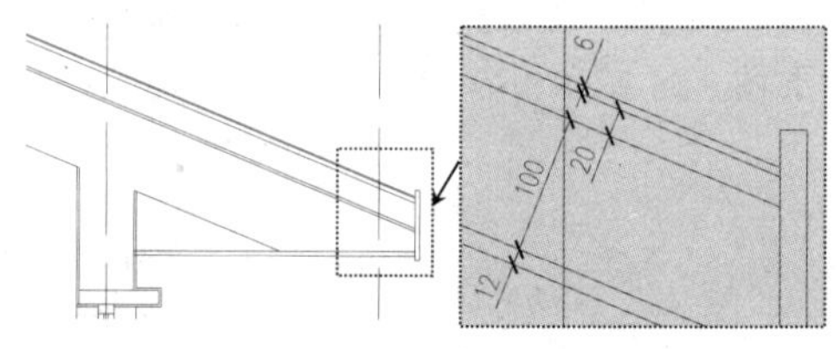

图 11-40　修剪图形

步骤 7　在“图层”工具栏的“图层控制”下拉列表框中，将“其他”图层置为当前层。执行“矩形”命令（REC），绘制一个尺寸为 25mm×20mm的矩形和一个尺寸为 14.5mm×14.5mm的矩形。

步骤 8　执行“移动”命令（M），将这两个矩形按照如图 11-41 所示的位置进行移动。

步骤 9　执行“构造线”命令（XL），按照如图 11-42 所示的放置点位置来绘制一条角度为 6° 的构造线和一条角度为 143° 的构造线。

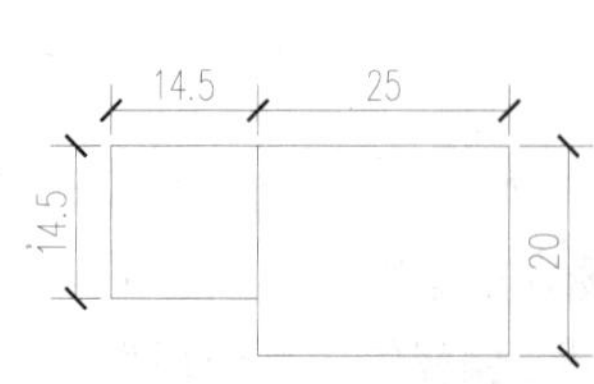

图 11-41　绘制矩形

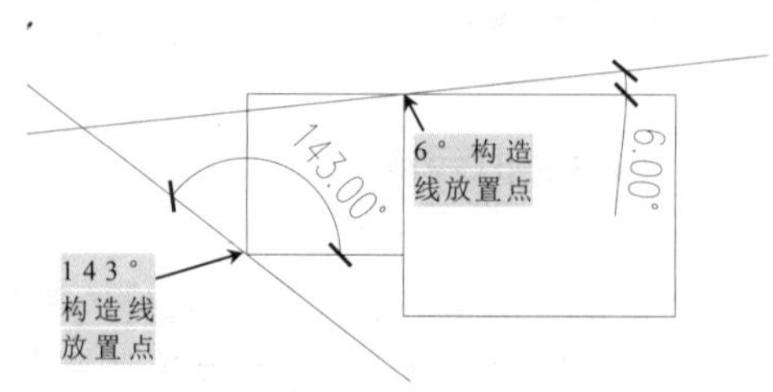

图 11-42　绘制构造线

步骤 10 执行“偏移”命令（O），将刚才绘制的 6° 构造线向左上方偏移 13mm和 5mm，再向右下方偏移 5mm；将刚才绘制的 143° 构造线向右上方偏移 13mm、112mm、13mm，如图 11-43 所示。

步骤 11 执行“修剪”命令（TR），对刚才偏移的线段进行修剪；执行“分解”命令（X），将尺寸为 14.5mm×14.5mm的矩形进行分解；执行“修剪”命令（TR）和“删除”命令（E），对分解后的矩形进行修剪，如图 11-44 所示。

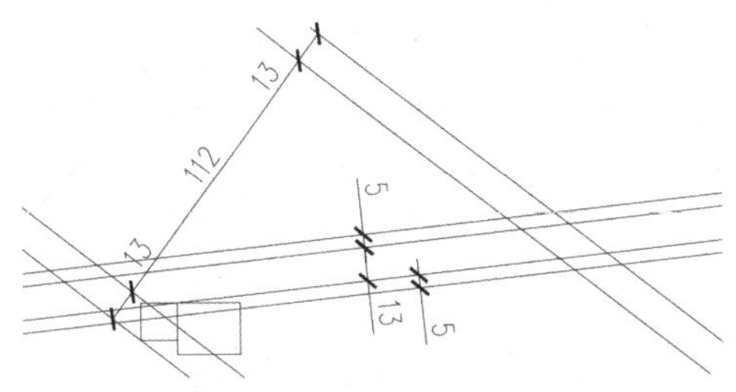

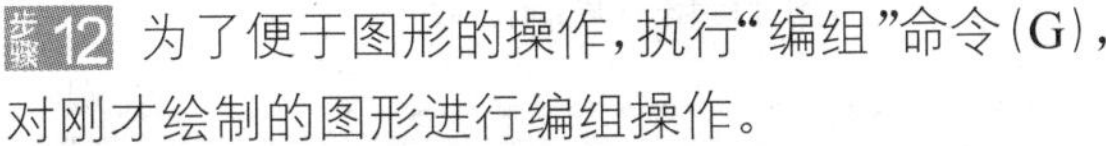

图 11-43　偏移线段

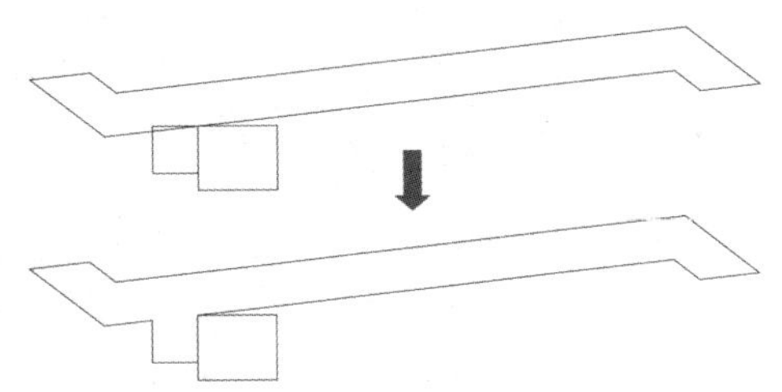

图 11-44　修剪图形

步骤 12 为了便于图形的操作，执行“编组”命令（G），对刚才绘制的图形进行编组操作。

步骤 13 执行“旋转”命令（RO），将刚才编组的图形进行旋转，旋转角度为–21.8°。执行“移动”命令（M），将编组后的矩形移动到如图 11-45 所示的位置。

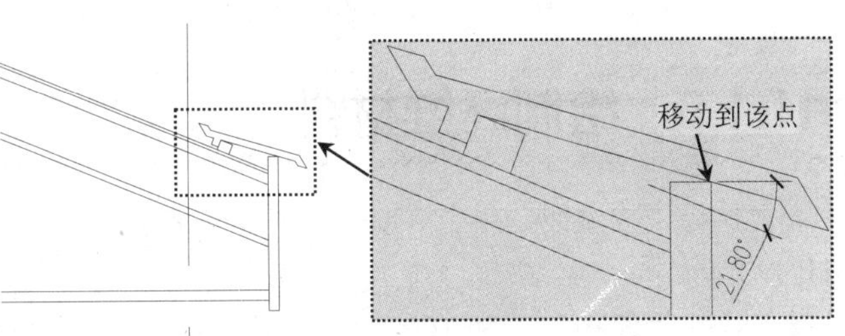

图 11-45　移动图形

提示——移动瓦片

在移动瓦片的操作中，由于相关的移动点没有具体的尺寸与参照点，就这样移动，无法将移动点和瓦片固定木条同时移动到位，因此，可以将屋顶外轮廓线和矩形封檐板复制一份出来，并将其旋转 21.8°，使屋顶线段保持水平，然后将屋顶瓦片恢复到没有旋转的状态，这样通过打开“正交”模式和绘制一条水平辅助线就可以准确地移动瓦片了，移动之后再整体旋转-21.8°，根据相关特征点将瓦片移动到图形中。

步骤 14 执行“复制”命令（CO），将屋顶的斜线段复制一条到如图 11-46 所示的位置。

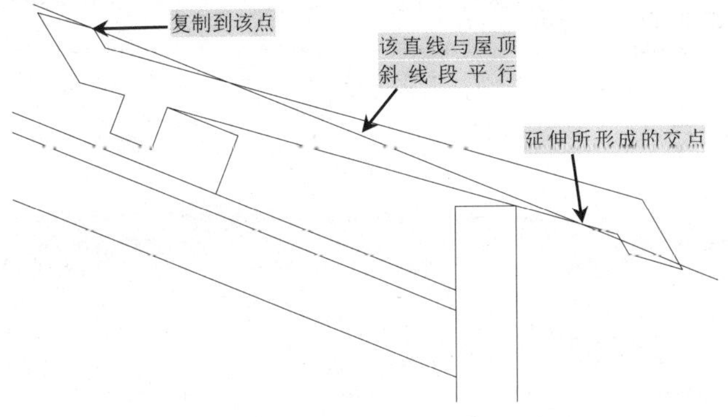

图 11-46　复制线段

步骤15 执行“复制”命令（CO），选择上一步提示所形成的交点为复制点，将瓦片复制到如图 11-47 所示的点上。

步骤16 重复以上复制步骤，将瓦片沿屋顶斜面进行复制，直到布满图形为止（如果超出折断线，则将多余部分进行修剪），如图 11-48 所示。

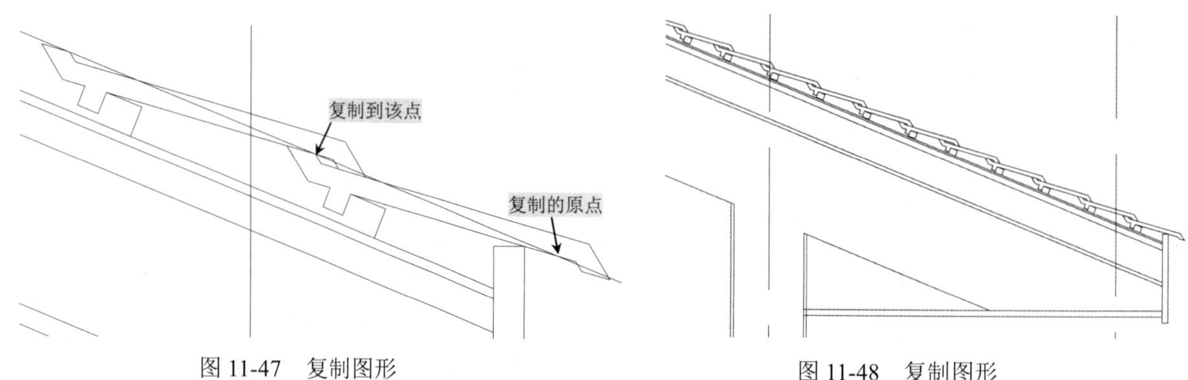

图 11-47　复制图形

图 11-48　复制图形

11.1.8　绘制纤维材料

步骤1 执行“构造线”命令（XL），绘制一条角度为 68.2° 的构造线和一条角度为 158.2° 的构造线，如图 11-49 所示。

步骤2 执行“偏移”命令（O），将刚才绘制的构造线按照如图 11-50 所示的尺寸进行偏移。

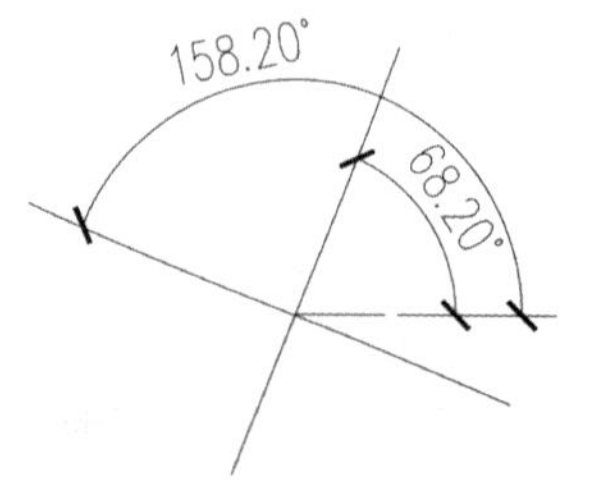

图 11-49　绘制构造线

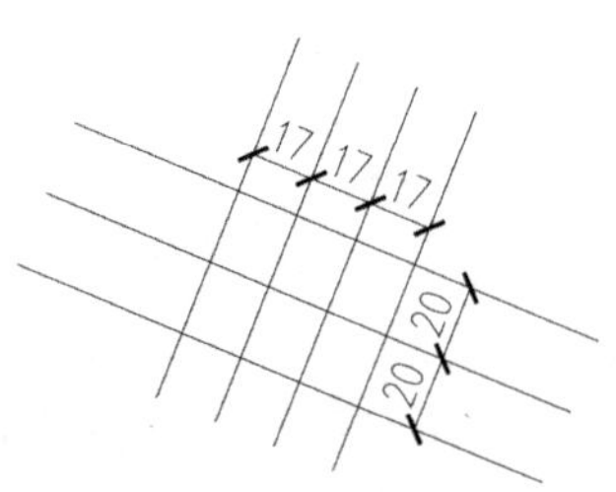

图 11-50　偏移线段

步骤3 执行“圆”命令（C），在如图 11-51 所示位置绘制两个半径为 17mm的圆。执行“修剪”命令（TR），对图形按照如图 11-52 所示的形状进行修剪。

步骤4 执行“复制”命令（CO），选择刚才绘制的图形，选择右下方斜线段的上端点为复制点，将其复制到左上方圆弧的左上端点，如图 11-53 所示。

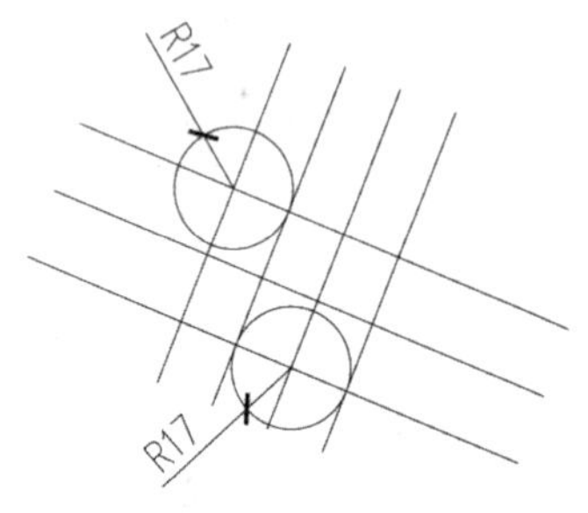

图 11-51　绘制圆

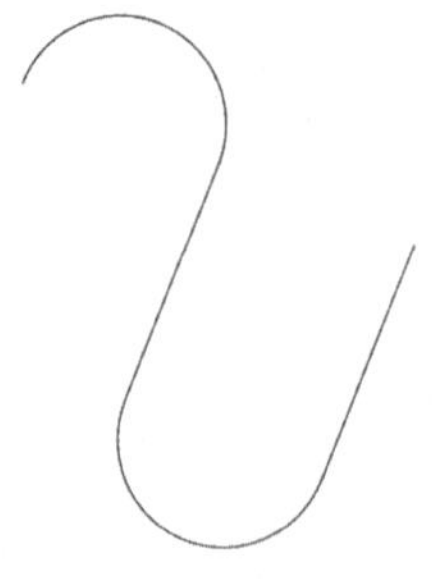

图 11-52　修剪线段

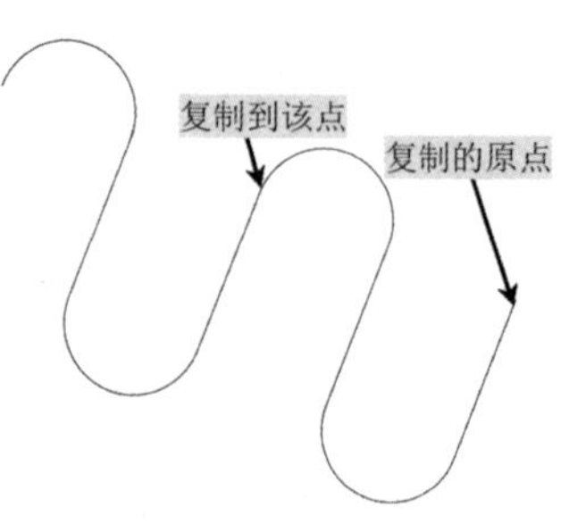

图 11-53　复制图形

步骤5 重复执行“复制”命令（CO），参照上一步的方法将该组图形依次向左上方进行复制，如图 11-54 所示。

步骤6 执行“复制”命令（CO），按照如图 11-55 所示的位置将复制后的图形整体复制到屋檐中（如果超出折断线，则将多余部分进行修剪和删除）。

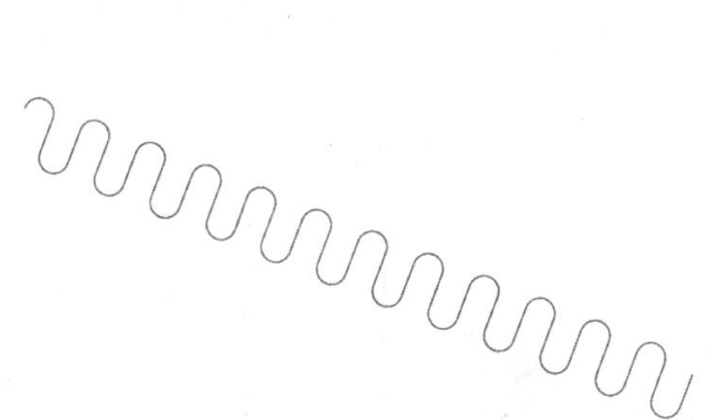

图 11-54 重复复制图形

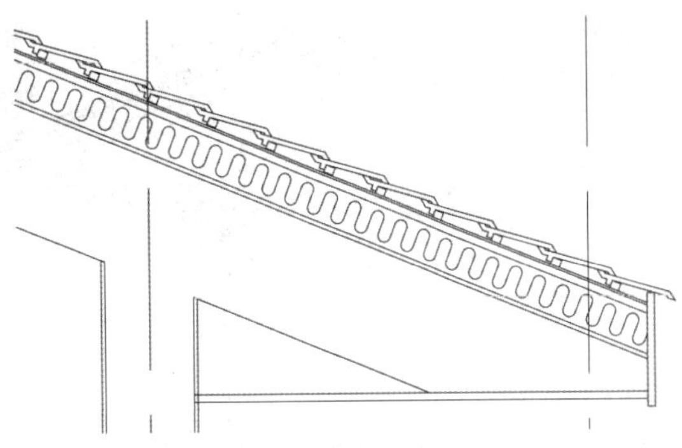

图 11-55 纤维材料填充效果

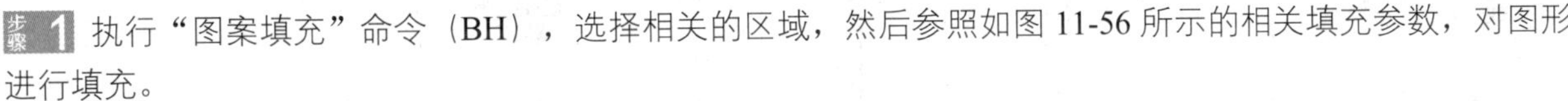

11.1.9 图案填充

步骤1 执行“图案填充”命令（BH），选择相关的区域，然后参照如图 11-56 所示的相关填充参数，对图形进行填充。

步骤2 执行“图案填充”命令（BH），选择墙体其他要填充的区域，选择填充图案为“ANSI31”，设置填充比例为“20”，对图形进行填充，如图 11-57 中虚线框所示。

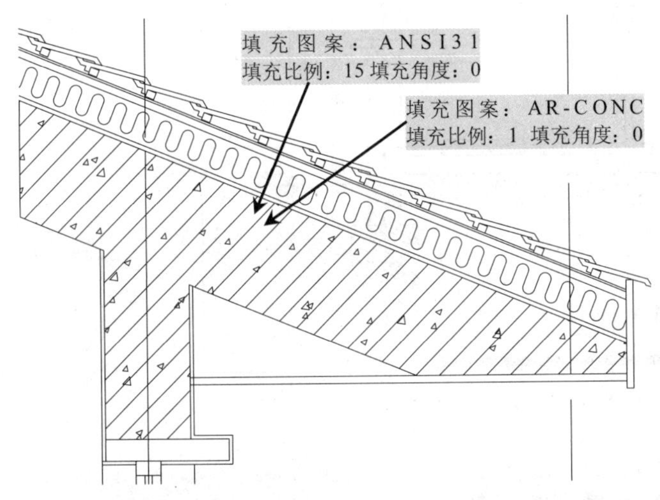

图 11-56 图案填充

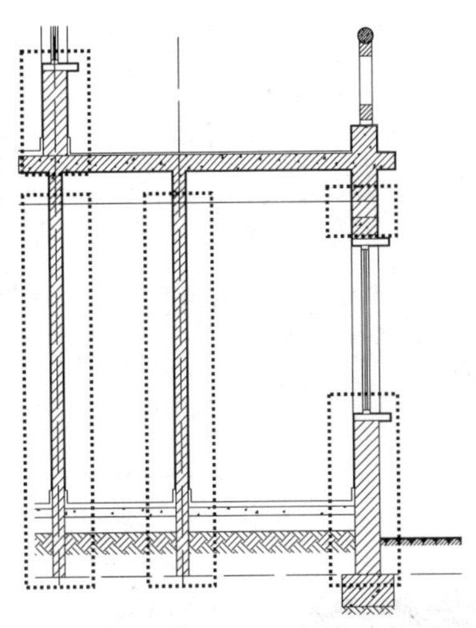

图 11-57 墙体填充

11.1.10 墙身详图的标注

步骤1 单击“图层”工具栏的“图层控制”下拉列表框，选择“尺寸标注”图层为当前层。执行“线性”命令（DLI）、“连续”命令（DCO）等，对图形进行标注。

步骤2 单击“图层”工具栏的“图层控制”下拉列表框，选择“标高”图层为当前层。执行“插入块”命令（I），将“结果文件/11/标高.dwg”图块对象插入到当前图形需要进行标高的地方。

步骤3 单击“图层”工具栏的“图层控制”下拉列表框，选择“文字标注”图层为当前层。对需要文字描述的地方进行文字描述，再绘制图名和绘图比例等，最终效果如图 11-58 所示。

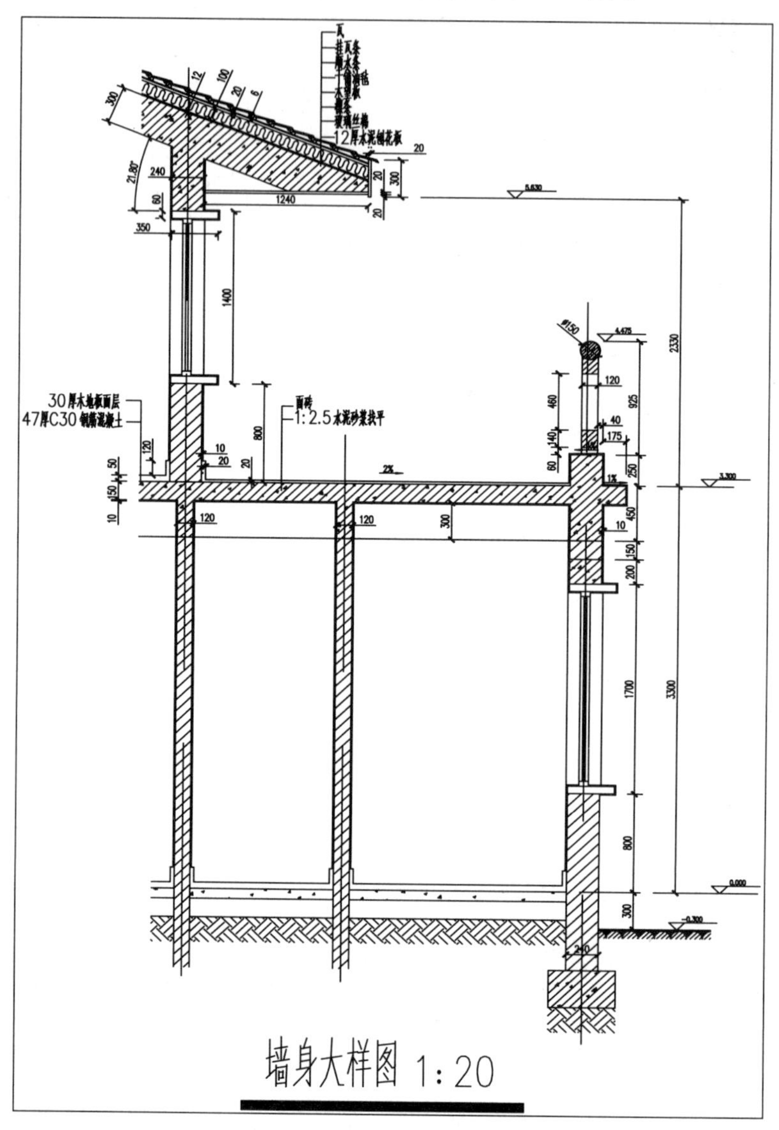

图 11-58　最终效果

11.2 绘制楼梯节点大样图

在绘制楼梯节点大样图之前，可以调用前面设置好的绘图环境，从而节省一部分时间。

步骤1 执行“文件/打开”菜单命令，将“结果文件/11/建筑详图.dwt”文件打开。再执行“文件/另存为”菜单命令，将文件另存为“结果文件/11/楼梯节点大样图.dwg”文件。

步骤2 执行“直线”命令（L），绘制宽为 172mm、高为 122mm的几个踏步对象，再过踏步的拐角点绘制斜线段，如图 11-59 所示。

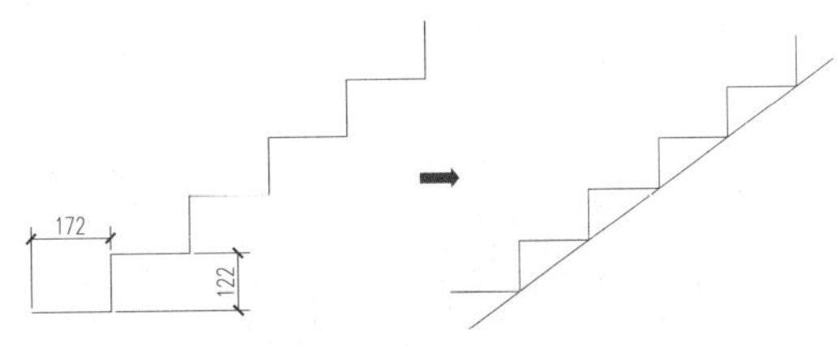

图 11-59　绘制线段

提示——楼梯的组成

楼梯是楼房上下层之间的重要交通通道，一般由楼梯段、休息平台和栏杆（栏板）组成，如图 11-60 所示。

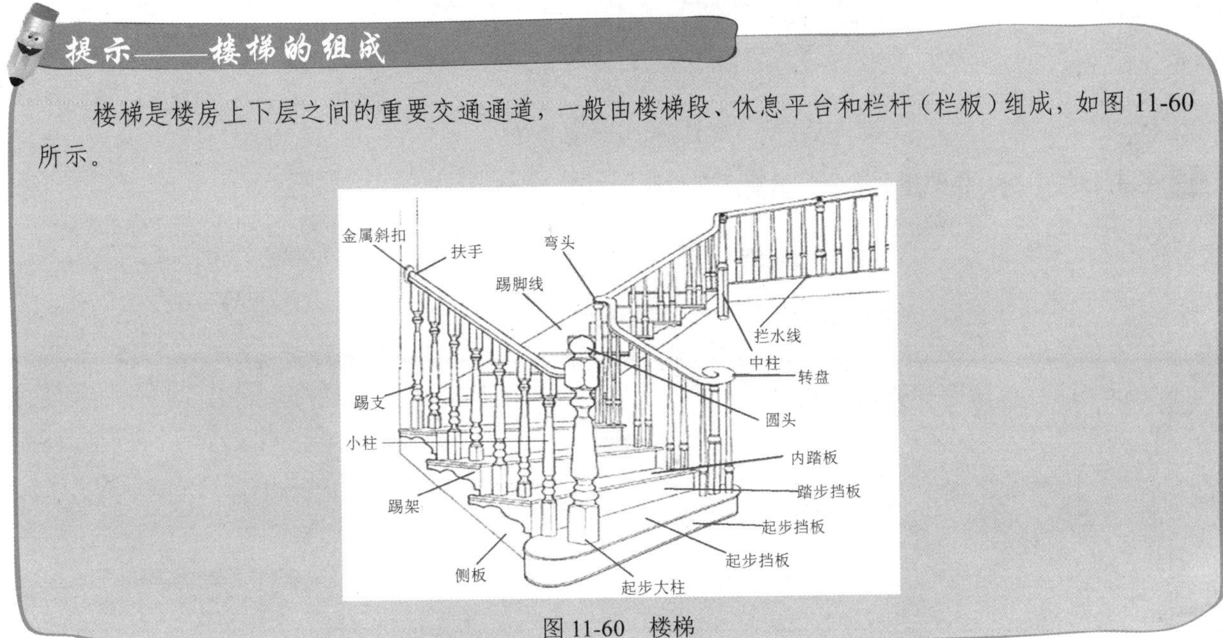

图 11-60　楼梯

步骤 3　执行“偏移”命令（O），将斜线段向右下方偏移 107mm；再执行“删除”命令（E），将上一步所绘制的斜线段删除，如图 11-61 所示。

步骤 4　执行“直线”命令（L），绘制两条折线段，用以表示楼梯假象折断处；再执行“修剪”命令（TR），将该图形进行修剪，如图 11-62 所示。

步骤 5　执行“合并”命令（J），将楼梯踏面上的直线段进行合并，将它们合并成多段线；执行“偏移”命令（O），将合并后的多段线向右下方偏移，偏移距离为 20mm；再将梯段板线向外侧偏移 10mm，然后执行“修剪”命令（TR），将多余的线段进行修剪，如图 11-63 所示。

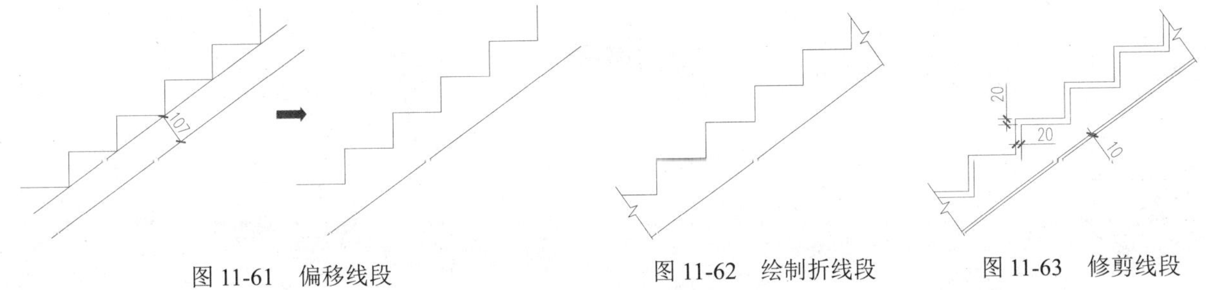

图 11-61　偏移线段　　图 11-62　绘制折线段　　图 11-63　修剪线段

步骤 6　执行“矩形”命令（REC），在踏面上绘制 20mm × 15mm的矩形防滑条；接着执行“移动”命令（M），将矩形移动到如图 11-64 所示的位置；再执行“复制”命令（CO），复制矩形；再执行“修剪”命令（TR），对图形进行修剪。

步骤 7 执行“图案填充”命令（BH），在踏步内部填充为钢筋混凝土材料（ANSI31+AR-CONC），面层为水泥砂浆（AR-SAND）。

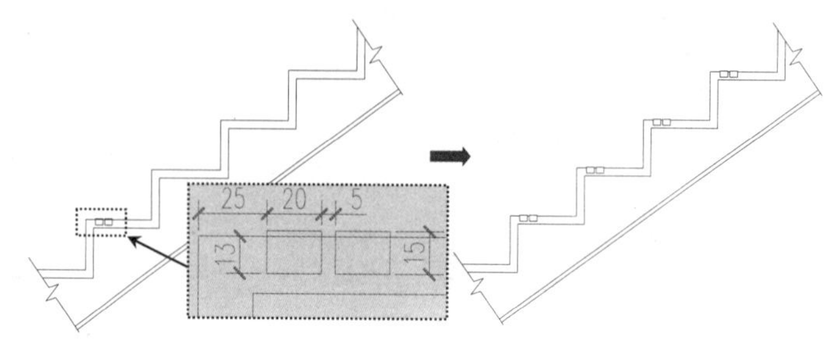

图 11-64 绘制防滑条

步骤 8 绘制标注引线，并使用文字命令编写文字说明，如图 11-65 所示。

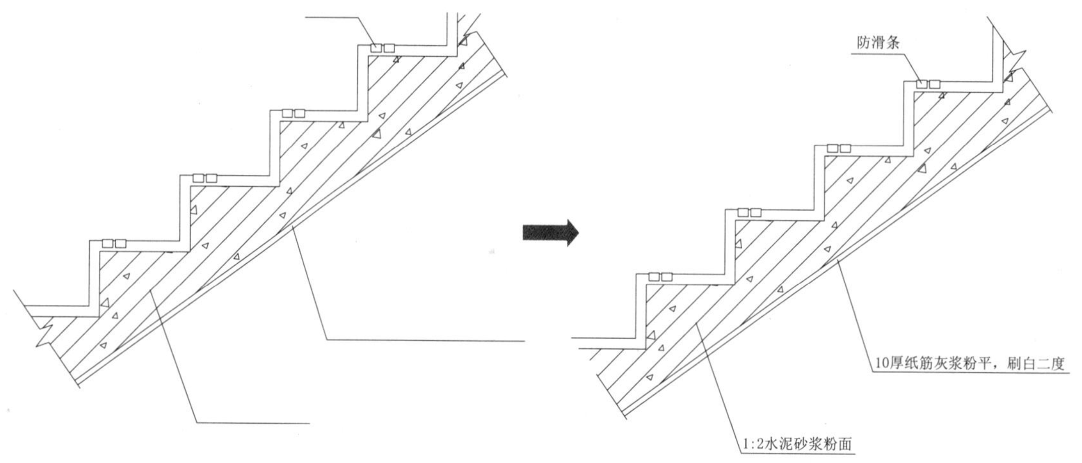

图 11-65 图案填充和标注引线

步骤 9 在“标注”工具栏中单击“线性”标注按钮，对其进行尺寸标注；再使用“单行文字”命令（DT），在图形的下侧输入图名和比例，如图 11-66 所示。

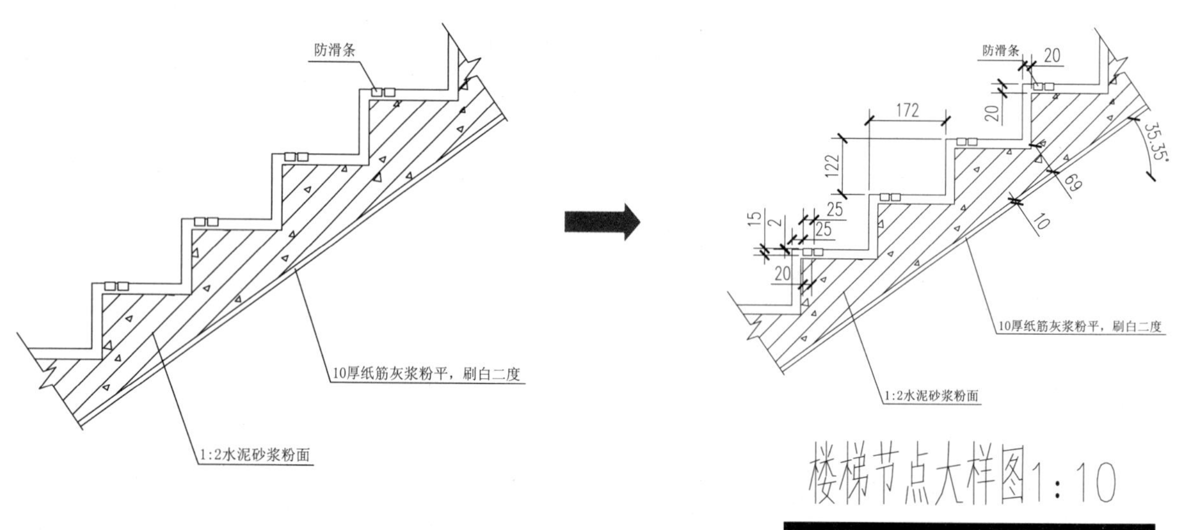

图 11-66 文字标注

步骤10 至此，该楼梯节点大样图已经绘制完毕，按Ctrl+S组合键对其进行保存。

提示——楼梯剖面图的绘制步骤

（1）先画出定位轴线及墙体轮廓，根据标高，定出室内外地坪、各楼面及休息平台的高度位置，再根据平台宽度D和梯段长度L，定出梯段的位置。

（2）确定梯段的起步点，在梯段长度内画出踏步形状，其方法有网格法和辅助线法两种。网格法：在水平方向等分梯段的踏面数和竖直方向等分梯段的踏步数后，形成网格状，沿网格图线画出踏步形状。辅助线法：把梯段的第一个踢面绘出，并用细实线与最后一个踢面（即平台板边线或楼面板边线）相连，然后用踏面数等分辅助线，过辅助线上的等分点向下作垂线和向右（左）作水平线，得到踢面和踏面的投影，形成踏步。

（3）画楼梯板厚度、栏杆、扶手等轮廓。

（4）加深图线，画材料图例；标注标高和各部分尺寸；写图名、比例、索引符号、有关说明等，完成楼梯剖面图。

11.3 门窗大样图的绘制

门窗大样图的绘制方法与楼梯大样图相同，首先调用已经绘制好的绘图环境，再根据相关的参数和设计要求来绘制该别墅的门窗大样图，绘制步骤大致相同，这里就不详细描述了。绘制好的门窗大样图如图11-67所示。

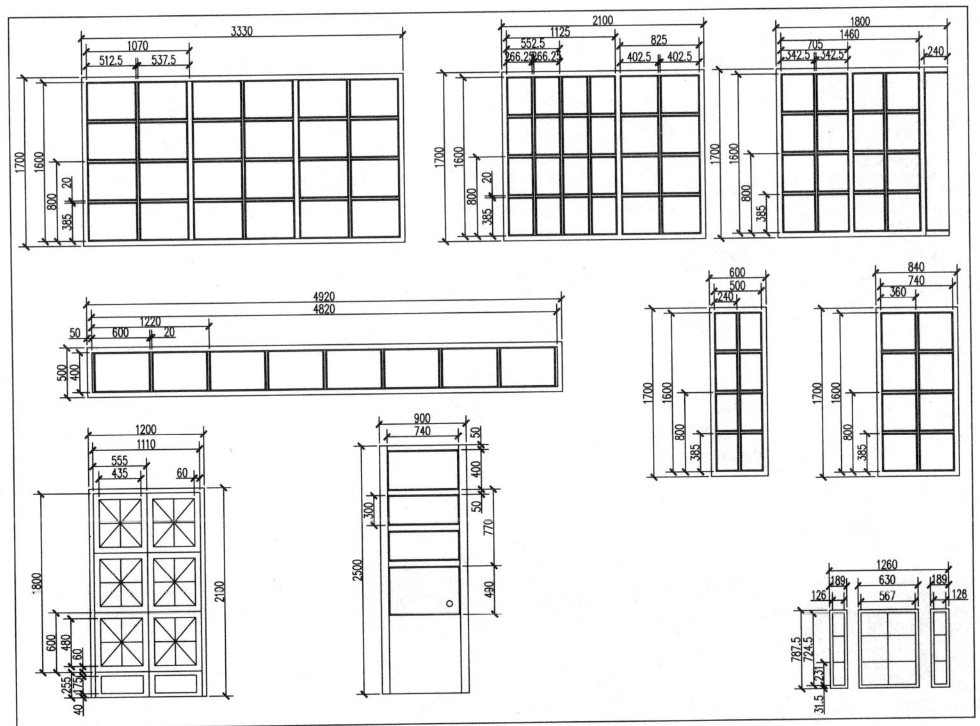

图11-67　别墅门窗大样图

提示——门窗的作用

（1）门窗按其所处的位置不同分为围护构件和分隔构件，不同的设计要求要分别具有保温、隔热、隔声、防水、防火等功能。

（2）门和窗又是建筑造型的重要组成部分，寒冷地区由门窗缝隙而损失的热量，占全部采暖耗热量的 25%左右。门窗密闭性的要求，是节能设计中的重要内容。门和窗是建筑物围护结构系统中重要的组成部分，所以它们的形状、尺寸、比例、排列、色彩、造型等对建筑的整体造型都有很大的影响。

（3）现在很多人都装双层玻璃的门窗，除了能增强保温的效果外，更重要的作用就是隔音，城市的繁华，居住密集，交通发达，使隔音的效果越来越受人们重视。

第 12 章 宾馆建筑施工图的绘制

本章以某多层宾馆的建筑施工图为例，对相应的施工图进行绘制，包括图纸目录、门窗表、施工图设计说明、施工图总平面图、底层平面图、二层至四层平面图、屋顶平面图、南立面图、北、东、西立面图、1-1 和 2-2 剖面图，以及其他相关的施工图，包括外墙墙身大样图、卫生间、标间、套间大样图、楼梯大样图、门窗详图等，让用户通过对该套宾馆施工图的绘制来掌握怎样阅读和绘制一套施工图。

该宾馆为四层（15m）建筑物，用地面积为 6387m^2，总建筑面积为 6647.93m^2，容积率为 1.04，建筑耐火等级为二级，抗震设防烈度为 8 度。宾馆中间段为餐厅及多功能厅，右上方为绿化设施，并有污水处理厂及小学各一处。

学习目标

- 宾馆施工图的目录、设计说明、门窗表、总平面图效果预览
- 宾馆一层平面图的详细绘制
- 宾馆其他楼层平面图的效果预览
- 宾馆南立面图的详细绘制
- 宾馆其他立面图的效果预览
- 宾馆剖面图和其他相关详图的效果预览

12.1 建筑施工图的图纸目录

依照该宾馆施工图的设计要求以及考虑到图纸比例大小，该套图纸采用A1、A2、A3、A4 图纸，用 1:1 比例打印，共有 21 张图纸。

在绘制之前，首先绘制一张图纸目录来归纳图纸的相关特性，便于阅读者在读图之前大致了解该套图纸的相关情况。利用“表格”（Table）命令，插入一个表格，也可利用“直线”命令（L）来绘制；接着执行“单行文字”命令（DT），输入相关的目录文字说明。用户可参考“结果文件/12/图纸目录.dwg”文件来绘制该表格和输入文字说明，如图 12-1 所示。

建筑专业									
序号	图号	图纸名称	图幅	备注	序号	图号	图纸名称	图幅	备注
1		图纸目录	A4		12	建施 11	南立面图	A1	
2	建施 1	施工图设计说明	A2		13	建施 12	东立面图	A1	
3	建施 2	门窗表	A3		14	建施 13	西立面图	A1	
4	建施 3	总平面图	A2		15	建施 14	剖面图	A1	
5	建施 4	材料作法表	A1		16	建施 15	1#、2#外墙大样图	A1	
6	建施 5	一层平面图	A1		17	建施 16	卫生间、标间、套间大样图	A1	
7	建施 6	二层平面图	A1		18	建施 17	1#楼梯大样图	A1	
8	建施 7	三层平面图	A1		19	建施 18	2#楼梯大样图	A1	
9	建施 8	四层平面图	A1		20	建施 19	3#楼梯大样图	A1	
10	建施 9	屋顶层平面图	A1		21	建施 20	门窗详图	A2	
11	建施 10	北立面图	A2						

图 12-1　输入文字说明

12.2 建筑施工图设计说明

根据建筑施工图的要求，施工图都应有相关的设计说明，以供施工者参考。在该宾馆的建筑施工图设计说明中，讲解了该施工图的相关设计要求，从而使施工人员对整个工程有一个大致的了解。

打开“结果文件/12/宾馆建筑施工图设计说明.txt”文件，参照该文件中的文字内容及“结果文件/12/施工图设计说明.dwg”文件中的排列样式，在AutoCAD软件中执行“单行文字”命令（DT），输入该宾馆的建筑施工图设计说明内容，如图 12-2 所示。

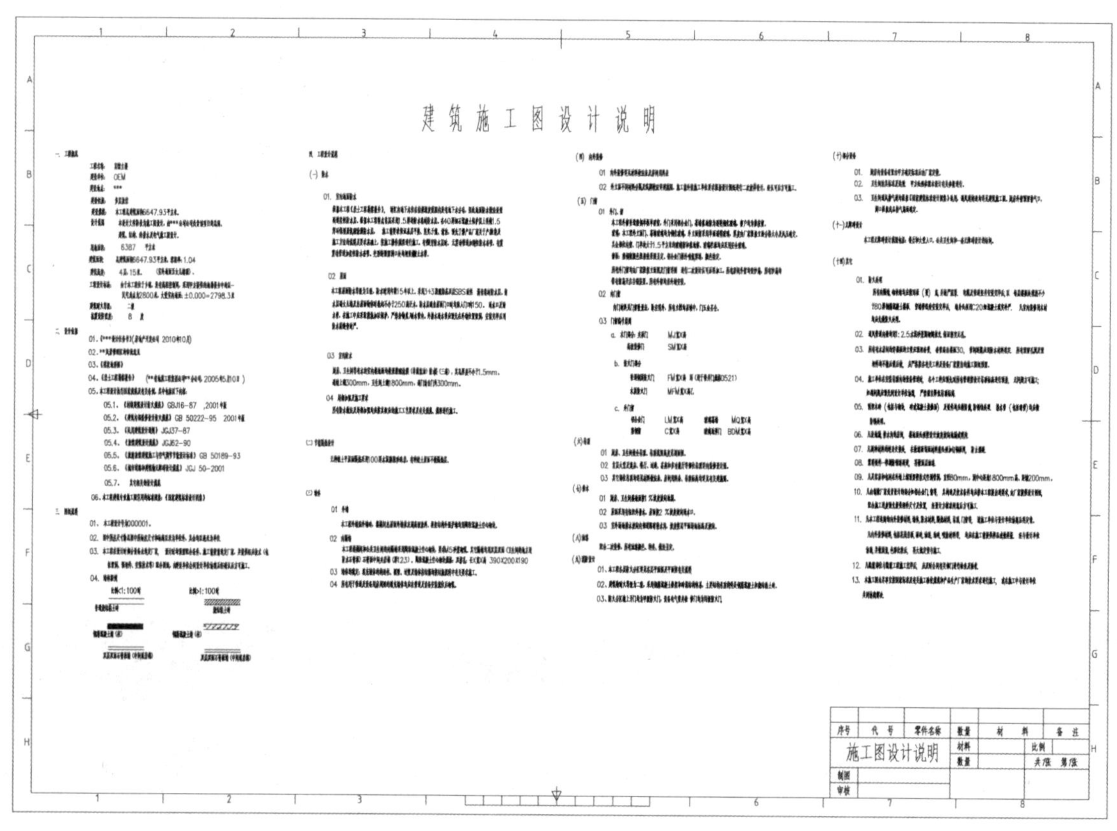

图 12-2　建筑施工图设计说明

12.3 宾馆建筑的门窗表

门窗表就是将该建筑物所要用到的门窗类型、尺寸、数量，在图纸中的代号进行归类处理，从而方便施工者对整个建筑的门窗结构有一个大致的了解。

同样，用户可利用“表格”（Table）命令，插入一个表格，也可利用“直线”命令（L）来绘制；接着执行“单行文字”命令（DT），输入相关的目录文字说明。用户可参考“结果文件/12/门窗表.dwg”文件来绘制该表格和输入文字说明，所绘制的门窗表如图 12-3 所示。

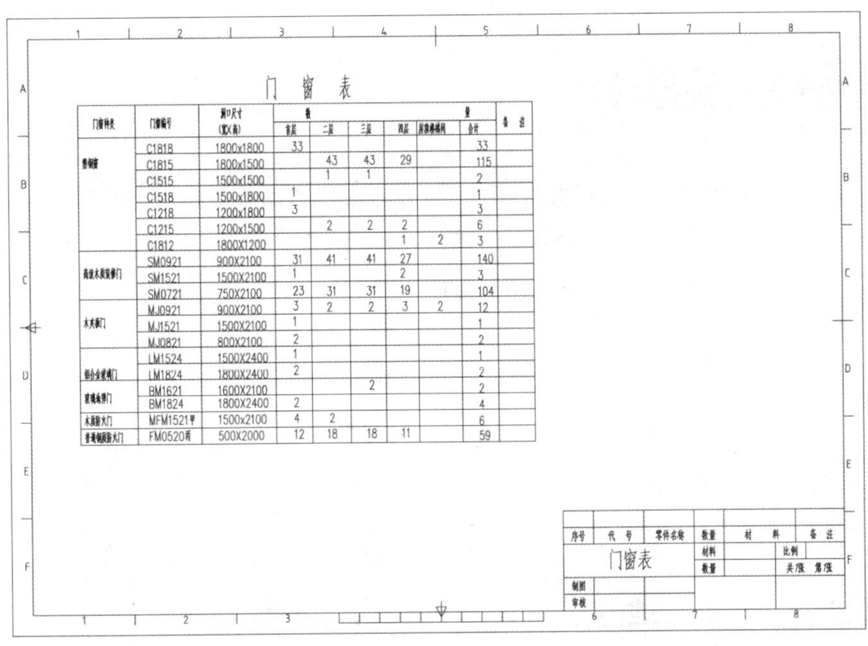

门窗表

门窗种类	门窗编号	洞口尺寸(宽X高)	数量 首层	二层	三层	四层	屋顶楼梯间	合计	备注
塑钢窗	C1818	1800x1800	33					33	
	C1815	1800x1500		43	43	29		115	
	C1515	1500x1500		1	1			2	
	C1518	1500x1800	1					1	
	C1218	1200x1800	3					3	
	C1215	1200x1500		2	2	2		6	
	C1812	1800X1200				1	2	3	
高级木质装修门	SM0921	900X2100	31	41	41	27		140	
	SM1521	1500X2100	1			2		3	
	SM0721	750X2100	23	31	31	19		104	
木夹板门	MJ0921	900X2100	3	2	2	3	2	12	
	MJ1521	1500X2100	1					1	
	MJ0821	800X2100	2					2	
铝合金玻璃门	LM1524	1500X2400	1					1	
	LM1824	1800X2400	2					2	
玻璃地弹门	BM1621	1600X2100			2			2	
	BM1824	1800X2400	2					4	
木质防火门	MFM1521甲	1500x2100	4	2				6	
普通钢质防火门	FM0520丙	500X2000	12	18	18	11		59	

序号	代号	零件名称	数量	材料	备注
门窗表			材料		比例
			数量		共 张 第 张
制图					
审核					

图 12-3　门窗表

12.4 宾馆建筑总平面图

在绘制宾馆的相关建筑施工图时，需先绘制建筑总平面图，在该宾馆建筑总平面图中，右上方为已有的小学和污水处理厂，下方为二期用地。该宾馆的建筑总平面图如图 12-4 所示。

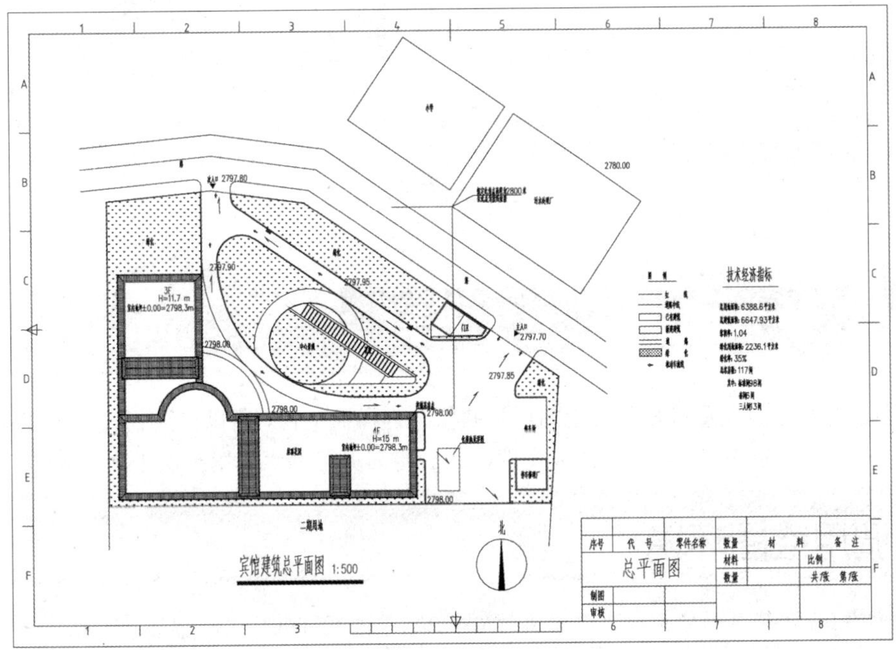

图 12-4　宾馆建筑总平面图

12.5 材料做法表

材料做法表也是建筑施工图中的一个重要内容，它用于提供给施工者在施工时对相关设施的做法参考。

用户可利用“表格”（Table）命令，插入一个表格，也可利用“直线”命令（L）来绘制；接着执行“单行文字”命令（DT），输入相关的目录文字说明。用户可参考“结果文件/12/材料做法表.dwg”文件来绘制该表格和输入文字说明，所绘制的材料做法表如图 12-5 所示。

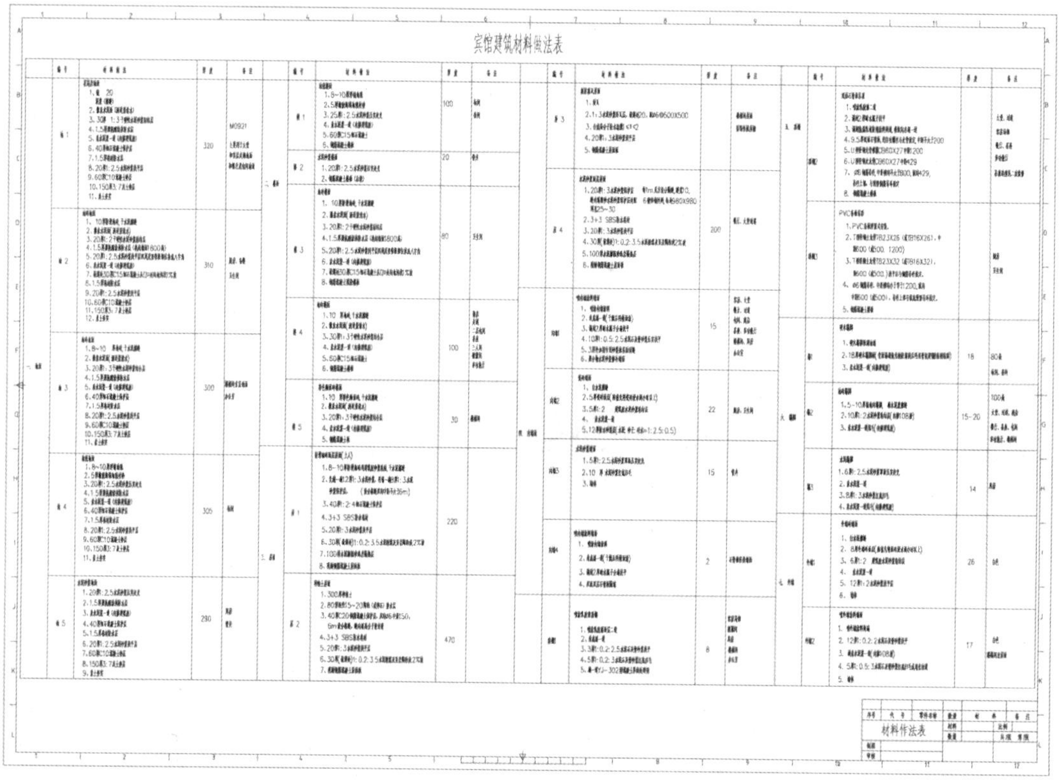

宾馆建筑材料做法表

图 12-5　材料做法表

12.6 宾馆一层平面图的绘制

因为在前面的章节已经设置过相关的绘图环境并保存为样板文件，所以在绘制该宾馆建筑图前，可以调用前面章节所保存的“建筑平面图.dwt”样板文件，然后将其另存为“宾馆一层平面图.dwg”文件。

12.6.1 调用绘图环境

步骤 1 执行“文件/打开”菜单命令，将“结果文件/08/建筑平面图.dwt”文件打开。

步骤 2 执行“文件/另存为”菜单命令，将文件另存为“结果文件/12/宾馆一层平面图.dwg”文件。

12.6.2 绘制轴线

步骤 1 在“图层”工具栏的“图层控制”下拉列表框中，将“轴线”图层置为当前层。

步骤 2 按F8 键打开“正交”模式，执行“构造线”命令（XL），在图形窗口的适当位置绘制一条水平的构造线和一条竖直的构造线。

步骤 3 执行“偏移”命令（O），将下侧的水平轴线依次向上进行偏移，偏移距离分别为 5400mm、1800mm、3900mm、5400mm、3600mm、3600mm、3600mm、475mm、3600mm、3600mm、3600mm、3600mm、3600mm、3600mm；再将竖直的轴线向左进行偏移，偏移距离分别为 3600mm、3600mm、3600mm、3600mm、3600mm、3600mm、3600mm、3600mm、3600mm、3600mm、3600mm、475mm、3600mm、2400mm、4800mm、5400mm、1800mm、2100mm、1800mm、5400mm，如图 12-6 所示。

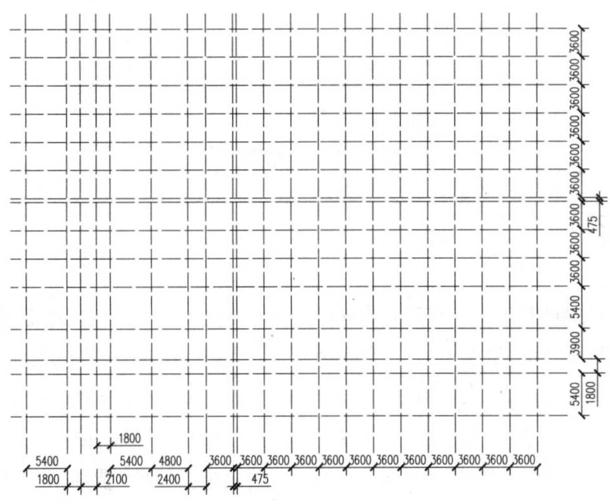

图 12-6　绘制轴网

步骤 4 执行“圆”命令（C），以从下向上数第 5 条轴线和从左向右数第 6 条轴线的交点为圆心，绘制一个直径为 21600mm的圆；再执行“构造线”命令（XL），在圆心处绘制几条带角度的构造线，角度分别为 15°、30°、45°、60°、75°，如图 12-7 所示。

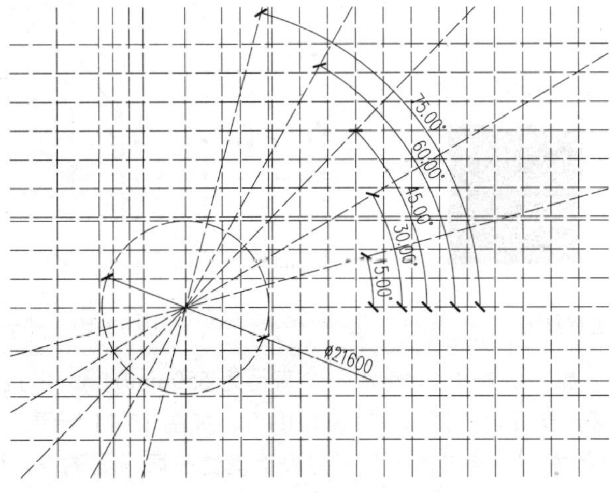

图 12-7　绘制圆和构造线

步骤5 再执行“修剪”命令（TR），对刚才所绘制的圆、构造线和前面所绘制的轴网按照如图 12-8 所示的形状进行修剪。

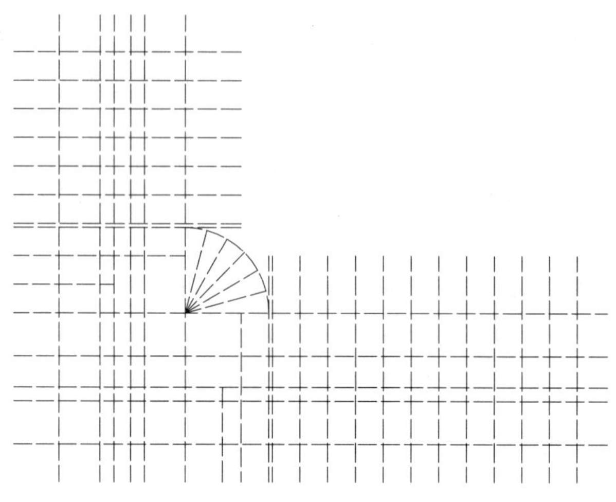

图 12-8　修剪图形

12.6.3　绘制柱子

步骤1 在“图层”工具栏的“图层控制”下拉列表框中，将“柱子”图层置为当前层。

步骤2 执行“矩形”命令（REC），绘制一个 550mm×550mm的矩形；再执行“图案填充”命令（BH），选择所绘制的矩形为填充区域，选择填充图案为“SOLID”， 如图 12-9 所示。

步骤3 单击所填充后的柱子，然后在填充的图形中间出现一个夹点，移动鼠标指针到该夹点上，当夹点变成红色的时候，单击鼠标左键，选择“复制”选项（C），然后依照设计要求将该柱子图形复制到如图 12-10 所示的地方。

步骤4 执行“偏移”命令（O），将直径为 21600mm的圆弧向内偏移 3600mm。

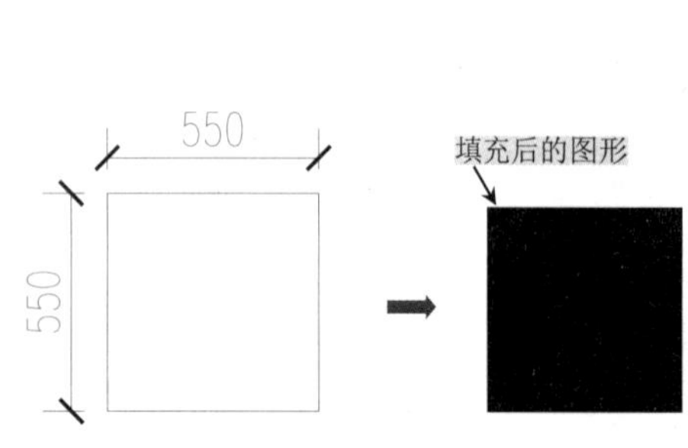

图 12-9　对柱子进行填充

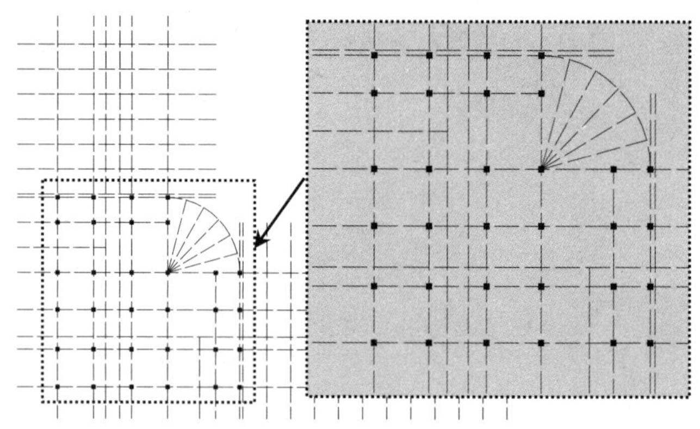

图 12-10　对柱子进行复制

步骤5 采用同样的方法，执行“圆”命令（C），绘制一个直径为 550mm的圆；再执行“图案填充”命令（BH），选择所绘制的圆形为填充区域，选择填充图案为“SOLID”，如图 12-11 所示。

步骤6 采用复制矩形柱子同样的方法，将该圆形柱子复制到宾馆一层平面图中，如图 12-12 所示。

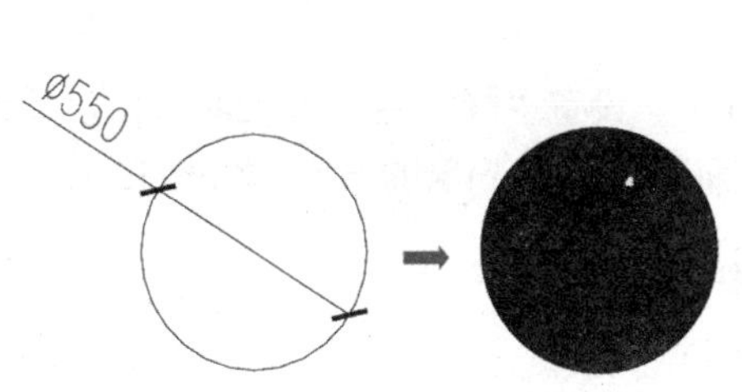

图 12-11　对柱子进行填充

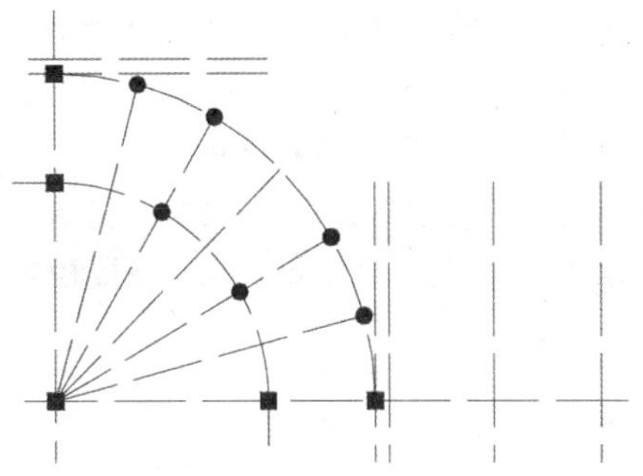

图 12-12　对柱子进行复制

12.6.4　绘制墙体和管道井

1. 绘制墙体

步骤 1 在“图层”工具栏的“图层控制”下拉列表框中，将“墙体”图层置为当前层。

步骤 2 参照设置相关多线样式的方法来创建厚度为 370mm的墙体。执行“格式/多线样式”菜单命令，弹出“多线样式”对话框，单击“新建”按钮，弹出“创建新的多线样式”对话框。

步骤 3 在“新样式名”文本框中输入Q370，单击“继续”按钮，弹出“新建多线样式”对话框，在“说明”文本框中输入“宽度 370mm的墙体”；在“封口”选项组的“直线”选项中选中“起点”和“端点”两个复选框；在“图元”选项组中单击偏移为 0.5 的选项，在下方的“偏移”文本框中输入 185，同样将偏移为–0.5 的选项的“偏移”更改为–185，单击“确定”按钮，返回“多线样式”对话框。单击“置为当前”按钮，再单击“确定”按钮，如图 12-13 所示。

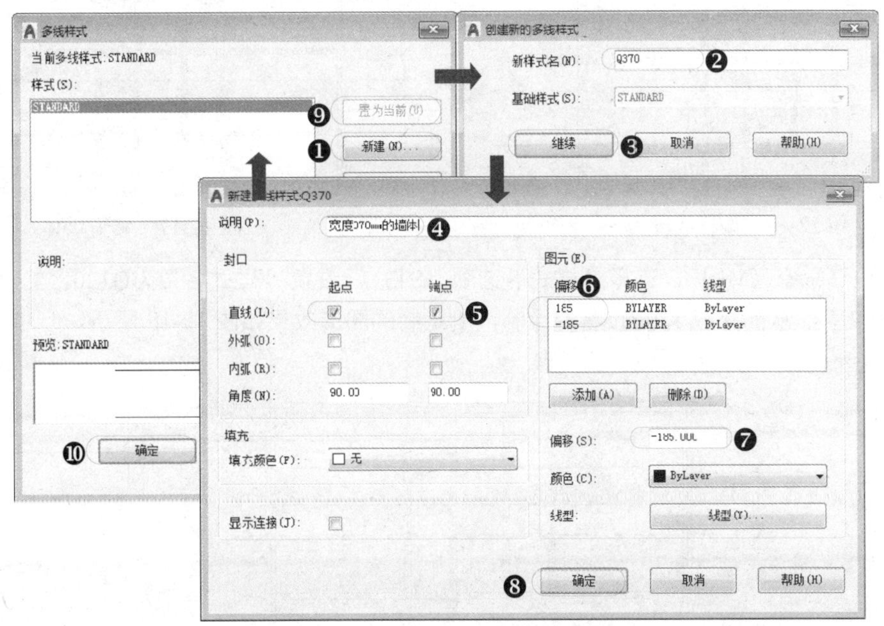

图 12-13　创建 Q370 墙体多线样式

步骤 4 再按照同样的方法创建“墙体 240”“墙体 120”和“墙体 50”的多线样式。

步骤 5 执行“多线”命令（ML），选择“样式”选项（ST），设置“样式名”为Q370；再选择“比例”选项（S），输入多线比例为 1；再选择“对正”选项（J）和“无”选项（Z），将“对正方式”定义为Z；然后捕捉相关的轴线交点作为起点，按F8 键切换到“正交”模式，根据要求依次捕捉相应的轴线交点，从而完成外墙的绘制，如图 12-14 所示。

步骤 6 继续执行“多线”命令（ML），选择“样式”选项（ST），设置“样式名”为Q240；然后捕捉相应的轴线交点作为起点，根据要求依次捕捉相应的轴线交点，从而完成 240mm墙的绘制，如图 12-15 所示。

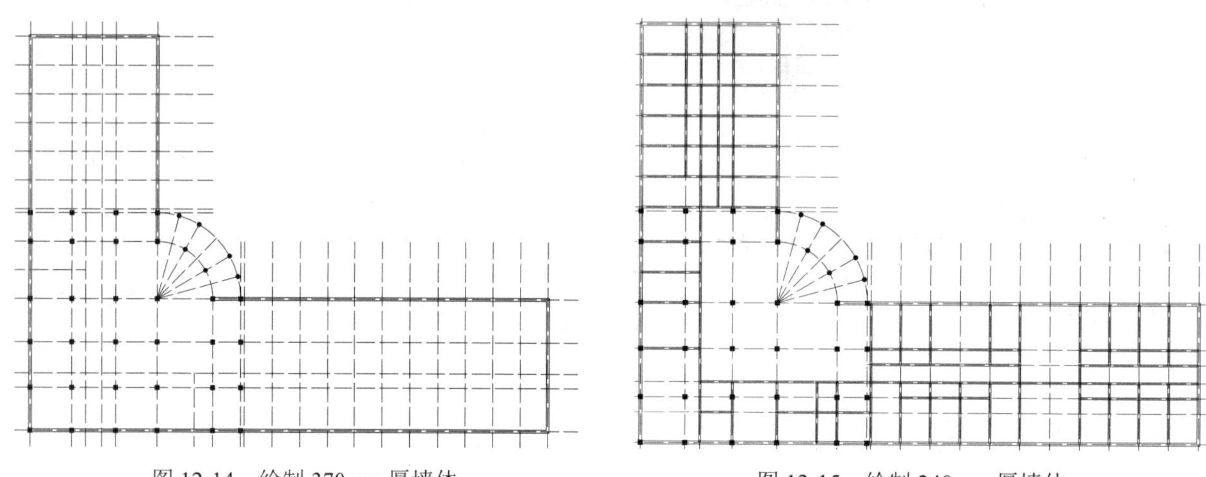

图 12-14　绘制 370mm 厚墙体

图 12-15　绘制 240mm 厚墙体

步骤 7 执行“偏移”命令（O），将图形最上方的两条水平线段按照如图 12-16 所示的尺寸与方向进行偏移。

步骤 8 执行“修剪”命令（TR），对图形按照如图 12-17 所示的形状进行修剪。

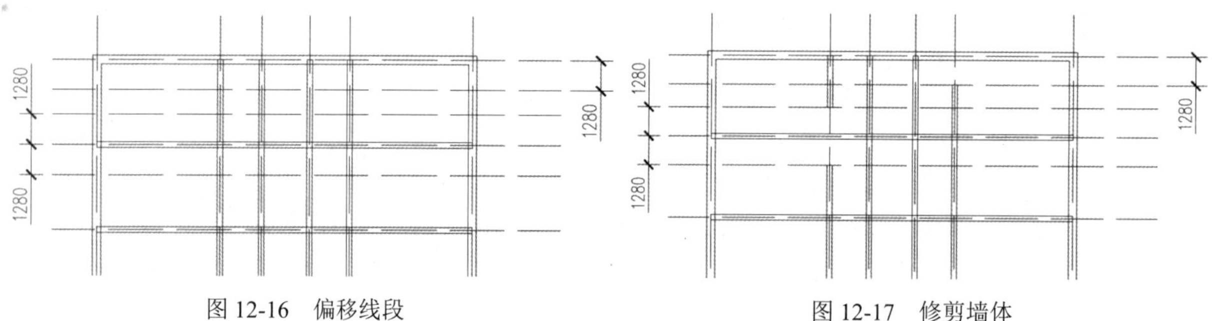

图 12-16　偏移线段

图 12-17　修剪墙体

步骤 9 执行“多线”命令（ML），选择“样式”选项（ST），设置“样式名”为Q120；然后捕捉刚才修剪后的墙体相关的交点，从而完成 120mm墙的绘制，所绘制的图形效果如图 12-18 所示。

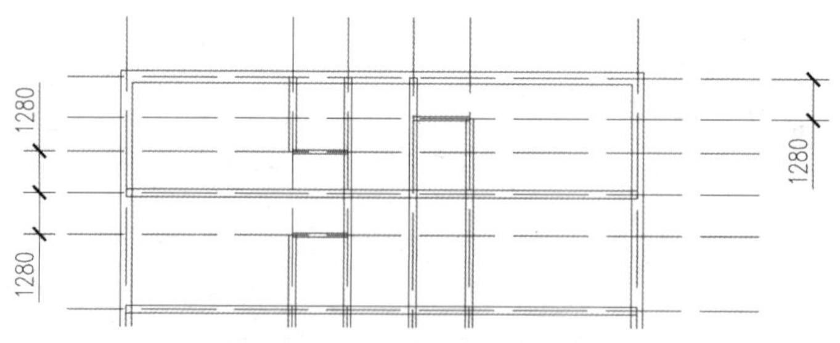

图 12-18　绘制 120mm 厚墙体

步骤 10 采用上面同样的方法，在一层平面图中其他地方修剪相关的墙体；最后执行“删除”命令（E），删除多余的轴线。

步骤 11 再执行“修剪”命令（TR），对图形上方和图形右方过道处的墙体进行修剪，修剪后的图形如图 12-19 所示。

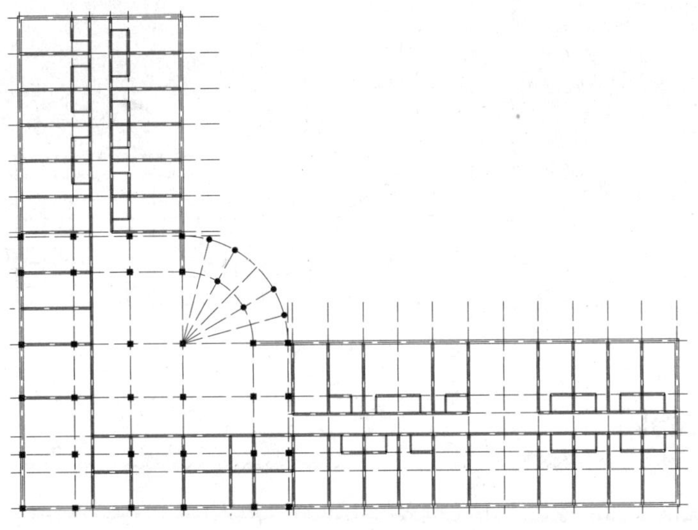

图 12-19 修剪图形

步骤 12 执行“修改/对象/多线”命令，弹出“多线编辑工具”对话框，如图 12-20 所示，单击“T形合并”按钮后，对 24 墙指定的交点进行合并操作，合并后的效果如图 12-21 所示。

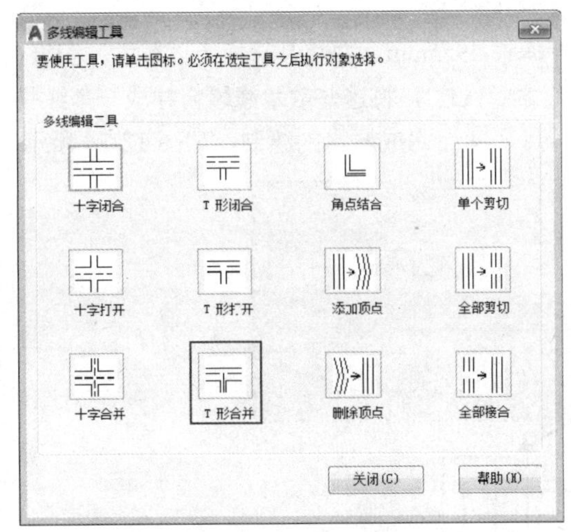

图 12-20 “多线编辑工具”对话框

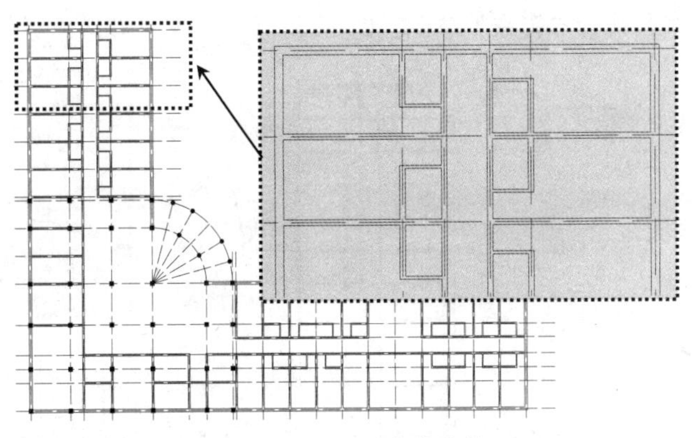

图 12-21 多线编辑

2. 绘制管道井

步骤 1 执行“矩形”命令（REC），绘制几个矩形，尺寸如图 12-22 所示，并对它们进行移动，表示几种管道井，为了和墙体进行区分，将这些管道井图形的颜色更改为“洋红”。

步骤 2 执行“复制”命令（CO）和“旋转”命令（RO），将这几种管道井进行移动，移动位置如图 12-23 所示。

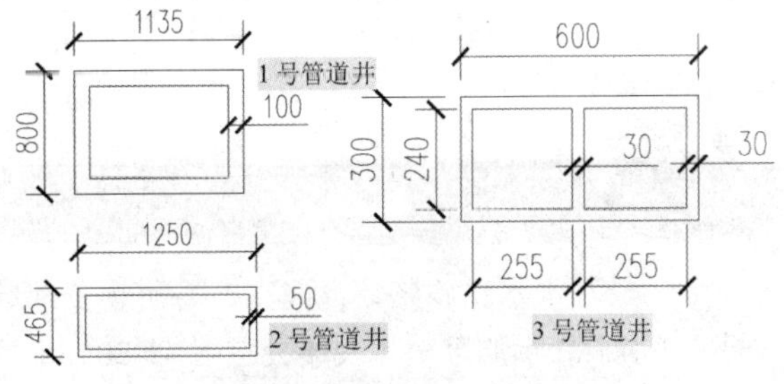

图 12-22 绘制管道井

图 12-23 复制管道井

12.6.5 绘制散水

步骤 1 在“图层”工具栏的“图层控制”下拉列表框中，将“散水”图层置为当前层。接着执行“偏移”命令（O），将上面和左右两边最外面的轴线向外偏移，偏移距离为 1120mm，并将偏移后的线段转换为“散水”图层。

步骤 2 执行“修剪”命令（TR），对刚才偏移的线条进行修剪；再执行“合并”命令（J），将刚才偏移的线段合并成一条多段线。

步骤 3 执行“偏移”命令（O），将直径为 21600mm的圆弧向外偏移 4955mm，并将其转换为“散水”图层；再执行“修剪”命令（TR），将它进行修剪；接着执行“合并”命令（J），将这些散水线段合并成一条线段。

步骤 4 执行“直线”命令（L），连接轴线交点和散水线的转折点，从而完成散水的绘制，如图 12-24 所示。

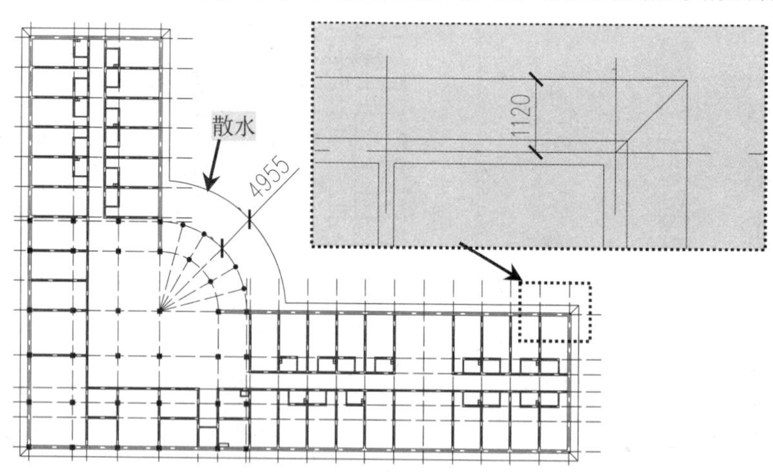

图 12-24 绘制散水

提示——散水的做法

一般可用水泥砂浆、混凝土、砖块、石块等材料做面层。由于建筑物的沉降、勒脚与散水施工时间的差异，在勒脚与散水交接处应留有 20mm 左右的缝隙，在缝内填粗砂或米石子，上嵌沥青胶盖缝，以防渗水和保证沉降的需要。

12.6.6 绘制门窗

1. 开启门窗洞口

步骤 1 现在来开启房间处的门窗洞口。执行"偏移"命令（O），依照如图 12-25 所示的尺寸将图形最上方的两个房间的相关轴线进行偏移。

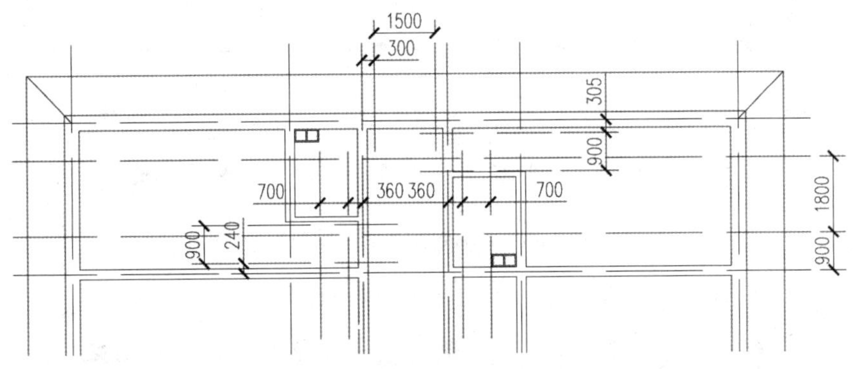

图 12-25 偏移线段

步骤 2 再执行"修剪"命令（TR），对墙体进行修剪，从而形成宾馆客房房间的门窗洞口，如图 12-26 所示。

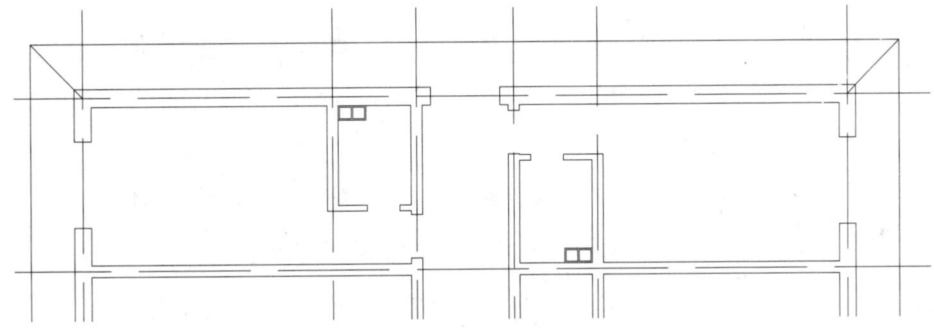

图 12-26 修剪墙体

步骤 3 使用上述同样的方法与步骤，再将该宾馆其他客房房间的相关门窗洞口开启。

步骤 4 采用上面类似的方法与步骤，开启楼梯一处的门窗洞口，如图 12-27 所示。

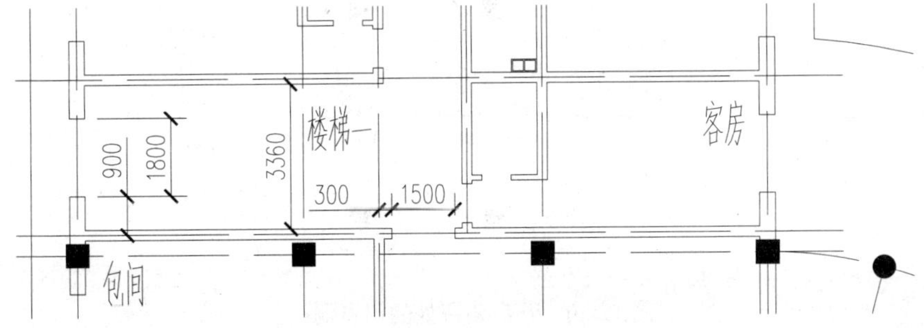

图 12-27 开启楼梯一处的门窗洞口

步骤 5 继续上面的方法与步骤，开启包间处的门窗洞口，如图 12-28 所示。

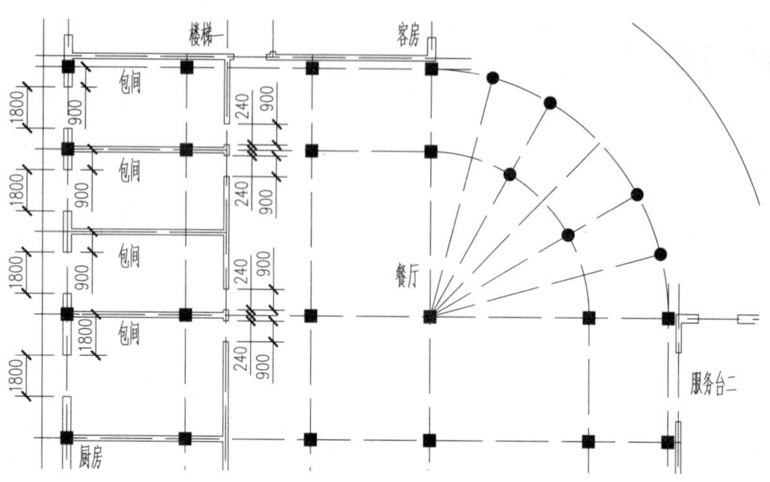

图 12-28　开启包间处的门窗洞口

步骤 6　继续上面的方法与步骤，开启厨房处的门窗洞口，如图 12-29 所示。

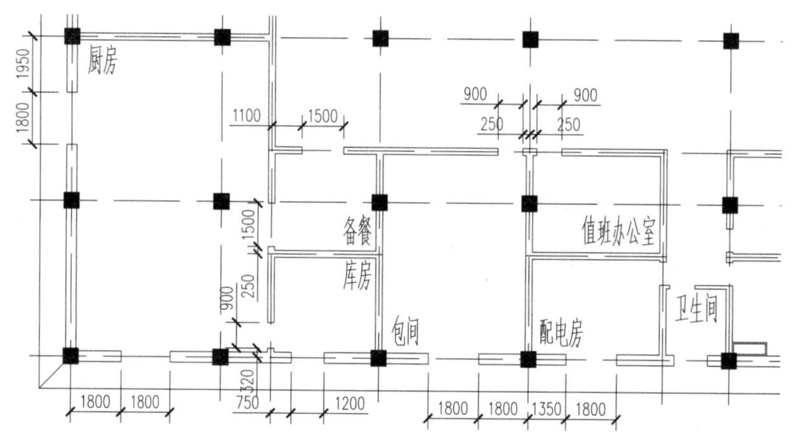

图 12-29　开启厨房处的门窗洞口

步骤 7　继续上面的方法与步骤，开启厕所处的门窗洞口，如图 12-30 所示。

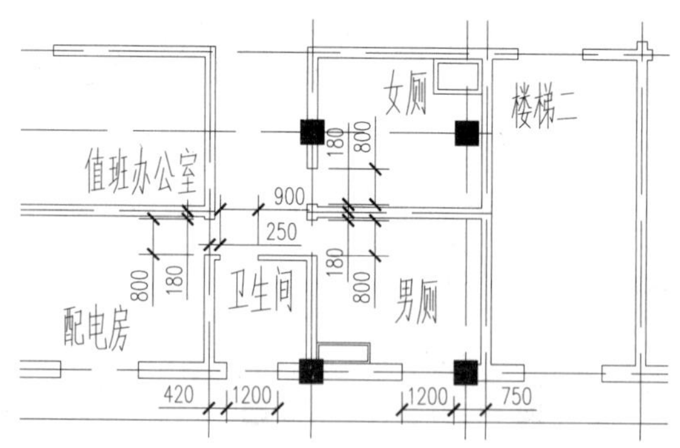

图 12-30　开启厕所处的门窗洞口

步骤 8　继续上面的方法与步骤，开启楼梯二处的门窗洞口，如图 12-31 所示。继续开启楼梯三处的门窗洞口，如图 12-32 所示。

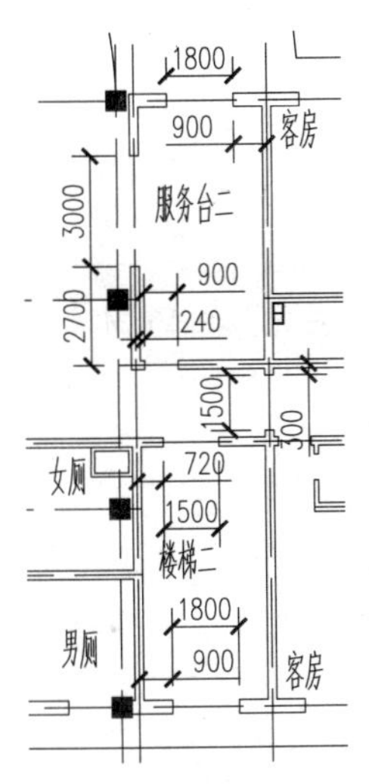

图 12-31　开启楼梯二处的门窗洞口

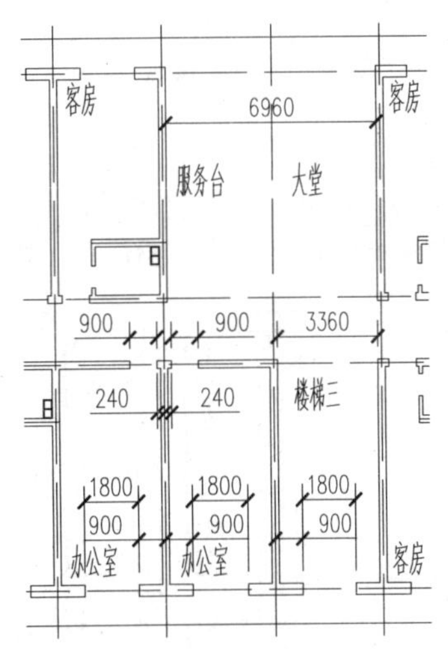

图 12-32　开启楼梯三处的门窗洞口

2. 细化厕所墙体及绘制厕所隔间

步骤 1 将绘图区域移至厕所处，在“图层”工具栏的“图层控制”下拉列表框中，将“墙体”图层置为当前层。

步骤 2 执行“多线”命令（ML），选择“样式”选项（ST），设置“样式名”为Q50；然后参照如图 12-33 所示的尺寸捕捉相应的轴线交点作为起点，依次捕捉相应的轴线交点，从而完成 50mm墙的绘制。

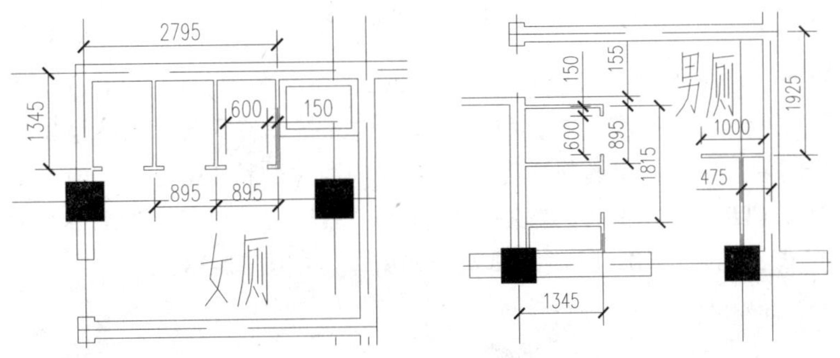

图 12-33　细化厕所

提示——隔墙的设计要求

（1）重量轻、厚度薄，以减轻它加给楼板或小梁的荷载；

（2）要保证隔墙的稳定性良好，特别要注意其与承重墙的连接；

（3）要满足一定的隔声、防火、防潮和防水要求。

3. 窗的绘制

步骤 1 在“图层”工具栏的“图层控制”下拉列表框中，将“门窗”图层置为当前层。执行“格式/多线样式”菜单命令，弹出“多线样式”对话框，按照门的绘制方式，创建如图 12-34 所示的两种多线样式。

步骤 2 执行“多线”命令（ML），选择“样式”选项（ST），设置“样式名”为C370，沿厚度为 370mm的墙体将图 12-35 中虚线框所示的区域已开启窗洞的地方绘制C370 多线。

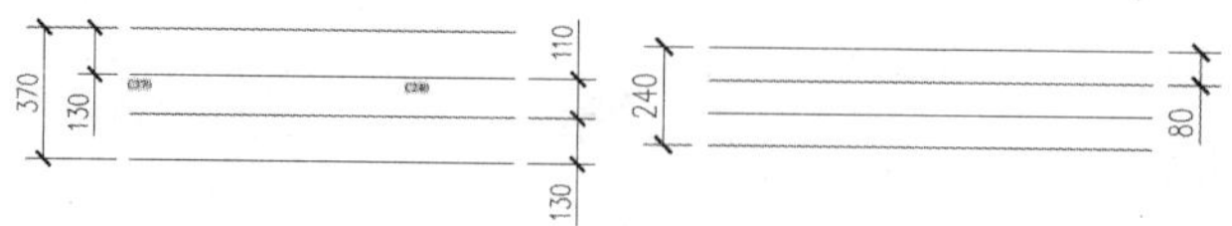

图 12-34　绘制多线样式

步骤 3 继续执行“多线”命令（ML），选择“C240”多线样式，绘制服务台二处的窗体。

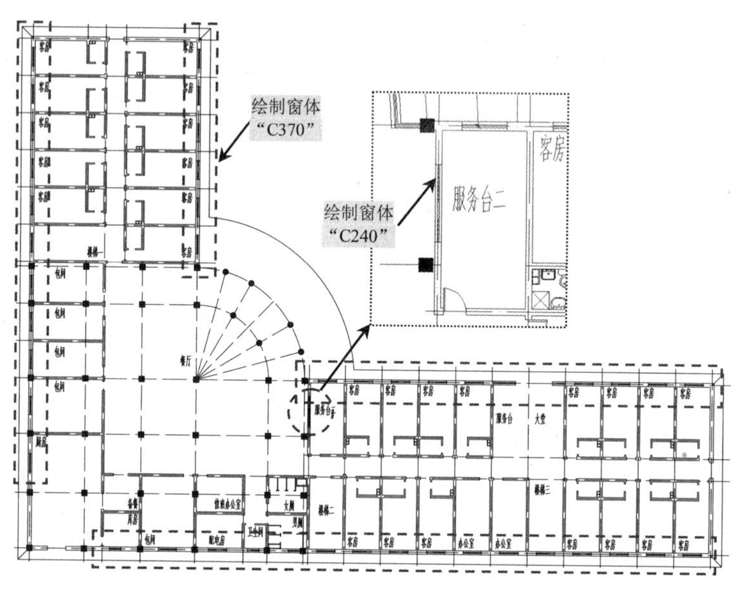

图 12-35　绘制 C370 窗体

步骤 4 执行“偏移”命令（O），将餐厅处直径为 21600mm的圆弧向内偏移 1200mm，如图 12-36 所示。

步骤 5 继续执行“偏移”命令（O），将刚才偏移的圆弧向内外各偏移两条，偏移距离为 55mm、185mm，并将偏移的圆弧转换为“门窗”图层，接着将 45°的轴线段向两边偏移 1800mm，如图 12-37 所示。

步骤 6 执行“修剪”命令（TR），将偏移的线段进行修剪；然后执行“多线”命令（ML），选择“样式”选项（ST），设置“样式名”为C370，绘制圆弧两边的窗体，如图 12-38 所示。

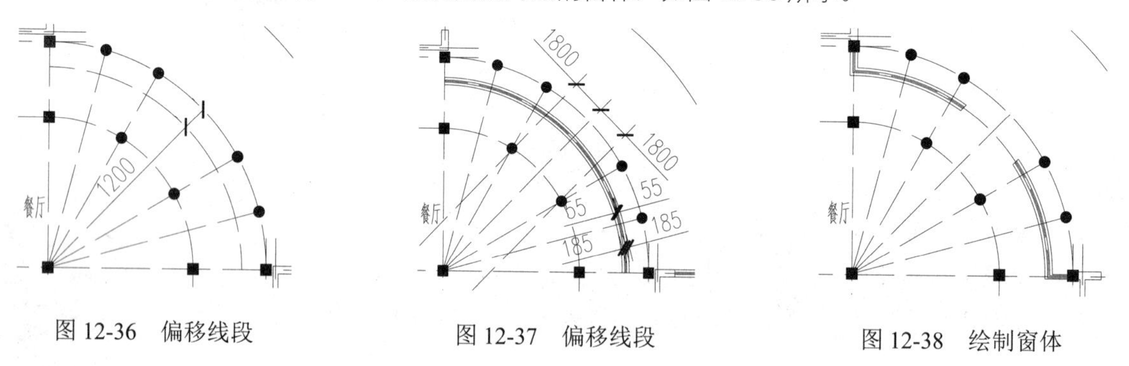

图 12-36　偏移线段　　图 12-37　偏移线段　　图 12-38　绘制窗体

4. 门的绘制

步骤 1 单击“图层”工具栏的“图层控制”下拉列表框，选择 0 图层为当前层。执行“矩形”命令（REC）、“圆弧”命令（A）、“直线”命令（L）等，绘制如图 12-39 所示的图形。

步骤 2 执行“写块”命令（W），弹出“写块”对话框，将上面所绘制的门对象保存为图块，图块名参照如图 12-39 所示的名称。

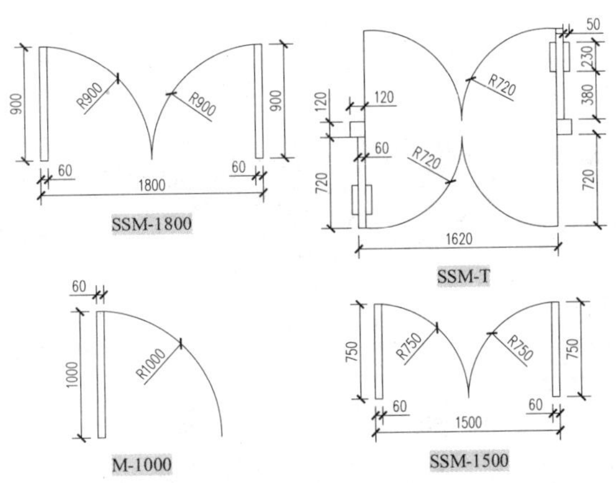

图 12-39　绘制门图形

步骤 3 在“图层”工具栏的“图层控制”下拉列表框中，将“门窗”图层置为当前层。

步骤 4 执行“插入块”命令（I）、“旋转”命令（RO）、“镜像”命令（MI）、“移动”命令（M）等，将刚才绘制的门插入到图形中。

提示

在插入门图块时，门洞小于等于1000mm的，全部插入M-1000门，门的具体宽度由“插入”对话框中的“比例/X”选项来调节。门洞宽度为1500mm的插入“SSM-1500”，门洞宽度为1800的插入“SSM-1800”。所插入的门图块如图12-40所示。

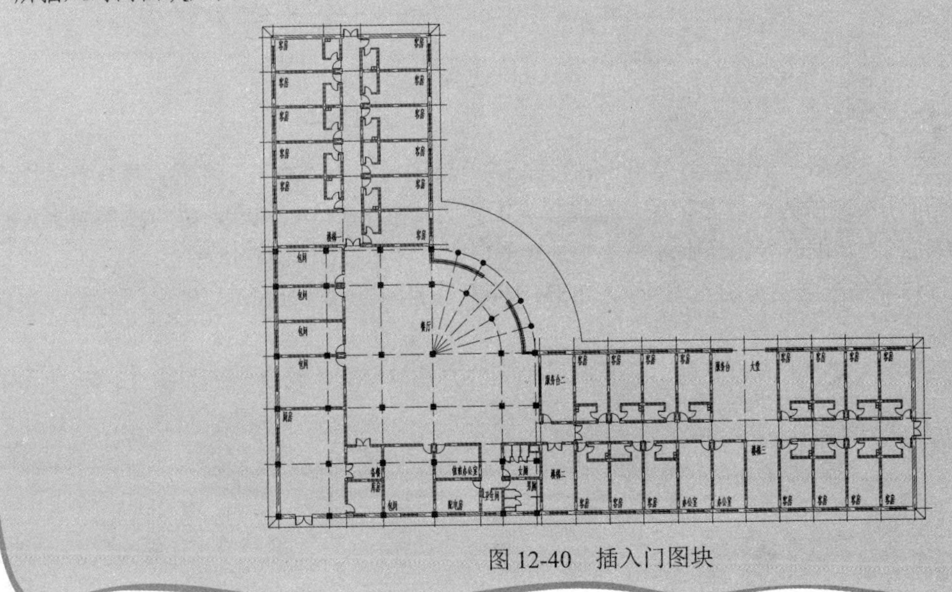

图 12-40　插入门图块

步骤 5 继续执行“插入块”命令（I），在图形右下侧大堂处插入“SSM-T”图块，如图12-41所示。同样，执行“插入块”命令（I）、“旋转”命令（RO）、“复制”命令（CO）等，在餐厅大门处也插入“SSM-T”图块，如图12-42所示。

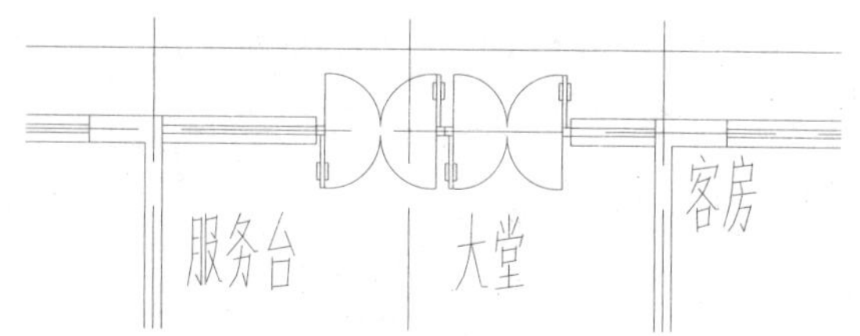

图 12-41　插入 SSM-T 门图块

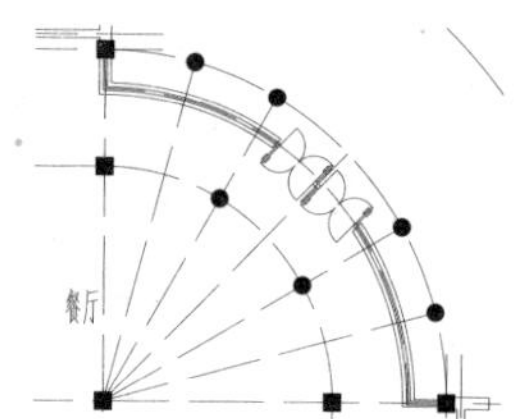

图 12-42　插入 SSM-T 门图块

12.6.7　绘制台阶

步骤 1　单击"图层"工具栏的"图层控制"下拉列表框，选择"楼梯"图层为当前层。将绘图区域移至图形上方的"SSM-1500"处，执行"矩形"命令（REC），绘制一个尺寸为 3000mm × 1500mm的矩形；然后执行"移动"命令（M），将该矩形按照如图 12-43 所示的尺寸进行移动。

步骤 2　执行"分解"命令（X），将该矩形进行分解；然后执行"偏移"命令（O），将分解后矩形的相关线段按照如图 12-44 所示的尺寸与方向进行偏移；再执行"修剪"命令（TR），将偏移后的图形进行修剪。

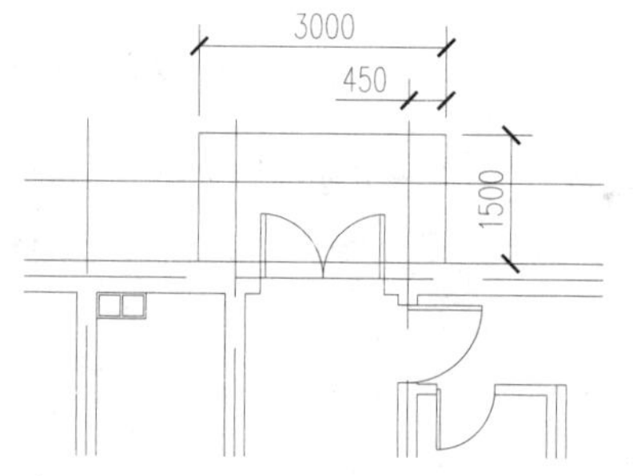

图 12-43　绘制矩形

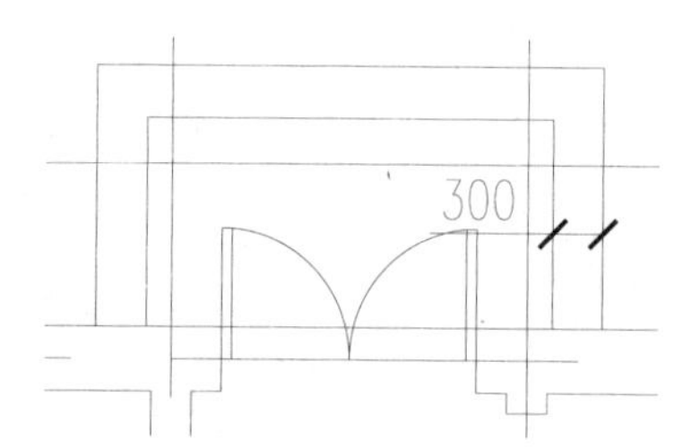

图 12-44　偏移线段

步骤 3　执行"圆"命令（C），绘制一个直径为 200mm的圆，并将该圆转换为"柱子"图层；再执行"图案填充"命令（BH），选择所绘制的圆为填充区域，选择填充图案为"SOLID"，对图形进行图案填充；再执行"复制"命令（CO），将该图形复制到刚才所绘制的矩形中，具体尺寸如图 12-45 所示。

步骤 4　参照以上步骤及方法，在一层平面图左下侧的"SSM-1800"门和右侧的"SSM-1500"门处绘制类似的台阶。

步骤 5　将绘图区域移至图形中大堂"SSM-T"处，采用前面相同的方法与步骤，绘制一个如图 12-46 所示的台阶及相关的柱子图形。

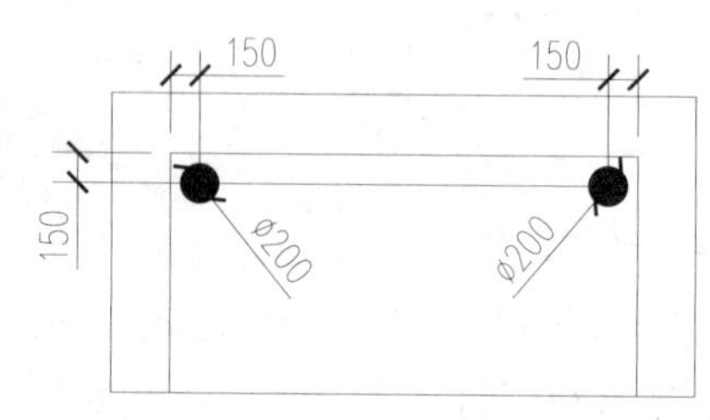

图 12-45　绘制柱子

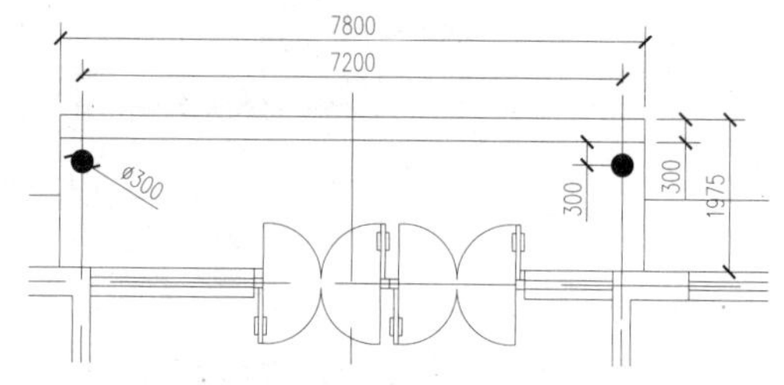

图 12-46　绘制台阶

步骤 6　在刚才绘制的台阶的左侧，执行"矩形"命令（REC），绘制如图 12-47 所示的两个矩形；再执行"移动"命令（M），将它们移动到图示位置，表示无障碍通道。

步骤 7 采用同样的方法与步骤，在餐厅大门口绘制一个如图 12-48 所示的台阶图形及无障碍通道（坡道）。

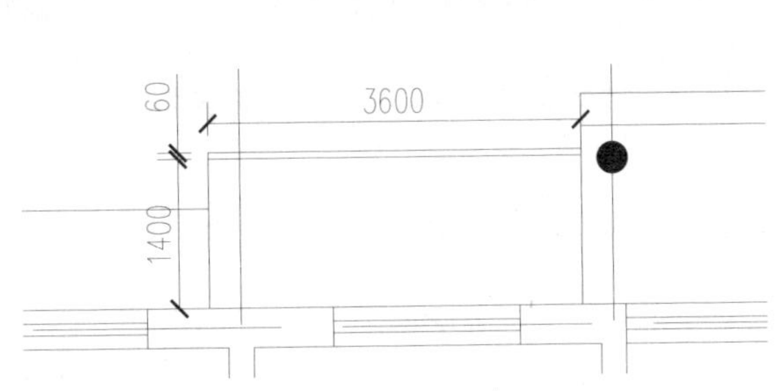

图 12-47 绘制无障碍通道

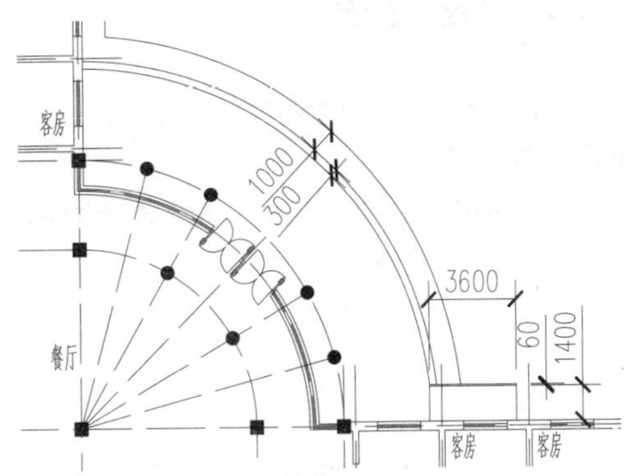

图 12-48 绘制餐厅大门口台阶

提示

坡道为了方便车辆及残疾人进出建筑物而设置的带有斜坡的道路，它的构造与台阶基本相同，一般采用实铺，垫层的强度和厚度应根据坡道的长度及上部荷载大小进行选择，严寒地区垫层下部设置砂垫层。

坡道按用途的不同，可以分为行车坡道和轮椅坡道两类。

行车坡道分为普通行车坡道与回车坡道两种。行车坡道布置在有车辆进出的建筑入口处，如车库等。回车坡道与台阶踏步组合在一起，布置在某些大型公共建筑的入口处，如办公楼、医院等。

轮椅坡道专供残疾人使用，又称为无障碍坡道。

普通行车坡道的宽度应大于所连通的门洞宽度，一般每边至少≥500mm；回车坡道的宽度与坡道半径及车辆规格有关，不同位置的坡道坡度和宽度应符合表 12-1 的规定。供残疾人使用的轮椅坡道宽度不应小于 0.9m。当坡道的高度和长度超过表 12-2 的规定时，应在坡道中部设休息平台，其深度不小于 1.2m；坡道在转弯处应设休息平台，其深度不小于 1.5m。

无障碍坡道在坡道的起点和终点，应留有深度不小于 1.50m的轮椅缓冲地带。坡道两侧应设置扶手，且与休息平台的扶手保持连贯。坡道侧面凌空时，在栏杆扶手下端宜设高不小于 50mm的坡道安全挡台。

表 12-1 不同位置的坡道坡度和宽度

坡道位置	最大坡度	最小宽度（m）
有台阶的建筑入口	1∶12	1.20
只设坡道的建筑入口	1∶20	1.50
室内走道	1∶12	1.00
室外通路	1∶20	1.50
困难地段	1∶10~1∶8	1.20

表 12-2 每段坡道的坡度、最大高度和水平长度

坡道坡度（高/长）	1∶8	1∶10	1∶12	1∶16	1∶20
每段坡道允许高度（m）	0.35	0.60	0.75	1.00	1.50
每段坡道允许水平长度（m）	2.80	6.00	9.00	16.00	30.00

12.6.8 绘制楼梯

步骤 1 参照前面章节绘制楼梯的方法与步骤，绘制一个如图 12-49 所示的楼梯图形，该楼梯图形表示建筑平面图首层楼梯示意图。

步骤 2 执行“编组”命令（G），将该楼梯图形进行编组；再执行“复制”命令（CO），将该楼梯图形复制到楼梯一处，如图 12-50 所示。

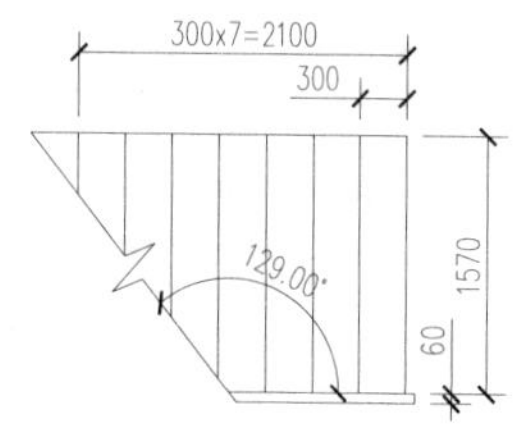

图 12-49 绘制楼梯图形

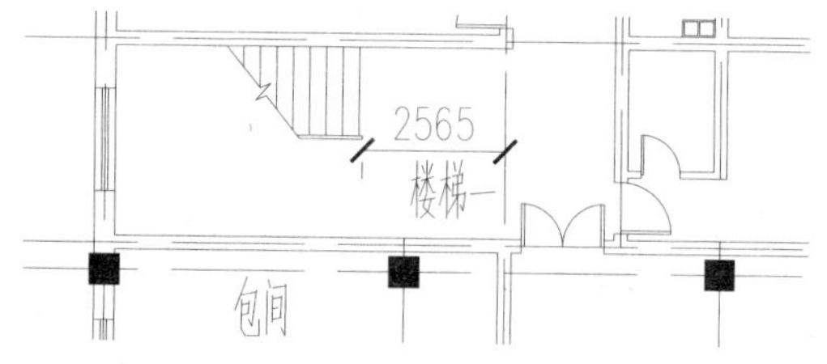

图 12-50 复制楼梯图形

步骤 3 继续前面的操作，执行“旋转”命令（RO），将源楼梯图形旋转 90°；再执行“镜像”命令（MI），将旋转后的图形左右镜像；接着执行“复制”命令（CO），将旋转镜像后的楼梯图形复制到楼梯二和楼梯三处，如图 12-51 所示。

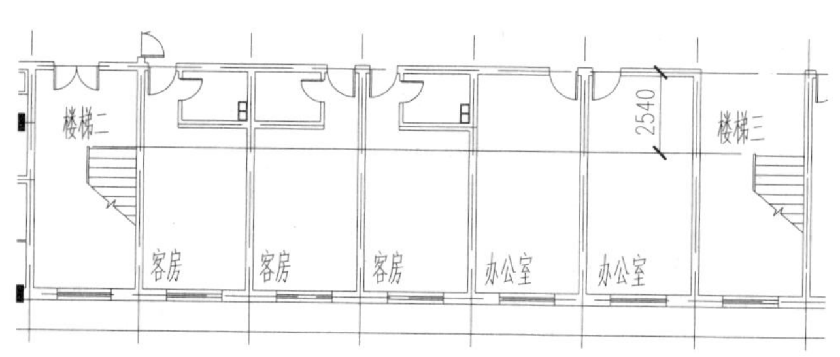

图 12-51 继续复制楼梯图形

12.6.9 绘制各种设施设备

步骤 1 单击“图层”工具栏的“图层控制”下拉列表框，选择“设施”图层为当前层。

步骤 2 执行“插入块”命令（I），在客房卫生间中插入相关的设施，并通过“旋转”命令（RO）、“复制”命令（CO）等，对图形进行操作，效果如图 12-52 所示。

步骤 3 继续执行“插入块”命令（I），在厕所图形中插入相关的设施，并通过“旋转”命令（RO）、“复制”命令（CO）等，对图形进行操作，效果如图 12-53 所示。

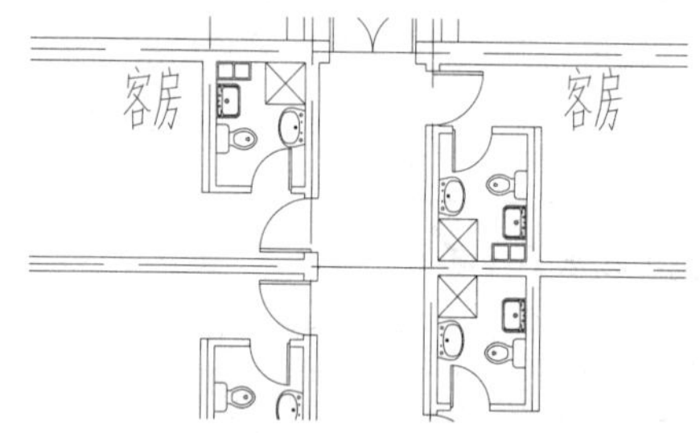

图 12-52 插入客房卫生设施

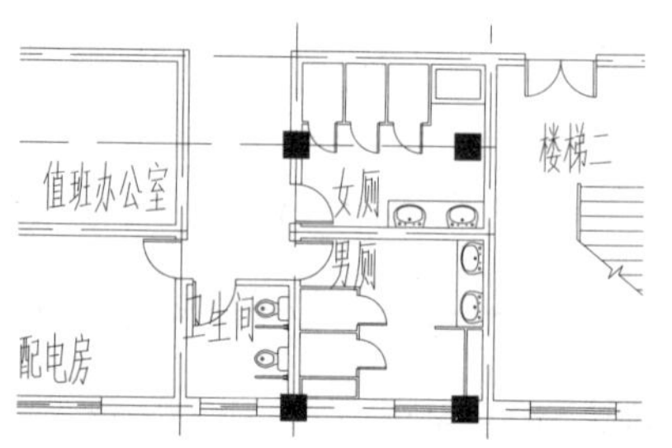

图 12-53 插入厕所卫生设施

12.6.10　标高和剖切符号的标注

1. 标高标注

步骤 1　单击“图层”工具栏的“图层控制”下拉列表框，选择 0 图层为当前层。参照绘制楼梯的方法与步骤，绘制一个如图 12-54 所示的标高符号。

步骤 2　执行“写块”命令（W），将标高符号进行写块，将其命名为“结果文件/12/标高.dwg”。

步骤 3　单击“图层”工具栏的“图层控制”下拉列表框，选择“标高”图层为当前层。

步骤 4　执行“插入块”命令（I），选择“结果文件/12/标高.dwg”图块文件，在室内捕捉一点作为标高符号的插入基点，再根据要求输入标高值为 0.000；然后在室外捕捉一点作为标高符号的插入基点，再根据要求输入标高值为–0.300，如图 12-55 所示。

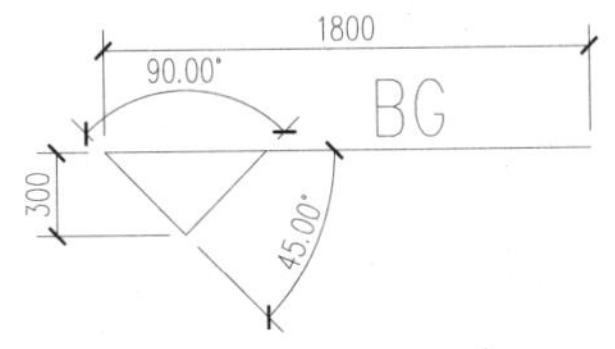

图 12-54　标高符号

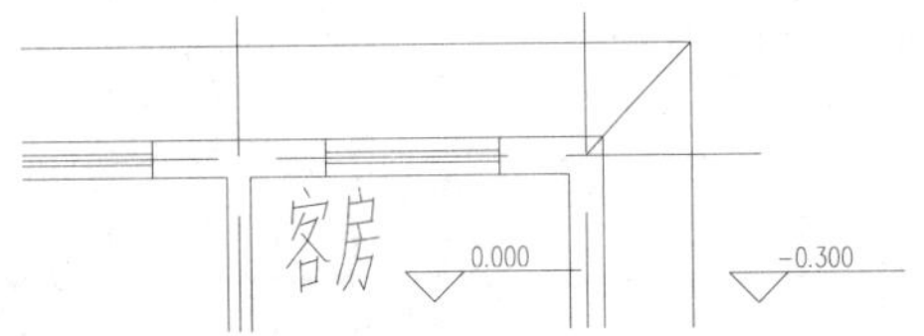

图 12-55　插入标高符号

2. 绘制剖切符号

步骤 1　单击“图层”工具栏的“图层控制”下拉列表框，选择“文字标注”图层为当前层。

步骤 2　执行“多段线”命令（PL），沿一层总平面下方水平的走廊绘制一条如图 12-56 所示的多段线，其多段线的宽度为 50；再使用“打断”（BR）命令，将该多段线打断，形成剖切符号；然后使用“单行文字”（T）命令，在该剖切符号的两端输入剖切编号“1”。

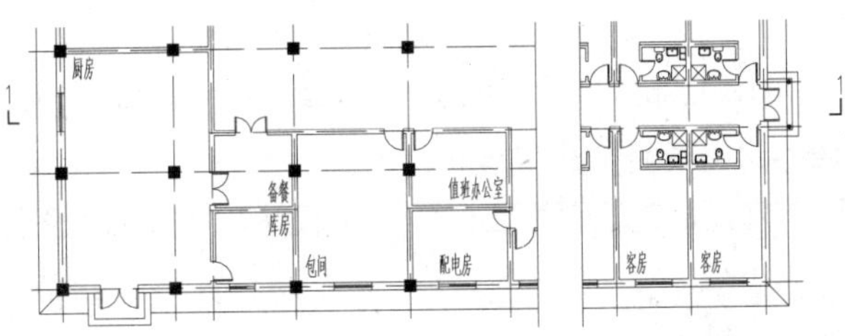

图 12-56　绘制 1-1 剖切符号

步骤 3　重复以上步骤，绘制 2-2 剖切符号，如图 12-57 所示。

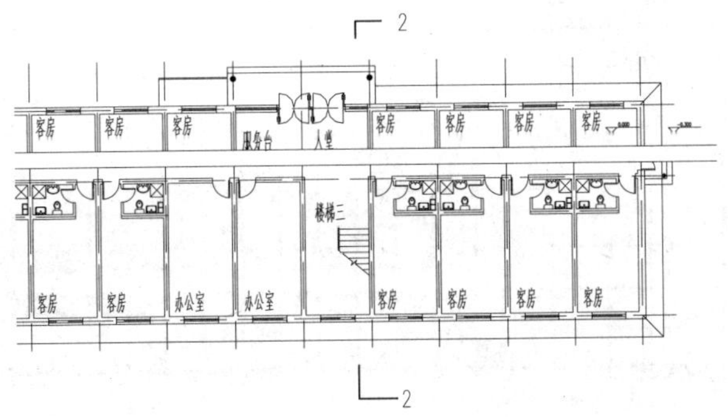

图 12-57　绘制 2-2 剖切符号

12.6.11 尺寸和文字标注说明

1. 尺寸标注

步骤 1 单击“图层”工具栏的“图层控制”下拉列表框，选择“尺寸标注”图层为当前层。单击“注释”选项卡中的“文字”面板，选择“文字标注”文字样式。

步骤 2 执行“线性”命令（DLI）、“连续”命令（DCO）等，对图形进行尺寸标注，标注后的图形如图 12-58 所示。

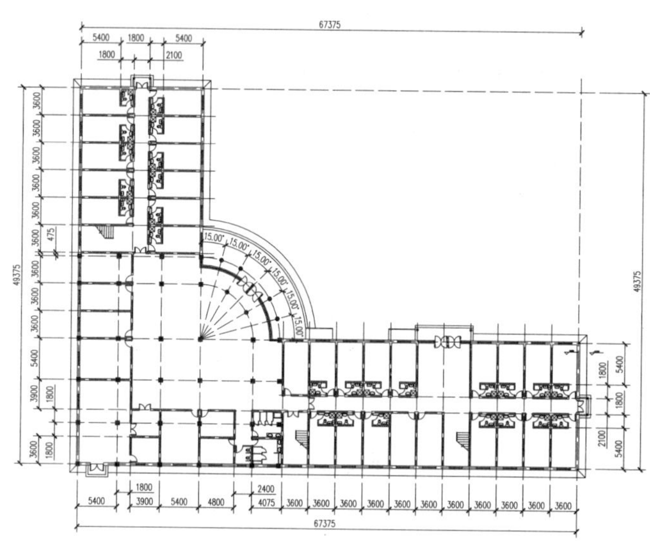

图 12-58　尺寸标注

2. 图内说明

步骤 1 单击“图层”工具栏的“图层控制”下拉列表框，选择“文字标注”图层为当前层。单击“注释”选项卡中的“文字”面板，选择“图内说明”文字样式。

步骤 2 执行“单行文字”命令（DT），对该平面图进行文字标注，标注后的图形如图 12-59 所示。

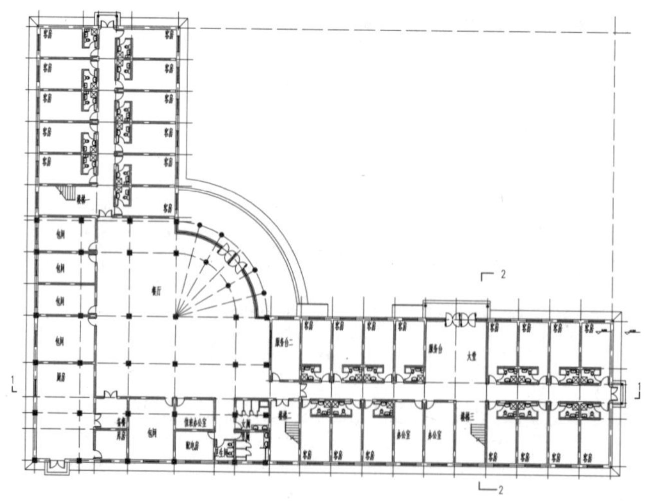

图 12-59　文字标注

提示——注释文字

在AutoCAD中，合理使用注释文字的几个命令可以有效提高计算机反应速度，从而提高绘图速度。

（1）在使用文本注释时，如果注释中的文字具有同样的格式，注释又很短，则选用TEXT（DTEXT）命令。

（2）当需要书写大段文字，且段落中的文字可能具有不同格式，如字体、字高、颜色、专用符号、分子式等，则使用MTEXT命令。

3. 轴号的绘制

步骤 1 单击“图层”工具栏的“图层控制”下拉列表框，选择 0 图层为当前层。参照绘制轴号的方法，绘制如图 12-60 所示的两种轴线标号。

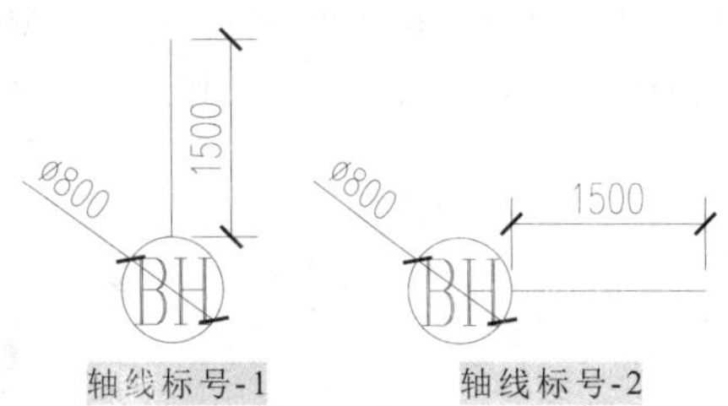

图 12-60　绘制轴线标号

步骤 2 执行“写块”命令（W），将上面所绘制的两种轴线标号分别进行写块，并分别命名为“轴线标号-1”和“轴线标号-2”。

步骤 3 单击“图层”工具栏的“图层控制”下拉列表框，选择“轴线标号”图层为当前层。执行“插入块”命令（I），选择“结果文件/12/轴线标号-1.dwg”图块文件，在竖直的相关轴线上标注轴线标号，并输入轴线标号 1。

步骤 4 执行“复制”命令（CO），将该轴线标号以标注线的端点为复制点，依次向右进行复制；然后双击该轴线标号，弹出“增强属性编辑器”对话框，在“值”文本框中输入要编写的轴线标号，单击“确定”按钮，完成轴线标号的修改。

步骤 5 重复以上步骤，选择“结果文件/12/轴线标号-2.dwg”图块文件，在水平的相关轴线上标注轴线标号，最终效果如图 12-61 所示。

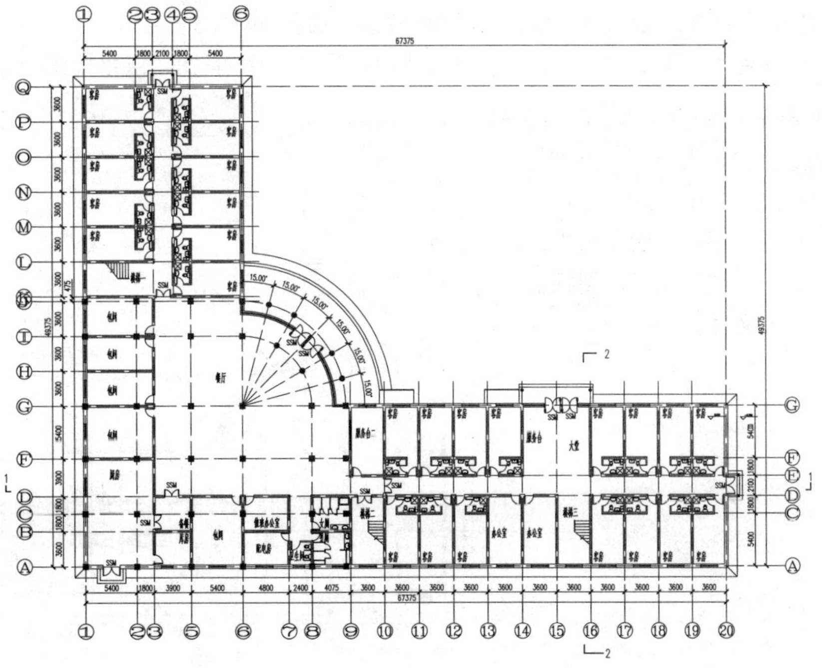

图 12-61　插入轴线标号

4. 绘制指北针和图名

步骤 1 单击“图层”工具栏的“图层控制”下拉列表框，选择“文字标注”图层为当前层。执行“圆”命令（C），在图形的右下侧绘制直径为2400mm的圆。

步骤 2 使用“多段线”命令（PL），过圆的上侧象限点至下侧象限点绘制一条垂直线段，且其上侧端点宽度为0mm，下侧宽度为300mm；使用“单行文字”命令在圆的上侧输入“北”，从而完成指北针的绘制，如图12-62所示。

步骤 3 在“样式”工具栏中选择“图名”文字样式，在“文字”工具栏中单击“单行文字”按钮A͟I，设置其对正方式为“居中”，在图形的下侧中间位置输入图名“宾馆一层平面图”和“1：100”；然后分别选择相应的文字对象，执行“特性”命令（MO），打开“特性”面板，修改相应文字的大小为2000和1000。

步骤 4 执行“多段线”命令（PL），在图名的下侧绘制一条水平多线段，并指定其宽度为300，如图12-63所示。

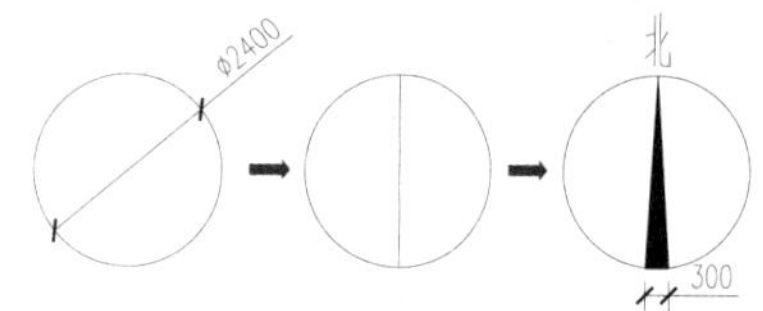

图12-62　绘制指北针

宾馆一层平面图 1:100

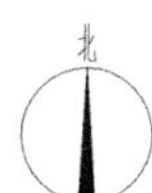

图12-63　图名标注

12.7 宾馆其他楼层平面图的效果

同样采用绘制一层平面图的方式来绘制二层平面图，打开“建筑平面图.dwt”样板文件，调用其绘图环境，然后将其另存为“宾馆二层平面图.dwg”文件，便于该层平面图的绘制。

步骤 1 执行“文件/打开”菜单命令，将“结果文件/08/建筑平面图.dwt”文件打开。

步骤 2 再执行“文件/另存为”菜单命令，将文件另存为“结果文件/12/宾馆二层平面图.dwg”文件。

接下来的绘图步骤可以参照“宾馆一层平面图”的绘制方法进行绘制。所绘制的“宾馆二层平面图”最终效果如图12-64所示。

宾馆的三层平面图、四层平面图用户可以自行绘制，这里就不详细讲述了，图纸请查阅下载文件中的相关文件。

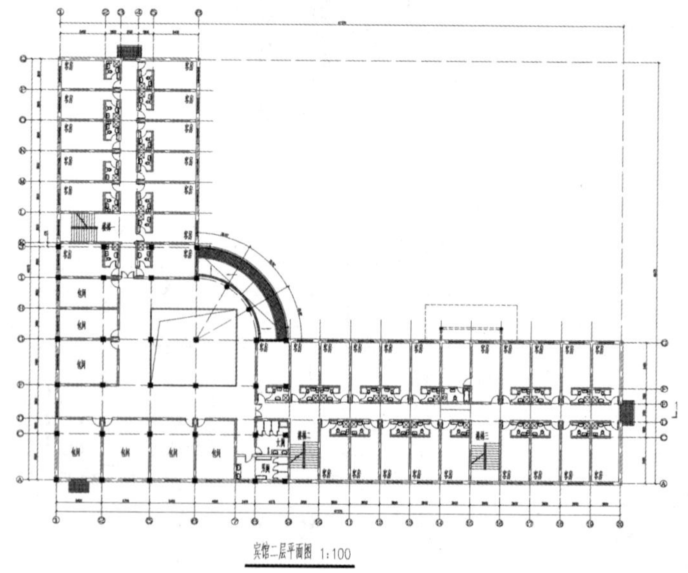

图12-64　宾馆二层平面图

12.8 宾馆屋顶平面图的效果

可参照“结果文件/12/宾馆屋顶平面图.dwg”文件对该宾馆的屋顶平面图进行绘制，如图 12-65 所示。

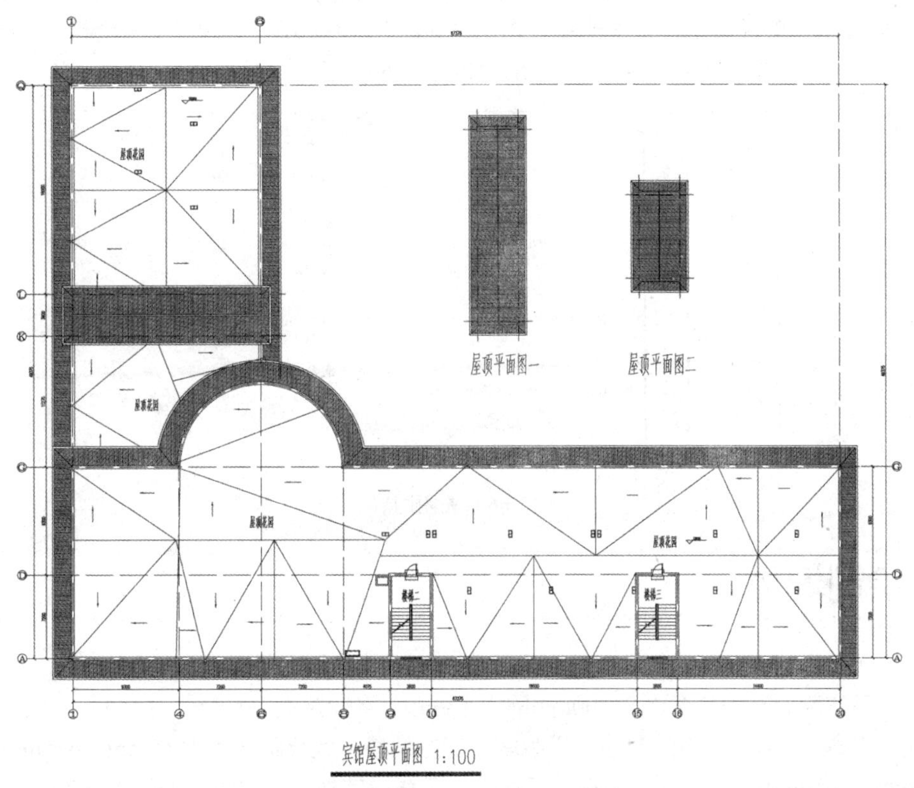

图 12-65 宾馆屋顶平面图

12.9 宾馆南立面图的绘制

建筑立面图是在建筑平面图的基础上绘制的，立面图的横向尺寸由相应的平面图来确定。因此，在绘制南立面图时，首先调用前面已经绘制好的绘图环境，然后参照该宾馆各个楼层平面图的定位尺寸，根据绘制建筑立面图的步骤来绘制该宾馆的南立面图。

12.9.1 调用绘图环境

与绘制平面图一样，在绘图之前，先调用立面图的绘图环境。

步骤 1 执行“文件/打开”菜单命令，将“结果文件/09/建筑立面图.dwt”文件打开。

步骤 2 执行“文件/另存为”菜单命令，将文件另存为“结果文件/12/宾馆南立面图.dwg”文件。

12.9.2 插入平面图

步骤 1 在“图层”工具栏的“图层控制”下拉列表框中，将 0 图层置为当前层。执行“插入块”命令（I），分别插入“结果文件/12/宾馆一层平面图.dwg”和“结果文件/12/宾馆屋顶平面图.dwg”文件。

步骤 2 执行“移动”命令（M），将一层平面图和屋顶平面图进行移动，使它们在竖直方向上对齐。

步骤 3 执行“格式/图层”菜单命令，将“标高”“尺寸标注”“楼梯”“绿化”“散水”“设施”“填充”“文字标注”“轴线”和“轴线编号”等图层关闭，如图 12-66 所示。

状.	名称	开	冻结	锁...	线宽	线型	透明度	颜色	打印...	打.	新.	说
	标高				—— 默认	Continuous	0	黄	Color_2			
	尺寸标注				—— 默认	Continuous	0	蓝	Color_5			
	花坛				—— 默认	Continuous	0	200	Colo...			
	楼梯				—— 默认	Continuous	0	140	Colo...			
	绿化				—— 默认	Continuous	0	绿	Color_3			
	散水				—— 默认	Continuous	0	洋红	Color_6			
	设施				—— 默认	Continuous	0	200	Colo...			
	填充				—— 默认	Continuous	0	8	Color_8			
	文字标注				—— 默认	Continuous	0	白	Color_7			
	轴线				—— 默认	ACAD_ISO04W100	0	红	Color_1			
	轴线编号				—— 默认	Continuous	0	绿	Color_3			

关闭图层

图 12-66 关闭图层

12.9.3 绘制墙体

步骤 1 在“图层”工具栏的“图层控制”下拉列表框中，将“墙体”图层置为当前层。

步骤 2 在图形的正下方绘制一条长度为 73000mm的水平线段。

步骤 3 执行“偏移”命令（O），将绘制的水平线段向下方偏移，偏移距离为 1055mm、625mm、2780mm、1250mm、100mm、3050mm、300mm，并将最下面的那条线段转换为地坪线，如图 12-67 所示。

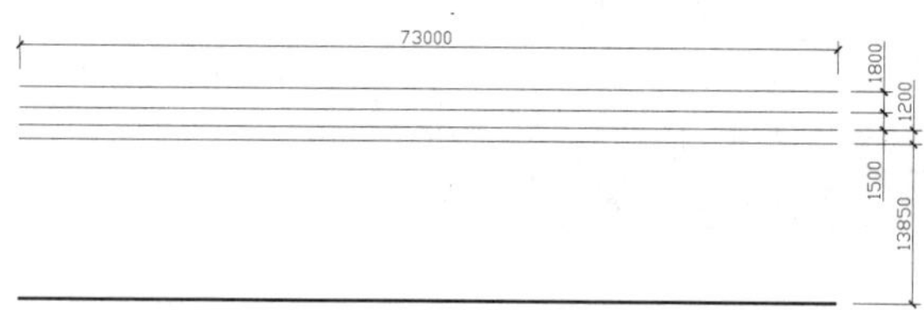

图 12-67 偏移线段

步骤 4 按F8 键打开“正交”模式。执行“构造线”命令（XL），分别捕捉一层平面图和屋顶平面图墙体上的相关点，绘制竖直的构造线，如图 12-68 所示。

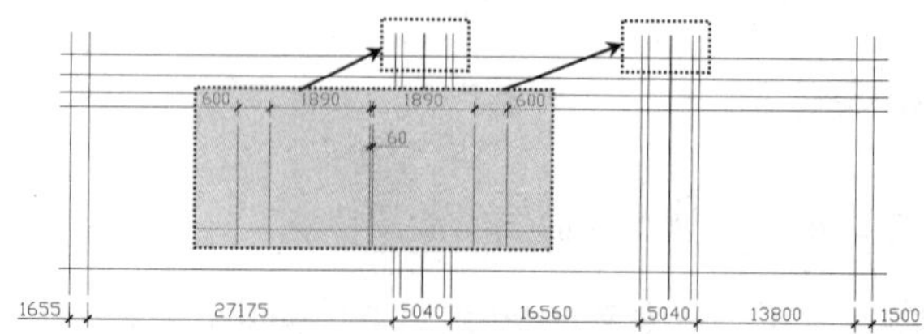

图 12-68 绘制竖直构选钱

步骤 5 再执行“修剪”命令（TR），对图形进行修剪操作，修剪后的图形如图 12-69 所示。

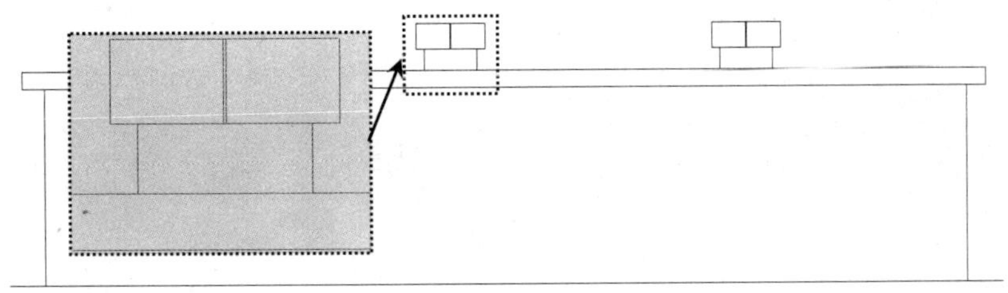

图 12-69 修剪操作

12.9.4 绘制屋顶

步骤 1 将绘图区域移至屋顶部分，执行“偏移”命令（O），将最上面的水平线段向下进行偏移，偏移距离为 100mm、1100mm、30mm、450mm，如图 12-70 所示。

步骤 2 执行“构造线”命令（XL），在如图 12-71 所示的交点处绘制一条角度为–34° 的构造线；再执行“修剪”命令（TR），将绘制的构造线进行修剪。

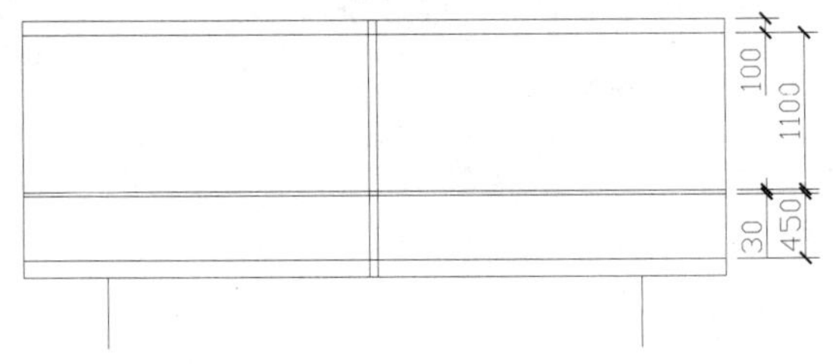

图 12-70 偏移线段

图 12-71 绘制构造线

步骤 3 执行“偏移”命令（O），将刚才所绘制的构造线向左下方进行偏移，偏移距离为 30mm、40mm、100mm，如图 12-72 所示。

步骤 4 执行“镜像”命令（MI），以最上方的水平线段的中点为镜像点，将刚才所绘制的斜线段镜像到左边；再执行“修剪”命令（TR），将镜像后的图形进行修剪，并将相关的线段转换为“其他”图层，如图 12-73 所示。

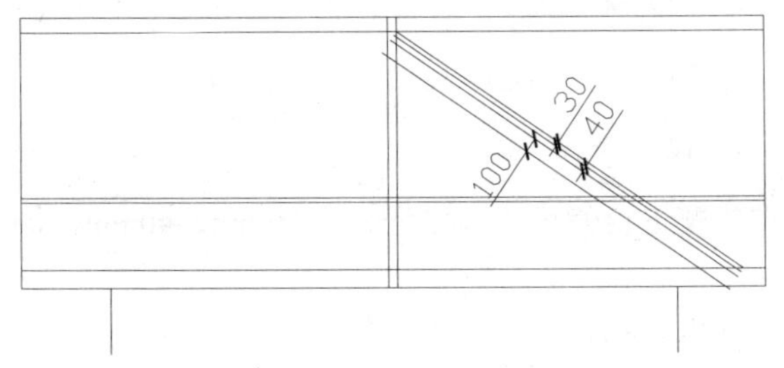

图 12-72 偏移线段

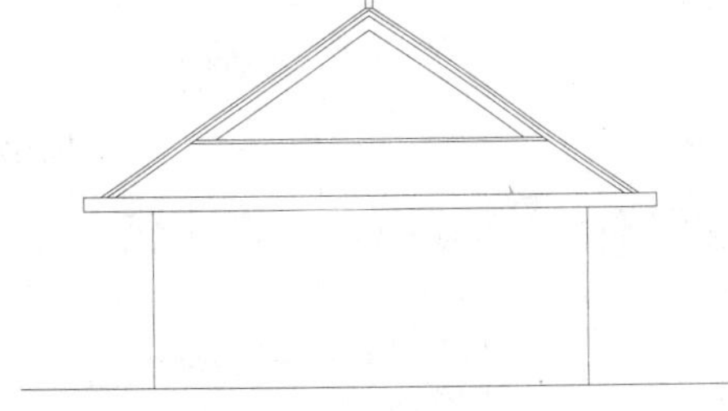

图 12-73 修剪图形

步骤 5 采用同样的方法与步骤，绘制另一个屋顶图形，如图 12-74 所示。

步骤 6 单击“图层”工具栏的“图层控制”下拉列表框，选择“填充”图层为当前层。

步骤 7 执行“图案填充”命令（BH），选择如图 12-75 所示的区域为填充区域，选择填充图案为“ANSI32”，设置填充角度为 45，填充比例为 20，对屋顶瓦片区域进行图案填充操作。

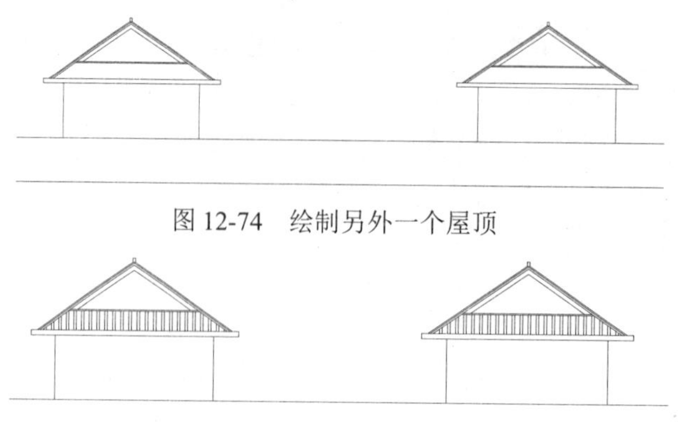

图 12-74　绘制另外一个屋顶

图 12-75　图案填充

12.9.5　绘制阳台屋檐

步骤 1 在“图层”工具栏的“图层控制”下拉列表框中，将“墙体”图层置为当前层。

步骤 2 执行“偏移”命令（O），将图形的相关线段按照如图 12-76 所示的尺寸进行偏移。

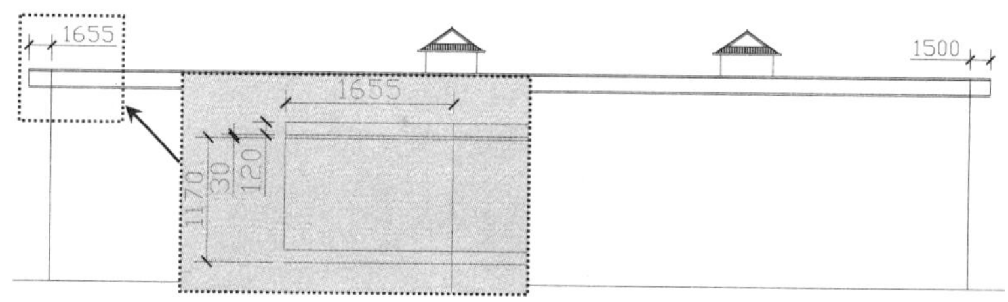

图 12-76　偏移线段

步骤 3 执行“构造线”命令（XL），在如图 12-77 所示的交点处绘制一条角度为 39° 的构造线和一条–39° 的构造线；再执行“修剪”命令（TR），将绘制的构造线进行修剪。

图 12-77　绘制构造线

步骤 4 执行“偏移”命令（O），将刚才所绘制的构造线向内侧进行偏移，偏移距离为 30mm、40mm，如图 12-78 所示。

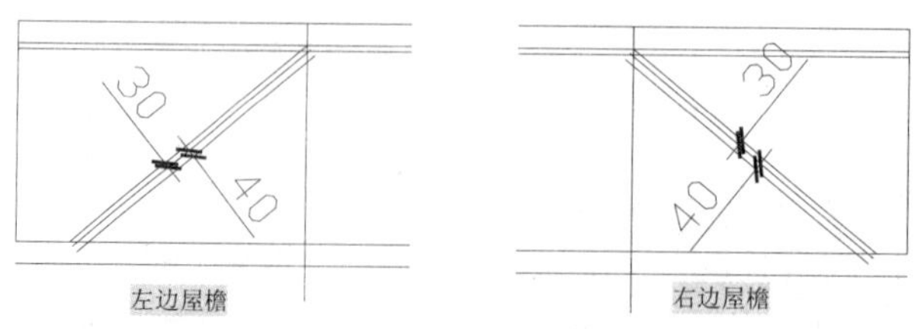

图 12-78　偏移线段

步骤 5 执行“修剪”命令（TR），按照如图 12-79 所示的形状进行修剪，并将相关的线条转换为“其他”图层。

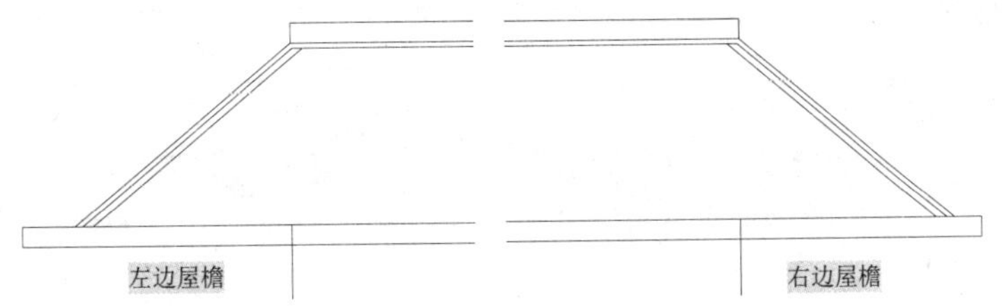

图 12-79 修剪线段

步骤 6 单击“图层”工具栏的“图层控制”下拉列表框，选择“填充”图层为当前层。

步骤 7 执行“图案填充”命令（BH），选择如图 12-80 所示的区域为填充区域，选择填充图案为“ANSI32”，设置填充角度为 45，填充比例为 20，对屋顶瓦片区域进行图案填充操作。

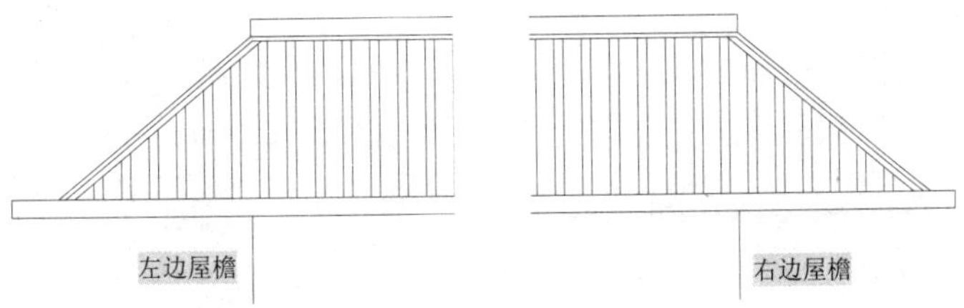

图 12-80 图案填充

12.9.6 绘制排水管

步骤 1 在“图层”工具栏的“图层控制”下拉列表框中，将“其他”图层置为当前层。

步骤 2 执行“偏移”命令（O），将左边竖直的墙体线段向右偏移，偏移距离为 11375mm，如图 12-81 所示。

步骤 3 继续执行“偏移”命令（O），将刚才偏移的线段再左右各偏移 75mm，并将偏移后的线段转换为“其他”图层，如图 12-82 所示。

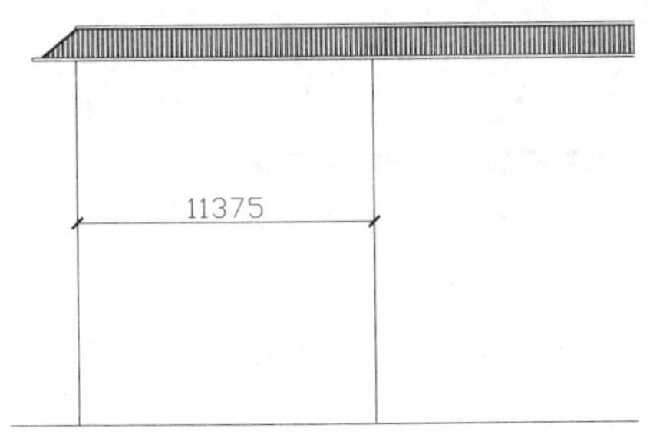

图 12-81 向右偏移线段

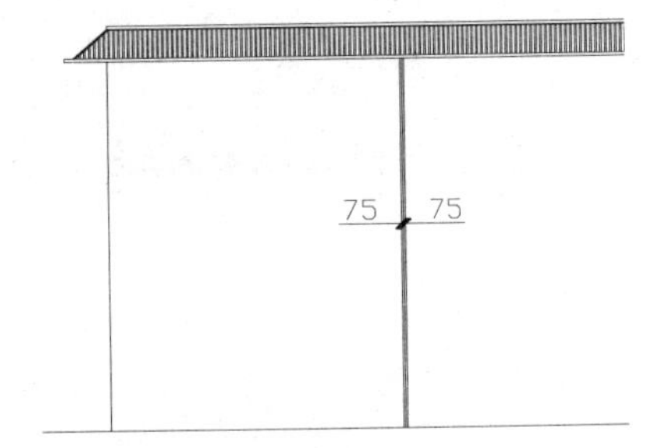

图 12-82 左右偏移线段

步骤 4 将绘图区域移至刚才偏移线段的上方，执行“矩形”命令（REC），绘制两个矩形，尺寸分别为 400mm × 115mm、240mm × 85mm；再执行“移动”命令（M），将这两个矩形按照如图 12-83 所示的位置进行移动。

步骤 5 执行“直线”命令（L），绘制两条斜线段来连接如图 12-84 所示的矩形角点；然后执行“修剪”命令（TR），按照图中所示对图形进行修剪。

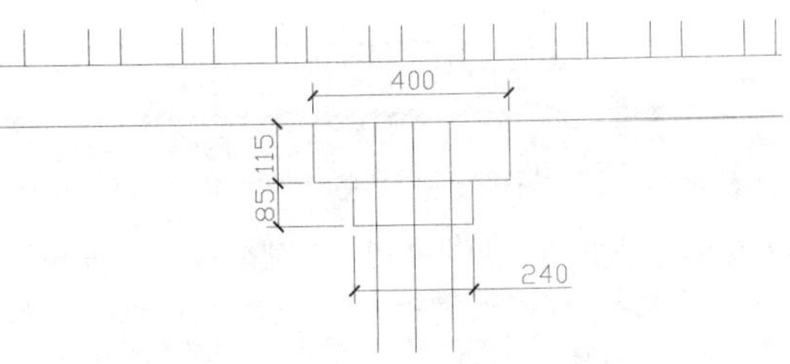

图 12-83 绘制矩形

步骤 6 执行“矩形”命令（REC），绘制一个矩形，尺寸为 170mm×25mm；再执行“移动”命令（M），将矩形移动到如图 12-85 所示的位置，再将其向下方移动 430mm。

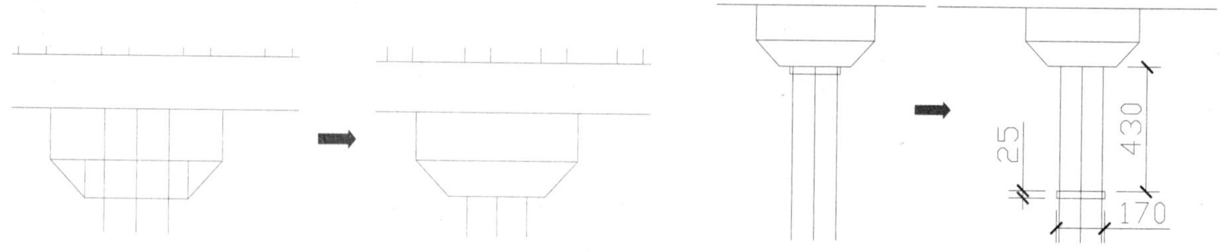

图 12-84　修剪图形

图 12-85　绘制矩形

步骤 7 执行“复制”命令（CO），将刚才移动后的矩形向下方复制，复制间距为 2350mm，复制 5 个，如图 12-86 所示。

步骤 8 将绘图区域移至排水管图形的下方，执行“偏移”命令（O），将下方的地坪线向上偏移 350mm；再执行“圆”命令（C），以新形成的交点为圆心，绘制一个直径为 150mm的圆。

步骤 9 再执行“修剪”命令（TR）和“删除”命令（E），将图形按照如图 12-87 所示的形状进行修剪。

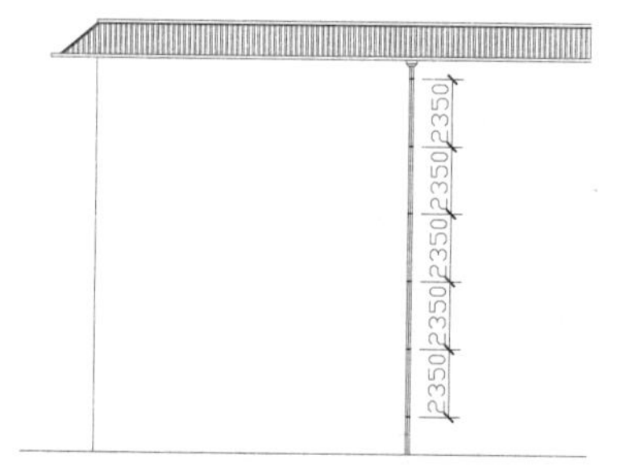

图 12-86　复制矩形

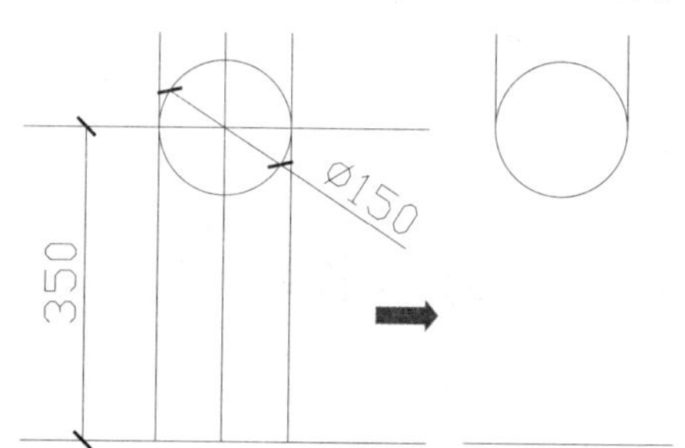

图 12-87　绘制排水管出口

步骤 10 执行“复制”命令（CO），将刚才绘制的排水管图形向右方进行复制，复制距离如图 12-88 所示，复制 4 份。

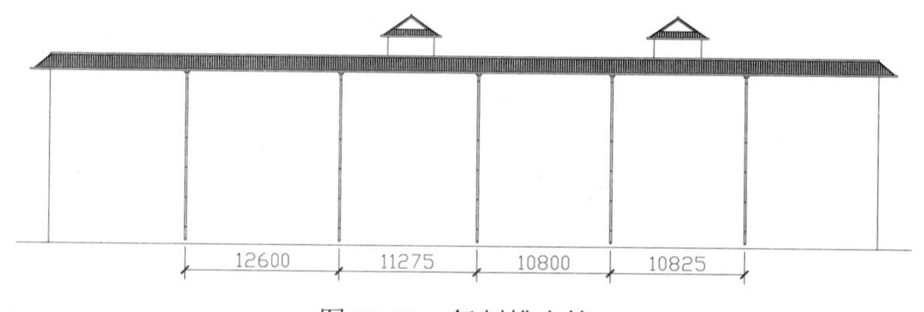

图 12-88　复制排水管

12.9.7　绘制门口遮雨篷和台阶

步骤 1 将绘图区域移至图形的右下方，执行“矩形”命令（REC），绘制几个矩形，尺寸分别为 1500mm×120mm、200mm×3480mm、1200mm×150mm、1500mm×150mm；再执行“移动”命令（M），将这些矩形进行移动，并将相关矩形转换为“其他”图层和“楼梯”图层。

步骤 2 执行“修剪”命令（TR），将图形按照如图 12-89 所示的形状进行修剪。

步骤3 执行“构造线”命令（XL），在尺寸为 1500mm×120mm矩形的右上角点绘制一条角度为–24° 的构造线；然后执行“移动”命令（M），将所绘制的构造线向左移动 150mm，如图 12-90 所示。

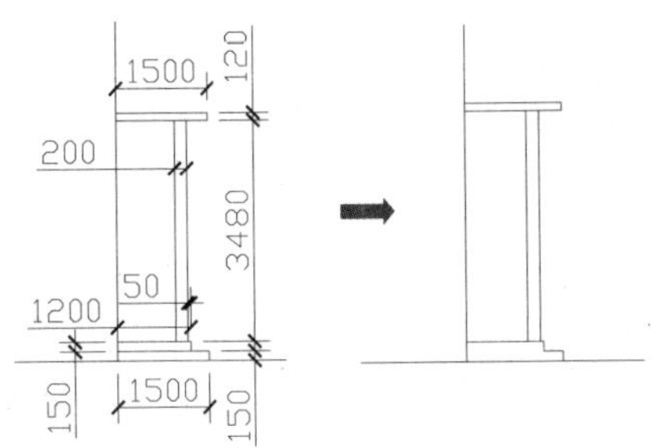

图 12-89　绘制矩形

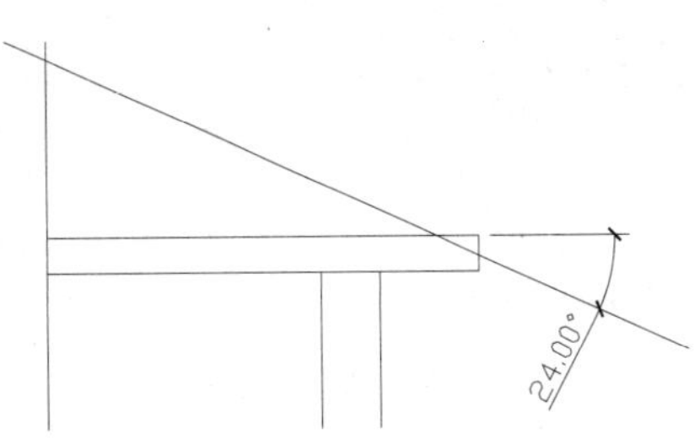

图 12-90　绘制构造线

步骤4 执行“偏移”命令（O），将所绘制的构造线向左下方进行偏移，偏移距离为 30mm、40mm；再执行“修剪”命令（TR），将图形按照如图 12-91 所示的形状进行修剪。

步骤5 执行“矩形”命令（REC），绘制几个矩形，尺寸分别为 2400mm×120mm、2400mm×150mm、2700mm×150mm；再执行“移动”命令（M），将这几个矩形按照如图 12-92 所示的位置进行移动，然后将相关的矩形转换为“楼梯”图层。

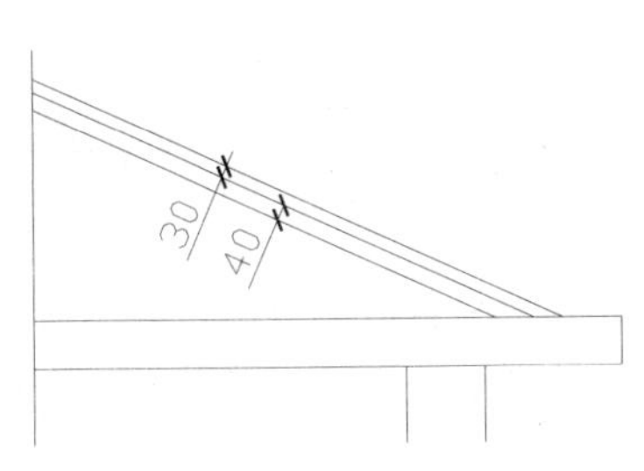

图 12-91　修剪图形

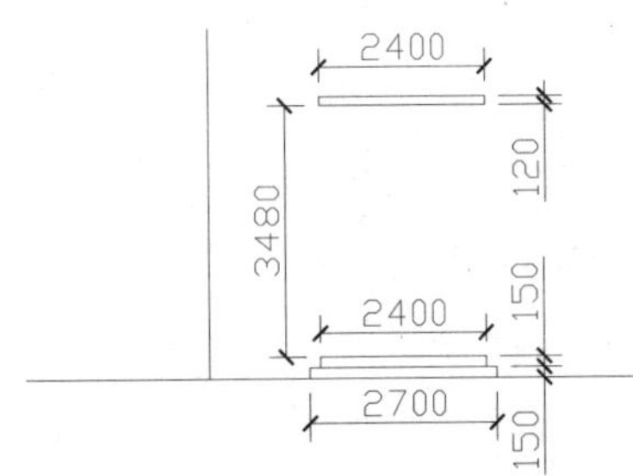

图 12-92　绘制矩形

12.9.8　绘制门窗

步骤1 在“图层”工具栏的“图层控制”下拉列表框中，将 0 图层置为当前层。

步骤2 执行“矩形”命令（REC），绘制如图 12-93 所示的几个矩形，尺寸分别为 2700mm×300mm、2200mm×1850mm、1800mm×1500mm、825mm×1400mm；再执行“移动”命令（M），将这几个矩形按照图中所示的形状进行移动。

步骤3 将尺寸为 2700mm×300mm和 2200mm×1850mm的矩形进行分解；再执行“偏移”命令（O），将分解后矩形的相关线段按照如图 12-94 所示的尺寸和方向进行偏移。

步骤4 执行“直线”命令（L），如图 12-95 所示绘制两条斜线段来连接偏移后线段的端点。

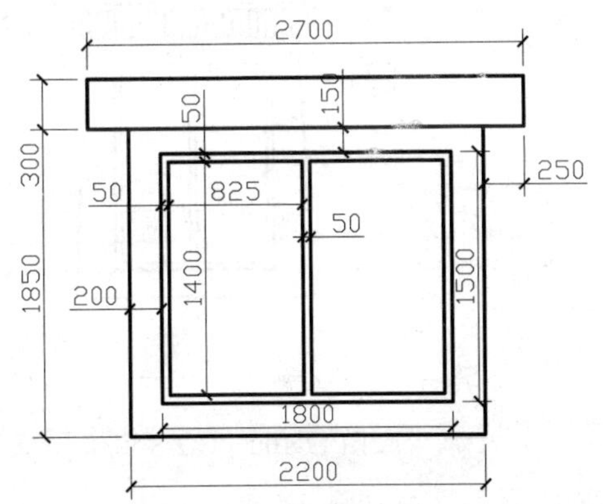

图 12-93　绘制矩形

步骤5 执行“延伸”命令（EX），延伸相关的线段；再执行“修剪”命令（TR），将图形按照如图 12-96 所示的形状进行修剪。

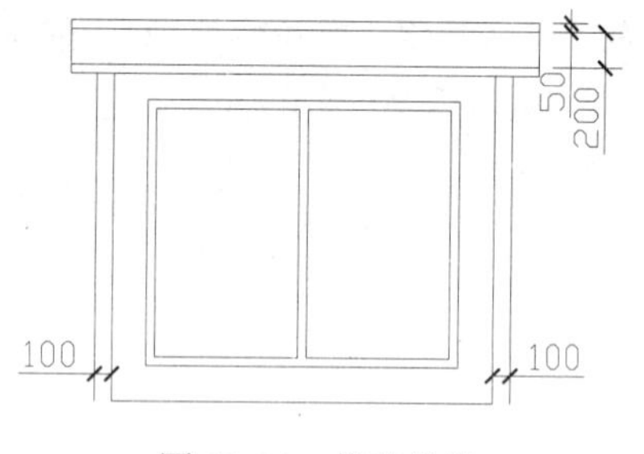

图 12-94　偏移线段

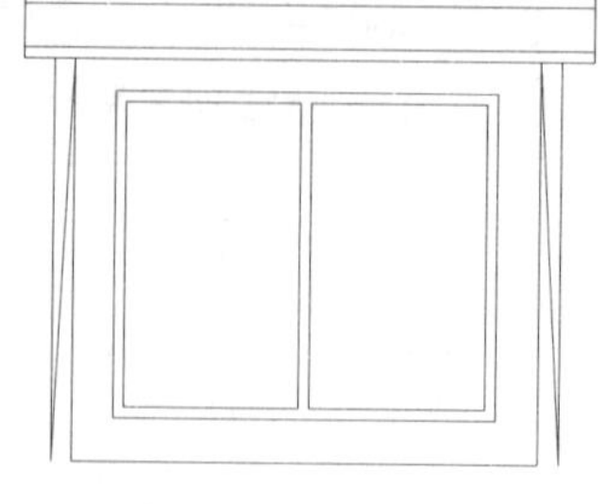

图 12-95　绘制斜线段

图 12-96　修剪图形

步骤 6 执行“样条曲线”命令（SPL），在图形的左上方和右上方绘制如图 12-97 所示的两条样条曲线。

步骤 7 执行“修剪”命令（TR），将图形按照如图 12-98 所示的形状进行修剪。

步骤 8 执行“图案填充”命令（BH），选择如图 12-99 所示的区域为填充区域，选择填充图案为ANSI31，设置填充角度为 45，填充比例为 20，对屋顶瓦片区域进行图案填充操作。

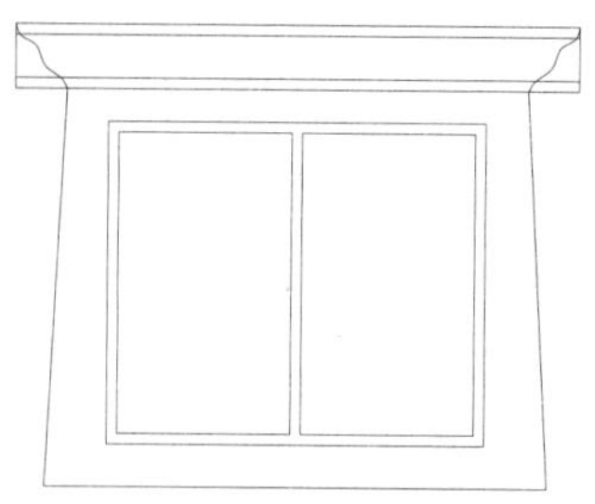

图 12-97　绘制样条曲线

图 12-98　修剪图形

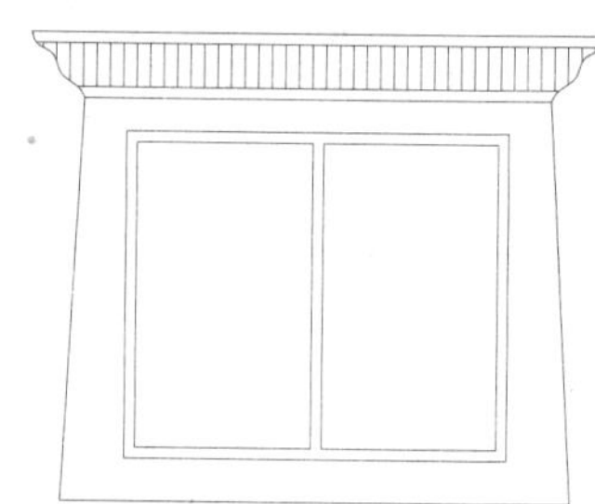

图 12-99　图案填充

步骤 9 执行“写块”命令（W），弹出“写块”对话框，将绘制的窗体对象保存为“C-1-S”图块。

步骤 10 参照前面绘制“C-1-S”窗体的步骤，来绘制“C-2-S”窗体，并进行写块操作，窗体尺寸如图 12-100 所示。

步骤 11 参照前面绘制“C-1-S”窗体的步骤，来绘制“C-3-S”窗体，并进行写块操作，窗体尺寸如图 12-101 所示。

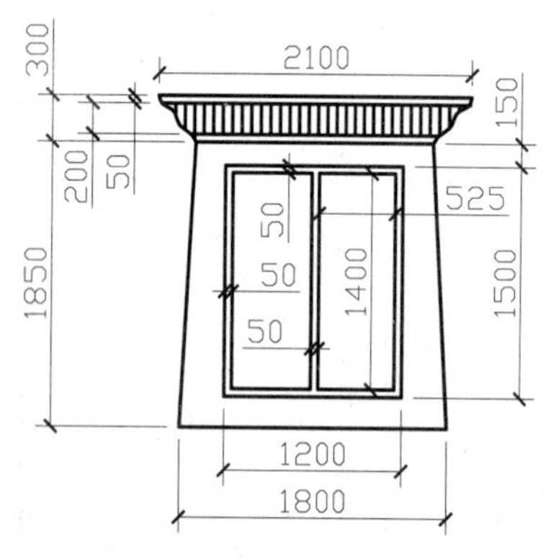

图 12-100　C-2-S 窗体

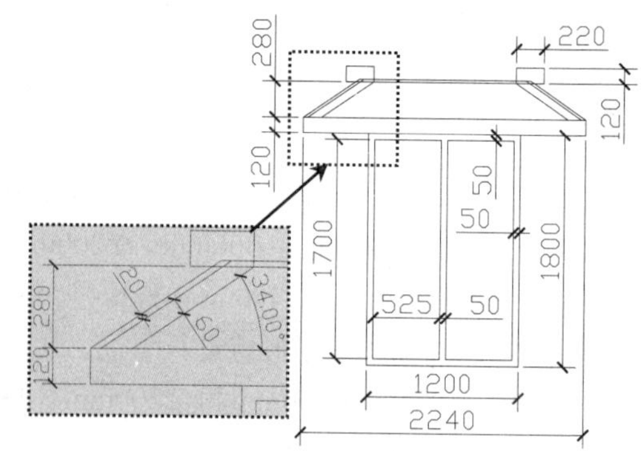

图 12-101　C-3-S 窗体

步骤 12 参照前面绘制“C-1-S”窗体的步骤，来绘制“C-4-S”窗体，并进行写块操作，窗体尺寸如图 12-102 所示。

步骤 13 参照前面绘制“C-1-S”窗体的步骤，来绘制“M-1-S”门，并进行写块操作，窗体尺寸如图 12-103 所示。

步骤 14 参照前面绘制“C-1-S”窗体的步骤，来绘制“C-5-S”门，并进行写块操作，窗体尺寸如图 12-104 所示。

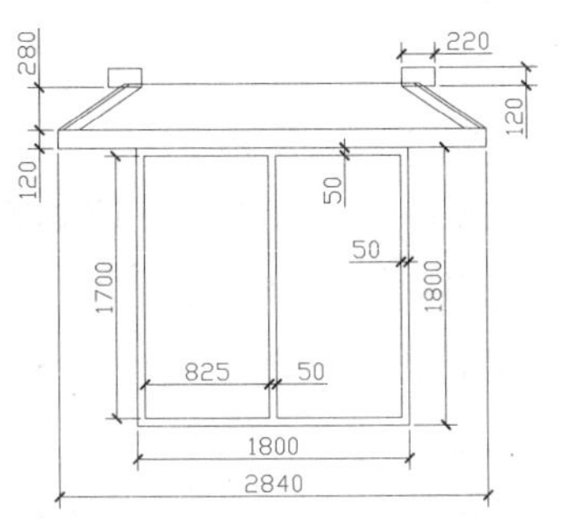

图 12-102　C-4-S 窗体

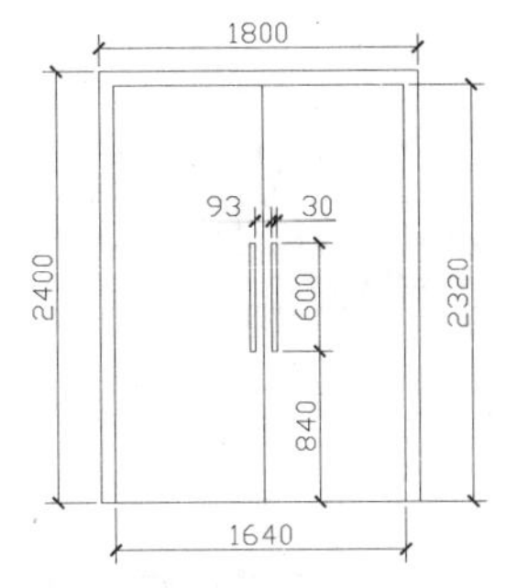

图 12-103　M-1-S 窗体

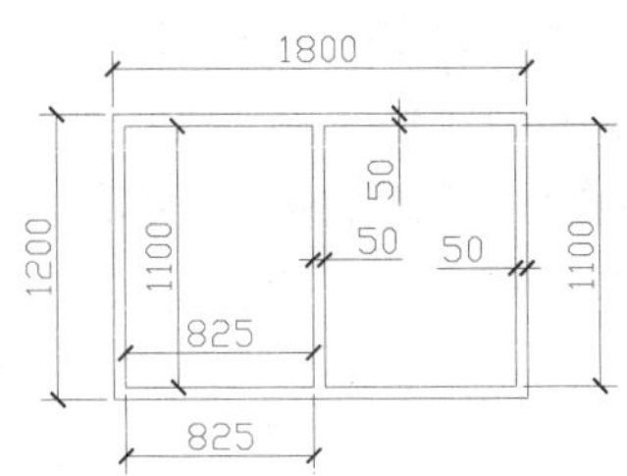

图 12-104　C-5-S 窗体

12.9.9　插入门窗图块

步骤 1 在“图层”工具栏的“图层控制”下拉列表框中，将“门窗”图层置为当前层。

步骤 2 执行“插入块”命令（I），选择“结果文件/12”中刚才所绘制的窗体图形和门图形，按照如图 12-105 所示将它们插入到立面图中。插入相关的图块时，在X方向的尺寸参照前面插入的平面图中门窗位置尺寸，通过投影的方式来确定。

图 12-105　插入门窗图块

12.9.10　尺寸和文字说明标注

1. 尺寸标注

当宾馆南立面图的相关图形绘制完成后，接下来就是尺寸相关的标注，即进行文字和定位轴号的标注。

步骤 1 单击“图层”工具栏的“图层控制”下拉列表框，选择“尺寸标注”图层为当前层。

步骤 2 执行“线性”命令（DLI）、“连续”命令（DCO）等相关标注命令，对图形进行相关的高度标注，如图 12-106 所示。

图 12-106　尺寸标注

2. 标高标注

步骤 1 单击“图层”工具栏的“图层控制”下拉列表框，选择“标高”图层为当前层。

步骤 2 执行“插入块”命令（I），选择“结果文件/12/标高.dwg”图块文件，如图 12-107 所示对相关的高度地方进行标高标注。

图 12-107　标高标注

3. 绘制图名

步骤 1 单击“图层”工具栏的“图层控制”下拉列表框，选择“文字标注”图层为当前层。

步骤 2 参照前面平面图中绘制图名的尺寸、方法与步骤，来绘制立面图中的图名，如图 12-108 所示。

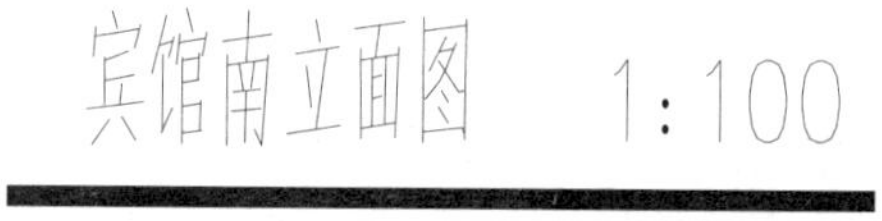

宾馆南立面图　1:100

图 12-108　绘制图名

提示——如何选用合适的命令

用户能够熟练操作AutoCAD软件，是通过向它发出一系列的命令实现的。AutoCAD接到命令后，会立即执行该命令并完成其相应的功能。在具体操作过程中，尽管有多种途径能够达到同样的目的，但是，如果命令选用得当，则会明显减少操作步骤，提高绘图效率。例如，同样是绘制一条或多条直线，则有以下几种不同的情况。

（1）在AutoCAD中，使用LINE、XLINE、RAY、PLINE、MLINE命令均可生成直线或线段，但唯有LINE命令使用的频率最高，也最为灵活。

（2）为保证物体三视图之间“长对正、宽相等、高平齐”的对应关系，应选用XLINE和RAY命令绘出若干条辅助线，然后用TRIM命令剪掉多余的部分。

（3）若想快速生成一条封闭的填充边界，或者想构造一个面域，则应选用PLINE命令。用PLINE生成的线段可用PEDIT命令进行编辑。

（4）当一次生成多条彼此平行的线段，且各条线段可能使用不同的颜色和线型时，可选择MLINE命令。

12.10 宾馆其他施工图的效果

该宾馆的其他相关施工图，还包括其他立面图、剖面图、外墙墙身大样图、卫生间、标间、套间大样图、楼梯大样图、门窗详图等，大家可以对照图 12-109 所示及下载文件中的相关图纸来进行绘制。

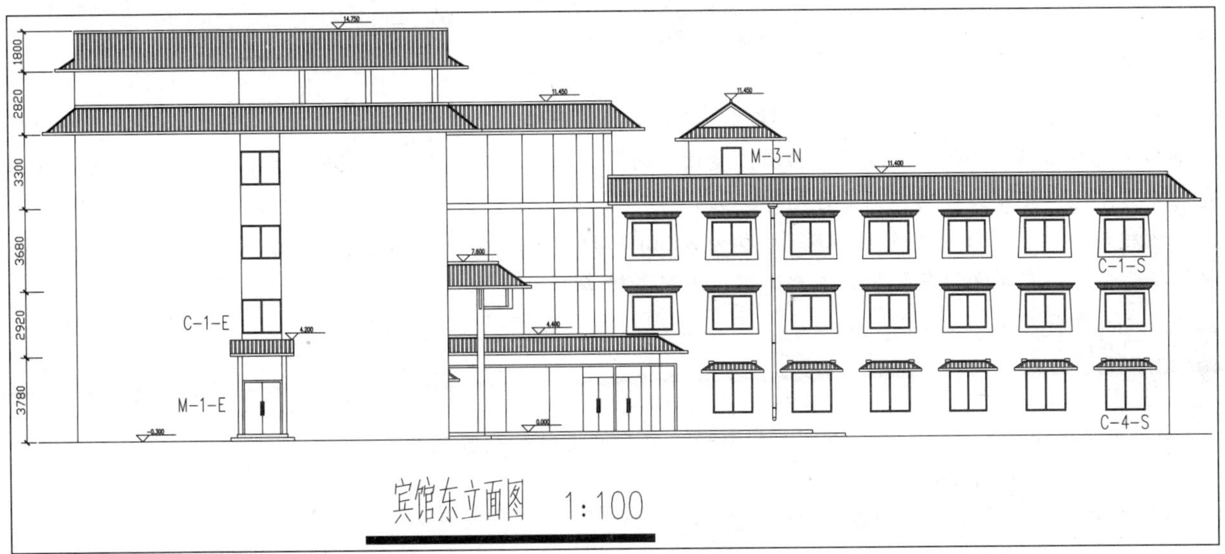

图 12-109 宾馆东立面图

第 13 章 超市建筑施工图的绘制

本章以二层超市建筑施工图为例，对相应的施工图进行绘制，包括图纸目录、门窗表、做法表、施工图设计说明、施工图总平面图、底层平面图、屋顶平面图、南立面图、北/西立面图、1-1 剖面图，以及其他相关施工图，包括楼梯大样图、门窗详图等。

该超市为地上二层建筑物，总建筑面积为 853m^2，耐火等级为二级。超市左边为原有建筑物，主出入口方向在南面。超市南面和东面紧邻主要道路，人流量较多。

学习目标

- 超市施工图的目录、设计说明、门窗表、总平面图效果预览
- 超市一层平面图的详细绘制
- 超市其他楼层平面图的效果预览
- 超市南立面图的详细绘制
- 超市其他立面图的效果预览
- 超市剖面图和其他相关详图的效果预览

13.1 建筑施工图的图纸目录

依照该超市施工图的设计要求以及考虑到图纸比例大小，该套图纸采用A1、A2、A3、A4 图纸，用 1:1 比例打印，共有 15 张。

在绘制之前，首先绘制一张图纸目录来归纳图纸的相关特性，便于阅读者在读图之前大致了解该套图纸的相关情况。用户可利用“表格”（Table）命令，插入一个表格，也可用“直线”命令（L）来绘制。执行“单行文字”命令（DT），输入相关的目录文字说明。用户可参考“结果文件/14/图纸目录.dwg”文件来绘制该表格和输入文字说明，如图 13-1 所示。

建筑专业									
序号	图号	图纸名称	图幅	备注	序号	图号	图纸名称	图幅	备注
1		图纸目录	A4		9	建施 8	北立面图	A1	
2	建施 1	施工图设计说明	A3		10	建施 9	南立面图	A1	
3	建施 2	门窗表	A4		11	建施 10	西立面图	A2	
4	建施 3	总平面图	A2		12	建施 11	1-1 剖面图	A2	
5	建施 4	做法表	A3		13	建施 12	楼梯甲详图	A2	
6	建施 5	一层平面图	A1		14	建施 13	楼梯乙详图	A2	
7	建施 6	二层平面图	A1		15	建施 14	门窗详图	A2	
8	建施 7	屋顶层平面图	A1						

图 13-1 输入文字说明

13.2 建筑施工图设计说明

根据建筑施工图的要求，施工图都应该有相关的设计说明，来供施工者参考。在该超市的建筑施工图设计说明中，讲解了该施工图的相关设计要求，包括设计依据、总则、一般构造、装修做法等，从而使施工人员对整个工程有一个大致的了解。

用户可以打开“结果文件/13/超市建筑施工图设计说明.txt”文件，参照该文件中的文字内容及“结果文件/13/施工图设计说明.dwg”文件中的排列样式，在AutoCAD软件中执行“单行文字”命令（DT），输入该超市的建筑施工图设计说明内容，如图 13-2 所示。

建筑施工图设计说明

一、设计依据

1.本工程在我院设计的方案基础上，进行施工图设计.

2.***市规划局建设工程规划许可证

3.国家现行设计规程规范.

二、总则

1.本设计为***市**花园超市.本楼地上二层总建筑面积 853 平方米，耐火等级为二级.

2.本楼座室内地坪±0.000对应的绝对标高见总图 .

3.图中尺寸单位均以毫米计，标高以米计.

4.施工前请施工单位对工程图纸全面了解.所有建筑、结构等预留孔洞应与给排水.电力.暖通等工种图纸密切配合施工.

5.本工程所采用的标准图及通用图，不论采用全部详图或局部节点详图，均按该图集的有关说明办理.

6.本工程所需材料规格.施工及验收的要求，除注明者外，均需遵照现行建筑安装工程施工及验收规范办理.

7.外装修做法及颜色需先做出样板，经鉴定认可后，方可进行施工.
本工程的内装修仅作一般性粗装修，可根据甲方要求待今后做二次装修.

8.施工图纸的图例，除注明者外，均按房屋建筑制图统一标准和建筑制图标准(GBJ104-87)绘制.

三、一般构造

1.防潮防水设施

1).外墙接土部分设竖向防潮防水层，做法见详图表一.

2).卫生间墙体防潮，靠卫生间一侧刷1.5m高防水涂料再做面层.
卫生间楼地面防水做法见表二.卫生间楼面低于相应楼面20.

3).外墙四周设1.0m宽水泥散水见表二.

2.墙身

1).墙体厚度及材质见结施

2).墙身各线脚见各详图.

3).室内非水泥砂浆抹灰墙面的阳角，做2M高1：2水泥砂浆护角.

4).室外窗洞口顶.底.雨蓬.阳台等处应作流水坡或滴水线槽.

3.门窗:

窗：所有窗均为单框塑钢推拉窗.外窗及其立面装饰处的铁楞，不得凸出外墙面.做法见LJ105P29

4.屋顶:

1).屋面均设保温层，做法见表一.

2).女儿墙做法、压顶、泛水做法见表二.

3).雨水斗、雨水管采用ø100白色PVC成品系列
靠近阳台及外窗的雨水管在一层处设防攀爬措施

四、装修做法

1.外墙23,24喷涂料，品种颜色后定，再喷憎水剂一遍;

2.室外楼梯地面为地10.

3.外窗四周嵌防水密封膏，以防漏水.

4.油漆:

1).一般外露铁件除锈后均刷一度防锈漆，两度调合漆，颜色同所在墙面颜色

2).凡木构件与砌体接触部位均满涂防腐漆

注: 钢结构部分另出图

图 13-2　建筑施工图设计说明

13.3 门窗表

利用“表格”命令（Table），插入一个表格，也可利用“直线”命令（L）来绘制，接着执行“单行文字”命令（DT），输入相关的目录文字说明。用户可参考“结果文件/13/门窗表.dwg”文件来绘制该表格和输入文字说明，所绘制的门窗表如图 13-3 所示。

门窗一览表

分类	编号	洞口尺寸(宽x高)	说明	个数	分类	编号	洞口尺寸(宽x高)	说明	个数
门	M1	3200x3100	划分方式见详图，铝合金喷塑窗	2	窗	C4	3340x2280	划分方式见详图，铝合金喷塑窗	2
	M2	900x2100	划分方式见详图，铝合金喷塑窗	6		C5	2300x2800	划分方式见详图，铝合金喷塑窗	2
	M3	750x2100	划分方式见详图，铝合金喷塑窗	2		C6	玻璃幕墙	划分方式见详图	1
窗	C1	3200x1500	划分方式见详图，铝合金喷塑窗	8		C7	1500x4300	划分方式见详图，铝合金喷塑窗	2
	C2	1500x550	划分方式见详图，铝合金喷塑窗	2	注	楼梯间玻璃幕墙与隔墙,填充发泡防火材料不锈钢板封边			
	C3	600x1500	划分方式见详图，铝合金喷塑窗	18					

图 13-3　门窗表

13.4 施工总平面图

在绘制超市的相关建筑施工图时，需先绘制建筑总平面图。在该超市的建筑总平面图中，左边为已有的建筑物，正南方为主要道路，如图 13-4 所示。

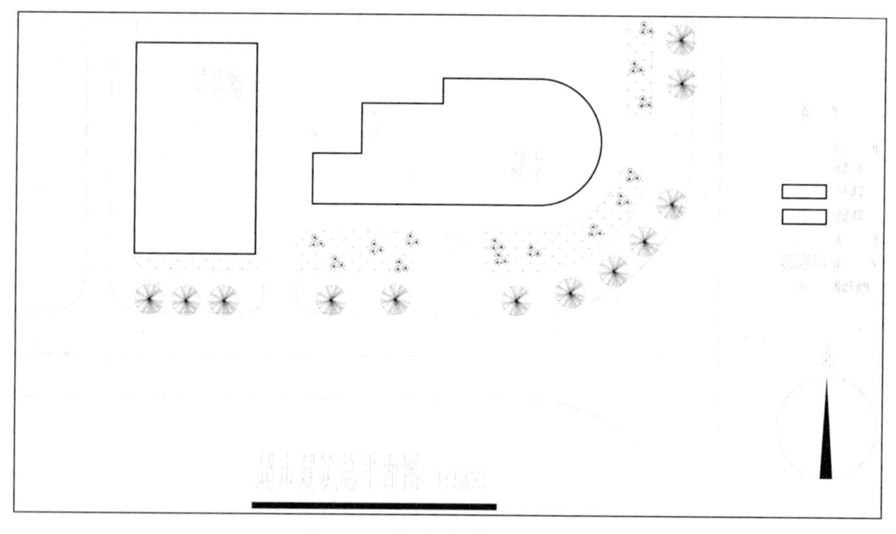

图 13-4　超市建筑总平面图

13.5 材料做法表

用户可利用“表格”命令（Table），插入一个表格，也可利用“直线”命令（L）来绘制，接着执行“单行文字”命令（DT），输入相关的目录文字说明。

用户可参考“结果文件/13 做法表.dwg”文件来绘制该表格和输入文字说明，所绘制的材料做法表如图 13-5 和图 13-6 所示。

表(一)建筑面层做法表(L96J002)

选用图号 装修名部件名称 房间名称	地面	楼面	内墙面	墙裙	天棚	踢脚	备注
营业厅	地 4	楼 17	内墙6		棚 5	踢 2	
卫生间	楼 27	楼 27		裙14（到顶）	棚 5		楼27马赛克换为防滑地砖，地砖颜色及尺寸待定
走廊 楼梯间	楼 29	楼 29	内墙6		棚 5	踢 11 高150	大理石颜色待定
散水	散3						
平屋面(不上人屋面)	屋 27						
备注	1. 所有防水层均改为聚胺脂防水材料，四周卷起300高。 2. 所有内墙面面层做完后，再刷106涂料，棚 5 刷106涂料						

图 13-5 建筑面层做法表

表(二)通用详图做法表

序号	详图内容	选用图集
1	室外散水	LJ105 7/13 净宽1000MM
2	水泥窗台	L96J901 D/52
3	铁管出屋面	LJ104 2/30
4	女儿墙压顶	参LJ104 8/17 压顶与墙外侧取平
5	泛水高300	LJ104 3/17
6	楼梯木扶手	L96J401 T-22/12
7	PVC雨水斗 雨水管	参见LJ104P21
8	室外台阶	LJ105 4/5
9	卫生间楼地面防水	L96J003 P70–P74

图 13-6 通用详图做法表

13.6 超市一层平面图的绘制

在绘制超市一层平面图之前，调用前面章节所保存的“建筑平面图.dwt”样板文件，再将其另存为“超市一层平面图.dwg”文件，然后在此基础上进行绘制，如图 13-7 所示。

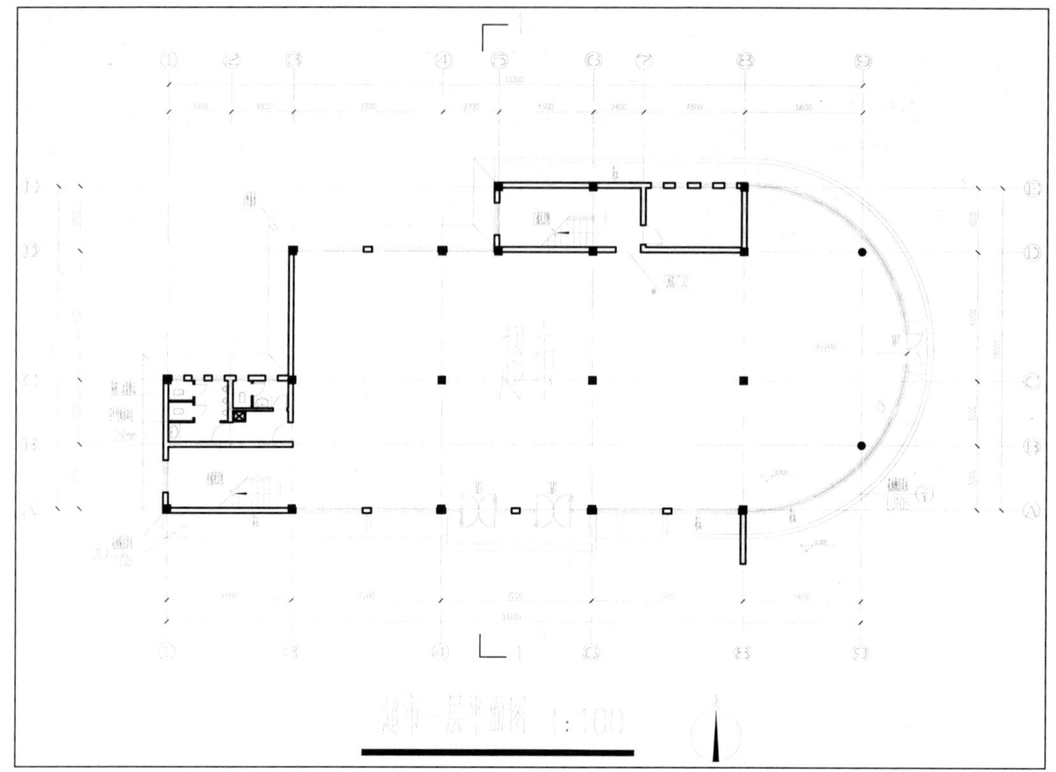

图 13-7　超市一层平面图

13.6.1　调用绘图环境

步骤 1 执行“文件/打开”菜单命令，将“结果文件/08/建筑平面图.dwt”文件打开。

步骤 2 执行“文件/另存为”菜单命令，将文件另存为“结果文件/13/超市一层平面图.dwg”文件。

13.6.2　绘制轴线

步骤 1 在“图层”工具栏的“图层控制”下拉列表框中，将“轴线”图层置为当前层。

步骤 2 按F8 键打开“正交”模式，执行“构造线”命令（XL），在图形窗口的适当位置绘制一条水平的构造线和一条竖直的构造线。

步骤 3 执行“偏移”命令（O），将下方的水平轴线依次向上进行偏移，偏移距离分别为 3000mm、3000mm、1560mm、4440mm、3000mm；然后将竖直的轴线依次向右进行偏移，偏移距离分别为 3000mm、3000mm、7200mm、2700mm、4500mm、2400mm、4800mm、5600mm，如图 13-8 所示。

步骤 4 执行“圆弧”命令（A），选择“起点、端点、半径”模式，并选择如图 13-9 所示的两个点为圆弧的两个端点，绘制一个半径为 7500mm的圆弧轴线。

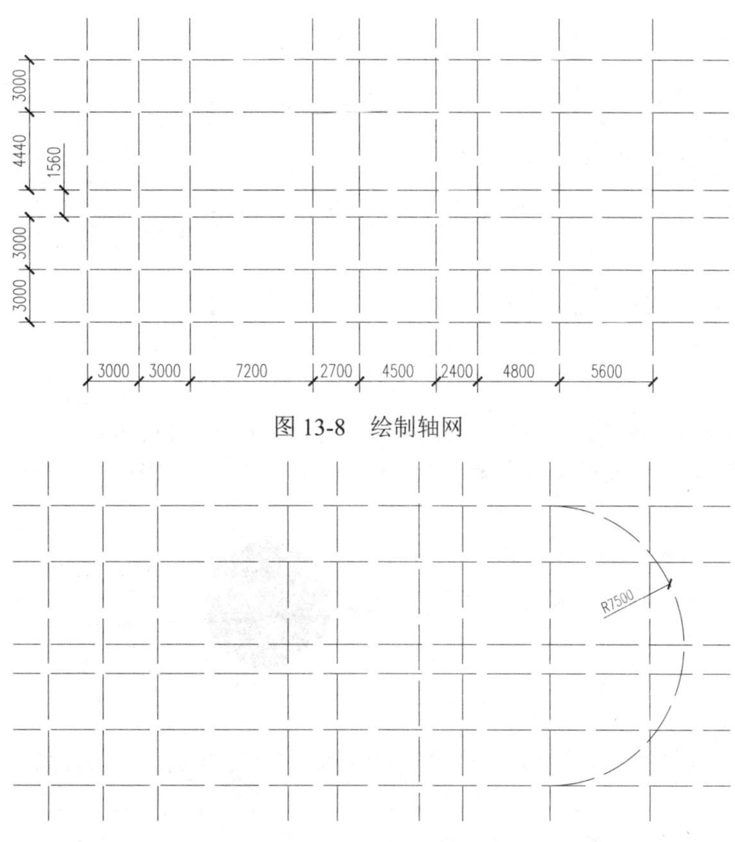

图 13-8　绘制轴网

图 13-9　绘制圆弧轴线

提示——弓形、优弧和劣弧

（1）弓形：由弦及其所对的弧组成的图形叫作弓形。

（2）优弧：大于半圆的弧叫作优弧。

（3）劣弧：小于半圆的弧叫作劣弧。

13.6.3　绘制柱子

步骤 1 在“图层”工具栏的“图层控制”下拉列表框中，将“柱子”图层置为当前层。执行“矩形”命令（REC），绘制一个 400mm × 400mm的矩形。

步骤 2 再执行“图案填充”命令（BH），选择所绘制的矩形为填充区域，选择填充图案为“SOLID”，对矩形进行填充，如图 13-10 所示。

步骤 3 单击所填充后的柱子，然后在填充的图形中间出现一个夹点，移动鼠标指针到该夹点上，当夹点变成红色时，单击鼠标左键，选择“复制”选项（C），然后依照设计要求将该柱子图形复制到每一个轴线交点，如图 13-11 所示。

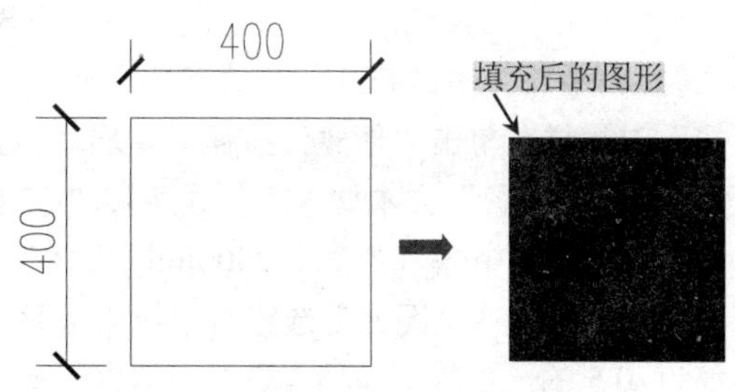

图 13-10　对柱子进行填充

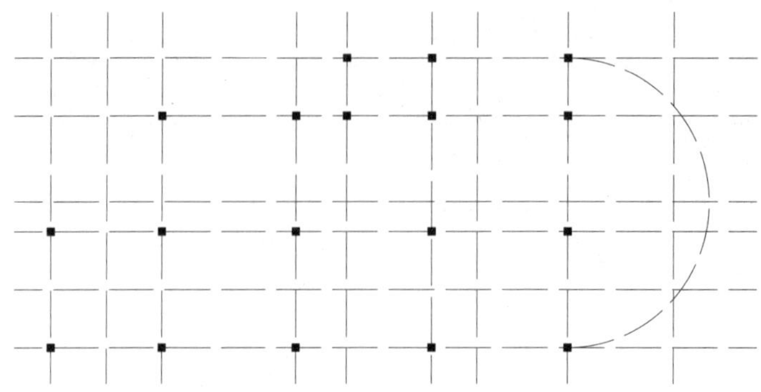

图 13-11　对柱子进行复制

步骤 4 采用同样的方法，执行“圆”命令（C），绘制一个直径为 400mm的圆；再执行“图案填充”命令（BH），选择所绘制的图形为填充区域，选择填充图案为“SOLID”，填充效果如图 13-12 所示。

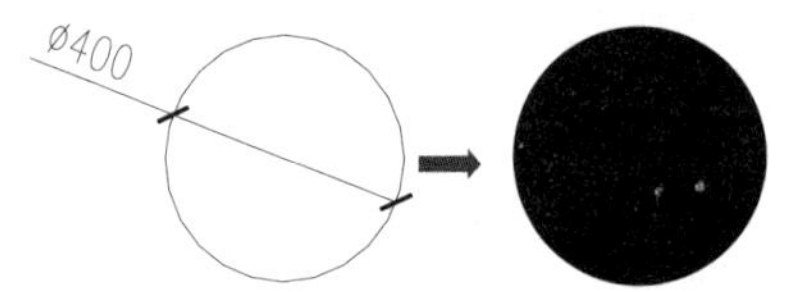

图 13-12　对圆柱子进行填充

步骤 5 采用复制矩形柱子同样的方法，将该圆形柱子复制到超市一层平面图右边，如图 13-13 所示。

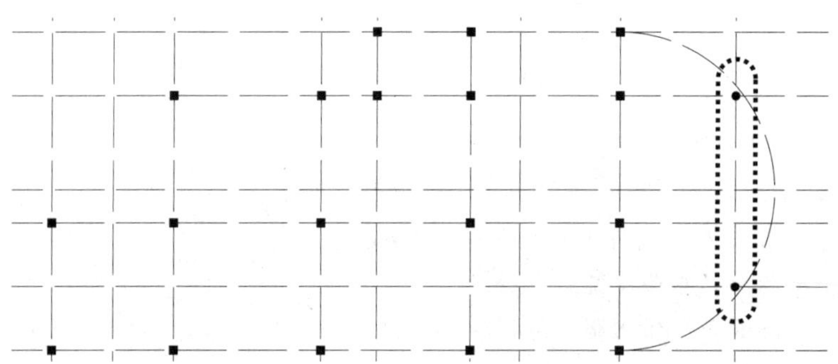

图 13-13　对柱子进行复制

13.6.4　绘制墙体和管道井

1. 绘制墙体

步骤 1 在“图层”工具栏的“图层控制”下拉列表框中，将“墙体”图层置为当前层。

步骤 2 参照设置相关多线样式的方法来创建厚度为 240mm的墙体。执行“格式/多线样式”菜单命令，弹出“多线样式”对话框，单击“新建”按钮，弹出“创建新的多线样式”对话框。

步骤 3 在“新样式名”文本框输入多线名称“Q240”，单击“继续”按钮，弹出“新建多线样式”对话框；在“说明”文本框中输入“宽度 240mm的墙体”；在“封口”选项组的“直线”选项中选中“起点”和“端点”两个复选框；在“图元”选项组中单击偏移为 0.5 的选项，在下方的“偏移”文本框中输入 120，同样，将偏移为–0.5 的选项的“偏移”更改为–120；单击“确定”按钮，返回“多线样式”对话框；单击“置为当前”按钮，再单击“确定”按钮，如图 13-14 所示。

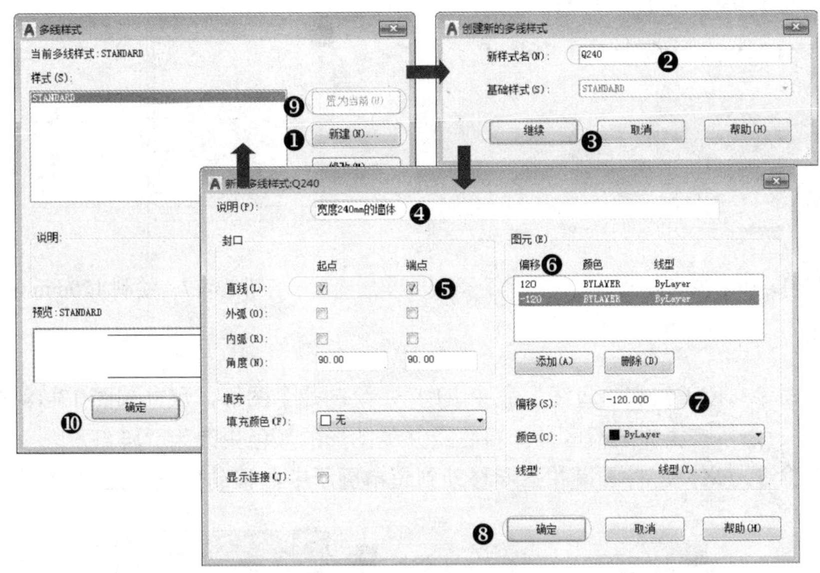

图 13-14　创建 Q240 墙体多线样式

步骤 4 再按照同样的方法创建“Q120”和“Q60”的多线样式。

步骤 5 执行“多线”命令（ML），选择“样式”选项（ST），设置样式名为“Q240”；再选择“比例”选项（S），多线比例为 1；再选择“对正”选项（J）和“无”选项（Z），将“对正方式”定义为Z；然后捕捉相关的轴线交点作为起点，按F8 键切换到“正交”模式，根据要求绘制餐厅的外墙墙体，要求墙体外轮廓线与柱子外轮廓线保持在同一水平或同一竖直方向，如图 13-15 所示。

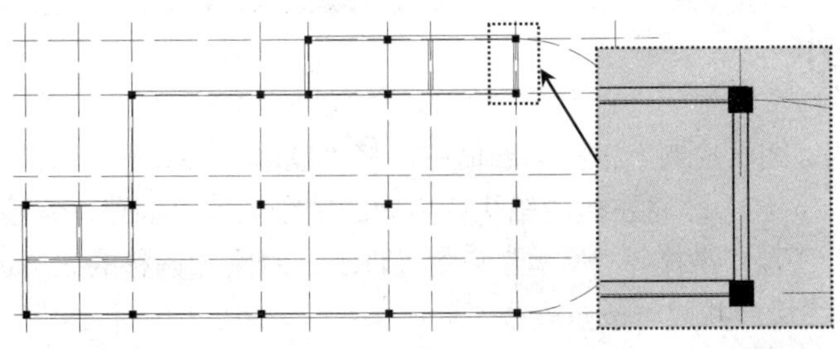

图 13-15　绘制 240mm 厚墙体

提示——多段线编辑

在进行几条线段的合并时，如果合并的线条中有圆弧，很有可能合并不成功，那么就可以执行多段线边界命令（PE），将其转换为多段线，再进行合并命令处理，也可以利用多段线编辑命令将样条曲线转换为多段线。

步骤 6 执行“修改/对象/多线”命令，弹出“多线编辑工具”对话框，单击“T形合并”按钮，对 24 墙指定的交点进行合并操作，合并后的效果如图 13-16 所示。

步骤 7 将绘图区域移至图形的左下侧，继续执行“多线”命令（ML），选择“样式”选项（ST），设置样式名为“Q120”，绘制厕所内相关的 120mm厚墙体；再利用“多线编辑工具”对绘制的墙体进行编辑，如图 13-17 所示。

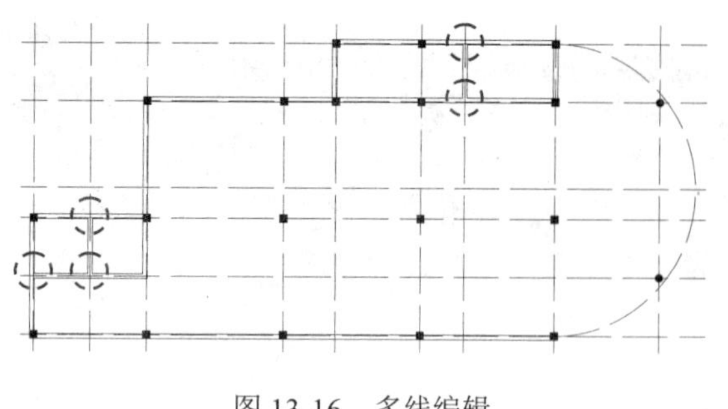

图 13-16　多线编辑

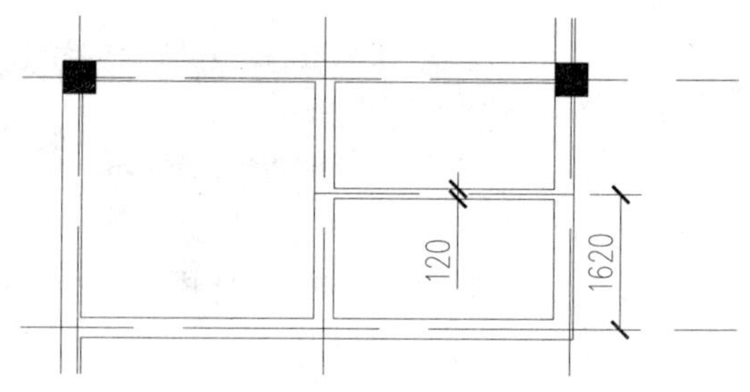

图 13-17　绘制 120mm 厚墙体

2. 绘制管道井

步骤 1 执行“矩形”命令（REC）和“直线”命令（L），绘制几个图形，尺寸如图 13-18 所示，并对它们进行移动，表示管道井，为了与墙体进行区分，将管道井的图形的颜色更改为“洋红”。

步骤 2 执行“移动”命令（M），将管道井图形移动到超市厕所中，移动位置如图 13-18 所示。

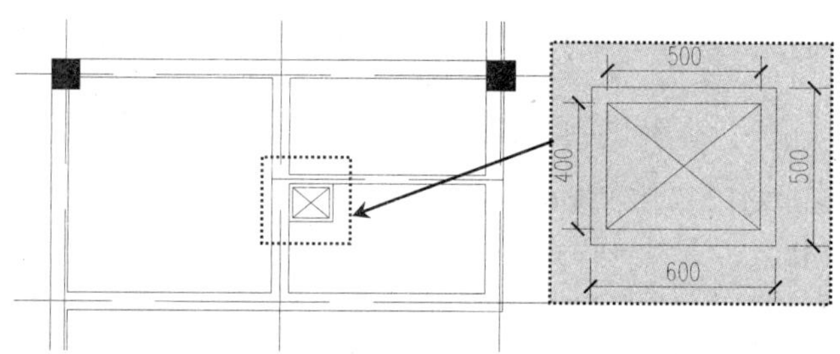

图 13-18　移动管道井

13.6.5　绘制散水

步骤 1 在“图层”工具栏的“图层控制”下拉列表框中，将“散水”图层置为当前层。

步骤 2 接着执行“偏移”命令（O），将左边的轴线和中间的轴线向外边偏移，偏移距离为 1200mm，并将偏移后的线段转换为“散水”图层；再执行“修剪”命令（TR），对刚才偏移的线条进行修剪；再执行“合并”命令（J），将刚才偏移的线段合并成一条多段线。

步骤 3 执行“偏移”命令（O），将半径为 7500mm的轴线圆弧、最上面的和最下面的轴线向外偏移 1340mm，并将其转换为“散水”图层；再执行“修剪”命令（TR），将其进行修剪；接着执行“合并”命令（J），将这些散水线段合并成一条线段。

步骤 4 执行“直线”命令（L），连接轴线交点和散水线的转折点，从而完成散水的绘制，如图 13-19 所示。

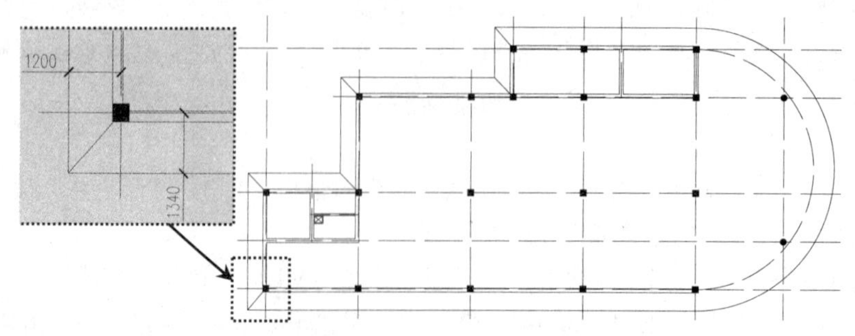

图 13-19　绘制散水

13.6.6 绘制门窗

1. 开启门窗洞口

步骤 1 现在来开启超市一层平面图上方电梯处的门窗洞口。将绘图区域移至平面图的上方，执行“偏移”命令（O），依照如图 13-20 所示的尺寸和方向将相关的轴线进行偏移。

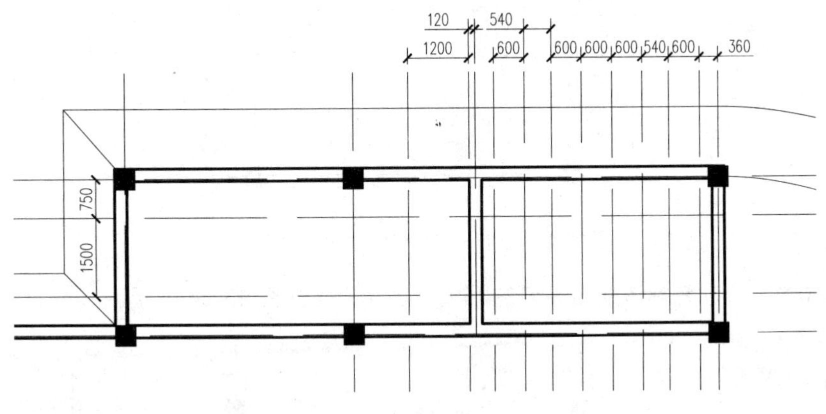

图 13-20 偏移线段

步骤 2 再执行“修剪”命令（TR），对墙体进行修剪，从而形成门窗洞口，如图 13-21 所示。

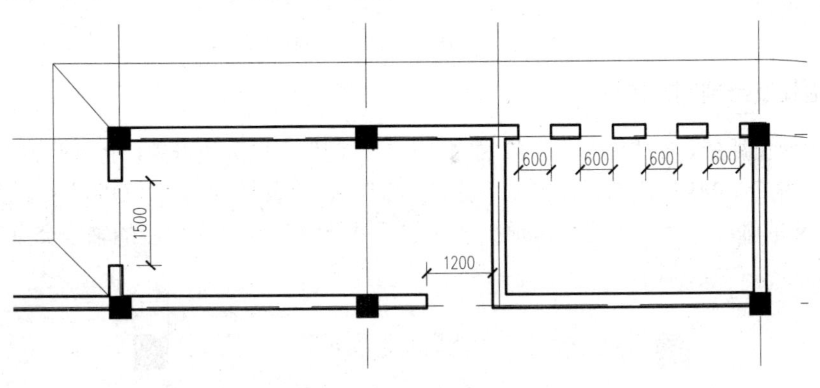

图 13-21 修剪墙体

步骤 3 使用上述同样的方法，开启该超市左上方的相关门窗洞口，如图 13-22 所示。

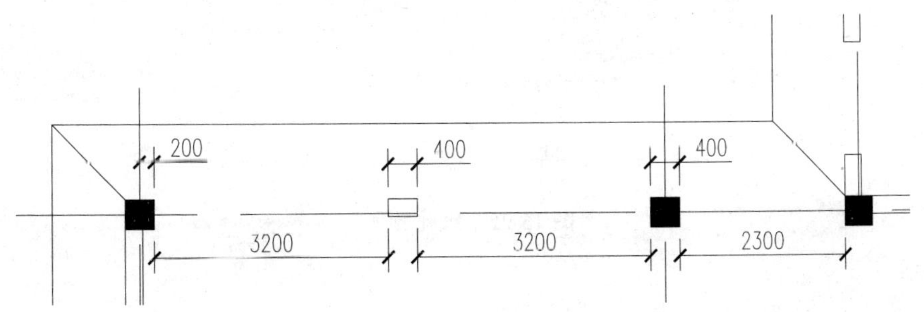

图 13-22 开启门窗洞口

步骤 4 使用上述同样的方法，开启该超市左下侧厕所部分的相关门窗洞口，如图 13-23 所示。

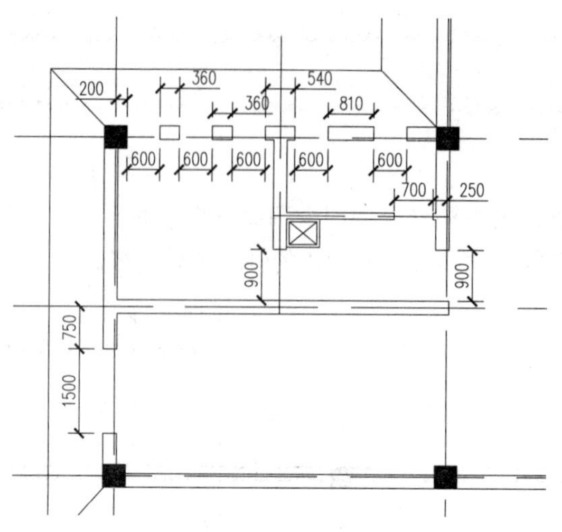

图 13-23　开启厕所门窗洞口

步骤 5 使用上述同样的方法，开启该超市下侧的相关门窗洞口，如图 13-24 所示。

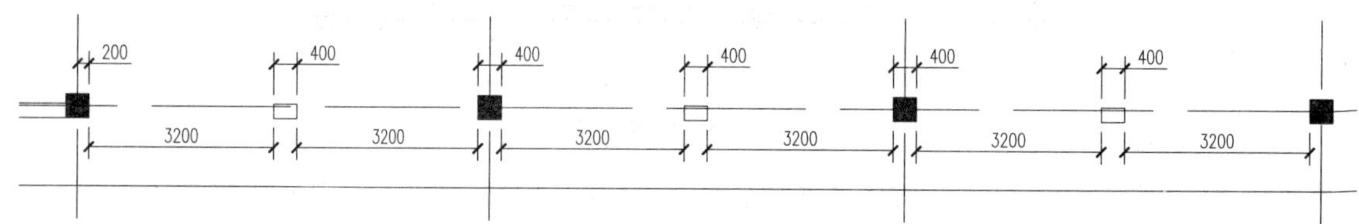

图 13-24　开启下侧门窗洞口

2. 细化厕所墙体及绘制厕所隔间

步骤 1 将绘图区域移至厕所处，在“图层”工具栏的“图层控制”下拉列表框中，将“墙体”图层置为当前层。

步骤 2 执行“多线”命令（ML），选择“样式”选项（ST），设置样式名为“Q60”；然后参照如图 13-25 所示的尺寸捕捉相应的轴线交点作为起点，根据该图的尺寸要求依次捕捉相应的轴线交点，从而完成 60mm 墙的绘制。

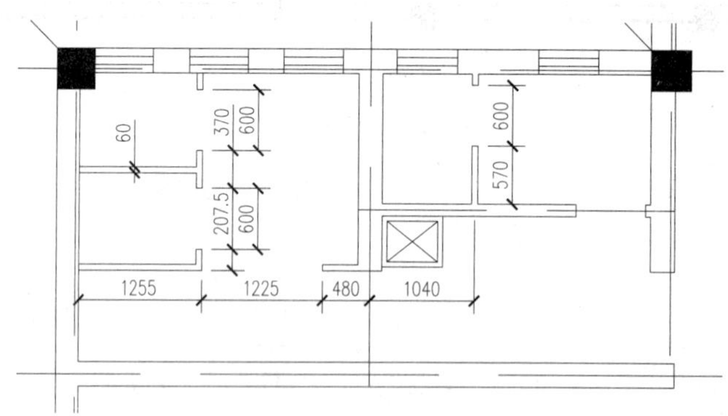

图 13-25　细化厕所

3. 窗的绘制

步骤 1 在“图层”工具栏的“图层控制”下拉列表框中，将“门窗”图层置为当前层。

步骤 2 执行“格式/多线样式”菜单命令，弹出“多线样式”对话框，按照门的绘制方式，创建如图 13-26 所示的多线样式。

步骤3 执行“多线”命令（ML），选择“样式”选项（ST），设置样式名为“C240”，沿厚度为240mm的外墙墙体，将如图13-27中虚线框所示的区域已开启窗洞的地方绘制C240多线。

图13-26 绘制多线样式

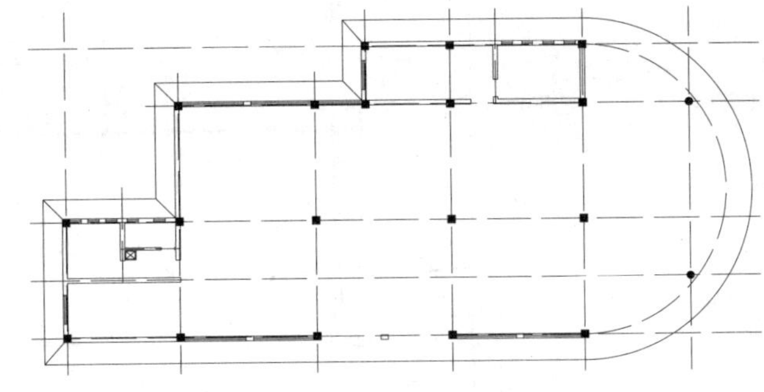

图13-27 绘制窗多线样式

步骤4 执行“偏移”命令（O），将图形右边的圆弧轴线向两边各偏移40mm、80mm，并将偏移后的线段转换为“门窗”图层，表示玻璃幕墙，如图13-28所示。

步骤5 执行“构造线”命令（XL），在圆弧的中点处绘制一条水平的构造线；执行“偏移”命令（O），将刚才绘制的构造线进行上下偏移，偏移距离为750mm；执行“修剪”命令（TR），将图形进行修剪，修剪后的图形如图13-29所示。

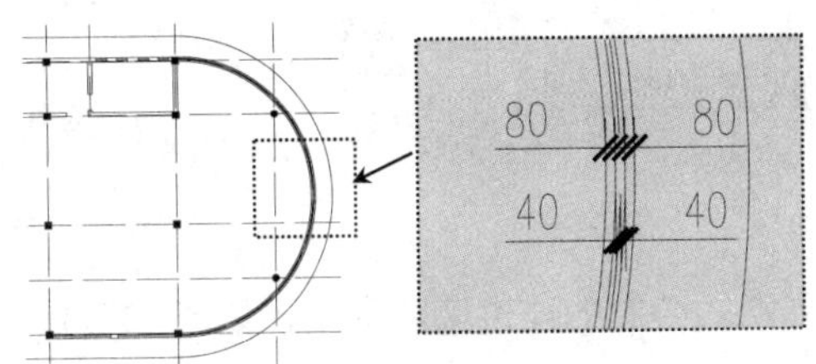

图13-28 绘制玻璃幕墙

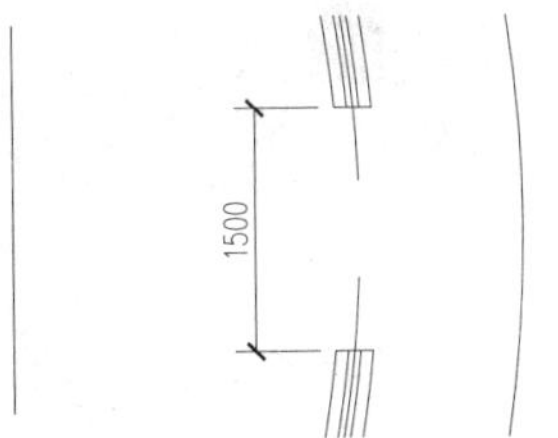

图13-29 开启玻璃幕墙的门洞

4. 门的绘制

步骤1 单击“图层”工具栏的“图层控制”下拉列表框，选择0图层为当前层。

步骤2 执行“矩形”命令（REC）、“圆弧”命令（A）和“直线”命令（L）等，绘制如图13-30所示的几扇门。

步骤3 执行“写块”命令（W），弹出“写块”对话框，将上面所绘制的门对象保存为图块，图块名参照图13-30中的名称。

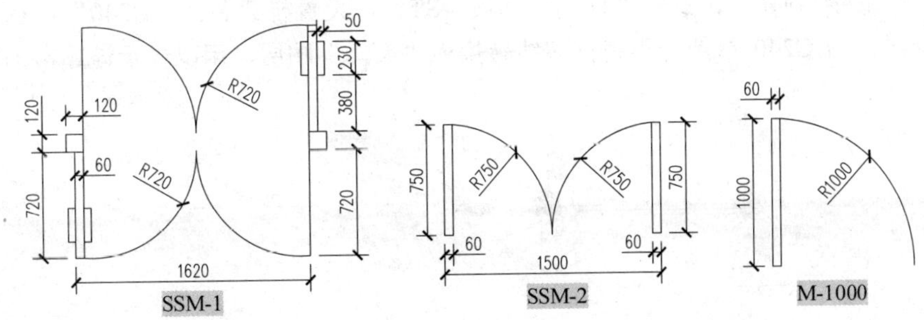

图13-30 绘制门图形

步骤4 单击“图层”工具栏的“图层控制”下拉列表框，将“门窗”图层置为当前层。

步骤 5 执行“插入块”命令（I）、“旋转”命令（RO）和“移动”命令（M）等，将刚才绘制的门插入到图形中，如图 13-31 所示。

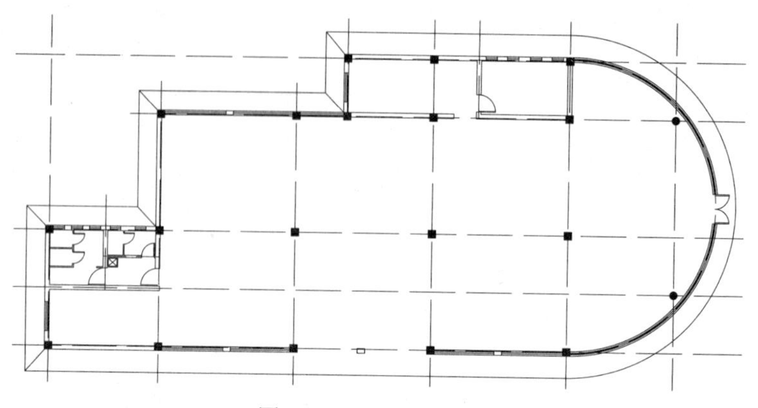

图 13-31 插入门图块

步骤 6 将绘图区域移至图形下方的大门口处，执行“矩形”命令（REC），绘制一个尺寸为 700mm × 80mm 的矩形，表示玻璃墙；再执行“复制”命令（CO），将这个矩形按照如图 13-32 所示的尺寸与位置进行复制。

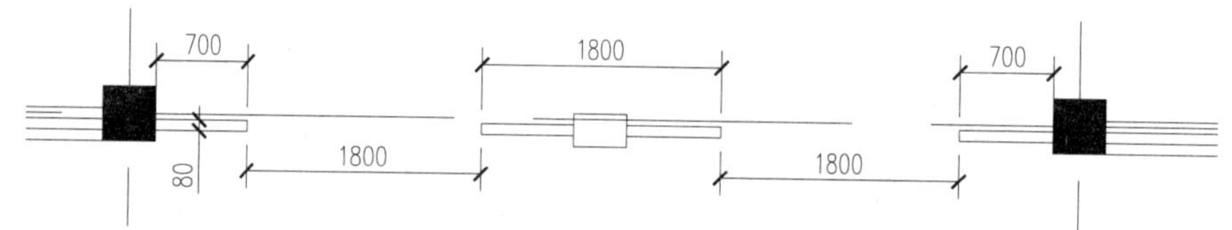

图 13-32 绘制玻璃墙

步骤 7 执行“插入块”命令（I），将“SSM-1”门图块插入到刚才绘制的玻璃墙图形中，如图 13-33 所示。

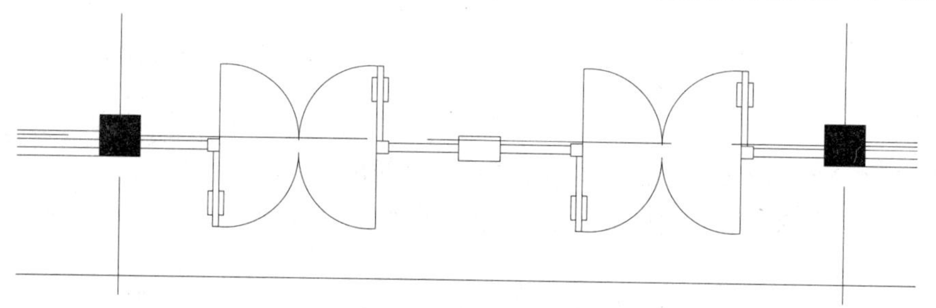

图 13-33 插入门图块

步骤 8 执行“多线”命令（ML），选择“样式”选项（ST），设置样式名为“C240”，在平面图的右下方玻璃幕墙边缘处绘制一条C240 多线，再将该多线转换为“墙体”图层，用以表示该超市的观赏建筑图形，如图 13-34 所示。

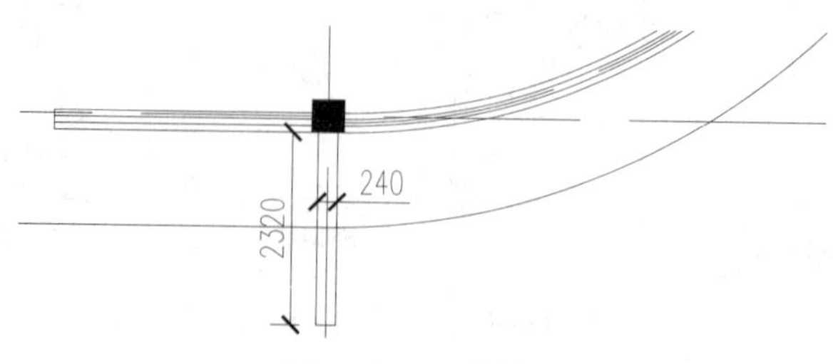

图 13-34 绘制多线

13.6.7 绘制花坛

步骤1 单击“图层”工具栏的“图层控制”下拉列表框，选择“花坛”图层为当前层。将绘图区域移至图形左下侧，执行“矩形”命令（REC），绘制一个尺寸为10000mm×1140mm的矩形。

步骤2 执行“移动”命令（M），将该矩形按照如图13-35所示的位置进行移动；执行“分解”命令（X），将矩形进行分解；执行“偏移”命令（O），将分解后矩形的相关线条向内偏移200mm；再执行“修剪”命令（TR），将图形进行修剪。

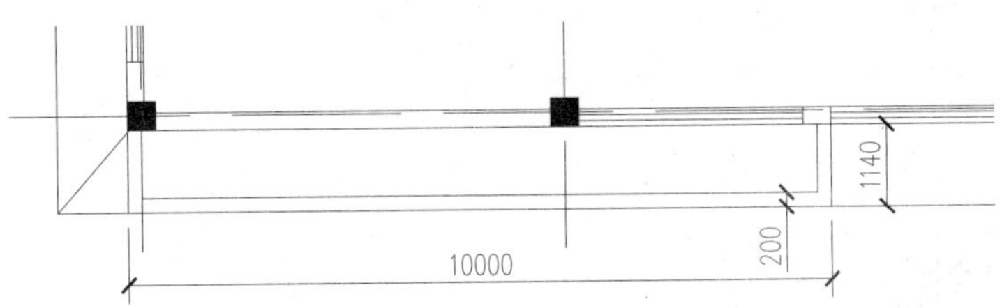

图13-35 绘制左下方花坛

步骤3 采用上面的方法，在图形下方大门口右边绘制一个3680mm×1140mm的花坛，如图13-36所示。

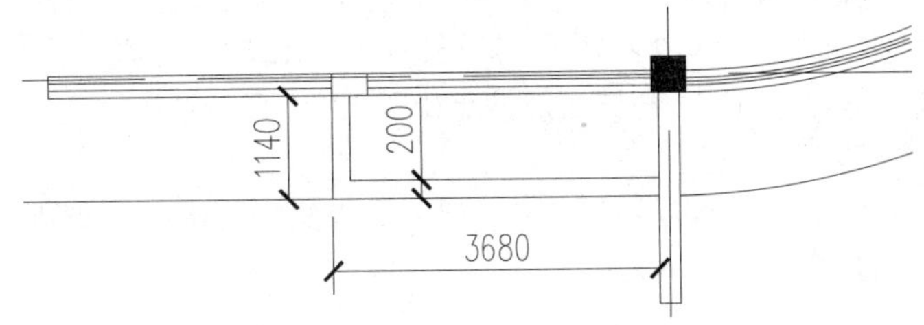

图13-36 绘制右下方花坛

步骤4 将绘图区域移至图形的上方，执行“多段线”命令（PL），绘制一条如图13-37所示的多段线；再执行“偏移”命令（O），将该多段线向内偏移200mm。

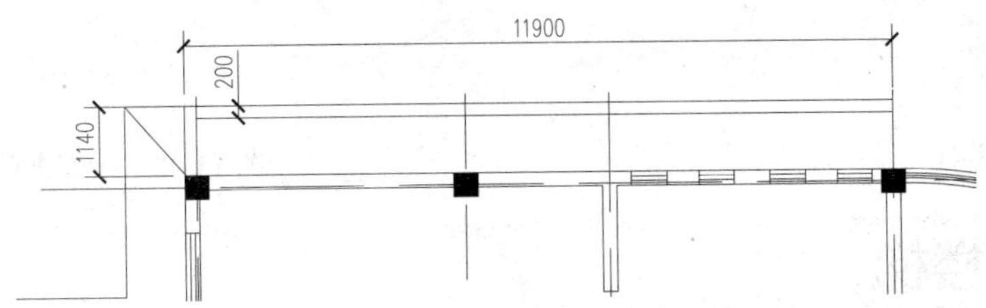

图13-37 绘制上方花坛

步骤5 执行“偏移”命令（O），将圆弧轴线向外进行偏移，偏移距离分别为1060mm、200mm，并将偏移后的线段转换为“花坛”图层，如图13-38所示。

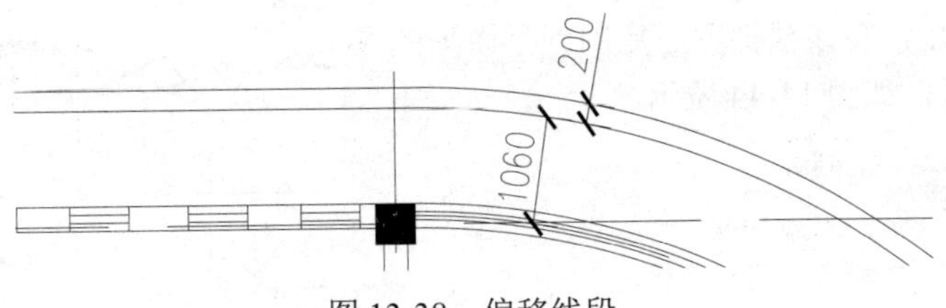

图13-38 偏移线段

步骤 6 执行“构造线”命令（XL），在圆弧轴线圆心点绘制几条带角度的构造线，角度分别为–9.5°、–8°、8°、9.5°，如图 13-39 所示。

步骤 7 执行“修剪”命令（TR），将刚才绘制的图形进行修剪，并将相关的线段转换为“楼梯”图层，如图 13-40 所示。

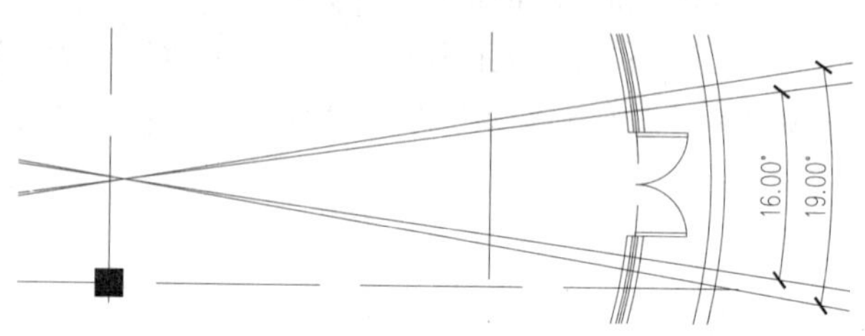

图 13-39 绘制构造线

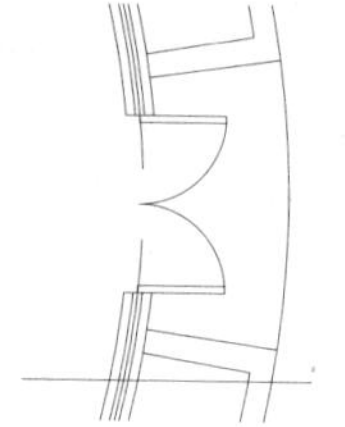

图 13-40 修剪图形

13.6.8 绘制台阶

步骤 1 单击“图层”工具栏的“图层控制”下拉列表框，选择“楼梯”图层为当前层。将刚才绘制的花坛处最外面的圆弧向内偏移 300mm；再执行“修剪”命令（TR），对图形进行修剪操作，如图 13-41 所示。

步骤 2 将绘图区域移至图形下方的大门口处，执行“矩形”命令（REC），绘制一个尺寸为 7400mm × 1800mm 的矩形；然后执行“移动”命令（M），将该矩形按照如图 13-42 所示的位置进行移动；执行“分解”命令（X），将矩形进行分解。

步骤 3 执行“偏移”命令（O），将分解后矩形的相关线条向内偏移 300mm；再执行“修剪”命令（TR），将图形进行修剪，如图 13-42 所示。

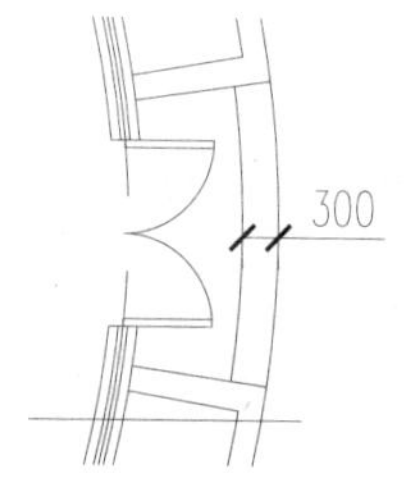

图 13-41 绘制台阶

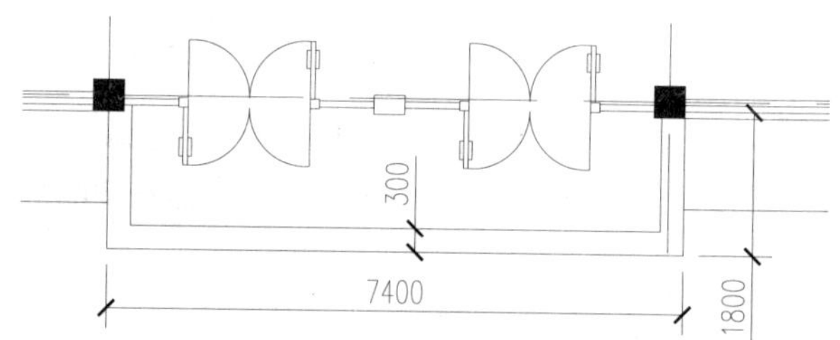

图 13-42 绘制大门口台阶

13.6.9 绘制楼梯

步骤 1 参照绘制楼梯的方法，绘制一个如图 13-43 所示的楼梯图形，该楼梯图形表示建筑平面图首层楼梯示意图。

步骤 2 执行“编组”命令（G），将该楼梯图形进行编组；再执行“复制”命令（CO），将该楼梯图形复制到平面图的左下方和右上方相关的位置，如图 13-44 所示。

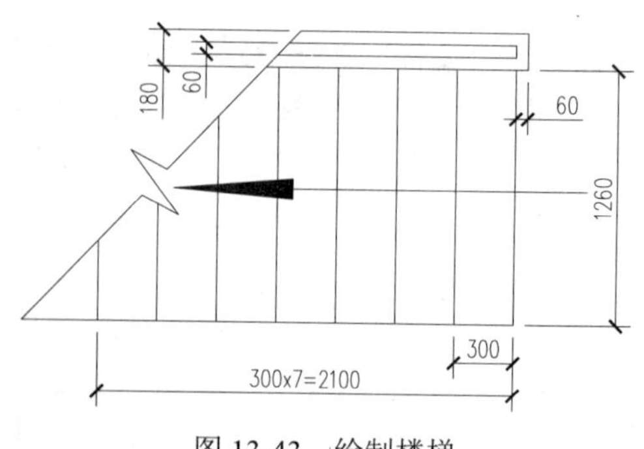

图 13-43 绘制楼梯

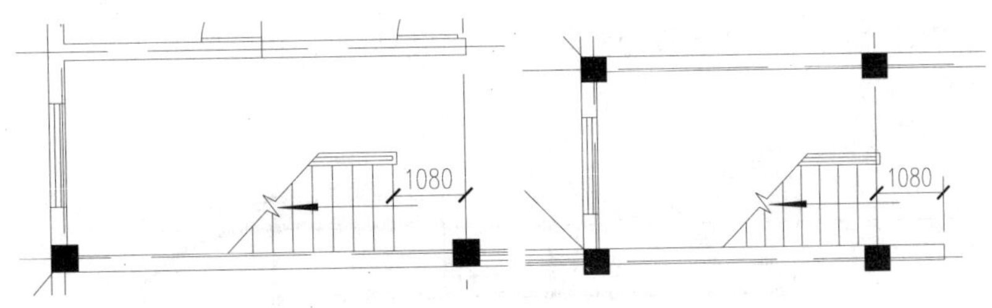

图 13-44　复制楼梯

13.6.10　绘制各种设施设备

步骤 1 单击“图层”工具栏的“图层控制”下拉列表框，选择“设施”图层为当前层。

步骤 2 执行“插入块”命令（I），在超市厕所插入相关的设施，并通过“旋转”命令（RO）、“复制”命令（CO）等，对图形进行操作，效果如图 13-45 所示。

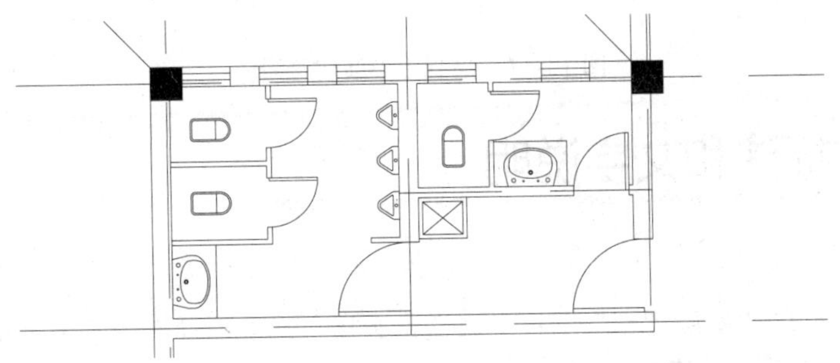

图 13-45　插入厕所卫生设施

13.6.11　标高标注和绘制剖切符号

1. 标高标注

步骤 1 单击“图层”工具栏的“图层控制”下拉列表框，选择“标高”图层为当前层。

步骤 2 执行“插入块”命令（I），选择“结果文件/13/标高.dwg”图块文件，在超市内捕捉一点作为标高符号的插入基点，再根据要求输入标高值为 0.000；在超市外捕捉一点作为标高符号的插入基点，再根据要求输入标高值为–0.300，如图 13-46 所示。

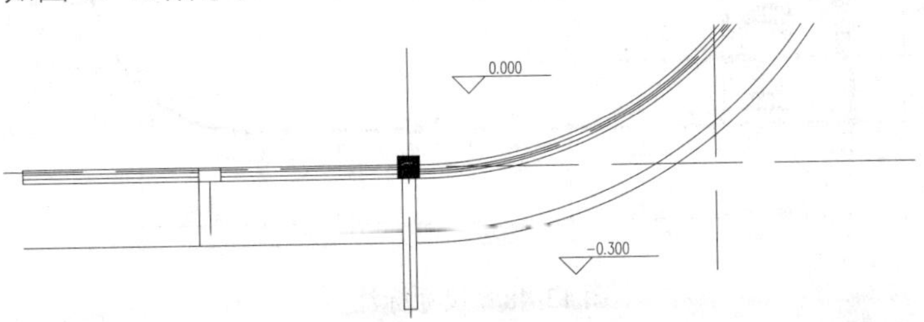

图 13-46　插入标高符号

2. 绘制剖切符号

步骤 1 单击“图层”工具栏的“图层控制”下拉列表框，选择“文字标注”图层为当前层。执行“多段线”命令（PL），沿如图 13-47 所示位置与方向绘制一条转角的多段线，其多段线的宽度为 50。

步骤 2 使用“打断”（BR）命令，将该多段线打断，形成剖切符号，然后使用“单行文字”（T）命令，在该剖切符号的两端输入剖切编号“1”，如图 13-47 所示。

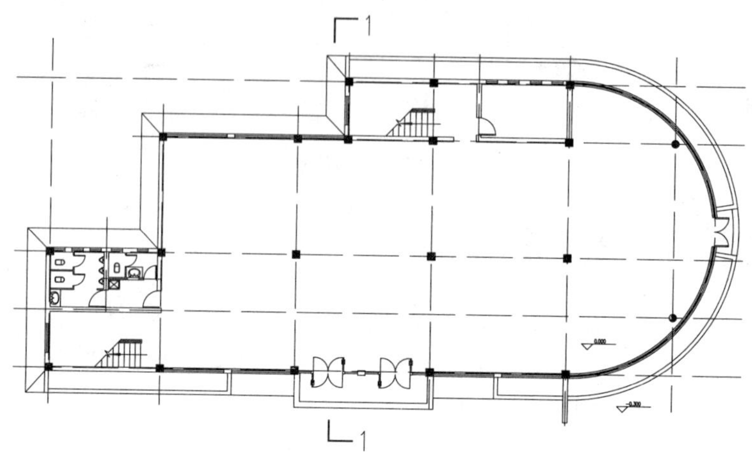

图 13-47 绘制 1-1 剖切符号

13.6.12 尺寸标注和文字说明

1. 尺寸标注

步骤 1 单击“图层”工具栏的“图层控制”下拉列表框，选择“尺寸标注”图层为当前层。单击“注释”选项卡中的“文字”面板，选择“文字标注”文字样式。

步骤 2 执行“线性”命令（DLI）、“连续”命令（DCO）等，对图形进行尺寸标注，标注后的图形如图 13-48 所示。

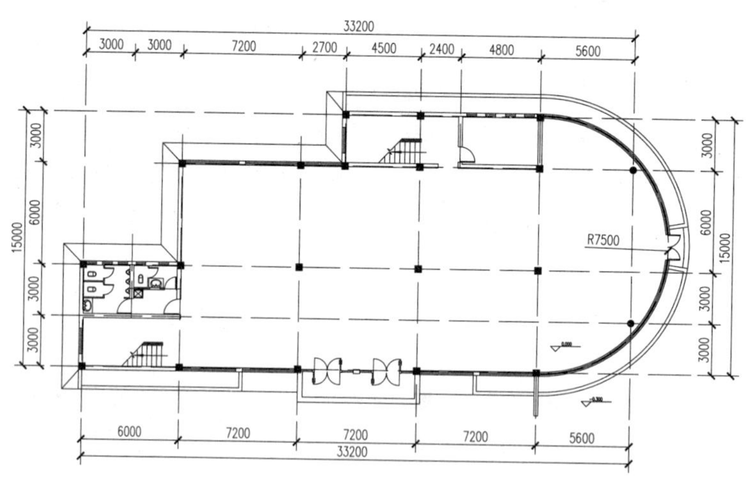

图 13-48 尺寸标注

2. 图内说明

步骤 1 单击“图层”工具栏的“图层控制”下拉列表框，选择“文字标注”图层为当前层。单击“注释”选项卡中的“文字”面板，选择“图内说明”文字样式。

步骤 2 执行“单行文字”命令（DT），对该平面图进行文字标注，标注后的图形如图 13-49 所示。

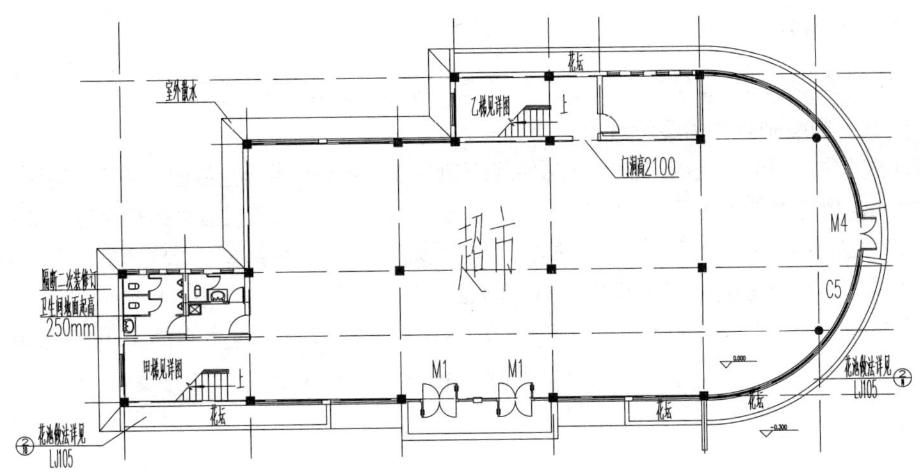

图 13-49 文字标注

3. 轴号的绘制

步骤 1 单击“图层”工具栏的“图层控制”下拉列表框，选择 0 图层为当前层。参照绘制轴号的方法，绘制如图 13-50 所示的两种轴线标号。

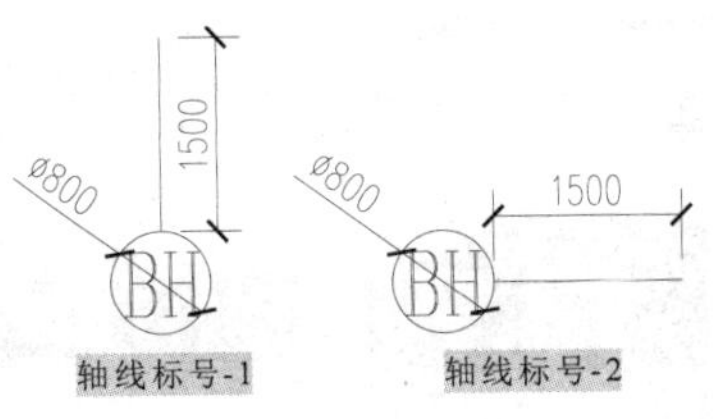

图 13-50 绘制轴线标号

步骤 2 执行“写块”命令（W），对上面所绘制的两种轴线标号分别进行写块操作，并命名为“轴线标号-1”和“轴线标号-2”。

步骤 3 单击“图层”工具栏的“图层控制”下拉列表框，选择“轴线标号”图层为当前层。

步骤 4 执行“插入块”命令（I），选择“结果文件/13/轴线标号-1.dwg”图块文件，在竖直的相关轴线上标注轴线编号，并输入轴线标号“1”。

步骤 5 执行“复制”命令（CO），将该轴线标号以标注线的端点为复制点，依次向右进行复制；然后双击该轴线标号，弹出“增强属性编辑器”对话框，在“值”文本框中输入要编写的轴线标号，单击“确定”按钮，完成轴线标号的修改。

步骤 6 重复以上步骤，选择“结果文件/13/轴线编号-2.dwg”图块文件，在水平的相关轴线上标注轴线标号，最终效果如图 13-51 所示。

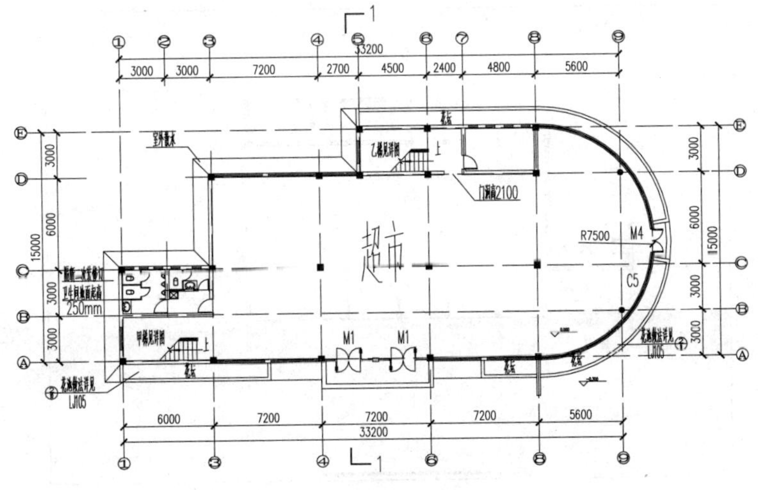

图 13-51 插入轴线标号

4. 绘制指北针和图名

步骤 1 单击“图层”工具栏的“图层控制”下拉列表框，选择“文字标注”图层为当前层。执行“圆”命令（C），在图形的右下侧绘制直径为 2400mm的圆。

步骤 2 使用“多段线”命令（PL），过圆的上侧象限点至下侧象限点绘制一条垂直线段，且其上侧端点宽度为 0mm，下侧宽度为 300mm；使用“单行文字”命令在圆的上侧输入“北”，从而完成指北针的绘制，如图 13-52 所示。

步骤 3 在“样式”工具栏中选择“图名”文字样式，在“文字”工具栏中单击“单行文字”按钮AI，设置其对正方式为“居中”，在图形的下侧中间位置输入图名“超市一层平面图”和“1：100”，然后分别选择相应的文字对象；执行“特性”命令（MO），打开“特性”面板，修改相应文字的大小为 2000 和 1000。

步骤 4 执行“多段线”命令（PL），在图名的下侧绘制一条水平线段，指定多段线宽度为 300，如图 13-53 所示。

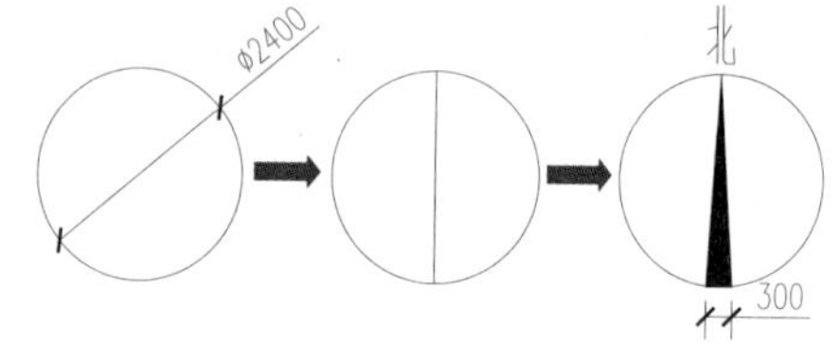

图 13-52　绘制指北针

超市一层平面图　1:100

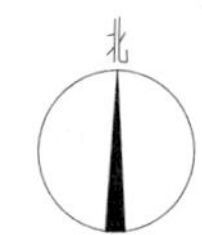

图 13-53　图名标注

13.7 超市二层楼的效果

同样采用绘制一层平面图的方式来绘制二层平面图，打开“建筑平面图.dwt”格式样板文件，调用其绘图环境，然后将其另存为超市二层平面图。

步骤 1 执行“文件/打开”菜单命令，将“结果文件/08/建筑平面图.dwt”文件打开。

步骤 2 执行“文件/另存为”菜单命令，将文件另存为“结果文件/13/超市二层平面图.dwg”文件。

接下来的绘图步骤可以参照“超市一层平面图”的绘制方法，所绘制的“超市二层平面图”最终效果如图 13-54 所示。

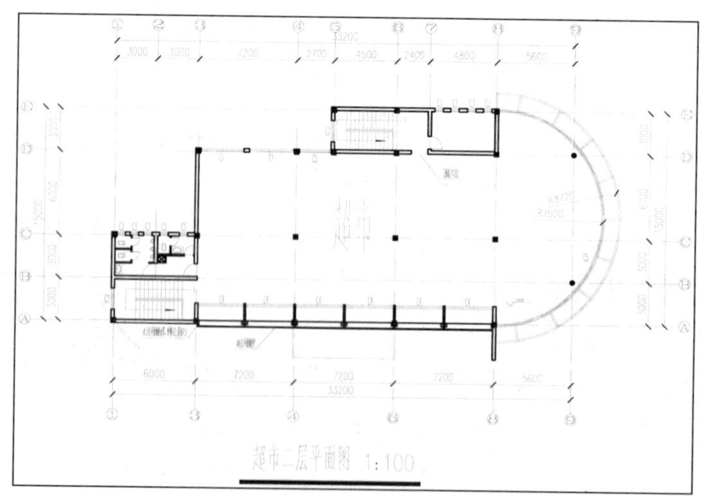

图 13-54　超市二层平面图

13.8 超市屋顶平面图的效果

利用同样的方法与步骤，可以绘制该超市的屋顶平面图，所绘制的超市屋顶平面图如图 13-55 所示。

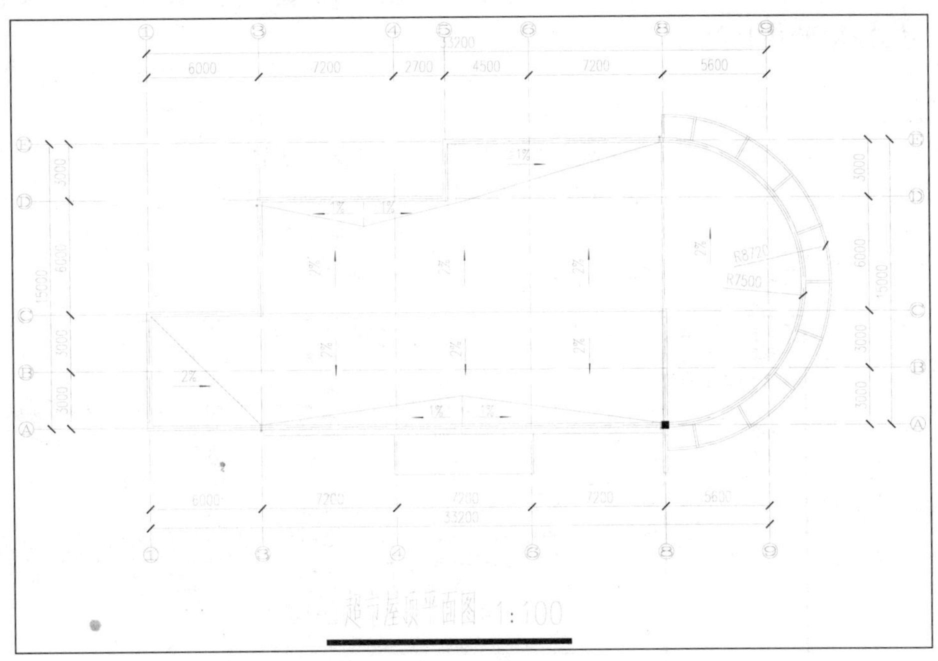

图 13-55 超市屋顶平面图

13.9 超市南立面图的绘制

首先调用前面章节绘制好的绘图环境，然后插入平面图相关的图形，通过平面图上的尺寸来绘制相对应的立面图形，包括墙体、屋顶、护栏、玻璃幕墙、门窗图形等，其效果如图 13-56 所示。

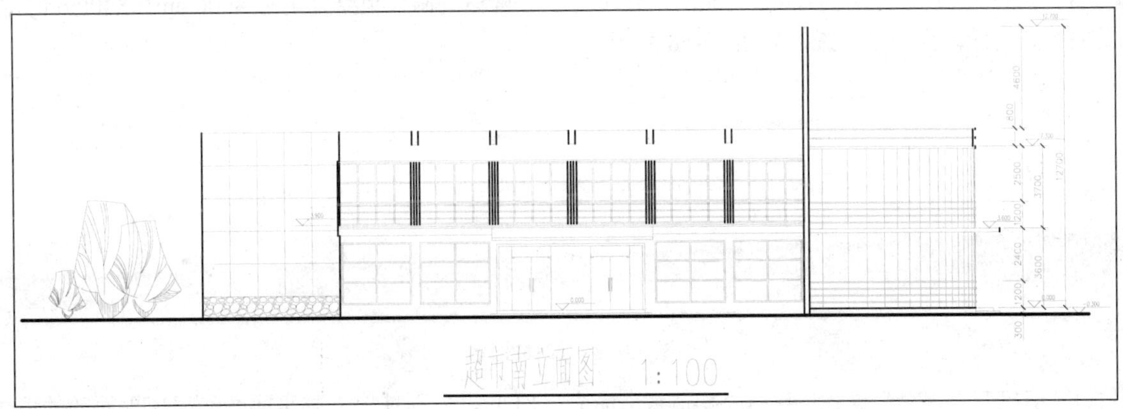

图 13-56 超市南立面图效果

13.9.1 调用绘图环境

步骤 1 执行“文件/打开”菜单命令，将“结果文件/09/建筑立面图.dwt”文件打开。

步骤 2 执行“文件/另存为”菜单命令，将文件另存为“结果文件/13/超市南立面图.dwg”文件。

13.9.2 插入平面图

步骤 1 在“图层”工具栏的“图层控制”下拉列表框中，将 0 图层置为当前层。执行“插入块”命令（I），分别插入“结果文件/13/超市一层平面图.dwg”和“结果文件/13/超市屋顶平面图.dwg”文件。

步骤 2 执行“移动”命令（M），将一层平面图和屋顶平面图进行移动，使它们在竖直方向上对齐。

步骤 3 执行“格式/图层”菜单命令，将“标高”“尺寸标注”“楼梯”“绿化”“散水”“设施”“填充”“文字标注”“轴线”和“轴线编号”等图层关闭，如图 13-57 所示。

状.	名称	开	冻结	锁...	线宽	线型	透明度	颜色	打印...	打.	新.
	标高				—— 默认	Continuous	0	黄	Color_2		
	尺寸标注				—— 默认	Continuous	0	蓝	Color_5		
	花坛				—— 默认	Continuous	0	200	Colo...		
	楼梯				—— 默认	Continuous	0	140	Colo...		
	绿化				—— 默认	Continuous	0	绿	Color_3		
	散水				—— 默认	Continuous	0	洋红	Color_6		
	设施				—— 默认	Continuous	0	200	Colo...		
	填充				—— 默认	Continuous	0	8	Color_8		
	文字标注				—— 默认	Continuous	0	白	Color_7		
	轴线				—— 默认	ACAD_ISO04W100	0	红	Color_1		
	轴线编号				—— 默认	Continuous	0	绿	Color_3		

关闭图层

图 13-57 关闭图层

13.9.3 绘制墙体

步骤 1 在“图层”工具栏的“图层控制”下拉列表框中，将“墙体”图层置为当前层。在图形的正下方绘制一条长度为 38000mm的水平线段。

步骤 2 执行“偏移”命令（O），将绘制的水平线段向下方偏移，偏移距离分别为 4600mm、8400mm，并将最下面的那条线段转换为地坪线，如图 13-58 所示。

图 13-58 偏移线段

步骤 3 按F8 键打开“正交”模式。执行“构造线”命令（XL），分别捕捉一层平面图和屋顶平面图的墙体上的相关点绘制竖直构造线，如图 13-59 所示。

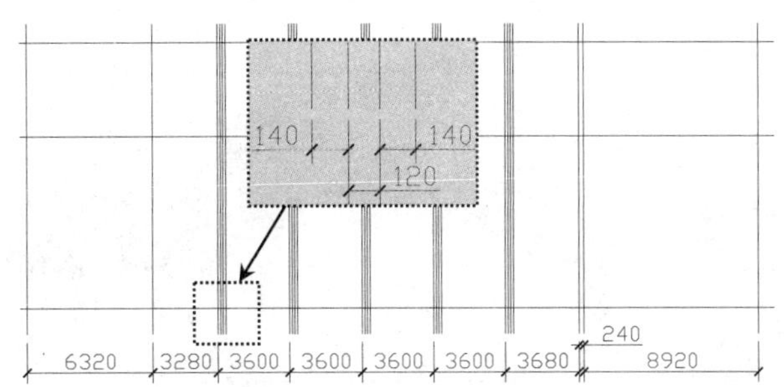

图 13-59　绘制竖直线段

步骤 4 再执行“修剪”命令（TR），对图形进行修剪操作，修剪后的图形如图 13-60 所示。

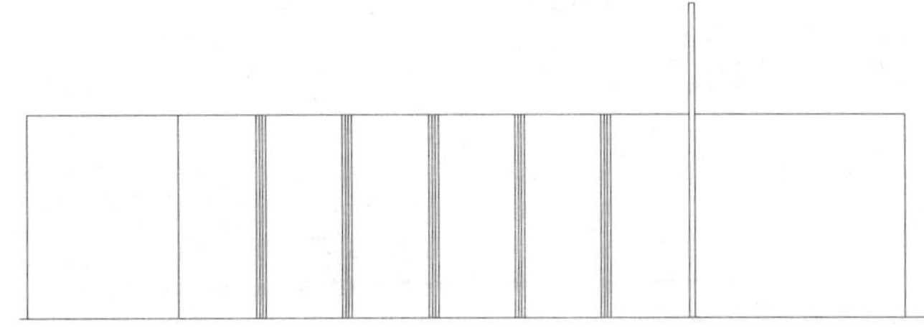

图 13-60　修剪图形

13.9.4　绘制左侧墙面

步骤 1 将绘图区域移至图形的左侧，执行“偏移”命令（O），将最上面的水平线段向下进行偏移，再将左边的竖直线段向右进行偏移，偏移距离如图 13-61 所示。

步骤 2 执行“修剪”命令（TR），对图形进行修剪操作，然后将相关的线段转换为“其他”图层，如图 13-62 所示。

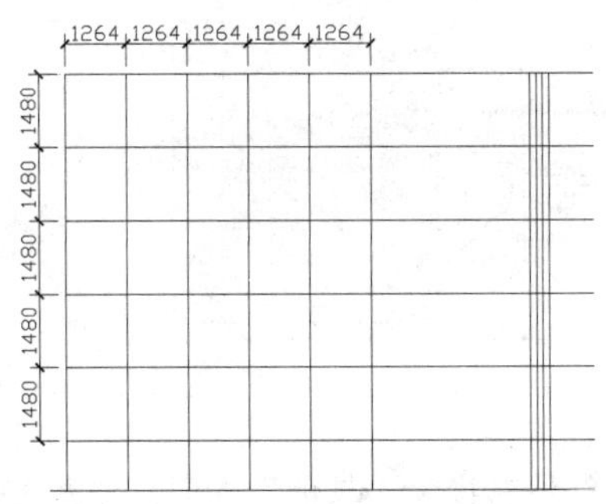

图 13-61　偏移线段

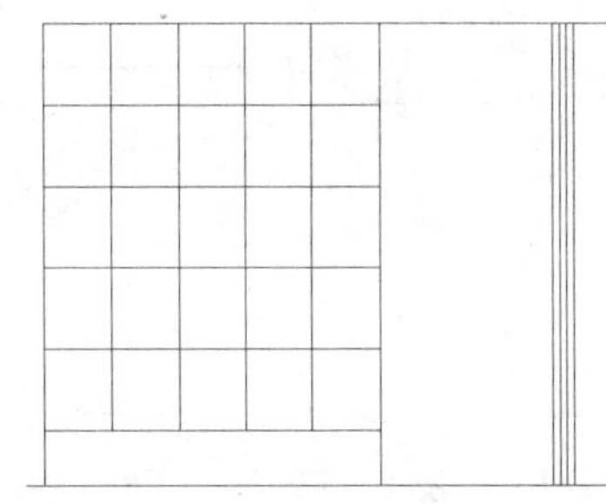

图 13-62　修剪图形

13.9.5　绘制屋顶

步骤 1 将绘图区域移至图形的上方，执行“偏移”命令（O），将最上面的水平线段向下进行偏移，偏移距离分别为 600mm、720mm，如图 13-63 所示。

步骤 2 执行“修剪”命令（TR），对图形进行修剪操作，如图 13-64 所示。

步骤 3 继续执行“偏移”命令（O），将左边的竖直线段向右进行偏移，偏移尺寸如图 13-65 所示。

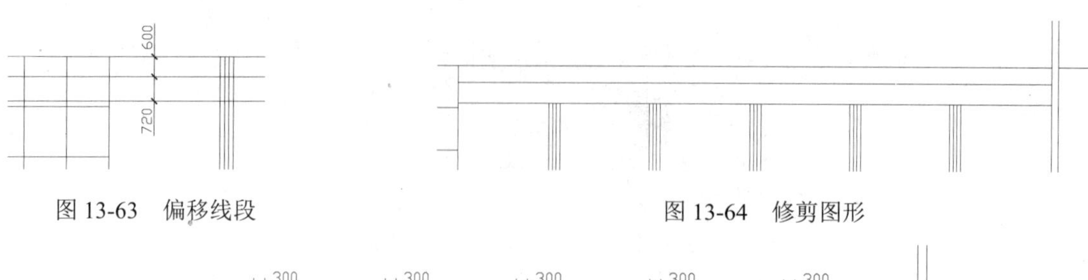

图 13-63　偏移线段　　　　图 13-64　修剪图形

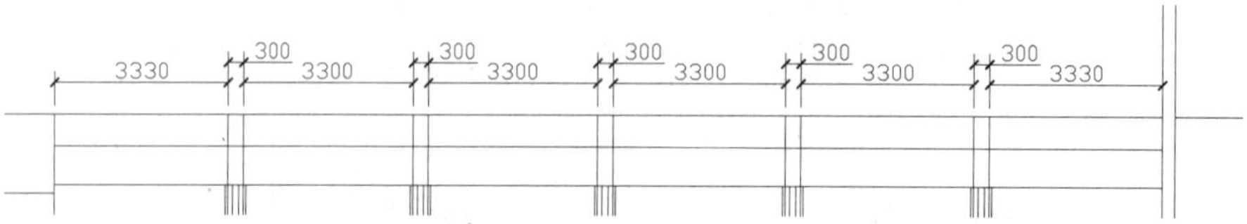

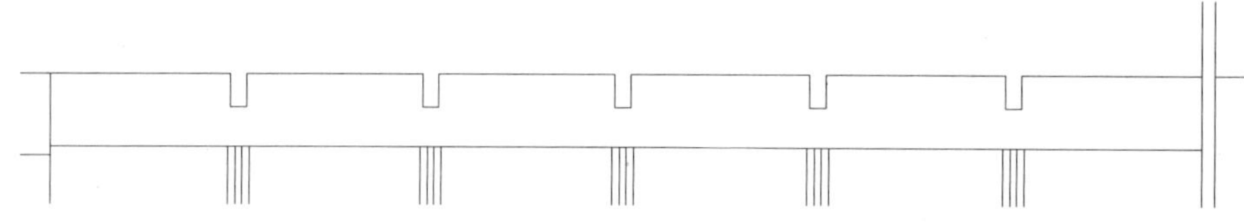

图 13-65　偏移线段

步骤 4 执行“修剪”命令（TR），对图形进行修剪操作，如图 13-66 所示。

图 13-66　修剪图形

13.9.6　绘制南面护栏

步骤 1 将绘图区域移至图形的中间，执行“偏移”命令（O），将相关的线段按照如图 13-67 所示的尺寸与方向进行偏移。

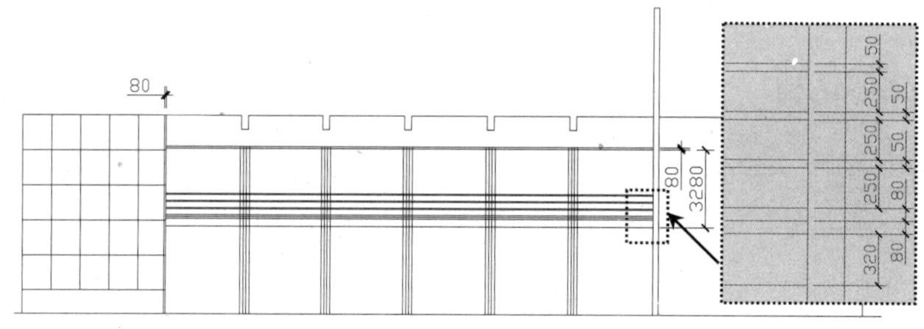

图 13-67　偏移线段

步骤 2 执行“修剪”命令（TR），对图形进行修剪操作，并将相关线段转换为“其他”图层，如图 13-68 所示。

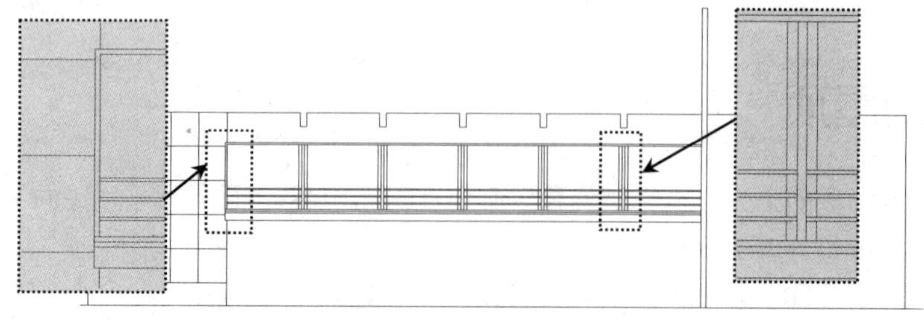

图 13-68　修剪图形

步骤3 执行“矩形”命令（REC），绘制一个尺寸为 7400mm×570mm的矩形；再执行“直线”命令（L），绘制一条如图 13-69 所示的水平直线，使其与刚才所绘制的矩形的下面水平线段保持 120mm的距离。

步骤4 将刚才所绘制的图形转换为“其他”图层，用以表示大门处的遮雨篷；再执行“移动”命令（M），将刚才所绘制的图形按照如图 13-69 所示的尺寸与位置进行移动。

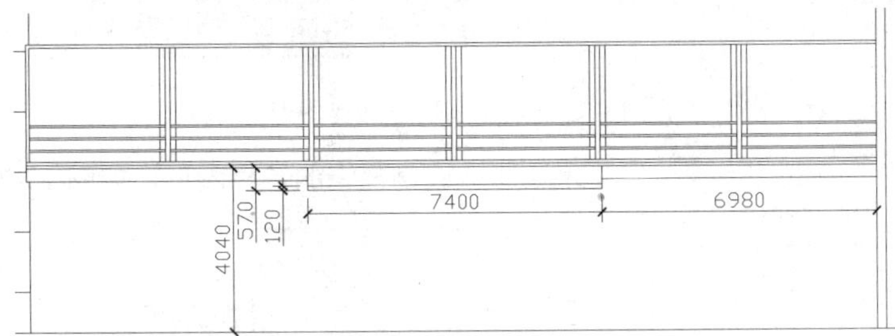

图 13-69　绘制遮雨篷

13.9.7　绘制玻璃幕墙

1. 绘制屋顶

步骤1 将绘图区域移至图形的右上方，执行“偏移”命令（O），将相关的线段按照如图 13-70 所示的尺寸与方向进行偏移。

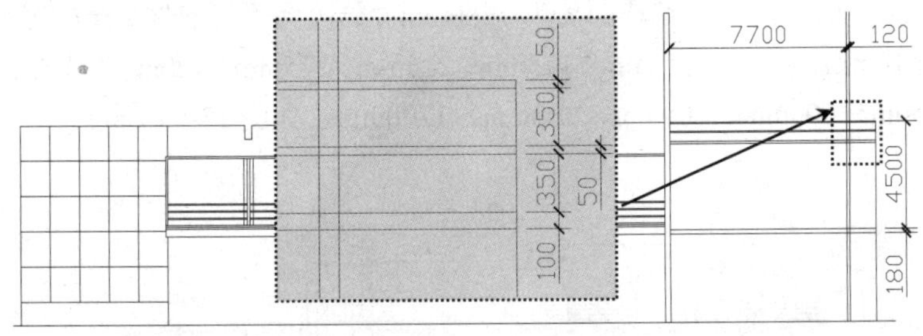

图 13-70　偏移线段

步骤2 执行“修剪”命令（TR），对图形进行修剪操作，如图 13-71 所示。

图 13-71　修剪图形

2. 绘制护栏

步骤1 执行“偏移”命令（O），将左边观赏建筑物的右边竖直线段向右偏移 7780mm，并将偏移后的线段转换为“门窗”图层；再执行“修剪”命令（TR），对图形进行修剪操作，如图 13-72 所示。

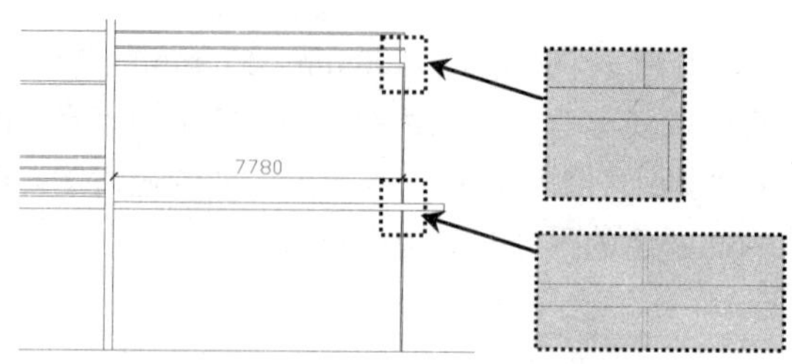

图 13-72　偏移线段并修剪图形

步骤 2 参照绘制南面护栏的方式、步骤与尺寸来绘制该玻璃幕墙的护栏图形，如图 13-73 所示。

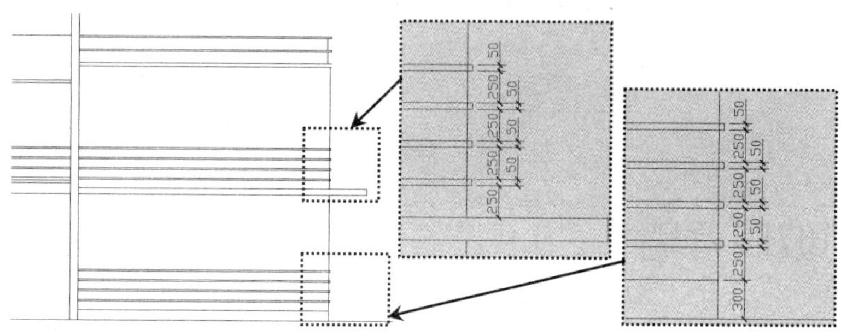

图 13-73　绘制幕墙护栏

3. 绘制玻璃幕墙

步骤 1 执行"偏移"命令（O），将前面偏移距离为 7780mm并转换为"门窗"图层的竖直线段向左依次进行偏移，偏移距离分别为 10mm、40mm、115mm、175mm、215mm、275mm、300mm、305mm、325mm、400mm、450mm、500mm、550mm、600mm、800mm、900mm、1200mm，如图 13-74 所示。

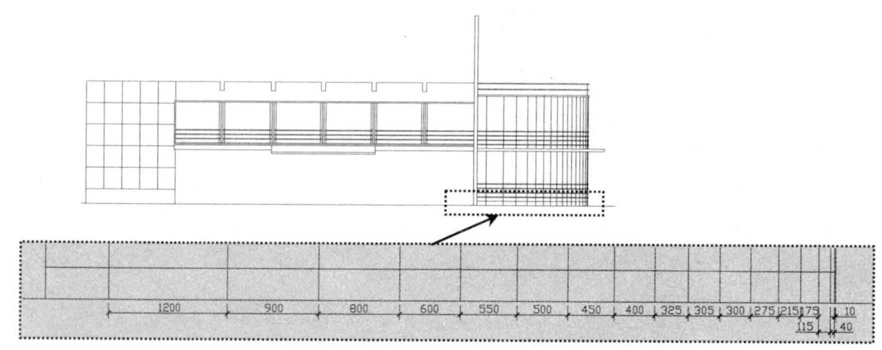

图 13-74　绘制幕墙护栏

步骤 2 执行"修剪"命令（TR），对图形进行修剪操作，如图 13-75 所示。

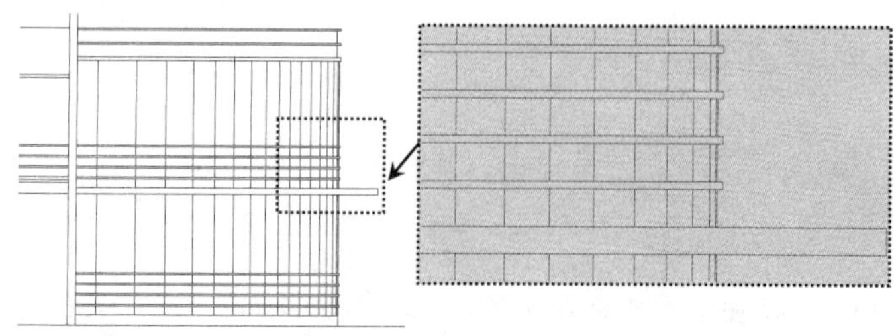

图 13-75　修剪图形

提示——玻璃幕墙的分类及构造

玻璃幕墙可以通过构造和施工两种方式来进行分类。

（1）按构造方式分：有框和无框。在有框玻璃幕墙中，又有明框和隐框两种。近年来又出现了一种点支承玻璃幕墙，即玻璃面板通过点支承装置与其支承结构组成的幕墙。

（2）按施工方式分：有现场组装（构件式幕墙）和预制装配（单元式幕墙）。有框玻璃幕墙可现场组装，也可预制装配；而无框玻幕墙和点支承玻璃幕墙则只能现场组装。

13.9.8 绘制台阶

步骤 1 在“图层”工具栏的“图层控制”下拉列表框中，将“楼梯”图层置为当前层。将绘图区域移至图形的右下角处，执行“矩形”命令（REC），绘制两个矩形，尺寸分别为840mm × 150mm、1140mm × 150mm。

步骤 2 再执行“移动”命令（M），将这两个矩形按照如图13-76所示的位置进行移动，然后将其移动到立面图中。

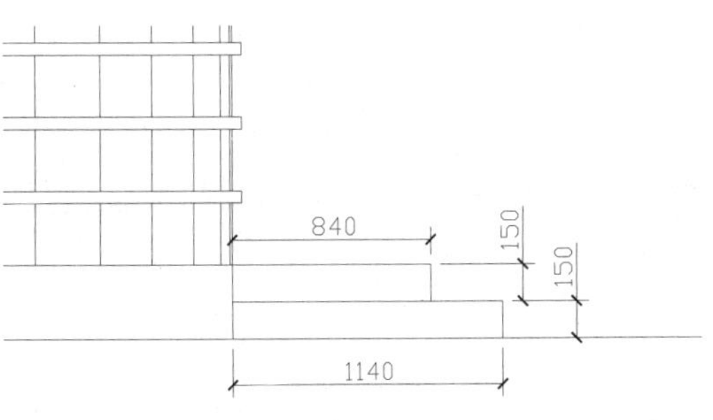

图 13-76 绘制矩形并移动

步骤 3 将绘图区域移至图形的下方大门口处，执行“矩形”命令（REC），绘制两个矩形，尺寸分别为6800mm × 150mm、7400mm × 150mm；接着执行“移动”命令（M），将这两个矩形按照如图13-77所示的位置进行移动，然后将其移动到立面图中。

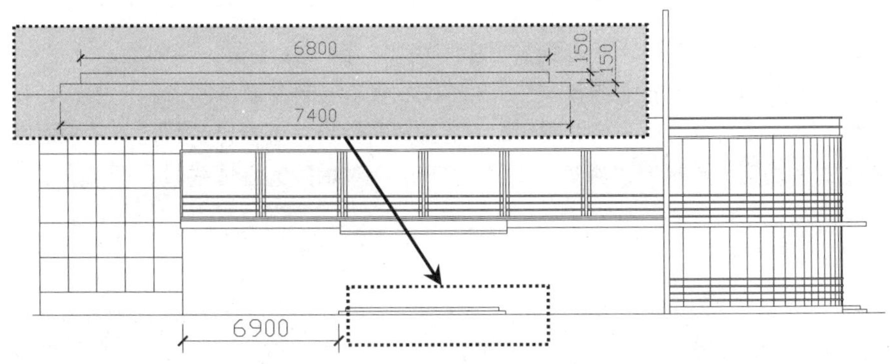

图 13-77 绘制大门口台阶

13.9.9 绘制门窗

步骤 1 在“图层”工具栏的“图层控制”下拉列表框中，将0图层置为当前层。执行“矩形”命令（REC），绘制两个矩形，尺寸分别为3200mm × 2800mm、1510mm × 810mm。

步骤 2 执行“移动”命令（M），将绘制的矩形按照如图13-78所示的位置进行移动；接着执行“分解”命令（X）、“延伸”命令（EX）等，对图形进行修改。

步骤 3 执行“写块”命令（W），弹出“写块”对话框，将绘制的窗体对象保存为“C-1-S”图块。然后参照前面绘制“C-1-S”窗体的步骤绘制“C-2-S”窗体，并进行写块操作，窗体尺寸如图13-79所示。

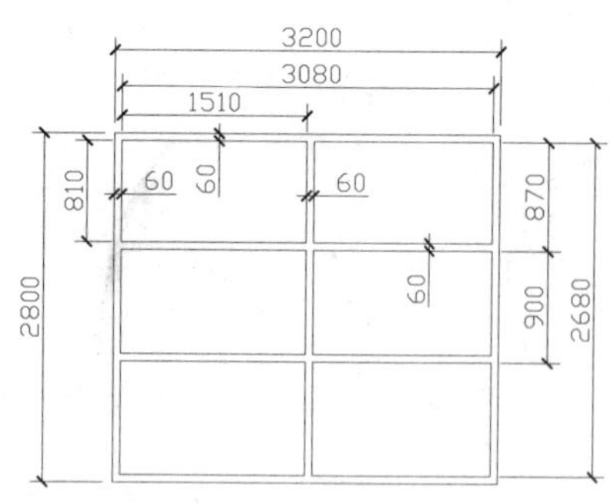

图 13-78　绘制窗体图形

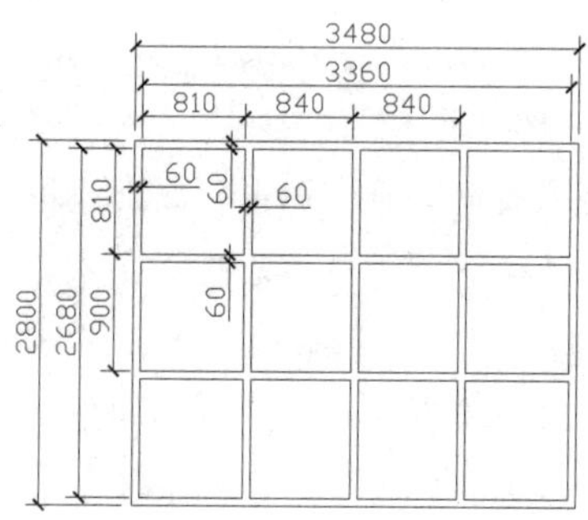

图 13-79　绘制 C-2-S 窗体图形

步骤 4 参照前面绘制“C-1-S”窗体的步骤绘制“M-1-S”门，并进行写块操作，门的尺寸如图 13-80 所示。

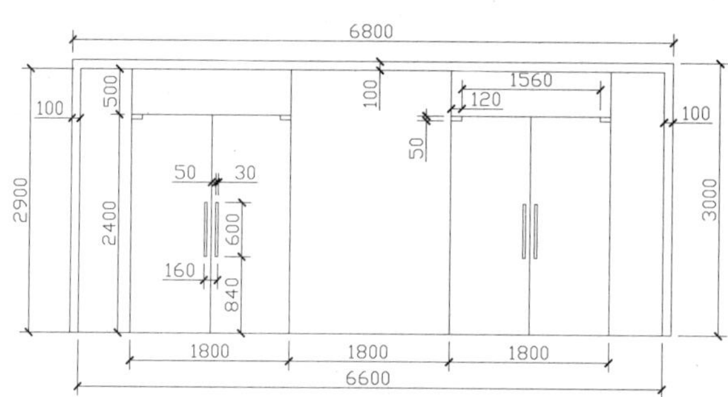

图 13-80　绘制 M-1-S 门图形

13.9.10　插入门窗图形

步骤 1 在“图层”工具栏的“图层控制”下拉列表框中，将“门窗”图层置为当前层。

步骤 2 执行“插入块”命令（I），选择“结果文件/13”下面刚才绘制的窗体图形和门图形，按照图 13-81 中提示的内容将它们插入到立面图中。插入相关图块时，在X方向的尺寸可参照前面插入的平面图中门窗位置与尺寸，通过投影的方式来确定；再执行“修剪”命令（TR），对相关的墙体线段进行修剪操作，如图 13-81 所示。

图 13-81　插入门窗图形

13.9.11　图案填充

步骤 1 在“图层”工具栏的“图层控制”下拉列表框中，将“填充”图层置为当前层。

步骤2 执行“图案填充”命令（BH），选择如图13-82所示的区域为填充区域，选择填充图案为GRAVEL，设置填充角度为0，设置填充比例为30。

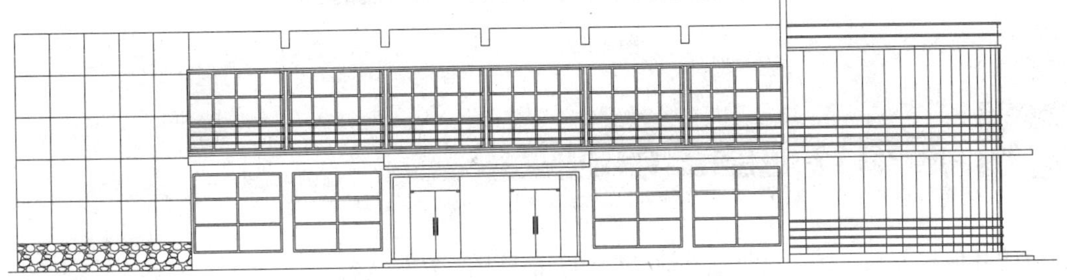

图13-82 图案填充

13.9.12 尺寸标注和文字说明

1. 尺寸标注

当超市南立面图的相关图形绘制完成后，接下来就进行尺寸相关的标注。

步骤1 单击“图层”工具栏的“图层控制”下拉列表框，选择“尺寸标注”图层为当前层。

步骤2 执行“线性”命令（DLI）、“连续”命令（DCO）等相关标注命令，在图形右边进行相关的高度标注，如图13-83所示。

2. 标高标注

步骤1 单击“图层”工具栏的“图层控制”下拉列表框，选择“标高”图层为当前层。

步骤2 执行“插入块”命令（I），选择“结果文件/13/标高.dwg”图块文件，对相关高度的地方进行高度标注，标注标高后的图形如图13-84所示。

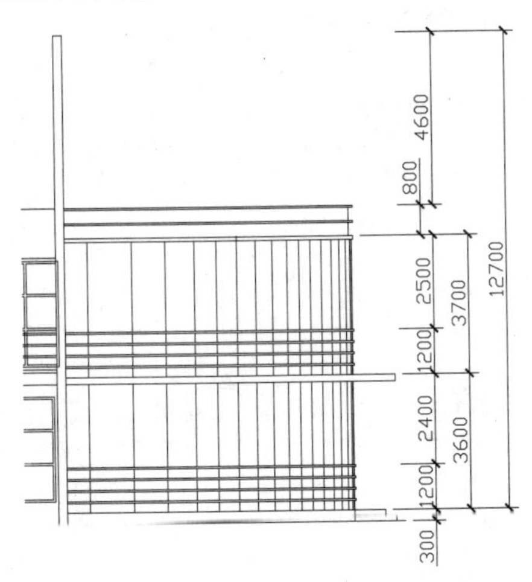

图13-83 尺寸标注

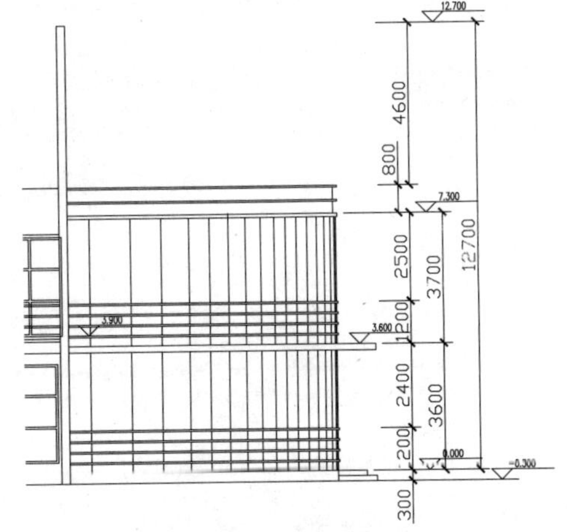

图13-84 标高标注

3. 绘制图名

步骤1 单击“图层”工具栏的“图层控制”下拉列表框，选择“文字标注”图层为当前层。

步骤2 参照前面绘制平面图中图名的尺寸、方法与步骤，来绘制立面图中的图名，如图13-85所示。

超市南立面图　1:100

图 13-85　图名标注

13.10 超市其他施工图的效果

该超市的其他相关施工图，还包括其他立面图、剖面图、楼梯大样图、门窗详图等，大家可以对照如图 13-86 所示及下载文件中的相关图纸来进行绘制。

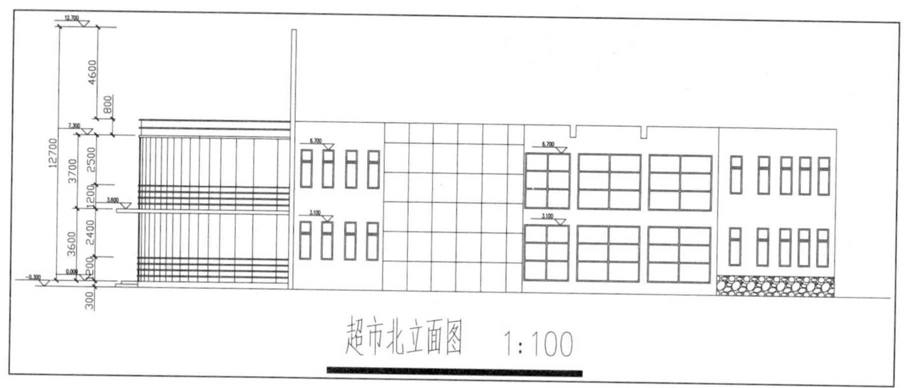

图 13-86　超市北立面图

第 14 章 高层住宅建筑施工图的绘制

本章以某高层住宅楼的建筑施工图为例，对相应的施工图进行绘制，包括图纸目录、装修构造表、门窗表、施工图设计说明、施工图总平面图、一层平面图、其他楼层平面图、南立面图、北/东立面图、1-1 剖面图，以及其他相关的施工图。

该住宅楼为小区中的住宅楼，本楼共三个单元，每单元一梯二户，共 9 层 54 户，单元入口在南向，设计使用年限为 50 年。该住宅楼工程为剪力墙结构，抗震设防烈度为 6 度，建筑耐火等级为二级，建筑高度为 25.2m。

学习目标

- 高层住宅楼施工图的目录、设计说明、门窗表、总平面图效果预览
- 高层住宅楼一层平面图的详细绘制
- 高层住宅楼其他楼层平面图的效果预览
- 高层住宅楼南立面图的详细绘制
- 高层住宅楼立面图、剖面图和详图的效果预览

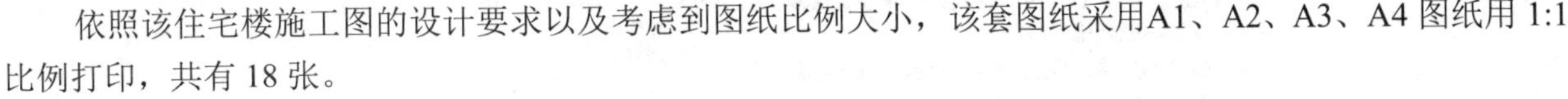

14.1 建筑施工图的图纸目录

依照该住宅楼施工图的设计要求以及考虑到图纸比例大小，该套图纸采用A1、A2、A3、A4 图纸用 1:1 比例打印，共有 18 张。

在绘制之前，首先绘制一张图纸目录来归纳图纸的相关特性，便于阅读者在读图之前大致了解该套图纸的相关情况。用户可以利用“表格”（Table）命令，插入一个表格，也可以利用“直线”命令（L）进行绘制。执行“单行文字”命令（DT），输入相关的目录文字说明。用户可参考“结果文件/15/图纸目录.dwg”文件来绘制该表格和输入文字说明，如图 14-1 所示。

建筑专业									
序号	图号	图纸名称	图幅	备注	序号	图号	图纸名称	图幅	备注
1		图纸目录	A4		10	建施 9	北立面图	A1	
2	建施 1	施工图设计说明	A2		11	建施 10	东立面图	A1	
3	建施 2	门窗表	A4		12	建施 11	1−1 剖面图	A1	
4	建施 3	总平面图	A2		13	建施 12	厨、卫大样图	A1	
5	建施 4	装修构造表	A1		14	建施 13	阳台大样图	A1	
6	建施 5	一层平面图	A1		15	建施 14	凸窗剖面图	A2	
7	建施 6	二~九层平面图	A1		16	建施 15	单元入口立面图	A1	
8	建施 7	屋顶平面图	A1		17	建施 16	屋顶构架大样图	A1	
9	建施 8	南立面图	A1		18	建施 17	门窗详图	A1	

图 14-1　输入文字说明

14.2 建筑施工图设计说明

根据建筑施工图的要求，施工图应该有相关的设计说明供施工者参考。在该住宅楼的建筑施工图设计说明中，讲解了该施工图的相关设计要求，包括工程概况、设计依据、相关尺寸、墙体工程、楼地面工程、屋面和防水工程、装修和门窗工程、经济技术指标等，从而使施工人员对整个工程有一个大致的了解。

用户可以打开“结果文件/14/高层住宅建筑施工图设计说明.txt”文件，参照该文件中的文字内容及“结果文件/14/施工图设计说明.dwg”文件中的排列样式，在AutoCAD软件中执行“单行文字”命令（DT），输入该住宅楼的建筑施工图设计说明内容，如图 14-2 所示。

建 筑 设 计 总 说 明

一、设计依据
1.由甲方提供现状地形图及相关资料。
2.国家及地方现行有关法规及规范。
3.已获通过的《***园初步设计文件》。

二、工程概况
1.**实业有限公司开发的位于**市**区**路**号***园工程是多、高层住宅小区，共有十栋住宅楼。本工程为**园 8#、9#栋住宅。
2.本栋住宅系小区中的住宅楼(位置详见规划总图)，本楼共三个单元，每单元一梯二户，共9层54户，单元入口在南向。
3.本工程为剪力墙结构，抗震设防烈度为6度，建筑耐火等级为二级。设计正常使用年限为50年。
4.本工程建筑高度25.2m。

三、总图及图纸相关尺寸
1.本工程绝对标高采用黄海高程系。
2.本工程相对标高±0.000相当于绝对标高详见本小区总平面图。
3.本工程建筑图中所注楼、地面标高为建筑完成面面标高（以H表示）；结构图中所注楼、地面标高（以H表示）为结构完成面标高，即建筑标高减0.030米。
4.建筑图中除总平面及标高以米计外，其余尺寸以毫米表示。

四、墙体工程
1.墙身防潮层：用20厚1：2水泥砂浆（内掺5%防水剂）设于地坪标高以下−0.060处。
2.±0.000米以下砖墙砌体采用MU10粘土空心砖，M10水泥砂浆砌筑。±0.000米以上非承重墙体采用粘土空心砖M7.5混合砂浆砌筑。顶部与梁板斜砌砖填实。
3.门窗洞口过梁选用92ZG313中过梁XX242（XX为过梁净跨）。如过梁与圈梁或构造柱相遇时则一起捣制。构造柱的位置及配筋详见结构图。
4.西山墙外墙设置隔热粉刷层其构造层次：基层及基层处理，1：2水泥砂浆20，胶粉EPS颗粒保温浆20满铺标准铁丝网，粉1：3水泥砂浆15厚，刷素水泥浆一度面层。

五、楼地面工程
1.楼、地面构造做法详见装修构造表。
2.楼梯间踢脚详见98ZJ001−页22−踢4。
3.阳台排水做法详见98ZJ411−页50施工。厨房卫生间楼面按1%坡向地漏或蹲便器。
4.住宅楼梯栏杆做法详见98ZJ401−页11−2W 、页27−11 、页28−6 、页29− 1，阳台栏杆高度为1100。

六、屋面及防水工程
1.屋面防水等级为Ⅱ级（15年），构造做法详见装修构造表。
2.雨水管采用白色ø110UPVC管材，±0.000米以下为铸铁管。
3.屋面防水施工必须由具有资质的防水专业队伍或持上岗证的防水工施工。
4.屋面卷材施工按98ZJ201图集中有关构造施工。
5.雨水口做法详见98ZJ201−页35及−页11−2。
6.屋面出入口做法详见98ZJ201−页13−1。
7.女儿墙及其出水口与泛水做法详见98ZJ201−页11−2。
8.空调冷凝水集中排放详参中南标98ZJ901−26~27页说明。

七、装修工程
1.外墙、内墙及天棚按中南标98ZJ001有关说明要求进行施工，具体部位构造做法详见装修构造表，粉刷均按中级抹灰施工。
2.单元楼梯间、厅土建装修到位，户内为粗装修。土建粉刷到基层，面层及内门由户主二次装修完成。
3.凡粉面基层为两种不同材料时，於其接缝处搭铺铁丝网每侧延伸200宽。

八、门窗工程
1.门窗材料及做法详见门窗表。采用灰绿色70系列推拉塑钢窗，90系列塑钢门6厚浅灰绿色平板浮法玻璃，不锈钢纱窗，密封胶嵌缝，门窗框缝隙宽度为20。
2.塑钢门窗的制作、安装均按照生产厂家有关要求施工。
3.住户内门窗由住户自理。门窗表内只列出洞口尺寸。
4.所有窗台低于900的窗户需做护窗栏杆，栏杆顶高度高相应楼面1100，做法参见98ZJ401−页25−2B及页27−11，取消踢脚板。

九、其它
1.建筑外装修材料选用及色调应做出样块，经建设方和设计方共同商定认可后方可大面积施工，室内二次装修必须遵照有关规范要求进行。
2.施工时必须与各有关专业图纸密切配合施工。本图纸中未尽事宜应按有关的现行规范、规程的常规施工方法施工。
3.屋面雨水管位置详见屋顶平面图，所有排水立管落地后用同级排水铸铁管直埋就近接入小区雨水井 。
4.电梯按建设方提供的相关设计井底坑底部均预埋ø100铸铁管就近接入小区雨水检查井。
5.室外散水宽600，做法参见98ZJ901
暗沟做法参见98ZJ901
室外台阶做法参见98ZJ901
室外坡道做法参见98ZJ901
6.空调冷凝水集中通过冷凝水管集中排放。空调搁板上预留DN50孔洞。参见98ZJ901−26及27页。预埋冷凝水主排水管改为DN32UPVC管。
7.厨房通风道风帽做法参见2000XJ906−页13。
8.通风道出屋面做法参见98ZJ201−页16−1。

十、住宅技术经济指标
1.本工程建筑面积为： 4959.192 平方米。
2.住宅户型经济指标详见初步设计说明部分：

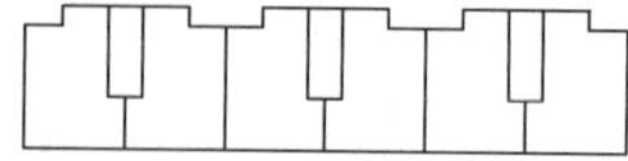

单元户型组合示意图

图 14-2　建筑施工图设计说明

14.3 门窗表

门窗表就是将该建筑物所要用到的门窗的类型、尺寸和数量，以及在图纸中的代号进行归类处理，从而方便施工者对整个建筑的门窗结构有一个大致的了解。

同样，用户可以利用“表格”（Table）命令，插入一个表格，也可以利用“直线”命令（L）进行绘制，再执行“单行文字”命令（DT），输入相关的目录文字说明。用户可参考“结果文件/14/门窗表.dwg”文件来绘制该表格和输入文字说明，所绘制的门窗表如图 14-3 所示。

门窗表

类别	设计编号	标准图集名称图号（门型）	标准设计编号	樘数	洞口尺寸(mm)		备注
					宽	高	
门	FM−1	防火防盗门		54	1200	2100	成品
	FM−2	防火门		3	1500	2000	成品
	M−1	铁门		3	1000	2350	专业厂家生产、安装
	M−2	防盗门		3	1800	2350	
	M−3	玻璃推拉门		51	4010	2350	
	M−4	玻璃推拉门		54	2760	2350	
窗	C−1	塑钢推拉窗		27	1500	1500	
	C−2	塑钢推拉窗		108	900	1450	
	C−3	塑钢凸窗		48	1800	2100	
	C−4	塑钢推拉窗		6	1800	1450	

图 14-3　门窗表

14.4 施工总平面图

在绘制该住宅小区的相关建筑施工图时，需先绘制建筑总平面图。在该小区建筑总平面图中，共有 10 栋建筑住宅，本例中所绘制的住宅楼为该小区的 8#、9#楼，该小区的建筑总平面图如图 14-4 所示。

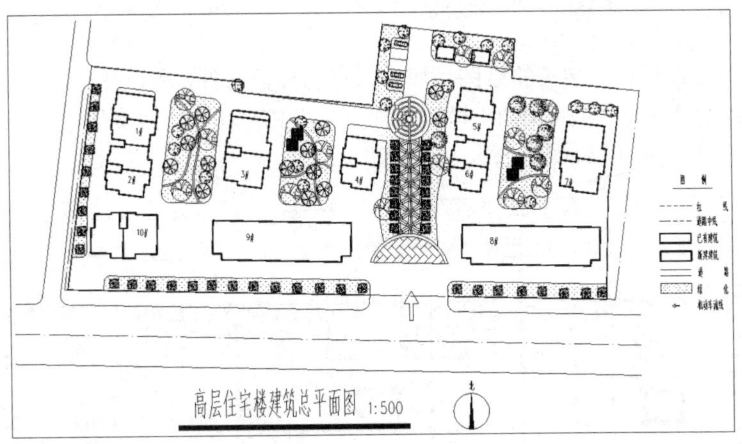

图 14-4　总平面图

14.5 装修构造表

装修构造表是用来表示该住宅楼的相关装修建筑部分的一些做法及技术参考依据，是施工者在施工时的技术指导。

用户可以利用“表格”命令（Table），插入一个表格，也可以利用“直线”命令（L）进行绘制，接着执行“单行文字”命令（DT），输入相关的目录文字说明。用户可参考“结果文件/14/装修构造表.dwg”文件来绘制该表格和输入文字说明，所绘制的装修构造表如图 14-5 所示。

装修构造表

类别	设计编号	名称	选用标准图集及编号			使用部位	备注
			标准图集	页次	标准号		
屋面	1	高聚物改性沥青卷材防水屋面	98ZJ001	80	屋 ⑨	天沟屋面 楼梯、电梯机房屋面 入口雨篷屋面	取消150厚加气砼保温层
	2	刚性防水和卷材防水屋面		78	屋 ⑥	主体屋面	APP改性防水卷材
楼面	1	水泥楼面		14	楼1	除厨房、卫生间外的户内所有楼面	仅楼梯间楼面抹光
	2	防水楼面		20	楼27	厨房、卫生间楼面	面层由住户自理
	3	陶瓷地砖楼面		15	楼10	电梯前室楼面	
地面	1	细石混凝土地面		4	地9	架空车库地面	
	2	陶瓷地砖地面		6	地19	入口门厅地面	
内墙	1	防水水泥砂浆墙面		30	内墙16	厨房、卫生间内墙面	
	17	水泥砂珠岩保温砂浆墙面		33	内墙17	东、西面山墙内墙面	
	2	仿瓷涂料面		62	涂32	除厨房、卫生间外的所有内墙面	石灰砂浆改为2:1:8水泥石灰砂浆
外墙	1	涂料外墙面<->	98ZJ001	45	外墙22	位置及颜色见立面图	
	2	板石贴面		43	外墙14	位置及颜色见立面图	
	3	面砖外墙面<->		43	外墙12	位置及颜色见立面图	
顶棚	1	仿瓷涂料顶棚			同 2/内墙	所有顶棚	抹灰厚度为12
油漆	1	调和漆		55	涂1	木门	
	2	银粉漆		58	涂17	楼梯栏杆及外露金属构件	楼梯栏杆面漆改为调和漆一遍

图 14-5　装修构造表

14.6 高层住宅楼一层平面图的绘制

因为在前面的章节已经设置过相关的绘图环境并保存为样板文件，所以在绘制高层住宅楼建筑图前，可以调用前面章节所保存的“建筑平面图.dwt”样板文件，并将其另存为“高层住宅楼一层平面图.dwg”文件，然后在此基础上进行绘制，如图 14-6 所示。

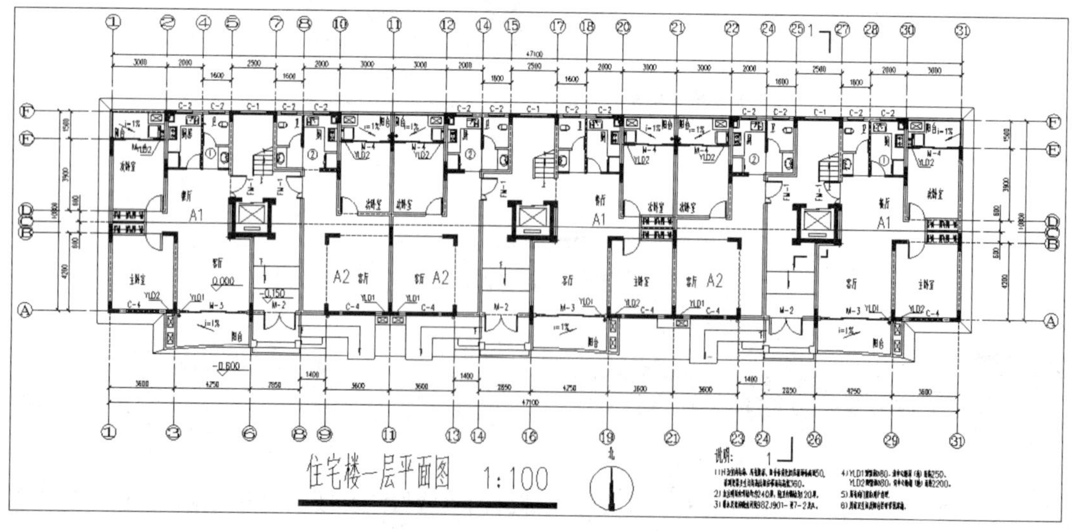

图 14-6　一层平面图

14.6.1 调用绘图环境

在绘图之前，先调用绘图环境。

步骤 1 执行“文件/打开”菜单命令，将“结果文件/08/建筑平面图.dwt”文件打开。

步骤 2 再执行“文件/另存为”菜单命令，将文件另存为“结果文件/14/高层住宅楼一层平面图.dwg”文件。

14.6.2 绘制轴线

步骤 1 在“图层”工具栏的“图层控制”下拉列表框中，将“轴线”图层置为当前层。

步骤 2 按F8 键打开“正交”模式，执行“构造线”命令（XL），在图形窗口的适当位置绘制一条水平的构造线和一条竖直的构造线。

步骤 3 执行“偏移”命令（O），将刚才绘制的两条构造线按照如图 14-7 所示的尺寸进行偏移。

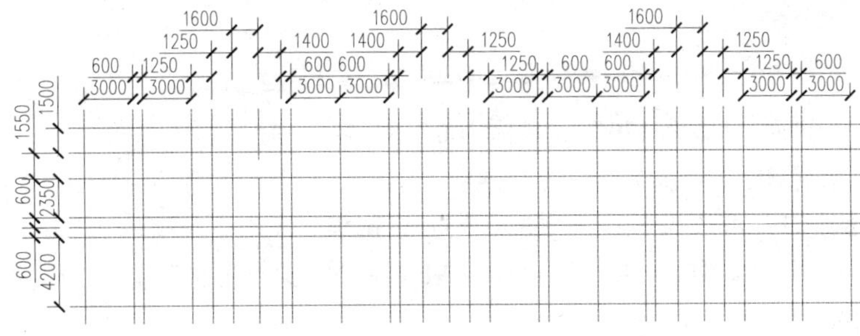

图 14-7 绘制轴网

步骤 4 再执行“修剪”命令（TR），对刚才所绘制的轴网按照如图 14-8 所示的形状进行修剪操作。

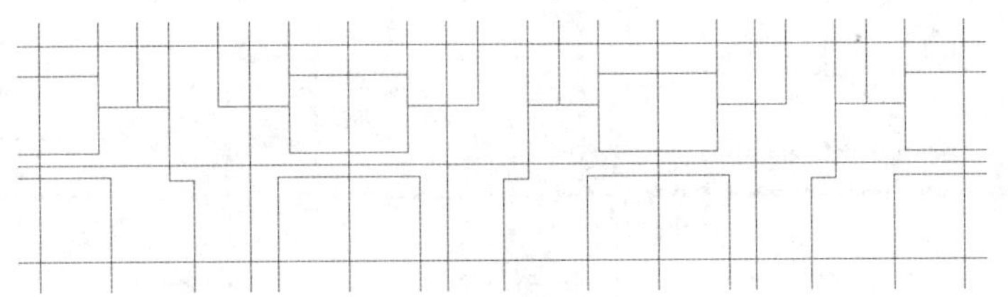

图 14-8 修剪图形

14.6.3 绘制墙体

步骤 1 在“图层”工具栏的“图层控制”下拉列表框中，将“墙体”图层置为当前层。

步骤 2 参照设置相关多线样式的方法创建厚度为 200mm的墙体。执行“格式/多线样式”菜单命令，弹出“多线样式”对话框，单击“新建”按钮，弹出“创建新的多线样式”对话框；在“新样式名”文本框中输入“Q200”，单击“继续”按钮，弹出“新建多线样式”对话框；在“说明”文本框中输入“宽度为 200mm的墙体”；在“封口”选项组的“直线”选项中选中“起点”和“端点”两个复选框；在“图元”选项组中单击偏移为 0.5 的选项，在下方的“偏移”文本框中输入 100；同样，将偏移为–0.5 选项的“偏移”文本框更改为–100；单击“确定”按钮，返回“多线样式”对话框；单击“置为当前”按钮，再单击“确定”按钮，如图 14-9 所示。

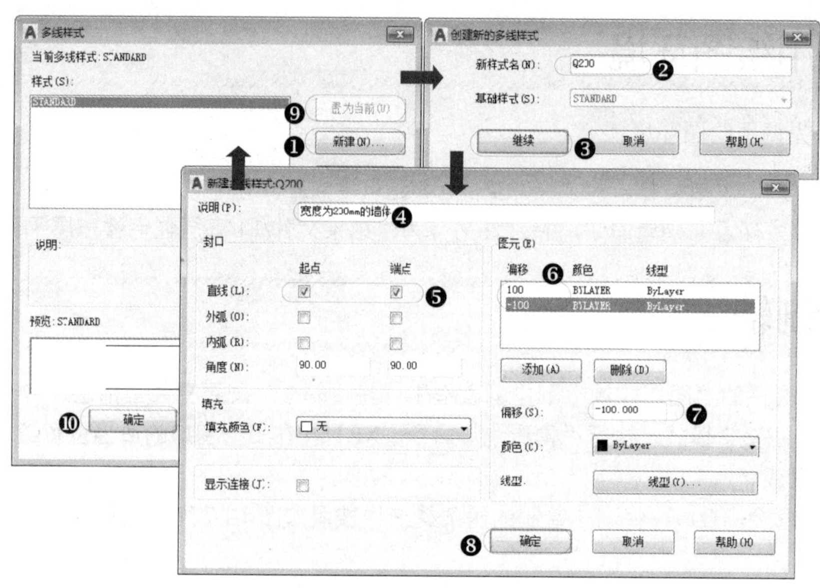

图 14-9　创建 Q200 墙体多线样式

步骤 3 再按照同样的方法创建 “墙体 120” “墙体 100” 的多线样式。

步骤 4 执行“多线”命令（ML），选择“样式”选项（ST），设置样式名为“Q200”；再选择“比例”选项（S），设置多线比例为 1；再选择“对正”选项（J），选择“无”选项（Z），将“对正方式”定义为Z；然后如图 14-10 所示捕捉相关的轴线交点作为起点，按F8 键切换到“正交”模式，根据要求依次捕捉相应的轴线交点，从而完成 200 墙的绘制。

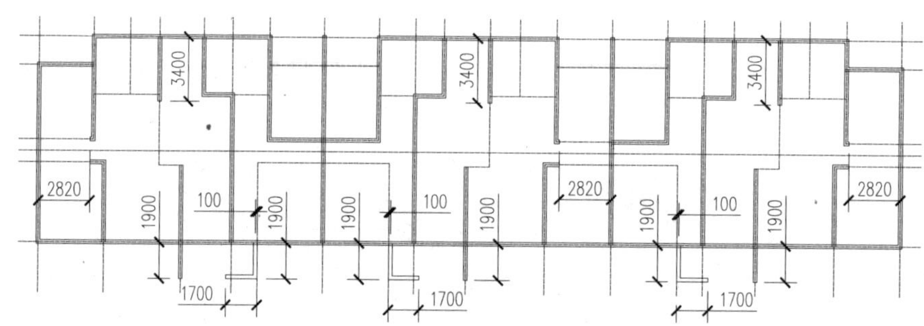

图 14-10　绘制 200mm 厚墙体

步骤 5 执行“多线”命令（ML），选择“样式”选项（ST），设置样式名为“Q100”； 然后如图 14-11 所示捕捉相关的轴线交点作为起点，从而完成 100mm厚墙体的绘制。

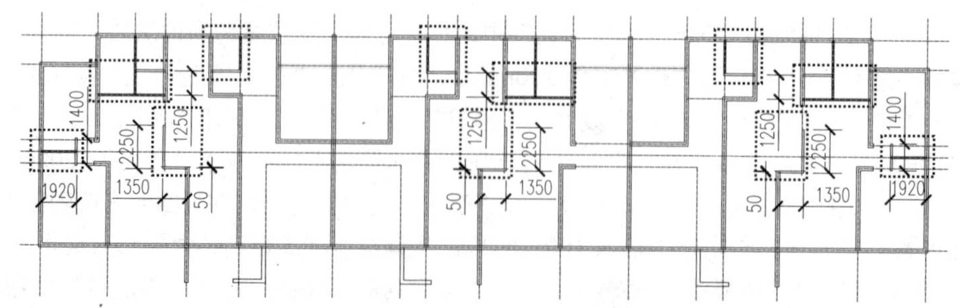

图 14-11　绘制 100mm 厚墙体

14.6.4 绘制柱子

1. 绘制墙体柱子

步骤1 在“图层”工具栏的“图层控制”下拉列表框中，将“柱子”图层置为当前层。

步骤2 执行“矩形”命令（REC），绘制如图 14-12 所示的 4 个柱子外形轮廓；再执行“图案填充”命令（BH），选择所绘制的矩形为填充区域，选择填充图案为“SOLID”。

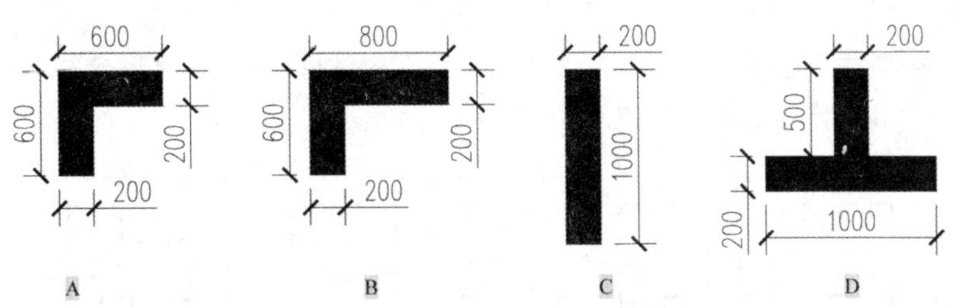

图 14-12 绘制柱子

步骤3 单击填充后的柱子，在填充的图形中间出现一个夹点，移动鼠标指针到该夹点上，当夹点变成红色时，单击鼠标左键，选择“复制”选项（C），然后依照设计要求将各个柱子图形复制到如图 14-13 所示的位置。其中，虚线框中所示的柱子为B型柱子，其余的柱子位置对比着上图中的柱子形状进行复制，具体位置尺寸参照“结果文件/15/高层住宅楼一层平面图.dwg”文件，复制柱子后的图形如图 14-13 所示。

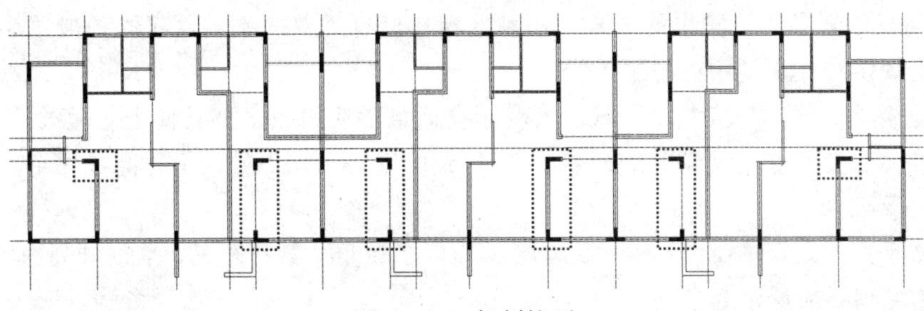

图 14-13 复制柱子

2. 绘制电梯柱子

步骤1 参照上面的步骤，绘制一个如图 14-14 所示的柱子图形，为了与墙体柱子进行区分，将颜色更改为“红色”。

步骤2 使用同样的方法，在电梯柱子四个角落绘制 4 个 425mm × 350mm的柱子，为了以示区分，将这 4 个柱子颜色更改为“黄色”，所绘制的柱子图形如图 14-15 所示。

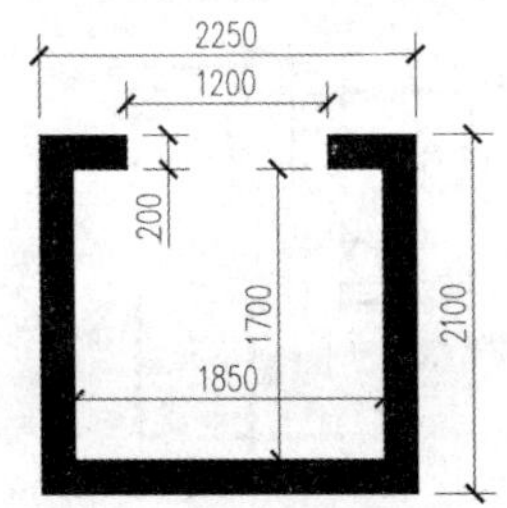

图 14-14 绘制柱子

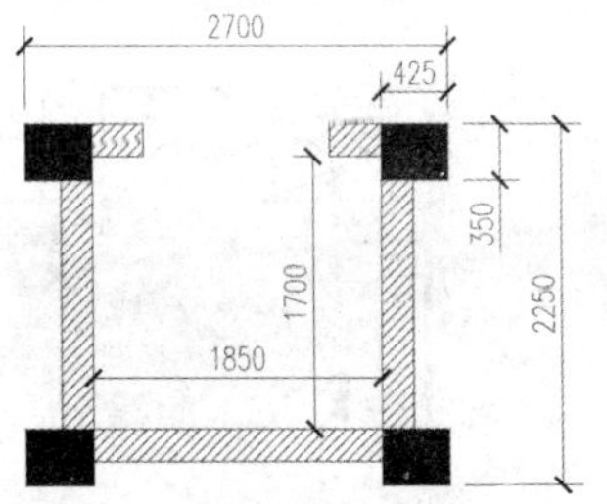

图 14-15 绘制矩形柱子

步骤 3 执行“复制”命令（CO），将上面所绘制好的图形复制到一层平面图中，如图 14-16 所示。

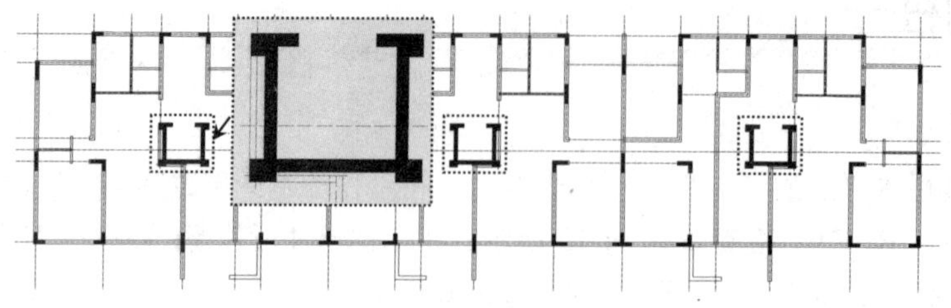

图 14-16　复制柱子

步骤 4 执行“修改/对象/多线”命令，弹出“多线编辑工具”对话框，单击“T形合并”按钮，对 20 墙和 10 墙指定的交点进行合并操作，合并后的效果如图 14-17 所示。

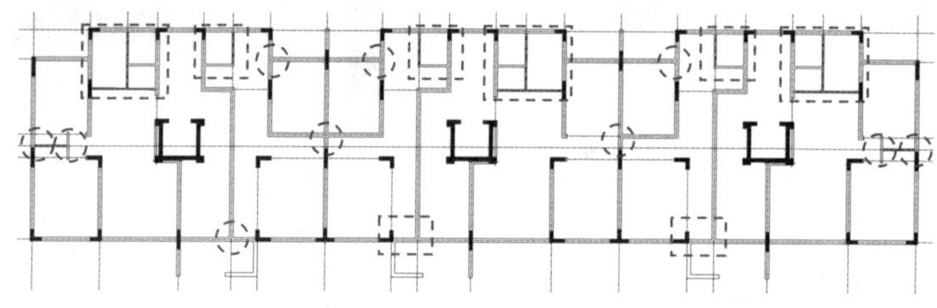

图 14-17　多线编辑

提示——电梯的布置要点

（1）电梯间应布置在人流集中的地方，而且电梯前应有足够的等候面积，一般不小于电梯轿厢面积。供轮椅使用的候梯厅深度不应小于 1.5m。

（2）当需设多部电梯时，宜集中布置，有利于提高电梯使用效率，且便于管理维修。

（3）以电梯为主要垂直交通工具的高层公共建筑和 12 层及 12 层以上的高层住宅，每栋楼设置电梯的台数不应少于两台。

（4）电梯的布置方式有单面式和对面式。电梯不应在转角处紧邻布置，单侧排列的电梯不应超过 4 台，双侧排列的电梯不应超过 8 台。

14.6.5　绘制阳台

步骤 1 在“图层”工具栏的“图层控制”下拉列表框中，将“栏杆-外”图层置为当前层。

步骤 2 将绘图区域移至平面图的上方，执行“多线”命令（ML），选择“样式”选项（ST），设置样式名为“Q120”；然后如图 14-18 所示捕捉相关的交点作为起点，从而完成厚度为 120mm栏杆的绘制。

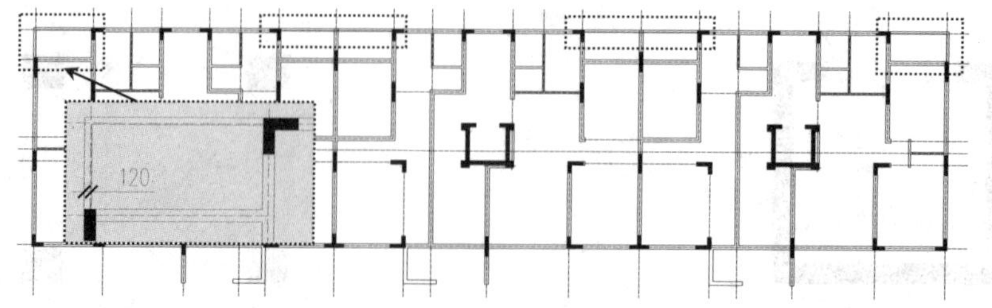

图 14-18　绘制栏杆

步骤 3 将绘图区域移至平面图的下方，执行“多线”命令（ML）、“圆弧”命令（A）、“偏移”命令（O）、“修剪”命令（TR）等，绘制如图 14-19 所示 120mm的栏杆。

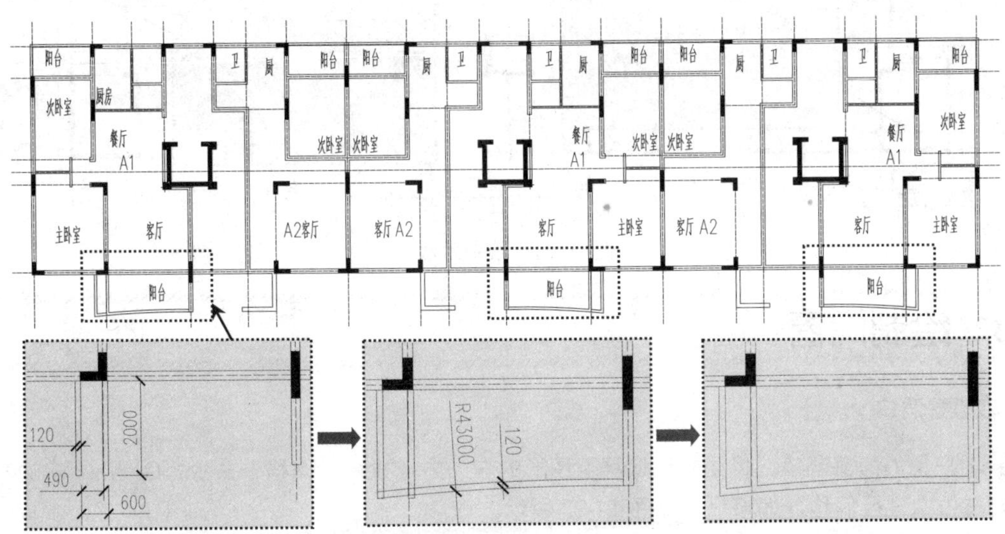

图 14-19　绘制栏杆

14.6.6　绘制管道井

步骤 1 在“图层”工具栏的“图层控制”下拉列表框中，将“墙体”图层置为当前层。

步骤 2 执行“矩形”命令（REC），绘制几个矩形，尺寸如图 14-20 所示，并对它们进行移动，表示几种管道井。为了与墙体进行区分，将这些管道井的颜色更改为“洋红”。

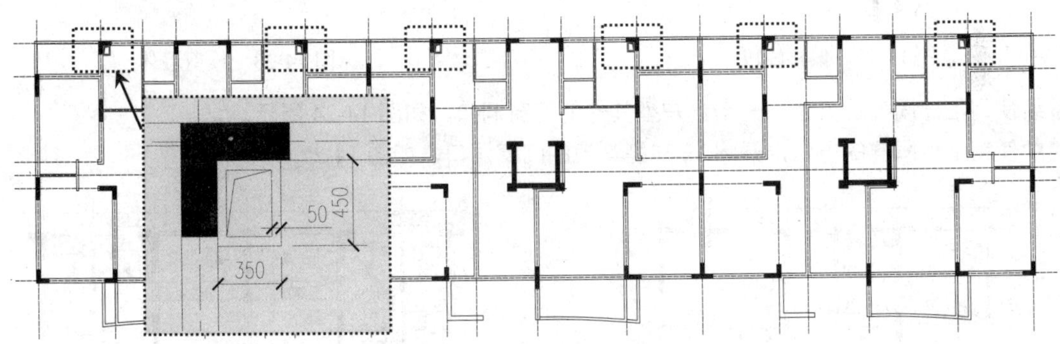

图 14-20　绘制管道井

14.6.7　绘制散水

步骤 1 在“图层”工具栏的“图层控制”下拉列表框中，将“散水”图层置为当前层。

步骤 2 将绘图区域移至图形的下方，执行“偏移”命令（O），将相关的轴线按照如图 14-21 所示的尺寸与方向进行偏移，并将偏移后的线段转换为“散水”图层；再执行“修剪”命令（TR），对刚才偏移的线条进行修剪操作；再执行“合并”命令（J），将偏移的线段合并成一条多段线。

步骤 3 执行“直线”命令（L），如图 14-21 所示连接轴线交点和散水线的转折点，从而完成散水的绘制。

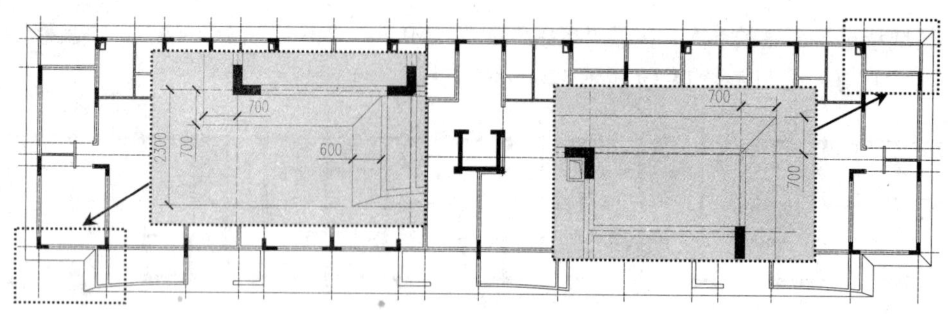

图 14-21　绘制散水

14.6.8　绘制门窗

1. 开启门窗洞口

步骤 1　开启A1 户型的门窗洞口。将绘图区域移至图形的左上方，执行“偏移”命令（O），将左边第一条竖直的轴线向右依次进行偏移，偏移尺寸如图 14-22 所示。

步骤 2　再执行“修剪”命令（TR），对墙体进行修剪操作，从而形成相关的门窗洞口，如图 14-23 所示。

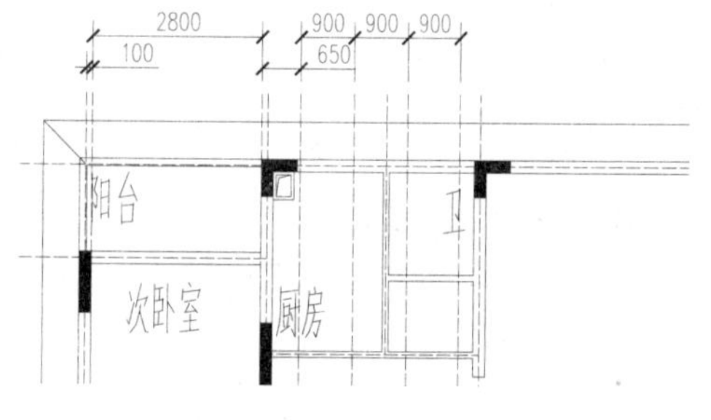

图 14-22　偏移线段

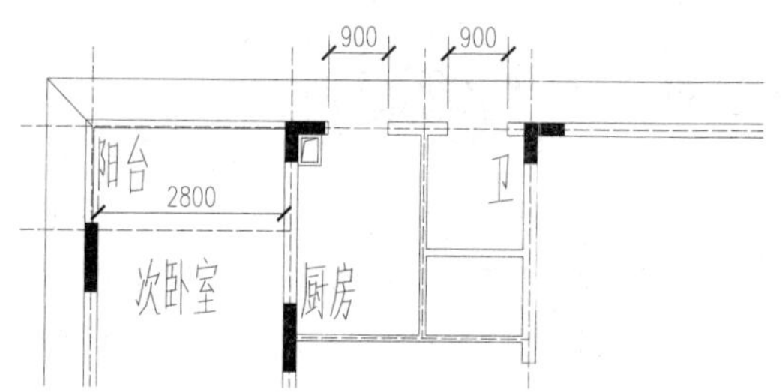

图 14-23　修剪墙体

步骤 3　继续使用上述同样的方法，开启该户型其他的门窗洞口，如图 14-24 所示。

步骤 4　继续使用上述同样的方法，开启A2 户型其他的门窗洞口，如图 14-25 所示。

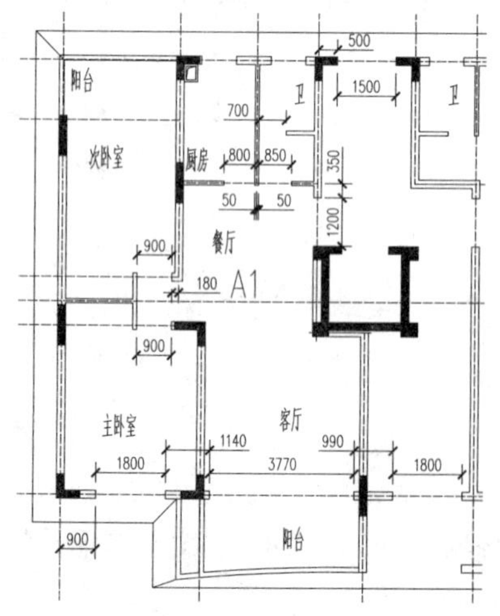

图 14-24　开启 A1 户型的门窗洞口

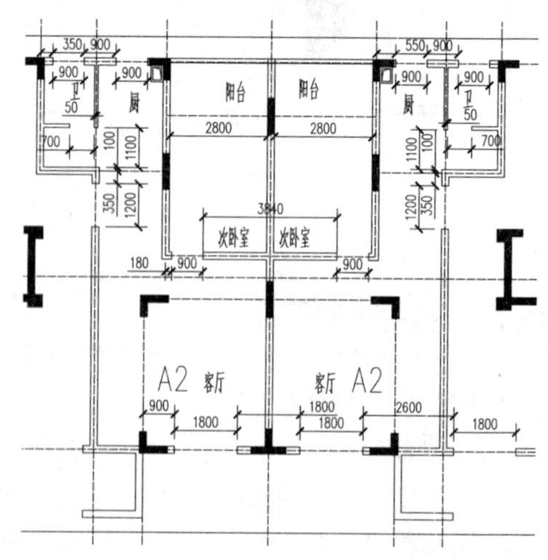

图 14-25　开启 A2 户型的门窗洞口

步骤5 继续使用上述同样的方法，对于相同的户型，采用相同的尺寸与位置，开启其余户型的门窗洞口，修剪后的门窗洞口整体效果如图 14-26 所示。

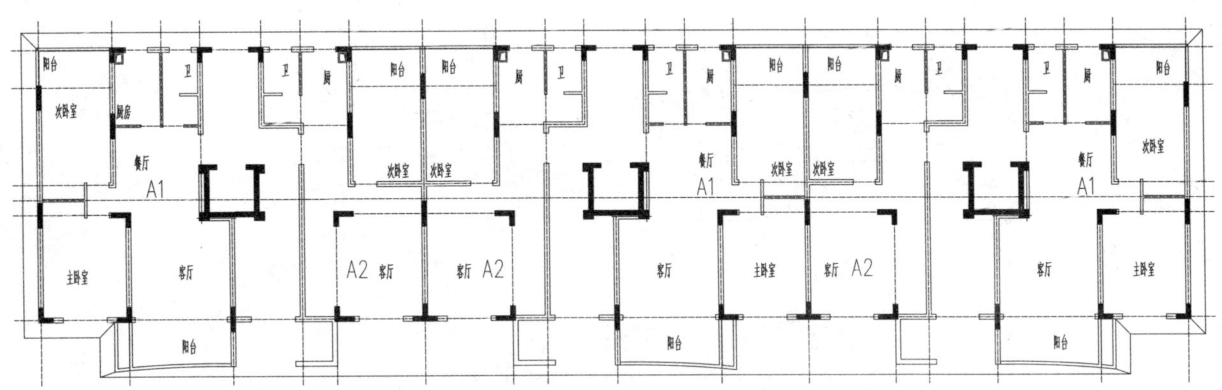

图 14-26 开启其余的门窗洞口

2. 窗的绘制

步骤1 在“图层”工具栏的“图层控制”下拉列表框中，将“门窗”图层置为当前层。

步骤2 执行“格式/多线样式”菜单命令，弹出“多线样式”对话框，按照门的绘制方式，创建如图 14-27 所示的多线样式。

步骤3 执行“多线”命令（ML），选择“样式”选项（ST），设置样式名为“C200”，沿厚度为 200mm的外墙墙体，在图 14-28 中虚线框所示的区域已开启窗洞的位置绘制C200 多线。

图 14-27 多线样式

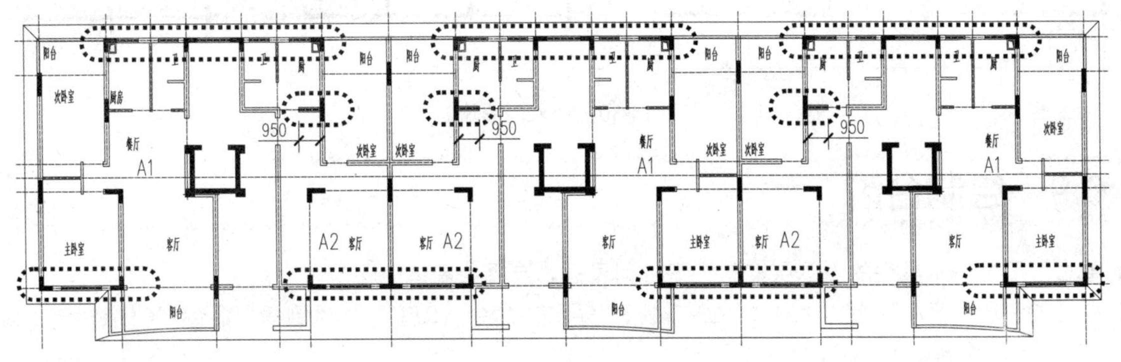

图 14-28 绘制窗体

3. 门的绘制

步骤1 单击“图层”工具栏的“图层控制”下拉列表框，选择 0 图层为当前层。

步骤2 执行“矩形”命令（REC）、“圆弧”命令（A）、“直线”命令（L）等，绘制如图 14-29 所示的几扇门。

步骤3 执行“写块”命令（W），弹出“写块”对话框，将上面绘制的门对象保存为图块，图块名参照图 14-29 中的名称。

步骤4 在“图层”工具栏的“图层控制”下拉列表框中，将“门窗”图层置为当前层。

步骤5 执行“插入块”命令（I）、“旋转”命令（RO）、“镜像”命令（MI）、“移动”命令（M）等，将刚才绘制的门图块按照如图 14-30 所示的位置插入到平面图中。

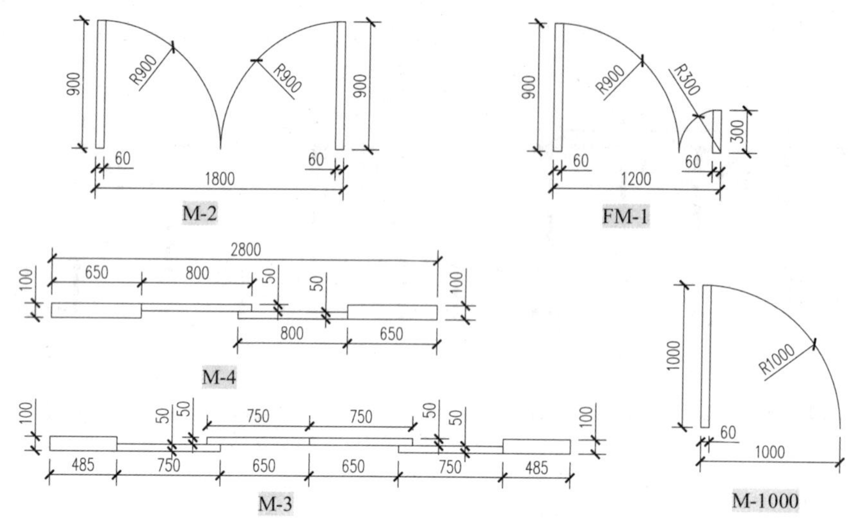

图 14-29 绘制门

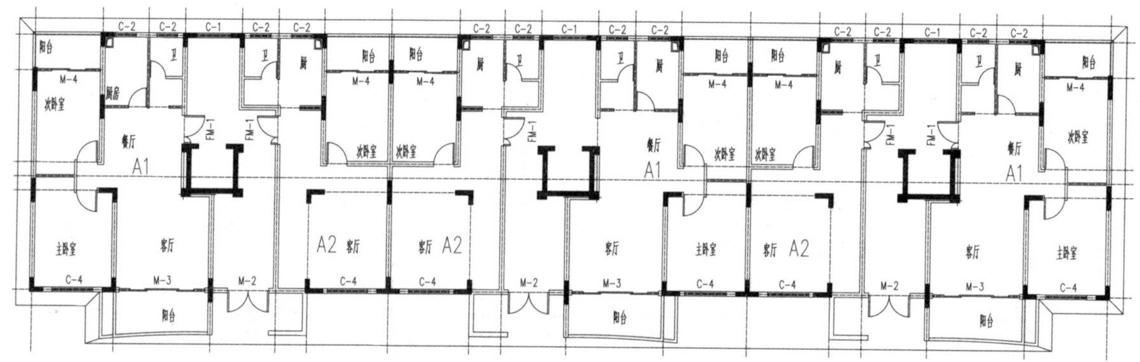

图 14-30 插入门图块

14.6.9 绘制台阶

步骤 1 单击“图层”工具栏的“图层控制”下拉列表框，选择“墙体”图层为当前层。

步骤 2 将绘图区域移至图形上方“M-2”处，执行“矩形”命令（REC）、“倒角”命令（CHA）、“修剪”命令（TR）等，绘制如图 14-31 所示的图形。

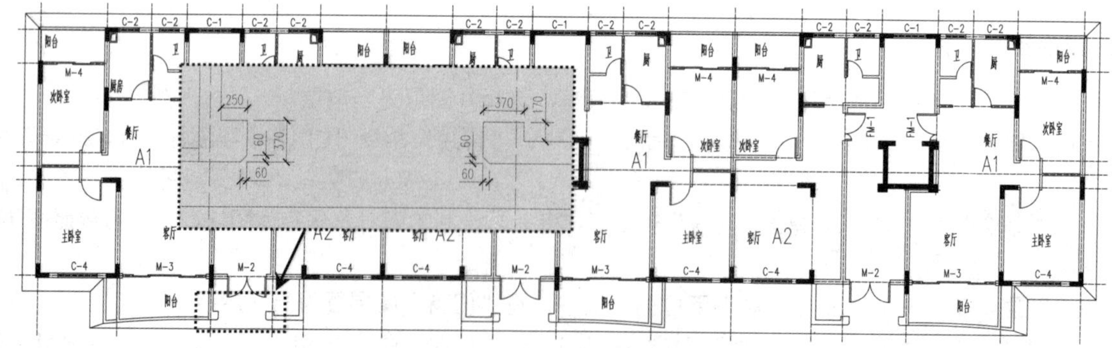

图 14-31 绘制墙体

步骤3 单击“图层”工具栏的“图层控制”下拉列表框，选择“楼梯”图层为当前层。

步骤4 执行“矩形”命令（REC），绘制一个尺寸为2700mm×300mm的矩形；再执行“复制”命令（CO），将矩形按照如图14-32所示进行复制；再执行“移动”命令（M），将这两个矩形移动到平面图中；再执行“修剪”命令（TR），对所绘制的矩形进行修剪操作。

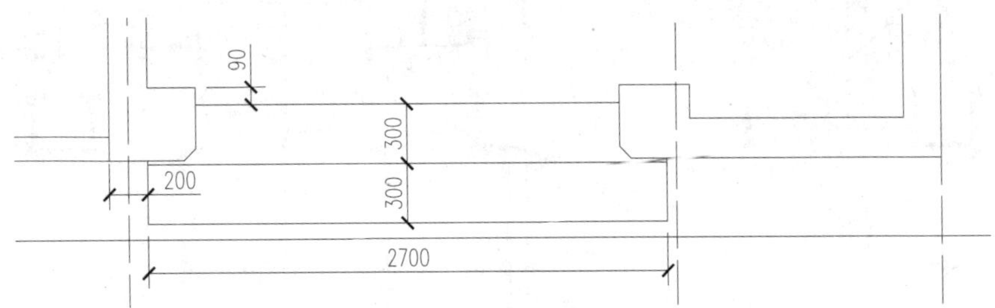

图14-32　绘制台阶

步骤5 将绘图区域移至该台阶的右方，执行“矩形”命令（REC）、“直线”命令（L）、“修剪”命令（TR）等，绘制如图14-33所示的斜坡。

步骤6 继续执行“矩形”命令（REC），在“M-2”门的上方绘制一个2650mm×1200mm的矩形，用来表示入口处斜坡，如图14-34所示。

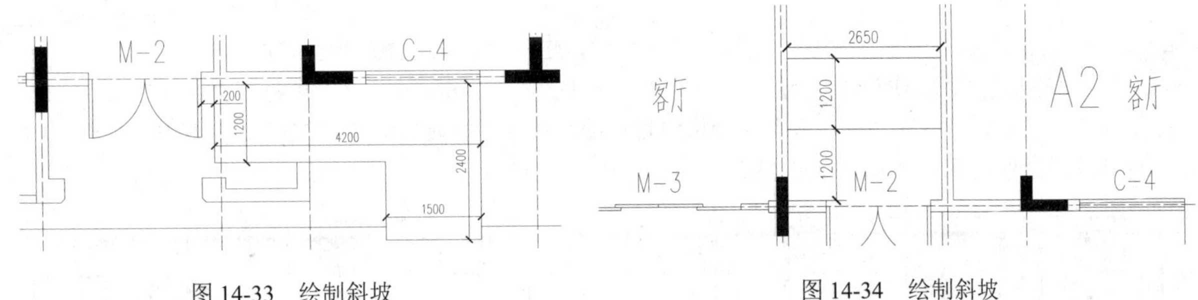

图14-33　绘制斜坡　　图14-34　绘制斜坡

步骤7 采用上面同样的方法，在其他两处“M-2”门下边绘制类似的台阶与坡道，如图14-35所示。

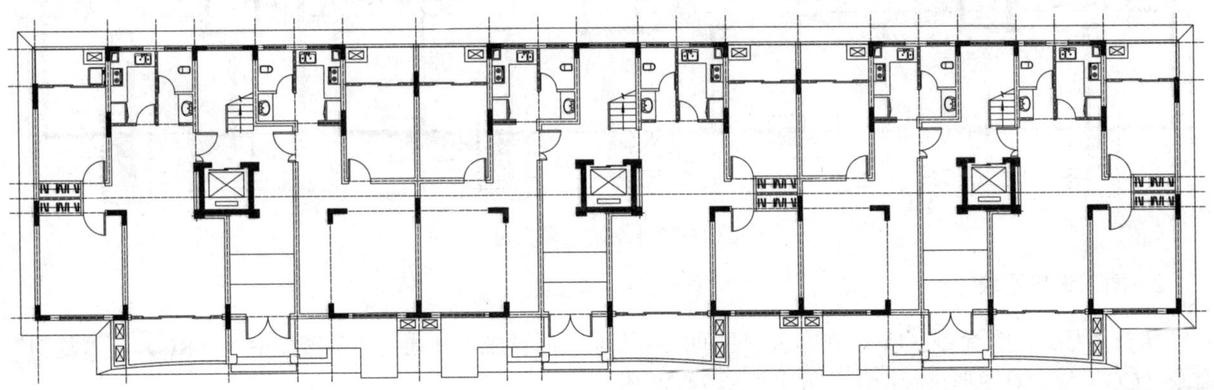

图14-35　绘制类似的图形

14.6.10　绘制楼梯

步骤1 参照前面章节绘制楼梯的方法，绘制如图14-36所示的楼梯图形，用来表示该平面图中的楼梯示意图。

步骤 2 执行“编组”命令（G），将刚才绘制的楼梯图形进行编组；再执行“复制”命令（CO），将绘制的楼梯图形移动到如图 14-36 所示的位置。

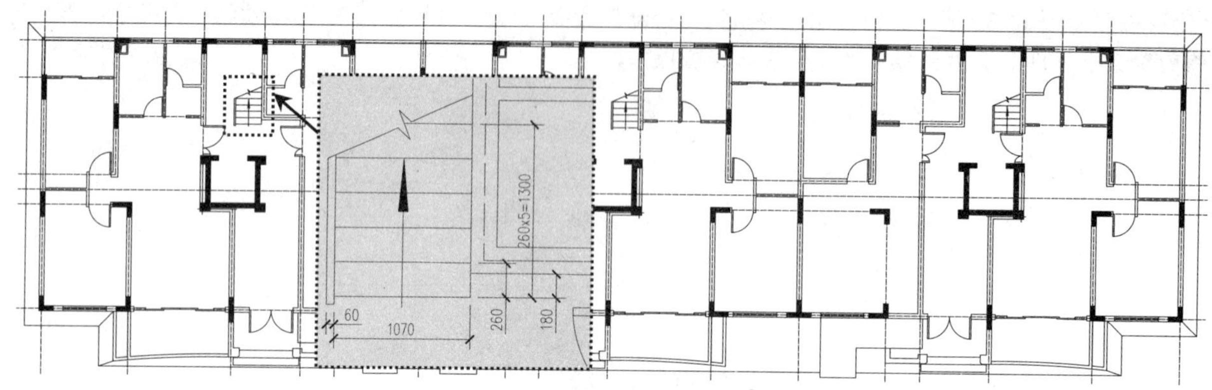

图 14-36　绘制楼梯

14.6.11　绘制各种设施

1. 绘制空调机位

步骤 1 单击“图层”工具栏的“图层控制”下拉列表框，选择“设施”图层为当前层。

步骤 2 执行“矩形”命令（REC），绘制一个尺寸为 600mm×330mm的矩形；再执行“直线”命令（L），连接刚才所绘制的矩形的对角线，表示空调机位置；然后执行“旋转”命令（RO）、“复制”命令（CO）等，将刚才所绘制的图形复制到如图 14-37 中虚线框所示的位置。

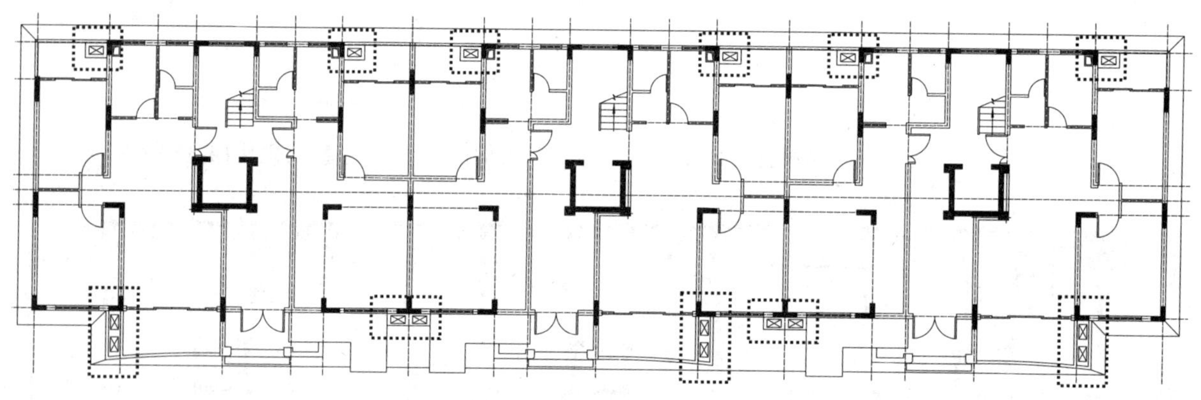

图 14-37　绘制空调机位

2. 插入设施图块

执行“插入块”命令（I），在客房卫生间中插入相关的设施，并通过“旋转”命令（RO）、“复制”命令（CO）等，对图形进行操作，效果如图 14-38 所示。

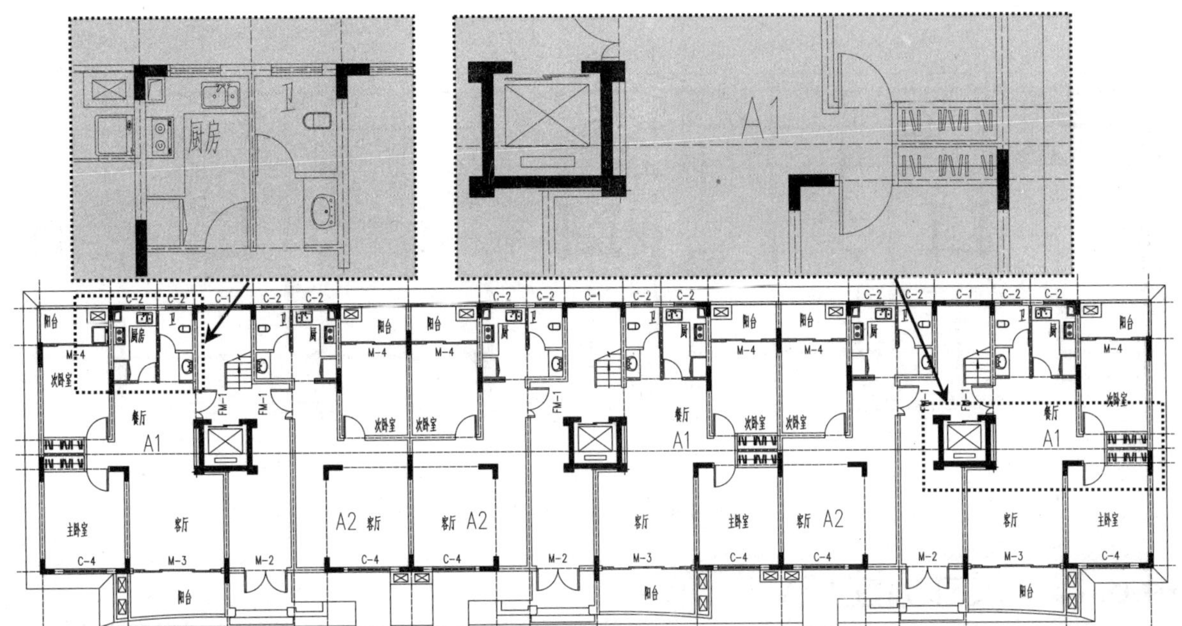

图 14-38　插入各种设施图块

14.6.12　标高标注和绘制剖切符号

1. 标高标注

步骤1 单击“图层”工具栏的“图层控制”下拉列表框，选择“标高”图层为当前层。

步骤2 执行“插入块”命令（I），选择“结果文件/14/标高.dwg”图块文件，在室内捕捉一点作为标高符号的插入基点，再根据要求输入标高值为 0.000；捕捉入口处斜坡下的一点作为标高符号的插入基点，再根据要求输入标高值为–0.150；然后捕捉室外的一点作为标高符号的插入基点，再根据要求输入标高值为–0.600，如图 14-39 所示。

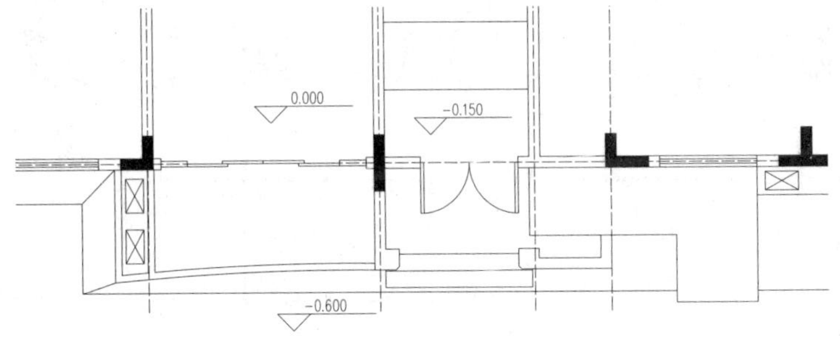

图 14-39　插入标高符号

2. 绘制剖切符号

步骤1 单击“图层”工具栏的“图层控制”下拉列表框，选择“文字标注”图层为当前层。

步骤2 执行“多段线”命令（PL），绘制一条竖直的转角多段线，其多段线的宽度为 50，再使用“打断”（BR）命令，将该多段线打断，形成剖切符号；然后使用“单行文字”（T）命令，在该剖切符号的两端输入剖切编号“1”，如图 14-40 所示。

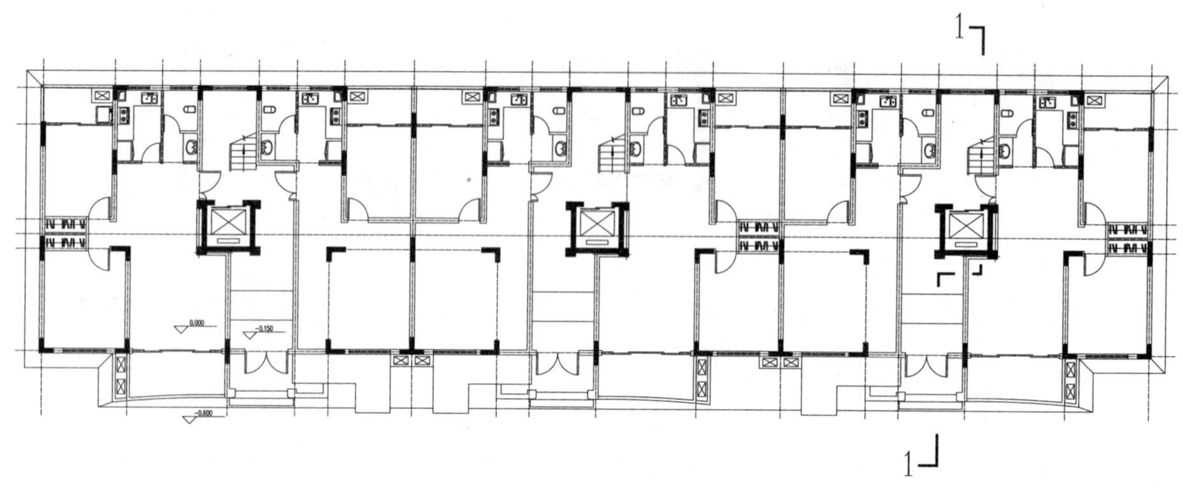

图 14-40　绘制 1-1 剖切符号

14.6.13　尺寸标注和文字说明

1. 尺寸标注

步骤 1 单击"图层"工具栏的"图层控制"下拉列表框，选择"尺寸标注"图层为当前层。

步骤 2 单击"注释"选项卡中的"文字"面板，选择"文字标注"文字样式。

步骤 3 执行"线性"命令（DLI）、"连续"命令（DCO）等，对图形进行尺寸标注，标注后的图形如图 14-41 所示。

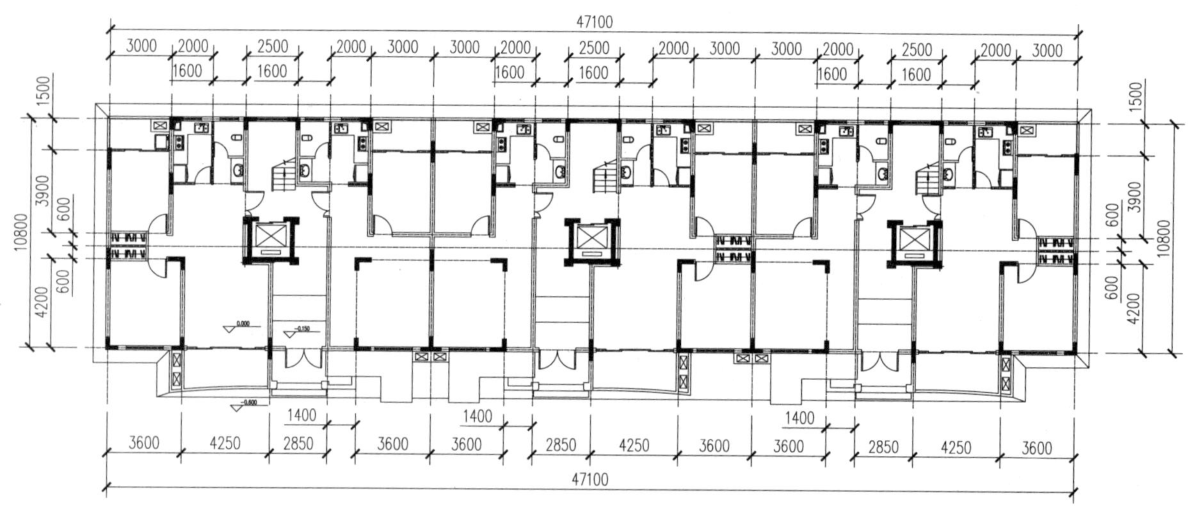

图 14-41　尺寸标注

2. 图内说明

步骤 1 单击"图层"工具栏的"图层控制"下拉列表框，选择"文字标注"图层为当前层。单击"注释"选项卡中的"文字"面板，选择"图内说明"文字样式。

步骤 2 执行"单行文字"命令（DT），对该平面图进行文字标注，标注后的图形如图 14-42 所示。

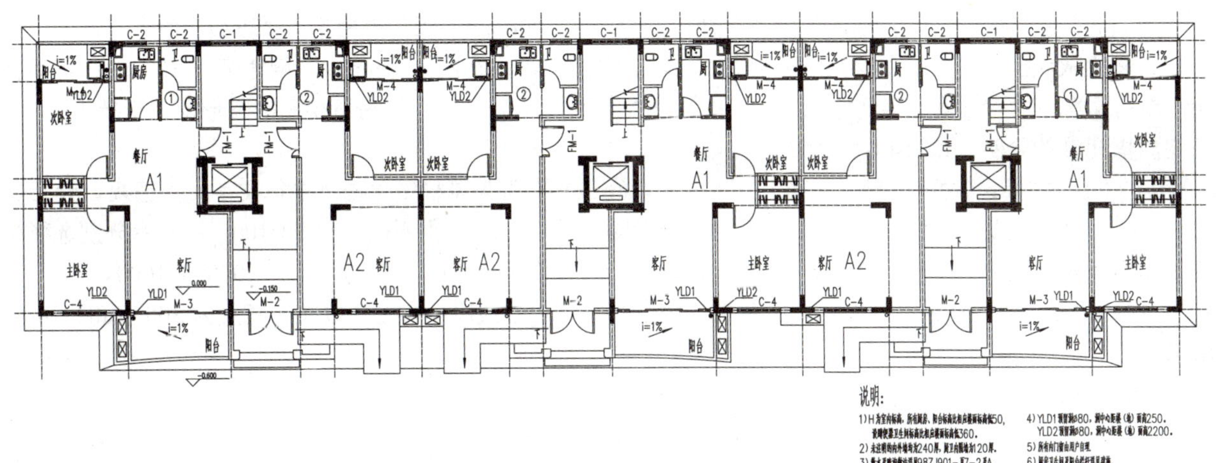

图 14-42 文字标注

3. 轴号的绘制

步骤 1 单击“图层”工具栏的“图层控制”下拉列表框，选择“轴线编号”图层为当前层。

步骤 2 执行“插入块”命令（I），选择“结果文件/14/轴线编号-1.dwg”图块文件，在竖直相关的轴线上标注轴线编号，并输入轴线编号“1”。

步骤 3 执行“复制”命令（CO），将该轴线编号以标注线的端点为复制点，依次向右进行复制；然后双击该轴线编号，弹出“增强属性编辑器”对话框，在“值”文本框中输入要编写的轴线编号，单击“确定”按钮，完成轴线编号的修改。

步骤 4 重复以上步骤，选择“结果文件/14/轴线编号-2.dwg”图块文件，在水平相关的轴线上标注轴线编号，如图 14-43 所示。

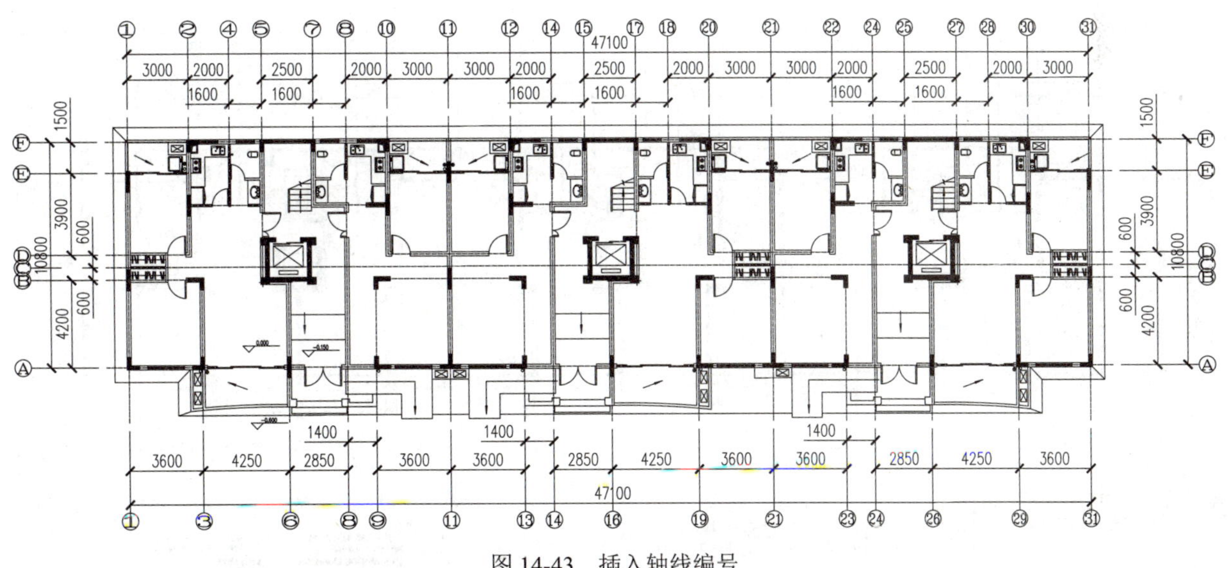

图 14-43 插入轴线编号

4. 绘制指北针和图名

步骤 1 单击“图层”工具栏的“图层控制”下拉列表框，选择“文字标注”图层为当前层。

步骤 2 执行“圆”命令（C），在图形的右下侧绘制直径为 2400mm的圆；再使用“多段线”命令（PL），过圆的上侧象限点至下侧象限点绘制一条垂直线段，且其上侧端点宽度为 0mm，下侧宽度为 300mm；然后使用“单行文字”命令在圆的上侧输入“北”；执行“旋转”命令（RO），将所绘制的图形向左旋转 1°，从而完成指北针的绘制，如图 14-44 所示。

步骤 3 在“样式”工具栏中选择“图名”文字样式，在“文字”工具栏中单击“单行文字”按钮A，设置其对正方式为“居中”，在图形的下侧中间位置输入图名“住宅楼一层平面图”和“1:100”；然后分别选择相应的文字对象，执行“特性”命令（MO），打开“特性”面板，修改文字的大小为 2000 和 1000。

步骤 4 执行“多段线”命令（PL），在图名的下侧绘制一条水平线段，指定多段线的宽度为 300，如图 14-45 所示。

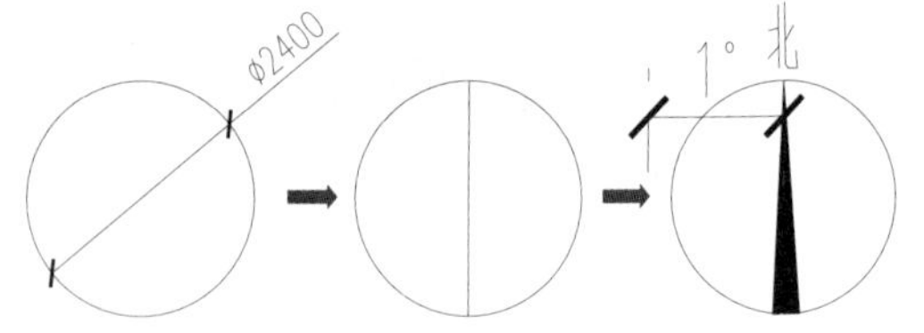

图 14-44　绘制指北针

住宅楼一层平面图　1:100

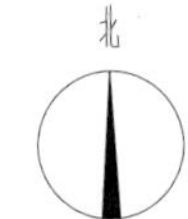

图 14-45　图名标注

14.7 高层住宅楼其他楼层的效果

绘制该高层住宅楼的其他楼层平面图的方法与绘制一层平面图的方法相同，打开“建筑平面图.dwt”格式样板文件，调用其绘图环境，再将其另存为新的文件，然后分别绘制相应的平面图即可，如图 14-46 和图 14-47 所示。

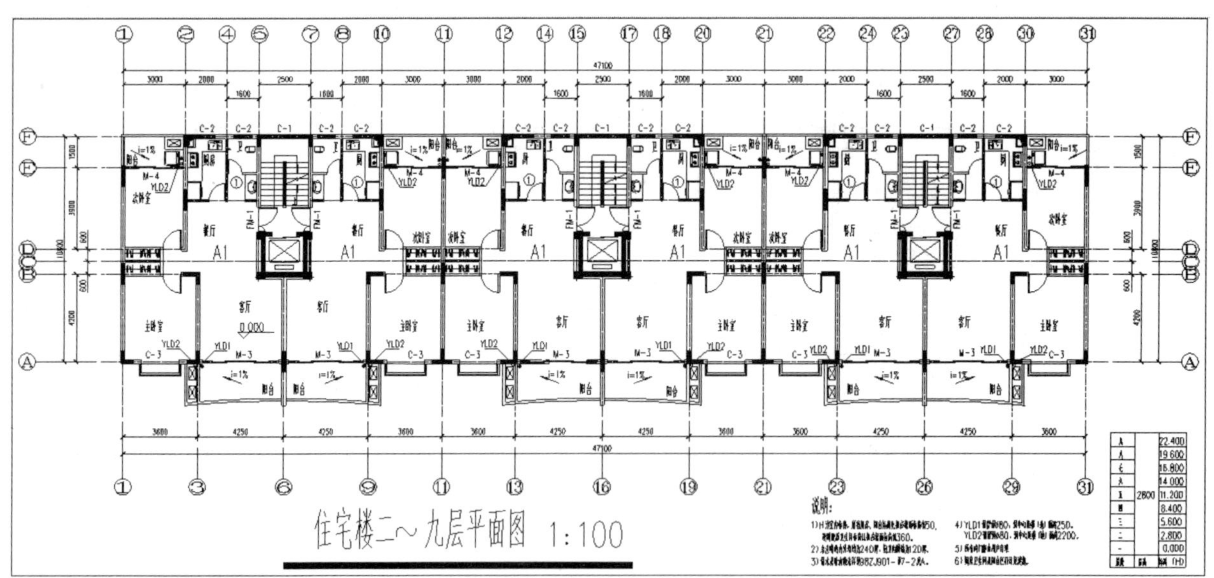

图 14-46　高层住宅楼二~九层平面图

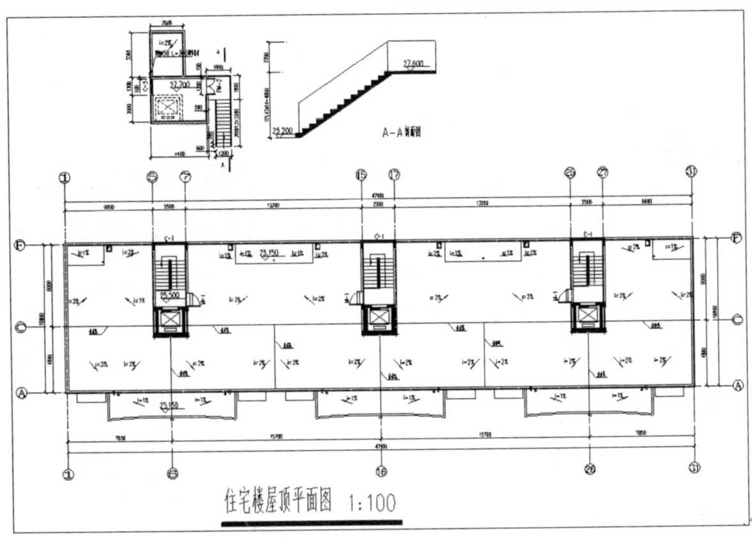

图 14-47 住宅楼屋顶平面图

14.8 高层住宅楼南立面图的绘制

高层住宅楼的南立面图的绘制方法与商住楼立面图的绘制方法一样，先调用绘图环境，然后插入相关平面图，参照前面绘制立面图的步骤与方法进行绘制该住宅楼的南立面图，其中包括墙体、屋顶、阳台、入户大门、门窗图形等，如图 14-48 所示。

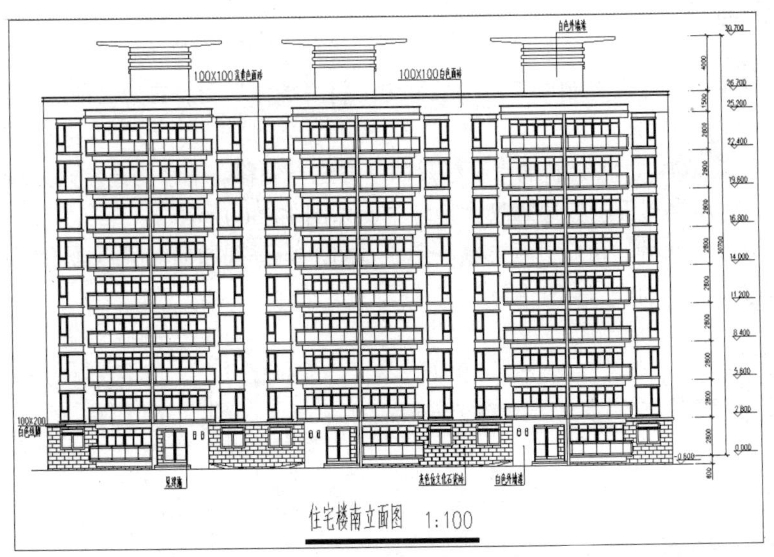

图 14-48 高层住宅楼南立面图

14.8.1 调用绘图环境

同绘制平面图一样，在绘图之前，先调用立面图的绘图环境。

步骤 1 执行“文件/打开”菜单命令，将“结果文件/09/建筑立面图.dwt”文件打开。

步骤 2 再执行“文件/另存为”菜单命令，将文件另存为“结果文件/14/高层住宅楼南立面图.dwg”文件。

14.8.2 插入平面图

步骤 1 在“图层”工具栏的“图层控制”下拉列表框中，将 0 图层置为当前层。执行“插入块”命令（I），分别插入“结果文件/14/高层住宅楼一层平面图.dwg”和“结果文件/14/高层住宅楼屋顶平面图.dwg”文件。

步骤 2 执行“移动”命令（M），将一层平面图和屋顶平面图进行移动，使它们在竖直方向上对齐。

步骤 3 执行“格式/图层”菜单命令，将“尺寸标注”“楼梯”“绿化”“散水”“设施”“填充”“文字标注”“轴线”和“轴线编号”等图层关闭，如图 14-49 所示。

状.	名称	开	冻结	锁..	线宽	线型	透明度	颜色	打印...	打.	新.	说
	标高				—— 默认	Continuous	0	黄	Color_2			
	尺寸标注				—— 默认	Continuous	0	蓝	Color_5			
	花坛				—— 默认	Continuous	0	200	Colo			
	楼梯				—— 默认	Continuous	0	140	Colo			
	绿化				—— 默认	Continuous	0	绿	Color_3			
	散水				—— 默认	Continuous	0	洋红	Color_6			
	设施				—— 默认	Continuous	0	200	Colo			
	填充				—— 默认	Continuous	0	8	Color_8			
	文字标注				—— 默认	Continuous	0	白	Color_7			
	轴线				—— 默认	ACAD_ISO04W100	0	红	Color_1			
	轴线编号				—— 默认	Continuous	0	绿	Color_3			

关闭图层

图 14-49 关闭图层

14.8.3 绘制墙体

步骤 1 在“图层”工具栏的“图层控制”下拉列表框中，将“墙体”图层置为当前层。在图形的正下方绘制一条长度为 50000mm的水平线段。

步骤 2 执行“偏移”命令（O），将绘制的水平线段向下方进行偏移，偏移距离分别为 4000mm、1500mm、22400mm、3400mm，并将最下面的线段转换为地坪线，如图 14-50 所示。

步骤 3 按F8 键打开“正交”模式，执行“构造线”命令（XL），分别捕捉一层平面图和屋顶平面图墙体上的相关点，绘制竖直的构造线，如图 14-51 所示。

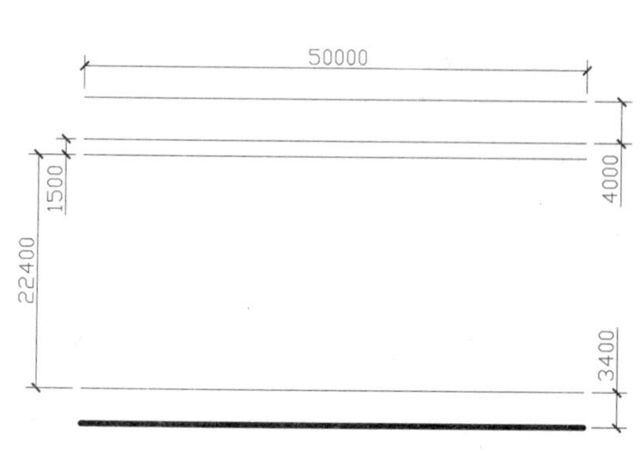

图 14-50 偏移线段

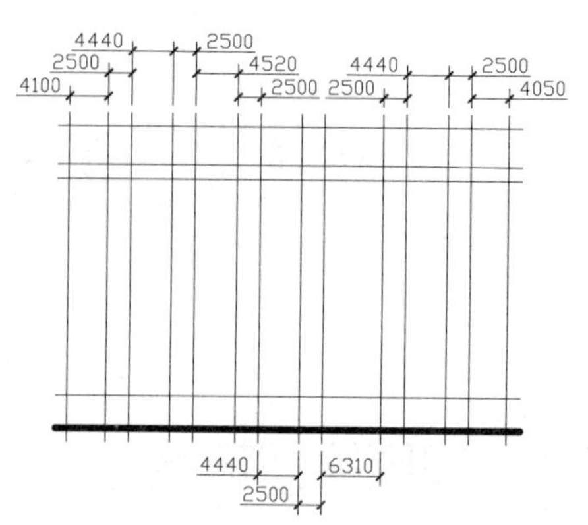

图 14-51 绘制竖直构造线

步骤4 执行“修剪”命令（TR），对图形进行修剪操作，修剪后的图形如图 14-52 所示。

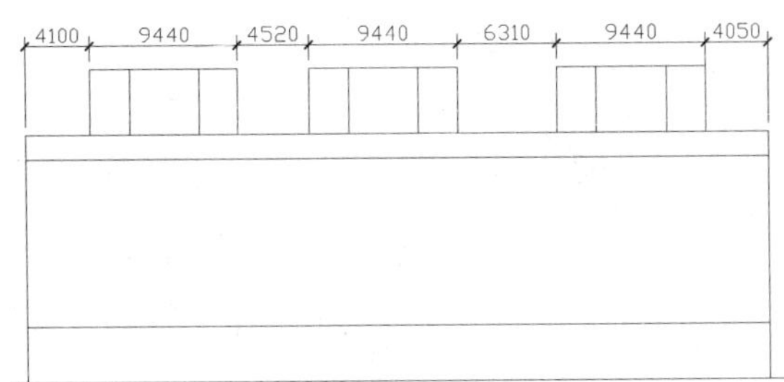

图 14-52 修剪操作

14.8.4 绘制屋顶

1. 绘制屋顶

步骤1 将绘图区域移至屋顶部分，执行“偏移”命令（O），将最上面的水平线段向上偏移 200mm，偏移两次，如图 14-53 所示。

步骤2 执行“直线”命令（L），在如图 14-54 所示的两个交点处绘制两条斜线段。

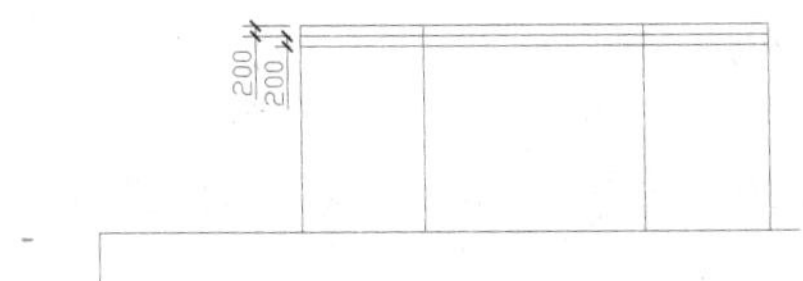

图 14-53 偏移线段

图 14-54 绘制斜线段

步骤3 执行“修剪”命令（TR）和“删除”命令（E），将绘制的线段进行修剪，如图 14-55 所示。

步骤4 执行“矩形”命令（REC），绘制一个尺寸为 4740mm×200mm的矩形；然后执行“复制”命令（CO），将该矩形按照如图 14-56 所示的尺寸与位置进行复制。

步骤5 执行“修剪”命令（TR）和“删除”命令（E），对绘制的线段进行修剪操作，如图 14-57 所示。

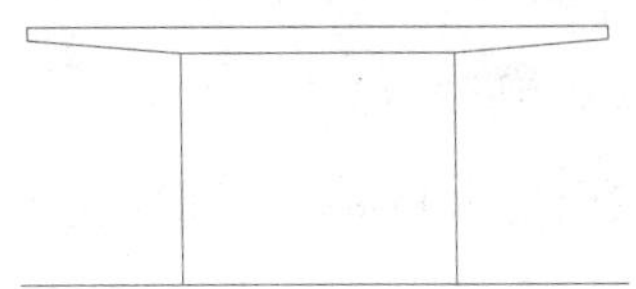

图 14-55 修剪图形

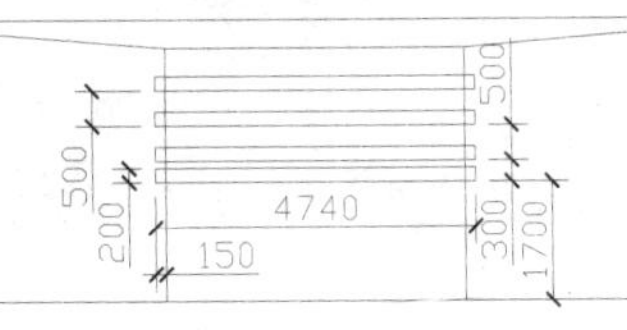

图 14-56 绘制矩形

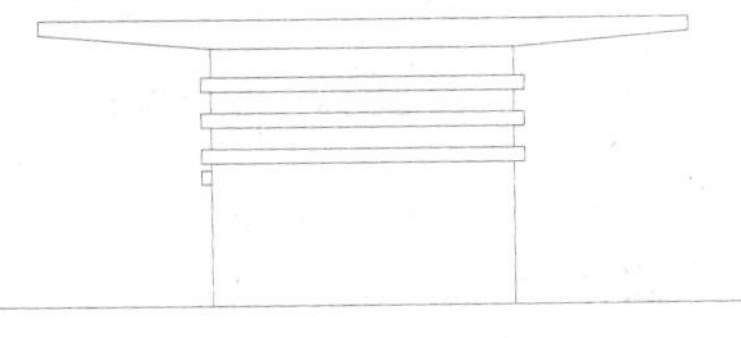

图 14-57 修剪图形

步骤6 采用同样的方法，在屋顶右边其他两个位置绘制相同的图形，如图 14-58 所示。

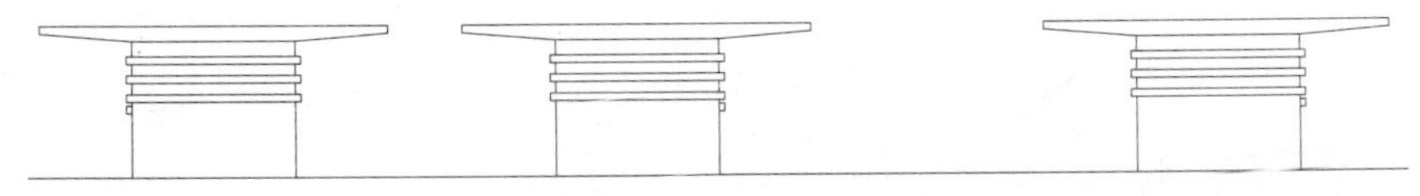

图 14-58 绘制相同的图形

2. 绘制屋顶阳台

步骤1 将绘图区域移至图形的左上方，执行“偏移”命令（O），将相关线段按照如图 14-59 所示的尺寸与方向进行偏移。

步骤 2 执行“延伸”命令（EX）、“修剪”命令（TR）和“删除”命令（E），将绘制的线段进行修剪，如图 14-60 所示。

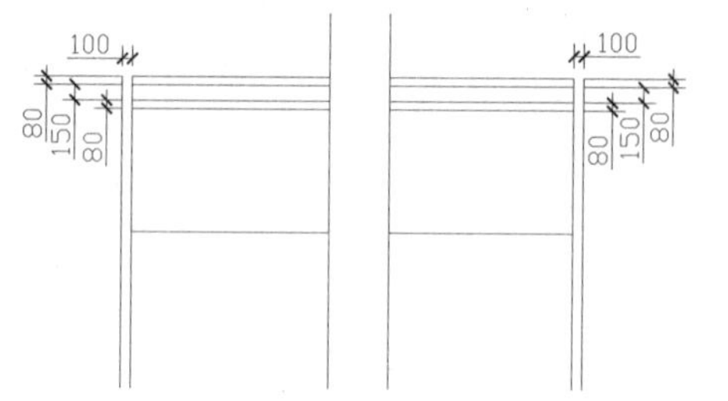

图 14-59 偏移线段

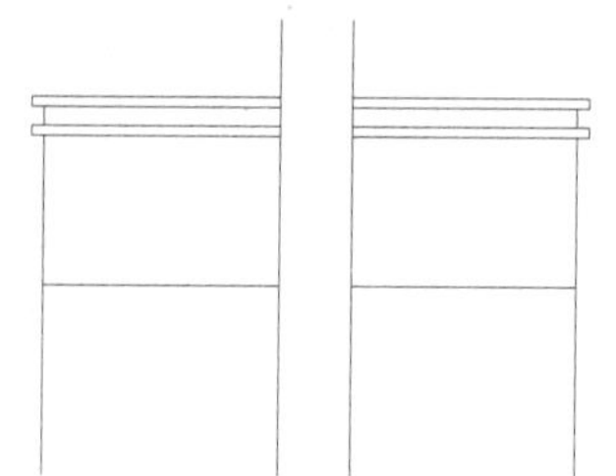

图 14-60 修剪图形

14.8.5 绘制阳台

1. 绘制凸窗

步骤 1 在“图层”工具栏的“图层控制”下拉列表框中，将“栏杆-外”图层置为当前层。

步骤 2 执行“偏移”命令（O），将立面图左边的竖直线段向右按照如图 14-61 所示的尺寸进行偏移，并将偏移后的线段转换为“栏杆-外”图层。

步骤 3 执行“矩形”命令（REC），绘制一个尺寸为 2000mm×100mm的矩形；然后执行“复制”命令（CO），将该矩形按照如图 14-62 所示的尺寸与位置进行复制；再执行“修剪”命令（TR），对图形进行修剪操作。

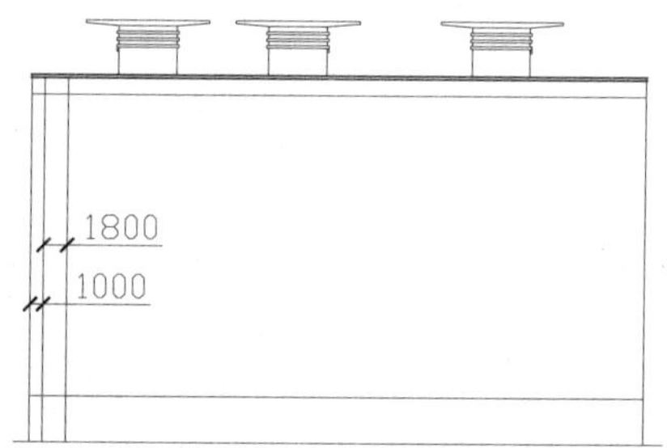

图 14-61 偏移线段

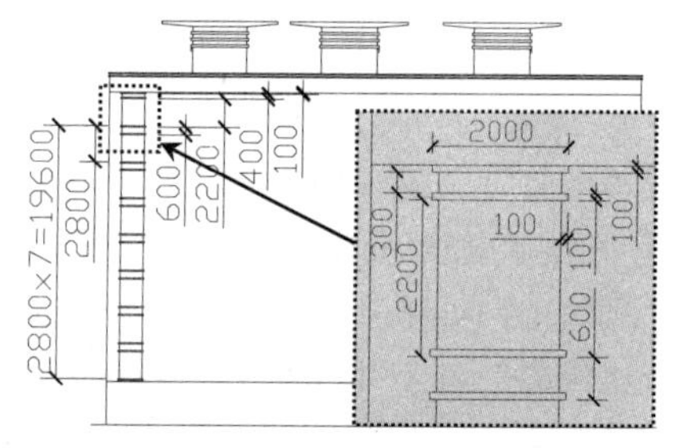

图 14-62 绘制矩形并复制

步骤 4 将绘图区域移至立面图的左下方，执行“偏移”命令（O），将相关线段按照如图 14-63 所示的尺寸与方向进行偏移。

步骤 5 执行“延伸”命令（EX）、“修剪”命令（TR）和“删除”命令（E），对绘制的线段进行修剪操作，如图 14-64 所示。

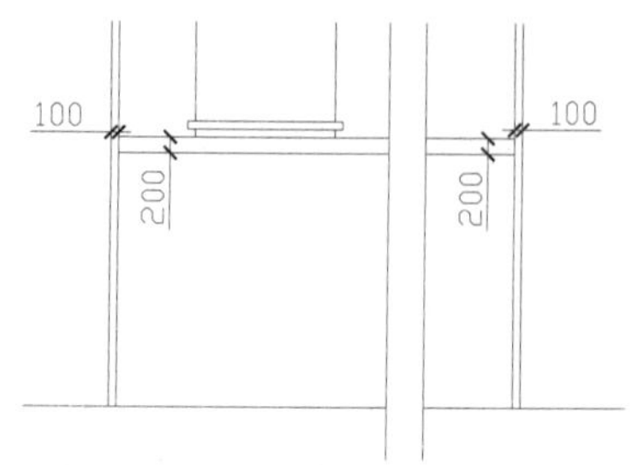

图 14-63 偏移线段

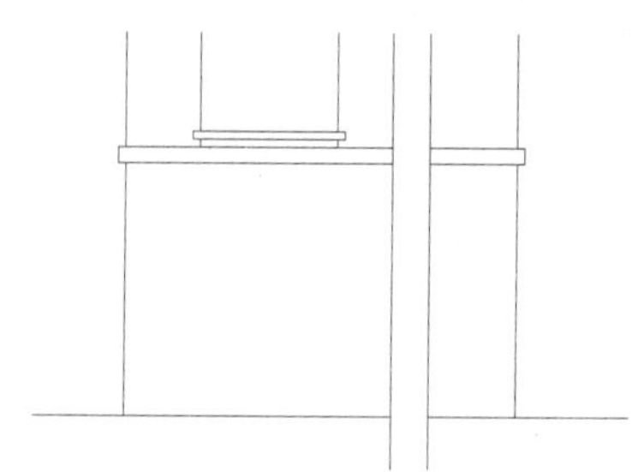

图 14-64 修剪图形

步骤 6 执行“矩形”命令（REC），绘制一个尺寸为 1800mm × 1500mm的矩形；然后执行“移动”命令（M），将该矩形按照如图 14-65 所示的尺寸进行移动。

步骤 7 采用同样的方法，在与平面图中南面相对应的位置，绘制相同的凸窗图形，尺寸与前面的相同，如图 14-66 所示。

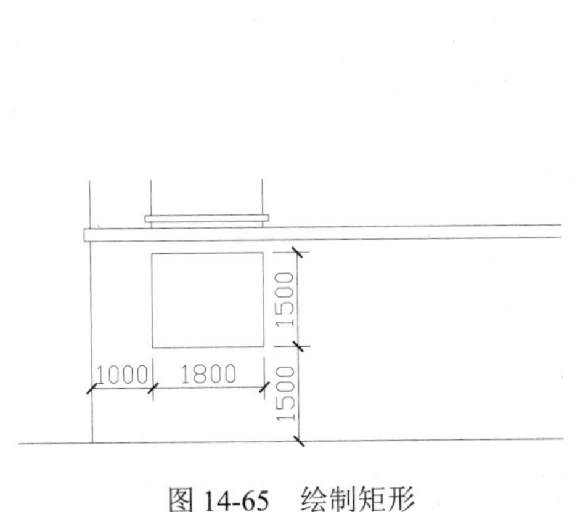

图 14-65　绘制矩形

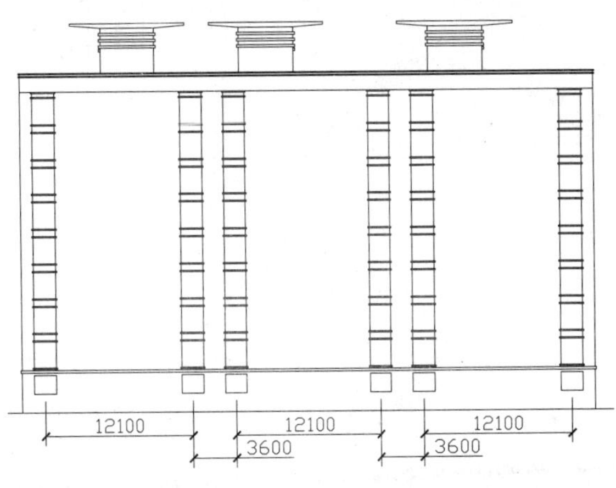

图 14-66　绘制相同的图形

2. 绘制阳台遮雨篷

步骤 1 在“图层”工具栏的“图层控制”下拉列表框中，将“其他”图层置为当前层。

步骤 2 将绘图区域移至立面图的左上方，然后执行“偏移”命令（O），将相关线段按照如图 14-67 所示的尺寸与方向进行偏移，并将偏移的线段转换为“其他”图层。

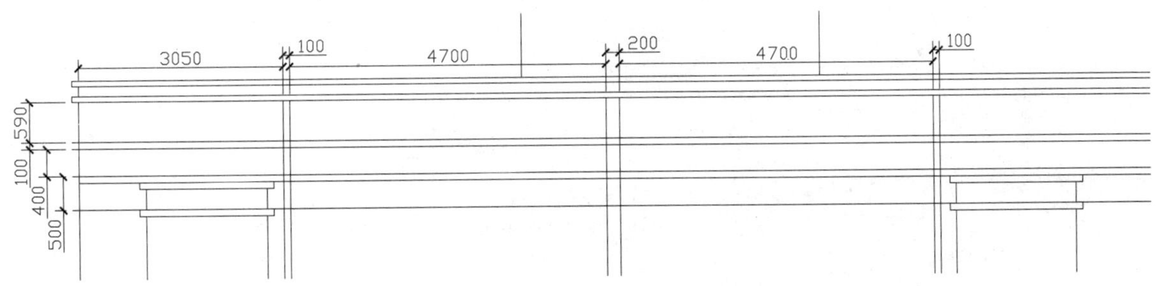

图 14-67　偏移线段

步骤 3 执行“修剪”命令（TR）和“删除”命令（E），对绘制的线段进行修剪操作，如图 14-68 所示。

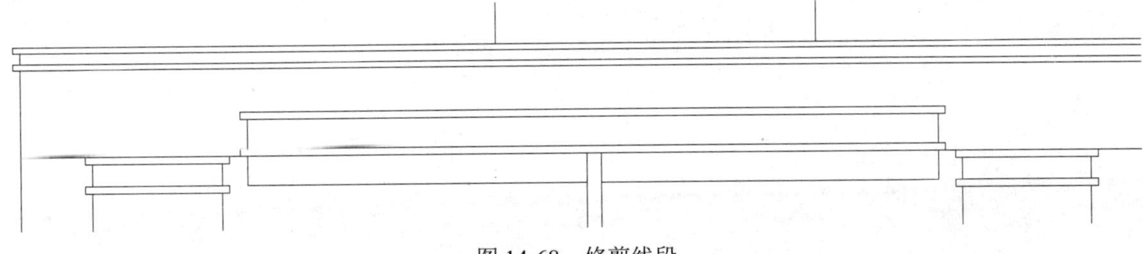

图 14-68　修剪线段

步骤 4 采用同样的方法，在与平面图中南面相对应的位置，绘制相同的遮雨篷图形，尺寸与前面的相同，如图 14-69 所示。

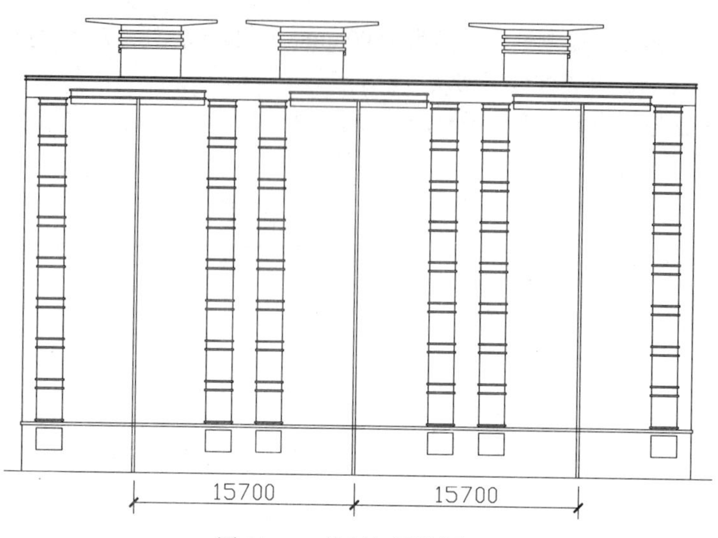

图 14-69　绘制相同的图形

3. 绘制阳台

步骤 1 在“图层”工具栏的“图层控制”下拉列表框中，将“栏杆-外”图层置为当前层。

步骤 2 将绘图区域移至立面图的左上方，执行“矩形”命令（REC），绘制如图 14-70 所示的几个矩形；再执行“移动”命令（M），将这几个矩形移动到该住宅楼南立面图中。

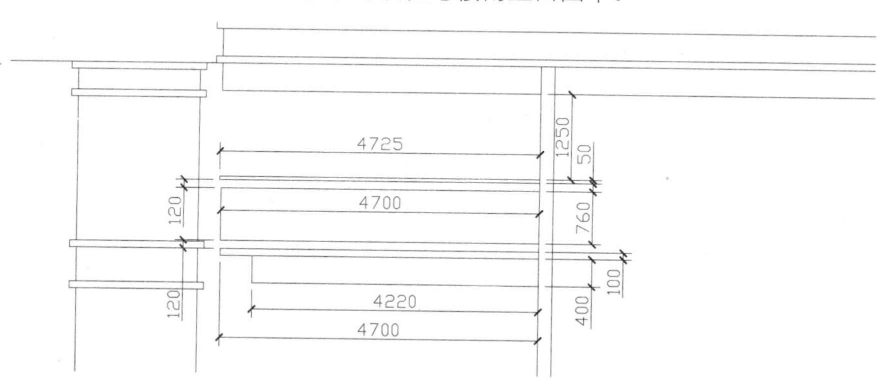

图 14-70　绘制矩形

步骤 3 执行“圆角”命令（F），将最上面矩形的左边部分进行倒R25 圆角处理，如图 14-71 所示。

图 14-71　倒圆角

步骤 4 执行“矩形”命令（REC），绘制一个尺寸为 50mm × 120mm的矩形；再执行“直线”命令（L），绘制如图 14-72 所示的直线；然后执行“复制”命令（CO），将刚才绘制的矩形和直线进行复制。

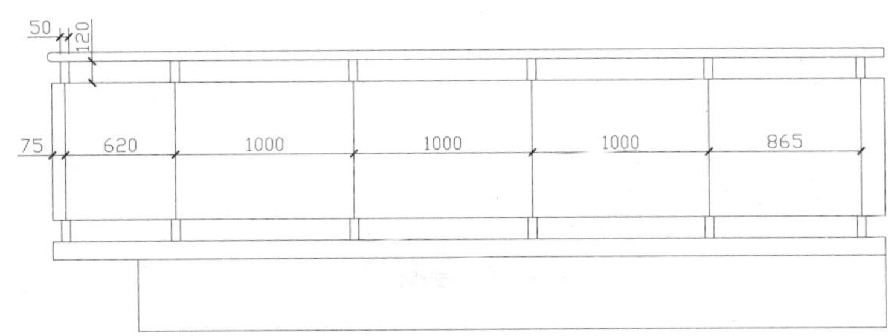

图 14-72 绘制矩形和直线

步骤 5 执行“镜像”命令（MI），将刚才绘制的栏杆图形复制到右边对应的地方，如图 14-73 所示。

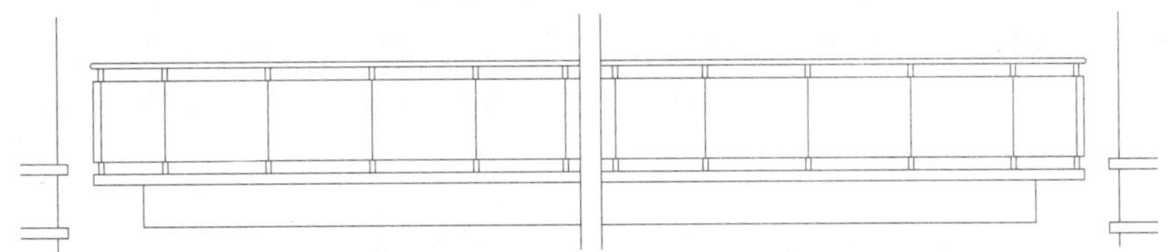

图 14-73 镜像图形

步骤 6 执行“复制”命令（CO），将两组图形按照如图 14-74 所示的尺寸向下进行复制，注意右边的图形少复制一组；再执行“修剪”命令（TR），将被遮住的线条进行修剪。

步骤 7 执行“复制”命令（CO），将刚才复制好的图形按照如图 14-74 所示的尺寸向右进行复制。

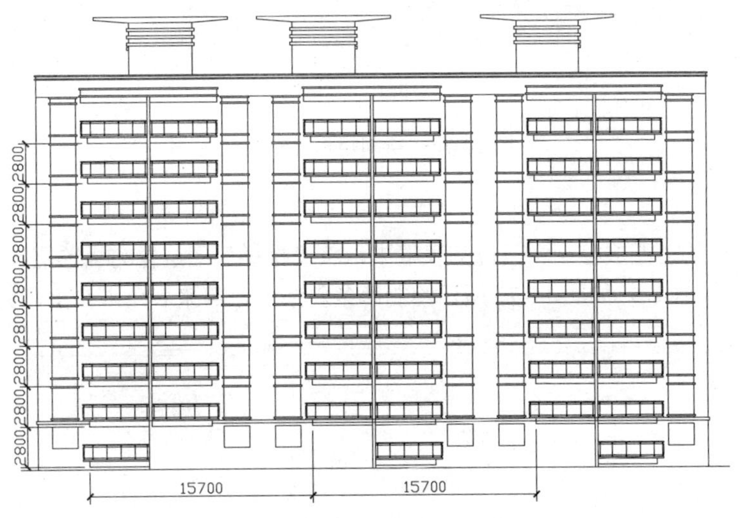

图 14-74 复制图形

14.8.6 绘制入户大门

1. 绘制台阶

步骤 1 在“图层”工具栏的“图层控制”下拉列表框中，将“楼梯”图层置为当前层。

步骤 2 将绘图区域移至立面图的左下方，执行“矩形”命令（REC），绘制两个矩形，尺寸分别为 2700mm × 150mm、2200mm × 150mm；然后执行“移动”命令（M）和“复制”命令（CO），将这两个矩形按照如图 14-75 所示的尺寸与位置进行移动和复制。

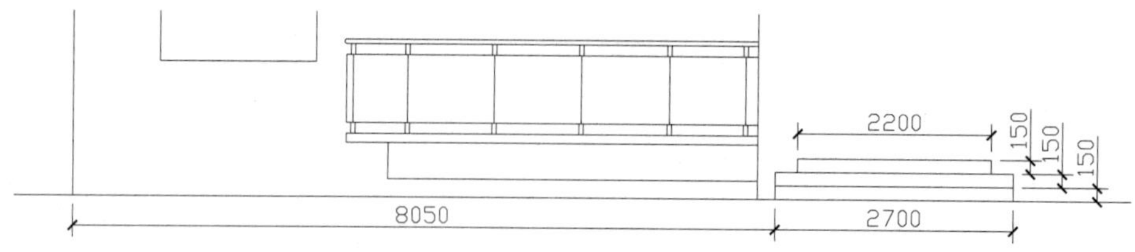

图 14-75　绘制台阶

2. 绘制入户门洞

步骤 1 在“图层”工具栏的“图层控制”下拉列表框中，将“墙体”图层置为当前层。

步骤 2 将绘图区域移至立面图的左下方，执行“矩形”命令（REC），绘制几个矩形，尺寸分别为 4350mm × 3400mm、2320mm × 2650mm、2200mm × 2650mm、200mm × 500mm；然后执行“移动”命令（M）和“复制”命令（CO），将这几个矩形按照如图 14-76 所示的尺寸与位置进行移动和复制；最后执行“修剪”命令（TR），对相关的图形进行修剪操作。

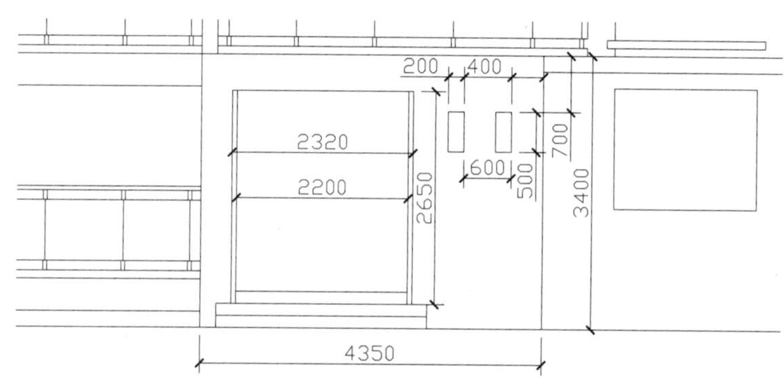

图 14-76　绘制矩形并复制

3. 绘制斜坡

步骤 1 在“图层”工具栏的“图层控制”下拉列表框中，将“楼梯”图层置为当前层。

步骤 2 执行“直线”命令（L），如图 14-77 所示绘制两条斜线段，用来表示入户大门处的斜坡。

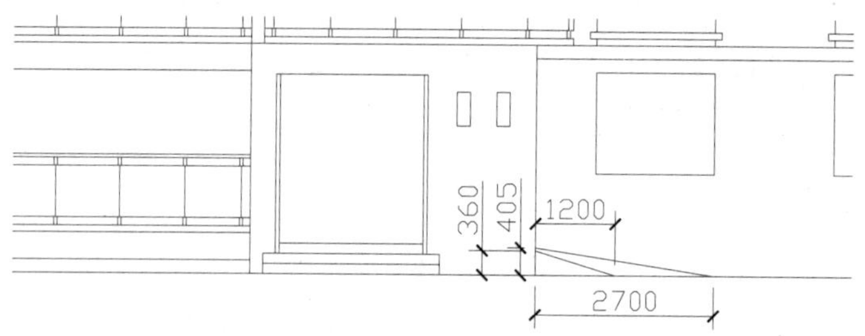

图 14-77　绘制斜线段

步骤 3 采用同样的方法，在与平面图中南面相对应的地方，绘制相同的入户大门图形，如图 14-78 所示。

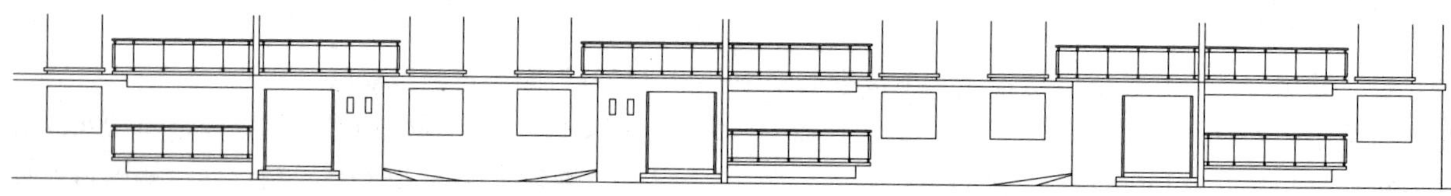

图 14-78　绘制相同的图形

14.8.7 绘制门窗

步骤 1 在“图层”工具栏的“图层控制”下拉列表框中，将 0 图层置为当前层。

步骤 2 执行“矩形”命令（REC），绘制如图 14-79 所示的几个矩形；再执行“移动”命令（M），将这几个矩形按照图中所示的形状进行移动。

步骤 3 执行“写块”命令（W），弹出“写块”对话框，将绘制的窗体对象保存为“C-1-S”图块。

步骤 4 参照前面绘制“C-1-S”窗体的方法，绘制“C-2-S”窗体并进行写块操作，窗体的尺寸如图 14-80 所示。

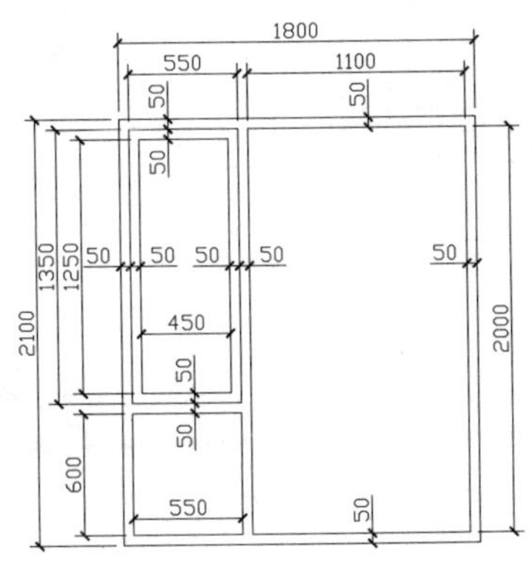

图 14-79 绘制 C-1-S 窗体

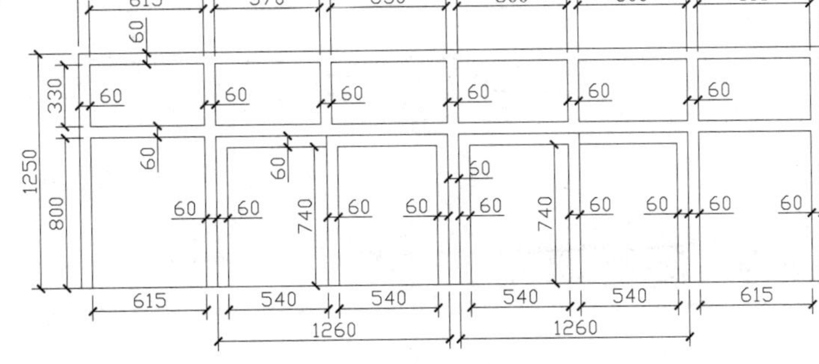

图 14-80 绘制 C-2-S 窗体

步骤 5 参照前面绘制“C-1-S”窗体的方法，绘制“C-3-S”窗体并进行写块操作，窗体的尺寸如图 14-81 所示。

步骤 6 参照前面绘制“C-1-S”窗体的方法，绘制“M-1-S”门并进行写块操作，门的尺寸如图 14-82 所示。

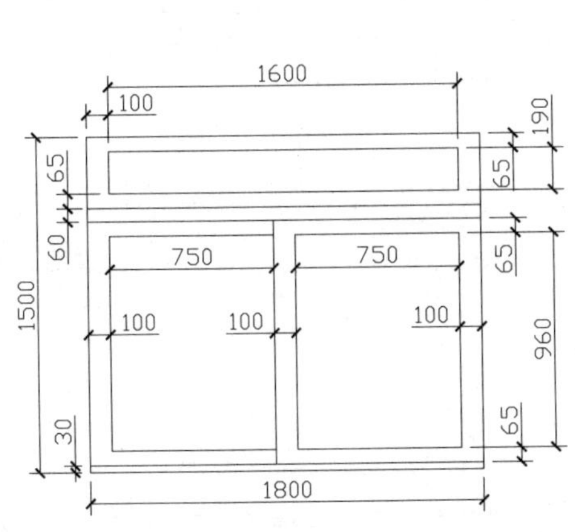

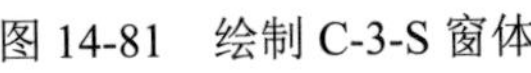

图 14-81 绘制 C-3-S 窗体

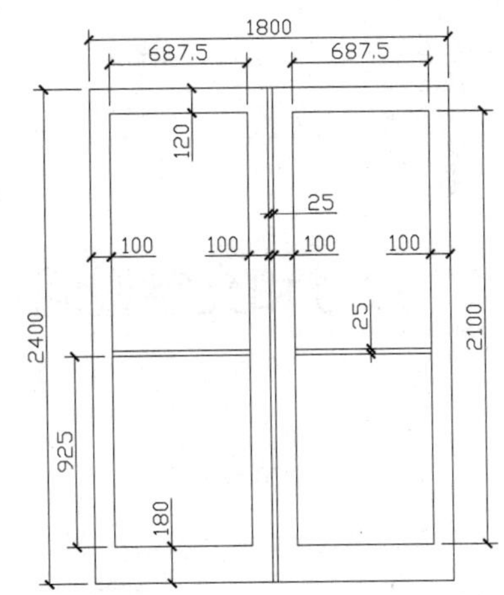

图 14-82 绘制 M-1-S 门

14.8.8 插入门窗图形

步骤 1 在“图层”工具栏的“图层控制”下拉列表框中，将“门窗”图层置为当前层。

步骤 2 执行“插入块”命令（I），选择“结果文件/14”下面刚才绘制的窗体图形和门图形，按照图 15-83 所示将它们插入到立面图中。插入相关的图块时，在X方向的尺寸参照前面插入平面图中门窗的位置与尺寸，通过投影的方式来确定；最后执行“修剪”命令（TR），对相关的墙体线段进行修剪操作。

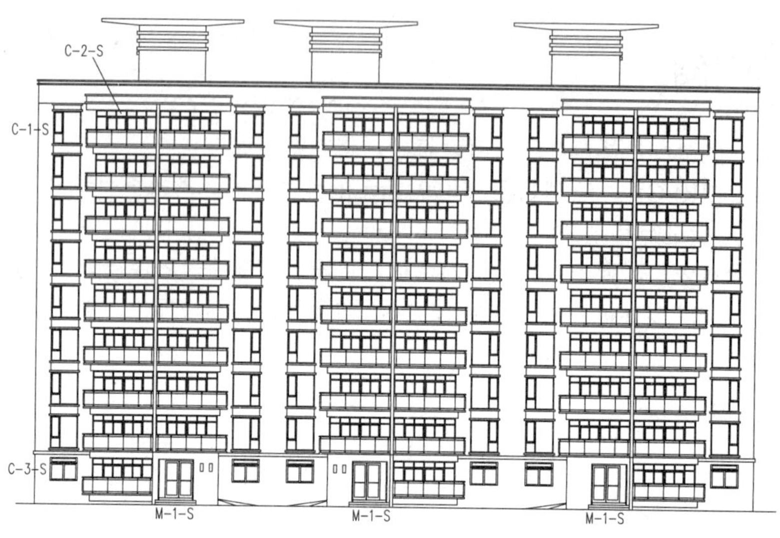

图 14-83　插入门窗图形

14.8.9　图案填充

步骤 1 在“图层”工具栏的“图层控制”下拉列表框中，将“填充”图层置为当前层。

步骤 2 将绘图区域移至图形的下方，执行“图案填充”命令（BH），选择如图 14-84 所示的区域为填充区域，选择填充图案为AR-B816C，设置填充角度为 0，填充比例为 1.5，填充后的效果如图 14-84 所示。

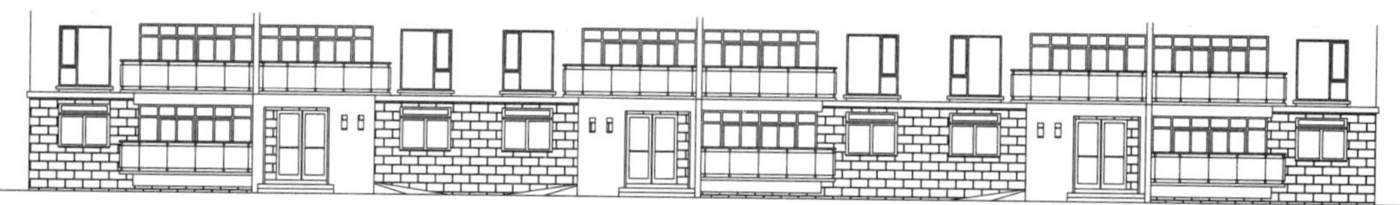

图 14-84　图案填充

14.8.10　尺寸和文字说明标注

1. 尺寸标注

该南立面图的相关图形绘制完成后，接下来进行文字和定位轴号的标注。

步骤 1 单击“图层”工具栏的“图层控制”下拉列表框，选择“尺寸标注”图层为当前层。

步骤 2 执行“线性”命令（DLI）、“连续”命令（DCO）等，在图形两边进行相关的高度标注，如图 14-85 所示。

2. 标高标注和文字说明

步骤 1 单击“图层”工具栏的“图层控制”下拉列表框，选择“标高”图层为当前层。执行“插入块”命令（I），选择“结果文件/14/标高.dwg”图块文件，如图 14-86 所示对相关的高度位置进行标高标注。

步骤 2 单击“图层”工具栏的“图层控制”下拉列表框，选择“文字标注”图层为当前层。

步骤 3 单击“注释”选项卡中的“文字”面板，选择“图内说明”文字样式。

步骤 4 执行“单行文字”命令（DT），对立面图进行文字标注，标注后的图形如图 14-86 所示。

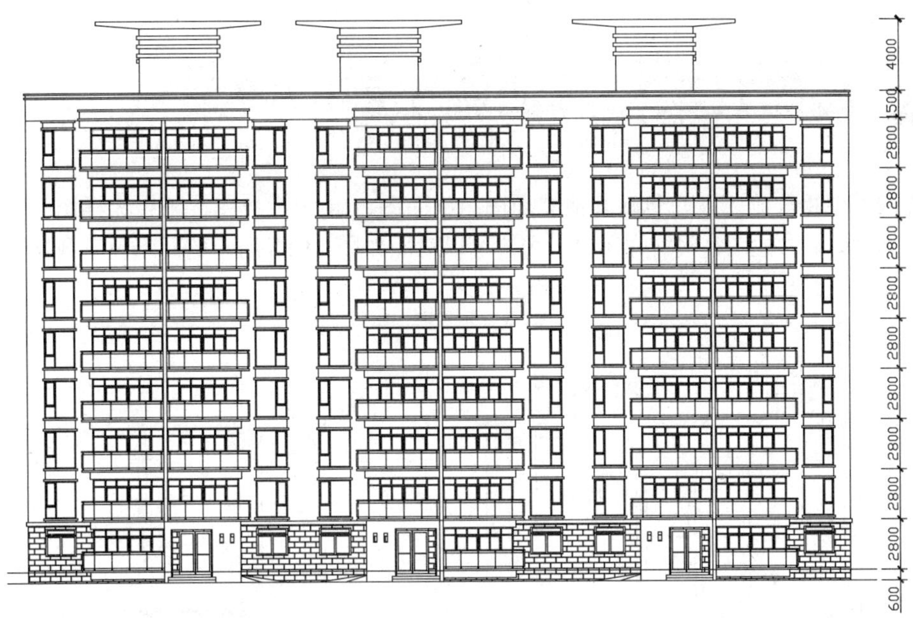

图 14-85 尺寸标注

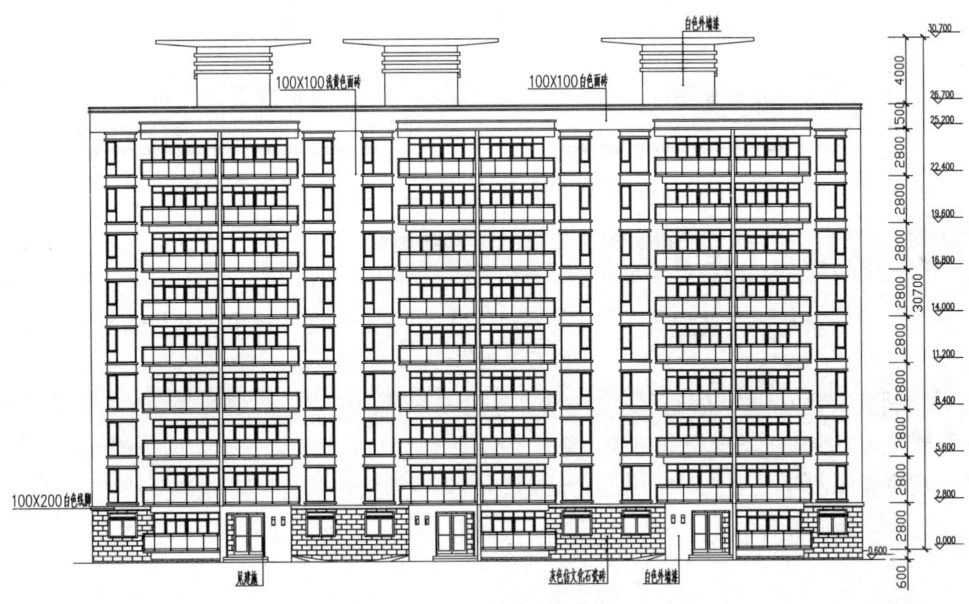

图 14-86 标高标注和文字标注

3. 绘制图名

步骤 1 单击“图层”工具栏的“图层控制”下拉列表框，选择“文字标注”图层为当前层。

步骤 2 参照前面绘制平面图中图名的尺寸、方法与步骤，绘制立面图中的图名，如图 14-87 所示。

住宅楼南立面图 1:100

图 14-87 图名标注

14.9 高层住宅楼其他施工图的效果

该住宅楼的其他相关施工图，包括其他立面图、剖面图、厨/卫大样图、阳台大样图凸窗剖面图、单元入口立面图、屋顶构架大样图、门窗详图等，用户可以对照如图 14-88 所示的图纸及下载文件中的相应文件来进行绘制。

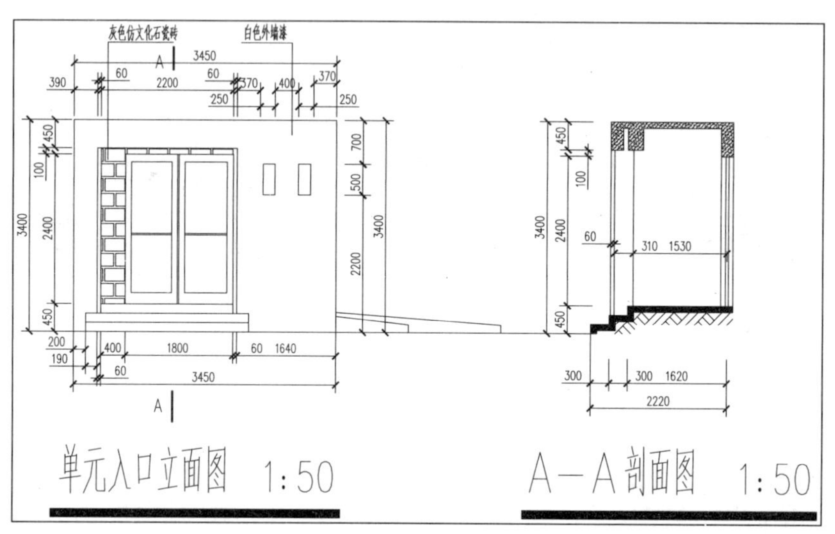

图 14-88 单元入口立面图

提示——“！”键的使用

假如屏幕上有一条已知长度的线，且与水平方向有一定的角度，要求将它缩短一定的长度且方向不变。用其他方法就比较麻烦，如果用“！”作为辅助命令则用一条命令即可。

在打开“捕捉最近点”关闭“正交”的情况下的具体操作：直接选取该线，使其夹点出现→将光标移动到要缩短的一端并单击选取该夹点，使这条线变为可拉伸的暗线→将光标按该线的方向移动，使暗线和原线段重合（利用最近点）→输入“near”→输入“!数值”→回车，该线的长度就改变了，长度为输入的数值。具体操作如图 14-89 所示（上图为相关参数，下图为操作示意图）。

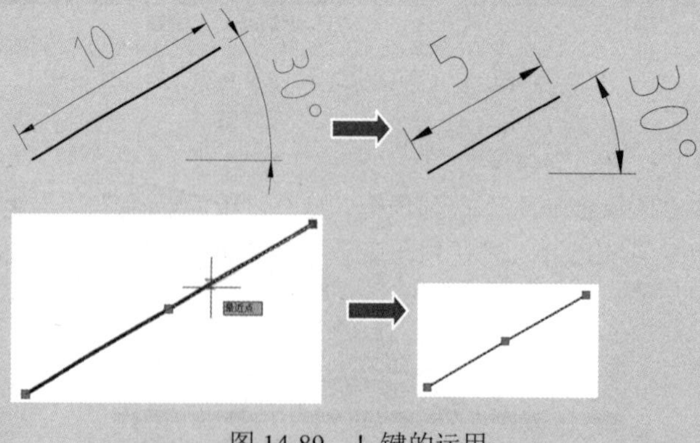

图 14-89 ！键的运用